教育部高等学校电子信息类专业教学指导委员会规划教材
高等学校电子信息类专业系列教材

“十三五”江苏省高等学校重点教材（编号：2017-1-059）

Mathematical Methods and Engineering Application
in Electromagnetics, Second Edition

电磁场数学方法及其工程应用

（第2版）

刘芫健 王韦刚 姚琳 季伟 朱中翔 杨舒放 编著
Liu Yuanjian Wang Weigang Yao Lin Ji Wei Zhu Zhongxiang Yang Shufang

清华大学出版社
北京

内容简介

本书共9章，每章分四部分：第一部分讲解每章的知识点；第二部分为本章知识点在电磁场与无线技术、通信工程、信息工程、电子科学与技术等相关专业的工程应用案例；第三部分是和本章内容相关的课程思政内容；第四部分是根据本章主要内容设置的课后习题。本书涉及的知识较广泛，包括"高等数学"中的微积分、"工程数学"中的复变函数、"概率统计与随机过程"、"矢量分析与场论"，为之后"电磁场理论"等课程的学习奠定了良好的理论基础。本书从最基本的"高等数学"微积分开始讲起，有利于和大学一年级的数学知识衔接，内容由浅入深，结构严谨，知识上环环相扣，学起来浅显易懂。本书的特色是在基础课程中有机融入了课程思政元素，以及每章阐述的工程应用案例，还提供了课程知识逻辑关系的思维导图，为电磁场与无线技术、通信工程等电子信息类专业学生的学习做了铺垫和衔接，更有利于以后相关专业课程的深入学习。

本书专门为电磁场与无线技术、电子科学与技术专业的本科生学习"数学物理方法"课程而编写，也可以作为通信工程、电子信息工程、微电子科学与工程、物联网工程、应用物理等相关工科专业本科生的参考教材。

图书在版编目(CIP)数据

电磁场数学方法及其工程应用/刘芫健等编著.—2版.—北京：清华大学出版社，2020.10(2021.12重印)
高等学校电子信息类专业系列教材
ISBN 978-7-302-56450-8

Ⅰ.①电… Ⅱ.①刘… Ⅲ.①电磁场－数学方法－高等学校－教材 Ⅳ.①O441.4

中国版本图书馆CIP数据核字(2020)第178385号

责任编辑：张　民　常建丽
封面设计：李召霞
责任校对：梁　毅
责任印制：杨　艳

出版发行：清华大学出版社
网　　址：http://www.tup.com.cn，http://www.wqbook.com
地　　址：北京清华大学学研大厦A座　　**邮　　编**：100084
社 总 机：010-62770175　　**邮　　购**：010-83470235
投稿与读者服务：010-62776969，c-service@tup.tsinghua.edu.cn
质量反馈：010-62772015，zhiliang@tup.tsinghua.edu.cn
课件下载：http://www.tup.com.cn，010-83470236
印 装 者：三河市龙大印装有限公司
经　　销：全国新华书店
开　　本：185mm×260mm　　**印　　张**：24.25　　**字　　数**：573千字
版　　次：2015年2月第1版　　2020年12月第2版　　**印　　次**：2021年12月第2次印刷
定　　价：69.00元

产品编号：085424-01

第2版前言

FOREWORD

本书自2015年首次出版以来，已被十几所高校的电磁场与无线技术、通信工程、电子科学与技术等电子信息类相关专业采用，深受广大师生欢迎。

2018年，习近平总书记在全国教育大会的讲话中指出，高校需要培养德、智、体、美、劳的社会主义建设者和接班人，需要将立德树人贯穿于教育教学全过程，将思想教育和文化素质的培养贯穿于课程教育过程中，对课程思政提出了明确要求。同时，当前新工科、新经济、新业态对本科人才培养提出了更高的要求，专业需要聚焦厚基础、强工程、重实践的培养目标，重新优化知识体系。另外，经过四年的教学实践，本书在教学过程中还需要进一步修订完善。

基于以上原因，编者对本书进行了全面修订，主要从**加强思政教育**、**加强工程教育**、**注重思辨教育**三方面进一步彰显教材特色。关于本书的具体修订工作，特作以下几点说明：

一、加强思政教育

引领价值取向和科学理念，凝练课程教学中的德育元素，将课程思政内容有机融入教学过程。具体内容见表1。

表1　课程思政元素对照表

章　节	科学问题	价值理念
第1章	麦克斯韦方程组揭示了什么电磁规律？	整体与局部思想
第2章	电磁场为什么采用复振幅形式？	化归思想
第3章	移动通信中为何存在覆盖盲区？	生活中的偶然性与必然性
第4章	如何确定看不见的电磁场方向矢量？	虚实结合思想
第5章	如何理解“一花一世界，一场一方程”？	数学建模思想
第6章	如何巧妙分解耦合的电磁场？	分合思想
第7章	如何无穷逼近电磁目标方程的精确解？	中国传统文化中的极限思想
第8章	如何诠释圆波导复杂的时变场强模式？	工欲善其事，必先利其器
第9章	几个简单幂函数组合可以变成完备系吗？	团队合作

二、加强工程教育

聚焦新工科专业人才培养毕业要求和课程教学目标，精选教材中的工程案例，增强教材的工程性和实用性。增加的工程应用案例见表2。

表 2 增加的工程应用案例

章 节	工程应用案例
第 1 章	全微分在近似计算中的应用
第 2 章	留数在定积分计算中的应用
第 3 章	蒙特卡罗法计算 π 值
第 4 章	电磁场法向分量边界条件的非独立性
第 5 章	良导体中电流密度的扩散方程
第 6 章	一阶电路的零输入响应
第 8 章	转动有限长带电圆柱体的矢势
第 9 章	转动球体的磁感应强度

三、注重思辨教育

针对学生认识问题、分析问题、解决问题的能力培养逻辑主线，设置分析、推理、判断专题知识模块，强化思考辨析能力培养。思辨教育内容见表 3。

表 3 思辨教育内容

章 节	思辨教育内容
第 1 章	利用积分性质计算积分、斯托克斯公式、线性空间理论
第 2 章	柯西积分公式求解高阶导数、幂级数、泰勒级数和洛朗级数三种关系
第 3 章	蒙特卡罗法计算 π 值
第 4 章	电磁场唯一性定理、电磁场中的三个矢量恒等式
第 5 章	静电场方程、亥姆霍兹方程、二阶线性偏微分方程化简与线性代数二次型类比
第 6 章	分离变量理论基础、二维拉普拉斯方程求解、分离变量法求定解问题的基本步骤
第 7 章	级数解法、无穷远点为奇点的判定、正则解与指标方程
第 8 章	贝塞尔函数的正交关系、正交性、模方、广义傅里叶级数展开
第 9 章	勒让德多项式的母函数、正交关系、连带勒让德函数的递推公式、正交关系

四、其他方面的修订

另外，对第 1 版教材中存在的一些错误，包括公式、文字、图表等问题进行订正；增加难点解析内容，使广大学生对难点的理解更加深刻；并且对增加的内容进行了有针对性的习题补充。

本书由刘芫健教授编著并统稿，王韦刚、姚琳、季伟、朱中翔、杨舒放参与编著与修订工作。编者本着对读者高度负责的态度和精益求精的要求，对原书进行了字斟句酌的校正，力求防止和消除所有瑕疵或笔误。但是，由于水平所限，书中难免会有错误，敬请读者批评指正。本书再次修订得到江苏省高等学校重点教材项目的资助。借此机会，向使用本书的广大师生，向给予关心、鼓励和帮助的同行、专家学者致以由衷的感谢！

编 者

2020 年 7 月于柚子园

第1版前言

FOREWORD

本书专门为电磁场与无线技术专业的本科生学习“数学物理方法”课程而编写，也可以作为通信、电子、应用物理等相关专业本科生的参考教材或教学参考书。

目前，介绍“数学物理方法”的书有很多，但是大多数教材理论性很强，很系统、很专业，对普通本科生来说太深奥。这些书都不太适合电磁场与无线技术专业的学生学习，因此十分有必要根据电磁场与无线技术专业的特点组织编写新书，这也是编者在多年教学中的愿望。本书是编者在南京邮电大学从事“电磁场数学方法”课程教学的基础上专门针对电磁场与无线技术专业的学生，结合自己多年的教学经验编写而成。

本书的总体目标是通过对“电磁场数学方法”课程教学内容的深入研究，打造一本适合电磁场与无线技术专业的学生学习“电磁场数学方法”的通俗教程。在介绍现有电磁场数学方法的同时，重点强调“电磁场数学方法”在工程中的应用，这是本书的一大特色，意在使读者了解“电磁场数学方法”知识的同时，激发学习“电磁场理论”这门学科的兴趣，从而拓宽学生的知识面。

本书的特点在于：

(1) 充分考虑电磁场与无线技术专业以及通信、电子类等相关专业的培养目标及相关课程的设置情况，在确保理论体系完整和概念正确的前提下，加强实际背景的阐述和分析。

(2) 强调“数学物理方法”基本理论的应用，不仅使读者了解“数学物理方法”的知识，同时也能够深刻理解一些结论如何运用到工程中，进而更好地应用这些结论，并且激发读者的学习兴趣和原动力。

(3) 在具体讲述知识点之后，着重通信技术涉及相关概念的理解，采用案例解释某些复杂抽象的“数学物理方法”。本书重点阐述了工程应用案例，为电磁场与无线技术等相关通信专业做好了衔接和铺垫，有利于之后专业课程的深入学习，如“电磁场与电磁波理论”“天线与传播”“微波技术”等。

本书内容共 9 章，其中第 1 章讲述了微积分及其工程应用；第 2 章叙述了复变函数及其工程应用；第 3 章介绍了概率论与随机过程及其工程应用；第 4 章诠释了矢量分析与场论及其工程应用；第 5 章讲述了数学物理定解问题及其工程应用；第 6 章阐述了分离变量法及其工程应用；第 7 章介绍了二阶常微分方程级数解法及其工程应用；第 8 章描述了柱函数及其工程应用；第 9 章诠释了球函数及其工程应用。

本书建议课堂学时数为 64 学时，在进行不同专业或不同层次的教学安排时，可根据情况进行相应的学时调整和内容取舍。本书由刘芫健教授主编，其中第 1、2 章由严曦编写，第

3、4 章由陈枫编写，第 5、6 章由王关云编写，第 7 章由施秦健编写，第 8、9 章由李双德编写，全书由刘芫健教授策划与统稿。

本书征求过电磁场与无线电系多位老师的意见，在此特别感谢张业荣教授、徐立勤副教授、王芳芳副教授、张华美副教授和王正斌教授等老师的关心与帮助。另外，在本书编写过程中戚星宇、孙焕金、王昊、殷福荣、王鹏飞和马雪等同学也提供了大量帮助，在此表示衷心的谢意。

“电磁场数学方法”课程具有内容多而杂、题目难而繁等特点，教好和学好这门课程都不是一件容易的事。作者的初衷是编写一本好的专业教材，帮助教师教好、学生学好这门课程，但由于作者水平有限，编写时间特别仓促，再加上“电磁场数学方法”包罗万象，难免以篇概全，如有不足之处，敬请同行和读者批评指正。

作　者

2014 年 11 月

南京邮电大学

目录

CONTENTS

第1章 微积分及其工程应用

CHAPTER 1

1.1 微积分的知识点

1.1.1 多元函数微分法

1. 多元函数的基本概念

定义 1　设 D 是 $\mathbf{R}^2$ 的一个非空子集，称映射 $f: D \to \mathbf{R}$ 为定义在 D 上的二元函数，通常记为

$$z=f(x,y),\quad (x,y)\in D\quad (\text{或 } z=f(P), P\in D)$$

其中点集 D 称为该函数的定义域，x,y 称为自变量，z 称为因变量。

上述定义中，与自变量 x,y 的一对值(x,y)对应的因变量 z 的值也称为 f 在点(x,y)处的函数值，记作 $f(x,y)$，即 $z=f(x,y)$。

值域：$f(D)=\{z \mid z=f(x,y),(x,y)\in D\}$。

类似地，可定义三元函数 $u=f(x,y,z),(x,y,z)\in D$ 以及三元以上的函数。

一般地，把定义 1 中的平面点集 D 换成 n 维空间 $\mathbf{R}^n$ 内的点集 D，映射 $f: D\to\mathbf{R}$ 就称为定义在 D 上的 ***n* 元函数**，通常记为

$$u=f(x_1,x_2,\dots,x_n),\quad (x_1,x_2,\dots,x_n)\in D$$

关于函数定义域的约定：一般地，在讨论用算式表达的多元函数 $u=f(\boldsymbol{x})$时，就以使这个算式有意义的变元 $\boldsymbol{x}$ 的值组成的点集为这个多元函数的自然定义域。因而，对这类函数，它的定义域不再特别标出。例如，

函数 $z=\ln(x+y)$的定义域为$\{(x,y)\mid x+y>0\}$(无界开区域)；

函数 $z=\arcsin(x^2+y^2)$的定义域为$\{(x,y)\mid x^2+y^2\leqslant 1\}$(有界闭区域)。

二元函数的图形：点集$\{(x,y,z)\mid z=f(x,y),(x,y)\in D\}$称为二元函数 $z=f(x,y)$的图形，二元函数的图形是一个曲面。

例如：$z=ax+by+c$ 是一个平面，而函数 $z=x^2+y^2$ 的图形是一个旋转抛物面。

1) 极限

定义 2　设二元函数 $f(P)=f(x,y)$的定义域为 D，$P_0(x_0,y_0)$是 D 的聚点，如果存在常数 A，对于任意给定的整数 ε，总存在正数 δ，使得当点 $P(x,y)\in D\cap \mathring{U}(P_0,\delta)$时，都有

$$|f(P)-A|=|f(x,y)-A|<\varepsilon$$

成立，那么就称常数 A 为函数 $f(x,y)$当$(x,y)\to(x_0,y_0)$时的**极限**，记作

$$\lim_{(x,y)\to(x_0,y_0)} f(x,y)=A \text{ 或 } f(x,y)\to A((x,y)\to(x_0,y_0))$$

与一元函数的极限概念类似，如果在 $P(x,y)\to P_0(x_0,y_0)$ 的过程中，对应的函数值 $f(x,y)$ 无限接近一个确定的常数 A，则称 A 是函数 $f(x,y)$ 当 $(x,y)\to(x_0,y_0)$ 时的极限，二元函数的极限是**二重极限**。

例 1-1 求 $\lim\limits_{(x,y)\to(0,2)}\dfrac{\sin(xy)}{x}$。

解 $\lim\limits_{(x,y)\to(0,2)}\dfrac{\sin(xy)}{x}=\lim\limits_{(x,y)\to(0,2)}\dfrac{\sin(xy)}{xy}\cdot y=\lim\limits_{(x,y)\to(0,2)}\dfrac{\sin(xy)}{xy}\cdot\lim\limits_{(x,y)\to(0,2)}y=1\times2=2$

例 1-2 求极限：(1) $\lim\limits_{\substack{x\to0\\y\to0}}(1+x^2y^2)^{\frac{1}{x^2+y^2}}$；(2) $\lim\limits_{\substack{x\to0\\y\to0}}\dfrac{\sqrt{1+x^2+y^2}-1}{|x|+|y|}$

解 (1) 如果 $xy\neq0$，则

$$\lim_{\substack{x\to0\\y\to0}}(1+x^2y^2)^{\frac{1}{x^2+y^2}}=\lim_{\substack{x\to0\\y\to0}}\left[(1+x^2y^2)^{\frac{1}{x^2y^2}}\right]^{\frac{x^2y^2}{x^2+y^2}}=e^0=1$$

如果 $xy=0$，则原式恒为 1，极限为 1。

(2) 当 $(x,y)\to(0,0)$ 时，$x^2+y^2\to0$，$\sqrt{1+x^2+y^2}-1\sim\dfrac{1}{2}(x^2+y^2)$，则

$$\lim_{\substack{x\to0\\y\to0}}\frac{\sqrt{1+x^2+y^2}-1}{|x|+|y|}=\lim_{\substack{x\to0\\y\to0}}\frac{\frac{1}{2}(x^2+y^2)}{|x|+|y|}=0$$

例 1-3 设 $f(x,y)=(x^2+y^2)\sin\dfrac{1}{x^2+y^2}$，求证 $\lim\limits_{(x,y)\to(0,0)}f(x,y)=0$。

证 因为

$$|f(x,y)-0|=\left|(x^2+y^2)\sin\frac{1}{x^2+y^2}-0\right|=|x^2+y^2|\cdot\left|\sin\frac{1}{x^2+y^2}\right|\leqslant x^2+y^2$$

可见 $\forall\varepsilon>0$，取 $\delta=\sqrt{\varepsilon}$，则当

$$0<\sqrt{(x-0)^2+(y-0)^2}<\delta$$

即 $P(x,y)\in D\cap\mathring{U}(O,\delta)$ 时，总有

$$|f(x,y)-0|<\varepsilon$$

因此 $\lim\limits_{(x,y)\to(0,0)}f(x,y)=0$，证毕。

注：① 二重极限存在，是指 P 以**任何方式**趋于 P_0 时，函数都无限接近 A。

② 如果当 P 以两种不同方式趋于 P_0 时，函数趋于不同的值，则函数的极限不存在。

例 1-4 函数 $f(x,y)=\begin{cases}\dfrac{xy}{x^2+y^2} & x^2+y^2\neq0\\ 0 & x^2+y^2=0\end{cases}$ 在点 $(0,0)$ 处有无极限？

解 当点 $P(x,y)$ 沿 x 轴趋于点 $(0,0)$ 时，

$$\lim_{(x,y)\to(0,0)}f(x,y)=\lim_{x\to0}f(x,0)=\lim_{x\to0}0=0$$

当点 $P(x,y)$ 沿 y 轴趋于点 $(0,0)$ 时，

$$\lim_{(x,y)\to(0,0)}f(x,y)=\lim_{y\to0}f(0,y)=\lim_{y\to0}0=0$$

当点 $P(x,y)$沿直线 $y=kx$ 趋于点(0,0)时，有

$$\lim_{\substack{(x,y)\to(0,0)\\ y=kx}} \frac{xy}{x^2+y^2}=\lim_{x\to 0}\frac{kx^2}{x^2+k^2x^2}=\frac{k}{1+k^2}$$

因此，函数 $f(x,y)$在点(0,0)处无极限。

2）连续

定义 3　设二元函数 $f(P)=f(x,y)$的定义域为 D，$P_0(x_0,y_0)$为 D 的聚点，且 $P_0\in D$。如果

$$\lim_{(x,y)\to(x_0,y_0)} f(x,y)=f(x_0,y_0)$$

则称函数 $f(x,y)$在点 $P_0(x_0,y_0)$处**连续**。

如果函数 $f(x,y)$在 D 的每一点都连续，那么就称函数 $f(x,y)$在 D 上连续，或者称 $f(x,y)$是 D 上的**连续函数**。二元函数的连续性概念可相应地推广到 n 元函数 $f(P)$上。

例 1-5　设 $f(x,y)=\sin x$，证明 $f(x,y)$是 $\mathbf{R}^2$ 上的连续函数。

证　设 $P_0(x_0,y_0)\in\mathbf{R}^2$，$\forall\varepsilon>0$，由于 $\sin x$ 在 x_0 处连续，故 $\exists\delta>0$，当 $|x-x_0|<\delta$ 时，有

$$|\sin x-\sin x_0|<\varepsilon$$

以上述 δ 作 P_0 的 δ 邻域 $U(P_0,\delta)$，则当 $P(x,y)\in U(P_0,\delta)$时，显然

$$|x-x_0|=\rho(P,P_0)<\delta$$

从而

$$|f(x,y)-f(x_0,y_0)|=|\sin x-\sin x_0|<\varepsilon$$

即 $f(x,y)=\sin x$ 在点 $P_0(x_0,y_0)$处连续。由 P_0 的任意性知，$\sin x$ 作为 x,y 的二元函数在 $\mathbf{R}^2$ 上连续，证毕。

例 1-6　求 $\lim\limits_{(x,y)\to(0,0)}\dfrac{\sqrt{xy+1}-1}{xy}$。

解　$\lim\limits_{(x,y)\to(0,0)}\dfrac{\sqrt{xy+1}-1}{xy}=\lim\limits_{(x,y)\to(0,0)}\dfrac{(\sqrt{xy+1}-1)(\sqrt{xy+1}+1)}{xy(\sqrt{xy+1}+1)}=\lim\limits_{(x,y)\to(0,0)}\dfrac{1}{\sqrt{xy+1}+1}=\dfrac{1}{2}$

3）偏导数

对于二元函数 $z=f(x,y)$，如果自变量 x 变化，而自变量 y 固定，这时它就是 x 的一元函数，这个函数对 x 的导数就称为二元函数 $z=f(x,y)$对 x 的**偏导数**。

定义 4　函数 $z=f(x,y)$在点(x_0,y_0)的某一邻域内有定义，当 y 固定在 y_0，而 x 在 x_0 处有增量 Δx 时，相应地，函数有增量

$$f(x_0+\Delta x,y_0)-f(x_0,y_0)$$

如果极限

$$\lim_{\Delta x\to 0}\frac{f(x_0+\Delta x,y_0)-f(x_0,y_0)}{\Delta x}$$

存在，则称此极限为函数 $z=f(x,y)$在点(x_0,y_0)处**对 x 的偏导数**，记作

$$\left.\frac{\partial z}{\partial x}\right|_{\substack{x=x_0\\ y=y_0}},\quad \left.\frac{\partial f}{\partial x}\right|_{\substack{x=x_0\\ y=y_0}},\quad z_x\Big|_{\substack{x=x_0\\ y=y_0}},\quad 或\ f_x(x_0,y_0)$$

例如：

$$f_x(x_0,y_0)=\lim_{\Delta x\to 0}\frac{f(x_0+\Delta x,y_0)-f(x_0,y_0)}{\Delta x}$$

类似地，函数 $z=f(x,y)$ 在点 (x_0,y_0) 处**对 y 的偏导数**定义为

$$\lim_{\Delta y\to 0}\frac{f(x_0,y_0+\Delta y)-f(x_0,y_0)}{\Delta y}$$

记作 $\left.\frac{\partial z}{\partial y}\right|_{\substack{x=x_0\\y=y_0}}$，$\left.\frac{\partial f}{\partial y}\right|_{\substack{x=x_0\\y=y_0}}$，$\left.z_y\right|_{\substack{x=x_0\\y=y_0}}$，或 $f_y(x_0,y_0)$。

偏导函数：如果函数 $z=f(x,y)$ 在区域 D 内的每一点 (x,y) 处对 x 的偏导数都存在，那么这个偏导数就是 x、y 的函数，就称为函数 $z=f(x,y)$ 对自变量 x 的**偏导函数**，记作

$$\frac{\partial z}{\partial x},\frac{\partial f}{\partial x},\quad z_x,\text{或 } f_x(x,y)$$

偏导函数的定义式：$f_x(x,y)=\lim\limits_{\Delta x\to 0}\dfrac{f(x+\Delta x,y)-f(x,y)}{\Delta x}$。

注：① 求 $\frac{\partial f}{\partial x}$ 时，把 y 暂时看作常量，而对 x 求导数；求 $\frac{\partial f}{\partial y}$ 时，把 x 暂时看作常量，而对 y 求导数。

② 二元函数 $z=f(x,y)$ 在点 (x_0,y_0) 的偏导数的几何意义：$f_x(x_0,y_0)=[f(x,y_0)]_{x'}$ 是截线 $z=f(x,y_0)$ 在点 M_0 处切线 T_x 对 x 轴的斜率；$f_y(x_0,y_0)=[f(x_0,y)]_{y'}$ 是截线 $z=f(x_0,y)$ 在点 M_0 处切线 T_y 对 y 轴的斜率。

偏导数的概念还可推广到二元以上的函数。例如：三元函数 $u=f(x,y,z)$ 在点 (x,y,z) 处对 x 的偏导数定义为

$$f_x(x,y,z)=\lim_{\Delta x\to 0}\frac{f(x+\Delta x,y,z)-f(x,y,z)}{\Delta x}$$

其中 (x,y,z) 是函数 $u=f(x,y,z)$ 的定义域的内点。它们的求法仍旧是一元函数的微分法问题。

例 1-7 求 $z=x^2+3xy+y^2$ 在点(1,2)处的偏导数。

解 $\frac{\partial z}{\partial x}=2x+3y$，$\frac{\partial z}{\partial y}=3x+2y$，$\left.\frac{\partial z}{\partial x}=\right|_{\substack{x=1\\y=2}}=2\times1+3\times2=8$，$\left.\frac{\partial z}{\partial y}\right|_{\substack{x=1\\y=2}}=3\times1+2\times2=7$

例 1-8 求 $z=x^2\sin 2y$ 的偏导数。

解 $\frac{\partial z}{\partial x}=2x\sin 2y$，$\frac{\partial z}{\partial y}=2x^2\cos 2y$

例 1-9 设 $z=x^y\,(x>0,x\neq 1)$，求证：$\frac{x}{y}\cdot\frac{\partial z}{\partial x}+\frac{1}{\ln x}\cdot\frac{\partial z}{\partial y}=2z$。

证 $\frac{\partial z}{\partial x}=yx^{y-1}$，$\frac{\partial z}{\partial y}=x^y\ln x$

$\frac{x}{y}\cdot\frac{\partial z}{\partial x}+\frac{1}{\ln x}\cdot\frac{\partial z}{\partial y}=\frac{x}{y}yx^{y-1}+\frac{1}{\ln x}x^y\ln x=x^y+x^y=2z$，证毕。

例 1-10 求 $r=\sqrt{x^2+y^2+z^2}$ 的偏导数。

解 $\frac{\partial r}{\partial x}=\frac{x}{\sqrt{x^2+y^2+z^2}}=\frac{x}{r}$；$\frac{\partial r}{\partial y}=\frac{y}{\sqrt{x^2+y^2+z^2}}=\frac{y}{r}$

偏导数与连续性：对于多元函数来说，即使各偏导数在某点都存在，也不能保证函数在该点连续。

例 1-11

$$f(x,y)=\begin{cases}\dfrac{xy}{x^2+y^2} & x^2+y^2\neq 0\\ 0 & x^2+y^2=0\end{cases}$$

求点(0,0)处的偏导数并判断连续性。

解　$f(x,0)=0,\quad f(0,y)=0;$

$$f_x(0,0)=\frac{\mathrm{d}}{\mathrm{d}x}[f(x,0)]=0,\quad f_y(0,0)=\frac{\mathrm{d}}{\mathrm{d}y}[f(0,y)]=0$$

当点 $P(x,y)$ 沿 x 轴趋于点(0,0)时，有

$$\lim_{(x,y)\to(0,0)}f(x,y)=\lim_{x\to 0}f(x,0)=\lim_{x\to 0}0=0;$$

当点 $P(x,y)$ 沿直线 $y=kx$ 趋于点(0,0)时，有

$$\lim_{\substack{(x,y)\to(0,0)\\ y=kx}}\frac{xy}{x^2+y^2}=\lim_{x\to 0}\frac{kx^2}{x^2+k^2x^2}=\frac{k}{1+k^2}$$

因此，$\lim\limits_{(x,y)\to(0,0)}f(x,y)$ 不存在，故函数 $f(x,y)$ 在点(0,0)处不连续。

高阶偏导数：设函数 $z=f(x,y)$ 在区域 D 内具有偏导数

$$\frac{\partial z}{\partial x}=f_x(x,y),\quad \frac{\partial z}{\partial y}=f_y(x,y)$$

那么，在 D 内 $f_x(x,y)$、$f_y(x,y)$ 都是 x、y 的函数。如果这两个函数的偏导数也存在，则称它们是函数 $z=f(x,y)$ 的**二阶偏导数**。按照对变量求导次序的不同，有下列四个二阶偏导数。

$$\frac{\partial}{\partial x}\left(\frac{\partial z}{\partial x}\right)=\frac{\partial^2 z}{\partial x^2}=f_{xx}(x,y),\quad \frac{\partial}{\partial y}\left(\frac{\partial z}{\partial x}\right)=\frac{\partial^2 z}{\partial x\partial y}=f_{xy}(x,y)$$

$$\frac{\partial}{\partial x}\left(\frac{\partial z}{\partial y}\right)=\frac{\partial^2 z}{\partial y\partial x}=f_{yx}(x,y),\quad \frac{\partial}{\partial y}\left(\frac{\partial z}{\partial y}\right)=\frac{\partial^2 z}{\partial y^2}=f_{yy}(x,y)$$

其中 $\dfrac{\partial}{\partial y}\left(\dfrac{\partial z}{\partial x}\right)=\dfrac{\partial^2 z}{\partial x\partial y}=f_{xy}(x,y)$，$\dfrac{\partial}{\partial x}\left(\dfrac{\partial z}{\partial y}\right)=\dfrac{\partial^2 z}{\partial y\partial x}=f_{yx}(x,y)$ 称为**混合偏导数**。同样可得三阶、四阶以及 n 阶偏导数。二阶及二阶以上的偏导数统称为**高阶偏导数**。

例 1-12　设 $z=x^3y^2-3xy^3-xy+1$，求 $\dfrac{\partial^2 z}{\partial x^2}$、$\dfrac{\partial^3 z}{\partial x^3}$、$\dfrac{\partial^2 z}{\partial y\partial x}$ 和 $\dfrac{\partial^2 z}{\partial x\partial y}$。

解　$\dfrac{\partial z}{\partial x}=3x^2y^2-3y^3-y$，$\dfrac{\partial z}{\partial y}=2x^3y-9xy^2-x$

$\dfrac{\partial^2 z}{\partial x^2}=6xy^2$，$\dfrac{\partial^3 z}{\partial x^3}=6y^2$

$\dfrac{\partial^2 z}{\partial x\partial y}=6x^2y-9y^2-1$，$\dfrac{\partial^2 z}{\partial y\partial x}=6x^2y-9y^2-1$

注：此处 $\dfrac{\partial^2 z}{\partial y\partial x}=\dfrac{\partial^2 z}{\partial x\partial y}$。

定理　如果函数 $z=f(x,y)$ 的两个二阶混合偏导数 $\dfrac{\partial^2 z}{\partial y\partial x}$ 及 $\dfrac{\partial^2 z}{\partial x\partial y}$ 在区域 D 内连续，那

么在该区域内这两个二阶混合偏导数必相等。

例 1-13 验证函数 $z=\ln\sqrt{x^2+y^2}$ 满足方程 $\frac{\partial^2 z}{\partial x^2}+\frac{\partial^2 z}{\partial y^2}=0$。

证 因为 $z=\ln\sqrt{x^2+y^2}=\frac{1}{2}\ln(x^2+y^2)$，所以

$$\frac{\partial z}{\partial x}=\frac{x}{x^2+y^2},\frac{\partial z}{\partial y}=\frac{y}{x^2+y^2}$$

$$\frac{\partial^2 z}{\partial x^2}=\frac{(x^2+y^2)-x\cdot 2x}{(x^2+y^2)^2}=\frac{y^2-x^2}{(x^2+y^2)^2}$$

$$\frac{\partial^2 z}{\partial y^2}=\frac{(x^2+y^2)-y\cdot 2y}{(x^2+y^2)^2}=\frac{x^2-y^2}{(x^2+y^2)^2}$$

因此 $\frac{\partial^2 z}{\partial x^2}+\frac{\partial^2 z}{\partial y^2}=\frac{x^2-y^2}{(x^2+y^2)^2}+\frac{y^2-x^2}{(x^2+y^2)^2}=0$，证毕。

例 1-14 证明函数 $u=\frac{1}{r}$ 满足方程 $\frac{\partial^2 u}{\partial x^2}+\frac{\partial^2 u}{\partial y^2}+\frac{\partial^2 u}{\partial z^2}=0$，其中 $r=\sqrt{x^2+y^2+z^2}$。

证 $\frac{\partial u}{\partial x}=-\frac{1}{r^2}\cdot\frac{\partial r}{\partial x}=-\frac{1}{r^2}\cdot\frac{x}{r}=-\frac{x}{r^3}$，

$\frac{\partial^2 u}{\partial x^2}=-\frac{1}{r^3}+\frac{3x}{r^4}\cdot\frac{\partial r}{\partial x}=-\frac{1}{r^3}+\frac{3x^2}{r^5}$。

同理，$\frac{\partial^2 u}{\partial y^2}=-\frac{1}{r^3}+\frac{3y^2}{r^5}$，$\frac{\partial^2 u}{\partial z^2}=-\frac{1}{r^3}+\frac{3z^2}{r^5}$

因此 $\frac{\partial^2 u}{\partial x^2}+\frac{\partial^2 u}{\partial y^2}+\frac{\partial^2 u}{\partial z^2}=\left(-\frac{1}{r^3}+\frac{3x^2}{r^5}\right)+\left(-\frac{1}{r^3}+\frac{3y^2}{r^5}\right)+\left(-\frac{1}{r^3}+\frac{3z^2}{r^5}\right)$

$=-\frac{3}{r^3}+\frac{3(x^2+y^2+z^2)}{r^5}=-\frac{3}{r^3}+\frac{3r^2}{r^5}=0$，证毕。

其中 $\frac{\partial^2 u}{\partial x^2}=\frac{\partial}{\partial x}\left(-\frac{x}{r^3}\right)=-\frac{r^3-x\cdot\frac{\partial}{\partial x}(r^3)}{r^6}=-\frac{r^3-x\cdot 3r^2\frac{\partial r}{\partial x}}{r^6}$。

例 1-15 设函数 $f(x,y)=\begin{cases}\frac{xy(x^2-y^2)}{x^2+y^2} & (x,y)\neq(0,0)\\ 0, & (x,y)\neq(0,0)\end{cases}$，求 $f_{xy}(0,0)$，$f_{yx}(0,0)$。

解

$$f_x(0,y)=\lim_{x\to 0}\frac{f(x,y)-f(0,y)}{x-0}=\lim_{x\to 0}\frac{\frac{xy(x^2-y^2)}{x^2+y^2}-0}{x-0}=-y$$

$$f_{xy}(0,0)=\frac{\mathrm{d}}{\mathrm{d}y}[f_x(0,y)]\bigg|_{y=0}=-1$$

同理，可求 $f_{yx}(0,0)=1$，从这里可以看出 $f_{xy}(0,0)\neq f_{yx}(0,0)$。

4）全微分

根据一元函数微分学中增量与微分的关系，有偏增量与偏微分：

$$f(x+\Delta x,y)-f(x,y)\approx f_x(x,y)\Delta x$$

$f(x+\Delta x,y)-f(x,y)$为函数对 x 的偏增量，$f_x(x,y)\Delta x$ 为函数对 x 的偏微分；

$$f(x,y+\Delta y)-f(x,y)\approx f_y(x,y)\Delta y$$

$f(x,y+\Delta y)-f(x,y)$为函数对 y 的偏增量，$f_y(x,y)\Delta y$ 为函数对 y 的偏微分。

全增量：　$\Delta z=f(x+\Delta x,y+\Delta y)-f(x,y)$

计算全增量比较复杂，我们希望可以用 Δx、Δy 的线性函数近似代替之。

定义　如果函数 $z=f(x,y)$在点(x,y)的全增量

$$\Delta z=f(x+\Delta x,y+\Delta y)-f(x,y)$$

则可表示为

$$\Delta z=A\Delta x+B\Delta y+o(\rho)\quad(\rho=\sqrt{(\Delta x)^2+(\Delta y)^2})$$

若 A、B 不依赖 Δx、Δy，而仅与 x、y 有关，则称函数 $z=f(x,y)$在点(x,y)**可微分**，而称 $A\Delta x+B\Delta y$ 为函数 $z=f(x,y)$在点(x,y)的全微分，记作 $\mathrm{d}z$，即

$$\mathrm{d}z=A\Delta x+B\Delta y$$

如果函数在区域 D 内的各点处都可微分，那么就称这个函数在 D 内可微分。

可微与连续：可微必连续，但偏导数存在不一定连续。

这是因为，如果 $z=f(x,y)$在点(x,y)可微，则

$$\Delta z=f(x+\Delta x,y+\Delta y)-f(x,y)=A\Delta x+B\Delta y+o(\rho)$$

于是

$$\lim_{\rho\to 0}\Delta z=0$$

从而

$$\lim_{(\Delta x,\Delta y)\to(0,0)}f(x+\Delta x,y+\Delta y)=\lim_{\rho\to 0}[f(x,y)+\Delta z]=f(x,y)$$

因此，函数 $z=f(x,y)$在点(x,y)处连续。

可微条件：定理1（必要条件）　如果函数 $z=f(x,y)$在点(x,y)可微分，则函数在该点的偏导数$\frac{\partial z}{\partial x}$、$\frac{\partial z}{\partial y}$必定存在，且函数 $z=f(x,y)$在点(x,y)的全微分为

$$\mathrm{d}z=\frac{\partial z}{\partial x}\Delta x+\frac{\partial z}{\partial y}\Delta y$$

证　设函数 $z=f(x,y)$在点 $P(x,y)$可微分。于是，对于点 P 的某个邻域内的任意一点 $P'(x+\Delta x,y+\Delta y)$，有 $\Delta z=A\Delta x+B\Delta y+o(\rho)$。特别当 $\Delta y=0$ 时，有

$$f(x+\Delta x,y)-f(x,y)=A\Delta x+o(|\Delta x|)$$

上式两边分别除以 Δx，再令 $\Delta x\to 0$ 而取极限，得

$$\lim_{\Delta x\to 0}\frac{f(x+\Delta x,y)-f(x,y)}{\Delta x}=A$$

从而偏导数$\frac{\partial z}{\partial x}$存在，且$\frac{\partial z}{\partial x}=A$。同理可证偏导数$\frac{\partial z}{\partial y}$存在，且$\frac{\partial z}{\partial y}=B$，所以

$$\mathrm{d}z=\frac{\partial z}{\partial x}\Delta x+\frac{\partial z}{\partial y}\Delta y$$

证毕。偏导数$\frac{\partial z}{\partial x}$、$\frac{\partial z}{\partial y}$存在是可微分的必要条件，但不是充分条件。例如，函数

$$f(x,y)=\begin{cases}\dfrac{xy}{\sqrt{x^2+y^2}} & x^2+y^2\neq 0\\ 0 & x^2+y^2=0\end{cases}$$

在点(0,0)处虽然有 $f_x(0,0)=0, f_y(0,0)=0$,但函数在(0,0)处不可微分,即

$$\Delta z-[f_x(0,0)\Delta x+f_y(0,0)\Delta y]$$

不是 ρ 高阶的无穷小。这是因为当$(\Delta x,\Delta y)$沿直线 $y=x$ 趋于(0,0)时,

$$\frac{\Delta z-[f_x(0,0)\cdot\Delta x+f_y(0,0)\cdot\Delta y]}{\rho}=\frac{\Delta x\cdot\Delta y}{(\Delta x)^2+(\Delta y)^2}=\frac{\Delta x\cdot\Delta x}{(\Delta x)^2+(\Delta x)^2}=\frac{1}{2}\neq 0$$

定理 2(充分条件) 如果函数 $z=f(x,y)$ 的偏导数$\dfrac{\partial z}{\partial x}$、$\dfrac{\partial z}{\partial y}$在点$(x,y)$连续,则函数在该点可微分。

定理 1 和定理 2 的结论可推广到三元及三元以上的函数。

通常,Δx、Δy 分别记作 $\mathrm{d}x$、$\mathrm{d}y$,并分别称为自变量的微分,则函数 $z=f(x,y)$ 的全微分可写作

$$\mathrm{d}z=\frac{\partial z}{\partial x}\mathrm{d}x+\frac{\partial z}{\partial y}\mathrm{d}y$$

二元函数的微分符合叠加原理:二元函数的全微分等于它的两个偏微分之和。叠加原理也适用于二元以上的函数,例如函数 $u=f(x,y,z)$ 的全微分为

$$\mathrm{d}u=\frac{\partial u}{\partial x}\mathrm{d}x+\frac{\partial u}{\partial y}\mathrm{d}y+\frac{\partial u}{\partial z}\mathrm{d}z$$

例 1-16 计算函数 $z=x^2y+y^2$ 的全微分。

解 因为$\dfrac{\partial z}{\partial x}=2xy$,$\dfrac{\partial z}{\partial y}=x^2+2y$,所以 $\mathrm{d}z=2xy\mathrm{d}x+(x^2+2y)\mathrm{d}y$。

例 1-17 计算函数 $z=\mathrm{e}^{xy}$ 在点(2,1)处的全微分。

解 因为$\dfrac{\partial z}{\partial x}=y\mathrm{e}^{xy}$,$\dfrac{\partial z}{\partial y}=x\mathrm{e}^{xy}$

$$\left.\frac{\partial z}{\partial x}\right|_{\substack{x=2\\y=1}}=\mathrm{e}^2,\quad \left.\frac{\partial z}{\partial y}\right|_{\substack{x=2\\y=1}}=2\mathrm{e}^2$$

所以 $\mathrm{d}z=\mathrm{e}^2\mathrm{d}x+2\mathrm{e}^2\mathrm{d}y$。

例 1-18 计算函数 $u=x+\sin\dfrac{y}{2}+\mathrm{e}^{yz}$ 的全微分。

解 因为$\dfrac{\partial u}{\partial x}=1$,$\dfrac{\partial u}{\partial y}=\dfrac{1}{2}\cos\dfrac{y}{2}+z\mathrm{e}^{yz}$,$\dfrac{\partial u}{\partial z}=y\mathrm{e}^{yz}$

所以 $\mathrm{d}u=\mathrm{d}x+\left(\dfrac{1}{2}\cos\dfrac{y}{2}+z\mathrm{e}^{yz}\right)\mathrm{d}y+y\mathrm{e}^{yz}\mathrm{d}z$。

例 1-19 设连续函数 $z=f(x,y)$ 满足$\lim\limits_{\substack{x\to 0\\y\to 1}}\dfrac{f(x,y)-2x+y-2}{\sqrt{x^2+(y-1)^2}}=0$,求$\mathrm{d}z|_{(0,1)}$。

解 由于$\lim\limits_{\substack{x\to 0\\y\to 1}}\dfrac{f(x,y)-2x+y-2}{\sqrt{x^2+(y-1)^2}}=0$,必有$\lim\limits_{\substack{x\to 0\\y\to 1}}[f(x,y)-2x+y-2]=0$。

$\lim\limits_{\substack{x\to 0\\y\to 1}}f(x,y)=1$,由连续性得 $f(0,1)=1$。

已知条件可改写为

$$\lim_{\substack{x\to 0\\ y\to 1}}\frac{f(x,y)-f(0,1)-2x+(y-1)}{\sqrt{x^2+(y-1)^2}}=0$$

由微分的概念可知 $z=f(x,y)$ 在点 $(0,1)$ 处可微，且 $\mathrm{d}z\big|_{(0,1)}=2\mathrm{d}x-\mathrm{d}y$。

2. 多元微分法

1) 复合函数求导法则

(1) 复合函数的中间变量均为一元函数的情形

定理 1 如果函数 $u=\varphi(t)$ 及 $v=\psi(t)$ 都在点 t 可导，函数 $z=f(u,v)$ 在对应点 (u,v) 具有连续偏导数，则复合函数 $z=f[\varphi(t),\psi(t)]$ 在点 t 可导，且有

$$\frac{\mathrm{d}z}{\mathrm{d}t}=\frac{\partial z}{\partial u}\cdot\frac{\mathrm{d}u}{\mathrm{d}t}+\frac{\partial z}{\partial v}\cdot\frac{\mathrm{d}v}{\mathrm{d}t}$$

简要证明 1：因为 $z=f(u,v)$ 具有连续的偏导数，所以它是可微的，即有

$$\mathrm{d}z=\frac{\partial z}{\partial u}\mathrm{d}u+\frac{\partial z}{\partial v}\mathrm{d}v$$

又因为 $u=\varphi(t)$ 及 $v=\psi(t)$ 都可导，因而可微，即有

$$\mathrm{d}u=\frac{\mathrm{d}u}{\mathrm{d}t}\mathrm{d}t,\mathrm{d}v=\frac{\mathrm{d}v}{\mathrm{d}t}\mathrm{d}t$$

代入上式得

$$\mathrm{d}z=\frac{\partial z}{\partial u}\cdot\frac{\mathrm{d}u}{\mathrm{d}t}\mathrm{d}t+\frac{\partial z}{\partial v}\cdot\frac{\mathrm{d}v}{\mathrm{d}t}\mathrm{d}t=\left(\frac{\partial z}{\partial u}\cdot\frac{\mathrm{d}u}{\mathrm{d}t}+\frac{\partial z}{\partial v}\cdot\frac{\mathrm{d}v}{\mathrm{d}t}\right)\mathrm{d}t$$

从而

$$\frac{\mathrm{d}z}{\mathrm{d}t}=\frac{\partial z}{\partial u}\cdot\frac{\mathrm{d}u}{\mathrm{d}t}+\frac{\partial z}{\partial v}\cdot\frac{\mathrm{d}v}{\mathrm{d}t}$$

简要证明 2：当 t 取得增量 Δt 时，u、v 及 z 相应地也取得增量 Δu、Δv 及 Δz。由 $z=f(u,v)$、$u=\varphi(t)$ 及 $v=\psi(t)$ 的可微性，有

$$\begin{aligned}\Delta z&=\frac{\partial z}{\partial u}\Delta u+\frac{\partial z}{\partial v}\Delta v+o(\rho)=\frac{\partial z}{\partial u}\left[\frac{\mathrm{d}u}{\mathrm{d}t}\Delta t+o(\Delta t)\right]+\frac{\partial z}{\partial v}\left[\frac{\mathrm{d}v}{\mathrm{d}t}\Delta t+o(\Delta t)\right]+o(\rho)\\&=\left(\frac{\partial z}{\partial u}\cdot\frac{\mathrm{d}u}{\mathrm{d}t}+\frac{\partial z}{\partial v}\cdot\frac{\mathrm{d}v}{\mathrm{d}t}\right)\Delta t+\left(\frac{\partial z}{\partial u}+\frac{\partial z}{\partial v}\right)o(\Delta t)+o(\rho)\end{aligned}$$

$$\frac{\Delta z}{\Delta t}=\frac{\partial z}{\partial u}\cdot\frac{\mathrm{d}u}{\mathrm{d}t}+\frac{\partial z}{\partial v}\cdot\frac{\mathrm{d}v}{\mathrm{d}t}+\left(\frac{\partial z}{\partial u}+\frac{\partial z}{\partial v}\right)\frac{o(\Delta t)}{\Delta t}+\frac{o(\rho)}{\Delta t}$$

令 $\Delta t\to 0$，上式两边取极限，得

$$\frac{\mathrm{d}z}{\mathrm{d}t}=\frac{\partial z}{\partial u}\cdot\frac{\mathrm{d}u}{\mathrm{d}t}+\frac{\partial z}{\partial v}\cdot\frac{\mathrm{d}v}{\mathrm{d}t}$$

注： $\lim\limits_{\Delta t\to 0}\dfrac{o(\rho)}{\Delta t}=\lim\limits_{\Delta t\to 0}\dfrac{o(\rho)}{\rho}\cdot\dfrac{\sqrt{(\Delta u)^2+(\Delta v)^2}}{\Delta t}=0\cdot\sqrt{\left(\dfrac{\mathrm{d}u}{\mathrm{d}t}\right)^2+\left(\dfrac{\mathrm{d}v}{\mathrm{d}t}\right)^2}=0$。

推广到 $z=f(u,v,w)$，$u=\varphi(t)$，$v=\psi(t)$，$w=\omega(t)$，则 $z=f[\varphi(t),\psi(t),\omega(t)]$ 对 t 的导数为

$$\frac{\mathrm{d}z}{\mathrm{d}t}=\frac{\partial z}{\partial u}\cdot\frac{\mathrm{d}u}{\mathrm{d}t}+\frac{\partial z}{\partial v}\frac{\mathrm{d}v}{\mathrm{d}t}+\frac{\partial z}{\partial w}\cdot\frac{\mathrm{d}w}{\mathrm{d}t}$$

上述$\frac{dz}{dt}$称为全导数。

（2）复合函数的中间变量均为多元函数的情形

定理 2 如果函数 $u=\varphi(x,y)$，$v=\psi(x,y)$都在点(x,y)具有对 x、y 的偏导数，函数 $z=f(u,v)$在对应点(u,v)具有连续偏导数，则复合函数 $z=f[\varphi(x,y),\psi(x,y)]$在点$(x,y)$的两个偏导数存在，且有

$$\frac{\partial z}{\partial x}=\frac{\partial z}{\partial u}\cdot\frac{\partial u}{\partial x}+\frac{\partial z}{\partial v}\cdot\frac{\partial v}{\partial x},\quad \frac{\partial z}{\partial y}=\frac{\partial z}{\partial u}\cdot\frac{\partial u}{\partial y}+\frac{\partial z}{\partial v}\cdot\frac{\partial v}{\partial y}$$

注：设 $z=f(u,x,y)$，且 $u=\varphi(x,y)$，则$\frac{\partial z}{\partial x}=?$ $\frac{\partial z}{\partial y}=?$

$$\frac{\partial z}{\partial x}=\frac{\partial f}{\partial u}\cdot\frac{\partial u}{\partial x}+\frac{\partial f}{\partial x},\quad \frac{\partial z}{\partial y}=\frac{\partial f}{\partial u}\cdot\frac{\partial u}{\partial y}+\frac{\partial f}{\partial y}$$

这里，$\frac{\partial z}{\partial x}$与$\frac{\partial f}{\partial x}$不同，$\frac{\partial z}{\partial x}$是把复合函数 $z=f[\varphi(x,y),x,y]$中的 y 看作不变而对 x 的偏导数，$\frac{\partial f}{\partial x}$是把 $f(u,x,y)$中的 u 及 y 看作不变而对 x 的偏导数。$\frac{\partial z}{\partial y}$与$\frac{\partial f}{\partial y}$也有类似的区别。

（3）复合函数的中间变量既有一元函数，又有多元函数的情形

定理 3 如果函数 $u=\varphi(x,y)$在点(x,y)具有对 x、y 的偏导数，函数 $v=\psi(y)$在点 y 可导，函数 $z=f(u,v)$在对应点(u,v)具有连续偏导数，则复合函数 $z=f[\varphi(x,y),\psi(y)]$在点$(x,y)$的两个偏导数存在，且有

$$\frac{\partial z}{\partial x}=\frac{\partial z}{\partial u}\cdot\frac{\partial u}{\partial x},\quad \frac{\partial z}{\partial y}=\frac{\partial z}{\partial u}\cdot\frac{\partial u}{\partial y}+\frac{\partial z}{\partial v}\cdot\frac{dv}{dy}$$

例 1-20 设 $u=f(x,y,z)=e^{x^2+y^2+z^2}$，而 $z=x^2\sin y$，求$\frac{\partial u}{\partial x}$和$\frac{\partial u}{\partial y}$。

解

$$\begin{aligned}\frac{\partial u}{\partial x}&=\frac{\partial f}{\partial x}+\frac{\partial f}{\partial z}\cdot\frac{\partial z}{\partial x}\\&=2xe^{x2+y2+z2}+2ze^{x2+y2+z2}\cdot 2x\sin y\\&=2x+(1+2x^2\sin^2y)e^{x2+y2+x4\sin^2y}\end{aligned}$$

$$\begin{aligned}\frac{\partial u}{\partial y}&=\frac{\partial f}{\partial y}+\frac{\partial f}{\partial z}\cdot\frac{\partial z}{\partial y}\\&=2ye^{x2+y2+z2}+2ze^{x2+y2+z2}\cdot x^2\cos y\\&=2(y+x^4\sin y\cos y)e^{x2+y2+x4\sin^2y}\end{aligned}$$

例 1-21 设 $z=uv+\sin t$，而 $u=e^t$，$v=\cos t$，求全导数$\frac{dz}{dt}$。

解

$$\begin{aligned}\frac{dz}{dt}&=\frac{\partial z}{\partial u}\cdot\frac{du}{dt}+\frac{\partial z}{\partial v}\cdot\frac{dv}{dt}+\frac{\partial z}{\partial t}\\&=ve^t+u(-\sin t)+\cos t\\&=e^t\cos t-e^t\sin t+\cos t\\&=e^t(\cos t-\sin t)+\cos t\end{aligned}$$

例 1-22 设 $w=f(x+y+z,xyz)$，f 具有二阶连续偏导数，求$\frac{\partial w}{\partial x}$及$\frac{\partial^2 w}{\partial x\partial z}$。

解　令 $u=x+y+z, v=xyz$，则 $w=f(u,v)$。

引入记号：$f'_1=\dfrac{\partial f(u,v)}{\partial u}, f''_{12}=\dfrac{\partial f(u,v)}{\partial u\partial v}$；同理有 f'_2、f''_{11}、f''_{22} 等。

$$\frac{\partial w}{\partial x}=\frac{\partial f}{\partial u}\cdot\frac{\partial u}{\partial x}+\frac{\partial f}{\partial v}\cdot\frac{\partial v}{\partial x}=f'_1+yzf'_2$$

$$\begin{aligned}\frac{\partial^2 w}{\partial x\partial z}&=\frac{\partial}{\partial z}(f'_1+yzf'_2)=\frac{\partial f'_1}{\partial z}+yf'_2+yz\frac{\partial f'_2}{\partial z}\\&=f''_{11}+xyf''_{12}+yf'_2+yzf''_{21}+xy^2zf''_{22}\\&=f''_{11}+y(x+z)f''_{12}+yf'_2+xy^2zf''_{22}\end{aligned}$$

注　$\dfrac{\partial f'_1}{\partial z}=\dfrac{\partial f'_1}{\partial u}\cdot\dfrac{\partial u}{\partial z}+\dfrac{\partial f'_1}{\partial v}\cdot\dfrac{\partial v}{\partial z}=f''_{11}+xyf''_{12}$，$\dfrac{\partial f'_2}{\partial z}=\dfrac{\partial f'_2}{\partial u}\cdot\dfrac{\partial u}{\partial z}+\dfrac{\partial f'_2}{\partial v}\cdot\dfrac{\partial v}{\partial z}=f''_{21}+xyf''_{22}$

例 1-23　设 $u=f(x,y)$ 的所有二阶偏导数连续，把下列表达式转换成极坐标系中的形式：

(1) $\left(\dfrac{\partial u}{\partial x}\right)^2+\left(\dfrac{\partial u}{\partial y}\right)^2$；　　　(2) $\dfrac{\partial^2 u}{\partial x^2}+\dfrac{\partial^2 u}{\partial y^2}$

解　由直角坐标与极坐标的关系式得

$$u=f(x,y)=f(\rho\cos\theta,\rho\sin\theta)=F(\rho,\theta)$$

其中 $x=\rho\cos\theta, y=\rho\sin\theta, \rho=\sqrt{x^2+y^2}, \theta=\arctan\dfrac{y}{x}$

应用复合函数求导法则，得

$$\frac{\partial u}{\partial x}=\frac{\partial u}{\partial\rho}\frac{\partial\rho}{\partial x}+\frac{\partial u}{\partial\theta}\frac{\partial\theta}{\partial x}=\frac{\partial u}{\partial\rho}\frac{x}{\rho}-\frac{\partial u}{\partial\theta}\frac{y}{\rho^2}=\frac{\partial u}{\partial\rho}\cos\theta-\frac{\partial u}{\partial\theta}\frac{\sin\theta}{\rho}$$

$$\frac{\partial u}{\partial y}=\frac{\partial u}{\partial\rho}\frac{\partial\rho}{\partial y}+\frac{\partial u}{\partial\theta}\frac{\partial\theta}{\partial y}=\frac{\partial u}{\partial\rho}\frac{y}{\rho}+\frac{\partial u}{\partial\theta}\frac{x}{\rho^2}=\frac{\partial u}{\partial\rho}\sin\theta+\frac{\partial u}{\partial\theta}\frac{\cos\theta}{\rho}$$

两式平方后相加，得

$$\left(\frac{\partial u}{\partial x}\right)^2+\left(\frac{\partial u}{\partial y}\right)^2=\left(\frac{\partial u}{\partial\rho}\right)^2+\frac{1}{\rho^2}\left(\frac{\partial u}{\partial\theta}\right)^2$$

再求二阶偏导数，得

$$\begin{aligned}\frac{\partial^2 u}{\partial x^2}&=\frac{\partial}{\partial\rho}\left(\frac{\partial u}{\partial x}\right)\cdot\frac{\partial\rho}{\partial x}+\frac{\partial}{\partial\theta}\left(\frac{\partial u}{\partial x}\right)\cdot\frac{\partial\theta}{\partial x}\\&=\frac{\partial}{\partial\rho}\left(\frac{\partial u}{\partial\rho}\cos\theta-\frac{\partial u}{\partial\theta}\frac{\sin\theta}{\rho}\right)\cdot\cos\theta-\frac{\partial}{\partial\theta}\left(\frac{\partial u}{\partial\rho}\cos\theta-\frac{\partial u}{\partial\theta}\frac{\sin\theta}{\rho}\right)\cdot\frac{\sin\theta}{\rho}\\&=\frac{\partial^2 u}{\partial\rho^2}\cos^2\theta-2\frac{\partial^2 u}{\partial\rho\partial\theta}\frac{\sin\theta\cos\theta}{\rho}+\frac{\partial^2 u}{\partial\theta^2}\frac{\sin\theta^2}{\rho^2}+\\&\quad\frac{\partial u}{\partial\theta}\frac{2\sin\theta\cos\theta}{\rho^2}+\frac{\partial u}{\partial\rho}\frac{\sin^2\theta}{\rho}\end{aligned}$$

同理可得

$$\frac{\partial^2 u}{\partial y^2}=\frac{\partial^2 u}{\partial\rho^2}\sin^2\theta+2\frac{\partial^2 u}{\partial\rho\partial\theta}\frac{\sin\theta\cos\theta}{\rho}+\frac{\partial^2 u}{\partial\theta^2}\frac{\cos\theta^2}{\rho^2}$$

$$-\frac{\partial u}{\partial \theta}\frac{2\sin\theta\cos\theta}{\rho^2}+\frac{\partial u}{\partial \rho}\frac{\cos^2\theta}{\rho}$$

两式相加，得

$$\frac{\partial^2 u}{\partial x^2}+\frac{\partial^2 u}{\partial y^2}=\frac{\partial^2 u}{\partial \rho^2}+\frac{1}{\rho}\cdot\frac{\partial u}{\partial \rho}+\frac{1}{\rho^2}\cdot\frac{\partial^2 u}{\partial \theta^2}=\frac{1}{\rho^2}\left[\rho\frac{\partial}{\partial \rho}\left(\rho\frac{\partial u}{\partial \rho}\right)+\frac{\partial^2 u}{\partial \theta^2}\right]$$

例 1-24 设函数 $u=f(x,y)$ 具有二阶连续偏导数，且满足等式

$$4\frac{\partial^2 u}{\partial x^2}+12\frac{\partial^2 u}{\partial x\partial y}+5\frac{\partial^2 u}{\partial y^2}=0$$

确定 a、b 的值，使等式在变换 $\xi=x+ay,\eta=x+by$ 下简化为 $\frac{\partial^2 u}{\partial \xi\partial \eta}=0$。

解

$$\frac{\partial u}{\partial x}=\frac{\partial u}{\partial \xi}+\frac{\partial u}{\partial \eta},\frac{\partial^2 u}{\partial x^2}=\frac{\partial^2 u}{\partial \xi^2}+2\frac{\partial^2 u}{\partial \xi\partial \eta}+\frac{\partial^2 u}{\partial \eta^2},$$

$$\frac{\partial u}{\partial y}=a\frac{\partial u}{\partial \xi}+b\frac{\partial u}{\partial \eta},\frac{\partial^2 u}{\partial y^2}=a^2\frac{\partial^2 u}{\partial \xi^2}+2ab\frac{\partial^2 u}{\partial \xi\partial \eta}+b^2\frac{\partial^2 u}{\partial \eta^2},$$

$$\frac{\partial^2 u}{\partial x\partial y}=a\frac{\partial^2 u}{\partial \xi^2}+(a+b)\frac{\partial^2 u}{\partial \xi\partial \eta}+b\frac{\partial^2 u}{\partial \eta^2}$$

代入得

$$(5a^2+12a+4)\frac{\partial^2 u}{\partial \xi^2}+[10ab+12(a+b)+8]\frac{\partial^2 u}{\partial \xi\partial \eta}+(5b^2+12b+4)\frac{\partial^2 u}{\partial \eta^2}=0$$

另 $\begin{cases}5a^2+12a+4=0\\5b^2+12b+4=0\end{cases}$，解得

$$\begin{cases}a=-2\\b=-\frac{2}{5}\end{cases},\quad\begin{cases}a=-\frac{2}{5}\\b=-2\end{cases},\quad\begin{cases}a=-2\\b=-2\end{cases},\quad\begin{cases}a=-\frac{2}{5}\\b=-\frac{2}{5}\end{cases},$$

由 $10ab+12(a+b)+8\neq 0$，舍去 $\begin{cases}a=-2\\b=-2\end{cases}$，$\begin{cases}a=-\frac{2}{5}\\b=-\frac{2}{5}\end{cases}$ 故 $\begin{cases}a=-2\\b=-\frac{2}{5}\end{cases}$，$\begin{cases}a=-\frac{2}{5}\\b=-2\end{cases}$。

2）隐函数求导法则

（1）一个方程的情形

隐函数存在定理 1 设函数 $F(x,y)$ 在点 $P(x_0,y_0)$ 的某一邻域内具有连续偏导数，$F(x_0,y_0)=0$，$F_y(x_0,y_0)\neq 0$，则方程 $F(x,y)=0$ 在点 (x_0,y_0) 的某一邻域内恒能唯一确定一个连续且具有连续导数的函数 $y=f(x)$，它满足条件 $y_0=f(x_0)$，并有

$$\frac{\mathrm{d}y}{\mathrm{d}x}=-\frac{F_x}{F_y}$$

证明：将 $y=f(x)$ 代入 $F(x,y)=0$，得恒等式

$$F(x,f(x))\equiv 0$$

等式两边对 x 求导，得

$$\frac{\partial F}{\partial x}+\frac{\partial F}{\partial y}\cdot\frac{\mathrm{d}y}{\mathrm{d}x}=0$$

由于 F_y 连续，且 $F_y(x_0,y_0)\neq 0$，所以存在(x_0,y_0)的一个邻域，在这个邻域中 $F_y\neq 0$，于是可得

$$\frac{\mathrm{d}y}{\mathrm{d}x}=-\frac{F_x}{F_y}$$

例 1-25　验证方程 $x^2+y^2-1=0$ 在点$(0,1)$的某一邻域内能唯一确定一个有连续导数、当 $x=0$ 时 $y=1$ 的隐函数 $y=f(x)$，并求这个函数的一阶与二阶导数在 $x=0$ 的值。

解　设 $F(x,y)=x^2+y^2-1$，则 $F_x=2x$，$F_y=2y$，$F(0,1)=0$，$F_y(0,1)=2\neq 0$。因此，由定理1可知，方程 $x^2+y^2-1=0$ 在点$(0,1)$的某一邻域内能唯一确定一个存在连续导数、当 $x=0$ 时 $y=1$ 的隐函数 $y=f(x)$。

$$\frac{\mathrm{d}y}{\mathrm{d}x}=-\frac{F_x}{F_y}=-\frac{x}{y},\left.\frac{\mathrm{d}y}{\mathrm{d}x}\right|_{x=0}=0$$

$$\frac{\mathrm{d}^2y}{\mathrm{d}x^2}=-\frac{y-xy'}{y^2}=-\frac{y-x\left(-\dfrac{x}{y}\right)}{y^2}=-\frac{y^2+x^2}{y^3}=-\frac{1}{y^3}$$

$$\left.\frac{\mathrm{d}^2y}{\mathrm{d}x^2}\right|_{x=0}=-1$$

隐函数存在定理还可以推广到多元函数。一个二元方程 $F(x,y)=0$ 可以确定一个一元隐函数，一个三元方程 $F(x,y,z)=0$ 可以确定一个二元隐函数。

隐函数存在定理 2　设函数 $F(x,y,z)$在点 $P(x_0,y_0,z_0)$的某一邻域内具有连续的偏导数，且 $P(x_0,y_0,z_0)$，$F_z(x_0,y_0,z_0)\neq 0$，则方程 $F(x,y,z)=0$ 在点(x_0,y_0,z_0)的某一邻域内恒能唯一确定一个连续且具有连续偏导数的函数 $z=f(x,y)$，它满足条件 $z_0=f(x_0,y_0)$，并有

$$\frac{\partial z}{\partial x}=-\frac{F_x}{F_z},\quad \frac{\partial z}{\partial y}=-\frac{F_y}{F_z}$$

证明：将 $z=f(x,y)$代入 $F(x,y,z)=0$，得 $F(x,y,f(x,y))\equiv 0$，上式两端分别对 x 和 y 求导，得

$$F_x+F_z\cdot\frac{\partial z}{\partial x}=0,\quad F_y+F_z\cdot\frac{\partial z}{\partial y}=0$$

因为 F_z 连续且 $F_z(x_0,y_0,z_0)\neq 0$，所以存在点(x_0,y_0,z_0)的一个邻域，使 $F_z\neq 0$，于是得

$$\frac{\partial z}{\partial x}=-\frac{F_x}{F_z},\quad \frac{\partial z}{\partial y}=-\frac{F_y}{F_z}$$

例 1-26　设 $x^2+y^2+z^2-4z=0$，求$\dfrac{\partial^2 z}{\partial x^2}$。

解　设 $F(x,y,z)=x^2+y^2+z^2-4z$，则 $F_x=2x$，$F_y=2z-4$，

$$\frac{\partial z}{\partial x}=-\frac{F_x}{F_z}=-\frac{2x}{2z-4}=\frac{x}{2-z}$$

$$\frac{\partial^2 z}{\partial x^2}=\frac{(2-z)+x\dfrac{\partial z}{\partial x}}{(2-z)^2}=\frac{(2-z)+x\left(\dfrac{x}{2-z}\right)}{(2-z)^2}=\frac{(2-z)^2+x^2}{(2-z)^3}$$

例 1-27　设 $y=y(x)$，$z=z(x)$是由方程 $z=xf(x+y)$和 $F(x,y,z)=0$ 确定的函

数，其中 f 和 F 分别具有一阶连续导数和一阶连续偏导数，求 $\frac{dz}{dx}$。

解 分别在 $z=xf(x+y)$ 和 $F(x,y,z)=0$ 的两端对 x 求导，得

$$\begin{cases}\frac{dz}{dx}=f+x\left(1+\frac{dy}{dx}\right)f' \\ F'_x+F'_y\frac{dy}{dx}+F'_z\frac{dz}{dx}=0\end{cases}$$

整理后得

$$\begin{cases}\frac{dz}{dx}-xf'\frac{dy}{dx}=f+xf' \\ F'_y\frac{dy}{dx}+F'_z\frac{dz}{dx}=-F'_x\end{cases}$$

由此解得：$\frac{dz}{dx}=\frac{(f+xf')F'_y-xf'F'_x}{F'_y+xf'F'_z}(F'_y+xf'F'_z\neq 0)$。

(2) 方程组的情形

在一定条件下，两个方程组 $F(x,y,u,v)=0, G(x,y,u,v)=0$ 可以确定一对二元函数 $u=u(x,y), v=v(x,y)$。例如，方程 $xu-yv=0$ 和 $yu+xv=1$ 可以确定两个二元函数

$$u=\frac{y}{x^2+y^2},\quad v=\frac{x}{x^2+y^2}$$

事实上，$xu-yv=0\Rightarrow v=\frac{x}{y}u\Rightarrow yu+x\cdot\frac{x}{y}u=1\Rightarrow u=\frac{y}{x^2+y^2}$，

$$v=\frac{x}{y}\cdot\frac{y}{x^2+y^2}=\frac{x}{x^2+y^2}$$

如何根据原方程组求 u、v 的偏导数？

隐函数存在定理3 设 $F(x,y,u,v)$、$G(x,y,u,v)$ 在点 $P(x_0,y_0,u_0,v_0)$ 的某一邻域内具有对各个变量的连续偏导数，又 $F(x_0,y_0,u_0,v_0)=0, G(x_0,y_0,u_0,v_0)=0$，且偏导数组成的函数行列式：

$$J=\frac{\partial(F,G)}{\partial(u,v)}=\begin{vmatrix}\frac{\partial F}{\partial u} & \frac{\partial F}{\partial v} \\ \frac{\partial G}{\partial u} & \frac{\partial G}{\partial v}\end{vmatrix}$$

在点 $P(x_0,y_0,u_0,v_0)$ 不等于零，则方程组 $F(x,y,u,v)=0, G(x,y,u,v)=0$ 在点 $P(x_0,y_0,u_0,v_0)$ 的某一邻域内恒能唯一确定一组连续且具有连续偏导数的函数

$$u=u(x,y),\quad v=v(x,y)$$

它们满足条件 $u_0=u(x_0,y_0), v_0=v(x_0,y_0)$，并有

$$\frac{\partial u}{\partial x}=-\frac{1}{J}\cdot\frac{\partial(F,G)}{\partial(x,v)}=-\frac{\begin{vmatrix}F_x & F_v \\ G_x & G_v\end{vmatrix}}{\begin{vmatrix}F_u & F_v \\ G_u & G_v\end{vmatrix}}$$

$$\frac{\partial v}{\partial x}=-\frac{1}{J}\cdot\frac{\partial(F,G)}{\partial(u,x)}=-\frac{\begin{vmatrix}F_u & F_x\\ G_u & G_x\end{vmatrix}}{\begin{vmatrix}F_u & F_v\\ G_u & G_v\end{vmatrix}}$$

$$\frac{\partial u}{\partial y}=-\frac{1}{J}\cdot\frac{\partial(F,G)}{\partial(y,v)}=-\frac{\begin{vmatrix}F_y & F_v\\ G_y & G_v\end{vmatrix}}{\begin{vmatrix}F_u & F_v\\ G_u & G_v\end{vmatrix}}$$

$$\frac{\partial v}{\partial y}=-\frac{1}{J}\cdot\frac{\partial(F,G)}{\partial(u,y)}=-\frac{\begin{vmatrix}F_u & F_y\\ G_u & G_y\end{vmatrix}}{\begin{vmatrix}F_u & F_v\\ G_u & G_v\end{vmatrix}}$$

隐函数的偏导数：设方程组 $F(x,y,u,v)=0,G(x,y,u,v)=0$ 确定一对具有连续偏导数的二元函数 $u=u(x,y),v=v(x,y)$，则

偏导数$\dfrac{\partial u}{\partial x},\dfrac{\partial v}{\partial x}$由方程组$\begin{cases}F_x+F_u\dfrac{\partial u}{\partial x}+F_v\dfrac{\partial v}{\partial x}=0\\ G_x+G_u\dfrac{\partial u}{\partial x}+G_v\dfrac{\partial v}{\partial x}=0\end{cases}$确定；

偏导数$\dfrac{\partial u}{\partial y},\dfrac{\partial v}{\partial y}$由方程组$\begin{cases}F_y+F_u\dfrac{\partial u}{\partial y}+F_v\dfrac{\partial v}{\partial y}=0\\ G_y+G_u\dfrac{\partial u}{\partial y}+G_v\dfrac{\partial v}{\partial y}=0\end{cases}$确定。

例 1-28　设 $xu-yv=0,yu+xv=1$，求$\dfrac{\partial u}{\partial x},\dfrac{\partial v}{\partial x},\dfrac{\partial u}{\partial y}$和$\dfrac{\partial v}{\partial y}$。

解　两个方程两边分别对 x 求偏导，得到关于$\dfrac{\partial u}{\partial x}$和$\dfrac{\partial v}{\partial x}$的方程组

$$\begin{cases}u+x\dfrac{\partial u}{\partial x}-y\dfrac{\partial v}{\partial x}=0\\ y\dfrac{\partial u}{\partial x}+v+x\dfrac{\partial v}{\partial x}=0\end{cases}$$

当 $x^2+y^2\neq 0$ 时，解得$\dfrac{\partial u}{\partial x}=-\dfrac{xu+yv}{x^2+y^2},\dfrac{\partial v}{\partial x}=\dfrac{yu-xv}{x^2+y^2}$

两个方程两边分别对 x 求偏导，得到关于$\dfrac{\partial u}{\partial y}$和$\dfrac{\partial v}{\partial y}$的方程组

$$\begin{cases}x\dfrac{\partial u}{\partial y}-v-y\dfrac{\partial v}{\partial y}=0\\ u+y\dfrac{\partial u}{\partial y}+x\dfrac{\partial v}{\partial y}=0\end{cases}$$

当 $x^2+y^2\neq 0$ 时，解得$\dfrac{\partial u}{\partial y}=\dfrac{xv-yu}{x^2+y^2},\dfrac{\partial v}{\partial y}=-\dfrac{xu+yv}{x^2+y^2}$

另解　将两个方程的两边微分得

$$\begin{cases}u\mathrm{d}x+x\mathrm{d}u-v\mathrm{d}y-y\mathrm{d}v=0\\u\mathrm{d}y+y\mathrm{d}u+v\mathrm{d}x+x\mathrm{d}v=0\end{cases},\quad \text{即}\quad \begin{cases}x\mathrm{d}u-y\mathrm{d}v=v\mathrm{d}y-u\mathrm{d}x\\y\mathrm{d}u+x\mathrm{d}v=-u\mathrm{d}y-v\mathrm{d}x\end{cases}$$

解得 $\mathrm{d}u=-\dfrac{xu+yv}{x^2+y^2}\mathrm{d}x+\dfrac{xv-yu}{x^2+y^2}\mathrm{d}y$

$$\mathrm{d}v=\frac{yu-xv}{x^2+y^2}\mathrm{d}x-\frac{xu+yv}{x^2+y^2}\mathrm{d}y$$

于是 $\dfrac{\partial u}{\partial x}=-\dfrac{xu+yv}{x^2+y^2},\dfrac{\partial u}{\partial y}=\dfrac{xv-yu}{x^2+y^2}$

$$\frac{\partial v}{\partial x}=\frac{yu-xv}{x^2+y^2},\frac{\partial v}{\partial y}=-\frac{xu+yv}{x^2+y^2}$$

例 1-29 设函数 $x=x(u,v),y=y(u,v)$ 在点 (u,v) 的某一邻域内连续且有连续偏导数，又

$$\frac{\partial(x,y)}{\partial(u,v)}\neq 0$$

(1) 证明方程组 $\begin{cases}x=x(u,v)\\y=y(u,v)\end{cases}$ 在点 (x,y,u,v) 的某一邻域内唯一确定一组单值连续且有连续偏导数的反函数 $u=u(x,y),v=v(x,y)$。

(2) 求反函数 $u=u(x,y),v=v(x,y)$ 对 x、y 的偏导数。

解 (1) 将方程组改写成下面的形式：

$$\begin{cases}F(x,y,u,v)\equiv x-x(u,v)=0\\G(x,y,u,v)\equiv y-y(u,v)=0\end{cases}$$

则按假设有

$$J=\frac{\partial(F,G)}{\partial(u,v)}=\frac{\partial(x,y)}{\partial(u,v)}\neq 0$$

由隐函数存在定理 3，得所要证的结论。

(2) 代入方程组确定的反函数 $u=u(x,y),v=v(x,y)$，得

$$\begin{cases}x\equiv x[u(x,y),v(x,y)]\\y\equiv y[u(x,y),v(x,y)]\end{cases}$$

在上述恒等式两边分别对 x 求偏导数，得

$$\begin{cases}1=\dfrac{\partial x}{\partial u}\cdot\dfrac{\partial u}{\partial x}+\dfrac{\partial x}{\partial v}\cdot\dfrac{\partial v}{\partial x}\\[2ex]0=\dfrac{\partial y}{\partial u}\cdot\dfrac{\partial u}{\partial x}+\dfrac{\partial y}{\partial v}\cdot\dfrac{\partial v}{\partial x}\end{cases}$$

由于 $J\neq 0$，故可解得

$$\frac{\partial u}{\partial x}=\frac{1}{J}\cdot\frac{\partial y}{\partial v},\quad \frac{\partial v}{\partial x}=-\frac{1}{J}\cdot\frac{\partial y}{\partial u}$$

同理，可得

$$\frac{\partial u}{\partial y}=-\frac{1}{J}\cdot\frac{\partial x}{\partial v},\quad \frac{\partial v}{\partial y}=\frac{1}{J}\cdot\frac{\partial x}{\partial u}$$

1.1.2　曲线积分与曲面积分

1. 第一类曲线积分

1）概念与性质

曲线形构件的质量：设一曲线形构件所占的位置在 xOy 面内的一段曲线弧 L 上，已知曲线形构件在点(x,y)处的线密度为 $\mu(x,y)$，求曲线形构件的质量，如图 1-1 所示。

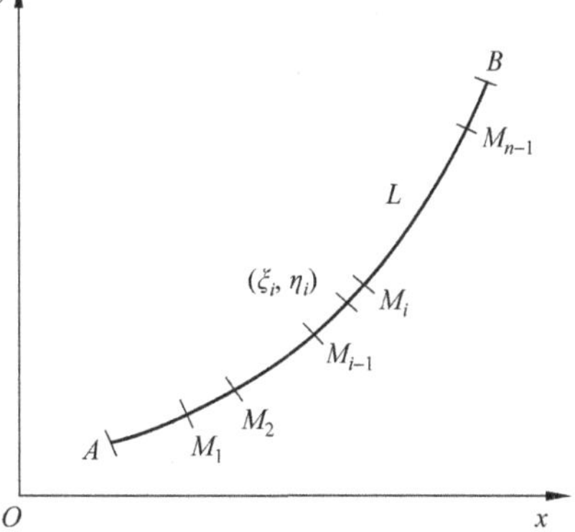

图 1-1　曲线形构件示意图

把曲线分成 n 小段，即 $\Delta s_1,\Delta s_2,\cdots,\Delta s_n$（$\Delta s_i$ 也表示弧长）；

任取$(\xi_i,\eta_i)\in\Delta s_i$，得第 i 小段质量的近似值 $\mu(\xi_i,\eta_i)\Delta s_i$；

整个物质曲线的质量近似为 $M\approx\sum\limits_{i=1}^{n}\mu(\xi_i,\eta_i)\Delta s_i$；

令 $\lambda=\max\{\Delta s_1,\Delta s_2,\cdots,\Delta s_n\}\to 0$，$\lambda$ 表示 n 个小弧段的最大长度，整个物质曲线的质量为

$$M=\lim_{\lambda\to 0}\sum_{i=1}^{n}\mu(\xi_i,\eta_i)\Delta s_i$$

这种和的极限在研究其他问题时也会遇到。

定义　设 L 为 xOy 面内的一条光滑曲线弧，函数 $f(x,y)$在 L 上有界。在 L 上任意插入一点列 $M_1,M_2,\cdots,M_{n-1}$ 把 L 分成 n 个小段。设第 i 个小段的长度为 Δs_i，又(ξ_i,η_i)为在第 i 个小段上任意取定的一点，作乘积 $f(\xi_i,\eta_i)\Delta s_i$，$(i=1,2,\cdots,n)$，并作和 $\sum\limits_{i=1}^{n}f(\xi_i,\eta_i)\Delta s_i$，如果当各小弧段的长度的最大值 $\lambda\to 0$，和的极限总存在，则称此极限为函数 $f(x,y)$在曲线弧 L 上**对弧长的曲线积分**或**第一类曲线积分**，记作 $\int_L f(x,y)\mathrm{d}s$，即

$$\int_L f(x,y)\mathrm{d}s=\lim_{\lambda\to 0}\sum_{i=1}^{n}f(\xi_i,\eta_i)\Delta s_i$$

其中 $f(x,y)$叫作被积函数，L 叫作积分弧段。

曲线积分的**存在性**：当 $f(x,y)$在光滑曲线弧 L 上连续时，对弧长的曲线积分 $\int_L f(x,y)\mathrm{d}s$ 是存在的。以后我们总假定 $f(x,y)$在 L 上是连续的。

根据对弧长的曲线积分的定义，曲线形构件的**质量**就是曲线积分 $\int_L \mu(x,y)\mathrm{d}s$ 的值，其中 $\mu(x,y)$为**线密度**。

对弧长的曲线积分的推广：$\int_\Gamma f(x,y,z)\mathrm{d}s=\lim\limits_{\lambda\to 0}\sum\limits_{i=1}^{n}f(\xi_i,\eta_i,\zeta_i)\Delta s_i$

如果 L（或 Γ）是分段光滑的，则规定函数在 L（或 Γ）上的曲线积分等于函数在光滑的各段上的曲线积分的和。例如，设 L 可分成两段光滑的曲线弧 L_1 及 L_2，则规定

$$\int_{L_1+L_2}f(x,y)\mathrm{d}s=\int_{L_1}f(x,y)\mathrm{d}s+\int_{L_2}f(x,y)\mathrm{d}s$$

闭曲线积分：如果 L 是闭曲线，那么函数 $f(x,y)$ 在闭曲线 L 上对弧长的曲线积分记作

$$\oint_L f(x,y)\mathrm{d}s$$

对弧长的曲线积分的性质如下：

性质1 设 c_1、c_2 为常数，则

$$\int_L [c_1 f(x,y) + c_2 g(x,y)]\mathrm{d}s = c_1\int_L f(x,y)\mathrm{d}s + c_2\int_L g(x,y)\mathrm{d}s$$

性质2 若积分弧段 L 可分成两段光滑曲线弧 L_1 和 L_2，则

$$\int_L f(x,y)\mathrm{d}s = \int_{L_1} f(x,y)\mathrm{d}s + \int_{L_2} f(x,y)\mathrm{d}s$$

性质3 设在 L 上 $f(x,y) \leqslant g(x,y)$，则

$$\int_L f(x,y)\mathrm{d}s \leqslant \int_L g(x,y)\mathrm{d}s$$

特别地，有

$$\left|\int_L f(x,y)\mathrm{d}s\right| \leqslant \int_L |f(x,y)|\mathrm{d}s$$

2）计算方法

（1）定义法

对于空间情况：若空间曲线 Γ 由参数式 $\begin{cases} x = x(t) \\ y = y(t) \\ z = z(t) \end{cases}$，$(\alpha \leqslant t \leqslant \beta)$ 给出，则

$$\mathrm{d}s = \sqrt{[x'(t)]^2 + [y'(t)]^2 + [z'(t)]^2}\,\mathrm{d}t$$

$$\int_\Gamma f(x,y,z)\mathrm{d}s = \int_\alpha^\beta f[x(t),y(t),z(t)]\sqrt{[x'(t)]^2 + [y'(t)]^2 + [z'(t)]^2}\,\mathrm{d}t$$

对于平面情况：若平面曲线 L 由参数式 $\begin{cases} x = x(t) \\ y = y(t) \end{cases}$，$(\alpha \leqslant t \leqslant \beta)$ 给出，则

$$\mathrm{d}s = \sqrt{[x'(t)]^2 + [y'(t)]^2}\,\mathrm{d}t$$

$$\int_L f(x,y)\mathrm{d}s = \int_\alpha^\beta f[x(t),y(t)]\sqrt{[x'(t)]^2 + [y'(t)]^2}\,\mathrm{d}t$$

若平面曲线 L 由 $\begin{cases} y = y(x) \\ x = x \end{cases}$ $(a \leqslant x \leqslant b)$ 给出，则

$$\mathrm{d}s = \sqrt{1 + [y'(x)]^2}\,\mathrm{d}x$$

$$\int_L f(x,y)\mathrm{d}s = \int_a^b f[x,y(x)]\sqrt{1 + [y'(x)]^2}\,\mathrm{d}x$$

若平面曲线 L 由 $L: r = r(\theta)(\alpha \leqslant \theta \leqslant \beta)$ 给出，则

$$\mathrm{d}s = \sqrt{[r'(\theta)]^2 + [r'(\theta)]^2}\,\mathrm{d}\theta$$

$$\int_L f(x,y)\mathrm{d}s = \int_\alpha^\beta f[r(\theta)\cos\theta, r(\theta)\sin\theta]\sqrt{[r(\theta)]^2 + [r'(\theta)]^2}\,\mathrm{d}\theta$$

例 1-30 计算 $\int_L \sqrt{y}\,\mathrm{d}s$，其中 L 是抛物线 $y = x^2$ 上点 $O(0,0)$ 与点 $B(1,1)$ 之间的一段弧。

解 曲线的方程为 $y=x^2(0\leqslant x\leqslant 1)$，因此

$$\int_L \sqrt{y}\,\mathrm{d}s=\int_0^1 \sqrt{x^2}\sqrt{1+(x^2)'^2}\,\mathrm{d}x=\int_0^1 x\sqrt{1+4x^2}\,\mathrm{d}x=\frac{1}{12}(5\sqrt{5}-1)$$

例 1-31 计算半径为 R、中心角为 2α 的圆弧 L 对于它的对称轴的转动惯量 I(设线密度为 $\mu=1$)，如图 1-2 所示。

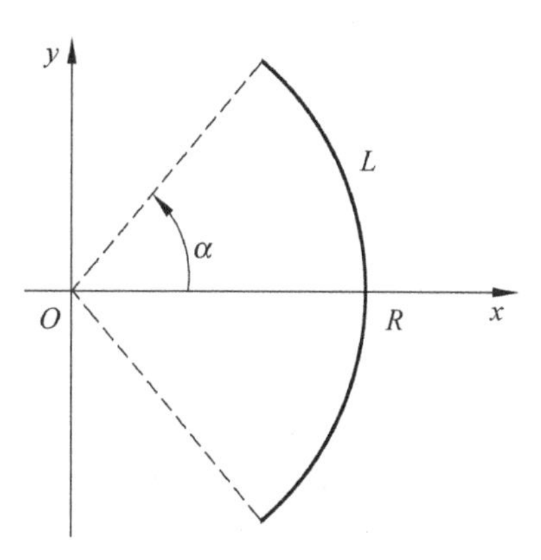

图 1-2 圆弧示意图

解 取坐标系如图 1-2 所示，则 $I=\int_L y^2\mathrm{d}s$。曲线 L 的参数方程为

$$x=R\cos\theta,\quad y=R\sin\theta\quad(-\alpha\leqslant\theta\leqslant\alpha)$$

于是 $I=\int_L y^2\mathrm{d}s=\int_{-\alpha}^{\alpha} R^2\sin^2\theta\sqrt{(-R\sin\theta)^2+(R\cos\theta)^2}\,\mathrm{d}\theta$

$$=R^3\int_{-\alpha}^{\alpha}\sin^2\theta\mathrm{d}\theta=R^3(\alpha-\sin\alpha\cos\alpha)$$

例 1-32 计算曲线积分 $\int_\Gamma (x^2+y^2+z^2)\mathrm{d}s$，其中 Γ 为螺旋线 $x=a\cos t, y=a\sin t, z=kt$ 上对应于 t 从 0 到达 2π 的一段弧。

解 在曲线 Γ 上有 $x^2+y^2+z^2=(a\cos t)^2+(a\sin t)^2+(kt)^2=a^2+k^2t^2$，并且

$$\mathrm{d}s=\sqrt{(-a\sin t)^2+(a\cos t)^2+k^2}\,\mathrm{d}t=\sqrt{a^2+k^2}\,\mathrm{d}t$$

于是

$$\int_\Gamma (x^2+y^2+z^2)\mathrm{d}s=\int_0^{2\pi}(a^2+k^2t^2)\sqrt{a^2+k^2}\,\mathrm{d}t$$

$$=\frac{2}{3}\pi\sqrt{a^2+k^2}(3a^2+4\pi^2k^2)$$

注 用曲线积分解决问题的步骤如下：

① 建立曲线积分；

② 写出曲线的参数方程(或直角坐标方程)，确定参数的变化范围；

③ 将曲线积分转化为定积分；

④ 计算定积分。

(2) 特殊法

对称性：若 Γ 关于 yOz 面对称，则

$$\int_{\Gamma} f(x,y,z)\mathrm{d}s=\begin{cases}2\int_{\Gamma_1} f(x,y,z)\mathrm{d}s, & f(x,y,z)=f(-x,y,z)\\ 0, & f(x,y,z)=-f(-x,y,z)\end{cases}$$

其中 Γ_1 是 Γ 在 yOz 面前面的部分。

轮换对称性：若对调 x 与 y 后，Γ 不变，则

$$\int_{\Gamma} f(x,y,z)\mathrm{d}s=\int_{\Gamma} f(y,x,z)\mathrm{d}s$$

形心公式：若 $\bar{x}=\dfrac{\int_{\Gamma} x\,\mathrm{d}s}{\int_{\Gamma}\mathrm{d}s}$，则

$$\int_{\Gamma} x\,\mathrm{d}s=\bar{x}\cdot l_{\Gamma}$$

其中 l_{Γ} 是 Γ 的长度。

例 1-33 求 $\oint_{\Gamma}|y|\mathrm{d}s$，其中 Γ 为球面 $x^2+y^2+z^2=2$ 与平面 $x=y$ 的交线。

解 球面 $x^2+y^2+z^2=2$ 与平面 $x=y$ 的交线是一个大圆，由对称性可知，

$$\oint_{\Gamma}|y|\mathrm{d}s=4\oint_{\Gamma_1}|y|\mathrm{d}s$$

其中 Γ_1 是 Γ 在第一卦限的部分；

写出 Γ 的参数方程：$x=y=\cos t$，$z=\sqrt{2}\sin t$，$0\leqslant t\leqslant 2\pi$，则

$$\mathrm{d}s=\sqrt{[x'(t)]^2+[y'(t)]^2+[z'(t)]^2}\,\mathrm{d}t=\sqrt{2}\,t$$

$$\oint_{\Gamma}|y|\mathrm{d}s=4\oint_{\Gamma_1}|y|\mathrm{d}s=4\int_0^{\frac{\pi}{2}}\sqrt{2}\cos t\,\mathrm{d}t=4\sqrt{2}$$

例 1-34 计算 $I=\oint_L\left(x\sin\sqrt{x^2+y^2}+x^2+3y^2-5y\right)\mathrm{d}s$，其中 L：$\dfrac{x^2}{3}+(y-1)^2=1$，其周长为 a。

解 由对称性知 $I=\oint_L\left(x\sin\sqrt{x^2+y^2}\right)\mathrm{d}s=0$，$L$ 的方程可以转化为 $x^2+3y^2-6y=0$，即 $x^2+3y^2-5y=y$，将边界方程代入被积函数，由形心公式有

$$\oint_L(x^2+3y^2-5y)\,\mathrm{d}s=\oint_L y\,\mathrm{d}s=\bar{y}\cdot a=a。$$

2. 第一类曲面积分

1）概念与性质

与第一类曲线积分类似，仍然可以用“分割、近似、求和、取极限”的方法和步骤写出第一类曲面积分：

$$\iint_{\Sigma} f(x,y,z)\mathrm{d}S=\lim_{\lambda\to 0}\sum_{i=1}^{n} f(\xi_i,\eta_i,\zeta_i)\Delta S_i$$

其中 $f(x,y,z)$ 叫作**被积函数**，Σ 叫作**积分曲面**。

第一类曲面积分又称对面积的曲面积分，其被积函数 $f(x,y,z)$ 定义在空间曲面 Σ 上，该积分物理背景是以 $f(x,y,z)$ 为**面密度**的空间曲面的**质量**。

注：二重积分定义在“二维平面”上，而第一型曲面积分则定义在“空间曲面”上。

第一类曲面积分的**存在性**：当 $f(x,y,z)$ 在光滑曲面 Σ 上连续时，对面积的曲面积分是存在的。后面均假设 $f(x,y,z)$ 在 Σ 上连续。

根据上述定义，面密度为连续函数 $\rho(x,y,z)$ 的光滑曲面 Σ 的质量 M 可表示为 $\rho(x,y,z)$ 在 Σ 上对面积的曲面积分：

$$M=\iint_{\Sigma}\rho(x,y,z)\mathrm{d}S$$

如果 Σ 是分片光滑的，我们规定函数在 Σ 上对面积的曲面积分等于函数在光滑的各片曲面上对面积的曲面积分之和。例如，假设 Σ 可分成两片光滑曲面 Σ_1 及 Σ_2（记作 $\Sigma=\Sigma_1+\Sigma_2$），就规定

$$\iint_{\Sigma_1+\Sigma_2}f(x,y,z)\mathrm{d}S=\iint_{\Sigma_1}f(x,y,z)\mathrm{d}S+\iint_{\Sigma_2}f(x,y,z)\mathrm{d}S$$

对面积的曲面积分的性质如下：

性质 1　设 c_1、c_2 为常数，则

$$\iint_{\Sigma}[c_1f(x,y,z)+c_2g(x,y,z)]\mathrm{d}S=c_1\iint_{\Sigma}f(x,y,z)\mathrm{d}S+c_2\iint_{\Sigma}g(x,y,z)\mathrm{d}S$$

性质 2　若曲面 Σ 可分成两片光滑曲面 Σ_1 及 Σ_2，则

$$\iint_{\Sigma}f(x,y,z)\mathrm{d}S=\iint_{\Sigma_1}f(x,y,z)\mathrm{d}S+\iint_{\Sigma_2}f(x,y,z)\mathrm{d}S$$

性质 3　设在曲面 Σ 上 $f(x,y,z)\leqslant g(x,y,z)$，则

$$\iint_{\Sigma}f(x,y,z)\mathrm{d}S\leqslant\iint_{\Sigma}g(x,y,z)\mathrm{d}S$$

性质 4　$\iint_{\Sigma}\mathrm{d}S=A$，其中 A 为曲面 Σ 的面积。

2) 计算方法

(1) 定义法

无论空间曲面 Σ 是由显式 $z=z(x,y)$ 或隐式 $F(x,y,z)=0$ 给出，都包含如下三个步骤：

① 将 Σ 投影到某一平面（如 xOy 面）$\Rightarrow$ 投影区域 D；

② 将 $z=z(x,y)$ 或 $F(x,y,z)=0$ 代入 $f(x,y,z)$；

③ 计算 $z'_x, z'_y\Rightarrow \mathrm{d}S=\sqrt{1+(z'_x)^2+(z'_y)^2}\,\mathrm{d}x\mathrm{d}y$。

得到

$$\iint_{\Sigma}f(x,y,z)\mathrm{d}S=\iint_{D_{xy}}f(x,y,z(x,y))\sqrt{1+(z'_x)^2+(z'_y)^2}\,\mathrm{d}x\mathrm{d}y$$

例 1-35　计算曲面积分 $\iint_{\Sigma}\frac{1}{z}\mathrm{d}S$，其中 Σ 是球面 $x^2+y^2+z^2=a^2$ 被平面 $z=h(0<h<a)$ 截出的顶部。

解　Σ 的方程为 $z=\sqrt{a^2-x^2-y^2}$，D_{xy}：$x^2+y^2\leqslant a^2-h^2$。

因为

$$z_x=\frac{-x}{\sqrt{a^2-x^2-y^2}},\quad z_y=\frac{-y}{\sqrt{a^2-x^2-y^2}}$$

$$\mathrm{d}S=\sqrt{1+z_x^2+z_y^2}\,\mathrm{d}x\,\mathrm{d}y=\frac{a}{\sqrt{a^2-x^2-y^2}}\mathrm{d}x\,\mathrm{d}y$$

所以

$$\iint\limits_{\Sigma}\frac{1}{z}\mathrm{d}S=\iint\limits_{D_{xy}}\frac{a}{a^2-x^2-y^2}\mathrm{d}x\,\mathrm{d}y=a\int_0^{2\pi}\mathrm{d}\theta\int_0^{\sqrt{a^2-h^2}}\frac{r\,\mathrm{d}r}{a^2-r^2}$$

$$=2\pi a\left[-\frac{1}{2}\ln(a^2-r^2)\right]_0^{\sqrt{a^2-h^2}}=2\pi a\ln\frac{a}{h}$$

其中$\sqrt{1+z_x^2+z_y^2}=\sqrt{1+\frac{x^2}{a^2-x^2-y^2}+\frac{y^2}{a^2-x^2-y^2}}=\frac{a}{\sqrt{a^2-x^2-y^2}}$。

例 1-36 计算$\oiint\limits_{\Sigma}xyz\,\mathrm{d}S$，其中 Σ 是由平面 $x=0,y=0,z=0$ 及 $x+y+z=1$ 围成的四面体的整个边界曲面。

解 整个边界曲面 Σ 在平面 $x=0,y=0,z=0$ 及 $x+y+z=1$ 上的部分依次记为 Σ_1、Σ_2、Σ_3 及 Σ_4，于是

$$\oiint\limits_{\Sigma}xyz\,\mathrm{d}S=\iint\limits_{\Sigma_1}xyz\,\mathrm{d}S+\iint\limits_{\Sigma_2}xyz\,\mathrm{d}S+\iint\limits_{\Sigma_3}xyz\,\mathrm{d}S+\iint\limits_{\Sigma_4}xyz\,\mathrm{d}S$$

$$=0+0+0+\iint\limits_{\Sigma_4}xyz\,\mathrm{d}S$$

因为 Σ_4：$z=1-x-y$，$\mathrm{d}S=\sqrt{1+z_x'^2+z_y'^2}\,\mathrm{d}x\,\mathrm{d}y=\sqrt{3}\,\mathrm{d}x\,\mathrm{d}y$，则

$$I=\iint\limits_{D_{xy}}\sqrt{3}\,xy(1-x-y)\,\mathrm{d}x\,\mathrm{d}y=\sqrt{3}\int_0^1 x\,\mathrm{d}x\int_0^{1-x}y(1-x-y)\,\mathrm{d}y$$

$$=\sqrt{3}\int_0^1 x\cdot\frac{(1-x)^3}{6}\mathrm{d}x=\frac{\sqrt{3}}{120}$$

(2) 特殊法

对称性：若 Σ 关于 yOz 面对称，则

$$\iint\limits_{\Sigma}f(x,y,z)\,\mathrm{d}S=\begin{cases}2\iint\limits_{\Sigma_1}f(x,y,z)\,\mathrm{d}S, & f(x,y,z)=f(-x,y,z)\\ 0, & f(x,y,z)=-f(-x,y,z)\end{cases}$$

其中 Σ_1 是 Σ 在 yOz 面前面的部分。

轮换对称性：若把 x 和 y 对调后，Σ 不变，则

$$\iint\limits_{\Sigma}f(x,y,z)\,\mathrm{d}S=\iint\limits_{\Sigma}f(y,x,z)\,\mathrm{d}S$$

形心公式：若 $\bar{x}=\dfrac{\iint\limits_{\Sigma}x\,\mathrm{d}S}{\iint\limits_{\Sigma}\mathrm{d}S}$，则

$$\iint\limits_{\Sigma}x\,\mathrm{d}S=\bar{x}\cdot S$$

其中 S 为 Σ 的面积。

例 1-37　设曲面 Σ：$|x|+|y|+|z|=1$，求$\oiint\limits_{\Sigma}(x+|y|)\mathrm{d}S$。

解　首先根据普通对称性，可得

$$\oiint\limits_{\Sigma}|y|\mathrm{d}S=8\oiint\limits_{\Sigma_1}|y|\mathrm{d}S$$

其中 Σ_1 是 Σ 在第一卦限的部分；又 Σ 关于 yOz 面对称，由普通对称性可得$\oiint\limits_{\Sigma}x\,\mathrm{d}S=0$。

由轮换对称性可得

$$\oiint\limits_{\Sigma_1}|y|\mathrm{d}S=\oiint\limits_{\Sigma_1}|x|\mathrm{d}S=\oiint\limits_{\Sigma_1}|z|\mathrm{d}S=\frac{1}{3}\oiint\limits_{\Sigma_1}(|x|+|y|+|z|)\mathrm{d}S$$

于是

$$I=\oiint\limits_{\Sigma}(x+|y|)\mathrm{d}S=8\oiint\limits_{\Sigma_1}|y|\mathrm{d}S=\frac{8}{3}\oiint\limits_{\Sigma_1}(|x|+|y|+|z|)\mathrm{d}S$$

$$=\frac{8}{3}\oiint\limits_{\Sigma_1}1\mathrm{d}S=\frac{8}{3}\cdot\frac{\sqrt{3}}{2}=\frac{4\sqrt{3}}{3}。$$

3. 第二类曲线积分

1）概念与性质

变力沿曲线所做的功：设一个质点在 xOy 面内在变力 $\boldsymbol{F}(x,y)=P(x,y)\boldsymbol{i}+Q(x,y)\boldsymbol{j}$ 的作用下从点 A 沿光滑曲线弧 L 移动到点 B，试求变力 $\boldsymbol{F}(x,y)$所做的功，如图 1-3 所示。

用曲线 L 上的点 $A=M_0,M_1,M_2,\cdots,M_{n-1},M_n=B$ 把 L 分成 n 个小弧段，设 $M_k=(x_k,y_k)$，有向线段$\overrightarrow{M_{k-1},M_k}$的长度为 Δs_k，它与 x 轴的夹角为 τ_k，则

$$\overrightarrow{M_{k-1},M_k}=\Delta\boldsymbol{s}_k=\{\cos\tau_k,\sin\tau_k\}\Delta s_k\quad(k=1,2,\cdots,n)$$

其中 $\Delta\boldsymbol{s}_i=\{\Delta x_i,\Delta y_i\}$表示从 L_i 的起点到其终点的向量，用 Δs_i表示 $\Delta\boldsymbol{s}_i$的模。

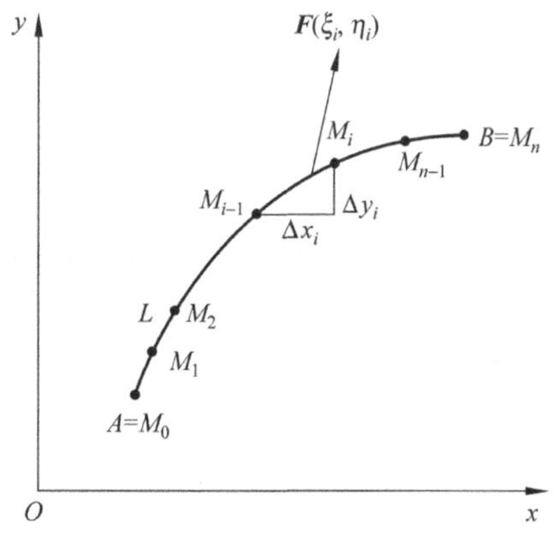

图 1-3　变力做功示意图

显然，变力 $\boldsymbol{F}(x,y)$沿有向小弧段$\overrightarrow{M_{k-1},M_k}$所做的功可以近似为

$$\boldsymbol{F}(x_k,y_k)\cdot\overrightarrow{M_{k-1},M_k}=[P(x_k,y_k)\cos\tau_k+Q(x_k,y_k)\sin\tau_k]\Delta s_k$$

于是，变力 $\boldsymbol{F}(x,y)$所做的功

$$W=\sum_{k=1}^{n}\boldsymbol{F}(x_k,y_k)\cdot\overrightarrow{M_{k-1},M_k}\approx\sum_{k=1}^{n}[P(x_k,y_k)\cos\tau_k+Q(x_k,y_k)\sin\tau_k]\Delta s_k$$

从而

$$W=\int_L[P(x,y)\cos\tau+Q(x,y)\sin\tau]\mathrm{d}s$$

这里 $\tau=\tau(x,y)$，$\{\cos\tau,\sin\tau\}$是曲线 L 在点(x,y)处的与曲线方向一致的单位切向量。把 L 分成 n 个小弧段：$L_1,L_2,\cdots,L_n$。

变力在 L_i 上所做的功近似为

$$\boldsymbol{F}(\xi_i,\eta_i)\cdot\Delta\boldsymbol{s}_i=P(\xi_i,\eta_i)\Delta x_i+Q(\xi_i,\eta_i)\Delta y_i$$

变力在 L 上所做的功近似为

$$\sum_{i=1}^{n}[P(\xi_i,\eta_i)\Delta x_i+Q(\xi_i,\eta_i)\Delta y_i]$$

变力在 L 上所做的功的精确值：

$$W=\lim_{\lambda\to 0}\sum_{i=1}^{n}[P(\xi_i,\eta_i)\Delta x_i+Q(\xi_i,\eta_i)\Delta y_i]$$

其中 λ 是各小弧段长度的最大值。

定义 设函数 $P(x,y)$ 在有向光滑曲线 L 上有界。把 L 分成 n 个有向小弧段 L_1，$L_2,\cdots,L_n$；小弧段 L_i 的起点为 (x_{i-1},y_{i-1})，终点为 (x_i,y_i)，$\Delta x_i=x_i-x_{i-1}$，$\Delta y_i=y_i-y_{i-1}$；(ξ_i,η) 为 L_i 上任意一点，λ 为各小弧段长度的最大值。如果极限 $\lim\limits_{\lambda\to 0}\sum\limits_{i=1}^{n}P(\xi_i,\eta_i)\Delta x_i$ 总存在，则称此极限为函数 $P(x,y)$ 在有向曲线 L 上**对坐标 x 的曲线积分**，记作 $\int_L P(x,y)\mathrm{d}x$，即

$$\int_L P(x,y)\mathrm{d}x=\lim_{\lambda\to 0}\sum_{i=1}^{n}P(\xi_i,\eta_i)\Delta x_i$$

如果极限 $\lim\limits_{\lambda\to 0}\sum\limits_{i=1}^{n}Q(\xi_i,\eta_i)\Delta y_i$ 总存在，则称此极限为函数 $Q(x,y)$ 在有向曲线 L 上**对坐标 y 的曲线积分**，记作 $\int_L Q(x,y)\mathrm{d}y$，即

$$\int_L Q(x,y)\mathrm{d}y=\lim_{\lambda\to 0}\sum_{i=1}^{n}Q(\xi_i,\eta_i)\Delta y_i$$

设 L 为 xOy 面上的一条光滑有向曲线，$\{\cos\tau,\sin\tau\}$ 是与曲线方向一致的单位切向量，函数 $P(x,y)$、$Q(x,y)$ 在 L 上有定义。如果下列二式右端的积分存在，则**两类曲线积分的关系**为

$$\int_L P\mathrm{d}x+Q\mathrm{d}y=\int_L(P\cos\tau+Q\sin\tau)\mathrm{d}s=\int_L\{P,Q\}\cdot\{\cos\tau,\sin\tau\}\mathrm{d}s=\int_L\boldsymbol{F}\cdot\mathrm{d}\boldsymbol{r}$$

其中 $\boldsymbol{F}=\{P,Q\}$，$\boldsymbol{T}=\{\cos\tau,\sin\tau\}$ 为有向曲线弧 L 上点 (x,y) 处的单位切向量，$\mathrm{d}\boldsymbol{r}=\boldsymbol{T}\mathrm{d}s=\{\mathrm{d}x,\mathrm{d}y\}$。

推广 设 Γ 为空间内的一条光滑有向曲线，$\{\cos\alpha,\cos\beta,\cos\gamma\}$ 是曲线在点 (x,y,z) 处的与曲线方向一致的单位切向量，函数 $P(x,y,z)$、$Q(x,y,z)$、$R(x,y,z)$ 在 Γ 上有定义。我们定义(假如各式右端的积分存在)

$$\int_\Gamma P(x,y,z)\mathrm{d}x=\int_\Gamma P(x,y,z)\cos\alpha\mathrm{d}s$$

$$\int_\Gamma Q(x,y,z)\mathrm{d}y=\int_\Gamma Q(x,y,z)\cos\beta\mathrm{d}s$$

$$\int_\Gamma R(x,y,z)\mathrm{d}z=\int_\Gamma R(x,y,z)\cos\gamma\mathrm{d}s$$

$$\int_L f(x,y,z)\mathrm{d}x=\lim_{\lambda\to 0}\sum_{i=1}^{n}f(\xi_i,\eta_i,\zeta_i)\Delta x_i$$

$$\int_L f(x,y,z)\mathrm{d}y=\lim_{\lambda\to 0}\sum_{i=1}^{n}f(\xi_i,\eta_i,\zeta_i)\Delta y_i$$

$$\int_L f(x,y,z)\mathrm{d}z=\lim_{\lambda\to 0}\sum_{i=1}^{n}f(\xi_i,\eta_i,\zeta_i)\Delta z_i$$

对坐标的曲线积分的简写形式：

$$\int_L P(x,y)\mathrm{d}x+\int_L Q(x,y)\mathrm{d}y=\int_L P(x,y)\mathrm{d}x+Q(x,y)\mathrm{d}y$$

$$\int_\Gamma P(x,y,z)\mathrm{d}x+\int_\Gamma Q(x,y,z)\mathrm{d}y+\int_\Gamma R(x,y,z)\mathrm{d}z$$

$$=\int_\Gamma P(x,y,z)\mathrm{d}x+Q(x,y,z)\mathrm{d}y+R(x,y,z)\mathrm{d}z$$

对坐标的曲线积分的**性质**：

性质 1　如果把 L 分成 L_1 和 L_2，则

$$\int_L P\mathrm{d}x+Q\mathrm{d}y=\int_{L_1}P\mathrm{d}x+Q\mathrm{d}y+\int_{L_2}P\mathrm{d}x+Q\mathrm{d}y$$

性质 2　设 L 是有向曲线弧，$-L$ 是与 L 方向相反的有向曲线弧，则

$$\int_{-L}P(x,y)\mathrm{d}x+Q(x,y)\mathrm{d}y=-\int_L P(x,y)\mathrm{d}x+Q(x,y)\mathrm{d}y$$

2）计算方法

（1）**定义法**

空间情况：若空间曲线 Γ 由参数式 $\begin{cases}x=x(t)\\y=y(t),\\z=z(t)\end{cases}$ $(\alpha\leqslant t\leqslant\beta)$ 给出，则

$\mathrm{d}s=\sqrt{[x'(t)]^2+[y'(t)]^2+[z'(t)]^2}\,\mathrm{d}t$，

$\int_\Gamma f(x,y,z)\mathrm{d}s=\int_\alpha^\beta f[x(t),y(t),z(t)]\sqrt{[x'(t)]^2+[y'(t)]^2+[z'(t)]^2}\,\mathrm{d}t$。

平面情况：若平面曲线 L 由参数式 $\begin{cases}x=x(t)\\y=y(t)\end{cases}$ $(\alpha\leqslant t\leqslant\beta)$ 给出，则

$$\mathrm{d}s=\sqrt{[x'(t)]^2+[y'(t)]^2}\,\mathrm{d}t$$

$$\int_L f(x,y)\mathrm{d}s=\int_\alpha^\beta f[x(t),y(t)]\sqrt{[x'(t)]^2+[y'(t)]^2}\,\mathrm{d}t$$

若平面曲线 L 由 $\begin{cases}y=y(x)\\x=x\end{cases}$ $(a\leqslant x\leqslant b)$ 给出，则

$$\mathrm{d}s=\sqrt{1+[y'(x)]^2}\,\mathrm{d}x$$

$$\int_L f(x,y)\mathrm{d}s=\int_a^b f[x,y(x)]\sqrt{1+[y'(x)]^2}\,\mathrm{d}x。$$

若平面曲线 L 由 $L:r=r(\theta)(\alpha\leqslant\theta\leqslant\beta)$ 给出，则

$$\mathrm{d}s=\sqrt{[r(\theta)]^2+[r'(\theta)]^2}\,\mathrm{d}\theta$$

$$\int_L f(x,y)\mathrm{d}s=\int_\varepsilon^\beta f[r(\theta)\cos\theta,r(\theta)\sin\theta]\sqrt{[r(\theta)]^2+[r'(\theta)]^2}\,\mathrm{d}\theta$$

例 1-38　计算 $\int_L xy\mathrm{d}x$，其中 L 为抛物线 $y^2=x$ 上从点 $A(1,-1)$ 到点 $B(1,1)$ 的一

段弧。

解法一 以 x 为积分变量。L 分为 AO 和 OB 两部分：AO 的方程为 $y=-\sqrt{x}$，x 从 1 变到 0；OB 的方程为 $y=\sqrt{x}$，x 从 0 变到 1。因此，

$$\int_L xy\,\mathrm{d}x=\int_{AO}xy\,\mathrm{d}x+\int_{OB}xy\,\mathrm{d}x$$
$$=\int_1^0 x(-\sqrt{x})\,\mathrm{d}x+\int_0^1 x\sqrt{x}\,\mathrm{d}x=2\int_0^1 x^{\frac{3}{2}}\,\mathrm{d}x=\frac{4}{5}$$

解法二 以 y 为积分变量。L 的方程为 $x=y^2$，y 从 -1 变到 1。因此，

$$\int_L xy\,\mathrm{d}x=\int_{-1}^1 y^2 y(y^2)'\,\mathrm{d}y=2\int_{-1}^1 y^4\,\mathrm{d}y=\frac{4}{5}$$

例 1-39 计算 $\int_L y^2\,\mathrm{d}x$。

① L 为按逆时针方向绕行的上半圆周 $x^2+y^2=a^2$；

② 从点 $A(a,0)$ 沿 x 轴到点 $B(-a,0)$ 的直线段。

解 ① L 的参数方程为 $x=a\cos\theta$，$y=a\sin\theta$，θ 从 0 变到 π。

因此 $\int_L y^2\,\mathrm{d}x=\int_0^\pi a^2\sin^2\theta(-a\sin\theta)\,\mathrm{d}\theta=a^3\int_0^\pi(1-\cos^2\theta)\,\mathrm{d}\cos\theta=-\frac{4}{3}a^3$。

② L 的方程为 $y=0$。x 从 a 变到 $-a$。

因此 $\int_L y^2\,\mathrm{d}x=\int_a^{-a}0\,\mathrm{d}x=0$。

例 1-40 计算 $\int_L 2xy\,\mathrm{d}x+x^2\,\mathrm{d}y$。①抛物线 $y=x^2$ 上从 $O(0,0)$ 到 $B(1,1)$ 的一段弧；②抛物线 $x=y^2$ 上从 $O(0,0)$ 到 $B(1,1)$ 的一段弧；③从 $O(0,0)$ 到 $A(1,0)$，再到 $R(1,1)$ 的有向折线 OAB。

解 ① L：$y=x^2$，x 从 0 变到 1，所以

$$\int_L 2xy\,\mathrm{d}x+x^2\,\mathrm{d}y=\int_0^1(2x\cdot x^2+x^2\cdot 2x)\,\mathrm{d}x=4\int_0^1 x^3\,\mathrm{d}x=1$$

② L：$x=y^2$，y 从 0 变到 1，所以

$$\int_L 2xy\,\mathrm{d}x+x^2\,\mathrm{d}y=\int_0^1(2y^2\cdot y\cdot 2y+y^4)\,\mathrm{d}y=5\int_0^1 y^4\,\mathrm{d}y=1$$

③ OA：$y=0$，x 从 0 变到 1；AB：$x=1$，y 从 0 变到 1。

$$\int_L 2xy\,\mathrm{d}x+x^2\,\mathrm{d}y=\int_{OA}2xy\,\mathrm{d}x+x^2\,\mathrm{d}y+\int_{AB}2xy\,\mathrm{d}x+x^2\,\mathrm{d}y$$
$$=\int_0^1(2x\cdot 0+x^2\cdot 0)\,\mathrm{d}x+\int_0^1(2y\cdot 0+1)\,\mathrm{d}y$$
$$=0+1=1$$

例 1-41 设一个质点在 $M(x,y)$ 处受到力 $\boldsymbol{F}$ 的作用，$\boldsymbol{F}$ 的大小与 M 到原点 O 的距离成正比，$\boldsymbol{F}$ 的方向恒指向原点。此质点由点 $A(a,0)$ 沿椭圆 $\frac{x^2}{a^2}+\frac{y^2}{b^2}=1$ 按逆时针方向移动到点 $B(0,b)$，求力 $\boldsymbol{F}$ 所做的功 W。

解 椭圆的参数方程为 $x=a\cos t$，$y=b\sin t$，t 从 0 变到 $\frac{\pi}{2}$。

$$\boldsymbol{r}=\overrightarrow{OM}=x\boldsymbol{i}+y\boldsymbol{j},\quad \boldsymbol{F}=k\cdot|\boldsymbol{r}|\cdot\left(-\frac{\boldsymbol{r}}{|\boldsymbol{r}|}\right)=-k(x\boldsymbol{i}+y\boldsymbol{j}),$$

其中 $k>0$ 是比例常数。

于是，

$$\begin{aligned}W&=\int_{\widehat{AB}}-kx\mathrm{d}x-ky\mathrm{d}y=-k\int_{\widehat{AB}}x\mathrm{d}x+y\mathrm{d}y\\&=-k\int_0^{\frac{\pi}{2}}(-a^2\cos t\sin t+b^2\sin t\cos t)\mathrm{d}t\\&=k(a^2-b^2)\int_0^{\frac{\pi}{2}}\sin t\cos t\mathrm{d}t=\frac{k}{2}(a^2-b^2)\end{aligned}$$

(2) **特殊法**

对称性：若 Γ 关于 yOz 面对称，则

$$\int_\Gamma P(x,y,z)\mathrm{d}x=\begin{cases}2\int_{\Gamma_1}P(x,y,z)\mathrm{d}x, & P(x,y,z)=-P(-x,y,z)\\0, & P(x,y,z)=P(-x,y,z)\end{cases}$$

其中 Γ_1 是 Γ 在 yOz 面前面的部分。

注：第二类曲线积分的物理背景是做功，做功有正负之别，所以积分具有有向性，即

$$\int_A^B\boldsymbol{F}\cdot\mathrm{d}\boldsymbol{r}=-\int_B^A\boldsymbol{F}\cdot\mathrm{d}\boldsymbol{r}$$

因此，对称性的结论与第一类曲线积分有所不同。

(3) **格林公式**

定理 设闭区域 D 由分段光滑的曲线 L 围成，函数 $P(x,y)$ 及 $Q(x,y)$ 在 D 上具有一阶连续偏导数，则有

$$\iint_D\left(\frac{\partial Q}{\partial x}-\frac{\partial P}{\partial y}\right)\mathrm{d}x\mathrm{d}y=\oint_L P\mathrm{d}x+Q\mathrm{d}y$$

其中 L 是 D 的取正向的边界曲线。

注：在应用格林公式时需要注意以下两点：

① 函数 $P(x,y)$、$Q(x,y)$ 在 D 上具有一阶连续偏导，若包含不连续点，则采取“挖去法”；

② 闭曲线 l 是区域 D 的正向边界曲线，若积分曲线不封闭，则采取“补线法”，添加曲线后再利用格林公式。

例 1-42 求椭圆 $x=a\cos\theta,y=b\sin\theta$ 所围成图形的面积 A。

解 设 D 是由椭圆 $x=a\cos\theta,y=b\sin\theta$ 围成的区域。令 $P=-\frac{1}{2}y,Q=\frac{1}{2}x$，则

$$\frac{\partial Q}{\partial x}-\frac{\partial P}{\partial y}=\frac{1}{2}+\frac{1}{2}=1$$

于是，由格林公式得

$$\begin{aligned}A&=\iint_D\mathrm{d}x\mathrm{d}y=\oint_L-\frac{1}{2}y\mathrm{d}x+\frac{1}{2}x\mathrm{d}y=\frac{1}{2}\oint_L-y\mathrm{d}x+x\mathrm{d}y\\&=\frac{1}{2}\int_0^{2\pi}(ab\sin^2\theta+ab\cos^2\theta)\mathrm{d}\theta=\frac{1}{2}ab\int_0^{2\pi}\mathrm{d}\theta=\pi ab\end{aligned}$$

注：只要$\frac{\partial Q}{\partial x}-\frac{\partial P}{\partial y}=1$，就有$\iint\limits_D\left(\frac{\partial Q}{\partial x}-\frac{\partial P}{\partial y}\right)\mathrm{d}x\,\mathrm{d}y=\iint\limits_D\mathrm{d}x\,\mathrm{d}y=A$。

例 1-43 计算$\int_l \mathrm{e}^x[(1-\cos y)\mathrm{d}x-(y-\sin y)\mathrm{d}y]$，其中 l 为区域$D:\begin{cases}0\leqslant y\leqslant \sin x\\0\leqslant x\leqslant \pi\end{cases}$的正向边界。

解 由格林公式得

$$\begin{aligned}\int_l \mathrm{e}^x[(1-\cos y)\mathrm{d}x-(y-\sin y)\mathrm{d}y]&=\iint\limits_D\left[-\frac{\partial}{\partial x}(\mathrm{e}^x(y-\sin y))-\frac{\partial}{\partial y}(\mathrm{e}^x(1-\cos y))\right]\mathrm{d}x\,\mathrm{d}y\\&=\iint\limits_D[-\mathrm{e}^x(y-\sin y)-\mathrm{e}^x\sin y]\,\mathrm{d}x\,\mathrm{d}y=-\iint\limits_D\mathrm{e}^x y\,\mathrm{d}x\,\mathrm{d}y\\&=-\int_0^\pi\mathrm{d}x\int_0^{\sin x}\mathrm{e}^x y\,\mathrm{d}y=-\frac{1}{2}\int_0^\pi\mathrm{e}^x\sin^2 x\,\mathrm{d}x\\&=-\frac{1}{4}\int_0^\pi\mathrm{e}^x(1-\cos 2x)\,\mathrm{d}x=\frac{1}{5}(1-\mathrm{e}^\pi)\end{aligned}$$

例 1-44 计算曲线积分$\oint_L\frac{x\,\mathrm{d}y-y\,\mathrm{d}x}{x^2+y^2}$，其中 L 是以(1,0)为圆心，以 $R(R>1)$为半径的圆周，取逆时针方向。

解 令 $P=\frac{-y}{4x^2+y^2}$，$Q=\frac{x}{4x^2+y^2}$，当$(x,y)\neq(0,0)$时，$\frac{\partial Q}{\partial x}=\frac{\partial P}{\partial y}$成立；

但是 D 中包含点(0,0)，所以 $P(x,y)$，$Q(x,y)$，$\frac{\partial Q}{\partial x}$，$\frac{\partial P}{\partial y}$在点(0,0)处均不连续，不可使用格林函数，故作足够小的椭圆(使其在 D 内部，挖去不连续点)$C:\begin{cases}x=\frac{\delta}{2}\cos\theta\\y=\delta\sin\theta\end{cases}$，其中 θ 从 0 到 2π，取逆时针方向。令 C 与 L 围成的区域为 D，由格林公式得

$$\begin{aligned}I&=\int_L P\,\mathrm{d}x+Q\,\mathrm{d}y=\int_{L+C-}P\,\mathrm{d}x+Q\,\mathrm{d}y-\int_{C-}P\,\mathrm{d}x+Q\,\mathrm{d}y\\&=\iint\limits_D\left(\frac{\partial Q}{\partial x}-\frac{\partial P}{\partial y}\right)\mathrm{d}x\,\mathrm{d}y-\int_{C-}P\,\mathrm{d}x+Q\,\mathrm{d}y\\&=0-\int_{C-}P\,\mathrm{d}x+Q\,\mathrm{d}y=\int_C P\,\mathrm{d}x+Q\,\mathrm{d}y\\&=\int_0^{2\pi}\frac{\frac{1}{2}\delta^2}{\delta^2}\mathrm{d}\theta=\pi\end{aligned}$$

3）路径无关与全微分

定理 设开区域 G 是一个单连通域，函数 $P(x,y)$及 $Q(x,y)$在 G 内具有一阶连续偏导数，则曲线积分$\int_L P\,\mathrm{d}x+Q\,\mathrm{d}y$ 在G 内**与路径无关**(或沿 G 内任意闭曲线的曲线积分为零)的充分必要条件是等式

$$\frac{\partial P}{\partial y}=\frac{\partial Q}{\partial x}$$

在 G 内恒成立。

充分性易证：若$\frac{\partial P}{\partial y}=\frac{\partial Q}{\partial x}$，则$\frac{\partial Q}{\partial x}-\frac{\partial P}{\partial y}=0$，由格林公式，对任意闭曲线 L，有

$$\oint_L P\mathrm{d}x+Q\mathrm{d}y=\iint_D\left(\frac{\partial Q}{\partial x}-\frac{\partial P}{\partial y}\right)\mathrm{d}x\mathrm{d}y=0$$

则充分性得证。

必要性：假设存在一点 $M_0\in G$，使$\frac{\partial Q}{\partial x}-\frac{\partial P}{\partial y}=\eta\neq 0$，不妨设 $\eta>0$，则由$\frac{\partial Q}{\partial x}-\frac{\partial P}{\partial y}$的连续性，存在 M_0 的一个 δ 邻域 $U(M_0,\delta)$，使在此邻域内有$\frac{\partial Q}{\partial x}-\frac{\partial P}{\partial y}\geqslant\frac{\eta}{2}$。于是，沿邻域 $U(M_0,\delta)$边界 l 的闭曲线积分

$$\oint_l P\mathrm{d}x+Q\mathrm{d}y=\iint_{U(M_0,\delta)}\left(\frac{\partial Q}{\partial x}-\frac{\partial P}{\partial y}\right)\mathrm{d}x\mathrm{d}y\geqslant\frac{\eta}{2}\cdot\pi\delta^2>0$$

这与闭曲线积分为零矛盾，因此在 G 内$\frac{\partial Q}{\partial x}-\frac{\partial P}{\partial y}=0$。

注：定理要求区域 G 是单连通区域，且函数 $P(x,y)$及 $Q(x,y)$在 G 内具有一阶连续偏导数。如果这两个条件之一不能满足，那么定理的结论不能保证成立。破坏函数 P、Q 及$\frac{\partial P}{\partial y}$、$\frac{\partial Q}{\partial x}$连续性的点称为奇点。

例 1-45　计算$\int_L 2xy\mathrm{d}x+x^2\mathrm{d}y$，其中 L 为抛物线 $y=x^2$ 上从 $O(0,0)$ 到 $B(1,1)$ 的一段弧。

解　因为$\frac{\partial P}{\partial y}=\frac{\partial Q}{\partial x}=2x$ 在整个 xOy 面内都成立，所以在整个 xOy 面内，积分$\int_L 2xy\mathrm{d}x+x^2\mathrm{d}y$ 与路径无关。

$$\int_L 2xy\mathrm{d}x+x^2\mathrm{d}y=\int_{OA}2xy\mathrm{d}x+x^2\mathrm{d}y+\int_{AB}2xy\mathrm{d}x+x^2\mathrm{d}y=\int_0^1 1^2\mathrm{d}y=1$$

例 1-46　设 L 为一条无重点、分段光滑且不经过原点的连续闭曲线，L 的方向为逆时针方向，问$\oint_L\frac{x\mathrm{d}y-y\mathrm{d}x}{x^2+y^2}=0$ 是否一定成立？

解　这里 $P=\frac{-y}{x^2+y^2}$和 $Q=\frac{x}{x^2+y^2}$在点$(0,0)$不连续，因为当 $x^2+y^2=0$ 时，

$$\frac{\partial Q}{\partial x}=\frac{y^2-x^2}{(x^2+y^2)^2}=\frac{\partial P}{\partial y}$$

所以，如果$(0,0)$不在 L 围成的区域内，则结论成立，而当$(0,0)$在 L 围成的区域内时，结论未必成立。

二元函数 $u(x,y)$的全微分为 $\mathrm{d}u(x,y)=u_x(x,y)\mathrm{d}x+u_y(x,y)\mathrm{d}y$。表达式 $P(x,y)\mathrm{d}x+Q(x,y)\mathrm{d}y$ 与函数的全微分有相同的结构，但它未必就是某个函数的全微分。那么，在什么条件下表达式 $P(x,y)\mathrm{d}x+Q(x,y)\mathrm{d}y$ 是某个二元函数 $u(x,y)$的全微分？当这样的二元函数存在时，怎样求出这个二元函数？

定理　设开区域 G 是一个单连通域，函数 $P(x,y)$及 $Q(x,y)$在 G 内具有一阶连续

偏导数，则 $P(x,y)\mathrm{d}x+Q(x,y)\mathrm{d}y$ 在 G 内为某一函数 $u(x,y)$ 的全微分的充分必要条件是等式

$$\frac{\partial P}{\partial y}=\frac{\partial Q}{\partial x}$$

在 G 内恒成立。

证明：必要性：假设存在某一函数 $u(x,y)$，使 $\mathrm{d}u=P(x,y)\mathrm{d}x+Q(x,y)\mathrm{d}y$，则有

$$\frac{\partial P}{\partial y}=\frac{\partial}{\partial y}\left(\frac{\partial u}{\partial x}\right)=\frac{\partial^2 u}{\partial x\partial y},\frac{\partial Q}{\partial x}=\frac{\partial}{\partial x}\left(\frac{\partial u}{\partial y}\right)=\frac{\partial^2 u}{\partial y\partial x}$$

因为 $\frac{\partial^2 u}{\partial x\partial y}=\frac{\partial P}{\partial y}$、$\frac{\partial^2 u}{\partial y\partial x}=\frac{\partial Q}{\partial x}$ 连续，所以

$$\frac{\partial^2 u}{\partial x\partial y}=\frac{\partial^2 u}{\partial y\partial x},\quad 即\quad \frac{\partial P}{\partial y}=\frac{\partial Q}{\partial x}$$

充分性：因为在 G 内 $\frac{\partial P}{\partial y}=\frac{\partial Q}{\partial x}$，所以积分 $\int_L P(x,y)\mathrm{d}x+Q(x,y)\mathrm{d}y$ 在 G 内与路径无关。在 G 内从点 (x_0,y_0) 到点 (x,y) 的曲线积分可表示为

$$\int_{(x_0,y_0)}^{(x,y)} P(x,y)\mathrm{d}x+Q(x,y)\mathrm{d}y$$

因此，这个积分的值取决于终点 (x,y)，它是 (x,y) 的函数，有

$$u(x,y)=\int_{(x_0,y_0)}^{(x,y)} P(x,y)\mathrm{d}x+Q(x,y)\mathrm{d}y=\int_{y_0}^{y} Q(x_0,y)\mathrm{d}y+\int_{x_0}^{x} P(x,y)\mathrm{d}x$$

所以

$$\frac{\partial u}{\partial x}=\frac{\partial}{\partial x}\int_{y_0}^{y} Q(x_0,y)\mathrm{d}y+\frac{\partial}{\partial x}\int_{x_0}^{x} P(x,y)\mathrm{d}x=P(x,y)$$

类似地，有 $\frac{\partial u}{\partial y}=Q(x,y)$，从而 $\mathrm{d}u=P(x,y)\mathrm{d}x+Q(x,y)\mathrm{d}y$，即 $P(x,y)\mathrm{d}x+Q(x,y)\mathrm{d}y$ 是某一函数的全微分。

注：求原函数的公式：

$$u(x,y)=\int_{(x_0,y_0)}^{(x,y)} P(x,y)\mathrm{d}x+Q(x,y)\mathrm{d}y$$

$$u(x,y)=\int_{x_0}^{x} P(x,y_0)\mathrm{d}x+\int_{y_0}^{y} Q(x,y)\mathrm{d}y$$

$$u(x,y)=\int_{y_0}^{y} Q(x_0,y)\mathrm{d}y+\int_{x_0}^{x} P(x,y)\mathrm{d}x$$

例 1-47 验证 $\frac{x\mathrm{d}y-y\mathrm{d}x}{x^2+y^2}$ 在右半平面 $(x>0)$ 内是某个函数的全微分，并求出一个这样的函数。

解 这里，$P=\frac{-y}{x^2+y^2}$，$Q=\frac{x}{x^2+y^2}$。

因为 P、Q 在右半平面内具有一阶连续偏导数，且有

$$\frac{\partial Q}{\partial x}=\frac{y^2-x^2}{(x^2+y^2)^2}=\frac{\partial P}{\partial y}$$

所以，在右半平面内，$\dfrac{x\mathrm{d}y-y\mathrm{d}x}{x^2+y^2}$是某个函数的全微分。

取积分路线为从$A(1,0)$到$B(x,0)$再到$C(x,y)$的折线，则所求函数为

$$u(x,y)=\int_{(1,0)}^{(x,y)}\frac{x\mathrm{d}y-y\mathrm{d}x}{x^2+y^2}=0+\int_0^y\frac{x\mathrm{d}y}{x^2+y^2}=\arctan\frac{y}{x}$$

注：(x_0, y_0)不取$(0,0)$，因为该点是奇点，曲线积分与路径有关。

4. 第二类曲面积分

1）概念与性质

有向曲面：通常我们遇到的曲面都是双侧的。例如，由方程$z=z(x,y)$表示的曲面分为上侧与下侧。设$\boldsymbol{n}=(\cos\alpha,\cos\beta,\cos\gamma)$为曲面上的法向量，在曲面的上侧$\cos\gamma>0$，在曲面的下侧$\cos\gamma<0$。闭曲面有内侧与外侧之分。

类似地，如果曲面的方程为$y=y(z,x)$，则曲面分为左侧与右侧，在曲面的右侧$\cos\beta>0$，在曲面的左侧$\cos\beta<0$。如果曲面的方程为$x=x(y,z)$，则曲面分为前侧与后侧，在曲面的前侧$\cos\alpha>0$，在曲面的后侧$\cos\alpha<0$。

设Σ是有向曲面。在Σ上取一小块曲面ΔS，把ΔS投影到xOy面上得一投影区域，这个投影区域的面积记为$(\Delta\sigma)_{xy}$。假定ΔS上各点处的法向量与z轴的夹角γ的余弦$\cos\gamma$有相同的符号(即$\cos\gamma$都是正的或都是负的)，我们规定ΔS在xOy面上的投影$(\Delta S)_{xy}$为

$$(\Delta S)_{xy}=\begin{cases}(\Delta\sigma)_{xy}, & \cos\gamma>0\\ -(\Delta\sigma)_{xy}, & \cos\gamma<0\\ 0, & \cos\gamma\equiv 0\end{cases}$$

其中$\cos\gamma\equiv 0$也就是$(\Delta\sigma)_{xy}=0$的情形。类似地，可以定义ΔS在yOz面及在zOx面上的投影$(\Delta S)_{yz}$及$(\Delta S)_{zx}$。

流向曲面一侧的流量：设稳定流动的不可压缩流体的速度场由

$$\boldsymbol{v}(x,y,z)=(P(x,y,z),Q(x,y,z),R(x,y,z))$$

给出，Σ是速度场中的一片有向曲面，函数$P(x,y,z)$、$Q(x,y,z)$、$R(x,y,z)$都在Σ上连续，求在单位时间内流向Σ指定侧的流体的质量，即流量Φ，如图1-4所示。

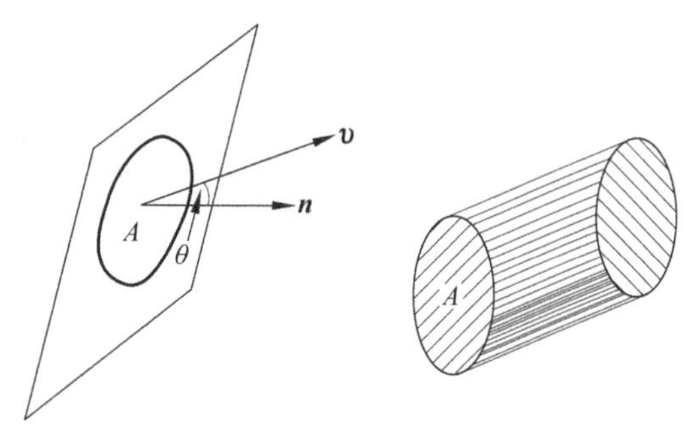

图1-4 有向曲面流量示意图

如果流体流过平面上面积为A的一个闭区域，且流体在这个闭区域上各点处的流速为(常向量)$\boldsymbol{v}$，又设$\boldsymbol{n}$为该平面的单位法向量，那么在单位时间内流过这个闭区域的流体组成一个底面积为A、斜高为$|\boldsymbol{v}|$的斜柱体。

当$(\boldsymbol{v},\boldsymbol{n})=\theta<\frac{\pi}{2}$时，这个斜柱体的体积为

$$A\ |\ \boldsymbol{v}\ |\ \cos\theta=A\ \boldsymbol{v}\cdot\boldsymbol{n}$$

当$(\boldsymbol{v},\boldsymbol{n})=\frac{\pi}{2}$时，显然流体通过闭区域$A$的流向$\boldsymbol{n}$所指一侧的流量$\Phi$为零，而$A\boldsymbol{v}\cdot\boldsymbol{n}=0$，故$\Phi=A\boldsymbol{v}\cdot\boldsymbol{n}$；

当$(\boldsymbol{v},\boldsymbol{n})>\frac{\pi}{2}$时，$A\boldsymbol{v}\cdot\boldsymbol{n}<0$，这时我们仍把$A\boldsymbol{v}\cdot\boldsymbol{n}$称为流体通过闭区域$A$流向$\boldsymbol{n}$所指一侧的流量，它表示流体通过闭区域$A$实际上流向$-\boldsymbol{n}$所指一侧，且流向$-\boldsymbol{n}$所指一侧的流量为$-A\boldsymbol{v}\cdot\boldsymbol{n}$。

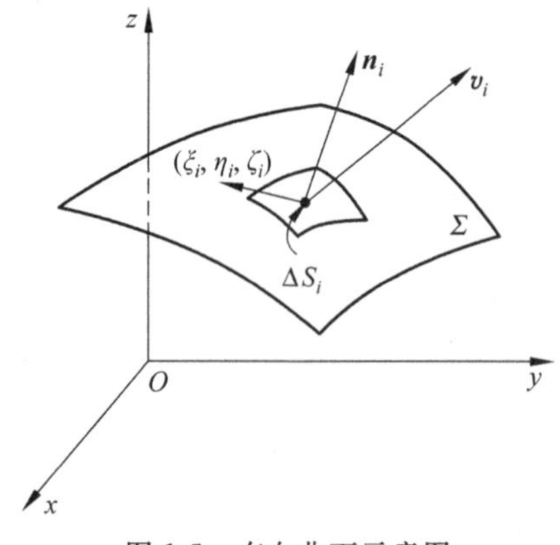

图 1-5 有向曲面示意图

因此，不论$(\boldsymbol{v},\boldsymbol{n})$为何值，流体通过闭区域$A$流向$\boldsymbol{n}$所指一侧的**流量**均为$A\boldsymbol{v}\cdot\boldsymbol{n}$，如图1-5所示。

把曲面Σ分成n小块：$\Delta S_1,\Delta S_2,\cdots,\Delta S_n$（$\Delta S_i$同时也代表第$i$小块曲面的面积）。在$\Sigma$是光滑的和$\boldsymbol{v}$是连续的前提下，只要$\Delta S_i$的直径很小，就可以用$\Delta S_i$上任一点$(\xi_i,\eta_i,\zeta_i)$处的流速

$$\boldsymbol{v}_i=\boldsymbol{v}(\xi_i,\eta_i,\zeta_i)=P(\xi_i,\eta_i,\zeta_i)\boldsymbol{i}+Q(\xi_i,\eta_i,\zeta_i)\boldsymbol{j}+R(\xi_i,\eta_i,\zeta_i)\boldsymbol{k}$$

代替ΔS_i上其他各点处的流速，以该点(ξ_i,η_i,ζ_i)处曲面Σ的单位法向量

$$\boldsymbol{n}_i=\cos a_i\boldsymbol{i}+\cos\beta_i\boldsymbol{j}+\cos\gamma_i\boldsymbol{k}$$

代替ΔS_i上其他各点处的单位法向量。从而得到通过ΔS_i流向指定侧的流量的近似值为

$$\boldsymbol{v}_i\cdot\boldsymbol{n}_i\Delta S_i\quad(i=1,2,\cdots,n)$$

于是，通过Σ流向指定侧的流量

$$\begin{aligned}\Phi&\approx\sum_{i=1}^{n}\boldsymbol{v}_i\cdot\boldsymbol{n}_i\Delta S_i\\&=\sum_{i=1}^{n}[P(\xi_i,\eta_i,\zeta_i)\cos\alpha_i+Q(\xi_i,\eta_i,\zeta_i)\cos\beta_i+R(\xi_i,\eta_i,\zeta_i)\cos\gamma_i]\Delta S_i\end{aligned}$$

又

$$\cos a_i\cdot\Delta S_i\approx(\Delta S_i)_{yz},\cos\beta_i\cdot\Delta S_i\approx(\Delta S_i)_{zx},\cos\gamma_i\cdot\Delta S_i\approx(\Delta S_i)_{xy}$$

因此，上式可以写成

$$\Phi\approx\sum_{i=1}^{n}[P(\xi_i,\eta_i,\zeta_i)(\Delta S_i)_{yz}+Q(\xi_i,\eta_i,\zeta_i)(\Delta S_i)_{zx}+R(\xi_i,\eta_i,\zeta_i)(\Delta S_i)_{xy}]$$

令$\lambda\to0$取上述和的极限，就得到流量Φ的精确值，这样的极限还会在其他问题中遇到。抽去它们的具体意义，就得出下列对坐标的曲面积分的概念。

定义 设Σ为光滑的有向曲面，函数$R(x,y,z)$在Σ上有界。把Σ任意分成n块小曲面ΔS_i（ΔS_i同时也代表第i小块曲面的面积）。在xOy面上的投影为$(\Delta S_i)_{xy}$，(ξ_i,η_i,ζ_i)是ΔS_i上任意取定的点。如果当各小块曲面的直径的最大值$\lambda\to0$时，极限值

$$\lim_{\lambda\to0}\sum_{i=1}^{n}R(\xi_i,\eta_i,\zeta_i)(\Delta S_i)_{xy}$$

总存在，则称此极限为函数 $R(x,y,z)$ 在有向曲面 Σ 上对坐标 x、y 的曲面积分，记作

$$\iint_{\Sigma} R(x,y,z)\mathrm{d}x\mathrm{d}y$$

即

$$\iint_{\Sigma} R(x,y,z)\mathrm{d}x\mathrm{d}y = \lim_{\lambda\to 0}\sum_{i=1}^{n} R(\xi_i,\eta_i,\zeta_i)(\Delta S_i)_{xy}$$

类似地，有

$$\iint_{\Sigma} P(x,y,z)\mathrm{d}y\mathrm{d}z = \lim_{\lambda\to 0}\sum_{i=1}^{n} P(\xi_i,\eta_i,\zeta_i)(\Delta S_i)_{yz}$$

$$\iint_{\Sigma} Q(x,y,z)\mathrm{d}z\mathrm{d}x = \lim_{\lambda\to 0}\sum_{i=1}^{n} Q(\xi_i,\eta_i,\zeta_i)(\Delta S_i)_{zx}$$

其中，$R(x,y,z)$ 叫作**被积函数**，Σ 叫作**积分曲面**。

定义 设 Σ 是空间内一个光滑的曲面，$\boldsymbol{n}=(\cos\alpha,\ \cos\beta,\ \cos\gamma)$ 是其上的单位法向量，$\boldsymbol{V}(x,y,z)=(P(x,y,z),Q(x,y,z),R(x,y,z))$ 是在 Σ 上的向量场。如果下列各式等号右端的积分存在，则**第二类曲面积分和第一类曲面积分的关系**为

$$\iint_{\Sigma} P(x,y,z)\mathrm{d}y\mathrm{d}z = \iint_{\Sigma} P(x,y,z)\cos\alpha\mathrm{d}S$$

$$\iint_{\Sigma} Q(x,y,z)\mathrm{d}z\mathrm{d}x = \iint_{\Sigma} Q(x,y,z)\cos\beta\mathrm{d}S$$

$$\iint_{\Sigma} R(x,y,z)\mathrm{d}x\mathrm{d}y = \iint_{\Sigma} R(x,y,z)\cos\gamma\mathrm{d}S$$

也可写成如下**向量**形式：

$$\iint_{\Sigma} \boldsymbol{A}\cdot\mathrm{d}\boldsymbol{S} = \iint_{\Sigma} \boldsymbol{A}\cdot\boldsymbol{n}\mathrm{d}S,\ \iint_{\Sigma} \boldsymbol{A}\cdot\mathrm{d}\boldsymbol{S} = \iint_{\Sigma} A_n\mathrm{d}S$$

其中 $\boldsymbol{A}=(P,Q,R)$，$\boldsymbol{n}=(\cos\alpha,\cos\beta,\cos\gamma)$ 是有向曲面 Σ 上点 (x,y,z) 处的单位法向量

$$\mathrm{d}\boldsymbol{S}=\boldsymbol{n}\mathrm{d}S=(\mathrm{d}y\mathrm{d}z,\mathrm{d}z\mathrm{d}x,\mathrm{d}x\mathrm{d}y)$$

称为**有向曲面元**，A_n 为向量 $\boldsymbol{A}$ 在向量 $\boldsymbol{n}$ 上的投影。

对坐标的曲面积分的简记形式：

$$\iint_{\Sigma} P(x,y,z)\mathrm{d}y\mathrm{d}z + \iint_{\Sigma} Q(x,y,z)\mathrm{d}z\mathrm{d}x + \iint_{\Sigma} R(x,y,z)\mathrm{d}x\mathrm{d}y$$

$$= \iint_{\Sigma} P(x,y,z)\mathrm{d}y\mathrm{d}z + Q(x,y,z)\mathrm{d}z\mathrm{d}x + R(x,y,z)\mathrm{d}x\mathrm{d}y$$

流向 Σ 指定侧的流量 Φ 可表示为

$$\Phi = \iint_{\Sigma} P(x,y,z)\mathrm{d}y\mathrm{d}z + Q(x,y,z)\mathrm{d}z\mathrm{d}x + R(x,y,z)\mathrm{d}x\mathrm{d}y$$

如果 Σ 是分片光滑的有向曲面，我们规定函数在 Σ 上对坐标的曲面积分等于函数在各片光滑曲面上对坐标的曲面积分之和。

对坐标的曲面积分的**性质**：

性质 1 如果把 Σ 分成 Σ_1 和 Σ_2，则

$$\begin{aligned}&\iint_{\Sigma}P\,\mathrm{d}y\mathrm{d}z+Q\,\mathrm{d}z\mathrm{d}x+R\,\mathrm{d}x\mathrm{d}y\\&=\iint_{\Sigma_1}P\,\mathrm{d}y\mathrm{d}z+Q\,\mathrm{d}z\mathrm{d}x+R\,\mathrm{d}x\mathrm{d}y+\iint_{\Sigma_2}P\,\mathrm{d}y\mathrm{d}z+Q\,\mathrm{d}z\mathrm{d}x+R\,\mathrm{d}x\mathrm{d}y\end{aligned}$$

性质 2 设 Σ 是有向曲面,$-\Sigma$ 表示 Σ 相反侧的有向曲面,则

$$\iint_{-\Sigma}P\,\mathrm{d}y\mathrm{d}z+Q\,\mathrm{d}z\mathrm{d}x+R\,\mathrm{d}x\mathrm{d}y=-\iint_{\Sigma}P\,\mathrm{d}y\mathrm{d}z+Q\,\mathrm{d}z\mathrm{d}x+R\,\mathrm{d}x\mathrm{d}y$$

这是因为如果 $\boldsymbol{n}=(\cos\alpha,\ \cos\beta,\ \cos\gamma)$ 是 Σ 的单位法向量,则 $-\Sigma$ 上的单位法向量是 $-\boldsymbol{n}=(-\cos\alpha,\ -\cos\beta,\ -\cos\gamma)$,则

$$\begin{aligned}&\iint_{-\Sigma}P\,\mathrm{d}y\mathrm{d}z+Q\,\mathrm{d}z\mathrm{d}x+R\,\mathrm{d}x\mathrm{d}y\\&=-\iint_{\Sigma}\{P(x,y,z)\cos\alpha+Q(x,y,z)\cos\beta+R(x,y,z)\cos\gamma\}\mathrm{d}S\\&=-\iint_{\Sigma}P\,\mathrm{d}y\mathrm{d}z+Q\,\mathrm{d}z\mathrm{d}x+R\,\mathrm{d}x\mathrm{d}y\end{aligned}$$

2) 计算方法

(1) 定义法

对于第二型曲面积分 $\iint_{\Sigma}P(x,y,z)\mathrm{d}y\mathrm{d}z+Q(x,y,z)\mathrm{d}z\mathrm{d}x+R(x,y,z)\mathrm{d}x\mathrm{d}y$,可以将其拆成三个积分:$\iint_{\Sigma}P(x,y,z)\mathrm{d}y\mathrm{d}z$,$\iint_{\Sigma}Q(x,y,z)\mathrm{d}z\mathrm{d}x$,$\iint_{\Sigma}R(x,y,z)\mathrm{d}x\mathrm{d}y$,分别投影到相应的坐标面上,化为**二重积分**计算,然后再加回去。主要步骤如下:

① 将 Σ 投影到某一平面(如 xOy 面),投影区域为 D;

② 将 $z=z(x,y)$ 或者 $F(x,y,z)=0$ 代入 $f(x,y,z)$;

③ 将 $\mathrm{d}x\mathrm{d}y$ 写成 $\pm\mathrm{d}x\mathrm{d}y$。

其中 Σ 为上侧、右侧、前侧时取正号,否则取负号。

如此,第二型曲面积分化为二重积分,得到

$$\iint_{\Sigma}R(x,y,z)\mathrm{d}x\mathrm{d}y=\pm\iint_{D_{xy}}R(x,y,z(x,y))\mathrm{d}x\mathrm{d}y$$

注:投影时 Σ 上的任何两点的投影点不能重合。

例 1-48 计算曲面积分 $\iint_{\Sigma}xyz\,\mathrm{d}x\mathrm{d}y$,其中 Σ 是球面 $x^2+y^2+z^2=1$ 外侧在 $x\geqslant0,y\geqslant0$ 的部分。

解 把有向曲面 Σ 分成以下两部分:

$$\Sigma_1:\ z=\sqrt{1-x^2-y^2}\quad(x\geqslant0,y\geqslant0)\ \text{的上侧。}$$

$$\Sigma_2:\ z=-\sqrt{1-x^2-y^2}\quad(x\geqslant0,y\geqslant0)\ \text{的下侧。}$$

Σ_1 和 Σ_2 在 xOy 面上的投影区域都是 D_{xy}:$x^2+y^2\leqslant1(x\geqslant0,y\geqslant0)$。

于是 $\iint_{\Sigma}xyz\,\mathrm{d}x\mathrm{d}y=\iint_{\Sigma_1}xyz\,\mathrm{d}x\mathrm{d}y+\iint_{\Sigma_2}xyz\,\mathrm{d}x\mathrm{d}y=\iint_{D_{xy}}xy\sqrt{1-x^2-y^2}\,\mathrm{d}x\mathrm{d}y-\iint_{D_{xy}}xy$

$$(-\sqrt{1-x^2-y^2})\mathrm{d}x\mathrm{d}y = 2\iint_{D_{xy}} xy\sqrt{1-x^2-y^2}\,\mathrm{d}x\mathrm{d}y = 2\int_0^{\frac{\pi}{2}}\mathrm{d}\theta\int_0^1 r^2\sin\theta\cos\theta\sqrt{1-r^2}\,r\mathrm{d}r = \frac{2}{15}$$

例 1-49 计算曲面积分$\iint\limits_{\Sigma}(z^2+x)\mathrm{d}y\mathrm{d}z - z\mathrm{d}x\mathrm{d}y$，其中$\Sigma$是曲面$z=\frac{1}{2}(x^2+y^2)$介于平面$z=0$及$z=2$之间部分的下侧。

解 由两类曲面积分之间的关系，可得

$$\iint\limits_{\Sigma}(z^2+x)\mathrm{d}y\mathrm{d}z - z\mathrm{d}x\mathrm{d}y = \iint\limits_{\Sigma}[(z^2+x)\cos\alpha - z\cos\gamma]\mathrm{d}S$$

$$= \iint\limits_{x^2+y^2\leqslant 4}\left\{\left[\frac{1}{4}(x^2+y^2)^2+x\right]\cdot x - \frac{1}{2}(x^2+y^2)\cdot(-1)\right\}\mathrm{d}x\mathrm{d}y$$

$$= \iint\limits_{x^2+y^2\leqslant 4}\frac{x}{4}(x^2+y^2)^2\mathrm{d}x\mathrm{d}y + \iint\limits_{x^2+y^2\leqslant 4}\left[x^2+\frac{1}{2}(x^2+y^2)\right]\mathrm{d}x\mathrm{d}y$$

$$= 0 + \int_0^{2\pi}\mathrm{d}\theta\int_0^2\left(r^2\cos^2\theta + \frac{1}{2}r^2\right)r\mathrm{d}r = 8\pi$$

例 1-50 $\iint\limits_{\Sigma}[f(x,y,z)+x]\mathrm{d}y\mathrm{d}z + [2f(x,y,z)+y]\mathrm{d}z\mathrm{d}x + [f(x,y,z)+z]\mathrm{d}x\mathrm{d}y$，$\Sigma$为平面$x-y+z=1$第四卦限内的部分的前侧。

解 平面$x-y+z=1$的法向量$\boldsymbol{n}=(1,-1,1)$，其方向余弦为

$$\cos\alpha = \frac{1}{\sqrt{3}},\quad \cos\beta = -\frac{1}{\sqrt{3}},\quad \cos\gamma = \frac{1}{\sqrt{3}}$$

由两类曲面积分间的关系，得

$$\iint\limits_{\Sigma}[f(x,y,z)+x]\mathrm{d}y\mathrm{d}z + [2f(x,y,z)+y]\mathrm{d}z\mathrm{d}x + [f(x,y,z)+z]\mathrm{d}x\mathrm{d}y$$

$$= \iint\limits_{\Sigma}[(f+x)\cos\alpha + (2f+y)\cos\beta + (f+z)\cos\gamma]\mathrm{d}S$$

$$= \frac{1}{\sqrt{3}}\iint\limits_{\Sigma}(x-y+z)\mathrm{d}S = \frac{1}{\sqrt{3}}\iint\limits_{\Sigma}\mathrm{d}S = \frac{1}{\sqrt{3}}\cdot\frac{\sqrt{3}}{2} = \frac{1}{2}$$

(2) 特殊法

对称性：若Σ关于yOz面对称，则

$$\iint\limits_{\Sigma}P(x,y,z)\mathrm{d}y\mathrm{d}z = \begin{cases} 2\iint\limits_{\Sigma_1}P(x,y,z)\mathrm{d}y\mathrm{d}z, & P(x,y,z) = -P(-x,y,z) \\ 0, & P(x,y,z) = P(-x,y,z) \end{cases}$$

其中Σ_1是Σ在yOz面前面的部分。

(3) 高斯公式

定理 设空间闭区域Ω由分片光滑的闭曲面Σ围成，函数$P(x,y,z)$、$Q(x,y,z)$、$R(x,y,z)$在Ω上具有一阶连续偏导数，则有

$$\iiint\limits_{\Omega}\left(\frac{\partial P}{\partial x}+\frac{\partial Q}{\partial y}+\frac{\partial R}{\partial z}\right)\mathrm{d}v = \oint\!\!\!\oint\limits_{\Sigma}P\mathrm{d}y\mathrm{d}z + Q\mathrm{d}z\mathrm{d}x + R\mathrm{d}x\mathrm{d}y$$

或

$$\iiint_{\Omega}\left(\frac{\partial P}{\partial x}+\frac{\partial Q}{\partial y}+\frac{\partial R}{\partial z}\right)\mathrm{d}v=\oint\!\!\!\oint_{\Sigma}(P\cos\alpha+Q\cos\beta+R\cos\gamma)\,\mathrm{d}S$$

其中 Σ 是 Ω 的整个边界曲面的外侧，$\cos\alpha$、$\cos\beta$、$\cos\gamma$ 是 Σ 上点 (x,y,z) 处的法向量方向余弦。

一般来说，以下两种情况不能直接使用**高斯公式**：

① Σ 不是闭曲面，也就是没有围成一个空间有界区域 Ω，采取“补面法”，构造空间有界区域 Ω；

② 即使 Σ 围成了一个空间有界区域 Ω，但是 P、Q、R、$\frac{\partial P}{\partial x}$、$\frac{\partial Q}{\partial y}$、$\frac{\partial R}{\partial z}$ 在 Ω 上不连续，可采取“挖去法”。

例 1-51 计算曲面积分 $I=\iint_{\Sigma}(x^3+az^2)\mathrm{d}y\mathrm{d}z+(y^3+ax^2)\mathrm{d}z\mathrm{d}x+(z^3+ay^2)\mathrm{d}x\mathrm{d}y$，其中 Σ 为上半球面 $z=\sqrt{a^2-x^2-y^2}$ 的上侧。

解 记 S 为平面 $z=0(x^2+y^2\leqslant a^2)$ 的下侧，Ω 为 Σ 与 S 围成的空间区域。

$$\begin{aligned}I&=\iint_{\Sigma+S}(x^3+az^2)\mathrm{d}y\mathrm{d}z+(y^3+ax^2)\mathrm{d}z\mathrm{d}x+(z^3+ay^2)\mathrm{d}x\mathrm{d}y-\\&\quad\iint_{S}(x^3+az^2)\mathrm{d}y\mathrm{d}z+(y^3+ax^2)\mathrm{d}z\mathrm{d}x+(z^3+ay^2)\mathrm{d}x\mathrm{d}y\\&=\iiint_{\Omega}3(x^2+y^2+z^2)\mathrm{d}v+\iint_{x^2+y^2\leqslant a^2}ay^2\mathrm{d}x\mathrm{d}y\\&=3\int_0^{2\pi}\mathrm{d}\theta\int_0^{\frac{\pi}{2}}\sin\varphi\mathrm{d}\varphi\int_0^a r^4\mathrm{d}r+\int_0^{2\pi}a\sin^2\theta\mathrm{d}\theta\int_0^a r^3\mathrm{d}r\\&=\frac{6}{5}\pi a^5+\frac{1}{4}\pi a^5=\frac{29}{20}\pi a^5\end{aligned}$$

例 1-52 求曲面积分 $I=\oint\!\!\!\oint_{\Sigma}\frac{x\mathrm{d}y\mathrm{d}z+y\mathrm{d}z\mathrm{d}x+z\mathrm{d}x\mathrm{d}y}{(x^2+y^2+z^2)^{\frac{3}{2}}}$，其中 Σ 是曲面 $2x^2+2y^2+z^2=4$ 的外侧。

解 先计算 $\frac{\partial P}{\partial x}+\frac{\partial Q}{\partial y}+\frac{\partial R}{\partial z}$，因为

$$\frac{\partial P}{\partial x}=\frac{\partial}{\partial x}\left[\frac{x}{(x^2+y^2+z^2)^{\frac{3}{2}}}\right]=\frac{y^2+z^2-2x^2}{(x^2+y^2+z^2)^{\frac{5}{2}}}$$

$$\frac{\partial Q}{\partial y}=\frac{\partial}{\partial y}\left[\frac{y}{(x^2+y^2+z^2)^{\frac{3}{2}}}\right]=\frac{x^2+z^2-2y^2}{(x^2+y^2+z^2)^{\frac{5}{2}}}$$

$$\frac{\partial R}{\partial z}=\frac{\partial}{\partial z}\left[\frac{z}{(x^2+y^2+z^2)^{\frac{3}{2}}}\right]=\frac{x^2+y^2-2z^2}{(x^2+y^2+z^2)^{\frac{5}{2}}}$$

故 $\frac{\partial P}{\partial x}+\frac{\partial Q}{\partial y}+\frac{\partial R}{\partial z}=0$。被积函数及其偏导数在点 $(0,0,0)$ 处不连续，取闭曲面 $\Sigma_1:x^2+y^2+$

$z^2=\delta^2$ 的外侧，其中 δ 足够小，以保证其在曲面 $2x^2+2y^2+z^2=4$ 内部，

$$I=\oiint\limits_{\Sigma+\Sigma_1^-}\frac{x\mathrm{d}y\mathrm{d}z+y\mathrm{d}z\mathrm{d}x+z\mathrm{d}x\mathrm{d}y}{(x^2+y^2+z^2)^{\frac{3}{2}}}-\oiint\limits_{\Sigma_1^-}\frac{x\mathrm{d}y\mathrm{d}z+y\mathrm{d}z\mathrm{d}x+z\mathrm{d}x\mathrm{d}y}{(x^2+y^2+z^2)^{\frac{3}{2}}}$$

$$=\iiint\limits_{\Omega}0\mathrm{d}v+\oiint\limits_{\Sigma_1}\frac{x\mathrm{d}y\mathrm{d}z+y\mathrm{d}z\mathrm{d}x+z\mathrm{d}x\mathrm{d}y}{\delta^3}$$

$$=\frac{1}{\delta^3}\iiint\limits_{x^2+y^2+z^2\leqslant\delta^2}3\mathrm{d}v=\frac{3}{\delta^3}\cdot\frac{4\pi\delta^3}{3}=4\pi$$

例 1-53　计算曲面积分 $\iint\limits_{\Sigma}(x^2\cos^2\alpha+y^2\cos^2\beta+z^2\cos^2\gamma)\mathrm{d}S$，其中 Σ 为锥面 $x^2+y^2=z^2$ 介于平面 $z=0$ 及 $z=h(h>0)$ 的部分的下侧，$\cos\alpha$、$\cos\beta$、$\cos\gamma$ 是 Σ 上点 (x,y,z) 处的法向量的方向余弦。

解　设 Σ_1 为 $z=h\ (x^2+y^2\leqslant h^2)$ 的上侧，则 Σ 与 Σ_1 一起构成一个闭曲面，记它们围成的空间闭区域为 Ω，由高斯公式得

$$\iint\limits_{\Sigma}(x^2\cos\alpha+y^2\cos\beta+z^2\cos\gamma)\mathrm{d}S=\iint\limits_{\Sigma}(x^2\mathrm{d}y\mathrm{d}z+y^2\mathrm{d}z\mathrm{d}x+z^2\mathrm{d}x\mathrm{d}y)$$

$$=\iint\limits_{\Sigma+\Sigma_1}(x^2\mathrm{d}y\mathrm{d}z+y^2\mathrm{d}z\mathrm{d}x+z^2\mathrm{d}x\mathrm{d}y)-\iint\limits_{\Sigma_1}(x^2\mathrm{d}y\mathrm{d}z+y^2\mathrm{d}z\mathrm{d}x+z^2\mathrm{d}x\mathrm{d}y)$$

$$=2\iiint\limits_{\Omega}(x+y+z)\mathrm{d}V-\iint\limits_{x^2+y^2\leqslant h^2}h^2\mathrm{d}x\mathrm{d}y$$

$$=2\iint\limits_{x^2+y^2\leqslant h^2}\mathrm{d}x\mathrm{d}y\int_{\sqrt{x^2+y^2}}^{h}(x+y+z)\mathrm{d}z-\iint\limits_{x^2+y^2\leqslant h^2}h^2\mathrm{d}x\mathrm{d}y$$

$$=2\iint\limits_{x^2+y^2\leqslant h^2}\mathrm{d}x\mathrm{d}y\int_{\sqrt{x^2+y^2}}^{h}z\mathrm{d}z-\iint\limits_{x^2+y^2\leqslant h^2}h^2\mathrm{d}x\mathrm{d}y$$

$$=\iint\limits_{x^2+y^2\leqslant h^2}(h^2-x^2-y^2)\mathrm{d}x\mathrm{d}y-\iint\limits_{x^2+y^2\leqslant h^2}h^2\mathrm{d}x\mathrm{d}y$$

$$=-\iint\limits_{x^2+y^2\leqslant h^2}(x^2+y^2)\mathrm{d}x\mathrm{d}y$$

$$=-\int_0^{2\pi}\mathrm{d}\theta\int_0^h r^3\mathrm{d}r=-\frac{1}{2}\pi h^4$$

例 1-54　设函数 $u(x,y,z)$ 和 $v(x,y,z)$ 在闭区域 Ω 上具有一阶及二阶连续偏导数，证明

$$\iiint\limits_{\Omega}u\Delta v\mathrm{d}x\mathrm{d}y\mathrm{d}z=\oiint\limits_{\Sigma}u\frac{\partial v}{\partial n}\mathrm{d}S-\iiint\limits_{\Omega}\left(\frac{\partial u}{\partial x}\cdot\frac{\partial v}{\partial x}+\frac{\partial u}{\partial y}\cdot\frac{\partial v}{\partial y}+\frac{\partial u}{\partial z}\cdot\frac{\partial v}{\partial z}\right)\mathrm{d}x\mathrm{d}y\mathrm{d}z$$

其中 Σ 是闭区域 Ω 的整个边界曲面，$\frac{\partial v}{\partial n}$ 为函数 $v(x,y,z)$ 沿 Σ 的外法线方向的方向导数，符号 $\Delta=\frac{\partial}{\partial x^2}+\frac{\partial}{\partial y^2}+\frac{\partial}{\partial z^2}$ 称为**拉普拉斯算子**。这个公式叫作**格林第一公式**。

证　因为方向导数

$$\frac{\partial v}{\partial n}=\frac{\partial v}{\partial x}\cos\alpha+\frac{\partial v}{\partial y}\cos\beta+\frac{\partial v}{\partial z}\cos\gamma$$

其中 $\cos\alpha$、$\cos\beta$、$\cos\gamma$ 是 Σ 在点 (x,y,z) 处的外法线向量的方向余弦，于是曲面积分

$$\oiint_{\Sigma} u\,\frac{\partial v}{\partial n}\mathrm{d}S = \oiint_{\Sigma} u\left(\frac{\partial v}{\partial x}\cos\alpha + \frac{\partial v}{\partial y}\cos\beta + \frac{\partial v}{\partial z}\cos\gamma\right)\mathrm{d}S$$

$$= \oiint_{\Sigma}\left[\left(u\,\frac{\partial v}{\partial x}\right)\cos\alpha + \left(u\,\frac{\partial v}{\partial y}\right)\cos\beta + \left(u\,\frac{\partial v}{\partial z}\right)\cos\gamma\right]\mathrm{d}S$$

利用高斯公式，得

$$\oiint_{\Sigma} u\,\frac{\partial v}{\partial n}\mathrm{d}S = \iiint_{\Omega}\left[\frac{\partial}{\partial x}\left(u\,\frac{\partial v}{\partial x}\right) + \frac{\partial}{\partial y}\left(u\,\frac{\partial v}{\partial y}\right) + \frac{\partial}{\partial z}\left(u\,\frac{\partial v}{\partial z}\right)\right]\mathrm{d}x\,\mathrm{d}y\,\mathrm{d}z$$

$$= \iiint_{\Omega} u\,\Delta v\,\mathrm{d}x\,\mathrm{d}y\,\mathrm{d}z + \iiint_{\Omega}\left(\frac{\partial u}{\partial x}\cdot\frac{\partial v}{\partial x} + \frac{\partial u}{\partial y}\cdot\frac{\partial v}{\partial y} + \frac{\partial u}{\partial z}\cdot\frac{\partial v}{\partial z}\right)\mathrm{d}x\,\mathrm{d}y\,\mathrm{d}z$$

将上式等号右端第二个积分移至左端便得所要证明的等式，证毕。

(4) 斯托克斯公式

定理 设 Γ 为分段光滑的空间有向闭曲线，Σ 是以 Γ 为边界的分片光滑的有向曲面，Γ 的正向与 Σ 的上侧符合右手规则，函数 $P(x,y,z)$、$Q(x,y,z)$、$R(x,y,z)$ 在曲面 Σ（连同边界）上具有一阶连续偏导数，则有

$$\iint_{\Sigma}\left(\frac{\partial R}{\partial y} - \frac{\partial Q}{\partial z}\right)\mathrm{d}y\,\mathrm{d}z + \left(\frac{\partial P}{\partial z} - \frac{\partial R}{\partial x}\right)\mathrm{d}z\,\mathrm{d}x + \left(\frac{\partial Q}{\partial x} - \frac{\partial P}{\partial y}\right)\mathrm{d}x\,\mathrm{d}y = \oint_{\Gamma} P\,\mathrm{d}x + Q\,\mathrm{d}y + R\,\mathrm{d}z$$

可表示为简便记忆方式：

$$\iint_{\Sigma}\begin{vmatrix} \mathrm{d}y\,\mathrm{d}z & \mathrm{d}z\,\mathrm{d}x & \mathrm{d}x\,\mathrm{d}y \\ \dfrac{\partial}{\partial x} & \dfrac{\partial}{\partial y} & \dfrac{\partial}{\partial z} \\ P & Q & R \end{vmatrix} = \oint_{\Gamma} P\,\mathrm{d}x + Q\,\mathrm{d}y + R\,\mathrm{d}z$$

或

$$\iint_{\Sigma}\begin{vmatrix} \cos\alpha & \cos\beta & \cos\gamma \\ \dfrac{\partial}{\partial x} & \dfrac{\partial}{\partial y} & \dfrac{\partial}{\partial z} \\ P & Q & R \end{vmatrix}\mathrm{d}S = \oint_{\Gamma} P\,\mathrm{d}x + Q\,\mathrm{d}y + R\,\mathrm{d}z$$

其中 $\boldsymbol{n} = (\cos\alpha, \cos\beta, \cos\gamma)$ 为有向曲面 Σ 的单位法向量。

例 1-55 利用斯托克斯公式计算曲线积分 $\oint_{\Gamma} z\,\mathrm{d}x + x\,\mathrm{d}y + y\,\mathrm{d}z$，其中 Γ 为平面 $x+y+z=1$ 被三个坐标面截成的三角形的整个边界，它的正向与这个三角形上侧的法向量之间符合右手规则。

解 依据斯托克斯公式，有

$$\oint_{\Gamma} z\,\mathrm{d}x + x\,\mathrm{d}y + y\,\mathrm{d}z = \iint_{\Sigma}\mathrm{d}y\,\mathrm{d}z + \mathrm{d}z\,\mathrm{d}x + \mathrm{d}x\,\mathrm{d}y$$

由于 Σ 的法向量的三个方向余弦都为正，上式右端等于 $3\iint_{D_{xy}}\mathrm{d}\sigma$，其中 D_{xy} 为 xOy 面上由直线 $x+y=1$ 及两条坐标轴围成的三角形闭区域，因此

$$\oint_{\Gamma} z\,\mathrm{d}x + x\,\mathrm{d}y + y\,\mathrm{d}z = \frac{3}{2}$$

例 1-56 利用斯托克斯公式计算曲线积分

$$I=\oint_{\Gamma}(y^2-z^2)\mathrm{d}x+(z^2-x^2)\mathrm{d}y+(x^2-y^2)\mathrm{d}z$$

其中 Γ 是用平面 $x+y+z=\frac{3}{2}$ 截的立方体：$0\leqslant x\leqslant 1,0\leqslant y\leqslant 1,0\leqslant z\leqslant 1$ 的表面所得的截痕，若从 x 轴的正向看去取逆时针方向。

解 取 Σ 为平面 $x+y+z=\frac{3}{2}$ 的上侧被 Γ 所围成的部分，Σ 的单位法向量 $\boldsymbol{n}=\frac{1}{\sqrt{3}}(1,1,1)$，即 $\cos\alpha=\cos\beta=\cos\gamma=\frac{1}{\sqrt{3}}$，按斯托克斯公式，有

$$I=\iint_{\Sigma}\begin{vmatrix}\frac{1}{\sqrt{3}} & \frac{1}{\sqrt{3}} & \frac{1}{\sqrt{3}}\\ \frac{\partial}{\partial x} & \frac{\partial}{\partial y} & \frac{\partial}{\partial z}\\ y^2-x^2 & z^2-x^2 & x^2-y^2\end{vmatrix}\mathrm{d}S=-\frac{4}{\sqrt{3}}\iint_{\Sigma}(x+y+z)\mathrm{d}S$$

$$=-\frac{4}{\sqrt{3}}\times\frac{3}{2}\iint_{\Sigma}\mathrm{d}S=-2\sqrt{3}\iint_{D_{xy}}\sqrt{3}\,\mathrm{d}x\mathrm{d}y$$

其中 D_{xy} 为 Σ 在 xOy 平面上的投影区域，于是

$$I=-6\iint_{D_{xy}}\mathrm{d}x\mathrm{d}y=-6\cdot\frac{3}{4}=-\frac{9}{2}$$

1.1.3 傅里叶级数

1. 傅里叶级数

1) 三角级数、三角函数系的正交性

三角级数：级数

$$\frac{1}{2}a_0+\sum_{n=1}^{+\infty}(a_n\cos nx+b_n\sin nx)$$

称为**三角级数**，其中 a_0、a_n、b_n $(n=1,2,\cdots)$ 都是常数。

三角函数系：

$$1,\cos x,\sin x,\cos 2x,\sin 2x,\cdots,\cos nx,\sin nx,\cdots$$

三角函数系的**正交性**：三角函数系中任何两个不同的函数的乘积在区间$[-\pi,\pi]$上的积分都等于零，即

$$\int_{-\pi}^{\pi}\cos nx\,\mathrm{d}x=0\quad(n=1,2,\cdots)$$

$$\int_{-\pi}^{\pi}\sin nx\,\mathrm{d}x=0\quad(n=1,2,\cdots)$$

$$\int_{-\pi}^{\pi}\sin kx\cos nx\,\mathrm{d}x=0\quad(k,n=1,2,\cdots)$$

$$\int_{-\pi}^{\pi}\sin kx\sin nx\,\mathrm{d}x=0\quad(k,n=1,2,\cdots,k\neq n)$$

$$\int_{-\pi}^{\pi} \cos kx \cos nx \mathrm{d}x = 0 \quad (k, n = 1, 2, \cdots, k \neq n)$$

三角函数系中任何两个相同的函数的乘积在区间$[-\pi, \pi]$上的积分都不等于零，即

$$\int_{-\pi}^{\pi} 1^2 \mathrm{d}x = 2\pi$$

$$\int_{-\pi}^{\pi} \cos^2 nx \mathrm{d}x = \pi \quad (n = 1, 2, \cdots)$$

$$\int_{-\pi}^{\pi} \sin^2 nx \mathrm{d}x = \pi \quad (n = 1, 2, \cdots)$$

2）傅里叶级数

问题：设 $f(x)$是周期为 2π 的周期函数，且能展开成三角级数：

$$f(x) = \frac{a_0}{2} + \sum_{k=1}^{+\infty} (a_k \cos kx + b_k \sin kx)$$

系数 $a_0, a_1, b_1, \cdots$叫作函数 $f(x)$的**傅里叶系数**：

$$a_0 = \frac{1}{\pi} \int_{-\pi}^{\pi} f(x) \mathrm{d}x$$

$$a_n = \frac{1}{\pi} \int_{-\pi}^{\pi} f(x) \cos nx \mathrm{d}x \quad (n = 1, 2, \cdots)$$

$$b_n = \frac{1}{\pi} \int_{-\pi}^{\pi} f(x) \sin nx \mathrm{d}x \quad (n = 1, 2, \cdots)$$

问题：一个定义在$(-\infty, +\infty)$上周期为 2π 的函数 $f(x)$，如果它在一个周期上可积，则一定可以做出 $f(x)$的傅里叶级数。然而，函数 $f(x)$的傅里叶级数是否一定收敛？如果收敛，是否一定收敛于函数 $f(x)$？一般来说，这两个问题的答案都不是肯定的。

狄利克雷收敛定理 设 $f(x)$是周期为 2π 的周期函数，如果它满足：在一个周期内连续或只有有限个第一类间断点；在一个周期内至多只有有限个极值点，则 $f(x)$的傅里叶级数收敛，并且

当 x 是 $f(x)$的连续点时，级数收敛于 $f(x)$；

当 x 是 $f(x)$的间断点时，级数收敛于$\frac{1}{2}[f(x-0)+f(x+0)]$。

例 1-57 设 $f(x)$是周期为 2π 的周期函数，它在$[-\pi, \pi)$上的表达式为

$$f(x) = \begin{cases} -1, & -\pi \leqslant x < 0 \\ 1, & 0 \leqslant x < \pi \end{cases}$$

将 $f(x)$展开成傅里叶级数。

解 所给函数满足收敛定理的条件，它在点 $x = k\pi$ $(k = 0, \pm 1, \pm 2, \cdots)$处不连续，在其他点处连续，从而由收敛定理知道 $f(x)$的傅里叶级数收敛，并且当 $x = k\pi$ 时收敛于

$$\frac{1}{2}[f(x-0) + f(x+0)] = \frac{1}{2}(-1+1) = 0$$

当 $x \neq k\pi$ 时，级数收敛于 $f(x)$。

傅里叶系数的计算如下：

$$a_n = \frac{1}{\pi} \int_{-\pi}^{\pi} f(x) \cos nx \mathrm{d}x = \frac{1}{\pi} \int_{-\pi}^{0} (-1) \cos nx \mathrm{d}x + \frac{1}{\pi} \int_{0}^{\pi} 1 \cdot \cos nx \mathrm{d}x = 0 \quad (n = 0, 1, 2, \cdots)$$

$$b_n=\frac{1}{\pi}\int_{-\pi}^{\pi}f(x)\sin nx\,dx=\frac{1}{\pi}\int_{-\pi}^{0}(-1)\sin nx\,dx+\frac{1}{\pi}\int_{0}^{\pi}1\cdot\sin nx\,dx$$

$$=\frac{1}{\pi}\left[\frac{\cos nx}{n}\right]\Bigg|_{-\pi}^{0}+\frac{1}{\pi}\left[-\frac{\cos nx}{n}\right]\Bigg|_{0}^{\pi}=\frac{1}{n\pi}[1-\cos n\pi-\cos n\pi+1]$$

$$=\frac{2}{n\pi}[1-(-1)^n]=\begin{cases}\dfrac{4}{n\pi}, & n=1,3,5,\cdots\\ 0, & n=2,4,6,\cdots\end{cases}$$

于是，$f(x)$的傅里叶级数展开式为

$$f(x)=\frac{4}{\pi}\left[\sin x+\frac{1}{3}\sin 3x+\cdots+\frac{1}{2k-1}\sin(2k-1)x+\cdots\right]$$

$$(-\infty<x<+\infty;x\neq 0,\pm\pi,\pm 2\pi,\cdots)$$

例 1-58 设 $f(x)$是周期为 2π 的周期函数，它在$[-\pi,\pi)$上的表达式为

$$f(x)=\begin{cases}x, & \pi\leqslant x<0\\ 0, & 0\leqslant x<\pi\end{cases}$$

将 $f(x)$展开成傅里叶级数。

解 所给函数满足收敛定理的条件，它在点 $x=(2k+1)\pi\ (k=0,\pm1,\pm2,\cdots)$处不连续，因此，$f(x)$的傅里叶级数在 $x=(2k+1)\pi$ 处收敛于

$$\frac{1}{2}[f(x-0)+f(x+0)]=\frac{x}{2}=\frac{(2k+1)\pi}{2}$$

在连续点 $x\ (x\neq(2k+1)\pi)$处，级数收敛于 $f(x)$。

傅里叶系数的计算如下：

$$a_0=\frac{1}{\pi}\int_{-\pi}^{\pi}f(x)dx=\frac{1}{\pi}\int_{-\pi}^{0}x\,dx=-\frac{\pi}{2}$$

$$a_n=\frac{1}{\pi}\int_{-\pi}^{\pi}f(x)\cos nx\,dx=\frac{1}{\pi}\int_{-\pi}^{0}x\cos nx\,dx=\frac{1}{\pi}\left[\frac{x\sin nx}{n}+\frac{\cos nx}{n^2}\right]\Bigg|_{-\pi}^{0}$$

$$=\frac{1}{n^2\pi}(1-\cos n\pi)=\begin{cases}\dfrac{2}{n^2\pi}, & n=1,3,5,\cdots\\ 0, & n=2,4,6,\cdots\end{cases}$$

$$b_n=\frac{1}{\pi}\int_{-\pi}^{\pi}f(x)\sin nx\,dx=\frac{1}{\pi}\int_{-\pi}^{0}x\sin nx\,dx=\frac{1}{\pi}\left[-\frac{x\cos nx}{n}+\frac{\sin nx}{n^2}\right]_{-\pi}^{0}=-\frac{\cos n\pi}{n}$$

$$=\frac{(-1)^{n+1}}{n}\quad(n=1,2,\cdots)$$

$f(x)$的傅里叶级数展开式为

$$f(x)=-\frac{\pi}{4}+\left(\frac{2}{\pi}\cos x+\sin x\right)-\frac{1}{2}\sin 2x+\left(\frac{2}{3^2\pi}\cos 3x+\frac{1}{3}\sin 3x\right)$$

$$-\frac{1}{4}\sin 4x+\left(\frac{2}{5^2\pi}\cos 5x+\frac{1}{5}\sin 5x\right)-\cdots(-\infty<x<+\infty;x\neq\pm\pi,\pm 3\pi,\cdots)$$

3）周期延拓

如果 $f(x)$只在对称区间$[-\pi,\pi]$上有定义，我们可以在$[-\pi,\pi)$或$(-\pi,\pi]$外补充函数 $f(x)$的定义，使它拓广成周期为 2π 的周期函数 $F(x)$，在$(-\pi,\pi)$内，$F(x)=f(x)$，即进行**周期延拓**。

根据 $f(x)$的奇偶性，可以简化计算。

当 $f(x)$为奇函数时，$f(x)\cos nx$ 是奇函数，$f(x)\sin nx$ 是偶函数，故傅里叶系数为

$$a_n=0\quad(n=0,1,2,\cdots)$$

$$b_n=\frac{2}{\pi}\int_0^{\pi}f(x)\sin nx\,\mathrm{d}x\quad(n=1,2,\cdots)$$

因此，奇数函数的傅里叶级数是只含有正弦项的**正弦级数**

$$\sum_{n=1}^{+\infty}b_n\sin nx$$

当 $f(x)$为偶函数时，$f(x)\cos nx$ 是偶函数，$f(x)\sin nx$ 是奇函数，故傅里叶系数为

$$a_n=\frac{2}{\pi}\int_0^{\pi}f(x)\cos nx\,\mathrm{d}x\quad(n=0,1,2,\cdots)$$

$$b_n=0\quad(n=1,2,\cdots)$$

因此，偶数函数的傅里叶级数是只含有余弦项的**余弦级数**

$$\frac{a_0}{2}+\sum_{n=1}^{+\infty}a_n\cos nx$$

例 1-59 将函数

$$f(x)=\begin{cases}-x, & -\pi\leqslant x<0\\ x, & 0\leqslant x\leqslant\pi\end{cases}$$

展开成傅里叶级数。

解 所给函数在区间[$-\pi,\pi$]上满足收敛定理的条件，并且拓广为周期函数时，它在每一点 x 处都连续，因此拓广的周期函数的傅里叶级数在[$-\pi,\pi$]上收敛于 $f(x)$。

傅里叶系数为

$$a_0=\frac{1}{\pi}\int_{-\pi}^{\pi}f(x)\mathrm{d}x=\frac{1}{\pi}\int_{-\pi}^{0}(-x)\mathrm{d}x+\frac{1}{\pi}\int_0^{\pi}x\,\mathrm{d}x=\pi$$

$$a_n=\frac{1}{\pi}\int_{-\pi}^{\pi}f(x)\cos nx\,\mathrm{d}x=\frac{1}{\pi}\int_{-\pi}^{0}(-x)\cos nx\,\mathrm{d}x+\frac{1}{\pi}\int_0^{\pi}x\cos nx\,\mathrm{d}x$$

$$=\frac{2}{n^2\pi}(\cos n\pi-1)=\begin{cases}-\dfrac{4}{n^2\pi}, & n=1,3,5,\cdots\\ 0, & n=2,4,6,\cdots\end{cases}$$

$$b_n=\frac{1}{\pi}\int_{-\pi}^{\pi}f(x)\sin nx\,\mathrm{d}x=\frac{1}{\pi}\int_{-\pi}^{0}(-x)\sin nx\,\mathrm{d}x+\frac{1}{\pi}\int_0^{\pi}x\sin nx\,\mathrm{d}x=0(n=1,2,\cdots)$$

于是，$f(x)$的傅里叶级数展开式为

$$f(x)=\frac{\pi}{2}-\frac{4}{\pi}\left(\cos x+\frac{1}{3^2}\cos 3x+\frac{1}{5^2}\cos 5x+\cdots\right)$$

$$=\frac{\pi}{2}-\frac{4}{\pi}\sum_{k=1}^{+\infty}\frac{1}{(2k-1)^2}\cos(2k-1)x\quad(-\pi\leqslant x\leqslant\pi)$$

例 1-60 将周期函数 $u(t)=E\left|\sin\frac{1}{2}t\right|$展开成傅里叶级数，其中 E 是正常数。

解 所给函数满足收敛定理的条件，它在整个数轴上连续，因此 $u(t)$的傅里叶级数处处收敛于 $u(t)$。

因为 $u(t)$ 是周期为 2π 的偶函数，所以 $b_n=0(n=1,2,\cdots)$，而

$$\begin{aligned}a_n&=\frac{2}{\pi}\int_0^{\pi}u(t)\cos nt\,dt=\frac{2}{\pi}\int_0^{\pi}E\sin\frac{t}{2}\cos nt\,dt\\&=\frac{E}{\pi}\int_0^{\pi}\left[\sin\left(n+\frac{1}{2}\right)t-\sin\left(n-\frac{1}{2}\right)t\right]dt\\&=\frac{E}{\pi}\left[-\frac{\cos\left(n+\frac{1}{2}\right)t}{n+\frac{1}{2}}+\frac{\cos\left(n-\frac{1}{2}\right)t}{n-\frac{1}{2}}\right]_0^{\pi}\\&=-\frac{4E}{(4n^2-1)\pi}\quad(n=0,1,2,\cdots)\end{aligned}$$

所以，$u(t)$ 的傅里叶级数展开式为

$$u(t)=\frac{4E}{\pi}\left(\frac{1}{2}-\sum_{n=1}^{+\infty}\frac{1}{4n^2-1}\cos nt\right)\quad(-\infty<t<+\infty)$$

奇延拓与偶延拓：设函数 $f(x)$ 定义在区间 $[0,\pi]$ 上并且满足收敛定理的条件，我们在开区间 $(-\pi,0)$ 内补充函数 $f(x)$ 的定义，得到定义在 $(-\pi,\pi]$ 上的函数 $F(x)$，使它在 $(-\pi,\pi)$ 上成为奇函数（偶函数）。按这种方式拓广函数定义域的过程称为奇延拓（偶延拓）。限制在 $(0,\pi]$ 上，有 $F(x)=f(x)$。

例 1-61 将函数 $f(x)=x+1(0\leqslant x\leqslant\pi)$ 分别展开成正弦级数和余弦级数。

解 先求正弦级数。为此，对函数 $f(x)$ 进行奇延拓。

$$b_n=\frac{2}{\pi}\int_0^{\pi}f(x)\sin nx\,dx=\frac{2}{\pi}\int_0^{\pi}(x+1)\sin nx\,dx=\frac{2}{\pi}\left[-\frac{x\cos nx}{n}+\frac{\sin nx}{n^2}-\frac{\cos nx}{n}\right]_0^{\pi}$$

$$=\frac{2}{n\pi}(1-\pi\cos n\pi-\cos n\pi)=\begin{cases}\dfrac{2}{\pi}\cdot\dfrac{\pi+2}{n}, & n=1,3,5,\cdots\\-\dfrac{2}{n}, & n=2,4,6,\cdots\end{cases}$$

函数的正弦级数展开式为

$$x+1=\frac{2}{\pi}\left[(\pi+2)\sin x-\frac{\pi}{2}\sin 2x+\frac{1}{3}(\pi+2)\sin 3x-\frac{\pi}{4}\sin 4x+\cdots\right]\quad(0<x<\pi)$$

在端点 $x=0$ 及 $x=\pi$ 处，级数的和显然为零，它不代表原来函数 $f(x)$ 的值。

再求余弦级数。为此，对 $f(x)$ 进行偶延拓。

$$a_n=\frac{2}{\pi}\int_0^{\pi}f(x)\cos nx\,dx=\frac{2}{\pi}\int_0^{\pi}(x+1)\cos nx\,dx=\frac{2}{\pi}\left[-\frac{x\sin nx}{n}+\frac{\cos nx}{n^2}-\frac{\sin nx}{n}\right]_0^{\pi}$$

$$=\frac{2}{n^2\pi}(\cos n\pi-1)=\begin{cases}0, & n=2,4,6,\cdots\\-\dfrac{4}{n^2\pi}, & n=1,3,5,\cdots\end{cases}$$

$$a_0=\frac{2}{\pi}\int_0^{\pi}(x+1)dx=\frac{2}{\pi}\left[\frac{x^2}{2}+x\right]_0^{\pi}=\pi+2$$

函数的余弦级数展开式为

$$x+1=\frac{\pi}{2}+1-\frac{4}{\pi}\left(\cos x+\frac{1}{3^2}\cos 3x+\frac{1}{5^2}\cos 5x+\cdots\right)\quad(0\leqslant x\leqslant\pi)$$

4）周期为 $2l$ 的周期函数的傅里叶级数

我们讨论的周期函数都是以 2π 为周期的。但是，在实际问题中遇到的周期函数，其周期不一定是 2π。怎样把周期为 $2l$ 的周期函数 $f(x)$ 展开成三角级数呢？

问题：我们希望能把周期为 $2l$ 的周期函数 $f(x)$ 展开成三角级数，为此先把周期为 $2l$ 的周期函数 $f(x)$ 变换为周期为 2π 的周期函数。

令 $x=\dfrac{l}{\pi}t$ 及 $f(x)=f\left(\dfrac{l}{\pi}t\right)=F(t)$，则 $F(t)$ 是以 2π 为周期的函数。这是因为

$$F(t+2\pi)=f\left[\frac{l}{\pi}(t+2\pi)\right]=f\left(\frac{l}{\pi}t+2l\right)=f\left(\frac{l}{\pi}t\right)=F(t)$$

于是，当 $F(t)$ 满足收敛定理的条件时，$F(t)$ 可展开成傅里叶级数：

$$F(t)=\frac{a_0}{2}+\sum_{n=1}^{+\infty}(a_n\cos nt+b_n\sin nt)$$

其中，

$$a_n=\frac{1}{\pi}\int_{-\pi}^{\pi}F(t)\cos nt\,\mathrm{d}t\quad(n=0,1,2,\cdots)$$

$$b_n=\frac{1}{\pi}\int_{-\pi}^{\pi}F(t)\sin nt\,\mathrm{d}t\quad(n=1,2,\cdots)$$

从而有如下定理：

定理 设周期为 $2l$ 的周期函数 $f(x)$ 满足收敛定理的条件，则它的傅里叶级数展开式为

$$f(x)=\frac{a_0}{2}+\sum_{n=1}^{+\infty}\left(a_n\cos\frac{n\pi x}{l}+b_n\sin\frac{n\pi x}{l}\right),$$

其中系数 a_n，b_n 为

$$a_n=\frac{1}{l}\int_{-l}^{l}f(x)\cos\frac{n\pi x}{l}\mathrm{d}x\quad(n=0,1,2,\cdots)$$

$$b_n=\frac{1}{l}\int_{-l}^{l}f(x)\sin\frac{n\pi x}{l}\mathrm{d}x\quad(n=1,2,\cdots)$$

当 $f(x)$ 为奇函数时，

$$f(x)=\sum_{n=1}^{+\infty}b_n\sin\frac{n\pi x}{l}$$

其中 $b_n=\dfrac{2}{l}\displaystyle\int_0^l f(x)\sin\frac{n\pi x}{l}\mathrm{d}x\,(n=1,2,\cdots)$。

当 $f(x)$ 为偶函数时，

$$f(x)=\frac{a_0}{2}+\sum_{n=1}^{+\infty}a_n\cos\frac{n\pi x}{l}$$

其中 $a_n=\dfrac{2}{l}\displaystyle\int_0^l f(x)\cos\frac{n\pi x}{l}\mathrm{d}x\,(n=0,1,2,\cdots)$。

例 1-62 设 $f(x)$ 是周期为 4 的周期函数，它在 $[-2,2)$ 上的表达式为

$$f(x)=\begin{cases}0, & -2\leqslant x<0\\ k, & 0\leqslant x<2\end{cases}\quad(k\neq 0)$$

将 $f(x)$ 展开成傅里叶级数。

解 这里，$l=2$

$$a_n=\frac{1}{2}\int_0^2 k\cos\frac{n\pi x}{2}\mathrm{d}x=\left[\frac{k}{n\pi}\sin\frac{n\pi x}{2}\right]_0^2=0 \quad (n\neq 0)$$

$$a_0=\frac{1}{2}\int_{-2}^0 0\mathrm{d}x+\frac{1}{2}\int_0^2 k\mathrm{d}x=k$$

$$b_n=\frac{1}{2}\int_0^2 k\sin\frac{n\pi x}{2}\mathrm{d}x=\left[-\frac{k}{n\pi}\cos\frac{n\pi x}{2}\right]_0^2=\frac{k}{n\pi}(1-\cos n\pi)=\begin{cases}\dfrac{2k}{n\pi}, & n=1,3,5,\cdots\\ 0, & n=2,4,6,\cdots\end{cases}$$

于是，

$$f(x)=\frac{k}{2}+\frac{2k}{\pi}\left(\sin\frac{\pi x}{2}+\frac{1}{3}\sin\frac{3\pi x}{2}+\frac{1}{5}\sin\frac{5\pi x}{2}+\cdots\right)$$
$$(-\infty<x<+\infty, x\neq 0,\pm 2,\pm 4,\cdots)$$

例 1-63 将函数 $M(x)=\begin{cases}\dfrac{px}{2}, & 0\leqslant x<\dfrac{1}{2}\\ \dfrac{p(l-x)}{2}, & \dfrac{1}{2}\leqslant x\leqslant l\end{cases}$展开成正弦级数。

解 对 $M(x)$进行奇延拓，则

$$a_n=0 \quad (n=0,1,2,\cdots)$$

$$b_n=\frac{2}{l}\int_0^l M(x)\sin\frac{n\pi x}{l}\mathrm{d}x=\frac{2}{l}\left[\int_0^{\frac{l}{2}}\frac{px}{2}\sin\frac{n\pi x}{l}\mathrm{d}x+\int_{\frac{l}{2}}^l\frac{p(l-x)}{2}\sin\frac{n\pi x}{l}\mathrm{d}x\right]$$

对上式右边的第二项，令 $t=l-x$，则

$$b_n=\frac{2}{l}\left[\int_0^{\frac{l}{2}}\frac{px}{2}\sin\frac{n\pi x}{l}\mathrm{d}x+\int_{\frac{l}{2}}^0\frac{pt}{2}\sin\frac{n\pi(l-t)}{l}(-\mathrm{d}t)\right]$$
$$=\frac{2}{l}\left[\int_0^{\frac{l}{2}}\frac{px}{2}\sin\frac{n\pi x}{l}\mathrm{d}x+(-1)^{n+1}\int_0^{\frac{l}{2}}\frac{pt}{2}\sin\frac{n\pi t}{l}\mathrm{d}t\right]$$

当 $n=2,4,6,\cdots$时，$b_n=0$；当 $n=1,3,5,\cdots$时，

$$b_n=\frac{4p}{2l}\int_0^{\frac{l}{2}}x\sin\frac{n\pi x}{l}\mathrm{d}x=\frac{2pl}{n^2\pi^2}\sin\frac{n\pi}{2}$$

于是得

$$M(x)=\frac{2pl}{\pi^2}\left(\sin\frac{\pi x}{l}-\frac{1}{3^2}\sin\frac{3\pi x}{l}+\frac{1}{5^2}\sin\frac{5\pi x}{l}-\cdots\right) \quad (0\leqslant x\leqslant l)$$

2. 线性空间理论

1）度量空间

先回顾平面中两点间距离的概念。设平面中两点 $x=(x_1,x_2)$和 $y=(y_1,y_2)$，则两点间的距离是

$$d(x,y)=[(x_1-y_1)^2+(x_2-y_2)^2]^{\frac{1}{2}}$$

推广到 N 维空间，则有

$$d(x,y)=\sqrt{\sum_{n=1}^N|x_n-y_n|^2}$$

这个距离被称为**欧几里得距离**，通常把定义了这个距离的线性空间叫作欧几里得空间。

将距离的概念进行推广，可得到更一般的**度量空间**的概念。

定义　V 是一个线性空间，$x, y \in V$，R 是实数域，若 $d(\cdot,\cdot): V\times V \to R$ 满足以下三个条件，则称 $d(\cdot,\cdot): V\times V \to R$ 是一个**度量**。

① 非负性：$d(x,y)\geqslant 0$，当且仅当 $x=y$ 时，$d(x,y)=0$；

② 对称性：$d(x,y)=d(y,x)$；

③ 三角不等式：$d(x,y)\leqslant d(x,z)+d(y,z)$。

其中 $d(\cdot,\cdot): V\times V \to R$ 是指函数 d 有两个属于 V 的元素作为自变量，值域为 R，即该函数是从 $V\times V$ 到 R 的一个映射。V 称为**度量空间**或**距离空间**，V 中的元素称为**点**。

欧几里得距离是最常用的度量，此外还有其他形式的度量。注意，度量是一个非负的实数。有了度量的定义，才能定义极限，从而才能定义积分、微分等运算。

2）线性空间

定义　设 V 为一集，假如在 V 中规定了线性运算以及实数（或复数）与 V 中元素的乘法运算，那么称 V 为**线性空间**或**向量空间**，其中的元素也称为**向量**。

线性相关　设 V 为实（或复）线性空间，$\boldsymbol{x}_1, \boldsymbol{x}_2, \cdots, \boldsymbol{x}_n$ 是 V 中的一组向量，如果存在不全为 0 的 n 个实数（或复数）$a_1, a_2, \cdots, a_n$，使得

$$a_1\boldsymbol{x}_1 + a_2\boldsymbol{x}_2 + \cdots + a_n\boldsymbol{x}_n = 0$$

则称向量组 $\boldsymbol{x}_1, \boldsymbol{x}_2, \cdots, \boldsymbol{x}_n$ 是线性相关的，反之则是线性无关的。

线性基　设 A 是线性空间 V 中的一个线性无关向量组，如果对于每一个非零向量 $\boldsymbol{x}\in V$，都是 A 中向量的线性组合，即有不全为零的 n 个实数（或复数）$a_1, a_2, \cdots, a_n$，使得

$$\boldsymbol{x} = a_1\boldsymbol{x}_1 + a_2\boldsymbol{x}_2 + \cdots + a_n\boldsymbol{x}_n, \boldsymbol{x}_1, \cdots, \boldsymbol{x}_n \in A$$

就称 A 是线性空间 V 的一组线性基。$a_1, a_2, \cdots, a_n$ 称为**坐标**。

3）赋范线性空间

定义　设 V 是一个线性空间，$x, y \in V$，R 是实数域，C 是复数域，$\alpha \in C$，若 $\|\cdot\|: V \to R$ 满足如下三个条件，则称 $\|\cdot\|: V \to R$ 是 V 上的一个范数。

① 非负性：$\|x\|\geqslant 0$，当且仅当 $x=0$ 时，$\|x\|=0$；

② 齐次性：$\|\alpha x\| = |\alpha|\,\|x\|$；

③ 三角不等式：$\|x+y\|\leqslant \|x\| + \|y\|$。

范数是一个非负实数，通常记作 x 的范数为 $\|x\|$，是实数的**绝对值**的扩展。V 称作**赋范线性空间**。距离空间只考虑拓扑结构，而赋范线性空间不仅考虑拓扑结构，还考虑元素间的代数运算。

p-**范数**是常用的范数系列，定义如下：

$$\|x\|_p = \left(\sum_{n=1}^{N} |x_n|^p\right)^{\frac{1}{p}}$$

而欧几里得距离也可从 p—**范数**中推导出来

$$d(x,y) = \|x-y\|_2 = \sqrt{\sum_{n=1}^{N} |x_n - y_n|^2}$$

4）内积空间

内积　假设 N 维复向量 $\boldsymbol{x} = (x_1, x_2, \cdots, x_n)$，$\boldsymbol{y} = (y_1, y_2, \cdots, y_n)$，规定内积 $<x, y>$ 为

$$<x,y>=x_1\overline{y_1}+x_2\overline{y_2}+\cdots+x_n\overline{y_n}=\sum_{n=1}^{N}x_n\overline{y_n}$$

将内积推广到无限维空间中，两向量 $f(\boldsymbol{x}),g(\boldsymbol{x})$ 的内积 $<f,g>$ 为

$$<f,g>=\int f(x)\overline{g(x)}\mathrm{d}x$$

定义　V 是一个线性空间，$x,y,z\in V$，C 是复数域，$\alpha\in C$，若 $<\cdot,\cdot>: V\times V\to C$ 满足如下四个条件，则称 $<\cdot,\cdot>: V\times V\to C$ 是一个内积。

① 正定性：$<x,x>\geqslant 0$，当且仅当 $x=0$ 时，$<x,x>=0$；

② 线性：$<x,y+z>=<x,y>+<x,z>$；

③ 线性：$<\alpha x,y>=\alpha<x,y>$；

④ 共轭对称性：$<x,y>=\overline{<y,x>}$。

内积是一个复数，而向量与其自身的内积是一个非负实数。如果 V 中定义了内积，则称 V 为**内积空间**。根据内积的概念，可以引出正交和标准正交基的概念。

正交　如果 $<x,y>=0$，则称 x 与 y **正交**，记为 $x\perp y$。

标准正交基　V 是一个线性空间，$e_1,e_2,\cdots,e_n$ 是 V 的一组基，如果

$$<e_i,e_j>=\begin{cases}1, & i=j\\0, & i\neq j\end{cases}$$

就称 $e_1,e_2,\cdots,e_n$ 是线性空间 V 的一组标准正交基。

例 1-64　平面坐标系上有两个向量 $\boldsymbol{x}=(x_1,y_1)$，$\boldsymbol{y}=(x_2,y_2)$，试用内积表示两个向量的夹角。

解　如图 1-6 所示，夹角为

$$\begin{aligned}\cos\alpha&=\cos(\theta_2-\theta_1)=\cos\theta_2\cos\theta_1+\sin\theta_2\sin\theta_1\\&=\cos\theta_2\cos\theta_1(1+\tan\theta_2\tan\theta_1)\\&=\frac{x_2}{\sqrt{x_2^2+y_2^2}}\cdot\frac{x_1}{\sqrt{x_1^2+y_1^2}}\left(1+\frac{y_2}{x_2}\frac{y_1}{x_1}\right)\\&=\frac{x_1x_2+y_1y_2}{\sqrt{x_1^2+y_1^2}\sqrt{x_2^2+y_2^2}}\end{aligned}$$

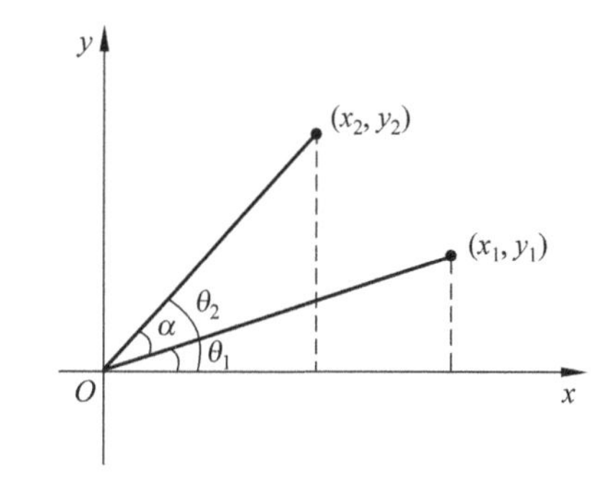

图　1-6

考虑到这里的坐标均为实数，由内积的定义可得

$$<x,y>=x_1x_2+y_1y_2$$

$$<x,x>=x_1^2+y_1^2,\quad <y,y>=x_2^2+y_2^2$$

于是夹角可以表示为

$$\cos\alpha=\frac{<x,y>}{\sqrt{<x,x>}\sqrt{<y,y>}}$$

注：① 推广到 N 维空间向量的夹角，可得

$$\cos\alpha=\frac{\sum_{n=1}^{N}x_ny_n}{\sqrt{\sum_{n=1}^{N}x_n^2}\sqrt{\sum_{n=1}^{N}y_n^2}}$$

② 由内积与范数的关系，又可表示成

$$\cos\alpha=\frac{<x,y>}{\sqrt{<x,x>}\sqrt{<y,y>}}=\frac{<x,y>}{\|x\|_2\|y\|_2}$$

将分母乘到等式的左边，可得

$$<x,y>=\|x\|_2\|y\|_2\cos\alpha$$

特别地，当向量 $\boldsymbol{y}$ 为**单位向量**时，可得

$$<x,y>=\|x\|_2\cos\alpha$$

该式体现了**内积**和**投影**的关系，**即向量 $\boldsymbol{x}$ 与单位向量 $\boldsymbol{y}$ 作内积，结果等于向量 $\boldsymbol{x}$ 在 $\boldsymbol{y}$ 上的投影。**

5）傅里叶级数与线性空间理论

在一个一般意义下的线性空间中，如何求一个元素在一组基下的坐标？对问题进行具体描述：V 是一个线性空间，$e_1,e_2,\cdots,e_n$ 是 V 的一组标准正交基，求元素 $x\in V$ 在这组基下的坐标，即假设

$$x=a_1e_1+a_2e_2+\cdots+a_ne_n$$

求 $a_1,a_2,\cdots,a_n$。

如果这个空间是一个内积空间，就可以得到

$$<x,e_1>=a_1<e_1,e_1>+a_2<e_2,e_1>+\cdots+a_n<e_n,e_1>$$
$$<x,e_2>=a_1<e_1,e_2>+a_2<e_2,e_2>+\cdots+a_n<e_n,e_2>$$
$$\cdots$$
$$<x,e_n>=a_1<e_1,e_n>+a_2<e_2,e_n>+\cdots+a_n<e_n,e_n>$$

把标准正交基的性质代入上述方程组，得

$$a_i=<x,e_i>,\quad (i=1,2,\cdots,n)$$

其中坐标 a_i 的物理含义是 x 在 e_i 上的**投影**，则元素 $x\in V$ 表示为

$$x=\sum_{i=1}^{n}<x,e_i>e_i$$

例 1-65 在实空间 $L^2[0,2\pi]$ 中有一组正交基，

$$1,\cos x,\sin x,\cos 2x,\sin 2x,\cdots,\cos nx,\sin nx,\cdots$$

对于函数 $f(x)$，展开傅里叶级数

$$f(x)=\frac{a_0}{2}+\sum_{n=1}^{+\infty}(a_n\cos nx+b_n\sin nx)$$

试用内积的形式表示 $f(x)$ 在这组基下的坐标。

解

$$a_0=\frac{1}{\pi}\int_0^{2\pi}f(x)\mathrm{d}x=\frac{1}{\pi}<f,1>,$$

$$a_n=\frac{1}{\pi}\int_0^{2\pi}f(x)\cos nx\,\mathrm{d}x=\frac{1}{\pi}<f,\cos nx>,$$

$$b_n=\frac{1}{\pi}\int_0^{2\pi}f(x)\sin nx\,\mathrm{d}x=\frac{1}{\pi}<f,\sin nx>$$

1.2 微积分的工程应用

1. 全微分在近似计算中的应用

例 1-66 计算$(1.04)^{2.02}$的近似值。

解 设函数 $f(x,y)=x^y$。显然，要计算的值就是函数在 $x=1.04$，$y=2.02$ 时的函数值 $f(1.04,2.02)$。

取 $x=1$，$y=2$，$\Delta x=0.04$，$\Delta y=0.02$。由于

$$f(x+\Delta x,y+\Delta y)\approx f(x,y)+f_x(x,y)\Delta x+f_y(x,y)\Delta y$$
$$=x^y+yx^{y-1}\Delta x+x^y\ln x\Delta y$$

所以$(1.04)^{2.02}\approx 1^2+2\times 1^{2-1}\times 0.04+1^2\times\ln 1\times 0.02=1.08$

2. 计算圆环结构中心垂直轴线上的电位，利用定积分公式计算电位

例 1-67 真空中有一圆形带电结构，如图 1-7 所示。设这个圆形带电结构分别为：(1)半径为 a 的均匀带电圆盘，其上的面电荷密度为 ρ_s；(2)半径为 a 的均匀带电圆环，其上的线电荷密度为 ρ_l，试分别计算圆形结构中心垂直轴线上的电位，如图 1-7 所示。

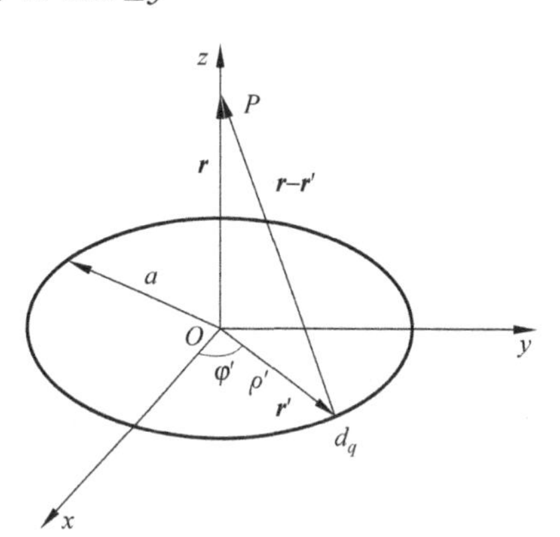

图 1-7　圆形带电结构示意图

解 取圆柱坐标系，使坐标原点位于圆形结构的中心，z 轴与圆中心垂直轴线重合。

(1) 对圆形面结构而言，场点在 z 轴上，源点在圆盘上，场点与源点之间的距离为

$$R=|\boldsymbol{r}-\boldsymbol{r}'|=\sqrt{z^2+\rho'^2},\quad 0\leqslant\rho'\leqslant a,0\leqslant\varphi'\leqslant 2\pi$$

取无限远为参考点，则按

$$\Phi(\boldsymbol{r})=\frac{1}{4\pi\varepsilon_0}\int_s\frac{\rho_s(\boldsymbol{r}')}{|\boldsymbol{r}-\boldsymbol{r}'|}\mathrm{d}S'$$

计算出轴上的电位为

$$\Phi(\boldsymbol{r})=\frac{1}{4\pi\varepsilon_0}\int_s\frac{\rho_s}{R}\mathrm{d}S'=\frac{1}{4\pi\varepsilon_0}\int_0^{2\pi}\mathrm{d}\varphi'\int_0^a\frac{\rho_s}{\sqrt{z^2+\rho'^2}}\rho' d\rho'$$
$$=\frac{2\pi\rho_s}{4\pi\varepsilon_0}\int_0^a\frac{\rho'}{\sqrt{z^2+\rho'^2}}d\rho'=\frac{\rho_s}{2\varepsilon_0}\left(\sqrt{z^2+a^2}-|z|\right)$$

(2) 对圆形线结构而言，场点在 z 轴上，源点在圆环上，场点与源点之间的距离为

$$R=|\boldsymbol{r}-\boldsymbol{r}'|=\sqrt{z^2+a^2},\quad 0\leqslant\varphi'\leqslant 2\pi$$

取无限远为参考点，则按

$$\Phi(\boldsymbol{r})=\frac{1}{4\pi\varepsilon_0}\int_l\frac{\rho_l(\boldsymbol{r}')}{|\boldsymbol{r}-\boldsymbol{r}'|}\mathrm{d}l'$$

计算出轴上的电位为

$$\Phi(\boldsymbol{r})=\frac{1}{4\pi\varepsilon_0}\int_C\frac{\rho_l}{R}\mathrm{d}l'=\frac{1}{4\pi\varepsilon_0}\int_0^{2\pi}\frac{\rho_l}{\sqrt{z^2+a^2}}\mathrm{d}\varphi'=\frac{a\rho_l}{2\varepsilon_0\sqrt{z^2+a^2}}$$

3. 计算极板之间的电位和电场强度，利用直接积分法计算电位和电场强度

例 1-68 有一平行板电容器，设极板之间的距离 d 远小于极板平面的尺寸，极板之间充满介电常数为 ε 的电介质和均匀分布着体电荷密度为 ρ 的电荷，极板之间的电压为 U_0，如图 1-8 所示。试求极板之间的电位和电场强度。

解 因为极板平面的尺寸远大于板间距离，所以可以忽略边缘效应，近似认为板间电位仅与坐标 x 有关，它应满足泊松方程，即

$$\nabla^2 \Phi = \frac{\mathrm{d}^2 \Phi}{\mathrm{d}x^2} = -\frac{\rho}{\varepsilon}$$

将上式直接积分，得出电位的通解表示式为

$$\Phi = -\frac{\rho x^2}{2\varepsilon} + C_1 x + C_2$$

式中，C_1 和 C_2 为积分常数，由边界条件确定，即

$$\left.\begin{array}{l} \Phi\big|_{x=0} = 0 \\ \Phi\big|_{x=d} = 0 \end{array}\right. \Rightarrow \quad \begin{array}{l} C_1 = \dfrac{U_0}{d} + \dfrac{\rho d}{2\varepsilon} \\ C_2 = 0 \end{array}$$

从而求得极板平面之间的电位和电场强度分别为

$$\Phi = -\frac{\rho x^2}{2\varepsilon} + \left(\frac{U_0}{d} + \frac{\rho d}{2\varepsilon}\right) x$$

$$\boldsymbol{E} = -\nabla\Phi = -\boldsymbol{e}_x \frac{\mathrm{d}\Phi}{\mathrm{d}x} = \boldsymbol{e}_x \left(\frac{\rho x}{\varepsilon} - \frac{U_0}{d} - \frac{\rho d}{2\varepsilon}\right)$$

4. 在通信系统中，方波信号是一种基本的传输信号模式，它的应用很广泛

例 1-69 将方波信号展开为傅里叶级数，如图 1-9 所示。

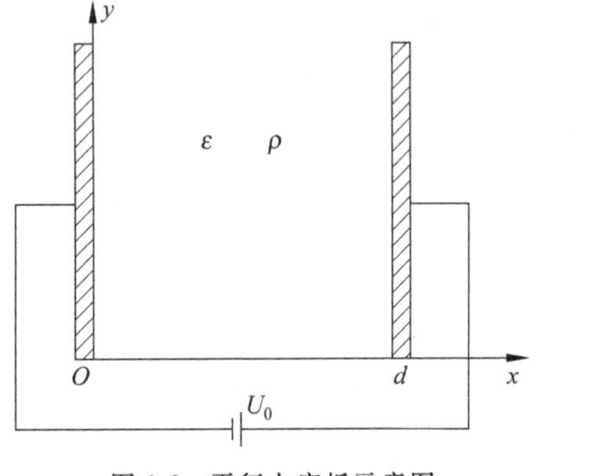

图 1-8 平行电容板示意图

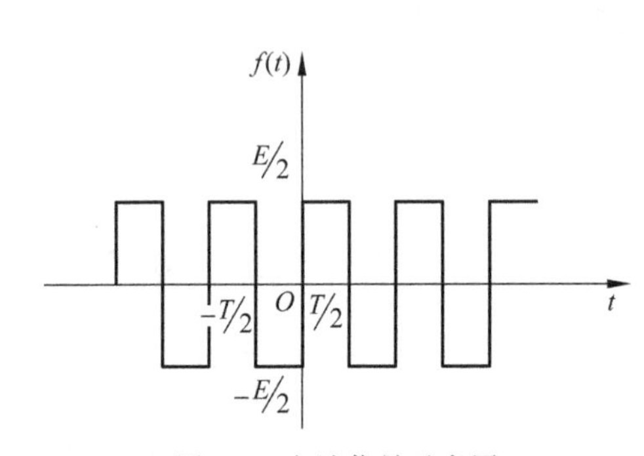

图 1-9 方波信号示意图

解 按题意，方波信号在一个周期内的解析式为

$$f(t) = \begin{cases} -\dfrac{E}{2}, & -\dfrac{T}{2} \leqslant t < 0 \\ \dfrac{E}{2}, & 0 \leqslant t \leqslant \dfrac{T}{2} \end{cases}$$

分别求得傅里叶系数：

$$a_n=\frac{2}{T}\int_{-\frac{T}{2}}^{0}\left(-\frac{E}{2}\right)\cos n\omega_0 t\,\mathrm{d}t+\frac{2}{T}\int_{0}^{\frac{T}{2}}\left(\frac{E}{2}\right)\cos n\omega_0 t\,\mathrm{d}t$$

$$=\frac{E}{n\omega_0 T}\left[(-\sin n\omega_0 t)\Big|_{-T/2}^{0}+(\sin n\omega_0 t)\Big|_{0}^{T/2}\right]=0$$

$$b_n=\frac{2}{T}\int_{-\frac{T}{2}}^{0}\left(-\frac{E}{2}\right)\sin n\omega_0 t\,\mathrm{d}t+\frac{2}{T}\int_{0}^{\frac{T}{2}}\left(\frac{E}{2}\right)\sin n\omega_0 t\,\mathrm{d}t$$

$$=\frac{E}{n\omega_0 T}\left[(\cos n\omega_0 t)\Big|_{-T/2}^{0}+(-\cos n\omega_0 t)\Big|_{0}^{T/2}\right]$$

$$=\frac{E}{2\pi n}\left[2-2\cos n\pi\right]$$

即

$$b_n=\begin{cases}\dfrac{2E}{n\pi}, & n\text{ 为奇数}\\ 0, & n\text{ 为偶数}\end{cases}$$

所以，信号的傅里叶级数展开式为

$$f(t)=\frac{2E}{\pi}\left(\sin\omega_0 t+\frac{1}{3}\sin 3\omega_0 t+\frac{1}{5}\sin 5\omega_0 t+\cdots+\frac{1}{n}\sin n\omega_0 t+\cdots\right)$$

它只含有一次、三次、五次等奇次谐波分量。

1.3 思政教育——整体与局部思想

从辩证的角度讲，整体和部分是辩证存在的。只有相对于部分所构成的整体而言，才是一个确定的部分，没有整体，也无所谓部分。部分作为整体的组成，有时也可当作一个整体。在数学上，从问题的整体性质出发，突出对问题的整体结构的分析和改造，发现问题的整体结构特征，善于用“集成”的眼光把某些式子或图形看成一个整体，把握它们之间的关联，进行有目的、有意识的整体处理。简单地说，整体思想就是从整体观察问题、认识问题，进而解决问题。运用整体思想可以理清数学学习中的思考障碍，可以使繁杂的问题得到解决。整体思想是一种重要的数学观念，对于一些数学问题，若拘泥常规，从局部入手会举步维艰，但若整体考虑，则畅通无阻。

整体的思想是通过对问题整体结构的审视和把握，找出问题的内在规律。利用整体的思想方法解题时可起到化繁为简的作用。例如，复合函数的函数关系链式图是复合函数求导的关键，教师引导学生利用整体换元思想从外到内，层层分解，最后分解成基本初等函数。在积分的计算中，利用整体换元的思想方法将题目转换为积分基本公式的形式。麦克斯韦方程组本身就充分体现了整体与局部相互统一的思想，从整体上揭示了宏观世界的电磁规律，同时从局部上揭示了微观世界的电磁特性。

习　题

1. 求函数 $f(x,y)=\dfrac{\sqrt{4x-y^2}}{\ln(1-x^2-y^2)}$ 的定义域,并求 $\lim\limits_{(x,y)\to\left(\frac{1}{2},0\right)} f(x,y)$。

2. 设 $f(x,y)=\begin{cases}\dfrac{x^2y}{x^2+y^2}, & x^2+y^2\neq 0\\ 0, & x^2+y^2=0\end{cases}$,求 $f_x(x,y)$,$f_y(x,y)$。

3. 设 $z=f(u,x,y)$,$u=xe^y$,其中 f 具有连续的二阶偏导数,求 $\dfrac{\partial^2 z}{\partial x\partial y}$。

4. 在曲面 $z=xy$ 上求一点,使这点处的法线垂直于平面 $x+3y+z+9=0$,并写出这条法线的方程。

5. 求函数 $u=x^2+y^2+z^2$ 在椭球面 $\dfrac{x^2}{a^2}+\dfrac{y^2}{b^2}+\dfrac{z^2}{c^2}=1$ 上点 $M_0(x_0,y_0,z_0)$ 处沿外法线方向的方向导数。

6. 在第一卦限内作椭球面 $\dfrac{x^2}{a^2}+\dfrac{y^2}{b^2}+\dfrac{z^2}{c^2}=1$ 的切平面,使该切平面与三坐标面围成的四面体的体积最小,求这个切平面的切点,并求此最小体积。

7. 计算下列曲线积分:

(1) $\oint_L \sqrt{x^2+y^2}\,\mathrm{d}s$,其中 L 为圆周 $x^2+y^2=ax$;

(2) $\int_\Gamma z\,\mathrm{d}s$,其中 Γ 为曲线 $x=t\cos t$,$y=t\sin t$,$z=t\,(0\leqslant t\leqslant t_0)$;

(3) $\int_L (2a-y)\mathrm{d}x+x\mathrm{d}y$,其中 L 为摆线 $x=a(t-\sin t)$,$y=a(1-\cos t)$ 上对应 t 从 0 到 2π 的一段弧;

(4) $\int_\Gamma (y^2-z^2)\mathrm{d}x+2yz\mathrm{d}y-x^2\mathrm{d}z$,其中 Γ 是曲线 $x=t$,$y=t^2$,$z=t^3$ 上由 $t_1=0$ 到 $t_2=1$ 的一段弧;

(5) $\int_L (e^x\sin y-2y)\mathrm{d}x+(e^x\cos y-2)\mathrm{d}y$,其中 L 为上半圆周 $(x-a)^2+y^2=a^2$,$y\geqslant 0$,沿逆时针方向;

(6) $\oint_\Gamma xyz\,\mathrm{d}z$,其中 Γ 是用平面 $y=z$ 截球面 $x^2+y^2+z^2=1$ 所得的截痕,从 z 轴的正向看去,沿逆时针方向。

8. 计算下列曲面积分:

(1) $\iint\limits_\Sigma \dfrac{\mathrm{d}S}{x^2+y^2+z^2}$,其中 Σ 是介于平面 $z=0$ 及 $z=H$ 的圆柱面 $x^2+y^2=R^2$;

(2) $\iint\limits_\Sigma (y^2-z)\mathrm{d}y\mathrm{d}z+(z^2-x)\mathrm{d}z\mathrm{d}x+(x^2-y)\mathrm{d}x\mathrm{d}y$,其中 Σ 为锥面 $z=\sqrt{x^2+y^2}\,(0\leqslant z\leqslant h)$ 的外侧;

(3) $\iint\limits_{\Sigma} x\mathrm{d}y\mathrm{d}z + y\mathrm{d}z\mathrm{d}x + z\mathrm{d}x\mathrm{d}y$，其中 Σ 为半球面 $z=\sqrt{R^2-x^2-y^2}$ 的上侧；

(4) $\iint\limits_{\Sigma} \dfrac{x\mathrm{d}y\mathrm{d}z + y\mathrm{d}z\mathrm{d}x + z\mathrm{d}x\mathrm{d}y}{(x^2+y^2+z^2)^3}$，其中 Σ 为曲面 $1-\dfrac{z}{5}=\dfrac{(x-2)^2}{16}+\dfrac{(y-1)^2}{9}(z\geqslant 0)$ 的上侧；

(5) $\iint\limits_{\Sigma} xyz\mathrm{d}x\mathrm{d}y$，其中 Σ 为球面 $x^2+y^2+z^2=1(x\geqslant 0, y\geqslant 0)$ 的外侧。

9. 求力 $\boldsymbol{F}=y\boldsymbol{i}+z\boldsymbol{j}+x\boldsymbol{k}$ 沿有向闭曲线 Γ 所做的功，其中 Γ 为平面 $x+y+z=1$ 被三个坐标面截成的三角形的整个边界，从 z 轴正向看去，沿顺时针方向。

10. 下列周期函数 $f(x)$ 的周期为 2π，试将 $f(x)$ 展开成傅里叶级数，如果 $f(x)$ 在 $[-\pi,\pi)$ 上的表达式为

(1) $f(x)=3x^2+1(-\pi\leqslant x\leqslant\pi)$

(2) $f(x)=\mathrm{e}^{2x}(-\pi\leqslant x\leqslant\pi)$

(3) $f(x)=\begin{cases} bx, & -\pi\leqslant x<0 \\ ax, & 0\leqslant x<\pi \end{cases}$ (a,b 为常数，且 $a>b>0$)

11. 将函数 $f(x)=\dfrac{\pi-x}{2}(0\leqslant x\leqslant\pi)$ 展开成正弦级数。

12. 将函数 $f(x)=2+|x|(-1\leqslant x\leqslant 1)$ 展开成以 2 为周期的傅里叶级数，并由此求级数 $\sum\limits_{n=1}^{+\infty}\dfrac{1}{n^2}$ 的和。

13. 设 $f(x)=\begin{cases} x, & 0\leqslant x\leqslant\dfrac{1}{2} \\ 2-2x, & \dfrac{1}{2}<x\leqslant 1 \end{cases}$，$S(x)=\dfrac{a_0}{2}+\sum\limits_{n=1}^{+\infty}a_n\cos n\pi x$，$-\infty<x<+\infty$，其中 $a_n=2\int_0^{\frac{1}{2}}f(x)\cos n\pi x\,\mathrm{d}x\,(n=0,1,2,\cdots)$，求 $S\left(-\dfrac{5}{2}\right)$。

14. 将函数 $f(x)=1-x^2(0\leqslant x\leqslant\pi)$ 展开成余弦级数，并求级数 $\sum\limits_{n=1}^{+\infty}\dfrac{(-1)^{n+1}}{n^2}$ 的和。

第 2 章 复变函数及其工程应用

CHAPTER 2

2.1 复变函数的知识点

2.1.1 复变函数

1. 复变函数的概念

1) 复数与复平面

已知在实数范围内方程 $x^2=-1$ 无解，由于解方程的需要，我们引进一个新数 i，规定 $\mathrm{i}^2=-1$，即 $\mathrm{i}=\sqrt{-1}$，称为虚数单位，从而 i 是方程 $x^2=-1$ 的一个根。

规定任意两实数 x、y，我们称形如 $z=x+y\mathrm{i}$ 的数为**复数**，其中 x、y 分别称为复数 z 的实部和虚部，记作 $x=\mathrm{Re}(z)$，$y=\mathrm{Im}(z)$。

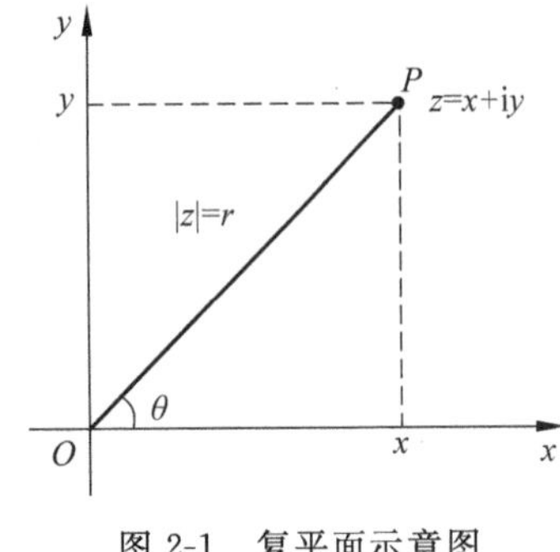

图 2-1 复平面示意图

一个复数 $z=x+y\mathrm{i}$ 由一对有序实数 (x,y) 唯一确定，因此对于平面上给定的直角坐标系 xOy（图 2-1），任一复数 $z=x+y\mathrm{i}$ 与平面上的一点 $P(x,y)$ 一一对应，从而复数 $z=x+y\mathrm{i}$ 可用平面上的点 $P(x,y)$ 表示，此时 x 轴称为实轴，y 轴称为虚轴，两轴所在的平面称为**复平面**或 **z 平面**，如图 2-1 所示。

复数 z 的指数表达式为

$$z=r\mathrm{e}^{\mathrm{i}\theta}$$

这里的 e 是自然对数的底。

2) 复变函数与映射

若在复数平面（或球面）上存在一个点集 E（复数的集合），对于 E 的每一点（每一个 z 值），按照一定的规律，有一个或多个复数值 w 与之对应，则称 w 为 z 的函数——**复变函数**。z 称为 w 的宗量，定义域为 E，记作

$$w=f(z),\quad z\in E$$

这里没有明确指出是否只有一个 w 和 z 对应；如果 w 和 z 为一一对应关系，则称 w 为 z 的单值函数；否则称为多值函数。事实上，复变函数等价于两个实变量的实值函数，即若 $z=x+\mathrm{i}y$，$w=\mathrm{Re}(z)+\mathrm{i}\mathrm{Im}f(z)=u(x,y)+\mathrm{i}v(x,y)$，则 $w=f(z)$ 等价于**两个二元实变量函数** $u=u(x,y)$ 和 $v=v(x,y)$。

对于复变函数 $w=f(z)=f(u,v)$，它反映了两对变量 u,v 和 x,y 之间的对应关系，因而无法用同一个平面内的几何图形表示出来，必须把它看成两个复平面上的点集之间的对应关系。如果用 z 平面(即 xOy 平面)上的点表示函数 w 的值，那么函数 $w=f(z)$ 在几何上就可以看作把 z 平面上的一个点集 G(定义域的集合)变到 w 平面上的一个点集 G^*(函数值的集合)的**映射**(或变换)，这个映射通常称为由函数 $w=f(z)$ 构成的映射。映射反映了复变函数的几何意义。如果 G 中的点 z 被函数 $w=f(z)$ 映射为 G^* 中的点 w，那么 w 称为 z 的像，而 z 称为 w 的原像。

例 2-1 考虑映射 $w=\frac{1}{\bar{z}}$。

解 它可以分解为以下两个映射的复合：

$$z_1=\frac{1}{z},\quad w=\bar{z}_1$$

映射 $w=\bar{z}_1$ 是一个关于实数轴的对称映射；映射 $z_1=\frac{1}{\bar{z}}$ 把 z 映射成 z_1，其辐角与 z 相同，即 $\arg z_1=-\arg \bar{z}=\arg z$。

而模 $|z_1|=\left|\frac{1}{\bar{z}}\right|=\frac{1}{|z|}$，满足 $|z_1||z|=1$，我们称 $z_1=\frac{1}{\bar{z}}$ 为关于单位圆的对称映射，z 与 z_1 称为关于单位圆的互相对称点。

3) 常见的复变函数

多项式

$$a_0+a_1z+a_2z^2+\cdots+a_nz^n\quad (n\text{ 为正整数})$$

有理分式

$$\frac{a_0+a_1z+a_2z^2+\cdots+a_nz^n}{b_0+b_1z+b_2z^2+\cdots+b_mz^m}\quad (m\text{ 和 }n\text{ 为正整数})$$

根式

$$\sqrt{z-a}$$

此外，在通信中，最重要的复变函数是**复指数函数**：

$$f(z)=\mathrm{e}^z=\mathrm{e}^{x+\mathrm{i}y}$$

如果 x 是一个实数，令 $z=\mathrm{i}x$，则有著名的欧拉公式

$$\mathrm{e}^z=\mathrm{e}^{\mathrm{i}x}=\cos x+\mathrm{i}\sin x$$

令 $x=\omega t$，则

$$\mathrm{e}^{\mathrm{i}\omega t}=\cos\omega t+\mathrm{i}\sin\omega t$$

这个信号称为**复指数信号**，其实部为余弦信号，虚部为正弦信号。

它可以理解为一个点在复平面的单位圆上以角速度 ω 逆时针运动，如图 2-2 所示。

2. 极限与连续

设函数 $\omega=f(z)$ 在集合 E 上确定，z_0 是 E 的一个聚点，a 是一个复常数，如果任给 $\varepsilon>0$，可以找到一个与 ε 有关的正数 $\delta=\delta(\varepsilon)>0$，使当 $z\in E$，并且 $0<|z-z_0|<\delta$ 时，

$$|f(z)-a|<\varepsilon$$

则称 a 为函数 $f(z)$ 当 z 趋于 z_0 时的**极限**，记作

$$\lim_{z\to z_0,z\in E}f(z)=a\quad\text{或}\quad f(z)\to a\quad (\text{当 }|z\to z_0|)$$

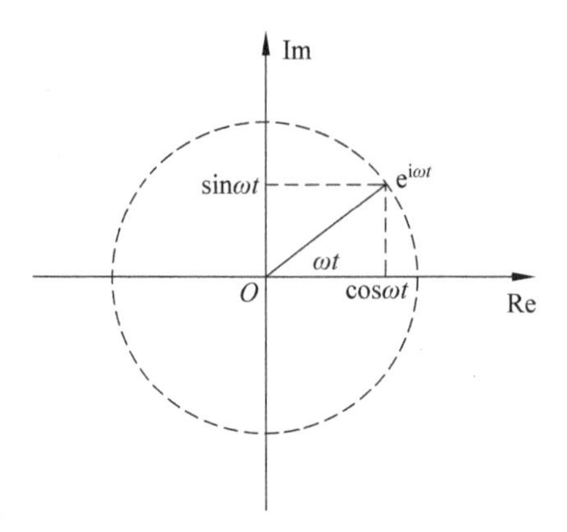

图 2-2 复平面上的一点逆时针运动示意图

由复变函数及其极限的定义可知，**复变函数的极限等价于两个实变二元函数的二重极限**；关于实变量实值函数极限的和、差、积、商等性质，可以不加改变地推广到复变函数。

设函数 $\omega=f(z)=u(x,y)+\mathrm{i}v(x,y)$ 在集合 E 上确定，$z_0\in E$，是 E 的一个聚点，如果

$$\lim_{z\to z_0} f(z)=f(z_0)$$

成立，则称 $f(z)$ 在 z_0 处**连续**；如果 $f(z)$ 在 E 中每一点连续，则称 $f(z)$ 在 E 上连续。

如果 $z_0=x_0+\mathrm{i}y_0$，则 $f(z)$ 在 z_0 处连续的充要条件为

$$\lim_{x\to x_0,y\to y_0} u(x,y)=u(x_0,y_0),$$

$$\lim_{x\to x_0,y\to y_0} v(x,y)=v(x_0,y_0)$$

即一个复变函数的连续性等价于两个实变二元函数的连续性。

3. 导数

设函数 $\omega=f(z)$ 是在区域 B 上定义的单值函数，即对于 B 上的每一个 z 值，有且只有一个 ω 值与之对应。若在 B 上的某点 z，极限

$$\lim_{\Delta z\to 0}\frac{\Delta\omega}{\Delta z}=\lim_{\Delta z\to 0}\frac{f(z+\Delta z)-f(z)}{\Delta z}$$

存在，并且与 $\Delta z\to 0$ 的方式无关，则称函数 $\omega=f(z)$ 在 z 点**可导**（或**单演**），此（有限的）极限称为函数 $f(z)$ 在 z 点的**导数**（或**微商**），以 $f'(z)$ 或 $\mathrm{d}f/\mathrm{d}z$ 表示。

复变函数的导数定义，在形式上与实变函数的导数定义相同，因而实变函数论中关于导数的规则和公式往往可应用于复变函数，例如

$$\begin{cases}\dfrac{\mathrm{d}}{\mathrm{d}z}(\omega_1\pm\omega_2)=\dfrac{\mathrm{d}\omega_1}{\mathrm{d}z}\pm\dfrac{\mathrm{d}\omega_2}{\mathrm{d}z}\\ \dfrac{\mathrm{d}}{\mathrm{d}z}(\omega_1\omega_2)=\dfrac{\mathrm{d}\omega_1}{\mathrm{d}z}\omega_2\pm\dfrac{\mathrm{d}\omega_2}{\mathrm{d}z}\omega_1\\ \dfrac{\mathrm{d}}{\mathrm{d}z}\left(\dfrac{\omega_1}{\omega_2}\right)=\dfrac{\omega_1'\omega_2-\omega_1\omega_2'}{\omega_2^2}\\ \dfrac{\mathrm{d}\omega}{\mathrm{d}z}=1\Big/\dfrac{\mathrm{d}z}{\mathrm{d}\omega}\\ \dfrac{\mathrm{d}}{\mathrm{d}z}F(\omega)=\dfrac{\mathrm{d}F}{\mathrm{d}\omega}\cdot\dfrac{\mathrm{d}\omega}{\mathrm{d}z}\end{cases}\qquad\begin{cases}\dfrac{\mathrm{d}}{\mathrm{d}z}z^n=nz^{n-1}\\ \dfrac{\mathrm{d}}{\mathrm{d}z}\mathrm{e}^z=\mathrm{e}^z\\ \dfrac{\mathrm{d}}{\mathrm{d}z}\sin z=\cos z\\ \dfrac{\mathrm{d}}{\mathrm{d}z}\cos z=-\sin z\\ \dfrac{\mathrm{d}}{\mathrm{d}z}\ln z=\dfrac{1}{z}\end{cases}$$

必须指出，复变函数和实变函数的导数定义虽然形式上一样，实质上却有很大的不同。这是因为实变函数 Δx 只能沿着实轴逼近零，复变函数 Δz 却可以沿着复数平面上的任一曲线逼近零。

下面比较 Δz 沿着平行于实轴方向逼近零和沿着平行于虚轴方向逼近零的两种情形。

先看 Δz 沿着平行于实轴方向逼近零的情形。这时 $\Delta y \equiv 0$，而 $\Delta z = \Delta x \to 0$，于是

$$\lim_{\Delta x \to 0} \frac{u(x+\Delta x, y) + \mathrm{i}v(x+\Delta x, y) - u(x,y) - \mathrm{i}v(x,y)}{\Delta x}$$

$$= \lim_{\Delta x \to 0}\left\{\frac{u(x+\Delta x, y) - u(x,y)}{\Delta x} + \mathrm{i}\frac{v(x+\Delta x, y) - v(x,y)}{\Delta x}\right\}$$

$$= \frac{\partial u}{\partial x} + \mathrm{i}\frac{\partial v}{\partial x} \tag{2-1}$$

再看 Δz 沿着平行于虚轴方向逼近零的情形。这时 $\Delta x \equiv 0$，而 $\Delta z = \mathrm{i}\Delta y \to 0$，于是

$$\lim_{\Delta y \to 0} \frac{u(x, y+\Delta y) + \mathrm{i}v(x, y+\Delta y) - u(x,y) - \mathrm{i}v(x,y)}{\mathrm{i}\Delta y}$$

$$= \lim_{\Delta y \to 0}\left\{\frac{v(x, y+\Delta y) - v(x,y)}{\Delta y} - \mathrm{i}\frac{u(x, y+\Delta y) - u(x,y)}{\Delta y}\right\}$$

$$= \frac{\partial v}{\partial y} - \mathrm{i}\frac{\partial u}{\partial y} \tag{2-2}$$

如果函数 $f(z)$在点 z 可导，式(2-1)和式(2-2)这两个极限必须都存在而且彼此相等，即

$$\frac{\partial u}{\partial x} + \mathrm{i}\frac{\partial v}{\partial x} = \frac{\partial v}{\partial y} - \mathrm{i}\frac{\partial u}{\partial y}$$

这个等式两边的实部和虚部必须分别相等，即

$$\begin{cases} \dfrac{\partial u}{\partial x} = \dfrac{\partial v}{\partial y} \\[2ex] \dfrac{\partial v}{\partial x} = -\dfrac{\partial u}{\partial y} \end{cases} \tag{2-3}$$

式(2-3)的两个方程称为**柯西-黎曼方程**，或**柯西-黎曼条件**(简称 **C-R 条件**)，是复变函数可导的必要条件。柯西-黎曼方程只保证 Δz 沿实轴及虚轴逼近零时，$\Delta f/\Delta z$ 逼近同一极限，并不保证 Δz 沿任意曲线逼近零时，$\Delta f/\Delta z$ 总是逼近同一极限。因此，柯西-黎曼方程不是复变函数可导的充分条件。

可以证明，函数 $f(z)$可导的充要条件是：函数 $f(z)$的偏导数$\dfrac{\partial u}{\partial x}$、$\dfrac{\partial u}{\partial y}$、$\dfrac{\partial v}{\partial x}$、$\dfrac{\partial v}{\partial y}$存在且连续，并且满足柯西-黎曼方程。

证　由于这些偏导数连续，因此二元函数 u 和 v 的增量可分别写为

$$\Delta u = \frac{\partial u}{\partial x}\Delta x + \frac{\partial u}{\partial y}\Delta y + \varepsilon_1 \Delta x + \varepsilon_2 \Delta y$$

$$\Delta v = \frac{\partial v}{\partial x}\Delta x + \frac{\partial v}{\partial y}\Delta y + \varepsilon_3 \Delta x + \varepsilon_4 \Delta y$$

其中的各个 ε 值随着 $\Delta z \to 0$(即 $\Delta x, \Delta y$ 各自趋于 0)而趋于 0，于是有

$$\lim_{\substack{\Delta x\to 0\\ \Delta y\to 0}}\frac{\Delta f}{\Delta z}=\lim_{\Delta z\to 0}\frac{\Delta u+\mathrm{i}\Delta v}{\Delta z}$$

$$=\lim_{\Delta z\to 0}\frac{\frac{\partial u}{\partial x}\Delta x+\frac{\partial u}{\partial y}\Delta y+\mathrm{i}\left(\frac{\partial v}{\partial x}\Delta x+\frac{\partial v}{\partial y}\Delta y\right)}{\Delta z}$$

最后一步已考虑到$\left|\frac{\Delta x}{\Delta z}\right|$和$\left|\frac{\Delta y}{\Delta z}\right|$为有限值，从而所有含 ε 的项都随着 $\Delta z\to 0$ 而趋于 0，根据柯西-黎曼条件$\begin{cases}\frac{\partial u}{\partial x}=\frac{\partial v}{\partial y}\\ \frac{\partial v}{\partial x}=-\frac{\partial u}{\partial y}\end{cases}$，上式即

$$\lim_{\substack{\Delta x\to 0\\ \Delta y\to 0}}\frac{\frac{\partial u}{\partial x}(\Delta x+\mathrm{i}\Delta y)+\mathrm{i}\,\frac{\partial v}{\partial x}(\Delta x+\mathrm{i}\Delta y)}{\Delta x+\mathrm{i}\Delta y}=\frac{\partial u}{\partial x}+\mathrm{i}\,\frac{\partial v}{\partial x}$$

这一极限是与 $\Delta z\to 0$ 的方式无关的有限值，证毕。

我们说过，复变函数可导的要求比实变函数可导的要求严格很多，其具体表现之一就是**函数的实部和虚部通过柯西-黎曼方程相联系**。

例 2-2 讨论 $f(z)=\bar{z}$ 的连续性与可导性。

解 令 $z=x+\mathrm{i}y$，$f(z)=x-\mathrm{i}y$，其中 $u=x$，$v=-y$ 皆处处连续，故函数 $f(z)=\bar{z}$ 在复平面内处处连续。

考虑极限

$$\lim_{\Delta z\to 0}\frac{f(z+\Delta z)-f(z)}{\Delta z}=\lim_{\Delta z\to 0}\frac{\overline{z+\Delta z}-\bar{z}}{\Delta z}$$

$$=\lim_{\Delta z\to 0}\frac{\Delta\bar{z}}{\Delta z}=\lim_{\Delta z\to 0}\frac{\Delta x-\mathrm{i}\Delta y}{\Delta x+\mathrm{i}\Delta y}$$

因为

$$\lim_{\substack{\Delta x\to 0\\ \Delta y=0}}\frac{\Delta\bar{z}}{\Delta z}=1,\quad \lim_{\substack{\Delta x=0\\ \Delta y\to 0}}\frac{\Delta\bar{z}}{\Delta z}=-1$$

所以$\lim\limits_{\Delta z\to 0}\frac{\Delta\bar{z}}{\Delta z}$不存在，即 $f(z)=\bar{z}$ 在复平面上处处不可导。

注：本题说明复变函数连续未必可导，但由定义可证复变函数可导必定连续。

2.1.2 解析函数

1. 解析函数的概念

若函数 $f(x)$在点 z_0 及其邻域上处处可导，则称 $f(x)$在 z_0 点解析，又若 $f(x)$在区域 B 上每一点都解析，则称 $f(x)$为区域 B 上的**解析函数**。可见，函数若在某一点解析，则必在该点可导，反之却不一定成立。例如，函数 $f(x)=|z|^2$ 仅在 $z=0$ 点可导，而在其他点均不可导，由解析性的定义可知，它在 $z=0$ 点并且在整个复平面上处处不解析。这表明函数在一点可导与解析是不等价的，但是，函数若在某一区域 B 上解析，意味着函数在区域 B 上处处可导。因此，函数在某区域上可导与解析是等价的。

2. 函数解析的充要条件

设函数 $f(z)=u(x,y)+\mathrm{i}v(x,y)$在区域 D 内有定义,则 $f(z)$在 D 内一点 $z=x+\mathrm{i}y$ 处可导的**充要条件**是: $u(x,y)$与 $v(x,y)$在点(x,y)处可微,且在该点处满足**柯西-黎曼**方程:

$$\frac{\partial u}{\partial x}=\frac{\partial v}{\partial y},\quad \frac{\partial u}{\partial y}=-\frac{\partial v}{\partial x}$$

例 2-3 讨论 $f(z)=|z|^2$ 的解析性。

解 因为 $u(x,y)=x^2+y^2, v(x,y)=0$,故

$$u_x=2x, u_y=2y,\quad v_x=v_y=0$$

要使 $C-R$ 条件成立,必须 $2x-1$,故 $f(z)$只在直线 $x=-\frac{1}{2}$上可微,从而处处不解析。

例 2-4 判断下列函数在何处可导? 在何处解析?

(1) $f(z)=\mathrm{e}^x(\cos y+\mathrm{i}\sin y)$; (2) $f(z)=x^2-\mathrm{i}y$。

解 (1) 因为 $u=\mathrm{e}^x\cos y, v=\mathrm{e}^x\sin y$ 处处可微,又

$$\frac{\partial u}{\partial x}=\mathrm{e}^x\cos y,\quad \frac{\partial v}{\partial y}=\mathrm{e}^x\cos y$$

$$\frac{\partial u}{\partial y}=-\mathrm{e}^x\sin y,\quad \frac{\partial v}{\partial x}=\mathrm{e}^x\sin y$$

从而$\frac{\partial u}{\partial x}=\frac{\partial v}{\partial y},\frac{\partial u}{\partial y}=-\frac{\partial v}{\partial x}$也处处成立,所以 $f(z)=\mathrm{e}^x(\cos y+\mathrm{i}\sin y)$在复平面内处处可导,处处解析。

(2) $u=x^2, v=-y$ 处处可微,又

$$\frac{\partial u}{\partial x}=2x,\frac{\partial v}{\partial y}=-1$$

$$\frac{\partial u}{\partial y}=0,\frac{\partial v}{\partial x}=0$$

从而$\frac{\partial u}{\partial x}=\frac{\partial v}{\partial y},\frac{\partial u}{\partial y}=-\frac{\partial v}{\partial x}$仅当 $f(z)$在直线 $x=-\frac{1}{2}$上成立,所以 $f(z)=x^2-\mathrm{i}y$ 在直线 $x=-\frac{1}{2}$上处处可导,但在复平面内处处不解析。

2.1.3 复变函数积分

1. 复变函数的积分介绍

设在复数平面的某分段光滑曲线 l 上定义了连续函数 $f(z)$。在 l 上取一系列分点z_0(起点 A),z_1, $z_2,\cdots,z_n$(终点 B),将 l 分成 n 小段,如图 2-3 所示。

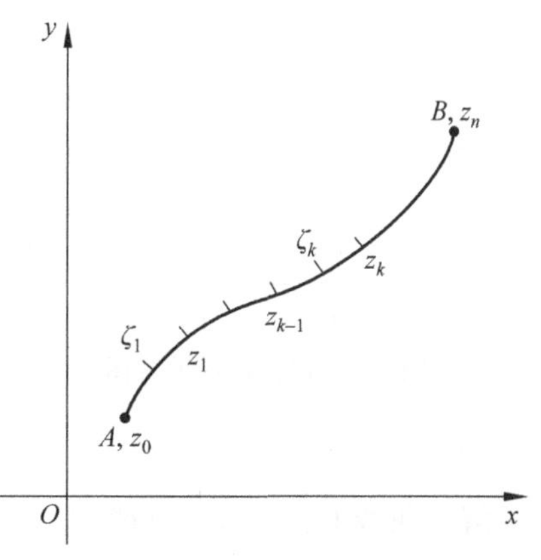

图 2-3 分段光滑曲线示意图

在每一小段$[z_{k-1},z_k]$上任取一点 ζ_k,作和

$$\sum_{k=1}^{n} f(\zeta_k)(z_k-z_{k-1})=\sum_{k=1}^{n} f(\zeta_k)\Delta z_k$$

当 $n\to+\infty$且每一个 Δz_k 都趋于零时,如果这个和的极限存在,而且其值与各个 ζ_k 的选取无关,

则这个和的极限称为函数 $f(z)$沿曲线 l 从 A 到 B 的**路径积分**，记作$\int_l f(z)\mathrm{d}z$，即

$$\int_l f(z)\mathrm{d}z = \lim_{\max|\Delta z_k|\to 0}\sum_{k=1}^{n} f(\zeta_k)\Delta z_k$$

将 z_k 和 $f(z)$都用实部和虚部表示，

$$\mathrm{d}z = \mathrm{d}x + \mathrm{i}\mathrm{d}y,\quad f(z) = u(x,y) + \mathrm{i}v(x,y)$$

则

$$\int_l f(z)\mathrm{d}z = \int_l u(x,y)\mathrm{d}x - v(x,y)\mathrm{d}y + \mathrm{i}\int_l v(x,y)\mathrm{d}x + u(x,y)\mathrm{d}y$$

这样，**复变函数的路径积分可以归结为两个实变函数的线积分，它们分别是路径积分的实部和虚部**。因而，实变函数线积分的许多性质也对路径积分成立，例如

① 常数因子可以移到积分号之外；

② 函数的和的积分等于各个函数的积分之和；

③ 反转积分路径，积分变号；

④ 全路径上的积分等于各段上的积分之和；

⑤ 积分不等式 1：

$$\left|\int_l f(z)\mathrm{d}z\right| \leqslant \int_l |f(z)||\mathrm{d}z|$$

⑥ 积分不等式 2：

$$\left|\int_l f(z)\mathrm{d}z\right| \leqslant ML$$

其中，M 是$|f(z)|$在 l 上的最大值，L 是 l 的全长。

例 2-5 试计算积分

$$I_1 = \int_{l_1} \mathrm{Re}\, z\mathrm{d}z,\quad I_2 = \int_{l_2} \mathrm{Re}\, z\mathrm{d}z$$

l_1，l_2 分别如图 2-4 所示。两条路径的起点及终点相同，均为 $z=0$ 及 $z=1+\mathrm{i}$。

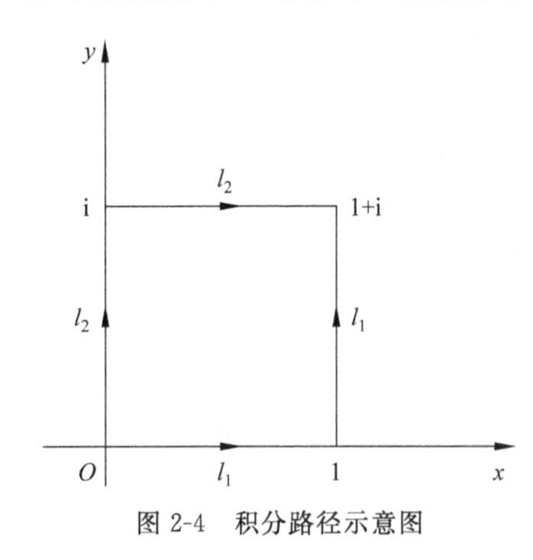

图 2-4 积分路径示意图

解 先计算 I_1

$$I_1 = \int_0^1 x\mathrm{d}x + \int_0^1 \mathrm{i}\mathrm{d}y = \frac{1}{2} + \mathrm{i}$$

再计算 I_2

$$I_2 = \int_0^1 x\mathrm{d}x + \int_0^1 0\cdot \mathrm{i}\mathrm{d}y = \frac{1}{2}$$

可见，两个积分虽然被积函数相同，起点、终点也相同，但由于积分路径不同，其结果并不相同。一般来说，复变函数的积分值不仅依赖于起点和终点，还与积分路径有关。

例 2-6 计算$\oint_C \frac{\mathrm{d}z}{(z-z_0)^{n+1}}$，其中 C 是以 z_0 为中心，r 为半径的正向圆周，n 为整数。

解 曲线 C：$z=z_0+r\mathrm{e}^{\mathrm{i}\theta}$，$\theta$：$0\to 2\pi$，故

$$\oint_C \frac{dz}{(z-z_0)^{n+1}} = \int_0^{2\pi} \frac{ir e^{i\theta} d\theta}{r^{n+1} e^{i(n+1)\theta}} = \frac{i}{r^n}\int_0^{2\pi} e^{-in\theta} d\theta$$

当 $n=0$ 时，原式 $=2\pi i$；

当 $n\neq 0$ 时，原式 $=\frac{i}{r^n}\int_0^{2\pi}(\cos n\theta - i\sin n\theta)d\theta = 0$。

综上，

$$\oint_C \frac{dz}{(z-z_0)^{n+1}} = \begin{cases} 2\pi i, & n=0 \\ 0, & n\neq 0 \end{cases}$$

这个结论以后会经常用到，它的特点是积分值与圆心 z_0 及半径 r 无关，而与 n 有关。

2. 柯西定理

现在讨论复变函数的积分值与积分路径的关系，主要介绍复变函数积分的重要定理——柯西定理。下面分两种情形说明。

(1) 单连通区域情形

所谓的**单连通区域**是这样的区域，在其中作任何简单的闭合围线，围线内的点都属于该区域内的点。

单连通区域的柯西定理：如果函数 $f(z)$ 在闭单连通区域 $\bar{B}$ 上解析，则沿 $\bar{B}$ 上任一分段光滑闭合曲线 l（也可以是 $\bar{B}$ 的边界），都有

$$\oint_l f(z)dz = 0$$

证明：$\oint_l f(z)dz = \oint_l u(x,y)dx - v(x,y)dy + i\oint_l v(x,y)dx + u(x,y)dy$

由于 $f(z)$ 在 $\bar{B}$ 上解析，因而 $\frac{\partial u}{\partial x},\frac{\partial u}{\partial y},\frac{\partial v}{\partial x},\frac{\partial v}{\partial y}$ 在 $\bar{B}$ 上连续，对上式右端实部及虚部分别应用格林公式

$$\oint_l P dx + Q dy = \iint_s \left(\frac{\partial Q}{\partial x} - \frac{\partial P}{\partial y}\right) dx dy$$

将回路径积分转化成面积分，有

$$\oint_l f(z)dz = -\iint_s \left(\frac{\partial v}{\partial x} + \frac{\partial u}{\partial y}\right) dx dy + i\iint_s \left(\frac{\partial u}{\partial x} - \frac{\partial v}{\partial y}\right) dx dy$$

同样，由于 $f(z)$ 在 $\bar{B}$ 上解析，其实部 u 和虚部 v 在 $\bar{B}$ 上满足柯西-黎曼条件

$$\begin{cases} \frac{\partial u}{\partial x} = \frac{\partial v}{\partial y} \\ \frac{\partial v}{\partial x} = -\frac{\partial u}{\partial y} \end{cases}$$

因而两个积分均为 0，即求证上述柯西定理还可以推广。如果函数 $f(z)$ 在单连通区域 B 上**解析**，在闭单连通区域 $\bar{B}$ 上**连续**，则沿 $\bar{B}$ 上任一分段光滑闭合曲线 l，有

$$\oint_l f(z)dz = 0$$

(2) 复通区域情形

有时研究的函数在区域上并非处处解析，而在某些点或者某些子区域上不可导(甚至不连续或根本没定义)，即存在**奇点**。为了将这些奇点排除在区域外，需要做一些适合的闭合

曲线,将这些奇点分隔出去,或者形象地说将这些奇点挖掉而形成某种带“孔”的区域,即所谓的**复连通区域**。

一般来说,在区域内,只要有一个简单的闭合曲线其内有不属于该区域的点,这样的区域便称为复连通区域。

对于区域(单连通区域或复连通区域)的边界线,通常这样规定其(内、外)**正方向**:当观察者沿着这个方向前进时,区域总在观察者的左侧。

复连通区域的柯西定理:如果 $f(z)$是闭复连通区域上的单值解析函数,则

$$\oint_l f(z)\mathrm{d}z + \sum_{i=1}^{n}\oint_{l_i} f(z)\mathrm{d}z = 0$$

式中,l 为区域外边界线,l_i 为区域内边界线,积分均沿边界线的正方向进行。

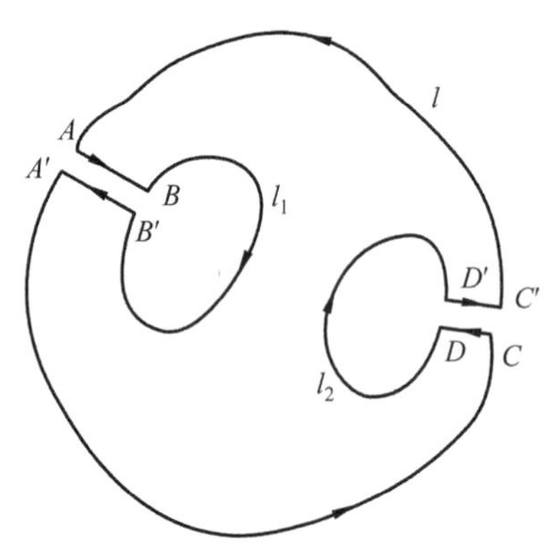

图 2-5 复连通区域示意图

证明:考虑图 2-5 中以 $l, l_1, l_2, \cdots, l_n$ 为边界的复连通区域(图 2-5 中只画出 l, l_1, l_2),作割线连接内外边界线,原来的复连通区域变成以$\overline{AB}, l_1, \overline{B'A'}, l$ 的$\overline{A'C}$段,$\overline{CD}, l_2, \overline{D'C'}$,及 l 的$\overline{C'A}$段为边界线的单连通区域,而在这个单连通区域上 $f(z)$是解析的,如图 2-5 所示。

按单连通区域柯西定理

$$\oint_l f(z)\mathrm{d}z + \int_{\overline{AB}} f(z)\mathrm{d}z + \oint_{l_1} f(z)\mathrm{d}z + \int_{\overline{B'A'}} f(z)\mathrm{d}z + \int_{\overline{CD}} f(z)\mathrm{d}z + \oint_{l_2} f(z)\mathrm{d}z + \int_{\overline{D'C'}} f(z)\mathrm{d}z + \cdots = 0$$

其中,沿同一割线两边缘上的积分值相互抵消,于是有

$$\oint_l f(z)\mathrm{d}z + \oint_{l_1} f(z)\mathrm{d}z + \oint_{l_2} f(z)\mathrm{d}z + \cdots = 0$$

将求和项移到等号的右边,改写成

$$\oint_l f(z)\mathrm{d}z = -\sum_{i=1}^{n}\oint_{l_i} f(z)\mathrm{d}z$$

$$\oint_l f(z)\mathrm{d}z = \oint_l f(z)\mathrm{d}z = \sum_{i=1}^{n}\oint_{l_i} f(z)\mathrm{d}z$$

这就是说,沿着外界线逆时针方向积分相等。

总结起来,柯西定理说的是

① 若 $f(z)$在单连通区域 B 上解析,在闭连通区域 $\overline{B}$ 上连续,则沿 $\overline{B}$ 上一分段光滑闭合曲线的积分为零;

② 闭复连通区域上的解析函数沿所有内外边界线正方向积分和为 0;

③ 闭复连通区域上的解析函数沿所有外边界线逆时针方向积分,等于沿所有内边界线逆时针方向积分之和。

从柯西定理又知道,对于某个闭单连通区域或闭复连通区域上为解析的函数,只要起点和终点固定不变,当积分路径连续变形时,函数的积分值不变。

3. 柯西公式

柯西公式：如果函数 $f(z)$在闭单连通区域 $\overline{B}$ 上解析，l 为 $\overline{B}$ 的边界线，α 为 $\overline{B}$ 内的任一点，则有

$$f(\alpha)=\frac{1}{2\pi i}\oint_l \frac{f(z)}{z-\alpha}dz$$

证明：

由例 2-6 中的$\oint_C \frac{dz}{(z-\alpha)}=2\pi i$ 得

$$f(\alpha)=\frac{f(\alpha)}{2\pi i}\oint_l \frac{1}{z-\alpha}dz=\frac{1}{2\pi i}\oint_l \frac{f(\alpha)}{z-\alpha}dz$$

即证

$$\frac{1}{2\pi i}\oint_l \frac{f(z)-f(\alpha)}{z-\alpha}dz=0$$

由于 $z=\alpha$ 一般为被积函数$\frac{f(z)-f(\alpha)}{z-\alpha}$的奇点，因此，以 α 为圆心，ε 为半径作小圆 C_ε，于是在 l 及 C_ε 包围的复连通区域上$\frac{f(z)-f(\alpha)}{z-\alpha}$单值分析。按柯西定理，

$$\oint_l \frac{f(z)-f(\alpha)}{z-\alpha}dz=\oint_{C_\varepsilon} \frac{f(z)-f(\alpha)}{z-\alpha}dz$$

现在对右端值作一估计

$$\left|\oint_{C_\varepsilon} \frac{f(z)-f(\alpha)}{z-\alpha}dz\right|\leqslant \frac{\max|f(z)-f(\alpha)|}{\varepsilon}2\pi\varepsilon$$

其中的 $\max|f(z)-f(\alpha)|$是$|f(z)-f(\alpha)|$在 C_ε 上的最大值。令 $\varepsilon\to 0$，则 $C_\varepsilon\to a$，由于$f(z)$的连续性，因而有 $f(z)\to f(\alpha)$，即 $\max|f(z)-f(\alpha)|\to 0$，于是

$$\lim_{\varepsilon\to 0}\left|\oint_{C_\varepsilon} \frac{f(z)-f(\alpha)}{z-\alpha}dz\right|\leqslant \lim_{\varepsilon\to 0}2\pi\cdot\max|f(z)-f(\alpha)|=0$$

由于左端与 ε 无关，故必有

$$\oint_l \frac{f(z)-f(\alpha)}{z-\alpha}dz=0$$

从而柯西公式得证。

柯西公式将解析函数在任何一内点 α 的值 $f(\alpha)$用沿边界线 l 的回路径积分表示。这是因为解析函数在各点的值通过柯西-黎曼方程相互联系着。从物理上说，解析函数紧密联系于平面标量场，而平面场的边界条件决定着区域内部的场。

因为 α 是任意取的，所以通常将 α 记作 z，积分变数改用 ζ 表示，于是柯西公式改写为

$$f(z)=\frac{1}{2\pi i}\oint_l \frac{f(\zeta)}{\zeta-z}d\zeta$$

若 $f(z)$在 l 所围区域上存在奇点，就需要考虑挖去奇点后的复连通区域。在复连通区域上 $f(z)$解析，显然柯西公式仍然成立。只要将 l 理解为所有边界线，并且其方向均取正向。

例 2-7　求$\int_C \frac{dz}{z(z-1)}$，其中(1)C：$|z|=\frac{1}{6}$；(2) C：$|z|=2$。

解 (1) $I=\int_{|z|=\frac{1}{6}}\frac{\frac{dz}{(z-1)}}{z}=2\pi i\frac{1}{(z-1)}\bigg|_{z=0}=-2\pi i$

(2) $I=\int_{|z|=\frac{1}{3}}\frac{\frac{dz}{z-1}}{z}+\int_{|z-1|=\frac{1}{3}}\frac{\frac{dz}{z}}{z-1}=2\pi i\frac{1}{z-1}\bigg|_{z=0}+2\pi i\frac{1}{z}\bigg|_{z=1}=0$

推广到柯西公式的**高阶导数**公式，设 $f(z)$在正向简单闭曲线 C 所围区域 D 内解析，在闭域 D 内解析，则在闭域 D 上连续，$f(z)$的各阶导数在 D 内解析，且

$$f^{(n)}(z_0)=\frac{n!}{2\pi i}\oint_C\frac{f(z)}{(z-z_0)^{n+1}}dz\quad(n=1,2,\cdots)$$

其中 z_0 为 D 内任意一点。

该公式表明，解析函数的高阶导数可以用积分表示，反之也可以通过求**导数计算积分**，后者成为计算某些积分的重要方法。

例 2-8 求下列积分的值，其中 C 为正向圆周 $|z|=r>1$：

(1) $\oint_C\frac{\cos\pi z}{(z-1)^5}dz$；　　(2) $\oint_C\frac{e^z}{(z^2+1)^2}dz$。

解 (1) 用高阶导数公式，其中 $f(z)=\cos\pi z, z_0=1, n=4$，故

$$\oint_C\frac{\cos\pi z}{(z-1)^5}dz=\frac{2\pi i}{4!}(\cos\pi z)^{(4)}|_{z=1}=-\frac{\pi^5}{12}i。$$

(2) 函数 $\frac{e^z}{(z^2+1)^2}$ 在 C 内有两个奇点 $z_1=i, z_2=-i$，分别以 z_1、z_2 为中心在 C 内作两个不相交的正向圆周 C_1 和 C_2，由复合闭路定理得

$$\oint_C\frac{e^z}{(z^2+1)^2}dz=\oint_{C_1}\frac{e^z}{(z^2+1)^2}dz+\oint_{C_2}\frac{e^z}{(z^2+1)^2}dz$$

再由高阶导数公式得

$$\oint_{C_1}\frac{e^z}{(z^2+1)^2}dz=\oint_{C_1}\frac{\frac{e^z}{(z+i)^2}}{(z-i)^2}dz=\frac{2\pi i}{1!}\left[\frac{e^z}{(z+i)^2}\right]'\bigg|_{z=i}=\frac{(1-i)e^i}{2}\pi$$

同理可得

$$\oint_{C_2}\frac{e^z}{(z^2+1)^2}dz=-\frac{(1+i)e^{-i}}{2}\pi$$

所以

$$\oint_C\frac{e^z}{(z^2+1)^2}dz=\frac{\pi}{2}(e^i-e^{-i})-\frac{\pi i}{2}(e^i+e^{-i})$$

$$=\pi i\sin 1-\pi i\cos 1=i\pi\sqrt{2}\sin\left(1-\frac{\pi}{4}\right)$$

2.1.4 复数项级数

1. 复数项级数介绍

设有复数项的无穷级数

$$\sum_{k=0}^{+\infty} w_k = w_0 + w_1 + w_2 + \cdots + w_k + \cdots \tag{2-4}$$

它的每一项都可分为实部和虚部，$w_k = u_k + \mathrm{i}v_k$

那么，式(2-4)的前 $n+1$ 项的和 $\sum_{k=0}^{n} w_k = \sum_{k=0}^{n} u_k + \mathrm{i}\sum_{k=0}^{n} v_k$，从而

$$\lim_{n\to+\infty}\sum_{k=0}^{n} w_k = \lim_{n\to+\infty}\sum_{k=0}^{n} u_k + i\lim_{n\to+\infty}\sum_{k=0}^{n} v_k$$

这样，复数项无穷级数式(2-4)的**收敛性问题**就归结为两个实数项级数 $\sum_{k=0}^{n} u_k$ 与 $\sum_{k=0}^{n} v_k$ 的收敛性问题。于是，实数项级数的许多性质和规律常可用于复数项级数，现在列举一些如下。

柯西收敛判据：级数式(2-4)收敛的充分必要条件是，对于任一给定的小正数 ε，必有 N 存在，使得 $n>N$ 时，

$$\left|\sum_{k=n+1}^{n+p} w_k\right| < \varepsilon$$

式中，p 为任意正整数。

若级数式(2-4)各项的模(这是正的实数)组成的级数

$$\sum_{k=0}^{+\infty} | w_k | = \sum_{k=0}^{+\infty} \sqrt{u_k^2 + v_k^2}$$

收敛，则级数式(2-4)**绝对收敛**。绝对收敛的级数必是收敛的。

绝对收敛的级数各项先后次序可以任意改变，其和不变。

设有两个绝对收敛的级数

$$\sum_{k=0}^{+\infty} p_k \text{ 及 } \sum_{k=0}^{+\infty} q_k$$

其和分别为 A 及 B，将它们逐项相乘，得到的级数也是绝对收敛的，而且它的和就等于 AB，即

$$\sum_{k=0}^{\infty} p_k \cdot \sum_{l=0}^{\infty} q_l = \sum_{k=0}^{\infty}\sum_{l=0}^{\infty} p_k q_l = \sum_{k=0}^{\infty} c_k = AB$$

其中 $c_k = \sum_{l=0}^{\infty} p_k q_l$。

现在讨论函数项级数

$$\sum_{k=0}^{\infty} w_k = w_0 + w_1 + w_2 + \cdots + w_k + \cdots \tag{2-5}$$

它的各项都是 z 的函数。如果在某个区域 B(或曲线 l)上所有的点，级数式(2-5)都是收敛的，就称级数式(2-5)在 B(或 l)上收敛，应用柯西判据，级数式(2-5)在 B(或 l)上收敛的充分必要条件是，在 B(或 l)上某个点 z，对于任一给定的小正数 ε，必有 $N(z)$ 存在，使得当 $n>N$ 时，

$$\left|\sum_{k=n+1}^{n+p} w_k(z)\right| < \varepsilon$$

式中，p 为任意正整数。若 N 与 z 无关，则称级数在 B（或 l）上**一致收敛**。

在 B 上一致收敛的级数的每一项 $w_k(z)$ 都是 B 上的连续函数，则级数的和 $\sum\limits_{k=0}^{+\infty} w_k(z)$ 也是 B 上的连续函数。

在 l 上一致收敛的级数的每一项 $w_k(z)$ 都是 l 上的连续函数，则级数的和 $\sum\limits_{k=0}^{\infty} w_k(z)$ 也是 l 上的连续函数，而且级数可以沿 l 逐项积分，即

$$\int_l w(z)\mathrm{d}z = \int_l \sum_{k=0}^{+\infty} w_k(z)\mathrm{d}z = \sum_{k=0}^{+\infty}\int_l w_k(z)\mathrm{d}z$$

若级数 $\sum\limits_{k=0}^{+\infty} w_k(z)$ 在 $\bar{B}$ 中一致收敛，$w_k(z)(k=0,1,2,\cdots)$ 在 $\bar{B}$ 中单值解析，则级数的和 $\sum\limits_{k=0}^{+\infty} w_k(z)$ 也是在 $\bar{B}$ 中的单值解析函数，$w_k(z)$ 的各阶导数可由 $\sum\limits_{k=0}^{+\infty} w_k(z)$ 逐项求导数得到，即

$$w^{(n)}(z) = \sum_{k=0}^{+\infty} w_k^{(n)}(z)$$

且最后的级数 $\sum\limits_{k=0}^{+\infty} w_k^{(n)}(z)$ 在 $\bar{B}$ 内的任意一个闭区间中一致收敛。

如果对于某个区域 $\bar{B}$（或曲线 l）上的所有点 z，级数式(2-5)的各项的模 $|w_k(z)| \leqslant m_k$，而正的常数项级数

$$\sum_{k=0}^{+\infty} m_k$$

收敛，则级数式(2-5)在 $\bar{B}$（或 l）上绝对且一致收敛。

2. 幂级数

1）幂级数的定义

研究这样的函数项级数，它的各项都是幂级数

$$\sum_{k=0}^{+\infty} a_k(z-z_0)^k = a_0 + a_1(z-z_0) + a_2(z-z_0)^2 + \cdots \tag{2-6}$$

其中 $z_0, a_0, a_1, a_2, \cdots$ 都是复常数，这样的级数称为以 z_0 为中心的**幂级数**。

幂级数在复变函数论中具有重要的意义，原因在于一般的幂级数在一定的区域内收敛于一个解析函数，在一点 z_0 解析的函数在 z_0 的一个邻域内可以由幂级数表示，因此**一个函数在某个点 z_0 解析的充要条件是，它在这个点 z_0 的某个邻域内可以展开成一个幂级数。**

2）幂级数的判敛

若级数 $\sum\limits_{n=0}^{+\infty} a_n z^n$ 在 $z=z_0(\neq 0)$ 处收敛，则对满足 $|z|<|z_0|$ 的 z，该幂级数必绝对收敛；若级数 $\sum\limits_{n=0}^{+\infty} a_n z^n$ 在 $z=z_0$ 处发散，则对满足 $|z|>|z_0|$ 的 z，该幂级数也发散。该定理被称为**阿贝尔定理**，根据阿贝尔定理还给出了幂级数收敛半径的概念。

若存在圆 $|z|=R$，使幂级数 $\sum\limits_{n=0}^{+\infty} a_n z^n$ 在圆内绝对收敛但在圆外发散，则称圆域 $|z|<R$

为幂级数的收敛圆盘(或收敛圆域),圆周$|z|=R$称为该幂级数的收敛圆,R为**收敛半径**。至于在收敛圆周上各点幂级数或收敛或发散,需要具体分析。

例 2-9　求幂级数$\sum_{n=0}^{+\infty} z^n$的收敛范围与和函数。

解　此级数的部分和为

$$s_n = 1 + z + z^2 + \cdots + z^{n-1} = \frac{1-z^n}{1-z} \quad (z \neq 1)$$

当$|z|<1$时,由于$\lim\limits_{n\to+\infty} z^n = 0$,从而有

$$\lim_{n\to+\infty} s_n = \frac{1}{1-z}$$

即$|z|<1$时,级数$\sum_{n=0}^{+\infty} z^n$收敛,和函数为$\frac{1}{1-z}$;而$|z|\geqslant 1$,由于$n\to+\infty$时级数的一般项z^n一般不趋于零,故级数发散。由阿贝尔定理可知,级数的收敛范围为$|z|<1$,是一单位圆域,在此圆域内,级数不仅收敛,而且绝对收敛,收敛半径为1,并且有

$$\frac{1}{1-z} = 1 + z + z^2 + \cdots + z^{n-1} + \cdots$$

注　这个结论非常重要,后面经常会用到。

试考查由式(2-6)各项的模组成的正项级数

$$|a_0| + |a_1||z-z_0| + |a_2||z-z_0|^2 + \cdots + |a_k||z-z_0|^k + \cdots \tag{2-7}$$

由正项级数的**比值判别法(达朗贝尔判别法)**可知,如果

$$\lim_{k\to+\infty} \frac{|a_{k+1}||z-z_0|^{k+1}}{|a_k||z-z_0|^k} = \lim_{k\to+\infty}\left|\frac{a_{k+1}}{a_k}\right| |z-z_0| < 1$$

则式(2-7)收敛,从而式(2-6)绝对收敛。若极限$\lim\limits_{k\to+\infty}|a_k/a_{k+1}|$存在,则可引入记号$R$,

$$R = \lim_{k\to+\infty}\left|\frac{a_k}{a_{k+1}}\right|$$

于是,若

$$|z-z_0| < R$$

则式(2-6)绝对收敛。

另一方面,若$|z-z_0|>R$,则后项与前项的模之比的极限

$$\lim_{k\to+\infty} \frac{|a_{k+1}||z-z_0|^{k+1}}{|a_k||z-z_0|^k} > \lim_{k\to+\infty}\left|\frac{a_{k+1}}{a_k}\right| R = 1$$

这就是说,级数(2-6)后项比前项的模越来越大,因而必然是发散级数,若

$$|z-z_0| > R$$

则式(2-6)发散,故有如下判敛方法:

比值法:如果$\lim\limits_{n\to+\infty}\left|\frac{a_{n+1}}{a_n}\right| = \lambda$,那么级数$\sum_{n=0}^{+\infty} c_n z^n$的收敛半径为

$$R = \begin{cases} \dfrac{1}{\lambda}, & 0 < \lambda < +\infty \\ +\infty, & \lambda = 0 \\ 0, & \lambda = +\infty \end{cases}$$

根值法：如果 $\lim\limits_{n\to+\infty}\sqrt[n]{|a_n|}=\lambda$，那么级数 $\sum\limits_{n=0}^{+\infty}c_n z^n$ 的收敛半径为

$$R=\begin{cases}\dfrac{1}{\lambda}, & 0<\lambda<+\infty\\ +\infty, & \lambda=0\\ 0, & \lambda=+\infty\end{cases}$$

例 2-10 求下列级数的收敛半径，并考虑收敛情况：

(1) $\sum\limits_{n=1}^{+\infty}\dfrac{(z-1)^n}{n}$；　(2) $\sum\limits_{n=1}^{+\infty}\dfrac{z^n}{n}$；　(3) $\sum\limits_{n=1}^{+\infty}n^n z^n$。

解 (1) 由

$$\lim_{n\to\infty}\left|\frac{a_{n+1}}{a_n}\right|=\lim_{n\to\infty}\frac{n}{n+1}=1$$

所以收敛半径 $R=1$。级数 $\sum\limits_{n=1}^{\infty}\dfrac{(z-1)^n}{n}$ 在收敛圆域 $|z-1|<1$ 内收敛，在圆周外发散，在圆周上有收敛点($z=0$)，也有发散点($z=2$)。

(2) 因 $\lim\limits_{n\to\infty}\sqrt[n]{|a_n|}=0$，所以收敛半径 $R=+\infty$。

(3) 因 $\lim\limits_{n\to\infty}\sqrt[n]{|a_n|}=+\infty$，所以收敛半径 $R=0$。

例 2-11 把函数 $\dfrac{1}{z-b}$ 表示成形如 $\sum\limits_{n=0}^{+\infty}c_n(z-a)^n$ 的幂级数，其中 a,b 是不相等的复常数。

解 把 $\dfrac{1}{z-b}$ 变形为如下形式：

$$\frac{1}{z-b}=\frac{1}{(z-a)-(b-a)}=-\frac{1}{b-a}\cdot\frac{1}{1-\dfrac{z-a}{b-a}}$$

令 $\dfrac{z-a}{b-a}=g(z)$，当 $\left|\dfrac{z-a}{b-a}\right|<1$ 时，由等比级数得

$$\frac{1}{1-\dfrac{z-a}{b-a}}=\sum_{n=0}^{+\infty}\left(\frac{z-a}{b-a}\right)^n$$

从而得到

$$\frac{1}{z-b}=-\frac{1}{b-a}\sum_{n=0}^{+\infty}\left(\frac{z-a}{b-a}\right)^n=-\sum_{n=0}^{+\infty}\frac{(z-a)^n}{(b-a)^{n+1}}$$

由等比级数知，当 $\left|\dfrac{z-a}{b-a}\right|<1$，即 $|z-a|<|b-a|$ 时，级数收敛；当 $\left|\dfrac{z-a}{b-a}\right|>1$，即 $|z-a|>|b-a|$ 时，级数发散，故收敛半径 $R=|b-a|$。

3. 泰勒级数

如前所述，**幂级数之和在收敛圆内部为解析函数**，那么一个解析函数是否可以表示成幂级数？看如下定理：

定理 设 $f(z)$ 在以 z_0 为圆心的圆 C_{R_1} 内解析，则对圆内的任意 z 点，$f(z)$ 可展为幂

级数，

$$f(z)=\sum_{k=0}^{+\infty}a_k\ (z-z_0)^k$$

其中

$$a_k=\frac{1}{2\pi i}\oint_{C_{R_1}}\frac{f(\zeta)}{(\zeta-z_0)^{k+1}}d\zeta=\frac{f^{(k)}(z_0)}{k!}$$

C_{R_1} 为圆 C_R 内包含 z 且与 C_R 同心的圆。

证明 如图 2-6 所示，为了避免涉及级数在圆周 C_R 上的收敛或发散，作较 C_R 小，但包含 z 且与 C_R 同心的圆周 C_{R_1}，应用柯西积分公式，

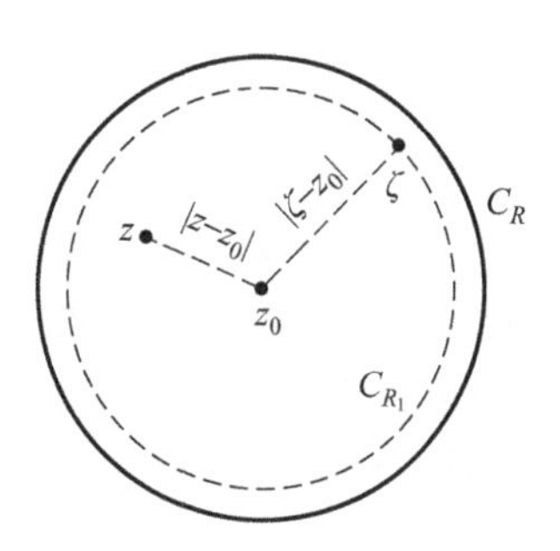

图 2-6 柯西积分公式中的圆周示意图

$$f(z)=\frac{1}{2\pi i}\oint_{C_{R_1}}\frac{f(\zeta)}{\zeta-z}d\zeta \tag{2-8}$$

接下来的工作是将 $1/(\zeta-z)$ 展为幂级数，考虑到展开式应以圆心 z_0 为中心，先将 $1/(\zeta-z)$ 改写为

$$\frac{1}{\zeta-z}=\frac{1}{(\zeta-z_0)-(z-z_0)}=\frac{1}{\zeta-z_0}\cdot\frac{1}{1-\dfrac{z-z_0}{\zeta-z_0}} \tag{2-9}$$

将式(2-9)右边的第二个因子展开，可知

$$\frac{1}{1-\dfrac{z-z_0}{\zeta-z_0}}=1+\frac{z-z_0}{\zeta-z_0}+\left(\frac{z-z_0}{\zeta-z_0}\right)^2+\cdots\left(\left|\frac{z-z_0}{\zeta-z_0}\right|<1\right)$$

代入式(2-9)得

$$\frac{1}{\zeta-z}=\frac{1}{\zeta-z_0}\cdot\sum_{k=0}^{\infty}\frac{(z-z_0)^k}{(\zeta-z_0)^k}=\sum_{k=0}^{\infty}\frac{(z-z_0)^k}{(\zeta-z_0)^{k+1}} \tag{2-10}$$

将式(2-10)代入式(2-8)并逐项积分，

$$f(z)=\sum_{k=0}^{\infty}(z-z_0)^k\cdot\frac{1}{2\pi i}\oint_{C_{R_1}}\frac{f(\zeta)}{(\zeta-z_0)^{k+1}}d\zeta$$

根据**柯西积分公式**，上式即

$$f(z)=\sum_{k=0}^{+\infty}\frac{f(z_0)}{k!}(z-z_0)^k\quad(|z-z_0|<R) \tag{2-11}$$

式(2-11)称为函数 $f(z)$ 的泰勒展开，右端级数称为以 z_0 为中心的**泰勒级数**。

泰勒级数是**唯一**的。

事实上，假如另有一个不同于式(2-11)的泰勒级数

$$f(z)=\sum_{k=0}^{+\infty}a_k\ (z-z_0)^k \tag{2-12}$$

就应当有

$$a_0+a_1(z-z_0)+a_2(z-z_0)^2+\cdots=f(z_0)+\frac{f'(z_0)}{1!}(z-z_0)+\frac{f''(z_0)}{2!}(z-z_0)^2+\cdots \tag{2-13}$$

在式(2-13)中令 $z=z_0$，得

$$a_0=f(z_0)$$

将式(2-13)求导一次，然后令 $z=z_0$，得

$$a_1=\frac{f'(z_0)}{1!}$$

将式(2-13)再求导一次，然后令 $z=z_0$，得

$$a_2=\frac{f'(z_0)}{2!}$$

这样下去，就看出展开式(2-12)与展开式(2-11)完全相同。

2.1.4 节已经证明了幂级数的和是解析函数。由此可见，泰勒级数与解析函数有不可分的联系：**解析函数 $f(z)$ 在 z_0 处的幂级数展开式就是 $f(z)$ 在 z_0 处的泰勒级数。**

例 2-12 在 $z_0=0$ 的邻域上将 $f(z)=e^z$ 展开。

解 函数 $f(z)=e^z$ 的各阶导数 $f^{(k)}(z)=e^z$，而

$$f^{(k)}(z_0)=f^{(k)}(0)=1$$

按照式(2-11)可写出 e^z 在 $z_0=0$ 的邻域上的泰勒展开

$$e^z=1+\frac{z}{1!}+\frac{z}{2!}+\frac{z}{3!}+\cdots+\frac{z}{k!}+\cdots=\sum_{k=0}^{+\infty}\frac{z^k}{k!}$$

应用比值法求得右端泰勒级数的收敛半径为无限大。这就是说，只要 z 是有限的，该级数就收敛。

例 2-13 在 $z_0=0$ 的邻域上将 $f_1(z)=\sin z$ 及 $f_2(z)=\cos z$ 展开。

解 函数 $f_1(z)=\sin z$ 的前四阶导数是 $f_1'(z)=\cos z$，$f_1''(z)=-\sin z$，$f_1^{(3)}(z)=-\cos z$，$f_1^{(4)}(z)=\sin z$。这里，$f_1^{(4)}(z)$正是 $f_1(z)$本身，可见更高阶的导数只是前四阶导数的重复。

$z_0=0$ 时，$f_1(z)$及前四阶导数的值是 $f_1(0)=0$，$f_1'(0)=1$，$f_1''(0)=0$，$f_1^{(3)}(0)=-1$，$f_1^{(4)}(0)=0$。

按照式(2-11)可写出 $\sin z$ 在 $z_0=0$ 的邻域上的泰勒展开

$$\sin z=\frac{z}{1!}-\frac{z^3}{3!}+\frac{z^5}{5!}-\frac{z^7}{7!}+\cdots$$

应用比值法求得右端泰勒级数的收敛半径无限大。

同理可得 $\cos z$ 在 $z_0=0$ 的邻域上的泰勒展开

$$\cos z=1-\frac{z^2}{2!}+\frac{z^4}{4!}-\frac{z^6}{6!}+\cdots$$

且右端泰勒级数的收敛半径为无限大。

例 2-14 将 $f(z)=\ln(1+z)$展成 z 的幂级数。

解 在复平面内，除 $z=-1$ 及其左边负实轴上的点外，$\ln(1+z)$是解析的，而 $z=-1$ 是它距离 $z_0=0$ 最近的一个奇点，所以它在 $|z|<1$ 内可以展开成 z 的幂级数，又

$$\frac{1}{1+z}=\sum_{n=0}^{+\infty}(-1)^n z^n \quad (|z|<1)$$

在圆域 $|z|<1$ 内作一条从 0 到 z 的曲线 C，上式两端沿曲线 C 逐项积分，得

$$\int_0^z\frac{1}{1+z}dz=\sum_{n=0}^{+\infty}\int_0^z(-1)^n z^n dz$$

即

$$\ln(1+z)=\int_0^z \frac{1}{1+z}\mathrm{d}z=\sum_{n=0}^{+\infty}(-1)^n\frac{z^{n+1}}{n+1}\quad(|z|<1)$$

例 2-15　将下列各函数展开为 z 的幂级数，并指出其收敛区域。

(1) $\dfrac{1}{1+z^3}$；　　(2) $\dfrac{1}{(z-a)(z-b)}(a\neq 0,b\neq 0)$。

解　(1) $\dfrac{1}{1+z^3}=\dfrac{1}{1-(-z^3)}=\sum\limits_{n=0}^{+\infty}(-z^3)^n=\sum\limits_{n=0}^{+\infty}(-1)^n z^{3n}$，原点到所有奇点的最小值为 1，故 $|z|<1$ 。

(2) 若 $a\neq b$，则

$$\frac{1}{(z-a)(z-b)}=\frac{1}{a-b}\left(\frac{1}{z-a}-\frac{1}{z-b}\right)=\frac{1}{b-a}\left(\frac{1}{a-z}-\frac{1}{b-z}\right)$$

$$=\frac{1}{b-a}\left[\frac{1}{a\left(1-\frac{z}{a}\right)}-\frac{1}{b\left(1-\frac{z}{b}\right)}\right]$$

$$=\frac{1}{b-a}\left(\sum_{n=0}^{+\infty}\frac{z^n}{a^{n+1}}-\sum_{n=0}^{+\infty}\frac{z^n}{b^{n+1}}\right),\left(\left|\frac{z}{a}\right|<1\text{ 且}\left|\frac{z}{b}\right|<1\right)$$

即

$$|z|<\min\{|a|,|b|\}$$

若 $a=b$，则

$$\frac{1}{(z-a)(z-b)}=\frac{1}{(z-a)^2}=\left(\frac{1}{a-z}\right)'$$

$$=\left(\frac{1}{a(1-z/a)}\right)'=\left(\sum_{n=1}^{+\infty}\frac{z^n}{a^{n+1}}\right)'=\sum_{n=1}^{+\infty}\left(\frac{z^n}{a^{n+1}}\right)'$$

$$=\sum_{n=1}^{+\infty}\frac{nz^{n-1}}{a^{n+1}},\ |z|<|a|$$

4. 洛朗级数

当所研究的区域上存在函数的**奇点**时，就不能再将函数展开成泰勒级数，而需要考虑在除去奇点的**环域**上的展开，这就是本节要讨论的**洛朗级数**展开。

首先，简单介绍含有正、负幂项的幂指数。所谓双边幂级数：

$$\cdots+a_{-2}(z-z_0)^{-2}+a_{-1}(z-z_0)^{-1}+a_0+a_1(z-z_0)+a_2(z-z_0)^2+\cdots \tag{2-14}$$

设式(2-14)的正幂部分收敛域为 $|z-z_0|<R_1$。如引用新的变量 $\zeta=(z-z_0)^{-1}$，则负幂部分成为

$$a_{-1}\zeta+a_{-2}\zeta^2+a_{-3}\zeta^3+\cdots \tag{2-15}$$

设式(2-15)幂级数有某个收敛圆，其半径记作$\dfrac{1}{R_2}$，则它在圆 $|\zeta|=\dfrac{1}{R_2}$的内部收敛，即在 $|z-z_0|=R_2$ 的外部收敛。

如果 $R_2<R_1$，那么级数式(2-14)就在环域 $R_2<|z-z_0|<R_1$ 内绝对且一致收敛，其和为一解析函数，级数可逐项求导。环域 $R_2<|z-z_0|<R_1$ 称为级数式(2-14)的**收敛环**。收

敛区域为环域的幂级数，包含**负幂次项**。

如果 $R_2>R_1$，则级数处处发散。

下面讨论**环域上的解析函数的幂级数展开问题，即洛朗级数**。

定理 设 $f(z)$ 在圆环域 D：$R_1<|z-z_0|<R_2$ 内解析，则在 D 内有

$$f(z)=\sum_{n=-\infty}^{+\infty} c_n (z-z_0)^n$$

其中 $c_n=\frac{1}{2\pi i}\oint_C \frac{f(z)}{(z-z_0)^{n+1}}dz, n=0,\pm1,\pm2,\cdots$，$C$ 为 D 内围绕 z_0 的任一正向闭曲线。

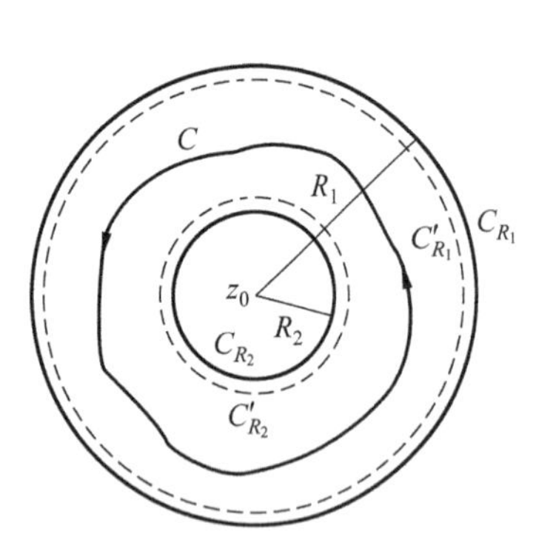

图 2-7 复连通区域上的柯西积分公式示意图

证明 为避免涉及在圆周上函数的解析性及级数的收敛性问题。将外圆稍稍缩小为 C'_{R_1}，内圆稍稍扩大为 C'_{R_2}（如图 2-7 所示），应用复连通区域上的柯西积分公式

$$f(z)=\frac{1}{2\pi i}\oint_{C'_{R_1}} \frac{f(\zeta)}{\zeta-z}d\zeta+\frac{1}{2\pi i}\oint_{C'_{R_2}} \frac{f(\zeta)}{\zeta-z}d\zeta \tag{2-16}$$

下面将 $\frac{1}{\zeta-z}$ 展为幂级数。对于沿 C'_{R_1} 的积分，由式(2-10)可得

$$\frac{1}{\zeta-z}=\sum_{k=0}^{\infty}\frac{(z-z_0)^k}{(\zeta-z_0)^{k+1}} \tag{2-17}$$

沿 C'_{R_2} 的积分按以下方式将 $\frac{1}{\zeta-z}$ 展开，

$$\begin{aligned}\frac{1}{\zeta-z}&=\frac{1}{(\zeta-z_0)-(z-z_0)}=-\frac{1}{z-z_0}\frac{1}{1-\frac{\zeta-z_0}{z-z_0}}\\&=-\frac{1}{z-z_0}\sum_{l=0}^{\infty}\frac{(\zeta-z_0)^l}{(z-z_0)^l}=-\sum_{l=0}^{\infty}\frac{(\zeta-z_0)^l}{(z-z_0)^{l+1}}\end{aligned} \tag{2-18}$$

将式(2-17)及式(2-18)分别代入式(2-16)右边的两个积分，并且逐项积分，

$$\begin{aligned}f(z)=&\sum_{l=0}^{\infty}(z-z_0)^k\cdot\frac{1}{2\pi i}\oint_{C'_{R_1}}\frac{f(\zeta)}{(\zeta-z_0)^{k+1}}d\zeta\\&-\sum_{l=0}^{\infty}(z-z_0)^{-(l+1)}\cdot\frac{1}{2\pi i}\oint_{C'_{R_2}}(\zeta-z_0)^l f(\zeta)d\zeta\end{aligned}$$

在上式右边第二项中，改用 $k=-(l+1)$ 代替 l，并根据柯西定理将积分回路改为 C'_{R_1}，得

$$f(z)=\sum_{k=-\infty}^{+\infty} a_k (z-z_0)^k \tag{2-19}$$

其中，

$$\begin{aligned}a_k&=\frac{1}{2\pi i}\oint_{C'_{R_1}}\frac{f(\zeta)}{(\zeta-z_0)^{k+1}}d\zeta\\&=\frac{1}{2\pi i}\oint_C\frac{f(\zeta)}{(\zeta-z_0)^{k+1}}d\zeta\end{aligned} \tag{2-20}$$

C 为环域内沿逆时针方向绕内圆一周的任一闭合回线。式(2-19)称为 $f(z)$的**洛朗展开**,其右端的级数称为**洛朗级数**。

关于洛朗级数展开,需要特别说明如下:

(1) 尽管式(2-19)的级数中含有 $z-z_0$ 的负幂项,而这些项在 $z=z_0$ 时都是奇异的,但点 z_0 不一定是函数 $f(z)$的奇点(参考下面的例题)。

(2) 尽管求展开系数 a_k 的式(2-20)与泰勒展开系数 a_k 的公式形式相同,但这里的 $a_k\neq f^{(k)}(z_0)/k!$,不论 z_0 是否为 $f(z)$的奇点。如果 z_0 是 $f(z)$的奇点,则 $f^{(k)}(z_0)$根本不存在;如果 z_0 不是奇点,则 $f^{(k)}(z_0)$存在,但仍然有 $a_k\neq f^{(k)}(z_0)/k!$。因为

$$f^{(k)}(z_0)=\frac{k!}{2\pi\mathrm{i}}\oint_C\frac{f(\zeta)}{(\zeta-z_0)^{k+1}}\mathrm{d}\zeta$$

成立的条件是在以 C 为边界的区域上 $f(z)$解析,而对于现在讨论的情形,该区域上有 $f(z)$的奇点(若无奇点,就无须考虑洛朗展开了)。

(3) 如果只有环心 z_0 是 $f(z)$的奇点,则内圆半径可以任意小,同时 z 可以无限地接近于 z_0 点,这时称式(2-19)为 $f(z)$在它的孤立奇点 z_0 的邻域内的洛朗展开式。

同泰勒级数展开一样,洛朗级数展开也是**唯一**的(证明从略)。展开的唯一性使得可用各种不同的办法求得环域上解析函数的洛朗级数展开式。

例 2-16　在 $1<|z|<+\infty$的环域上将函数 $f(z)=1/(z^2-1)$展为洛朗级数

解

$$\frac{1}{z^2-1}=\frac{1}{z^2}\cdot\frac{1}{1-\frac{1}{z^2}}=\frac{1}{z^2}\sum_{k=0}^{+\infty}\left(\frac{1}{z^2}\right)^k=\frac{1}{z^2}+\frac{1}{z^4}+\frac{1}{z^6}+\cdots$$

注:展开式中出现无限多个负幂项,但展开中心 $z_0=0$ 本身却不是函数的奇点(奇点在 $z_0=\pm1$)。

例 2-17　在 $z_0=1$ 的邻域上将函数 $f(z)=\dfrac{1}{(z-1)(z+1)}=\dfrac{1}{2}\cdot\dfrac{1}{z-1}-\dfrac{1}{z}\cdot\dfrac{1}{z+1}$展为洛朗级数。

解　先将 $f(z)$分解为分项分式

$$f(z)=\frac{1}{(z-1)(z+1)}=\frac{1}{2}\cdot\frac{1}{z-1}-\frac{1}{2}\cdot\frac{1}{z+1}$$

第二项只有一个奇点 $z=-1$,因此第二项在 $z_0=1$ 的邻域 $|z-1|<2$ 上可以展开为泰勒级数,

$$\frac{1}{2}\cdot\frac{1}{z+1}=\frac{1}{2}\cdot\frac{1}{(z-1)+2}=\frac{1}{4}\cdot\frac{1}{1+(z-1)/2}$$
$$=\frac{1}{4}\sum_{k=0}^{+\infty}(-1)^k\left(\frac{z-1}{2}\right)^k\ (|z-1|<2)$$

于是,

$$\frac{1}{z^2-1}=\frac{1}{2}\cdot\frac{1}{z-1}-\sum_{k=0}^{+\infty}(-1)^k\frac{1}{2^{k+2}}(z-1)^k\quad(0<|z-1|<2)$$

这个展开式出现 -1 次幂项。

注:从展开项看,$\dfrac{1}{2(z+1)}$展开的幂级数没有负幂项,是泰勒级数;而 $f(z)=\dfrac{1}{z^2-1}$展开

的幂级数有负幂项，是洛朗级数。从展开区域看，$f(z)=\dfrac{1}{z^2-1}$进行洛朗级数展开时，展开区域挖去了奇点 $z=1$，是环域 $0<|z-1|<2$；同样的展开区域对于$\dfrac{1}{2(z+1)}$来说，$z=1$ 并不是奇点，所以环域的内边界就发生了“坍塌”，成为圆域，展开结果为泰勒级数。可以说，**泰勒级数是洛朗级数的特例，洛朗级数是泰勒级数的“延拓”**。

例 2-18 $f(z)=\dfrac{1}{(z-1)(z-2)}$在$|z|<1$ 及 $1<|z|<2$，$2<|z|<+\infty$内分别展开成洛朗级数。

解 (1) 在$|z|<1$ 内，

$$f(z)=\frac{1}{z-2}-\frac{1}{z-1}=\frac{1}{1-z}-\frac{1}{2\left(1-\dfrac{z}{2}\right)}$$

右端第一项$|z|<1$ 内可展开，而第二项$\left|\dfrac{z}{2}\right|<1$ 即$|z|<2$ 内可展开，故$|z|<1$ 上展开式为

$$f(z)=\frac{1}{1-z}-\frac{1}{2\left(1-\dfrac{z}{2}\right)}=\sum_{n=0}^{+\infty}z^n-\frac{1}{2}\sum_{n=0}^{+\infty}\frac{z^n}{2^n}$$

(2) 在 $1<|z|<2$ 内，由于$\left|\dfrac{z}{2}\right|<1$，$\dfrac{1}{|z|}<1$，所以

$$\begin{aligned}f(z)&=\frac{1}{z-2}-\frac{1}{z-1}=-\frac{1}{2\left(1-\dfrac{z}{2}\right)}-\frac{1}{z\left(1-\dfrac{1}{z}\right)}\\&=-\frac{1}{2}\sum_{n=0}^{+\infty}\frac{z^n}{2}-\frac{1}{z}\sum_{n=0}^{+\infty}\frac{1}{z^n}\end{aligned}$$

(3) 在 $2<|z|<+\infty$内，

$$\begin{aligned}f(z)&=\frac{1}{z-2}-\frac{1}{z-1}=\frac{1}{z\left(1-\dfrac{2}{z}\right)}-\frac{1}{z\left(1-\dfrac{1}{z}\right)}\\&=\frac{1}{z}\sum_{n=0}^{+\infty}\frac{2^n}{z^n}-\frac{1}{z}\sum_{n=0}^{+\infty}\frac{1}{z^n}\\&=\sum_{n=0}^{+\infty}\frac{2^n-1}{z^{n+1}}\end{aligned}$$

例 2-19 $f(z)=\dfrac{1}{(z-1)(z-2)}$在 z 平面上只有两个奇点 $z=1$ 及 $z=2$，试分别求 $f(z)$在此两点的去心邻域内的洛朗展开式。

解 (1) 在(最大的)去心邻域 $0<|z-1|<1$ 内，

$$\begin{aligned}f(z)&=\frac{1}{(z-1)(z-2)}=-\frac{1}{z-1}+\frac{1}{z-2}\\&=-\frac{1}{z-1}+\frac{1}{(z-1)-1}\end{aligned}$$

$$= -\frac{1}{z-1} - \sum_{n=0}^{+\infty}(z-1)^n$$

(2) 在(最大的)去心邻域 $0<|z-2|<1$ 内,

$$f(z)=\frac{1}{(z-1)(z-2)}=\frac{1}{z-2}-\frac{1}{z-2+1}$$

$$=\frac{1}{z-2}-\sum_{n=0}^{+\infty}(-1)^n(z-2)^n$$

5. 留数定理

(1) 孤立奇点的分类

如前所述,$f(z)$的**孤立奇点**是指,$f(z)$在 z_0 不解析,但在 z_0 的某个去心邻域 $U(\hat{z}_0,r)$ 内解析。若在 z_0 的无论多么小的邻域内总可以找到除 z_0 以外的不可导的点,z_0 便称为 $f(z)$的**非孤立奇点**。例如,$z_0=0$ 是$\frac{1}{z(z-1)}$及 $e^{\frac{1}{z}}$ 的孤立奇点,而 $f(z)=\ln z$ 的奇点是原点和负实轴,属于非孤立奇点。

将函数 $f(z)$在 $U(\hat{z}_0,r)$内展开成洛朗级数,有

$$\sum_{n=-\infty}^{+\infty}c_n(z-z_0)^n,\quad 0<|z-z_0|<r \tag{2-21}$$

下面以解析函数的洛朗展开式为工具,研究解析函数的孤立奇点及其分类。

在挖去孤立奇点 z_0 而形成的环域上的解析函数 $f(z)$的洛朗展开级数,或者没有负幂项,或者只有有限个负幂项,或者有无限个负幂项。在这三种情形下,分别将 z_0 称为函数 $f(z)$的**可去奇点**、**极点**及**本性奇点**。

若级数式(2-21)中不含$(z-z_0)$的负幂项,即

$$f(z)=c_0+c_1(z-z_0)+c_2(z-z_0)^2+\cdots+c_n(z-z_0)^n+\cdots 0<|z-z_0|<r$$

称 z_0 是 $f(z)$的**可去奇点**。

记和函数 $F(z)=\sum_{n=0}^{+\infty}c_n(z-z_0)^n$, $|z-z_0|<r$,当 $0<|z-z_0|<r$ 时,$f(z)=F(z)$。令 $f(z_0)=F(z_0)=c_0$,则 $f(z)$ 在 $U(z_0,r)$ 内解析,且有 $f(z)=\sum_{n=0}^{+\infty}c_n(z-z_0)^n$, $\lim_{z\to z_0}f(x)=\lim_{z\to z_0}F(z)=F(z_0)=c_0$(有限数)。

例 2-20　求函数 $f(z)=\frac{\cos z-1}{z^2}$在 $0<|z|<+\infty$内的洛朗级数并判断奇点类型。

$$f(z)=\frac{1}{z^2}\left[\sum_{n=0}^{+\infty}\frac{(-1)^n z^{2n}}{(2n)!}-1\right]=\sum_{n=0}^{+\infty}\frac{(-1)^n z^{2(n-1)}}{(2n)!}$$

$$=-\frac{1}{2!}+\frac{z^2}{4!}-\frac{z^4}{6!}+\cdots+\frac{(-1)^n z^{2(n-1)}}{(2n)!}+\cdots$$

不含负幂项,故 $z_0=0$ 是 $f(z)$的可去奇点。

注:函数 $f(z)$在可去奇点的洛朗级数是泰勒级数。

若 $f(z)$的洛朗展开式为

$$f(z)=\sum_{n=-m}^{+\infty}c_n(z-z_0)^n=c_{-m}(z-z_0)^{-m}+\cdots+c_{-1}(z-z_0)^{-1}+$$

$$c_0 + c_1(z-z_0) + c_2(z-z_0)^2 + \cdots (0 < |z-z_0| < r, m \geqslant 1)$$

则称 z_0 是 $f(z)$ 的 **m 级极点**。

记 $g(z) = c_{-m} + c_{-m+1}(z-z_0) + \cdots + c_{-m+n}(z-z_0)^n + \cdots$，则 $g(z)$ 在 $|z-z_0| < r$ 内解析，$g(z_0) = c_{-m} \neq 0$，且 $f(z) = \dfrac{g(z)}{(z-z_0)^m}$，若 $f(z)$ 能表示成上式，则 z_0 是 $f(z)$ 的 m 级极点，而 $\lim\limits_{z \to z_0} f(z) = \infty$。

例 2-21 有理分式函数 $f(z) = \dfrac{(z-3)}{(z-1)(z-2)^3}$ 的奇点为 $z_1 = 1, z_2 = 2$。将其写成 $f(z) = \dfrac{(z-3)/(z-1)}{(z-2)^3}$，则可知 $z_2 = 2$ 是 $f(z)$ 的三级极点。

若级数式(2-21)中含有无穷多项 $(z-z_0)$ 的负幂项，则称 z_0 是 $f(z)$ 的**本性奇点**。

例 2-22 函数 $e^{\frac{1}{z}}$ 的洛朗展开式是

$$e^{\frac{1}{z}} = e^{z^{-1}} = \sum_{n=0}^{+\infty} \frac{z^{-n}}{n!} = 1 + \frac{z^{-1}}{1!} + \frac{z^{-2}}{2!} + \cdots + \frac{z^{-n}}{n!} + \cdots \quad (z \neq 0)$$

因此 $z_0 = 0$ 是 $e^{\frac{1}{z}}$ 的本性奇点。

(2) 留数与留数定理

柯西定理指出，如果被积函数 $f(z)$ 在回路 l 是解析的，则其回路积分等于零。现在考虑回路 l 包围 $f(z)$ 奇点的情形。

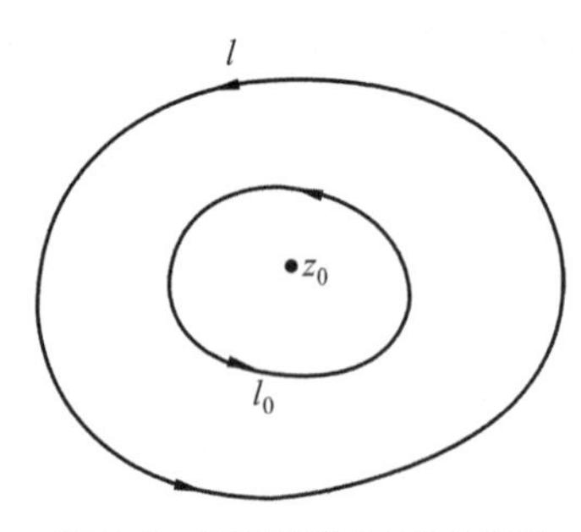

图 2-8 洛朗级数展开示意图

先设 l 只包围着 $f(z)$ 的一个孤立奇点 z_0。在以 z_0 为圆心而内半径为零的圆环域上将 $f(z)$ 展开为洛朗级数，如图 2-8 所示。

$$f(z) = \sum_{k=-\infty}^{\infty} a_k (z-z_0)^k \tag{2-22}$$

在洛朗级数式(2-22)的收敛环中任取一个紧紧包围着 z_0 的小回路 l_0（图 2-8）。按照柯西定理，

$$\oint_l f(z)\mathrm{d}z = \oint_{l_0} f(z)\mathrm{d}z$$

将洛朗级数式(2-22)代入上式右边，逐项积分，

$$\oint_l f(z)\mathrm{d}z = \sum_{k=-\infty}^{+\infty} a_k \oint_{l_0} f(z)\mathrm{d}z$$

按式

$$\frac{1}{2\pi i}\oint_l \frac{\mathrm{d}z}{z-\alpha} = 0 \quad (l \text{ 不包围 } \alpha)$$

$$\frac{1}{2\pi i}\oint_l \frac{\mathrm{d}z}{z-\alpha} = 1 \quad (l \text{ 不包围 } \alpha)$$

和 $\dfrac{1}{2\pi i}\oint_l (z-\alpha)^n \mathrm{d}z = 0 (n \neq -1)$，上式右边除去 $k=-1$ 的一项外全为零，而 $k=-1$ 的一项积分等于 $2\pi i$。于是，

$$\oint_l f(z)\mathrm{d}z = 2\pi i a_{-1} \tag{2-23}$$

洛朗级数式(2-22)的$(z-z_0)^{-1}$项的系数a_{-1}因而具有特别重要的地位，称为函数$f(z)$在点z_0的**留数**(**或残数**)，通常记作$\text{Res}f(z_0)$（或$\text{Res}[f(z),z_0]$）。这样，

$$\oint_l f(z)\mathrm{d}z = 2\pi\mathrm{i}\,\text{Res}f(z_0)$$

现在讨论l包围着$f(z)$的n个孤立奇点$b_1,b_2,\cdots,b_n$的情形。作回路$l_1,l_2,\cdots,l_n$，分别包围$b_1,b_2,\cdots,b_n$，并且使每个回路只包围一个奇点，按照柯西定理，

$$\oint_l f(z)\mathrm{d}z = \oint_{l_1} f(z)\mathrm{d}z + \oint_{l_2} f(z)\mathrm{d}z + \cdots + \oint_{l_n} f(z)\mathrm{d}z$$

将式(2-23)代入上式右边，得

$$\oint_l f(z)\mathrm{d}z = 2\pi\mathrm{i}[\text{Res}f(b_1) + \text{Res}f(b_2) + \cdots + \text{Res}f(b_n)]$$

于是得到如下定理：

留数定理　设函数$f(z)$在回路l所围区域B上除有限个孤立奇点$b_1,b_2,\cdots,b_n$外解析，在闭区域$\overline{B}$上除$b_1,b_2,\cdots,b_n$外连续，则

$$\oint_l f(z)\mathrm{d}z = 2\pi\mathrm{i}\sum_{j=1}^{n}\text{Res}f(b_j) \tag{2-24}$$

留数定理将回路积分归结为**被积函数在回路所围区域上各奇点的留数之和**。如此，积分问题便归结为留数的计算。一般来说，先知道奇点为何种类型，求留数会更加方便。例如，z_0**是**$f(z)$**的可去奇点，则**$\text{Res}[f(z),z_0]=0$；z_0**是**$f(z)$**的本性奇点，则将**$f(z)$**在解析域**$0<|z-z_0|<\delta$**内展为洛朗级数，其中负一次幂项系数**c_{-1}**即所求留数**。

但是，如果能够不作洛朗级数展开而直接算出留数，计算量可能减轻不少。下列结论可以简化留数计算。

规则 1　若z_0为$f(z)$的一阶极点，则

$$\text{Res}[f(z),z_0] = \lim_{z\to z_0}(z-z_0)f(z)$$

证明　先设z_0是$f(z)$的单极点，洛朗级数展开应是

$$f(z) = \frac{a_{-1}}{z-z_0} + a_0 + a_1(z-z_0) + a_2(z-z_0)^2 + \cdots$$

用$(z-z_0)$遍乘各项，

$$(z-z_0)f(z) = a_1 + a_0(z-z_0) + a_1(z-z_0)^2 + a_2(z-z_0)^3 + \cdots$$

对上式取$z\to z_0$极限，右边为非零的有限值，即留数a_{-1}。这样，

$$\lim_{z\to z_0}[(z-z_0)f(z)] = \text{非零的有限值，即}\ \text{Res}f(z_0) \tag{2-25}$$

式(2-25)可用来判断z_0是否为函数$f(z)$的单极点，同时它又是计算函数$f(z)$在单极点z_0的留数公式。

若$f(z)$可表示为$P(z)/Q(z)$的特殊形式，其中$P(z)$和$Q(z)$都在z_0点解析，z_0是$Q(z)$的一阶零点。$P(z)\neq 0$，从而z_0是$f(z)$的一阶极点，则

$$\text{Res}f(z_0) = \lim_{z\to z_0}(z-z_0)\frac{P(z)}{Q(z)} = \frac{P(z_0)}{Q'(z_0)} \tag{2-26}$$

式(2-26)最后一步应用了洛必达法则。

例 2-23　求$f(z)=1/(z^n-1)$在$z_0=1$的留数。

解 因为$\lim\limits_{z\to 1}f(z)=\infty$，所以$z_0=1$是函数的极点。或将分母作因式分解，即

$$f(z)=\frac{1}{z^n-1}=\frac{1}{(z-1)(z^{n-1}+z^{n-2}+\cdots+z+1)}$$

可见$z_0=1$是单极点。

$$\begin{aligned}\mathrm{Res}f(1)&=\lim_{z\to 1}\left[(z-1)\frac{1}{(z-1)(z^{n-1}+z^{n-2}+\cdots+z+1)}\right]\\&=\lim_{z\to 1}\frac{1}{z^{n-1}+z^{n-2}+\cdots+z+1}=\frac{1}{n}\end{aligned}$$

注：$f(z)$可以表示为$P(z)/Q(z)$的形式，$P(z)=1$，$Q(z)=(z^n-1)$，故

$$\mathrm{Res}[f(z),z_0]=\frac{P(z_0)}{Q'(z_0)}=\frac{1}{(z^n-1)'|_{z=1}}=\frac{1}{n}$$

例 2-24 求函数$f(z)=\dfrac{e^{iz}}{1+z^2}$的留数。

解 函数有两个一阶极点$z=\pm i$，这时

$$\frac{P(z)}{Q'(z)}=\frac{e^{iz}}{(1+z^2)'}=\frac{e^{iz}}{2z}$$

因此，$\mathrm{Res}(f,i)=-\dfrac{i}{2e}$，$\mathrm{Res}(f,-i)=\dfrac{i}{2}e$。

规则 2 若z_0为$f(z)$的m阶极点，则

$$\mathrm{Res}[f(z),z_0]=\frac{1}{(m-1)!}\lim_{z\to z_0}\frac{d^{m-1}}{dz^{m-1}}\{(z-z_0)^m f(z)\}$$

证明 设z_0是$f(z)$的m阶极点，洛朗级数展开应是

$$f(z)=\frac{a_{-m}}{(z-z_0)^m}+\frac{a_{-m+1}}{(z-z_0)^{m-1}}+\cdots+\frac{a_{-1}}{z-z_0}+a_0+a_1(z-z_0)+a_2(z-z_0)^2+\cdots$$

以$(z-z_0)^m$遍乘等式右边各项，

$$\begin{aligned}(z-z_0)^m f(z)=&a_{-m}+a_{-m+1}(z-z_0)+\cdots+a_{-1}(z-z_0)^{m-1}+\\&a_0(z-z_0)^m+a_1(z-z_0)^{m+1}+\cdots\end{aligned}\tag{2-27}$$

对式(2-27)取$z\to z_0$的极限，右边为非零的有限值a_{-m}。

$$\lim_{z\to z_0}[(z-z_0)^m f(z)]=\text{非零有限值}\tag{2-28}$$

运用式(2-28)可以判断z_0是否为m阶极点，但其非零有限值并非$f(z)$在z_0的留数。

式(2-27)可看成函数$[(z-z_0)^m f(z)]$的泰勒展开，而函数$f(z)$在m阶极点z_0的留数$\mathrm{Res}f(z_0)$即a_{-1}，是展开级数的$(z-z_0)^{m-1}$项的系数，可以表示为

$$\mathrm{Res}f(z_0)=\lim_{z\to z_0}\frac{1}{(m-1)!}\left\{\frac{d^{m-1}}{dz^{m-1}}[(z-z_0)^m f(z)\right\}\tag{2-29}$$

例 2-25 求函数$f(z)=\dfrac{\sec z}{z^3}$的留数。

解 函数在$z=0$处有三阶极点，则

$$\varphi(z)=\sec z=1+\frac{1}{2!}z^2+\frac{5}{4!}z^4+\cdots$$

$$f(z)=\frac{\sec z}{z^3}=z^{-3}+\frac{1}{2!}z^{-1}+\frac{5}{4!}z+\cdots$$

因此 $\mathrm{Res}(f,0)=\dfrac{1}{2}$。

此外，根据规则 2 也可得

$$\mathrm{Res}(f,0)=\frac{1}{2}\lim_{z\to z_0}\frac{\mathrm{d}^2}{\mathrm{d}z^2}\left\{z^3\ \frac{\sec z}{z^3}\right\}=\frac{1}{2}$$

例 2-26　确定函数 $f(z)=(z+2\mathrm{i})/(z^5+4z^3)$ 的极点，并求出函数在这些极点的留数。

解　先分析分母的因式，并与分子约去公因式，得

$$f(z)=\frac{z+2\mathrm{i}}{z^3(z^2+4)}=\frac{z+2\mathrm{i}}{z^3(z-2\mathrm{i})(z+2\mathrm{i})}=\frac{1}{z^3(z-2\mathrm{i})}$$

当 $z\to 2\mathrm{i}$ 时，有 $f(z)\to+\infty$，所以 $z_0=2\mathrm{i}$ 是极点。

$$\lim_{z\to 2\mathrm{i}}[(z-2\mathrm{i})f(z)]=\lim_{z\to 2\mathrm{i}}\frac{1}{z^3}=-\frac{1}{8i}=\frac{\mathrm{i}}{8}$$

由此可见，$z=2\mathrm{i}$ 是单极点，留数就是 $\mathrm{i}/8$。

当 $z\to 0$ 时，有 $f(z)\to\infty$，所以 $z_0=0$ 也是极点。

$$\lim_{z\to 0}[z^3f(z)]=\lim_{z\to 0}\frac{1}{z-2\mathrm{i}}=-\frac{1}{2\mathrm{i}}$$

由此可见，$z_0=0$ 是三阶极点，得

$$\begin{aligned}\mathrm{Res}f(0)&=\lim_{z\to 0}\frac{1}{2!}\left\{\frac{\mathrm{d}^2}{\mathrm{d}z^2}[z^3f(z)]\right\}\\&=\lim_{z\to 0}\frac{1}{2!}\left\{\frac{\mathrm{d}^2}{\mathrm{d}z^2}\ \frac{1}{z-2\mathrm{i}}\right\}\\&=\lim_{z\to 0}\left\{\frac{1}{(z-2\mathrm{i})^3}\right\}=\frac{1}{8\mathrm{i}}=-\frac{\mathrm{i}}{8}\end{aligned}$$

例 2-27　求 $\displaystyle\oint_C\frac{\mathrm{d}z}{z(z+1)(z+4)}$，$C$ 为正向圆周 $|z|=3$。

解　在 C 内被积函数 $f(z)=\dfrac{1}{z(z+1)(z+4)}$ 有两个孤立奇点 $z_1=0$ 和 $z_2=-1$，下面分别求 $\mathrm{Res}[f(z),z_k]$，$k=1,2$。

在 $0<|z|<1$ 内，

$$\begin{aligned}f(z)&=\frac{1}{3z}\left(\frac{1}{z+1}-\frac{1}{z+4}\right)=\frac{1}{3z}\left[\frac{1}{z+1}-\frac{1}{4}\cdot\frac{1}{1+\dfrac{z}{4}}\right]\\&=\frac{1}{3z}\left[\sum_{n=0}^{+\infty}(-1)^nz^n-\frac{1}{4}\sum_{n=0}^{+\infty}(-1)^n\left(\frac{z}{4}\right)^n\right]\end{aligned}$$

故 $\mathrm{Res}[f(z),0]=c_{-1}=\dfrac{1}{3}-\dfrac{1}{12}=\dfrac{1}{4}$。

在 $0<|z+1|<1$ 内，

$$\begin{aligned}f(z)&=\frac{1}{4(z+1)}\left(\frac{1}{z}-\frac{1}{z+4}\right)=\frac{1}{4(z+1)}\left[\frac{-1}{1-(z+1)}-\frac{1}{3}\cdot\frac{1}{1+\dfrac{z+1}{3}}\right]\\&=\frac{1}{4(z+1)}\left[-\sum_{n=0}^{+\infty}(z+1)^n-\frac{1}{3}\sum_{n=0}^{+\infty}(-1)^n\left(\frac{z+1}{3}\right)^n\right]\end{aligned}$$

故 $\mathrm{Res}[f(z),-1]=-\frac{1}{4}-\frac{1}{12}=-\frac{1}{3}$。

由留数定理，得

$$I=2\pi\mathrm{i}\{\mathrm{Res}[f(z),0]+\mathrm{Res}[f(z),-1]\}=-\frac{1}{6}\pi\mathrm{i}。$$

2.2 复变函数的工程应用

1. 时谐电磁场的复数形式

随时间变化的电场和磁场称为时变电磁场。而场量随时间做正弦或余弦形式的变化，即随时间做简谐变化，这种形式的时变电磁场称为时谐电磁场。对时谐电磁场而言，可以借助复数符号法，引入场量的复数表示式 $\boldsymbol{E}=\mathrm{Re}(\dot{E}\mathrm{e}^{\mathrm{j}\omega t})$。

例 2-28 改写下列电场和磁场的表达式。

(1) 将瞬时形式写成复数形式

$$\boldsymbol{E}=\mathbf{e}_x E_m\cos 2x\sin\omega t$$

$$\boldsymbol{H}=\mathbf{e}_y H_m\mathrm{e}^{-\alpha z}\cos(\omega t-\beta z)$$

$$\boldsymbol{E}=\mathbf{e}_x E_m\sin\frac{\pi x}{a}\cos(\omega t-\beta z)+\mathbf{e}_y E_m\cos\frac{\pi x}{a}\sin(\omega t-\beta z)$$

(2) 将复数形式写成瞬时形式

$$\dot{\boldsymbol{E}}=\mathbf{e}_x E_m\sin\frac{\pi y}{a}\mathrm{e}^{-(\alpha+\mathrm{j}\beta)z}$$

$$\dot{\boldsymbol{H}}=\mathbf{e}_y\mathrm{j}H_m\cos\beta z$$

$$\dot{\boldsymbol{H}}=(\mathbf{e}_x+\mathrm{j}\mathbf{e}_y)H_m\mathrm{e}^{\mathrm{j}\beta z}$$

解 (1) 将瞬时形式写成复数形式

$$\dot{\boldsymbol{E}}=\mathbf{e}_x E_m\cos 2x\,\mathrm{e}^{-\mathrm{j}\frac{\pi}{2}}$$

$$\dot{\boldsymbol{H}}=\mathbf{e}_y H_m\mathrm{e}^{-\alpha z}\mathrm{e}^{-\mathrm{j}\beta z}$$

$$\dot{\boldsymbol{E}}=\mathbf{e}_x E_m\sin\frac{\pi x}{a}\mathrm{e}^{-\mathrm{j}\beta z}+\mathbf{e}_y E_m\cos\frac{\pi x}{a}\mathrm{e}^{-\mathrm{j}\left(\beta z+\frac{\pi}{2}\right)}$$

(2) 将复数形式写成瞬时形式

$$\boldsymbol{E}=\mathbf{e}_x E_m\sin\frac{\pi y}{a}\mathrm{e}^{-\alpha z}\cos(\omega t-\beta z)$$

$$\boldsymbol{H}=\mathbf{e}_y H_m\cos\beta z\cos\left(\omega t+\frac{\pi}{2}\right)$$

$$\boldsymbol{H}=\mathbf{e}_x H_m\cos(\omega t+\beta z)-\mathbf{e}_y H_m\sin(\omega t+\beta z)$$

2. 用复变函数表示平面向量场

这里只讨论平面定长向量。也就是说，向量场中的向量都平行于某一个平面 S，而且在垂直于 S 的任何一条直线上的所有点处的向量都是相等的；场中的向量也都与时间无关。显然，这种向量场在所有平行于 S 的平面内的分布情况完全相同，因此它完全可以用一个

位于平行于 S 的平面 S_0 内的场表示，如图 2-9(a)所示。

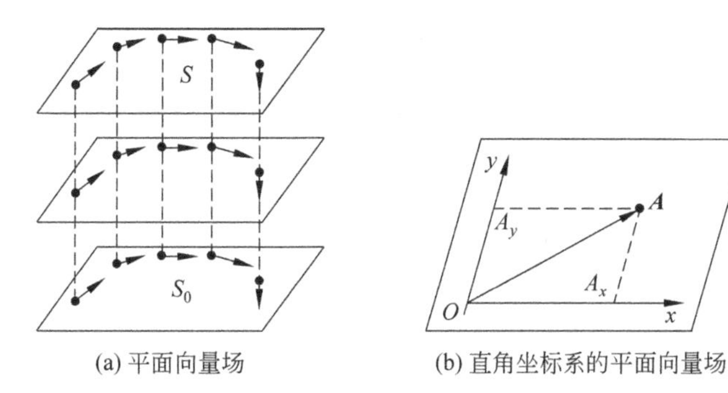

(a) 平面向量场　　(b) 直角坐标系的平面向量场

图 2-9　平面向量场和直角坐标系的平面向量场

在平面 S_0 内取定一直角坐标系 xOy，于是场中每一个具有分量 A_x 与 A_y 的向量 $\boldsymbol{A}=A_x\boldsymbol{i}+A_y\boldsymbol{j}$（图 2-8(b)）便可用复数

$$A=A_x+\mathrm{i}A_y$$

表示。由于场中的点可用复数 $z=x+\mathrm{i}y$ 表示，所以平面向量场 $\boldsymbol{A}=A_x(x,y)\boldsymbol{i}+A_y(x,y)\boldsymbol{j}$ 可以借助复变函数 $A=A(z)=A_x(x,y)+\mathrm{i}A_y(x,y)$ 表示。反之，已知某一复变函数 $w=u(x,y)+\mathrm{i}v(x,y)$，由此也可做出一个对应的平面向量场

$$\boldsymbol{A}=u(x,y)\boldsymbol{i}+v(x,y)\boldsymbol{j}$$

例如，一个平面定常流速场（如河水的表面）

$$\boldsymbol{v}=v_x(x,y)\boldsymbol{i}+v_y(x,y)\boldsymbol{j}$$

可以用复变函数

$$v=v(z)=v_x(x,y)+\mathrm{i}v_y(x,y)$$

表示。

又如，垂直于均匀带电的无限长直导线的所有平面上，电场的分布相同，因而可以取其中某一个平面为代表，当作平面电场研究。由于电场强度向量为

$$\boldsymbol{E}=E_x(x,y)\boldsymbol{i}+E_y(x,y)\boldsymbol{j}$$

所以该平面电场也可以用一个复变函数

$$E=E(z)=E_x(x,y)+\mathrm{i}E_y(x,y)$$

表示。

平面向量场与复变函数的这种密切关系不仅说明了复变函数具有明确的物理意义，而且使我们可以利用复变函数的方法研究平面向量场的有关问题。在应用中特别重要的是，如何构造一个解析函数表示无源无旋的平面场，这个解析函数就是所谓平面向量场的复势函数。

3. 平面流速场的复势

设向量场 $\boldsymbol{v}$ 是不可压缩的（即流体的密度是一个常数）定常的理想流体的流速场为

$$\boldsymbol{v}=v_x(x,y)\boldsymbol{i}+v_y(x,y)\boldsymbol{j}$$

其中速度分量 $v_x(x,y)$ 与 $v_y(x,y)$ 都有连续的偏导数。如果它在单连通区域 B 内是**无源场**（即管量场），那么

$$\mathrm{div}\,\boldsymbol{v}=\frac{\partial v_x}{\partial x}+\frac{\partial v_y}{\partial y}=0$$

即

$$\frac{\partial v_x}{\partial x}=-\frac{\partial v_y}{\partial y}$$

从而可知$-v_y\mathrm{d}x+v_x\mathrm{d}y$是某一个二元函数$\psi(x,y)$的全微分，即

$$\psi(x,y)=-v_y\mathrm{d}x+v_x\mathrm{d}y$$

由此得

$$\frac{\partial\psi}{\partial x}=-v_y,\quad \frac{\partial\psi}{\partial y}=v_x \tag{2-30}$$

因为沿等值线$\psi(x,y)=c_1$，$\mathrm{d}\psi(x,y)=-v_y\mathrm{d}x+v_x\mathrm{d}y=0$，所以$\frac{\mathrm{d}y}{\mathrm{d}x}=\frac{v_y}{v_x}$。也就是说，场$\boldsymbol{v}$在等值线$\psi(x,y)=c_1$上每一点处的向量$\boldsymbol{v}$都与等值线相切，因而在流速场中等值线$\psi(x,y)=c_1$就是流线。因此，函数$\psi(x,y)$称为场$\boldsymbol{v}$的**流函数**。

如果$\boldsymbol{v}$又是B内的**无旋场**(即势能场)，那么，

$$\mathrm{rot}\boldsymbol{v}=0$$

即

$$\frac{\partial v_y}{\partial x}-\frac{\partial v_x}{\partial y}=0$$

这说明表达式$v_x\mathrm{d}x+v_y\mathrm{d}y$是某个二元函数$\varphi(x,y)$的全微分，即

$$\mathrm{d}\varphi(x,y)=v_x\mathrm{d}x+v_y\mathrm{d}y$$

由此得

$$\frac{\partial\varphi}{\partial x}=v_x,\quad \frac{\partial\varphi}{\partial y}=v_y \tag{2-31}$$

从而有

$$\mathrm{grad}\varphi=\boldsymbol{v}$$

$\varphi(x,y)$就称为场$\boldsymbol{v}$的势函数(或位函数)。等值线$\varphi(x,y)=c_1$就称为**等势线**(或等位线)。

根据上述讨论可知：如果在单连通区域B内，向量场$\boldsymbol{v}$既是无源场，又是无旋场时，那么式(2-30)和式(2-31)同时成立，比较它们，得

$$\frac{\partial\varphi}{\partial x}=\frac{\partial\psi}{\partial y},\quad \frac{\partial\varphi}{\partial y}=-\frac{\partial\psi}{\partial x}$$

这就是柯西-黎曼方程。因此，在单连通区域内可作一**解析函数**

$$w=f(z)=\varphi(x,y)+\mathrm{i}\psi(x,y)$$

这个函数称为平面流速场的复势函数，简称**复势**。它就是我们所要构造的表示该平面场的解析函数。

根据式(2-30)与式(2-31)以及解析函数的导数公式

$$f'(x)=\frac{\partial u}{\partial x}+\mathrm{i}\frac{\partial v}{\partial x}=\frac{1}{\mathrm{i}}\cdot\frac{\partial u}{\partial y}+\frac{\partial v}{\partial y}$$

可得

$$v=v_x+\mathrm{i}v_y=\frac{\partial\varphi}{\partial x}+\mathrm{i}\frac{\partial\varphi}{\partial y}=\frac{\partial\varphi}{\partial x}-\mathrm{i}\frac{\partial\psi}{\partial x}=\overline{f'(z)} \tag{2-32}$$

式(2-32)表明流速场$\boldsymbol{v}$可以用复变函数$v=\overline{f'(z)}$表示。

因此，在一个单连通区域内给定一个无源无旋平面流速场$\boldsymbol{v}$，就可以构造一个解析函数，使它的复势$f(z)=\varphi(x,y)+\mathrm{i}\psi(x,y)$与它对应；反之，如果在某一区域(不管是否单连通)内给定一个解析函数$w=f(z)$，那么就有一个以它为复势的平面流速场$v=\overline{f'(z)}$与它对应，并且由此可以立即写出该场的流函数和势函数，从而得到流线方程与等势线方程。画出流线与等势线的图形，即得描绘该场的流动图像。在流速不为零的点处，流线$\psi(x,y)=c_1$和等势线$\psi(x,y)=c_2$构成正交的曲线族。

例 2-29　流速场中散度$\mathrm{div}\boldsymbol{v}\neq 0$的点统称为源点。试求由单个源点形成的定常流速场的复势，并画出流动的图像。

解　不妨设流速场$\boldsymbol{v}$内只有一个位于坐标原点的源点，而其他各点无源无旋，在无穷远处保持静止状态。由该场的对称性容易看出，场内某一点$z\neq 0$处的流速具有形式

$$\boldsymbol{v}=g(r)\boldsymbol{r}^0$$

其中$r=|z|$是z到原点的距离，$\boldsymbol{r}^0$是指向点z的向径上的单位向量，可以用复数$\dfrac{z}{|z|}$表示，$g(r)$是待定函数。

我们知道，由于流体的不可压缩性，流体在任一以原点为中心的圆环域$r_1<|z|<r_2$内不可能积蓄，所以流过圆周$|z|=r_1$与$|z|=r_2$的流量应相等，故流过圆周的流量为

$$N=\int_{|z|=r}\boldsymbol{v}\cdot\boldsymbol{r}^0\mathrm{d}s=\int_{|z|=r}g(r)\boldsymbol{r}^0\cdot\boldsymbol{r}^0\mathrm{d}s=2\pi\,|z|\,g(|z|)$$

因此，它是一个与r无关的常数，称为源点的强度。由此得

$$g(|z|)=\frac{N}{2\pi|z|}$$

而流速可表示为

$$v=\frac{N}{2\pi|z|}\cdot\frac{z}{|z|}=\frac{N}{2\pi}\cdot\frac{1}{z}$$

显然，它符合“在无穷远处保持静止状态”的要求。由式(2-32)可知，复势函数$f(z)$的导数为

$$f'(z)=\overline{v(z)}=\frac{N}{2\pi}\cdot\frac{1}{z}$$

根据对数函数的导数公式可知，所求的复势函数为

$$f(z)=\frac{N}{2\pi}\mathrm{In}z+c$$

其中$c=c_1+\mathrm{i}c_2$为复常数。将实部和虚部分开，得到势函数和流函数分别为

$$\varphi(x,y)=\frac{N}{2\pi}\mathrm{In}|z|+c_1,\quad \psi(x,y)=\frac{N}{2\pi}\arg z+c_2$$

该场的流动图像如图 2-10 和图 2-11 所示(实线表示流线，虚线表示等势线)。

4. 静电场的复势

设有平面静电场

$$\boldsymbol{E}=E_x\boldsymbol{i}+E_y\boldsymbol{j}$$

我们知道，只要场内没有带电体，静电场既是无源场，又是无旋场。我们来构造$\boldsymbol{E}$的复势。

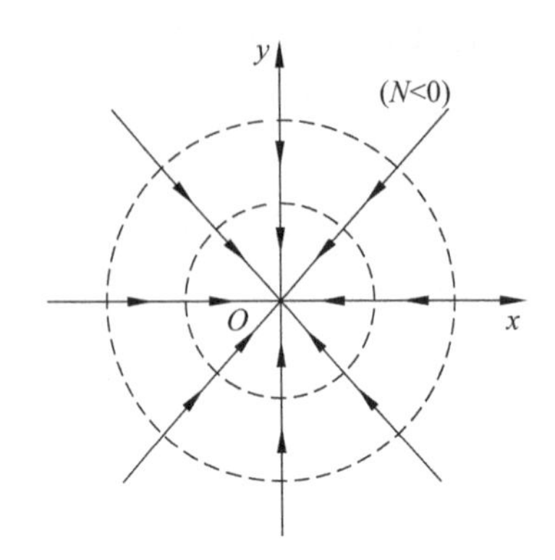

图 2-10 散度小于零的点源

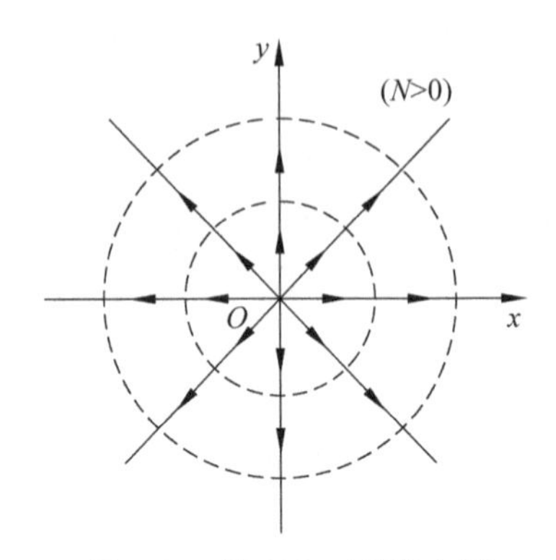

图 2-11 散度大于零的点源

因为场 $\boldsymbol{E}$ 是无源场,所以

$$\mathrm{div}\boldsymbol{E}=\frac{\partial E_x}{\partial x}+\frac{\partial E_y}{\partial y}=0$$

从而可知,在单连通区域 B 内 $-E_y\mathrm{d}x+E_x\mathrm{d}y$ 是某二元函数 $u(x,y)$ 的全微分,即

$$\mathrm{d}u(x,y)=-E_y\mathrm{d}x+E_x\mathrm{d}y$$

与讨论流速场时一样,不难看出,静电场 $\boldsymbol{E}$ 在等值线 $u(x,y)=c_1$ 上任意一点的向量 $\boldsymbol{E}$ 都与等值线相切。也就是说,等值线就是向量线,即场中的电力线,因此称 $u(x,y)$ 为场 $\boldsymbol{E}$ 的力函数。

又因为场 $\boldsymbol{E}$ 是无旋场,所以

$$\mathrm{rot}_n\boldsymbol{E}=\frac{\partial E_y}{\partial x}-\frac{\partial E_x}{\partial y}=0$$

因此,在单连通区域 B 内,$-E_x\mathrm{d}x-E_y\mathrm{d}y$ 也是某二元函数 $v(x,y)$ 的全微分,即

$$\mathrm{d}v(x,y)=-E_x\mathrm{d}x-E_y\mathrm{d}y$$

由此得

$$\mathrm{grad}v=\frac{\partial v}{\partial x}\boldsymbol{i}+\frac{\partial v}{\partial y}\boldsymbol{j}=-E_x\boldsymbol{i}-E_y\boldsymbol{j}=-\boldsymbol{E} \tag{2-33}$$

所以 $v(x,y)$ 是场 $\boldsymbol{E}$ 的势函数,也可以称为场的电势或电位。等值线 $v(x,y)=c_2$ 就是等势线或等位线。

综上所述,不难看出,如果 $\boldsymbol{E}$ 为单连通区域 B 内的无源无旋场,u 和 v 就满足柯西-黎曼方程

$$\frac{\partial u}{\partial x}=\frac{\partial v}{\partial y},\quad \frac{\partial u}{\partial y}=-\frac{\partial v}{\partial x}$$

从而可得 B 内的一个解析函数

$$w=f(z)=u+\mathrm{i}v$$

称这个函数为静电场的复势(或复电位)。

由式(2-33)可知,场 $\boldsymbol{E}$ 可以用复势表示为

$$E=-\frac{\partial v}{\partial x}-\mathrm{i}\frac{\partial u}{\partial x}=-\mathrm{i}\,\overline{f'(z)} \tag{2-34}$$

可见,静电场的复势和流速场的复势相差一个因子 $-\mathrm{i}$,这是电工学习中的习惯用法。

同流速场一样，利用静电场的复势，可以研究场的等势线和电力线的分布情况，描绘出场的图像。

例 2-30 求一条具有电荷线密度为 e 的均匀带电的无限长直导线 L 所产生的静电场的复势。

解 设导线 L 在原点 $z=0$ 处垂直于 z 平面(图 2-12)。在 L 上距原点为 h 处任取微元段 $\mathrm{d}h$，则其带电量为 $e\mathrm{d}h$。由于导线为无限长，因此垂直于 z 平面的任何直线上各点处的电场强度相同。又由于导线上关于 z 平面对称的两带电微元段所产生的电场强度垂直分量相互抵消，只剩下与 z 平面平行的分量，因此，它所产生的静电场为平面场。

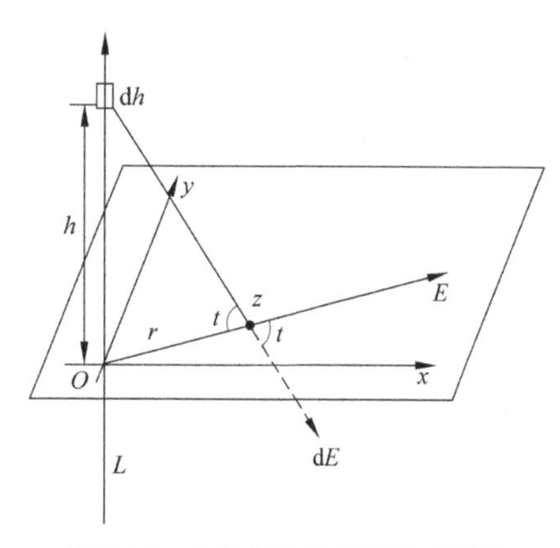

图 2-12 均匀带电的无限长直导线

先求平面上任一点 z 的电场强度 $\boldsymbol{E}=E_x\boldsymbol{i}+E_y\boldsymbol{j}$。根据库仑定律，微元段 $\mathrm{d}h$ 在点 z 处产生的场强大小为

$$|\mathrm{d}E|=\frac{e\mathrm{d}h}{r^2+h^2}$$

其中 $r=|z|=\sqrt{x^2+y^2}$。因所求的电场强度 $\boldsymbol{E}$ 在 z 平面内，所以它的大小等于所有场强微元 $\mathrm{d}\boldsymbol{E}$ 在 z 平面上投影之和，即

$$|\boldsymbol{E}|=\int_{-\infty}^{\infty}\frac{e\cos t}{r^2+h^2}\mathrm{d}h$$

其中 t 为 $\mathrm{d}\boldsymbol{E}$ 与 z 平面的交角。

由于 $h=r\tan t$，所以 $\mathrm{d}h=\dfrac{r\mathrm{d}t}{\cos^2 t}$，且

$$\frac{1}{r^2+h^2}=\frac{\cos^2 t}{r^2}$$

所以

$$|\boldsymbol{E}|=\int_{-\frac{\pi}{2}}^{\frac{\pi}{2}}\frac{\mathrm{e}\cos t}{r}\mathrm{d}t=\frac{2\mathrm{e}}{r}$$

考虑到向量 $\boldsymbol{E}$ 的方向，我们得到

$$\boldsymbol{E}=\frac{2\mathrm{e}}{r}\boldsymbol{r}^0$$

或用复数表示为 $\mathrm{e}=\dfrac{2\mathrm{e}}{\bar{z}}$，从而由式(2-34)就有

$$f'(z)=\overline{\mathrm{i}\mathrm{E}}=-\frac{2\mathrm{ei}}{z}$$

所以，场的复势为

$$f(z)=2\mathrm{ei}\mathrm{In}\frac{1}{z}+c \quad (c=c_1+\mathrm{i}c_2)$$

力函数和势函数分别为

$$u(x,y)=2\mathrm{e}\arg z+c_1,\quad v(x,y)=2\mathrm{e}\mathrm{In}\frac{1}{|z|}+c_2$$

电场的分布情况与单个源点流速场的分布情况类似。

如果导线竖立在 $z=z_0$，则复势为

$$f(z)=2\mathrm{ei}\ln\frac{1}{z-z_0}+c$$

5. 留数在定积分计算中的应用

留数定理可以用来计算某些类型的实函数积分，应用留数定理计算实变函数定积分的方法称为围道积分方法。所谓围道积分方法，就是将实函数的积分化为复变函数沿围线的积分，然后应用留数定理，使得沿围线的积分计算归结为留数计算。要使用留数计算，需要两个条件：

(1) 被积函数与某个解析函数有关；

(2) 定积分可化为某个沿闭路的积分。

例 2-31 计算 $I=\int_0^{2\pi}\frac{\mathrm{d}\theta}{(5+3\cos\theta)}$。

解 令 $z=\mathrm{e}^{\mathrm{i}\theta}$，则

$$\begin{aligned}I&=\int_0^{2\pi}\frac{\mathrm{d}\theta}{(5+3\cos\theta)}=\oint_{|z|=1}\frac{2}{\mathrm{i}(3z^2+10z+3)}\mathrm{d}z\\&=\frac{2}{\mathrm{i}}\oint_{|z|=1}\frac{1}{(3z+1)(z+3)}\mathrm{d}z\\&=\frac{2}{\mathrm{i}}\cdot 2\pi\mathrm{i}\,\mathrm{Res}\left[\frac{1}{(3z+1)(z+3)},-\frac{1}{3}\right]\\&=\frac{3\pi}{2}\end{aligned}$$

2.3 思政教育——化归思想

化归思想是指数学家们把待解决或未解决的问题，通过某种转化过程归结到某个(或某些)已经解决或简单的、比较容易解决的问题上，最终求得原问题的解答的思想，其核心是简化与转化。化归思想有三要素：化归对象(要化什么)、化归目标(化成什么形式)、化归途径(怎么化)。在化归思想中，“转化”是关键。认知心理学认为：新知识的获得、新概念的形成，总要以旧知识为基础进行组织和构造，即把新旧知识建立起联系，而这种联系常常用到化归思想。化归思想贯穿本章的始终，贯穿解题过程的始终，它是一种很重要、应用广的数学思想。

无线通信中需要时变电磁波作为载体，其中复杂的时变电磁波可以视作若干个时谐电磁波的叠加，研究时谐场是时变场的基础。而时谐电磁场又可以利用简单的复指数形式表示，即通过复振幅表示。这种研究问题的过程就体现出一种化繁为简、化难为易的化归思想。

习　题

1. 证明 xy^2 不能成为 z 的一个解析函数的实部。

2. 若 $z=x+\mathrm{i}y$，试证：

(1) $\sin z=\sin x\cosh y+\mathrm{i}\cos x\sinh y$；

(2) $\cos z=\cos x\cosh y-\mathrm{i}\sin x\sinh y$；

(3) $|\sin z|^2=\sin^2 x+\sinh^2 y$；

(4) $|\cos z|^2=\cos^2 x+\sinh^2 y$。

3. 试证若函数 $f(z)$和 $\varphi(z)$在 z_0 解析，$f(z_0)=\varphi(z_0)=0$，$\varphi'(z_0)\neq 0$，则 $\lim\limits_{z\to z_0}\dfrac{f(z)}{\varphi(z)}=\dfrac{f'(z_0)}{\varphi'(z_0)}$。(复变函数的洛必达法则)

4. 求积分$\oint_c \dfrac{\mathrm{e}^z}{z}\mathrm{d}z(c: |z|=1)$，从而证明$\int_0^{\pi}\mathrm{e}^{\cos\theta}\cos(\sin\theta)\mathrm{d}\theta=\pi$。

5. 由积分$\int_c \dfrac{\mathrm{d}z}{z+2}$ 的值，证明$\int_0^{\pi}\dfrac{1+2\cos\theta}{5+4\cos}\mathrm{d}\theta=0$，$c$ 为单位圆周 $|z|=1$。

6. 设 $F(z)=\dfrac{z+6}{z^2-4}$，证明积分$\oint_c F(z)\mathrm{d}z$。

(1) 当 c 是圆周 $x^2+y^2=1$ 时，等于 0；

(2) 当 c 是圆周$(x-2)^2+y^2=1$ 时，等于 $4\pi\mathrm{i}$；

(3) 当 c 是圆周$(x+2)^2+y^2=1$ 时，等于 $-2\pi\mathrm{i}$。

7. 试求下列级数的收敛半径。

(1) $\sum\limits_{n=0}^{+\infty}z^{n!}$；(2) $\sum\limits_{n=0}^{+\infty}\dfrac{n!}{n^n}z^n$；(3) $\sum\limits_{n=0}^{+\infty}\dfrac{z^n}{a^n+\mathrm{i}b^n}(a>0,b>0)$。

8. 将下列函数按 z 的幂展开，并指明收敛范围。

(1) $\int_0^z \mathrm{e}^{z^0}\mathrm{d}z$；(2) $\cos^2 z$。

9. 将下列函数按 $z-1$ 的幂展开，并指出收敛范围。

(1) $\cos z$；(2) $\dfrac{z}{z+2}$；(3) $\dfrac{z}{z^2-2z+5}$。

10. 将下列函数在指定的环域内展成洛朗级数。

(1) $\dfrac{z+1}{z^2(z-1)}$，$0<|z|<1$，$1<|z|<+\infty$；(2) $\dfrac{z^2-2z+5}{(z-2)(z^2+1)}$，$1<|z|<2$。

11. 将下列函数在指定点的无心邻域内展成洛朗级数，并指出成立范围。

(1) $\dfrac{1}{(z^2+1)^2}$，$z=\mathrm{i}\left[\sum\limits_{n=-\infty}^{+\infty}a_n(z-\mathrm{i})^n\right]$；　(2) $(z-1)^2\mathrm{e}^{\frac{1}{1-z}}$，$z=1\left[\sum\limits_{n=-\infty}^{+\infty}a_n(z-1)^n\right]$。

12. 把 $f(z)=\dfrac{1}{1-z}$展成下列级数。

(1) 在$|z|<1$ 上展成 z 的泰勒级数；

(2) 在$|z|>1$ 上展成 z 的洛朗级数；

(3) 在$|z+1|<2$ 上展成$(z+1)$的泰勒级数；

(4) 在$|z+1|>2$ 上展成$(z+1)$的洛朗级数。

13. 求 $f(z)=\dfrac{1-\mathrm{e}^z}{1+\mathrm{e}^z}$在孤立奇点处的留数。

14. 求下列函数在指定点处的留数。

(1) $\dfrac{z}{(z-1)(z+1)^2}$在 $z=\pm 1, z=+\infty$；

(2) $\dfrac{1-e^{2z}}{z^4}$在 $z=0, z=+\infty$。

15. 求下列函数在其孤立奇点(包括无穷远点)处的留数。

(1) $e^{\frac{+\infty}{2}\left(z-\frac{1}{z}\right)}$；

(2) $\dfrac{1}{(z-\alpha)^m(z-\beta)}\quad(\alpha\neq\beta)$。

第3章

CHAPTER 3

概率论与随机过程及其工程应用

3.1 概率论与随机过程的知识点

3.1.1 概率论的基本概念

自然界和社会上发生的现象多种多样。有一类现象，在一定条件下必然发生，例如，向上抛石子必然下落，同性电荷必相互排斥等，这类现象称为确定性现象。自然界和社会上还存在另一类现象，例如，在相同条件下抛同一枚硬币，其结果可能是正面朝上，也可能是反面朝上，并且在每次抛掷之前无法肯定抛掷的结果是什么；用同一门炮向同一目标射击，各次弹着点不尽相同，在一次射击之前无法预测弹着点的确切位置。这类现象在一定的条件下，可能出现这样的结果，也可能出现那样的结果，而在试验或观察之前不能预知确切的结果。但人们经过长期实践并深入研究之后，发现这类现象在大量重复试验或观察下，它的结果呈现出某种规律性。例如，多次重复抛一枚硬币得到正面朝上的结果大致有一半，同一门炮射击同一目标的弹着点按照一定规律分布等。这种在大量重复试验或观察中呈现出的固有规律性就是我们以后所说的统计规律性。

这种在个别试验中其结果呈现出不确定性，在大量重复试验中其结果又具有统计规律性的现象，称为随机现象。概率论与数理统计是研究和揭示随机现象统计规律性的一门数学学科。

1. 随机试验

我们遇到过各种试验。这里，我们把试验作为一个含义广泛的术语，它包括各种各样的科学实验，甚至对某一事物的某一特征的观察也认为是一种试验，下面举一些试验的例子。

E_1：抛一枚硬币，观察正面 H、反面 T 出现的情况。

E_2：将一枚硬币抛掷 t 次，观察正面 H、反面 T 出现的情况。

E_3：将一枚硬币抛掷三次，观察出现正面 H 的次数。

E_4：抛一颗骰子，观察出现的点数。

E_5：记录某城市急救电话台一昼夜接到的呼唤次数。

E_6：在一批灯泡中任意抽取一只，测试它的寿命。

E_7：记录某地一昼夜的最高温度和最低温度。

上面举出了七个试验的例子，它们有着共同的特点。例如，试验 E_1 有两种可能结果，出现正面 H 或者出现反面 T，但在抛掷之前不能确定是出现正面 H，还是出现反面 T，这个试验可以在相同的条件下重复进行。又如试验 E_6，我们知道灯泡的寿命（以小时计）$t \geqslant 0$，但在测试之前不能确定它的寿命有多长，这一试验也可以在相同的条件下重复进行。概括起来，这些试验具有以下特点：

（1）可以在相同的条件下重复进行。

（2）每次试验的可能结果不止一个，并且能事先明确试验的所有可能结果。

（3）进行一次试验之前不能确定哪个结果会出现。

在概率论中，我们将具有上述三个特点的试验称为**随机试验**。我们是通过研究随机试验研究随机现象的。

2. 样本空间、随机事件

1）样本空间

对于随机试验，尽管在每次试验之前不能预知试验的结果，但试验的所有可能结果组成的集合是已知的。我们将随机试验 E 的所有可能结果组成的集合称为 E 的样本空间，记为 S。样本空间的元素，即 E 的每个结果，称为样本点。

下面写出上面试验 $E_k(k=1,2,\cdots,7)$ 的样本空间 S_k：

S_1：$\{\mathrm{H},\mathrm{T}\}$；

S_2：$\{\mathrm{HHH},\mathrm{HHT},\mathrm{HTH},\mathrm{THH},\mathrm{HTT},\mathrm{THT},\mathrm{TTH},\mathrm{TTT}\}$；

S_3：$\{0,1,2,3\}$；

S_4：$\{1,2,3,4,5,6\}$；

S_5：$\{0,1,2,\cdots\}$；

S_6：$\{t \mid t \geqslant 0\}$；

S_7：$\{(x,y) \mid T_0 \leqslant x \leqslant y \leqslant T_1\}$，这里 x 表示最低温度（℃），y 表示最高温度（℃）。并设这一地区的温度不会小于 T_0，也不会大于 T_1。

2）随机事件

实际中，当进行随机试验时，人们常常关心满足某种条件的样本点所组成的集合，例如，若规定某种灯泡的寿命（小时）小于 500 为次品，则在 E_6 中我们关心灯泡的寿命是否有 $t \geqslant 500$ 满足这一条件的样本点组成 S_6 的一个子集：$A=\{t \mid t \geqslant 500\}$。我们称 A 为试验 E_6 的一个随机事件，显然，当且仅当子集 A 中的一个样本点出现时，有 $t \geqslant 500$。

一般地，我们称试验 E_6 的样本空间 S 的子集为 E 的随机事件，简称事件，在每次试验中，当且仅当这一子集中的一个样本点出现时，称这一事件发生。

特别地，由一个样本点组成的单点集称为基本事件。试验 E_1 有两个基本事件 $\{\mathrm{H}\}$ 和 $\{\mathrm{T}\}$；试验 E_4 有 6 个基本事件 $\{1\},\{2\},\cdots,\{6\}$。

样本空间 S 包含所有样本点，它是 S 自身的子集，在每次试验中，它总是会发生，S 称为必然事件。空集 $\varnothing$ 必不包含任何样本点，它也是样本空间的子集，在每次试验中都不发生。$\varnothing$ 称为不可能事件。

下面举几个事件的例子。

例 3-1 在 E_2 中，事件 A_1：“第一次出现的是正面 H”，即

$$A_1=\{\mathrm{HHH},\mathrm{HHT},\mathrm{HTH},\mathrm{HTT}\}$$

事件 A_2：“三次出现同一面”，即

$$A_2=\{\mathrm{HHH},\mathrm{TTT}\}$$

在 E_6 中,事件 A_3:"寿命小于 1000 小时",即

$$A_3=\{t \mid 0 \leqslant t<1000\}$$

在 E_7 中,事件 A_4:"最高温度与最低温度相差 10℃",即

$$A_4=\{(x, y) \mid y-x=10, T_0 \leqslant x \leqslant y \leqslant T_1\}$$

3) 事件间的关系与事件的运算

事件是一个集合,因而事件间的关系与事件的运算自然按照集合论中集合之间的关系和集合运算处理。下面给出这些关系和运算在概率论中的提法,并根据"事件发生"的含义给出它们在概率论中的含义。

设试验 E 的样本空间为 S,而 $A, B, A_k(k=1,2,\cdots)$是 S 的子集。

(1) 若 $A \subset B$,则称事件 B 包含事件 A,这指的是事件 A 发生必导致事件 B 发生。

若 $A \subset B$ 且 $B \subset A$,即 $A=B$,则称事件 A 与事件 B 相等。

(2) 事件 $A \cup B=\{x \mid x \in A$ 或 $x \in B\}$称为事件 A 与事件 B 的和事件。当且仅当 A, B 中至少有一个事件发生时,事件 $A \cup B$ 发生。

类似地,称 $\bigcup_{k=1}^{n} A_k$ 为 n 个事件 $A_1, A_2, \cdots, A_n$ 的和事件;称 $\bigcup_{k=1}^{n} A_k$ 为可列个事件 $A_1, A_2, \cdots$的和事件。

(3) 事件 $A \cap B=\{x \mid x \in A$ 且 $x \in B\}$称为事件 A 与事件 B 的积事件。当且仅当 A, B 同时发生时,事件 $A \cap B$ 发生。$A \cap B$ 也记作 AB。

类似地,称 $\bigcap_{k=1}^{n} A_k$ 为 n 个事件 $A_1, A_2, \cdots, A_n$ 的积事件;称 $\bigcap_{k=1}^{n} A_k$ 为可列个事件 $A_1, A_2, \cdots$的积事件。

(4) 事件 $A-B=\{x \mid x \in A$ 且 $x \notin B\}$称为事件 A 与事件 B 的差事件。当且仅当 A 发生,B 不发生时,事件 $A-B$ 发生。

(5) 若 $A \cap B=\varnothing$,则称事件 A 与事件 B 互不相容,或互斥,这指的是事件 A 与事件 B 不同时发生。基本事件两两互不相容。

(6) 若 $A \cup B=S$ 且 $A \cap B=\varnothing$,则称事件 A 与事件 B 互为逆事件,又称事件 A 与事件 B 互为对立事件。这指的是对每次试验而言,事件 A、B 中必有一个事件发生,且仅有一个事件发生。A 的对立事件记为 $\overline{A}$,$\overline{A}=S-A$。

可以用图 3-1～图 3-6 直观表示以上事件之间的关系与运算。例如,在图 3-1 中,长方形表示样本空间 S,圆 A 与圆 B 分别表示事件 A 与事件 B,事件 B 包含事件 A。又如,在图 3-2 中,长方形表示样本空间 S,圆 A 与圆 B 分别表示事件 A 与事件 B,阴影部分表示和事件 $A \cup B$。

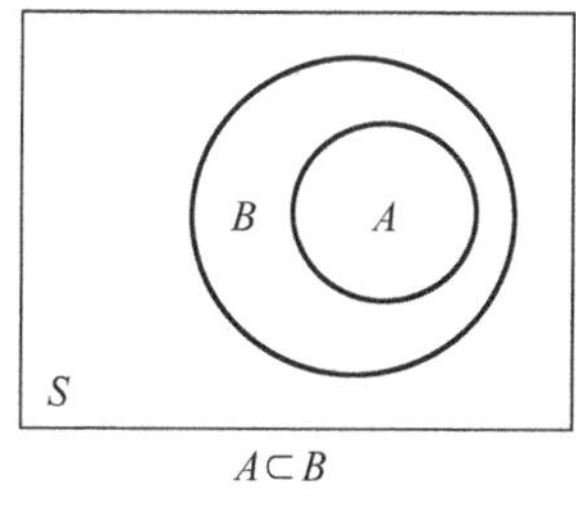

图 3-1 包含关系

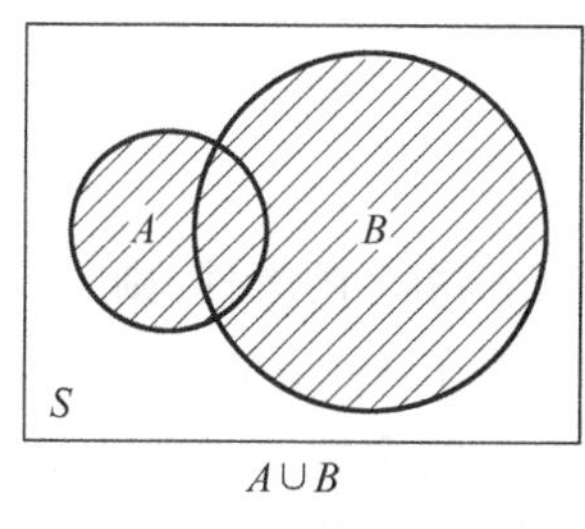

图 3-2 并运算

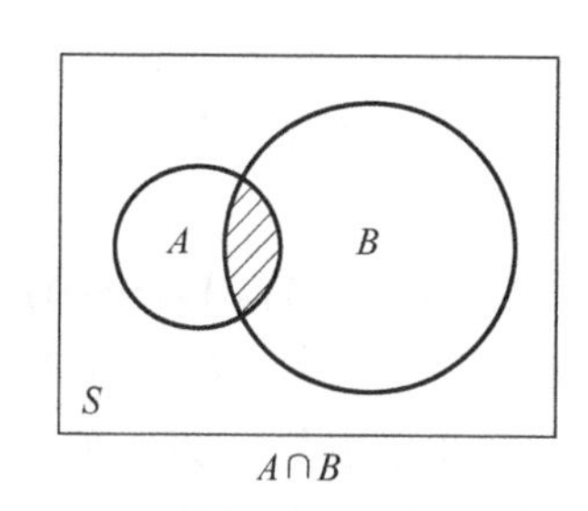

图 3-3 交运算

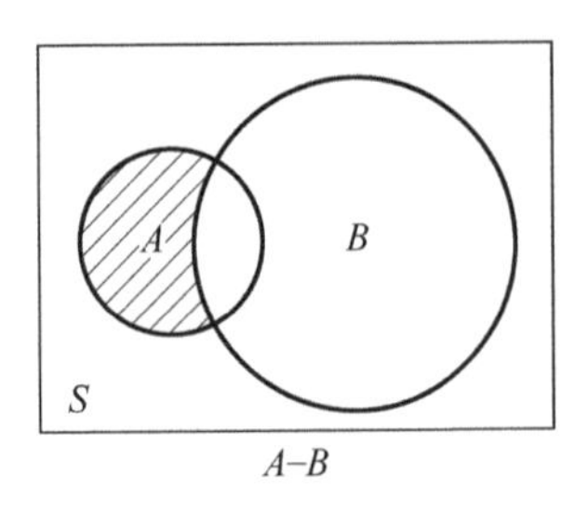

图 3-4　差运算

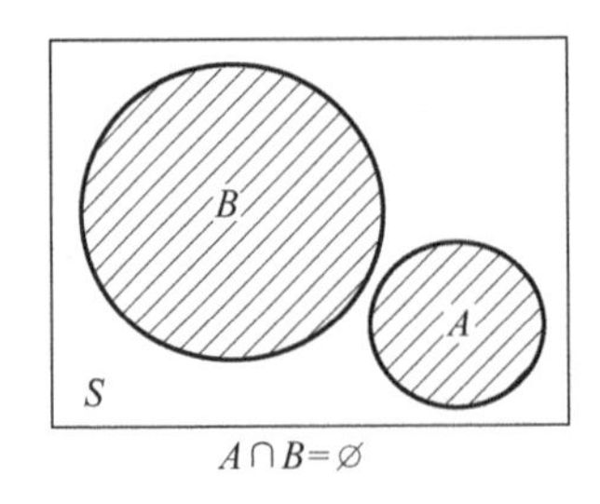

图 3-5　交为空集

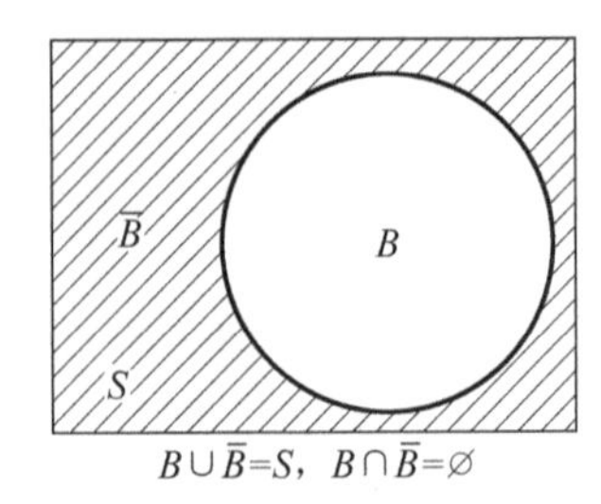

图 3-6　补集

进行事件运算时，经常用到下述定律，设 A、B、C 为事件，则有

交换律：$A\cup B=B\cup A$；$A\cap B=B\cap A$

结合律：$A\cup(B\cup C)=(A\cup B)\cup C$

$A\cap(B\cap C)=(A\cap B)\cap C$

分配律：$A\cup(B\cap C)=(A\cup B)\cap(A\cup C)$

$A\cap(B\cup C)=(A\cap B)\cup(A\cap C)$

摩根定律：$\overline{A\cup B}=\overline{A}\cap\overline{B}$；$\overline{A\cap B}=\overline{A}\cup\overline{B}$

例 3-2　在例 3-1 中，有

$$A_1\cup A_2=\{\mathrm{HHH,HHT,HTH,HTT,TTT}\}$$

$$A_1\cap A_2=\{\mathrm{HHH}\}$$

$$A_1-A_2=\{\mathrm{TTT}\}$$

$$\overline{A_1\cup A_2}=\{\mathrm{THT,TTH,THH}\}$$

3. 频率与概率

对于一个事件（除必然事件和不可能事件外），它在一次试验中可能发生，也可能不发生。我们常常希望知道某些事件在一次试验中发生的可能性究竟有多大。例如，为了确定水坝的高度，就要知道河流在修建水坝地段每年最大洪水达到某一高度这一事件发生的可能性。我们希望找到一个合适的数表征事件在一次试验中发生的可能性。为此，首先引入频率，它描述了事件发生的频繁程度，进而引出表征事件在一次试验中发生的可能性的数——概率。

1）频率

定义　在相同条件下进行 n 次试验，在这 n 次试验中，事件 A 发生的次数 n_A 称为事件 A 发生的频数。比值 n_A/n 称为事件 A 发生的频率，记为 $f_n(A)$。

由定义可知，频率具有下述基本性质：

(1) $0\leqslant f_n(A)\leqslant 1$；

(2) $f_n(S)=1$；

(3) 若 $A_1,A_2,\cdots,A_k$ 是两两互不相容的事件，则

$$f_n(A_1\cup A_2\cup\cdots\cup A_k)=f_n(A_1)+f_n(A_2)+\cdots+f_n(A_k)$$

由于事件 A 发生的频率是它发生的次数与试验次数之比，其大小表示 A 发生的频繁程度。频率大，事件 A 的发生就频繁，意味着事件 A 在一次试验中发生的可能性就大。反之亦然。因而，直观的想法是用频率表示事件 A 在一次试验中发生的可能性的大小。但是

否可行，先看下面的例子。

例 3-3 考虑抛硬币这个试验，我们将一枚硬币抛掷 5 次、50 次、500 次，各做 10 遍，得到的数据见表 3-1(其中 n_{H} 表示 H 发生的频数，$f_n(\mathrm{H})$表示 H 发生的频率)。

解 这种试验历史上有人做过，得到表 3-2 所示的数据。从上述数据可以看出，抛硬币次数 n 较小时，频率 $f_n(\mathrm{H})$在 0～1 随机波动，其幅度较大，但随着 n 增大，频率 $f_n(\mathrm{H})$呈现出稳定性，即当 n 逐渐增大时，$f_n(\mathrm{H})$总是在 0.5 附近摆动，而逐渐稳定于 0.5。

表 3-1 数据汇总表

试验序号	$n=5$		$n=50$		$n=500$	
	n_{H}	$f_n(\mathrm{H})$	n_{H}	$f_n(\mathrm{H})$	n_{H}	$f_n(\mathrm{H})$
1	2	0.4	22	0.44	251	0.502
2	3	0.6	25	0.50	249	0.498
3	1	0.2	21	0.42	256	0.512
4	5	1.0	25	0.50	253	0.506
5	1	0.2	24	0.48	251	0.502
6	2	0.4	21	0.42	246	0.492
7	4	0.8	18	0.36	244	0.488
8	2	0.4	24	0.48	258	0.516
9	3	0.6	27	0.54	262	0.524
10	3	0.6	31	0.62	247	0.494

表 3-2 得到的数据

试 验 者	n	n_{H}	$f_n(\mathrm{H})$
德·摩根	2048	1061	0.5181
蒲丰	4040	2048	0.5069
K·皮尔逊	12 000	6019	0.5016
K·皮尔逊	24 000	12 012	0.5005

例 3-4 考查英语中特定字母出现的频率。当观察字母的个数 n(试验的次数)较小时，频率有较大幅度的随机波动。但当 n 增大时，频率呈现出稳定性。表 3-3 就是一份英文字母的频率统计表。

表 3-3 英文字母的频率统计表

字 母	频 率	字 母	频 率	字 母	频 率	字 母	频 率	字 母	频 率
E	0.1268	S	0.0634	C	0.0268	P	0.0186	Q	0.0009
T	0.0978	R	0.0594	F	0.0256	B	0.0156	Z	0.0006
A	0.0788	H	0.0573	M	0.0244	V	0.0102		
O	0.0776	L	0.0394	W	0.0214	K	0.0060		
I	0.0707	D	0.0389	Y	0.0202	X	0.0016		
N	0.0706	U	0.0280	G	0.0187	J	0.0010		

大量试验证实,当重复试验的次数 n 逐渐增大时,频率 $f_n(A)$ 呈现出稳定性,逐渐稳定于某个常数。这种"频率稳定性"即通常所说的统计规律性。我们让试验重复大量次数,计算频率 $f_n(A)$,以它表征事件 A 发生可能性的是合适的。

但是,实际中,我们不可能对每一个事件都做大量试验,然后求得事件的频率,用以表征事件发生的可能性。同时,为了理论研究的需要,我们从频率的稳定性和频率的性质得到启发,给出如下表征事件发生可能性的概率的定义。

2) 概率

定义 设 E 是随机试验,S 是它的样本空间,对 E 的每一事件 A 赋予一个实数,记为 $P(A)$,称为事件 A 的概率,如果集合函数 $P(\cdot)$ 满足下列条件:

(1) 非负性:对于每一个事件 A,有 $P(A)\geqslant 0$;

(2) 规范性:对于必然事件 S,有 $P(S)=1$;

(3) 可列可加性:设 $A_1,A_2,\cdots$ 是两两互不相容的事件,即对于 $A_iA_j=\varnothing,i\neq j,i,j=1,2,\cdots$,有

$$P(A_1\cup A_2\cup\cdots)=P(A_1)+P(A_2)+\cdots \tag{3-1}$$

由概率的定义,可以推得概率的一些重要性质。

性质 i $P(\varnothing)=0$。

证 令 $A_n=\varnothing(n=1,2,\cdots)$,则 $\bigcup\limits_{n=1}^{\infty}A_n=\varnothing$,且 $A_iA_j=\varnothing,i\neq j,i,j=1,2,\cdots$ 由概率的可列可加性式(3-1)得

$$P(\varnothing)=P\left(\bigcup_{n=1}^{+\infty}A_n\right)=\sum_{n=1}^{+\infty}P(A_n)=\sum_{n=1}^{+\infty}P(\varnothing)$$

由概率的非负性知:$P(\varnothing)\geqslant 0$,故由上式知 $P(\varnothing)=0$。

性质 ii(有限可加性) 若 $A_1,A_2,\cdots,A_n$ 是两两互不相容的事件,则有

$$P(A_1\cup A_2\cup\cdots\cup A_n)=P(A_1)+P(A_2)+\cdots+P(A_n) \tag{3-2}$$

式(3-2)称为概率的有限可加性。

证 令 $A_{n+1}=A_{n+2}=\cdots=\varnothing$,即 $A_iA_j=\varnothing,i\neq j,i,j=1,2,\cdots$,由式(3-1)得

$$\begin{aligned}P(A_1\cup A_2\cup\cdots\cup A_n)&=P\left(\bigcup_{k=1}^{\infty}A_k\right)=\sum_{n=1}^{\infty}P(A_k)=\sum_{k=1}^{n}P(A_k)+0\\&=P(A_1)+P(A_2)+\cdots+P(A_n)\end{aligned}$$

式(3-2)得证。

性质 iii 设 A、B 是两个事件,$A\subset B$,则有

$$P(B-A)=P(B)-P(A) \tag{3-3}$$

$$P(B)\geqslant P(A) \tag{3-4}$$

证 由 $A\subset B$ 知 $B=A\cup(B-A)$(参见图 3-1),且 $A(B-A)=\varnothing$,再由概率的有限可加性式(3-2),得

$$P(B)=P(A) | P(B-A)$$

式(3-3)得证;又由概率的非负性 $P(B-A)\geqslant 0$ 知 $P(B)\geqslant P(A)$。

性质 iv 对于任一事件 A,有

$$P(A)\leqslant 1$$

证 因为 $A \subset S$，由性质 iii 得

$$P(A) \leqslant P(S) = 1$$

性质 v（逆事件的概率） 对于任一事件 A，有

$$P(\overline{A}) = 1 - P(A)$$

证 因为 $A \cup \overline{A} = S$，且 $A\overline{A} = \varnothing$，由式(3-2)得

$$1 = P(S) = P(A \cup \overline{A}) = P(A) \mid P(\overline{A})$$

性质 v 得证。

性质 vi（加法公式） 对于任意两个事件 A、B，有

$$P(A \cup B) = P(A) + P(B) - P(AB) \tag{3-5}$$

证 因 $A \cup B = A \cup (B - AB)$，且 $A(B - AB) = \varnothing$，$AB \subset \varnothing$。

故由式(3-2)及式(3-3)得

$$\begin{aligned} P(A \cup B) &= P(A) + P(B - AB) \\ &= P(A) + P(B) - P(AB) \end{aligned}$$

式(3-5)还能推广到多个事件的情况。例如，设 A_1、A_2、A_3 为任意三个事件，则有

$$\begin{aligned} P(A_1 \cup A_2 \cup A_3) = {} & P(A_1) + P(A_2) + P(A_3) - P(A_1A_2) - \\ & P(A_1A_3) - P(A_2A_3) + P(A_1A_2A_3) \end{aligned} \tag{3-6}$$

一般地，对于任意 n 个事件 $A_1, A_2, \cdots, A_n$，可以用归纳法证得

$$\begin{aligned} P(A_1 \cup A_2 \cup \cdots \cup A_n) = {} & \sum_{i=1}^{n} P(A_i) - \sum_{1 \leqslant i \leqslant j \leqslant n} P(A_iA_j) + \sum_{1 \leqslant i \leqslant j \leqslant k \leqslant n} P(A_iA_j) + \cdots + \\ & (-1)^{n-1} P(A_1A_2 \cdots A_n) \end{aligned} \tag{3-7}$$

4. 等可能概型（古典概型）

前面随机试验中所说的试验 E_1、E_4 有两个共同的特点：

(1) 试验的样本空间只包含有限个元素；

(2) 试验中每个基本事件发生的可能性相同。

具有以上两个特点的试验是大量存在的，这种试验称为等可能概型。它在概率论发展初期曾是主要的研究对象，所以也称为古典概型。等可能概型的一些概念具有直观、容易理解的特点，有广泛的应用。

下面讨论等可能概型中事件概率的计算公式。

设试验的样本空间为 $S = \{e_1, e_2, \cdots, e_n\}$。由于在试验中每个基本事件发生的可能性相同，即有

$$P(\{e_1\}) = P(\{e_2\}) = \cdots = P(\{e_n\})$$

又由于基本事件是两两互不相容的，于是

$$\begin{aligned} 1 = P(S) &= P(\{e_1\} \cup \{e_2\} \cup \cdots \cup \{e_n\}) \\ &= P(\{e_1\}) + P(\{e_2\}) + \cdots + P(\{e_n\}) = nP(\{e_i\}) \end{aligned}$$

$$P(\{e_i\}) = \frac{1}{n}, \quad i = 1, 2, \cdots, n$$

若事件 A 包含 k 个基本事件，即 $A = \{e_1\} \cup \{e_2\} \cup \cdots \cup \{e_n\}$，这里，$i_1, i_2, \cdots, i_k$ 是 $1, 2, \cdots, n$ 中的 k 个不同的数，则有

$$P(A)=\sum_{j=1}^{k}P(\{e_j\})=\frac{k}{n} \tag{3-8}$$

式(3-8)就是等可能概型中事件 A 的概率的计算公式，其中 n 为 S 中基本事件的总数，k 为 A 中包含的基本事件数。

例 3-5 将一枚硬币抛掷三次。(1) 设事件 A_1 为“恰有一次出现正面 H”，求 $P(A_1)$；(2) 设事件 A_2 为“至少有一次出现正面 H”，求 $P(A_2)$。

解 (1) 我们考虑 E_2 的样本空间：

$$S_2=\{\mathrm{HHH},\mathrm{HHT},\mathrm{HTH},\mathrm{THH},\mathrm{HTT},\mathrm{THT},\mathrm{TTH},\mathrm{TTT}\}$$

而

$$A_1=\{\mathrm{HTT},\mathrm{THT},\mathrm{TTH}\}$$

S_2 中包含有限个元素，且由对称性知每个基本事件发生的可能性相同，故由式(3-8)得

$$P(A_1)=\frac{3}{8}$$

(2) 由于 $\overline{A_2}=\{\mathrm{TTT}\}$，于是

$$P(A_2)=1-P(\overline{A_2})=1-\frac{1}{8}=\frac{7}{8}$$

当样本空间的元素较多时，一般不再一一列出 S 中的元素，只需分别求出 S 与 A 中包含的元素的个数(即基本事件的个数)，再由式(3-8)求出 A 的概率。

例 3-6 将 n 只球随机放入 $N(N\geqslant n)$ 个盒子中。试求每个盒子至多有一只球的概率(设盒子的容量不限)。

解 将 n 只球放入 N 个盒子中，每种放法是一基本事件。易知，这是古典概率问题。因为每一只球都可以放入 N 个盒子中的任一个盒子，故共有 $N\cdot N\cdot\cdots\cdot N=N^n$ 种不同的放法，而每个盒子中至多放一只球，共有 $N(N-1)\cdots[N-(n-1)]$ 种不同放法，因而所求的概率为

$$p=\frac{N(N-1)\cdots(N-n+1)}{N^n}=\frac{A_N^n}{N^n}$$

有许多问题和本例具有相同的数学模型，例如，假设每人的生日在一年 365 天中的任一天是等可能的，即都等于 $\frac{1}{365}$，那么随机选取 $n(n\leqslant 365)$ 个人，他们的生日各不相同的概率为

$$\frac{365\cdot 364\cdot\cdots\cdot(365-n+1)}{365^n}$$

因而，n 个人中至少有两人生日相同的概率为

$$p=1-\frac{365\cdot 364\cdot\cdots\cdot(365-n+1)}{365^n}$$

经计算，得下述结果：

n	20	23	30	40	50	64	100	
p	0.411	0.507	0.706	0.891	0.970	0.997	0.999	9997

可以看出，在仅有 100 人的班级里，“至少有两人生日相同”这一事件的概率与 1 相差无

几，因此，如作调查，几乎总是会出现的，读者不妨试一试。

例 3-7 设有 N 件产品，其中有 D 件次品，现从中任取 n 件，问其中恰有 $k(k\leqslant D)$件次品的概率是多少？

解 在 N 件产品中抽取 n 件(这里是指不放回抽样)，可能的取法有$\binom{N}{n}$种，每种取法为一基本事件，且由对称性可知每个基本事件发生的可能性相同。又因在 D 件次品中取 k 件，可能的取法有$\binom{N}{k}$种，在 $N-D$ 件正品中取 $n-k$ 件，可能的取法有$\binom{N-D}{n-k}$种，由乘法原理知，在 N 件产品中取 n 件，其中恰有 k 件次品的取法共有$\binom{D}{k}\binom{N-D}{n-k}$种，于是所求概率为

$$p=\binom{D}{k}\binom{N-D}{n-k}\bigg/\binom{N}{n} \tag{3-9}$$

式(3-9)即所谓超几何分布的概率公式。

5. 条件概率

1) 条件概率

条件概率是概率论中的一个重要而实用的概念，所考虑的是事件 A 在已发生的条件下事件 B 发生的概率。

例 3-8 将一枚硬币抛掷两次，观察其出现正反面的情况，设事件 A 为“至少有一次H”，事件 B 为“两次掷出同一面”。求已知事件 A 在已经发生的条件下事件 B 发生的概率。

解 这里，样本空间为 $S=\{HH,HT,TH,TT\}$，$A=\{HH,HT,TH\}$，$B=\{HH,TT\}$。易知此属于古典概型问题。已知事件 A 已发生，有了这一信息，知道 TT 不可能发生，即知道试验所有可能结果组成的集合是 A。A 中共有 3 个元素，其中只有 $HH\in B$。于是，在事件 A 发生的条件下事件 B 发生的概率(记为 $P(B|A)$)为

$$P(B\mid A)=\frac{1}{3}$$

这里，我们看到 $P(B)=2/4\neq P(B|A)$。这很容易理解，因为在求 $P(B|A)$时，我们是限制在事件 A 已经发生的条件下考虑事件 B 发生的概率。

另外，易知

$$P(A)=\frac{3}{4},P(AB)=\frac{1}{4},P(B\mid A)-\frac{1}{3}=\frac{1/4}{3/4}$$

故有

$$P(B\mid A)=\frac{P(AB)}{P(A)} \tag{3-10}$$

对于一般的古典概型问题，若仍以 $P(B|A)$记事件 A 已经发生的条件下事件 B 发生的概率，则关系式(3-10)仍然成立。事实上，设试验的基本事件总数为 n，A 包含的基本事件数为 $m(m>0)$，AB 包含的基本事件数为 k，即有

$$P(B\mid A)=\frac{k}{m}=\frac{k/n}{m/n}=\frac{P(AB)}{P(A)}$$

在一般场合，我们将上述关系式作为条件概率的定义。

定义 设 A、B 是两个事件，且 $P(A)>0$，则称

$$P(B \mid A)=\frac{P(AB)}{P(A)} \tag{3-11}$$

为在事件 A 发生的条件下 B 发生的条件概率。

不难验证，条件概率 $P(\cdot \mid A)$符合概率定义中的三个条件，即

(1) 非负性：对于每一事件 B，有 $P(B|A)\geqslant 0$；

(2) 规范性：对于必然事件 S，有 $P(S|A)=1$；

(3) 可列可加性：设 $B_1,B_2,\cdots$是两两互不相容的事件，则有

$$P\left(\bigcup_{i=1}^{\infty} B_i \mid A\right)=\sum_{i=1}^{\infty} P(B_i \mid A)$$

例 3-9 某一盒子装有 4 只产品，其中有 3 只一等品，1 只二等品。从中取产品两次，每次任取一只，作不放回抽样。设事件 A 为“第一次取到的是一等品”，事件 B 为“第二次取到的是一等品”，试求条件概率 $P(B|A)$。

解 易知此属于古典概型问题。设产品 1,2,3 号为一等品；4 号为二等品。以(i,j)表示第一次、第二次分别取到第 i 号、第 j 号产品。试验 E(取产品两次，记录其号码)的样本空间为

$$S=\{(1,2),(1,3),(1,4),(2,1),(2,3),(2,4),\cdots,(4,1),(4,2),(4,3)\}$$

$$A=\{(1,2),(1,3),(1,4),(2,1),(2,3),(2,4),(3,1),(3,2),(3,4)\}$$

$$AB=\{(1,2),(1,3),(2,1),(2,3),(3,1),(3,2)\}$$

按式(3-11)得条件概率

$$P(A \mid B)=\frac{P(AB)}{P(A)}=\frac{6/12}{9/12}=\frac{2}{3}$$

也可以直接按条件概率的含义求 $P(A|B)$。我们知道，当事件 A 发生以后，试验 E 所有可能结果的集合就是 A，A 中有 9 个元素，其中只有(1,2),(1,3),(2,1),(2,3),(3,1)。而(3,2)属于 B，故可得

$$P(B \mid A)=\frac{6}{9}=\frac{2}{3}$$

2) 乘法定理

由条件概率的定义式(3-11)，可得下述定理。

乘法定理 设 $P(A)>0$，则有

$$P(AB)=P(B \mid A)P(A) \tag{3-12}$$

式(3-12)称为乘法公式。式(3-12)容易推广到多个事件的积事件的情况。例如，设 A、B、C 为事件，且 $P(AB)>0$，则有

$$P(ABC)=P(C \mid BA)P(B \mid A)P(A) \tag{3-13}$$

这里，注意到由假设 $P(AB)>0$ 可推得 $P(A)\geqslant P(AB)>0$。

一般地，设 $A_1,A_2,A_3,\cdots,A_n$ 为 n 个事件，$n\geqslant 2$ 且 $P(A_1A_2\cdots A_{n-1})>0$，则有

$$P(A_1A_2\cdots A_n)=P(A_n \mid A_1A_2\cdots A_{n-1})P(A_{n-1} \mid A_1A_2\cdots A_{n-2})\cdots P(A_2 \mid A_1)P(A_1) \tag{3-14}$$

例 3-10 设袋中装有 r 只红球，t 只白球。每次从袋中任取一只球，观察其颜色然后放

回，并再放入 a 只与所取出的那只球同色的球。若在袋中连续取球四次，试求第一、二次取到红球且第三、四次取到白球的概率。

解　以 $A_i(i=1,2,3,4)$ 表示事件"第 i 次取到红球"，则 A_3、A_4 分别表示事件第三、四次取到白球，所求概率为

$$P(A_1A_2\overline{A_3}\,\overline{A_4})=P(\overline{A_4}\mid A_1A_2\overline{A_3})P(\overline{A_3}\mid A_1A_2)P(A_2\mid A_1)P(A_1)$$
$$=\frac{t+a}{r+t+3a}\cdot\frac{t}{r+t+2a}\cdot\frac{r+a}{r+t+a}\cdot\frac{r}{r+t}$$

3）全概率公式和贝叶斯公式

下面建立两个计算概率的重要公式，先介绍样本空间划分的定义。

定义　设 S 为试验 E 的样本空间 $B_1,B_2,\cdots,B_n$ 为 E 的一组事件，若

(i) $B_iB_j=\varnothing,i\neq j,i,j=1,2,\cdots,n$；

(ii) $B_1\cup B_2\cup\cdots\cup B_n=S$，则称 $B_1,B_2,\cdots,B_n$ 为样本空间 S 的一个划分。

若 $B_1,B_2,\cdots,B_n$ 是样本空间的一个划分，那么对每次试验，事件 $B_1,B_2,\cdots,B_n$ 中必有一个且仅有一个发生。

例如，试验 E 为"抛一颗骰子观察其点数"。它的样本空间为 $S=\{1,2,3,4,5,6\}$。E 的一组事件 $B_1=\{1,2,3\},B_2=\{4,5\},B_3=\{6\}$ 是 S 的一个划分，而事件组 $C_1=\{1,2,3\},C_2=\{3,4\},C_3=\{5,6\}$ 不是 S 的划分。

定理　设试验 E 的样本空间为 S，A 为 E 的事件，$B_1,B_2,\cdots,B_n$ 为 S 的一个划分，且 $P(B_i)>0(i=1,2,\cdots,n)$，则

$$P(A)=P(A\mid B_1)P(B_1)+P(A\mid B_2)P(B_2)+\cdots+P(A\mid B_n)P(B_n)\tag{3-15}$$

式(3-15)称为**全概率公式**。

在很多实际问题中，$P(A)$ 不易直接求得，但却容易找到 S 的一个划分 $B_1,B_2,\cdots,B_n$ 且 $P(B_i)$ 和 $P(A|B_i)$ 或为已知，或容易求得，那么就可以根据式(3-15)求出 $P(A)$。

证　因为 $A=AS=A(B_1\cup B_2\cup\cdots\cup B_n)=AB_1\cup AB_2\cup\cdots\cup AB_n$

由假设 $P(B_i)>0\ (i=1,2,\cdots,n)$，且 $(AB_i)(AB_j)=\varnothing,i,j=1,2,\cdots,n$ 得到

$$P(A)=P(AB_1)+P(AB_2)+\cdots+P(AB_n)$$
$$=P(A\mid B_1)P(B_1)+P(A\mid B_2)P(B_2)+\cdots+P(A\mid B_n)P(B_n)$$

另一个重要公式是下述的**贝叶斯公式**。

定理　设试验 E 的样本空间为 S，A 为 E 的事件，$B_1,B_2,\cdots,B_n$ 为 S 的一个划分，且 $P(A)>0,P(B_i)>0(i=1,2,\cdots,n)$，则

$$P(B_i\mid A)=\frac{P(A\mid B_i)P(B_i)}{\sum_{j=1}^{n}P(A\mid B_j)P(B_j)},\quad i=1,2,\cdots,n\tag{3-16}$$

式(3-16)称为贝叶斯公式。

证　由条件概率的定义，即全概率公式得

$$P(B_i\mid A)=\frac{P(B_iA)}{P(A)}=\frac{P(A\mid B_i)P(B_i)}{\sum_{j=1}^{n}P(A\mid B_j)P(B_j)},\quad i=1,2,\cdots,n$$

特别是在式(3-15)、式(3-16)中取 $n=2$，并将 B_1 记为 B，此时 B_2 就是 $\overline{B}$，那么，全概率公

式和贝叶斯公式分别成为

$$P(A)=P(A\mid B)P(B)+P(A\mid \bar{B})P(\bar{B}) \tag{3-17}$$

$$P(B\mid A)=\frac{P(AB)}{P(A)}=\frac{P(A\mid B)P(B)}{P(A\mid B)P(B)+P(A\mid \bar{B})P(\bar{B})} \tag{3-18}$$

这两个公式经常用到。

例 3-11 某电子设备制造厂用的元件是由三家元件制造厂提供的，根据以往的记录，有以下数据：

元件制造厂	次品率	提供元件的份额
1	0.02	0.15
2	0.01	0.80
3	0.03	0.05

设这三家工厂的产品在仓库中是均匀混合的，且无区别的标志，①在仓库中随机取一只元件，求它是次品的概率；②在仓库中随机取一只元件，若已知取到的是次品，为分析此次品出自何厂，需求出此次品由三家工厂生产的概率分别是多少，试求这些概率。

解 设 A 表示“取到的是一只次品”，$B_i(i=1,2,3)$表示“取到的产品是由第 i 家工厂提供的”，易知，B_1,B_2,B_3 是样本空间 S 的一个划分，且有

$$P(B_1)=0.15,P(B_2)=0.80,P(B_3)=0.05,$$

$$P(A\mid B_1)=0.02,P(A\mid B_2)=0.01,P(A\mid B_3)=0.03$$

(1) 由全概率公式

$$\begin{aligned}P(A)&=P(A\mid B_1)P(B_1)+P(A\mid B_2)P(B_2)+P(A\mid B_3)P(B_3)\\&=0.0125\end{aligned}$$

(2) 由贝叶斯公式

$$P(B_1\mid A)=\frac{P(A\mid B_1)P(B_1)}{P(A)}=\frac{0.02\times 0.15}{0.0125}=0.24$$

$$P(B_2\mid A)=0.64,\quad P(B_3\mid A)=0.12$$

以上结果表明，这只次品来自第 2 家工厂的可能性最大。

例 3-12 根据以往的临床记录，某种诊断癌症的试验具有如下效果：若以 A 表示事件“试验反应为阳性”，以 C 表示事件“被诊断者患有癌症”，则有 $P(A|C)=0.95$，$P(\bar{A}|\bar{C})=0.95$。现在对自然人群进行普查，设被试验的人患有癌症的概率为 0.005，即 $P(C)=0.005$，试求 $P(C|A)$。

解 已知 $P(A|C)=0.95$，$P(A|\bar{C})=1-P(\bar{A}|\bar{C})=0.05$，$P(C)=0.005$，$P(\bar{C})=0.995$，由贝叶斯公式

$$P(C\mid A)=\frac{P(A\mid C)P(C)}{P(A\mid C)P(C)+P(A\mid \bar{C})P(\bar{C})}=0.087$$

本题的结果表明，虽然 $P(A|C)=0.95$，$P(\bar{A}|\bar{C})=0.95$，这两个概率都比较高，但若将此试验用于普查，则有 $P(C|A)=0.087$，即其正确性只有 8.7%（平均 1000 个具有阳性反应

的人中大约只有 87 人患有癌症)，如果不注意到这一点，将会得出错误的诊断，这也说明，若混淆 $P(A|C)$ 和 $P(C|A)$，会造成不良的后果。

3.1.2　随机变量及其分布

1. 随机变量

在 3.1.1 节我们看到一些随机试验，它们的结果可以用数表示。此时样本空间 S 的元素是一个数，如 S_3，S_5；但有些则不然，如 S_1，S_2。当样本空间 S 的元素不是一个数时，人们对 S 就难以描述和研究，现在讨论如何引入一个法则，将随机试验的每个结果，即将 S 的每个元素 e 与实数 x 对应起来，从而引入随机变量的概念，我们从例题开始讨论。

例 3-13　将一枚硬币抛掷三次，观察出现正面 H 和反面 T 的情况，样本空间是

$$S=\{\text{HHH},\text{HHT},\text{HTH},\text{THH},\text{HTT},\text{THT},\text{TTH},\text{TTT}\}$$

以 X 记三次投掷得到正面 H 的总数，那么，对于样本空间 $S=\{e\}$ 中的每一个样本点 e，x 都有一个数与之对应。x 是定义在样本空间 S 上的一个实值单值函数，它的定义域是样本空间 S，值域是实数集合$\{0,1,2,3\}$。使用函数记号可将 X 写成

$$X=X(e)=\begin{cases}3, & e=\text{HHH}\\ 2, & e=\text{HHT},\text{HTH},\text{THH}\\ 1, & e=\text{HTT},\text{THT},\text{TTH}\\ 0, & e=\text{TTT}\end{cases}$$

例 3-14　在一袋中装有编号分别为 1,2,3 的 3 只球，在袋中任取一只球，放回，再任取一只球，记录它们的号码，试验的样本空间为 $S=\{e\}=\{(i,j)|i,j=1,2,3\}$，$i$，$j$ 分别为第 1,2 次取到的球的号码。以 X 记两球号码之和，我们看到，对于试验的每一个结果 $e=(i,j)\in S$，x 都有一个指定的值 $i+j$ 与之对应，如图 3-7 所示。X 是定义在样本空间 S 上的实值单值函数。它的定义域是样本空间 S，值域是实数集合$\{2,3,4,5,6\}$。X 可写成 $X=X(e)=X(i,j)=i+j$，其中 $i,j=1,2,3$。

一般有以下定义：

定义　设随机试验的样本空间为 $S=\{e\}$，$X=X(e)$是定义在样本空间 S 上的实值单值函数，称 $X=X(e)$为随机变量。

图 3-8 画出了样本点 e 与实数 $X=X(e)$的对应关系。

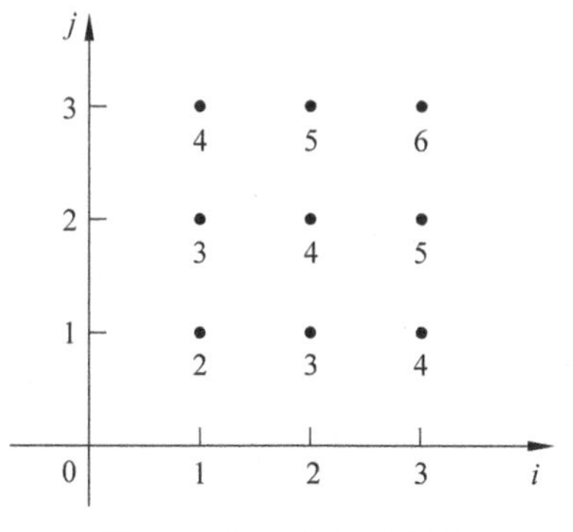

图 3-7　样本空间示意图

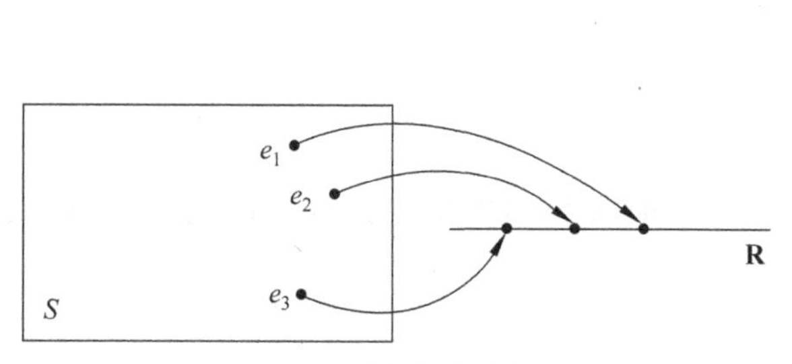

图 3-8　对应关系示意图

有许多随机试验，它们的结果本身是一个数，即样本点 e 本身是一个数。令 $X=X(e)=e$，那么 X 就是一个随机变量。例如，以 W 记录某地区第一季度的降雨量，以 Z 记录某工厂一天的耗电量，以 N 记录某医院某一天的挂号人数，那么 W、Z、N 都是随机变量。

在本书中，一般以大写字母如 $X,Y,Z,W,\cdots$ 表示随机变量，以小写字母 $x,y,z,w\cdots$ 表示实数。

随机变量的取值随试验的结果而定，而试验各个结果的出现有一定的概率，因而随机变量的取值有一定的概率。例如，在例 3-13 中，X 取值为 2，记为 $\{X=2\}$。对应于样本点的集合 $A=\{\mathrm{HHT},\mathrm{HTH},\mathrm{THH}\}$，这是一个事件，当且仅当事件 A 发生时，有 $\{X=2\}$。我们称概率 $P(A)=P\{\mathrm{HHT},\mathrm{HTH},\mathrm{THH}\}$ 为 $\{X=2\}$ 的概率，即 $P(X=2)-P(A)=3/8$。以后还将事件 $A=\{\mathrm{HHT},\mathrm{HTH},\mathrm{THH}\}$ 说成是事件 $\{X=2\}$。类似地，有

$$P\{X\leqslant 1\}=P\{\mathrm{HTT},\mathrm{THT},\mathrm{TTH},\mathrm{TTT}\}=\frac{1}{2}$$

一般地，若 L 是实数集合，将 X 在 L 上的取值写成 $\{X\in L\}$，表示事件 $B=\{e\mid X(e)\in L\}$，即 B 是由 S 中使 $X(e)\in L$ 的所有样本点 e 组成的事件，此时有

$$P\{X\in L\}=P\{B\}=P\{e\mid X(e)\in L\}$$

随机变量的取值随试验的结果而定，在试验之前不能预知它取什么值，且它的取值有一定的概率，这些性质显示了随机变量与普通函数有本质的差异。

随机变量的引入，使我们能用随机变量描述各种随机现象，并能利用数学分析的方法对随机试验的结果进行深入、广泛的研究和讨论。

2. 离散型随机变量及其分布规律

有些随机变量，它全部可能取到的值是有限个或可列无限多个，这种随机变量称为离散型随机变量 X，例如，它只可能取 0,1,2,3 四个值，它就是一个离散型随机变量。又如，某城市的 120 急救电话台一昼夜收到的呼唤次数也是离散型随机变量。若以 T 记录某元件的寿命，它可能取的值充满一个区间，是无法按一定次序一一列举出来的，因而它是一个非离散型随机变量。本节只讨论离散型随机变量。

容易知道，要掌握一个离散型随机变量 X 的统计规律，必须且只需知道 X 的所有可能取值以及取每个可能值的概率。

设离散型随机变量 X 所有可能的取值为 $x_k\sim(k=1,2,\cdots)$，X 为取各个可能值的概率，即事件 $\{X=x_k\}$ 的概率，为

$$P\{X=x_k\}=p_k,k=1,2,\cdots \tag{3-19}$$

由概率的定义可知，p_k 满足以下条件：

(1) $p_k\geqslant 0,k=1,2,\cdots$; (3-20)

(2) $\sum\limits_{k=1}^{\infty}p_k=1$。 (3-21)

上面的条件(2)是由于 $\{X=x_1\}\cup\{X=x_2\}\cup\cdots$ 是必然事件，且

$$\{X=x_j\}\cap\{X=x_k\}=\varnothing,k\neq j,\text{故 }1=p\left[\bigcup_{k=1}^{\infty}\{X=x_k\}\right]=\sum_{k=1}^{\infty}p\{X=x_k\},$$

即 $\sum\limits_{k=1}^{\infty}p_k=1$。

我们称式(3-19)为离散型随机变量 X 的分布律。分布律也可用表格的形式表示。

X	x_1	x_2	…	x_n	…
p_k	p_1	p_2	…	p_n	…

(3-22)

式(3-22)直观地表示了随机变量 X 取各个值的概率的规律。X 取各个值各占一些概率,这些概率之和是 1。可以想象成:概率 1 以一定的规律分布在各个可能值上,这就是式(3-22)称为分布律的缘故。

例 3-15　设一汽车在开往目的地的道路上需经过四组信号灯,每组信号灯以 1 的概率允许或禁止汽车通过。以 X 表示汽车首次停下时,它已通过的信号灯的组数(设各组信号灯的工作是相互独立的),求 X 的分布律。

解　以 p 表示每组信号灯禁止汽车通过的概率,易知 X 的分布律为

X	0	1	2	3	4
p_k	p	$(1-p)p$	$(1-p)^2p$	$(1-p)^3p$	$(1-p)^4p$

或者写成

$$P=\{X=k\}=p^k(1-p)^{1-k}, k=0,1,0<p<1$$

将 $p=1/2$ 代入,得

X	0	1	2	3	4
p_k	0.5	0.25	0.125	0.0625	0.0625

下面介绍三种重要的离散随机变量。

(1) (0-1)分布

设随机变量 X 只可能取 0 与 1 两个值,它的分布律是

$$P=\{X=k\}=p^k(1-p)^{1-k},\quad k=0,1,0<p<1$$

则称 X 服从 p 为参数的(0-1)分布或两点分布。

(0-1)分布的分布律也可以写成

X	0	1
p_k	p	$(1-p)p$

对于一个随机试验,如果它的样本空间只包含两个元素,即 $S=\{e_1,e_2\}$,我们总能在 S 上定义一个服从(0-1)分布的随机变量

$$X=X(e)=\begin{cases}0 & e=e_1\\1 & e=e_2\end{cases}$$

描述这个随机试验的结果。例如,对新生婴儿的性别进行登记,检查产品的质量是否合格,某车间的电力消耗是否超过负荷以及前面多次讨论过的"抛硬币"试验等都可以用(0-1)分

布的随机变量描述。(0-1)分布是经常遇到的一种分布。

(2) 伯努利试验、二项分布

设试验 E 只有两个结果：A 及 $\overline{A}$，则称 E 为伯努利(Bernoulli)试验。设 $P(A)=p(0<p<1)$，此时 $P(\overline{A})=1-p$ 将 E 独立重复地进行 n 次，则称这一串重复的独立试验为 n 重伯努利试验。

这里的“重复”是指，在每次试验中 $P(A)=p$ 保持不变；“独立”是指各次试验的结果互不影响，若以 C_i 记第 i 次试验的结果，则 C_i 为 A 及 $\overline{A}$，$i=1,2,\cdots,n$。“独立”是指

$$P(C_1C_2\cdots C_N)=P(C_1)P(C_2)\cdots P(C_n) \tag{3-23}$$

n 重伯努利试验是一种很重要的数学模型，它有广泛的应用，是研究最多的模型之一。例如，E 是抛一枚硬币观察得到正面或反面。A 表示得正面，这是一个伯努利试验。如将硬币抛 n 次，就是 n 重伯努利试验。又如，抛一颗骰子，若 A 表示得到“1 点”，$\overline{A}$ 表示得到“非 1 点”，将骰子抛 n 次，就是 n 重伯努利试验。再如，在袋中装有 a 只白球、b 只黑球。试验 E 是在袋中任取一只球，观察其颜色。以 A 表示“取到白球” $P(A)=\dfrac{a}{(a+b)}$。若连续取球 n 次作放回抽样，这就是 n 重伯努利试验，然而，若作不放回抽样，虽然每次试验都有 $P(A)=\dfrac{a}{(a+b)}$，但各次试验不再相互独立，因而不再是 n 重伯努利试验了。

以 X 表示 n 重伯努利试验中事件 A 发生的次数，X 是一个随机变量，我们来求它的分布律。X 所有可能取的值为 $0,1,2,\cdots,n$。由于各次试验相互独立，因此事件 A 在指定的 $k(0\leqslant k\leqslant n)$ 次试验中发生，在其他次试验中 A 不发生(例如，在前 k 次试验中 A 发生，而在后 k 次试验中 A 不发生)的概率为 $p^k(1-p)^{n-k}$。

这种指定的方式共有 C_n^k 种，它们两两互不相容，故在 n 次试验中 A 发生 k 次的概率为 $C_n^kp^k(1-p)^{n-k}$，记 $q=1-p$，即有

$$P\{X=k\}=C_n^kp^k(1-p)^{n-k},\quad k=0,1,2,\cdots,n \tag{3-24}$$

显然

$$P\{X=k\}\geqslant 0,\quad k=0,1,2,\cdots,n$$

$$\sum_{k=0}^{n}P\{X=k\}=C_n^kp^k(1-p)^{n-k}=(p+q)^n=1$$

即 $P\{X=k\}$满足条件式(3-20)。注意到 $C_n^kp^k(1-p)^{n-k}$刚好是二项式$(p+q)^n$ 的展开式中出现 p^k 的那一项，我们称随机变量 X 服从参数为 n、p 的二项分布，并且记为 $X\sim b(n,p)$。

特别地，当 $n=1$ 时，二项分布式(3-24)化为

$$P\{X=k\}=p^kq^{1-k},\quad k=0,1$$

这就是(0-1)分布。

例 3-16 按规定，某种型号电子元件的使用寿命超过 1500 小时为一级品。已知某一大批产品的一级品率为 0.2，现在从中随机抽查 20 只。问 20 只元件中恰有 k 只为一级品的概率是多少，$\{k=0,1,2,\cdots,20\}$？

解 这是不放回抽样，但由于这批元件的总数很大，且抽查的元件的数量相对于元件的总数来说又很小，因而可以当作放回抽样处理，这样做会有一些误差，但误差不大。我们将

检查一只元件是否为一级品看成一次试验，检查 20 只元件相当于做 20 重伯努利试验。以 X 记 20 只元件中一级品的只数，那么，X 是一个随机变量，且有 $X \sim b(20,0.2)$，由式(3-24)得所求概率为

$$P\{X=k\}=\binom{20}{k}0.2^k(0.8)^{20-k},\quad k=0,1,2,\cdots,20$$

将计算结果列表如下：

$P=\{X=0\}=0.012$	$P=\{X=4\}=0.218$	$P=\{X=8\}=0.022$
$P=\{X=1\}=0.058$	$P=\{X=5\}=0.175$	$P=\{X=9\}=0.008$
$P=\{X=2\}=0.137$	$P=\{X=6\}=0.109$	$P=\{X=10\}=0.002$
$P=\{X=3\}=0.205$	$P=\{X=7\}=0.055$	
当 $k \geqslant 11$ 时，$P=\{X=k\}<0.01$		

为了对本题的结果有一个直观的了解，我们做出上表的图形，如图 3-9 所示。

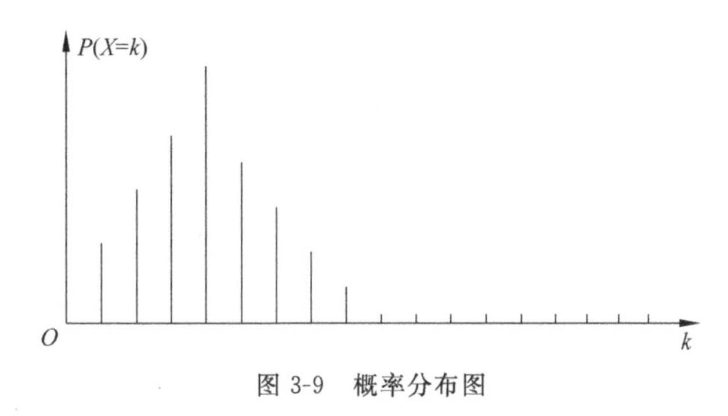

图 3-9　概率分布图

从图 3-9 了解到，当 k 增加时，概率 $P\{X=k\}$ 先是随之增加，直至达到最大值(本例中，当 $k=4$ 时取到最大值)，随后单调减少。我们指出，一般对于固定的 n 以及 p，二项分布 $b(n,p)$ 都具有这一性质。

例 3-17　某人进行射击，设每次射击的命中率为 0.02，独立射击 400 次，试求至少击中两次的概率。

解　将一次射击看成一次试验。设击中的次数为 X，则 X：$b(400,0.02)$。X 的分布律为

$$P\{X=k\}=\binom{400}{k}(0.02)^k\,(0.98)^{400-k},\quad k=0,1,2,\cdots,400$$

于是，所求概率为

$$P\{X\geqslant 2\}=1-P\{X=0\}-P\{X=1\}=1-(0.98)^{400}-400(0.02)\,(0.98)^{399}=0.9972$$

这个概率很接近 1。我们从两方面讨论这一结果的实际意义。其一，虽然每次射击的命中率很低(为 0.02)，但如果射击 400 次，则击中目标至少两次是可以肯定的，这一事实说明，一个事件尽管在一次试验中发生的概率很小，但只要试验次数很多，而且试验是独立进行的，那么这一事件的发生几乎是肯定的。这也告诉人们，绝不能轻视小概率事件。其二，如果射手在 400 次射击中，击中目标的次数不到两次，由于概率 $P\{X<2\}\approx 0.003$ 很小，根据实际推断原理，我们将怀疑“每次射击的命中率为 0.02”这一假设，即认为该射手射击的命中率达

不到 0.02。

(3) 泊松分布

设随机变量 X 所有可能取的值为 $x=1,2,\cdots$，而取各个值的概率为

$$P\{X=k\}=\frac{\lambda^k e^{-\lambda}}{k!},\quad k=0,1,2,\cdots$$

其中 $\lambda>0$ 是常数，则称 X 服从参数为 λ 的泊松分布，记为 $X\sim\pi(\lambda)$。

易知，$P\{X=k\}\geqslant 0, k=0,1,2,\cdots$，且有

$$\sum_{k=0}^{\infty}P\{X=k\}=\sum_{k=0}^{\infty}\frac{\lambda^k e^{-\lambda}}{k!}=e^{-\lambda}\sum_{k=0}^{\infty}\frac{\lambda^k}{k!}=e^{-\lambda}\cdot e^{\lambda}=1$$

满足条件式(3-20)和式(3-21)。

具有泊松分布的随机变量在实际应用中有很多。例如，一本书一页中的印刷错误数、某地区邮递遗失的信件数、某一医院一天内的急诊病人数、某一地区一个时间间隔内发生交通事故的次数、在一个时间间隔内某种放射性物质发出的经过计数器的 α 粒子数等都服从泊松分布。泊松分布也是概率论中的一种重要分布。

下面介绍一个用泊松分布逼近二项分布的定理。

泊松定理 设 $\lambda>0$ 是一个常数，n 是任意正整数，$np_n=\lambda$，则对于任一固定的非负整数 k，有

$$\lim_{x\to\infty}\binom{n}{k}p_n^k(1-p_n)^{n-k}=\frac{\lambda^k e^{-\lambda}}{k!}$$

证 由 $p_n=\dfrac{\lambda}{n}$

$$\begin{aligned}\binom{n}{k}p_n^k(1-p_n)^{n-k}&=\frac{n(n-1)\cdots(n-k+1)}{k!}\left(\frac{\lambda}{n}\right)^k\left(1-\frac{\lambda}{n}\right)^{n-k}\\&=\frac{\lambda^k}{k!}\left[1\cdot\left(1-\frac{1}{n}\right)\cdots\left(1-\frac{k-1}{n}\right)\right]\left(1-\frac{\lambda}{n}\right)n\left(1-\frac{\lambda}{n}\right)^{-k}\end{aligned}$$

对于固定的 k，当 $n\to\infty$ 时

$$1\cdot\left(1-\frac{1}{n}\right)\cdots\left(1-\frac{k-1}{n}\right)\to 1,\quad \left(1-\frac{\lambda}{n}\right)^n\to e^{-\lambda},\quad \left(1-\frac{\lambda}{n}\right)^{-k}\to 1$$

故有

$$\lim_{x\to\infty}\binom{n}{k}p_n^k(1-p_n)^{n-k}=\frac{\lambda^k e^{-\lambda}}{k!}$$

定理的条件 $n(1-p_n)=\lambda$（常数）意味着，当 n 很大时，p_n 必定很小，因此上述定理表明当 n 很大时，p 很小，当 $(np)=\lambda$ 时，有以下近似式：

$$\binom{n}{k}p^k(1-p)^{n-k}\approx\frac{\lambda^k e^{-\lambda}}{k!}\quad(\lambda=np)\tag{3-25}$$

也就是说，以 n、p 为参数的二项分布的概率值可以由参数 $\lambda=np$ 泊松分布的概率值近似。式(3-25)也能用来作二项分布概率的近似计算。

例 3-18 计算机硬件公司制造某种特殊型号的微型芯片，次品率达 0.1%，各芯片成为次品相互独立。求在 1000 只产品中至少有 2 只次品的概率，以 X 记产品中的次品数 $X\sim b(1000,0.001)$。

解　所求概率为

$$\begin{aligned}P\{x \geqslant 2\} &= 1 - P\{X=0\} - P\{X=1\} \\ &= 1 - (0.999)^{1000} - \binom{1000}{1}(0.999)^{999}(0.001) \\ &\approx 0.264\ 241\ 1\end{aligned}$$

利用式(3-25)计算，得 $\lambda = 1000 \times 0.001 = 1$

$$\begin{aligned}P\{x \geqslant 2\} &= 1 - P\{X=0\} - P\{X=1\} \\ &= 1 - e^{-1} - e^{-1} \\ &\approx 0.264\ 241\ 1\end{aligned}$$

显然，利用式(3-25)的计算更方便。一般地，当 $n \geqslant 20, p \leqslant 0.05$ 时，用 $\frac{\lambda^k e^{-\lambda}}{k!}(\lambda = np)$ 作为 $C_n^k p^k (1-p)^{n-k}$ 的近似值效果颇佳。

3. 随机变量的分布函数

对于非离散型随机变量 X，由于其可能取的值不能一一列举，因而就不能像离散型随机变量那样可以用分布律描述它。另外，我们通常遇到的非离散型随机变量取任一指定的实数值的概率都等于0(这一点在后面会讲到)。再者，在实际中，对于这样的随机变量，如测量误差 ε、元件的寿命 T，我们并不会对误差 $\varepsilon = 0.05$，寿命 $T = 1251.3$ 的概率感兴趣，而是考虑误差落在某个区间内的概率，寿命 T 大于某个数的概率，因而我们转去研究随机变量所取的值落在一个区间 $(x_1, x_2]$ 的概率 $P\{x_1 < X \leqslant x_2\}$，但由于

$$P\{x_1 < X \leqslant x_2\} = P\{X \leqslant x_2\} - P\{X \leqslant x_1\}$$

所以，我们只需知道 $P\{X \leqslant x_2\}$ 和 $P\{X \leqslant x_1\}$，下面引入随机变量的分布函数的概念。

定义　设 X 是一个随机变量，x 是任意实数，函数

$$F(x) = P\{X \leqslant x\}, \quad -\infty < x < +\infty$$

称为 X 的**分布函数**，对于任意实数 $x_1, x_2 (x_1 < x_2)$，有

$$P\{x_1 < X \leqslant x_2\} = P\{X \leqslant x_2\} - P\{X \leqslant x_1\} = F(x_2) - F(x_1) \tag{3-26}$$

因此，若已知 X 的分布函数，就知道 X 落在任一区间 $(x_1, x_2]$ 上的概率，从这个意义上说，分布函数完整地描述了随机变量的统计规律性。

分布函数是一个普通的函数，正是通过它，我们将能用数学分析的方法研究随机变量。

如果将 X 看成数轴上的随机点的坐标，那么，分布函数 $F(x)$ 在 x 处的函数值就表示 X 落在区间 $(-\infty, x]$ 上的概率。

分布函数 $F(x)$ 具有以下的基本性质：

(1) $F(x)$ 是一个不减函数。

事实上，由式(3-26)对于任意实数 $x_1, x_2 (x_1 < x_2)$，有

$$F(x_2) - F(x_1) = P\{x_1 < X \leqslant x_2\} \geqslant 0$$

(2) $0 \leqslant F(x) \leqslant 1$，且

$$F(-\infty) = \lim_{x \to +\infty} F(x) = 0$$

$$F(+\infty) = \lim_{x \to +\infty} F(x) = 1$$

上面两个式子，我们只从几何上加以说明。在图 3-10 中，将区间端点 x 沿数轴无限向左移

动(即 $x\to-\infty$)，则“随机点 X 落在 x 点左边”这一事件趋于不可能事件，从而其概率趋于 0，即有 $F(-\infty)=0$；又若将点 x 无限右移(即 $x\to\infty$)，则“随机点 X 落在点 x 左边”这一事件趋于必然事件，从而其概率趋于 1，即有 $F(\infty)=1$。

0　　X　　x

图 3-10　随机点示意图

(3) $F(x+0)=F(x)$ 即 $F(x)$ 是右连续的。

例 3-19　设随机变量 X 的分布律为

X	-1	2	3
p_k	$1/4$	$1/2$	$1/4$

求 X 的分布函数，并求 $P\{X\leqslant 1/2\}$，$P\{3/2<X\leqslant 5/2\}$，$P\{2\leqslant X\leqslant 3\}$。

解　X 仅在 $x=-1,2,3$ 三点处，其概率不等于零，而 $F(x)$ 的值是 $X\leqslant x$ 的累积概率值，由概率的有限可加性知，它为小于或等于 x 的那些 x_k 处的概率 p_k 之和，有

$$F(x)=\begin{cases}0, & x<-1\\ P\{X=-1\}, & -1\leqslant x<2\\ P\{X=-1\}+P\{X=2\}, & 2\leqslant x<3\\ 1, & x\geqslant 3\end{cases}$$

即

$$F(x)=\begin{cases}0, & x<-1\\ 1/4, & -1\leqslant x<2\\ 3/4, & 2\leqslant x<3\\ 1, & x\geqslant 3\end{cases}$$

$F(x)$ 的图形如图 3-11 所示，它是一条阶梯形的曲线，在 $x=-1,2,3$ 处有跳跃点，跳跃值分别为 1/4，1/2，1/4，又

$$P\left\{x\leqslant\frac{1}{2}\right\}=F\left(\frac{1}{2}\right)=\frac{1}{4}$$

$$P\left\{\frac{3}{2}<x\leqslant\frac{5}{2}\right\}=F\left(\frac{5}{2}\right)-F\left(\frac{3}{2}\right)=\frac{3}{4}-\frac{1}{4}=\frac{1}{2}$$

$$P\{2\leqslant x\leqslant 3\}=F(3)-F(2)+P\{X=2\}=\frac{3}{4}$$

一般地，设离散型随机变量 X 的分布律为

$$P\{X=x_k\}=p_k,\quad k=1,2,\cdots$$

由概率的可列可加性，得 X 的分布函数为

$$F(x)=P\{X\leqslant x\}=\sum_{x_k\leqslant x}P\{X=x_k\}$$

即

$$F(x)=\sum_{x_k\leqslant x}p_k \tag{3-27}$$

这里的和式是对所有满足 $x_k\leqslant x$ 的 k 求和的。分布函数 $F(x)$ 在 $x=x_k(k=1,2,\cdots)$ 处有

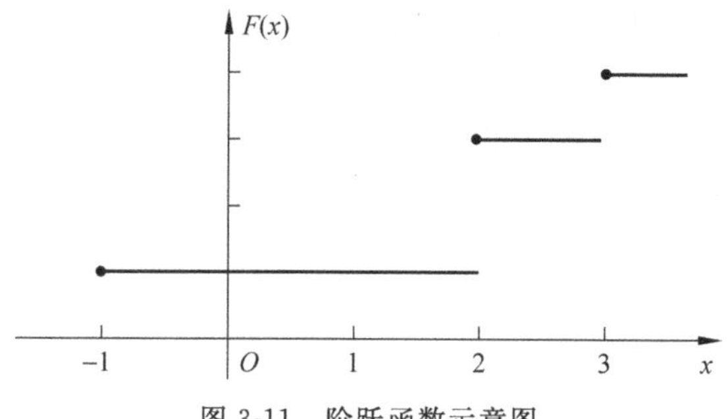

图 3-11　阶跃函数示意图

跳跃，其跳跃值为 $p_k=P\{x=x_k\}$。

4. 连续型随机变量及其概率密度

如果对于随机变量 X 的分布函数 $F(x)$，存在非负函数 $f(x)$，使对于任意实数 x，有

$$F(x)=\int_{-\infty}^{x} f(t)\mathrm{d}t \tag{3-28}$$

则称 X 为连续型随机变量，其中函数 $f(x)$ 称为 X 的概率密度函数，简称概率密度。

由式(3-28)，据数学分析的知识可知连续型随机变量的分布函数是连续函数。

在实际应用中遇到的基本上是离散型或连续型随机变量。本书只讨论这两种随机变量。

由定义知道，概率密度 $f(x)$ 具有以下性质：

(1) $f(x)\geqslant 0$；

(2) $\int_{-\infty}^{\infty} f(x)=1$；

(3) 对于任意实数 $x_1,x_2(x_1\leqslant x_2)$

$$P\{x_1<X\leqslant x_2\}=F(x_2)-F(x_1)=\int_{x_1}^{x_2} f(x)\mathrm{d}x$$

(4) 若 $f(x)$ 在点 x 处连续，则有 $F'(x)=f(x)$。

由性质(2)可知，介于曲线 $y=f(x)$ 与 Ox 轴的面积等于1(图 3-12)。由性质(3)可知，X 落在区间 $(x_1,x_2]$ 的概率 $P\{x_1<X\leqslant x_2\}$ 等于区间 $(x_1,x_2]$ 上曲线 $y=f(x)$ 之下的曲边梯形的面积(图 3-13)。由性质(4)可知，在 $f(x)$ 的连续点 x 处有

$$f(x)=\lim_{\Delta x\to 0^+}\frac{F(x+\Delta x)-F(x)}{\Delta x}=\lim_{\Delta x\to 0^+}\frac{P\{x<X\leqslant x+\Delta x\}}{\Delta x} \tag{3-29}$$

从这里我们看到概率密度的定义与物理学中的线密度的定义类似，这就是为什么称 $f(x)$ 为概率密度的缘故。

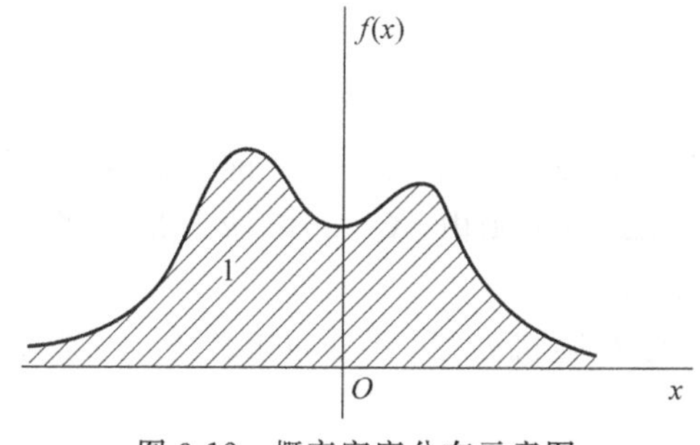

图 3-12　概率密度分布示意图

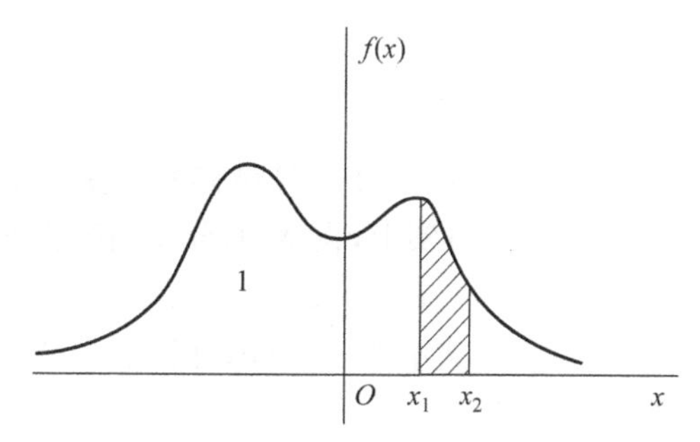

图 3-13　曲边梯形示意图

由式(3-29)可知，若不计高阶无穷小，则有

$$P\{x < X \leqslant x + \Delta x\} \approx f(x)\Delta x \tag{3-30}$$

这表示 X 落在小区间$(x, x+\Delta x]$上的概率近似等于 $f(x)\Delta x$。

例 3-20 设随机变量 X 具有概率密度

$$f(x)=\begin{cases} kx & 0 \leqslant x < 3 \\ 2-\dfrac{x}{2} & 3 \leqslant x < 4 \\ 0 & 其他 \end{cases}$$

(1) 确定常数 k；(2)求 X 的分布函数 $F(x)$；(3)求 $P\{1<X\leqslant 7/2\}$。

解 (1) 由$\int_{-\infty}^{\infty} f(x)\mathrm{d}x = 1$，得

$$\int_0^3 kx\,\mathrm{d}x + \int_3^4 \left(2-\frac{x}{2}\right)\mathrm{d}x = 1$$

解得 $k=1/6$，于是 X 的概率密度为

$$f(x)=\begin{cases} \dfrac{x}{6} & 0 \leqslant x < 3 \\ 2-\dfrac{x}{2} & 3 \leqslant x < 4 \\ 0 & 其他 \end{cases}$$

(2) X 的分布函数为

$$F(x)=\begin{cases} 0 & x<0 \\ \displaystyle\int_0^x \frac{x}{6}\mathrm{d}x & 0 \leqslant x < 3 \\ \displaystyle\int_0^3 \frac{x}{6}\mathrm{d}x + \int_3^x \left(2-\frac{x}{2}\right)\mathrm{d}x & 3 \leqslant x < 4 \\ 1 & x \geqslant 4 \end{cases}$$

即

$$F(x)=\begin{cases} 0 & x<0 \\ \dfrac{x^2}{12} & 0 \leqslant x < 3 \\ -3+2x-\dfrac{x^2}{4} & 3 \leqslant x < 4 \\ 1 & x \geqslant 4 \end{cases}$$

(3) $P\left\{1<X\leqslant\dfrac{7}{2}\right\}=F\left(\dfrac{7}{2}\right)-F(1)=\dfrac{41}{48}$

需要指出的是，**对于连续型随机变量 X 来说，它取任一指定实数值 a 的概率均为** 0，即 $P\{X=a\}=0$。事实上，设 X 的分布函数为 $F(x)$，$\Delta x>0$，则由$\{X=a\}\subset\{a-\Delta x<X\leqslant a\}$得 $0\leqslant P\{X=a\}\leqslant P\{a-\Delta x<X\leqslant a\}=F(a)-F(a-\Delta x)$。

在上述不等式中令 $\Delta x\to 0$，并注意到 X 为连续型随机变量，其分布函数 $F(x)$是连续的，即得

$$P\{X=a\}=0 \tag{3-31}$$

据此，在计算连续型随机变量落在某一区间的概率时，可以不区分该区间是开区间或闭区间或半闭区间，例如，有

$$P\{a<X\leqslant b\}=P\{a\leqslant X\leqslant b\}=P\{a<X<b\}$$

这里，事件$\{X=a\}$并非不可能事件，但有$P\{X=a\}=0$。这就是说，若A是不可能事件，则有$P(A)=0$；反之，若$P(A)=0$，并不一定意味着A是不可能事件。

以后当提到一个随机变量X的"概率分布"时，指的是它的分布函数；或者，当X是连续型随机变量时，指的是它的概率密度；当X是离散型随机变量时，指的是它的分布律。

下面介绍下三种重要的连续型随机变量。

(1) 均匀分布

若连续型随机变量X具有概率密度

$$f(x)=\begin{cases}\dfrac{1}{b-a} & a<x<b\\ 0 & \text{其他}\end{cases}\tag{3-32}$$

则称X在区间(a,b)上服从**均匀分布**，记为$X\sim U(a,b)$。

易知$f(x)\geqslant 0$，且$\int_{-\infty}^{\infty}f(x)\mathrm{d}x=1$。

在区间(a,b)上服从均匀分布的随机变量X，具有下述意义的等可能性，即它落在区间(a,b)中任意等长度的子区间内的可能性是相同的，或者说，它落在(a,b)的子区间内的概率只依赖于子区间的长度，而与子区间的位置无关。事实上，对于任一长度l的子区间$(c,c+l)$，$a\leqslant c<c+l\leqslant b$，有

$$p\{c<X\leqslant c+l\}=\int_{c}^{c+l}f(x)\mathrm{d}x=\int_{c}^{c+l}\frac{1}{b-a}\mathrm{d}x=\frac{l}{b-a}$$

X的分布函数为

$$F(x)=\begin{cases}0 & x<a\\ \dfrac{x-a}{b-a} & a\leqslant x<b\\ 1 & x\geqslant b\end{cases}\tag{3-33}$$

$f(x)$及$F(x)$的图形分别如图3-14和图3-15所示。

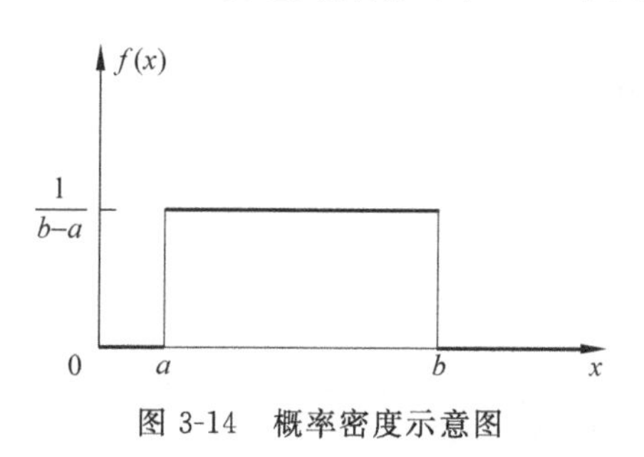

图3-14　概率密度示意图

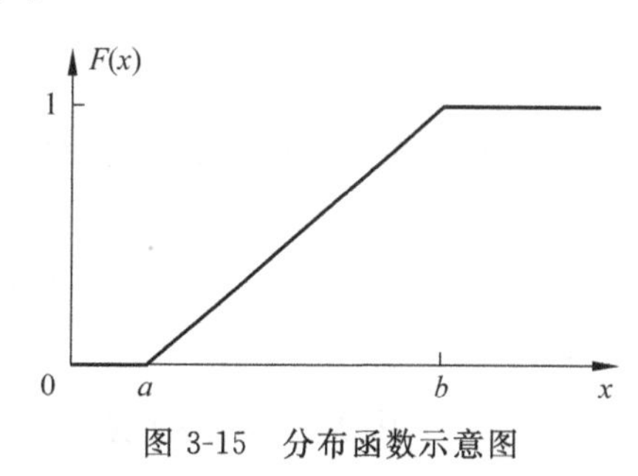

图3-15　分布函数示意图

例3-21　设电阻值R是一个随机变量，均匀分布在900～1100Ω，求R的概率密度及R落在950～1050Ω的概率。

解　按题意，R的概率密度为

$$f(r)=\begin{cases}\dfrac{1}{1100-900} & 900<r<1100\\ 0 & \text{其他}\end{cases}$$

故有

$$P\{950<R\leqslant 1050\}=\int_{950}^{1050}\frac{1}{200}\mathrm{d}r=0.5$$

(2) 指数分布

若连续型随机变量 X 的概率密度为

$$f(x)=\begin{cases}\dfrac{1}{\theta}\mathrm{e}^{-x/\theta} & x>0\\ 0 & \text{其他}\end{cases}\tag{3-34}$$

其中 $\theta>0$ 为常数，则称 X 服从参数为 θ 的**指数分布**。

已知 $f(x)\geqslant 0$，且 $\int_{-\infty}^{\infty}f(x)\mathrm{d}x=1$。在图 3-16 中画出了 $\theta=1/2$ 时 $f(x)$的图形。

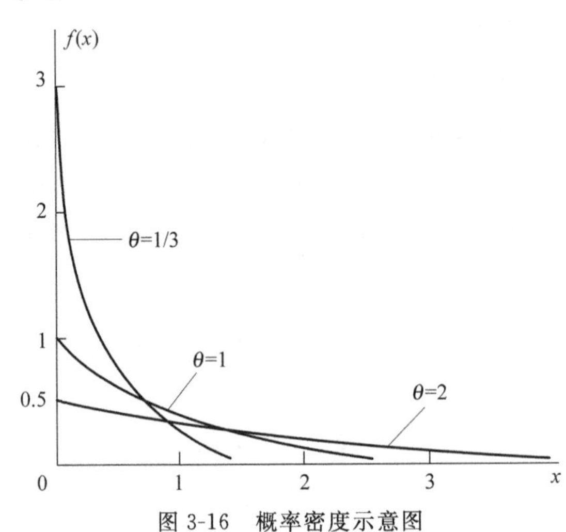

图 3-16　概率密度示意图

由式(3-34)容易得到随机变量 X 的分布函数为

$$F(x)=\begin{cases}1 & x>0\\ 0 & \text{其他}\end{cases}\tag{3-35}$$

服从指数分布的随机变量 X 具有以下有趣的性质：

对于任意 $s,t>0$，有

$$P\{X>s+t\mid X>s\}=P\{X>t\}\tag{3-36}$$

事实上

$$\begin{aligned}P\{X>s+t\mid X>s\}&=\frac{P\{X>s+t\}\cap P\{X>s\}}{P\{X>s\}}\\&=\frac{P\{X>s+t\}}{P\{X>s\}}=\frac{1-F(s+t)}{1-F(s)}\\&=\frac{\mathrm{e}^{-(s)+t/\theta}}{\mathrm{e}^{-s/\theta}}=\mathrm{e}^{-t/\theta}\end{aligned}$$

$$=P\{X>t\}$$

性质式(3-36)称为**无记忆性**。如果 X 是某一元件的寿命,那么式(3-36)表明:已知元件已使用了 s 小时,它总共能使用至少 $s+t$ 小时的条件概率,与从开始使用时算起它至少能使用 t 小时的概率相等。这就是说,元件对它已使用过 s 小时没有记忆。具有这一性质是指数分布有广泛应用的重要原因。

指数分布在可靠性理论与排队论中有广泛的应用。

(3) 正态分布

若连续型随机变量 X 的概率密度为

$$f(x)=\frac{1}{\sqrt{2\pi}\sigma}\mathrm{e}^{-\frac{(x-\mu)^2}{2\sigma^2}},\quad -\infty<x<+\infty \tag{3-37}$$

其中 μ、σ 为常数,则称 X 服从参数为 μ、σ 的**正态分布**或**高斯分布**,记为 $X\sim N(\mu,\sigma^2)$。显然,$f(x)\geqslant 0$,下面证明 $\int_{-\infty}^{\infty}f(x)\mathrm{d}x=1$。令 $(x-\mu)/\sigma=t$,得到

$$\int_{-\infty}^{\infty}\frac{1}{\sqrt{2\pi}\sigma}\mathrm{e}^{-\frac{(x-\mu)^2}{2\sigma^2}}\mathrm{d}x=\frac{1}{\sqrt{2\pi}}\int_{-\infty}^{\infty}\mathrm{e}^{-\frac{t^2}{2}}\mathrm{d}t$$

记 $I=\int_{-\infty}^{\infty}\mathrm{e}^{-\frac{t^2}{2}}\mathrm{d}t$,则有 $I^2=\int_{-\infty}^{\infty}\int_{-\infty}^{\infty}\mathrm{e}^{-\frac{t^2+u^2}{2}}\mathrm{d}t\mathrm{d}u$,利用极坐标将它化成累次积分,得到

$$I^2=\int_0^{2\pi}\int_0^{\infty}r\mathrm{e}^{-\frac{r^2}{2}}\mathrm{d}r\mathrm{d}\theta=2\pi$$

而 $I>0$,故有 $I=\sqrt{2\pi}$,即有

$$\int_{-\infty}^{\infty}\mathrm{e}^{-\frac{t^2}{2}}\mathrm{d}t=\sqrt{2\pi} \tag{3-38}$$

于是

$$\frac{1}{\sqrt{2\pi}\sigma}\int_{-\infty}^{\infty}\mathrm{e}^{-\frac{(x-\mu)^2}{2\sigma^2}}\mathrm{d}x=\frac{1}{\sqrt{2\pi}}\int_{-\infty}^{\infty}\mathrm{e}^{-\frac{t^2}{2}}\mathrm{d}t=1$$

$f(x)$的图形如图 3-17 所示,它具有以下性质。

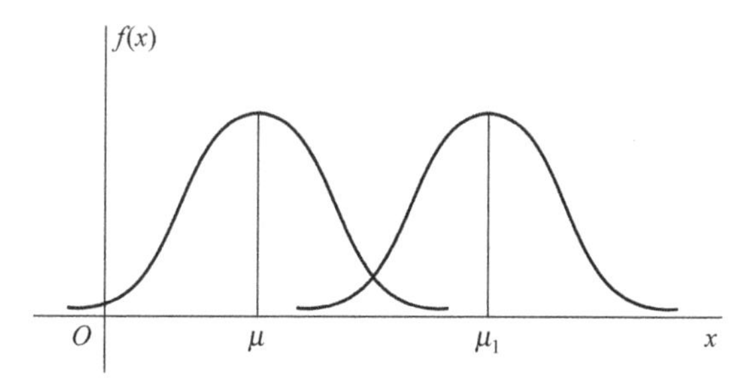

图 3-17　对称性示意图

曲线关于 $x=\mu$ 对称,这表明,对于任意 $h>0$,有

$$P\{\mu-h<X\leqslant\mu\}=P\{\mu<X\leqslant\mu+h\}$$

2) 当 $x=\mu$ 时,取到最大值

$$f(\mu)=\frac{1}{\sqrt{2\pi}\sigma}$$

x 离 μ 越远，$f(x)$的值越小，这表明对于同样长度的区间，当区间离 μ 越远，X 落在这个区间上的概率越小。在 $x=\mu\pm\sigma$ 处曲线有拐点。曲线以 Ox 轴为渐近线。另外，如果固定 σ，改变 μ 的值，则图形沿着 Ox 轴平移，而不改变其形状(图 3-17)。可见，正态分布的概率密度曲线 $y=f(x)$的位置完全由参数 μ 确定，μ 称为位置参数。如果固定 μ，改变 σ，由于最大值 $f(\mu)=\dfrac{1}{\sqrt{2\pi}\sigma}$，可知当 σ 越小时，图形变得越尖(图 3-18)，因而 X 落在 μ 附近的概率越大。

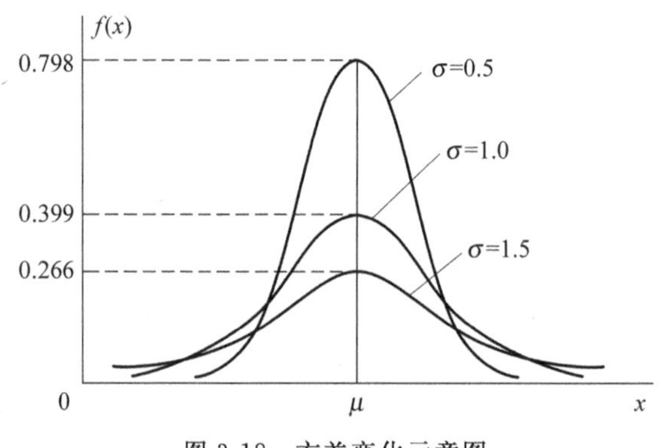

图 3-18　方差变化示意图

由式(3-37)得 X 的分布函数为(图 3-19)

$$F(x)=\frac{1}{\sqrt{2\pi}\sigma}\int_{-\infty}^{x}\mathrm{e}^{-\frac{(t-\mu)^2}{2\sigma^2}}\,\mathrm{d}t \tag{3-39}$$

特别地，当 $\mu=0,\sigma=1$ 时，称随机变量 X 服从**标准正态分布**，其概率密度和分布函数分别用 $\varphi(x)$、$\Phi(x)$表示，即有

$$\varphi(x)=\frac{1}{\sqrt{2\pi}}\mathrm{e}^{-\frac{t^2}{2}} \tag{3-40}$$

$$\Phi(x)=\frac{1}{\sqrt{2\pi}\sigma}\int_{-\infty}^{x}\mathrm{e}^{-\frac{t^2}{2}}\,\mathrm{d}t \tag{3-41}$$

易知

$$\Phi(-x)=1-\Phi(x) \tag{3-42}$$

如图 3-20 所示，人们已编制了 $\Phi(x)$的函数表，可供查用。

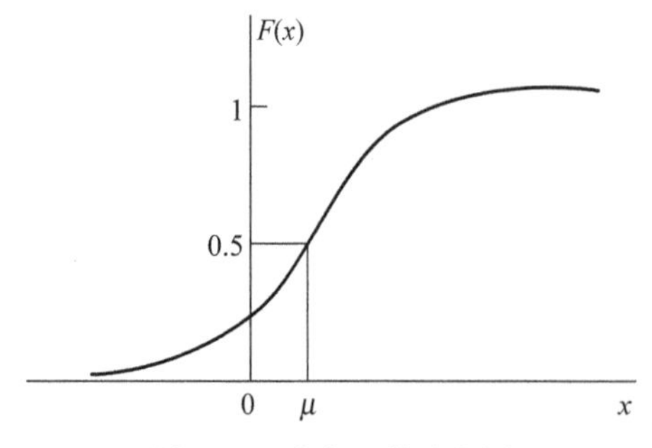

图 3-19　分布函数示意图

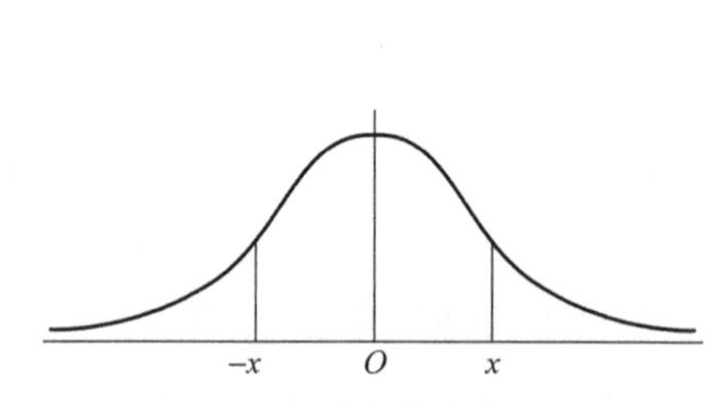

图 3-20　标准正态分布示意图

一般地，若 $X \sim N(\mu,\sigma^2)$，只要通过一个线性变换，就能将它转化成标准正态分布。

引理　若 $X \sim N(\mu,\sigma^2)$，则 $z=\frac{x-\mu}{\sigma} \sim N(0,1)$。

证　$z=\frac{x-\mu}{\sigma}$的分布函数为

$$P\{Z \leqslant x\}=P\left\{\frac{x-\mu}{\sigma} \leqslant x\right\}=P\{X \leqslant \mu+\sigma x\}$$
$$=\frac{1}{\sqrt{2\pi}\sigma}\int_{-\infty}^{\mu+\sigma x} \mathrm{e}^{-\frac{(t-\mu)^2}{2\sigma^2}}\,\mathrm{d}t$$

令$\frac{x-\mu}{\sigma}=u$，得

$$P\{Z \leqslant x\}=\frac{1}{\sqrt{2\pi}}\int_{-\infty}^{x} \mathrm{e}^{-\frac{u^2}{2}}\,\mathrm{d}u=\Phi(x)$$

由此知 $z=\frac{x-\mu}{\sigma} \sim N(0,1)$。

于是，若 $X \sim N(\mu,\sigma^2)$，则它的分布函数 $F(x)$可写成

$$F(x)=P\{X \leqslant x\}=P\left\{\frac{X-\mu}{\sigma} \leqslant \frac{x-\mu}{\sigma}\right\}=\Phi\left(\frac{x-\mu}{\sigma}\right) \tag{3-43}$$

对于任意区间$(x_1,x_2]$，有

$$P\{x_1 < X \leqslant x_2\}=P\left\{\frac{x_1-\mu}{\sigma} < \frac{X-\mu}{\sigma} \leqslant \frac{x_2-\mu}{\sigma}\right\}=\Phi\left(\frac{x_2-\mu}{\sigma}\right)-\Phi\left(\frac{x_1-\mu}{\sigma}\right) \tag{3-44}$$

例如，设 $X \sim N(1,4)$，查表得

$$P\{0 < X \leqslant 1.6\}=\Phi\left(\frac{1.6-1}{2}\right)-\Phi\left(\frac{0-1}{2}\right)$$
$$=\Phi(0.3)-\Phi(-0.5)$$
$$=0.6179-[1-\Phi(0.5)]$$
$$=0.3094$$

设 $X \sim N(\mu,\sigma^2)$，由 $\Phi(x)$的函数表还能得到(图 3-21)

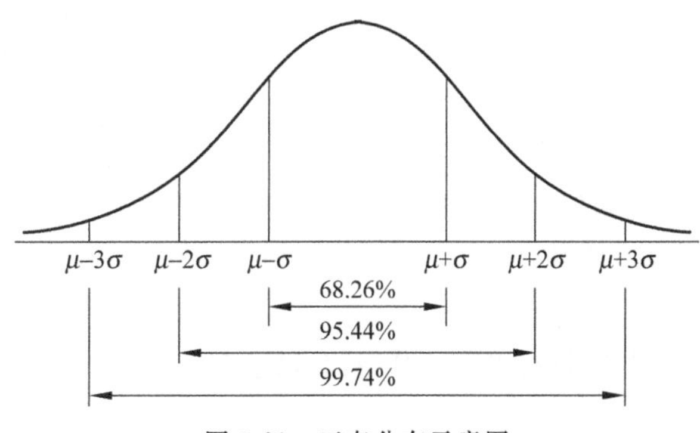

图 3-21　正态分布示意图

$$P\{\mu-\sigma<X<\mu+\sigma\}=\Phi(1)-\Phi(-1)=2\Phi(1)-1=68.26\%$$
$$P\{\mu-2\sigma<X<\mu+2\sigma\}=\Phi(2)-\Phi(-2)=95.44\%$$
$$P\{\mu-3\sigma<X<\mu+3\sigma\}=\Phi(3)-\Phi(-3)=99.74\%$$

可以看到，尽管正态变量的取值范围是$(-\infty,\infty)$，但它的值落在$(\mu-3\sigma,\mu+3\sigma)$内几乎是肯定的事，这就是人们所说的 3σ **法则**。

为了便于今后在数理统计中的应用，对于标准正态随机变量，我们引入上 α 分位点的定义。

设 $X\sim N(0,1)$，若 z_α 满足条件（图 3-22）

$$P\{X>z_\alpha\}=\alpha,\quad 0<\alpha<1 \tag{3-45}$$

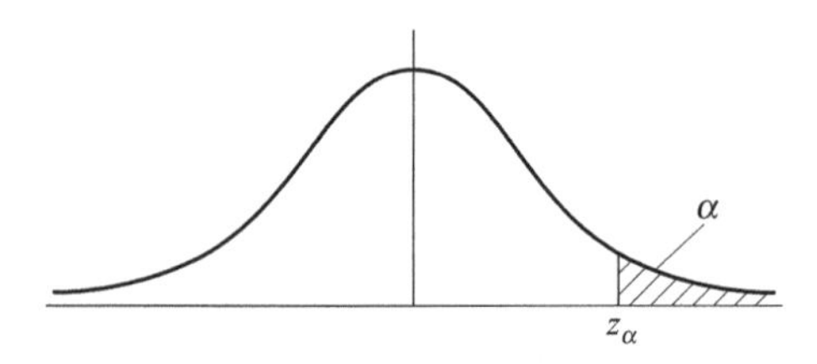

图 3-22　分位点示意图

则称点 z_α 为标准正态分布的上 α 分位点（图 3-22）。下面列出几个常用的 z_α 的值。

α	0.001	0.005	0.01	0.025	0.05	0.10
z_α	3.090	2.576	2.326	1.960	1.645	1.282

另外，由 $\varphi(x)$ 图形的对称性知道 $z_\alpha=-z_\alpha$。

在自然现象和社会现象中，大量随机变量都服从或近似服从正态分布。例如，一个地区的男性成年人的身高、测量某零件长度的误差、海洋波浪的高度、半导体器件中的热噪声电流或电压等，都服从正态分布。在概率论与数理统计的理论研究和实际应用中，正态随机变量起着特别重要的作用。

5. 随机变量的函数分布

实际中，我们对某些随机变量的函数更感兴趣。例如，在一些试验中，人们关心的随机变量往往不能通过直接测量得到，而它却是某个能直接测量的随机变量的函数。例如，我们能测量圆轴截面的直径 d，而关心的却是截面面积 $A=\frac{1}{4}\pi d^2$。这里，随机变量 A 是随机变量 d 的函数。本节将讨论如何由已知的随机变量 X 的概率分布求得它的函数 $Y=g(X)$（$g(\cdot)$是已知的连续函数）的概率分布。这里，Y 是这样的随机变量：当 X 的取值为 x 时，Y 的取值为 $g(x)$。

例 3-22　设随机变量 X 具有以下的分布律，试求 $Y=(X-1)^2$ 的分布律。

X	-1	0	1	2
p_k	0.2	0.3	0.1	0.4

解　Y 所有可能取的值为 0,1,4。

$$P\{Y=0\}=P\{(X-1)^2=0\}=P\{X=1\}=0.1$$
$$P\{Y=1\}=P\{X=0\}+P\{X=2\}=0.7$$
$$P\{Y=4\}=P\{X=-1\}=0.2$$

即得 Y 的分布律

Y	0	1	4
p_k	0.1	0.7	0.2

例 3-23　设随机变量 X 具有概率密度

$$f_X(x)=\begin{cases}\dfrac{x}{8} & 0\leqslant x<4\\ 0 & \text{其他}\end{cases}$$

求随机变量 $Y=2X+8$ 的概率密度。

解　分别记 X、Y 的分布函数为 $F_X(x)$、$F_Y(y)$，求 $F_Y(y)$。

$$F_Y(y)=P\{Y\leqslant y\}=P\{2X+8\leqslant y\}=P\left\{X\leqslant\frac{y-8}{2}\right\}=F_X\left(\frac{y-8}{2}\right)$$

将 $F_Y(y)$ 关于 y 求导，得 $Y=2X+8$ 的概率密度函数为

$$f_Y(y)=f_X\left(\frac{y-8}{2}\right)\left(\frac{y-8}{2}\right)=\begin{cases}\dfrac{1}{8}\left(\dfrac{y-8}{2}\right)\cdot\dfrac{1}{2} & 0\leqslant\dfrac{y-8}{2}<4\\ 0 & \text{其他}\end{cases}$$

定理　设随机变量 X 具有概率密度 $f_X(x)$，$-\infty<x<+\infty$，又设函数 $g(x)$ 处处可导且恒有 $g'(x)>0$（或恒有 $g'(x)<0$），则 $Y=g(X)$ 是连续型随机变量，其概率密度为

$$f_Y(y)=\begin{cases}f_X[h(y)]\,|h'(y)| & \alpha<y<\beta\\ 0 & \text{其他}\end{cases}\tag{3-46}$$

其中 $\alpha=\min\{g(-\infty),g(\infty)\}$，$\beta=\max\{g(-\infty),g(\infty)\}$，$h(y)$ 是 $g(y)$ 的反函数。

我们只证 $g'(x)>0$ 的情况，此时 $g(x)$ 在 $(-\infty,\infty)$ 严格单调增加，它的反函数 $h(y)$ 存在，且在 (α,β) 严格单调增加，可导。分别记 X、Y 的分布函数为 $F_X(x)$、$F_Y(y)$，现在先求 Y 的分布函数 $F_Y(y)$。

因为 $Y=g(X)$ 在 (α,β) 取值，故当 $y\leqslant\alpha$ 时，$F_Y(y)=P\{Y\leqslant y\}=0$；当 $y\geqslant\beta$ 时，

$$F_Y(y)=P\{Y\leqslant y\}=1$$

当 $\alpha<y<\beta$ 时

$$F_Y(y)=P\{Y\leqslant y\}=P\{g(X)\leqslant y\}=P\{X\leqslant h(y)\}=F_X[h(y)]$$

将 $F_Y(y)$ 关于 y 求导数，即得 Y 的概率密度

$$f_Y(y)=\begin{cases}f_X[h(y)]h'(y) & \alpha<y<\beta\\ 0 & \text{其他}\end{cases}\tag{3-47}$$

对于 $g'(x)<0$ 的情况，可以同样地证明，此时有

$$f_Y(y)=\begin{cases}f_X[h(y)][-h'(y)] & \alpha<y<\beta\\ 0 & \text{其他}\end{cases}\tag{3-48}$$

合并式(3-47)与式(3-48)，式(3-46)得证。

若 $f(x)$ 在有限区间 $[a,b]$ 外等于零，则只需假设在 $[a,b]$ 上恒有 $g'(x)<0$（或恒有 $g'(x)<0$），此时

$$\alpha=\min\{g(-\infty),g(\infty)\},\quad \beta=\max\{g(-\infty),g(\infty)\}$$

例 3-24 设随机变量 $X\sim N(\mu,\sigma^2)$，试证明 X 的线性函数 $Y=aX+b(a\neq 0)$ 也服从正态分布。

证 X 的概率密度

$$f(x)=\frac{1}{\sqrt{2\pi}\sigma}\mathrm{e}^{-\frac{(x-\mu)^2}{2\sigma^2}},\quad -\infty<x<+\infty$$

现在 $y=g(x)=ax+b$，由该式解得

$$x=h(y)=\frac{y-b}{a},\quad 且有\quad h'(y)=\frac{1}{a}$$

由式(3-46)得 $Y=aX+b$ 的概率密度为

$$f_Y(y)=\frac{1}{|a|}f_X\left(\frac{y-b}{a}\right),\quad -\infty<y<+\infty$$

即

$$\begin{aligned}f_Y(y)&=\frac{1}{|a|}\frac{1}{\sqrt{2\pi}\sigma}\mathrm{e}^{-\frac{\left(\frac{y-b}{a}-\mu\right)^2}{2\sigma^2}}\\&=\frac{1}{|a|}\frac{1}{\sqrt{2\pi}\sigma}\mathrm{e}^{-\frac{[y-(b+a\mu)]^2}{2(a\sigma)^2}},\quad -\infty<y<+\infty\end{aligned}$$

即有

$$Y=aX+b\sim N(a\mu+b,(a\sigma)^2)$$

证毕。

3.1.3 随机变量的数字特征

在某些实际或理论问题中，人们感兴趣于某些能描述随机变量某一特征的常数。例如，篮球队上场比赛的运动员的身高是一个随机变量，人们常关心上场运动员的平均身高。一个城市一户家庭拥有汽车的辆数是一个随机变量，在考查城市的交通情况时，人们关心户均拥有汽车的辆数。评价棉花的质量时，既需要注意纤维的平均长度，又需要注意纤维长度与平均长度的偏离程度，平均长度较大，偏离程度较小，质量就较好。这种由随机变量的分布所确定的，能刻画随机变量某一方面的特征的常数统称为数字特征，它在理论和实际应用中都很重要。本节将介绍 4 个重要的数字特征：数学期望、方差、相关系数和矩。

1. 数学期望

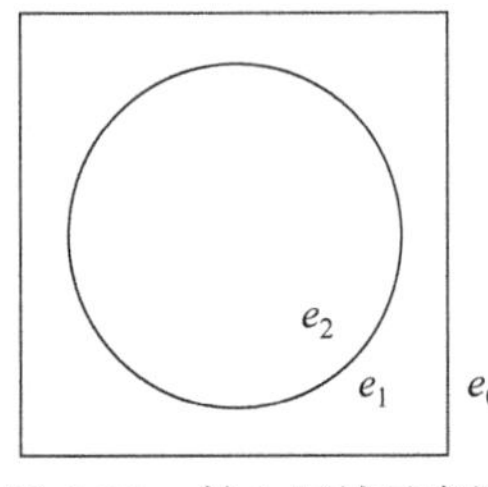

图 3-23 射入区域示意图

先看一个例子。一射手进行打靶练习，规定射入区域 e_2（图 3-23）得 2 分，射入区域 e_1 得 1 分，脱靶，即射入区域 e_0，得 0 分，射手一次射击得分数 X 是一个随机变量。设 X 的分布律为

$$P\{X=k\}=p_k,\quad k=0,1,2$$

现在射击 N 次，其中得 0 分的有 a_0 次，得 1 分的有 a_1 次，得 2 分的有 a_2 次，

$$a_0+a_1+a_2=N$$

射击 N 次得分的总和为

$$a_0\times 0+a_1\times 1+a_2\times 2$$

于是，平均一次射击的得分数为

$$\frac{a_0\times 0+a_1\times 1+a_2\times 2}{N}=\sum_{k=0}^{2}k\frac{a_k}{N}$$

这里，$\frac{a_k}{N}$是事件$\{X=k\}$的频率。当 N 很大时，$\frac{a_k}{N}$在一定意义下接近事件$\{X=k\}$的概率 p_k。也就是说，试验次数很大时，随机变量 X 的观察值的算术平均$\sum_{k=0}^{2}k\frac{a_k}{N}$在一定意义下接近$\sum_{k=0}^{2}kp_k$，通常称$\sum_{k=0}^{2}kp_k$为随机变量 X 的数学期望或均值。一般地，有以下定义。

定义　设离散型随机变量 X 的分布律为

$$P\{X=x_k\}=p_k,\quad k=1,2,\cdots$$

若级数

$$\sum_{k=1}^{\infty}x_kp_k$$

绝对收敛，则称级数$\sum_{k=1}^{\infty}x_kp_k$ 的和为随机变量 X 的**数学期望**，记为 $E(X)$，即

$$E(X)=\sum_{k=1}^{\infty}x_kp_k \tag{3-49}$$

设连续型随机变量 X 的概率密度为 $f(x)$，若积分

$$\int_{-\infty}^{+\infty}xf(x)\mathrm{d}x$$

绝对收敛，则称积分$\int_{-\infty}^{+\infty}xf(x)\mathrm{d}x$ 的值为随机变量 X 的**数学期望**，记为 $E(X)$，即

$$E(X)=\int_{-\infty}^{+\infty}xf(x)\mathrm{d}x \tag{3-50}$$

数学期望简称**期望**，又称为**均值**。

数学期望 $E(X)$完全由随机变量 X 的概率分布确定。若 X 服从某一分布，也称 $E(X)$是这一分布的数学期望。

例 3-25　设 $X\sim\pi(\lambda)$，求 $E(X)$。

解　X 的分布规律为

$$P\{X=k\}=\frac{\lambda^k\mathrm{e}^{-\lambda}}{k!},\quad k=0,1,2,\cdots,\lambda>0$$

X 的数学期望为

$$E(X)=\sum_{k=0}^{\infty}k\frac{\lambda^k\mathrm{e}^{-\lambda}}{k!}=\lambda\mathrm{e}^{-\lambda}\sum_{k=1}^{\infty}\frac{\lambda^{k-1}}{(k-1)!}=\lambda\mathrm{e}^{-\lambda}\cdot\mathrm{e}^{\lambda}=\lambda$$

即 $E(X)=\lambda$。

例 3-26　设 $X\sim U(a,b)$，求 $E(X)$。

解　X 的概率密度为

$$f_X(x)=\begin{cases}\dfrac{1}{b-a}, & a\leqslant x<b\\ 0, & \text{其他}\end{cases}$$

X 的数学期望为

$$E(X)=\int_{-\infty}^{\infty}xf(x)\mathrm{d}x=\int_a^b\frac{x}{b-a}\mathrm{d}x=\frac{a+b}{2}$$

即数学期望位于区间(a,b)的中点。

我们经常需要求随机变量的函数的数学期望，例如，飞机机翼受到压力 $W=kV^2$(V 是风速，$k>0$ 是常数)的作用，需要求 W 的数学期望，这里 W 是随机变量 V 的函数，这时可通过下面的定理求 W 的数学期望。

定理 设 Y 是随机变量 X 的函数：$Y=g(X)$(g 是连续函数)。

(1) 如果 X 是离散型随机变量，它的分布律为 $P\{X=x_k\}=p_k,k=1,2,\cdots$ 若 $\sum\limits_{k=1}^{\infty}g(x_k)p_k$ 绝对收敛，则有

$$E(Y)=E(g(X))=\sum_{k=1}^{\infty}g(x_k)p_k \tag{3-51}$$

(2) 如果 X 是连续型随机变量，它的概率密度为 $f(x)$，若$\int_{-\infty}^{+\infty}g(x)f(x)\mathrm{d}x$ 绝对收敛，则有

$$E(Y)=E[g(X)]=\int_{-\infty}^{+\infty}g(x)f(x)\mathrm{d}x \tag{3-52}$$

定理的重要意义在于，当求 $E(Y)$时，不必算出 Y 的分布律或概率密度，只利用 X 的分布律或概率密度就可以，我们只对下述特殊情况加以证明。

证 设 X 是连续型随机变量，且 $y=g(x)$满足 3.1.2 节中定理的条件。由式(3-46)可知，随机变量 $Y=g(X)$的概率密度为

$$f_Y(y)=\begin{cases}f_X[h(y)]\,|h'(y)| & \alpha<y<\beta\\ 0 & \text{其他}\end{cases}$$

于是

$$E(Y)=\int_{-\infty}^{+\infty}yf_Y(y)\mathrm{d}y=\int_\alpha^\beta yf_X[h(y)]\,|h'(y)|\,\mathrm{d}y$$

当 $h'(y)$恒大于零时

$$E(Y)=\int_\alpha^\beta yf_X[h(y)]h'(y)\mathrm{d}y=\int_{-\infty}^{+\infty}g(x)f(x)\mathrm{d}x$$

当 $h'(y)$恒小于零时

$$\begin{aligned}E(Y)&=-\int_\alpha^\beta yf_X[h(y)]\,|h'(y)|\,\mathrm{d}y\\&=\int_{\infty}^{-\infty}g(x)f(x)\mathrm{d}x=\int_{-\infty}^{+\infty}g(x)f(x)\mathrm{d}x\end{aligned}$$

综合以上两式，式(3-52)得证。

上述定理还可以推广到两个或两个以上随机变量的函数的情况。

例如，设 Z 是随机变量 X、Y 的函数 $Z=g(X,Y)$(g 是连续函数)，那么，Z 是一个一维

随机变量。若二维随机变量(X,Y)的概率密度为$f(x,y)$，则有

$$E(Z)=E[g(X,Y)]=\int_{-\infty}^{\infty} g(x,y)f(x,y)\mathrm{d}x\mathrm{d}y \tag{3-53}$$

这里设式(3-53)右边的积分绝对收敛。又若(X,Y)为离散型随机变量，其分布律为

$$P\{X=x_i,Y=y_i\}=p_{ij},\quad i,j=1,2,3,\cdots$$

则有

$$E(Z)=E[g(X,Y)]=\sum_{j=1}^{+\infty}\sum_{i=1}^{+\infty} g(x_i,y_i)p_{ij} \tag{3-54}$$

这里设式(3-54)右边的级数绝对收敛。

例 3-27　设风速V在$(0,a)$上服从均匀分布，即具有概率密度

$$f(v)=\begin{cases}\dfrac{1}{a}, & 0\leqslant v<a\\ 0, & \text{其他}\end{cases}$$

又设飞机机翼受到的正压力W是V的函数：$W=kV^2(k>0$，常数)，求W的数学期望。

解　由式(3-52)有

$$E(W)=\int_{-\infty}^{\infty} kv^2 f(v)\mathrm{d}v=\int_0^a kv^2\frac{1}{a}\mathrm{d}v=\frac{1}{3}ka^2$$

例 3-28　某公司计划开发一种新产品市场，并试图确定该产品的产量。他们估计出售一件产品可获利m元，而积压一件产品导致n元的损失。再者，他们预测销售量Y(件)服从指数分布，其概率密度为

$$f_Y(y)=\begin{cases}\dfrac{1}{\theta}\mathrm{e}^{-\frac{y}{\theta}}, & y>0,\theta>0\\ 0, & y\leqslant 0\end{cases}$$

若要获得利润的数学期望最大，应生产多少件产品(m、n、θ已知)？

解　设生产x件产品，则获利Q是x的函数

$$Q=Q(x)=\begin{cases}mY-n(x-Y), & Y<x\\ mx, & Y>x\end{cases}$$

Q是随机变量，是Y的函数，其数学期望为

$$\begin{aligned}E(Q)&=\int_0^{\infty} Qf_Y(y)\mathrm{d}y\\ &=\int_0^x[my-n(x-y)]\frac{1}{\theta}\mathrm{e}^{-\frac{y}{\theta}}\mathrm{d}y\\ &=(m+n)\theta-(m+n)\theta\mathrm{e}^{-\frac{x}{\theta}}-nx\end{aligned}$$

$$\begin{aligned}E(Q)&=\int_0^{\infty} Qf_Y(y)\mathrm{d}y\\ &=\int_0^x[my-n(x-y)]\frac{1}{\theta}\mathrm{e}^{-\frac{y}{\theta}}\mathrm{d}y+\int_x^{\infty} mx\frac{1}{\theta}\mathrm{e}^{-\frac{y}{\theta}}\mathrm{d}y\\ &=(m+n)\theta-(m+n)\theta\mathrm{e}^{-\frac{x}{\theta}}-nx\end{aligned}$$

令

$$\frac{\mathrm{d}}{\mathrm{d}x}E(Q)=(m+n)\mathrm{e}^{-\frac{x}{\theta}}-n=0$$

得

$$x=-\theta\ln\frac{n}{m+n}$$

而

$$\frac{\mathrm{d}^2}{\mathrm{d}x^2}E(Q)=\frac{-(m+n)}{\theta}\mathrm{e}^{-\frac{x}{\theta}}<0$$

故知，当 $x=-\theta\ln\dfrac{n}{m+n}$ 时，$E(Q)$ 取极大值，且可知这也是最大值。

现在证明数学期望的几个重要性质（以下设所遇到的随机变量的数学期望存在）

(1) 设 C 是常数，则有 $E(C)=C$。

(2) 设 X 是一个随机变量，C 是常数，则有

$$E(CX)=CE(X)$$

(3) 设 X、Y 是两个随机变量，则有

$$E(X+Y)=E(X)+E(Y)$$

这一性质可以推广到任意有限个随机变量之和的情况。

(4) 设 X、Y 是相互独立的随机变量，则有

$$E(XY)=E(X)E(Y)$$

这一性质可以推广到任意有限个相互独立的随机变量之积的情况。

证 (1)、(2)由读者自己证明，下面证明(3)和(4)。

(3) 设二维随机变量 (X,Y) 的概率密度为 $f(x,y)$，其边缘概率密度为 $f_X(x)$、$f_Y(y)$，由式(3-43)

$$\begin{aligned}E(X+Y)&=\int_{-\infty}^{+\infty}\int_{-\infty}^{+\infty}(x+y)f(x,y)\mathrm{d}x\mathrm{d}y\\&=\int_{-\infty}^{+\infty}\int_{-\infty}^{+\infty}xf(x,y)\mathrm{d}x\mathrm{d}y+\int_{-\infty}^{+\infty}\int_{-\infty}^{+\infty}yf(x,y)\mathrm{d}x\mathrm{d}y\\&=E(X)+E(Y)\end{aligned}$$

得证。

(4) 又若 X 和 Y 相互独立，

$$\begin{aligned}E(XY)&=\int_{-\infty}^{+\infty}\int_{-\infty}^{+\infty}(xy)f(x,y)\mathrm{d}x\mathrm{d}y\\&=\int_{-\infty}^{+\infty}\int_{-\infty}^{+\infty}xyf_X(x)f_Y(y)\mathrm{d}x\mathrm{d}y\\&=\left[\int_{-\infty}^{+\infty}xf_X(x)\mathrm{d}x\right]\left[\int_{-\infty}^{+\infty}yf_Y(y)\mathrm{d}y\right]\\&=E(X)E(Y)\end{aligned}$$

得证。

例 3-29 设一电路中的电流 I(A)与电阻 R(Ω)是两个相互独立的随机变量，其概率密度分别为

$$g(i)=\begin{cases}2i, & 0\leqslant i<1\\0, & \text{其他}\end{cases}\qquad h(r)=\begin{cases}\dfrac{r^2}{9}, & 0\leqslant r\leqslant 3\\0, & \text{其他}\end{cases}$$

试求电压 $V=IR$ 的均值。

解 $E(V)=E(IR)-E(I)E(R)$

$$= \left[\int_{-\infty}^{\infty} ig(i)\mathrm{d}i\right]\left[\int_{-\infty}^{\infty} rh(r)\mathrm{d}r\right]$$

$$= \left(\int_0^1 2i^2\mathrm{d}i\right)\left(\int_0^3 \frac{r^3}{9}\mathrm{d}r\right) = \frac{3}{2}\mathrm{V}$$

2. 方差

例如,有一批灯泡,其平均寿命是 $E(X)$。仅由这一指标还不能判定这批灯泡的质量。事实上,有可能其中绝大部分灯泡的寿命都在 950～1050 小时;也有可能其中约有一半是高质量的,它们的寿命大约有 1300 小时,另一半的质量却很差,其寿命大约只有 700 小时。为评定这批灯泡的质量,还需进一步考查灯泡寿命 X 与其均值 $E(X)=1000$ 的偏离程度,若偏离程度较小,则表示质量比较稳定。从这个意义上来说,我们认为质量较好。前面也曾提到在检验棉花的质量时,既要注意纤维的平均度,还要注意纤维长度与平均长度的偏离程度。由此可见,研究随机变量与其均值的偏离程度十分必要,那么,用什么量度量这个偏离程度呢?容易看到,

$$E\{|X-E(X)|\}$$

能度量随机变量与其均值 $E(X)$ 的偏离程度。但由于上式带有绝对值,因此运算不方便,为运算方便起见,通常用量

$$E\{|X-E(X)|^2\}$$

度量随机变量 X 与其均值 $E(X)$ 的偏离程度。

定义　设 X 是一个随机变量,若 $E\{|X-E(X)|^2\}$ 存在,则称 $E\{|X-E(X)|^2\}$ 为 X 的**方差**,记为 $D(X)$ 或 $\mathrm{Var}(X)$,

即

$$D(X)=\mathrm{Var}(X)=E\{|X-E(X)|^2\} \tag{3-55}$$

在应用上还引入了量 $\sqrt{D(X)}$,记为 $\sigma(X)$,称为**标准差**或**均方差**。

按定义,随机变量 X 的方差表达了 X 的取值与其数学期望的偏离程度。若 $D(X)$ 或 $\mathrm{Var}(X)$ 较小,意味着 X 的取值比较集中在 $E(X)$ 的附近;反之,若 $D(X)$ 较大,则表示 X 的取值较分散。因此,$D(X)$ 是刻画 X 取值分散程度的一个量,它是衡量 X 取值分散程度的一个尺度。

由定义可知,方差实际上就是随机变量 X 的函数 $g(X)=(X-E(X))^2$ 的数学期望。于是,对于离散型随机变量,按式(3-51)有

$$D(X)=\sum_{k=1}^{\infty}[x_k-E(X)]^2 p_k \tag{3-56}$$

其中,$P\{X=x_k\}=p_k, k=1,2,\cdots$ 是 X 的分布律。

对于连续型随机变量,按式(3-52)有

$$D(X)=\int_{-\infty}^{\infty}[x-E(X)]^2 f(x)\mathrm{d}x \tag{3-57}$$

其中,$f(x)$ 是 X 的概率密度。

随机变量 X 的方差可按式(3-58)计算。

$$D(X)=E(X^2)-[E(X)]^2 \tag{3-58}$$

证　　由数学期望的性质(1)、(2)、(3)得

$$D(X)=\mathrm{Var}(X)=E\{|X-E(X)|^2\}$$
$$=E\{X^2-2XE(X)+[E(X)]^2\}$$

$$=E(X^2)-2E(X)E(X)+[E(X)]^2$$
$$=E(X^2)-[E(X)]^2$$

例 3-30 设随机变量 X 具有数学期望 $E(X)=u$，方差 $D(X)=\sigma^2\neq 0$，记

$$X^*=\frac{X-u}{\sigma}$$

则

$$E(X^*)=\frac{1}{\sigma}E(X-u)=\frac{1}{\sigma}[E(X)-u]=0$$

$$D(X^*)=E(X^{*2})-[E(X^*)]^2=E\left[\left(\frac{X-u}{\sigma}\right)\right]^2$$
$$=\frac{1}{\sigma^2}E[(X-u)^2]=\frac{\sigma^2}{\sigma^2}=1$$

即 $X^*=\dfrac{X-u}{\sigma}$ 的数学期望为 0，方差为 1，X^* 称为 X 的标准化变量。

例 3-31 设随机变量 X 具有(0-1)分布，其分布律为

$$P\{X=0\}=1-p,\quad P\{X=1\}=p$$

求 $D(X)$。

解
$$E(X)=0\cdot(1-p)+1\cdot p=p$$
$$E(X^2)=0^2\cdot(1-p)+1\cdot p=p$$

由式(3-58)

$$D(X)=E(X^2)-[E(X)]^2=p-p^2=p(1-p)$$

例 3-32 设随机变量 $X-\pi(\lambda)$，求 $D(X)$。

解 随机变量 X 的分布律为

$$P\{X=k\}=\frac{\lambda^k e^{-\lambda}}{k!},\quad k=0,1,2,\cdots,\quad \lambda>0$$

$E(X)=\lambda$，而

$$E(X^2)-E[X(X-1)+X]=E[X(X-1)]+E(X)$$
$$=\sum_{k=0}^{\infty}k(k-1)\frac{\lambda^k e^{-\lambda}}{k!}+\lambda=\lambda^2 e^{-\lambda}\sum_{k=2}^{\infty}\frac{\lambda^{k-2}}{(k-2)!}+\lambda$$
$$=\lambda^2 e^{-\lambda}e^{\lambda}+\lambda=\lambda^2+\lambda$$

所以，方差

$$D(X)=E(X^2)-[E(X)]^2=\lambda$$

由此可知，泊松分布的数学期望与方差相等，等于参数 λ。因为泊松分布只含一个参数 λ，只要知道它的数学期望或方差，就能完全确定它的分布了。

例 3-33 设随机变量 $X-U(a,b)$，求 $D(X)$。

解 X 的概率密度为

$$f(x)=\begin{cases}\dfrac{1}{b-a}, & a<x<b\\ 0, & \text{其他}\end{cases}$$

$$E(X)=\int_{-\infty}^{\infty}xf(x)dx=\int_a^b\frac{x}{b-a}dx=\frac{a+b}{2}$$

方差为

$$D(X)=E(X^2)-[E(X)]^2$$
$$=\int_a^b x^2\frac{1}{b-a}\mathrm{d}x-\left(\frac{a+b}{2}\right)^2=\frac{(b-a)^2}{12}$$

例 3-34　设随机变量 X 服从指数分布，其概率密度为

$$f(x)=\begin{cases}\dfrac{1}{\theta}\mathrm{e}^{-\frac{x}{\theta}}, & x>0,\theta>0\\ 0, & x\leqslant 0\end{cases}$$

求 $E(X)$,$D(X)$。

解　$E(X)=\int_{-\infty}^{\infty}xf(x)\mathrm{d}x=\int_0^{\infty}x\ \frac{1}{\theta}\mathrm{e}^{-\frac{x}{\theta}}\mathrm{d}x$

$$=x\mathrm{e}^{-\frac{x}{\theta}}\Big|_0^{\infty}+\int_0^{\infty}\mathrm{e}^{-\frac{x}{\theta}}\mathrm{d}x=\theta$$

$$E(X^2)=\int_{-\infty}^{\infty}x^2f(x)\mathrm{d}x=\int_0^{\infty}x^2\ \frac{1}{\theta}\mathrm{e}^{-\frac{x}{\theta}}\mathrm{d}x$$

$$=x^2\mathrm{e}^{-\frac{x}{\theta}}\Big|_0^{\infty}+\int_0^{\infty}2x\mathrm{e}^{-\frac{x}{\theta}}\mathrm{d}x=2\theta^2$$

于是，

$$D(X)=E(X^2)-[E(X)]^2=2\theta^2-\theta^2=\theta^2$$

即有

$$E(X)=\theta,\quad D(X)=\theta^2$$

现在证明方差的几个重要性质(以下设所遇到的随机变量其方差存在)

(1) 设 C 是常数，则 $D(C)=0$。

(2) 设 X 是随机变量，C 是常数，则有

$$D(CX)=C^2D(X),\quad D(X+C)=D(X)$$

(3) 设 X,Y 是两个随机变量，则有

$$D(X+Y)=D(X)+D(Y)+2E\{(X-E(X))(Y-E(Y))\}\tag{3-59}$$

特别地，若 X、Y 相互独立，则有

$$D(X+Y)=D(X)+D(Y)\tag{3-60}$$

这一性质可以推广到任意有限多个相互独立的随机变量之和的情况。

(4) $D(X)=0$ 的充要条件是 X 以概率 1 取常数 $E(X)$，即

$$P\{X=E(X)\}=1$$

证：(1) $D(C)=-E\{[C-E(C)]^2\}=0$

(2) $D(CX)=E[CX-E(CX)]^2=C^2E[X-E(X)]^2=C^2D(X)$

$D(C+X)=E\{[C+X-E(C+X)]^2\}=E\{[X-E(X)]^2\}=D(X)$

(3) $D(X+Y)=E\{[Y+X-E(Y+X)]^2\}=E\{[(X-E(X))+(Y-E(Y))]^2\}$

$$=E\{[X-E(X)]^2\}+E\{[Y-E(Y)]^2\}+2E\{[X-E(X)][Y-E(Y)]\}$$
$$=D(X)+D(Y)+2E\{(X-E(X))(Y-E(Y))\}$$

若 X、Y 相互独立，由数学期望的性质(4)知道上式右端为零，于是

$$D(X+Y)=D(X)+D(Y)$$

(4) 充分性　若 $P\{X=E(X)\}=1$ 则有 $P\{X^2=[E(X)]^2\}=1$，于是

$$D(X)=E(X^2)-[E(X)]^2=0$$

必要性的证明此处略。

例 3-35　设随机变量 $X\sim N(\mu,\sigma^2)$，求 $E(X)$，$D(X)$。

解　先求标准正态变量

$$Z=\frac{X-u}{\sigma}$$

的数学期望和方差。Z 的概率密度为

$$\varphi(t)=\frac{1}{\sqrt{2\pi}}\mathrm{e}^{-\frac{t^2}{2}},$$

于是

$$E(Z)=\frac{1}{\sqrt{2\pi}}\int_{-\infty}^{\infty}t\mathrm{e}^{-\frac{t^2}{2}}\mathrm{d}t=-\frac{1}{\sqrt{2\pi}}\mathrm{e}^{-\frac{t^2}{2}}\Big|_{-\infty}^{+\infty}=0,$$

$$D(Z)=E(Z^2)=\frac{1}{\sqrt{2\pi}}\int_{-\infty}^{\infty}t^2\mathrm{e}^{-\frac{t^2}{2}}\mathrm{d}t$$

$$=-\frac{1}{\sqrt{2\pi}}\mathrm{e}^{-\frac{t^2}{2}}\Big|_{-\infty}^{+\infty}+\frac{1}{\sqrt{2\pi}}\int_{-\infty}^{\infty}\mathrm{e}^{-\frac{t^2}{2}}\mathrm{d}t=1$$

因 $X=u+\sigma Z$，即得

$$E(X)=E(u+\sigma Z)=u$$

$$D(X)=D(u+\sigma Z)=D(\sigma Z)=\sigma^2 D(Z)=\sigma^2$$

这就是说，正态分布的概率密度中的两个参数 u 和 σ 分别是该分布的数学期望和均方差，因而正态分布完全可由它的数学期望和方差确定。

再者，若 $X_i\sim N(\mu_i,\sigma_i^2)$，$i=1,2,\cdots,n$，且它们相互独立，则它们的线性组合 $C_1X_1+C_2X_2+\cdots+C_nX_n$（$C_1,C_2,\cdots,C_n$ 是不全为 0 的常数）仍然服从正态分布，于是由数学期望和方差的性质知道

$$C_1X_1+C_2X_2+\cdots+C_nX_n-N\left(\sum_{i=1}^{n}C_iu_i,\sum_{i=1}^{n}C_i\sigma_i\right) \tag{3-61}$$

这一重要结果。

例如，若 $X\sim N(1,3)$，$Y\sim N(2,4)$ 且 X，Y 相互独立，则 $Z=2X-3Y$ 也服从正态分布，而

$$E(Z)=2\times 1-3\times 2=-4$$

$$D(Z)=D(2X-3Y)=4D(X)+9D(Y)=48$$

故有 $Z\sim N(-4,48)$。

例 3-36　设活塞的直径（以 cm 计）$X-N(22.40,0.03^2)$、气缸的直径 $Y-N(22.50,0.04^2)$，相互独立。任取一只活塞，并任取一只气缸，求活塞能装入气缸的概率。

解　按题意，需求 $P\{X<Y\}=P\{X-Y<0\}$，由于

$$X-Y\sim N(-0.10,0.0025),$$

故有

$$P\{X<Y\}=P\{X-Y<0\}$$

$$=P\left\{\frac{(X-Y)-(-0.10)}{\sqrt{0.0025}}<\frac{0-(-0.10)}{\sqrt{0.0025}}\right\}$$

$$=\Phi\left(\frac{0.10}{0.05}\right)=\Phi(2)=0.9772$$

下面介绍一个重要的不等式。

定理 设随机变量 X 具有数学期望 $E(X)=u$，方差 $D(X)=\sigma^2$，则对于任意正数 ε，不等式

$$P\{|X-u|\geqslant\varepsilon\}\leqslant\frac{\sigma^2}{\varepsilon^2} \tag{3-62}$$

成立。

这一不等式称为**切比雪夫（Chebyshev）不等式**。

证 我们只就连续型随机变量的情况证明。设 X 的概率密度为 $f(x)$，则有（图 3-24）

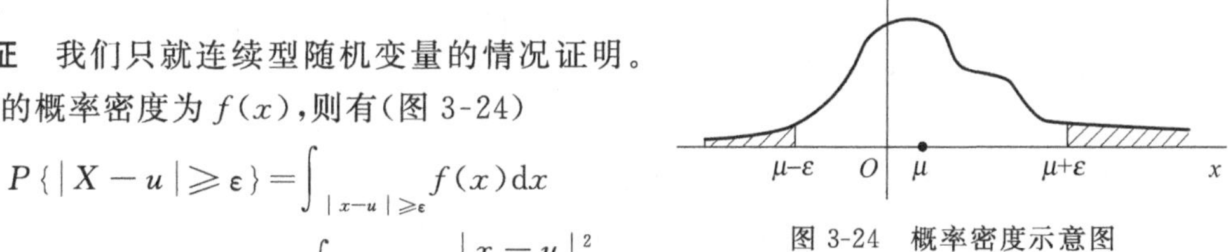

图 3-24 概率密度示意图

$$\begin{aligned}P\{|X-u|\geqslant\varepsilon\}&=\int_{|x-u|\geqslant\varepsilon}f(x)\mathrm{d}x\\&\leqslant\int_{|x-u|\geqslant\varepsilon}\frac{|x-u|^2}{\varepsilon^2}f(x)\mathrm{d}x\\&\leqslant\frac{1}{\varepsilon^2}\int_{-\infty}^{+\infty}(x-u)^2f(x)\mathrm{d}x=\frac{\sigma^2}{\varepsilon^2}\end{aligned}$$

切比雪夫不等式也可以写成如下的形式：

$$P\{|X-u|\geqslant\varepsilon\}\geqslant 1-\frac{\sigma^2}{\varepsilon^2} \tag{3-63}$$

切比雪夫不等式给出了在随机变量的分布未知，而只知道 $E(X)$ 和 $D(X)$ 的情况下估计 $P\{|X-E(X)|<\varepsilon\}$ 概率的界限。例如，在式(3-51)中分别取 $\varepsilon=3\sqrt{D(X)}, 4\sqrt{D(X)}$，得到

$$P\{|X-E(X)|<3\sqrt{D(X)}\}\geqslant 0.8889$$

$$P\{|X-E(X)|<4\sqrt{D(X)}\}\geqslant 0.9375$$

这个估计比较粗糙，如果已经知道随机变量的分布，那么所需求的概率可以确切地计算出来，也就没必要利用这个不等式作估计了。

方差性质(4)必要性的证明：

设 $D(X)=0$，要证 $P\{X=E(X)\}=1$。

证 **用反证法**假设 $P\{X=E(X)\}<1$，则对于某一个数 $\varepsilon>0$，有

$$P\{|X-E(X)|\geqslant\varepsilon\}>0$$

但由切比雪夫不等式，对于任意 $\varepsilon>0$，由式(3-63)因 $\sigma^2=0$，有

$$P\{|X-E(X)|\geqslant\varepsilon\}=0$$

矛盾，于是

$$P\{X=E(X)\}=1$$

3. 协方差及相关系数

对于二维随机变量 (X,Y)，我们除了讨论 X 与 Y 的数学期望和方差外，还须讨论描述 X 与 Y 之间相互关系的数字特征。下面讨论有关这方面的数字特征。

如果两个随机变量 X 与 Y 相互独立，则

$$E\{[X-E(X)][Y-E(Y)]\}=0$$

这意味着，当 $E\{[X-E(X)][Y-E(Y)]\}\neq 0$ 时，X 与 Y 不相互独立，而是存在着一定的关系。

定义 量 $E\{[X-E(X)][Y-E(Y)]\}$ 称 X 与 Y 为随机变量的**协方差**，记为 $\mathrm{Cov}(X,Y)$，即

$$\mathrm{Cov}(X,Y)=E\{[X-E(X)][Y-E(Y)]\}$$

而

$$\rho_{XY}=\frac{\mathrm{Cov}(X,Y)}{\sqrt{D(X)}\sqrt{D(Y)}}$$

称为随机变量 X 与 Y 的**相关系数**。由定义知

$$\mathrm{Cov}(X,Y)=\mathrm{Cov}(Y,X),\quad \mathrm{Cov}(X,X)=D(X)$$

对于任意两个随机变量 X 与 Y，式(3-64)成立：

$$D(X+Y)=D(X)+D(Y)+2\mathrm{Cov}(X,Y)\tag{3-64}$$

将 $\mathrm{Cov}(X,Y)$ 的定义式展开，易得

$$\mathrm{Cov}(X,Y)=E(XY)-E(X)E(Y)\tag{3-65}$$

我们常常利用这个式子计算协方差。

协方差具有下述性质：

(1) $\mathrm{Cov}(aX,bY)=ab\mathrm{Cov}(X,Y)$，$a,b$ 是常数

(2) $\mathrm{Cov}(X_1|X_2,Y)=\mathrm{Cov}(X_1,Y)+\mathrm{Cov}(X_2,Y)$

下面推导 ρ_{XY} 的两条重要性质，并说明 ρ_{XY} 的含义。

考虑用 X 的线性函数 $a+bX$ 近似表示 Y。我们以**均方误差**

$$\begin{aligned}e&=E[Y-(a+bX)^2]\\&=E(Y^2)+b^2E(X^2)+a^2-2bE(XY)+2abE(X)-2aE(Y)\end{aligned}\tag{3-66}$$

衡量以 $a+bX$ 近似表达 Y 的好坏程度。e 的值越小，$a+bX$ 与 Y 的近似程度越好。这样，我们就取 a、b，使 e 取到最小。下面求最佳近似式 $a+bX$ 中的 a、b。为此，将 e 分别关于 a、b 求偏导数，并令它们等于零，得

$$\begin{cases}\dfrac{\partial e}{\partial a}=2a+2bE(X)-2E(Y)=0,\\[2ex]\dfrac{\partial e}{\partial b}=2bE(X^2)-2E(XY)+2aE(X)=0\end{cases}$$

解得：

$$b_0=\frac{\mathrm{Cov}(X,Y)}{D(X)}$$

$$a_0=E(Y)-b_0E(X)=E(Y)-E(X)\frac{\mathrm{Cov}(X,Y)}{D(X)}$$

将 a_0、b_0 代入式(3-56)得

$$\begin{aligned}\min_{a,b}E\{[Y-(a+bX)]^2\}&=E\{[Y-(a_0+b_0X)]^2\}\\&=(1-\rho_{XY}^2)D(Y)\end{aligned}\tag{3-67}$$

由式(3-67)容易得到下述定理：

定理 (1) $|\rho_{XY}|\leqslant 1$。

(2) $|\rho_{XY}|=1$ 的充要条件是，存在常数 a、b，使

$$P\{Y=a+bX\}=1$$

证 (1) 由式(3-67)与 $E\{[Y-(a_0+b_0X)]^2\}$ 及 $D(Y)$ 的非负性，得知

$$1-\rho_{XY}^2\geqslant 0,\quad \text{也就是}\ |\rho_{XY}|\leqslant 1。$$

(2) 若 $|\rho_{XY}|=1$，由式(3-57)得

$$E\{[Y-(a_0+b_0X)]^2\}=0$$

从而 $0=E\{[Y-(a_0+b_0X)]^2\}=D[Y-(a_0+b_0X)]+[E(Y-(a_0+b_0X))]^2$

故有

$$D\{[Y-(a_0+b_0X)]^2\}=0$$

$$E\{[Y-(a_0+b_0X)]^2\}=0$$

又由方差的性质(4)知

$$P\{Y-(a_0+b_0X)=0\}=1,\quad \text{即}\quad P\{Y=(a_0+b_0X)\}=1$$

反之，若存在常数 a^*，b^*，使得

$$P\{Y=(a^*+b^*X)\}=1,\quad \text{即}\quad P\{Y-(a^*+b^*X)=0\}=1$$

于是

$$P\{Y-(a^*+b^*X)=0\}=1$$

即得

$$E\{[Y-(a^*+b^*X)]^2\}=0$$

故有

$$0=E\{[Y-(a^*+b^*X)]^2\}\geqslant\min_{a,b}E\{[Y-(a+bX)]^2\}$$

$$=E\{[Y-(a_0+b_0X)]^2\}=(1-\rho_{XY}^2)D(Y)$$

即得

$$|\rho_{XY}|=1$$

由式(3-67)知，均方误差 e 是 ρ_{XY} 的严格单调减少函数，这样 ρ_{XY} 的含义就很明显。当 $|\rho_{XY}|$ 较大时，e 较小，表明 X，Y(就线性关系来说)联系较紧密，特别当 $|\rho_{XY}|=1$ 时，由定理中的(2)，X，Y 之间以概率 1 存在着线性关系。于是，ρ_{XY} 是一个可用来表征 X，Y 之间线性关系紧密程度的量。当 $|\rho_{XY}|$ 较大时，我们通常说 X，Y 线性相关的程度较好；当 $|\rho_{XY}|$ 较小时，我们通常说 X、Y 线性相关的程度较差。当 $\rho_{XY}=0$ 时，称 X，Y 不相关。

假设随机变量 X、Y 的相关系数 ρ_{XY} 存在。当 X，Y 相互独立时，由数学期望的性质(4)及式(3-55)知 $\mathrm{Cov}(X,Y)=0$，从而 $\rho_{XY}=0$，即 X，Y 不相关。反之，若 X，Y 不相关，则 X，Y 不一定相互独立。上述情况，从“不相关”和“相互独立”的含义看是明显的。这是因为不相关只是就线性关系来说，而相互独立是就一般关系而言的。

4. 矩、协方差矩阵

下面先介绍随机变量的另几个数字特征。设(X,Y)是二维随机变量。

定义 设 X、Y 是随机变量，若

$$E(X^k),\quad k=1,2,3,\cdots$$

存在，则称它为 X 的 **k 阶原点矩**，简称 **k 阶矩**。

若

$$E[X-E(X)]^k \quad k=1,2,3,\cdots$$

存在，则称它为 X 和 Y 的 k **阶中心矩**。

若

$$E(X^kY^l),\quad k,l=1,2,3,\cdots$$

存在，则称它为 X 和 Y 的 $k+l$ **阶混合矩**。

若 $$E\{[X-E(X)]^k[Y-E(Y)]^l\},\quad k,l=1,2,3,\cdots$$

存在，则称它为 X 和 Y 的 $k+l$ **阶混合中心矩**。

显然，X 的数学期望 $E(X)$ 是 X 的一阶原点矩，方差 $D(X)$ 是 X 的二阶中心矩，协方差 $\mathrm{Cov}(X,Y)$ 是 X 和 Y 的二阶混合中心矩。

下面介绍 n 维随机变量的协方差矩阵。先从二维随机变量讲起。二维随机变量 (X_1, X_2) 有四个二阶中心矩（设它们都存在），分别记为

$$c_{11}=E\{[X_1-E(X_1)]^2\}$$
$$c_{12}=E\{[X_1-E(X_1)][X_2-E(X_2)]\}$$
$$c_{21}=E\{[X_2-E(X_2)][X_1-E(X_1)]\}$$
$$c_{22}=E[X_2-E(X_2)]^2$$

将它们排成矩阵的形式

$$\begin{pmatrix} c_{11} & c_{12} \\ c_{21} & c_{22} \end{pmatrix}$$

这个矩阵称为随机变量 (X_1,X_2) 的协方差矩阵。

设 n 维随机变量 $(X_1,X_2,\cdots,X_n)$ 的二阶混合中心矩

$$c_{ij}=\mathrm{Cov}(X_i,X_j)=E\{[X_i-E(X_i)][X_j-E(X_j)]\},\quad i,j=1,2,\cdots,n$$

都存在，则称矩阵

$$\begin{pmatrix} c_{11} & c_{12} & \cdots & c_{1n} \\ c_{21} & c_{22} & \cdots & c_{2n} \\ \vdots & \vdots & & \vdots \\ c_{n1} & c_{n2} & \cdots & c_{nn} \end{pmatrix}$$

为 n 维随机变量 $(X_1,X_2,\cdots,X_n)$ 的协方差矩阵。由于 $c_{ij}=c_{ji}(i\neq j;i,j=1,2,\cdots,n)$，因而上述矩阵是一个对称矩阵。

一般 n 维随机变量的分布是不知道的，或者是太复杂，以致在数学上不易处理，因此，在实际应用中协方差矩阵就显得重要了。

之后介绍 n 维正态随机变量的概率密度。先将二维正态随机变量的概率密度改写成另一种形式，以便将它推广到 n 维随机变量的场合中。二维正态随机变量 (X_1,X_2) 的概率密度为

$$f(x_1,x_2)=\frac{1}{2\pi\sigma_1\sigma_2\sqrt{1-\rho^2}}$$
$$\exp\left\{\frac{-1}{2(1-\rho^2)}\left[\frac{(x_1-u_1)^2}{\sigma_1^2}-2\rho\frac{(x_1-u_1)(x_2-u_2)}{\sigma_1\sigma_2}+\frac{(x_2-u_2)^2}{\sigma_2^2}\right]\right\}$$

现在将上式中花括号内的式子写成矩阵形式，为此引入下面的列矩阵：

$$X=\begin{pmatrix}x_1\\x_2\end{pmatrix},\quad u=\begin{pmatrix}u_1\\u_2\end{pmatrix}$$

(X_1,X_2)的协方差矩阵为

$$C=\begin{pmatrix}c_{11}&c_{12}\\c_{21}&c_{22}\end{pmatrix}=\begin{pmatrix}\sigma_1^2&\rho\sigma_1\sigma_2\\\rho\sigma_1\sigma_2&\sigma_2^2\end{pmatrix}$$

它的行列式 $\det C=\sigma_1^2\sigma_2^2(1-\rho^2)$，$C$ 的逆矩阵为

$$C^{-1}=\frac{1}{\det C}\begin{pmatrix}\sigma_2^2&-\rho\sigma_1\sigma_2\\-\rho\sigma_1\sigma_2&\sigma_1^2\end{pmatrix}$$

经计算，可知(这里的矩阵$(X-u)^{\mathrm{T}}$是$(X-u)$的转置矩阵)

$$\begin{aligned}&(X-u)^{\mathrm{T}}C^{N}(X-u)\\&=\frac{1}{\det C}(x_1-u_1,x_2-u_2)\begin{pmatrix}\sigma_2^2&-\rho\sigma_1\sigma_2\\-\rho\sigma_1\sigma_2&\sigma_1^2\end{pmatrix}\begin{pmatrix}x_1-u_2\\x_2-u_2\end{pmatrix}\\&=\left\{\frac{-1}{(1-\rho^2)}\left[\frac{(x_1-u_1)^2}{\sigma_1^2}-2\rho\frac{(x_1-u_1)(x_2-u_2)}{\sigma_1\sigma_2}+\frac{(x_2-u_2)^2}{\sigma_2^2}\right]\right\}\end{aligned}$$

于是(X_1,X_2)的概率密度可写成

$$f(x_1,x_2)=\frac{1}{(2\pi)^{\frac{2}{2}}(\det C)^{\frac{1}{2}}}\exp\left\{\frac{-1}{2}(X-u)^{\mathrm{T}}C^{-1}(X-u)\right\}$$

上式容易推广到 n 维正态随机变量$(X_1,X_2,\cdots,X_n)$的情况。

引入列矩阵

$$X=\begin{pmatrix}x_1\\x_2\\\vdots\\x_n\end{pmatrix}\quad 和\quad u=\begin{pmatrix}u_1\\u_2\\\vdots\\u_n\end{pmatrix}=\begin{pmatrix}E(X_1)\\E(X_2)\\\vdots\\E(X_n)\end{pmatrix}$$

n 维正态随机变量$(X_1,X_2,\cdots,X_n)$的概率密度定义为

$$f(x_1,x_2,\cdots,x_n)=\frac{1}{(2\pi)^{\frac{2}{2}}(\det C)^{\frac{1}{2}}}\exp\left\{\frac{-1}{2}(X-u)^{\mathrm{T}}C^{-1}(X-u)\right\}$$

其中 C 是$(X_1,X_2,\cdots,X_n)$的协方差矩阵。

n 维正态随机变量具有以下四条重要性质：

(1) n 维正态随机变量$(X_1,X_2,\cdots,X_n)$的每一个分量 X_i，$i=1,2,\cdots,n$ 都是正态随机变量；反之，若 $X_1,X_2,\cdots,X_n$ 都是正态随机变量，且相互独立，则$(X_1,X_2,\cdots,X_n)$都是 n 维正态随机变量。

(2) n 维随机变量$(X_1,X_2,\cdots,X_n)$服从 n 维正态分布的充要条件是 $X_1,X_2,\cdots,X_n$ 的任意的线性组合

$$l_1X_1+l_2X_2+\cdots+l_nX_n$$

服从一维正态分布(其中 $l_1,l_2,\cdots,l_n$ 不全为零)。

(3) 若$(X_1,X_2,\cdots,X_n)$服从 n 维正态分布，设 $Y_1,Y_2,\cdots,Y_k$ 是 $X_j(j=1,2,\cdots,n)$的线性函数，则$(Y_1,Y_2,\cdots,Y_k)$也服从多维正态分布。

这一性质称为正态变量的线性变换不变性。

(4) 设$(X_1,X_2,\cdots,X_n)$服从n维正态分布，则“$X_1,X_2,\cdots,X_n$相互独立”与“$X_1,X_2,\cdots,X_n$两两不相关”等价。

n维正态分布在随机过程和数理统计中常会遇到。

3.1.4 样本及其抽样分布

前面讲述了概率论的基本内容，随后将讲述数理统计。数理统计是具有广泛应用的一个数学分支，它以概率论为理论基础，根据试验或观察得到的数据研究随机现象，对研究对象的客观规律性做出种种合理的估计和判断。

数理统计的内容包括：如何收集、整理数据资料；如何对所得的数据资料进行分析、研究，从而对所研究的对象的性质、特点进行推断。后者就是我们所说的统计推断问题，本书只讲述统计推断的基本内容。

在概率论中，我们研究的随机变量的分布都是假设已知的，在这一前提下研究它的性质、特点和规律性，例如求出它的数字特征，讨论随机变量函数的分布，介绍常用的各种分布等。在数理统计中，我们研究的随机变量的分布是未知的，或者是不完全知道的，人们是通过对所研究的随机变量进行重复独立的观察，得到许多观察值，对这些数据进行分析，从而对所研究的随机变量的分布做出种种推断。

本节介绍总体、随机样本及统计量等基本概念，并着重介绍几个常用统计量及抽样分布。

1. 随机样本

我们知道，随机试验的结果很多是可以用数表示的，另有一些试验的结果虽是定性的，但总可以将它数量化。例如，检验某个学校学生的血型这一试验，其可能结果有O型、A型、B型、AB型4种，是定性的。如果分别以1，2，3，4记这4种血型，那么试验的结果就能用数表示了。

在数理统计中，我们往往研究有关对象的某一项数量指标(例如，研究某种型号灯泡的寿命这一数量指标)。为此，考虑与这一数量指标相联系的随机试验，对这一数量指标进行试验或观察。我们将试验的全部可能的观察值称为**总体**，这些值不一定都不相同，数目上也不一定是有限的，每个可能的观察值称为**个体**。总体中包含的个体的个数称为总体的**容量**。容量为有限的称为**有限总体**，容量为无限的称为**无限总体**。

例如，在考查某大学一年级男生的身高这一试验中，若一年级男生共2000人，每个男生的身高是一个可能观察值，所形成的总体中共含2000个可能观察值，是一个有限总体。又如，考查某一湖泊中某种鱼的含汞量，所得总体也是有限总体。观察并记录某一地点每天(包括以往、现在和将来)的最高气温，或者测量一湖泊任一地点的深度，所得总体是无限总体。有些有限总体，它的容量很大，我们可以认为它是一个无限总体。例如，考查全国正在使用的某种型号灯泡的寿命所形成的总体，由于可能观察值的个数很多，因此可以认为是无限总体。

总体中的每一个个体是随机试验的一个观察值，因此它是某一随机变量X的值，这样，一个总体对应一个随机变量X，我们对总体的研究就是对一个随机变量X的研究，X的分布函数和数字特征就称为总体的分布函数和数字特征。今后将不区分总体与相应的随机变量，统称为总体 X。

例如，我们检验自生产线出来的零件是次品，还是正品，以 0 表示产品为正品，以 1 表示产品为次品。设出现次品的概率为 p（常数），那么总体由一些 1 和一些 0 组成，这一总体对应一个具有参数 p 的(0-1)分布

$$P\{X=x\}=p^x(1-p)^{1-x},\quad x=0,1$$

的随机变量，我们就将它说成(0-1)分布总体，意指总体中的观察值是(0-1)分布随机变量的值。又如，上述灯泡寿命这一总体是指数分布总体，意指总体中的观察值是指数分布随机变量的值。

在实际中，总体的分布一般是未知的，或只知道它具有某种形式，而其中包含着未知参数。在数理统计中，人们都是通过从总体中抽取一部分个体，根据获得的数据对总体分布做出推断。被抽出的部分个体叫作总体的一个样本。

所谓从总体抽取一个个体，就是对总体 X 进行一次观察，并记录其结果。我们在相同的条件下对总体 X 进行 n 次重复的、独立的观察，将 n 次观察结果按试验的次序记为 $X_1, X_2, \cdots, X_n$。由于 $X_1, X_2, \cdots, X_n$ 是对随机变量 X 观察的结果，且各次观察是在相同的条件下独立进行的，所以有理由认为 $X_1, X_2, \cdots, X_n$ 是相互独立的，且都是与 X 具有相同分布的随机变量。这样得到的 $X_1, X_2, \cdots, X_n$ 称为来自总体 X 的一个简单随机样本，n 称为这个样本的容量。以后如无特别说明，提到的样本指的都是简单随机样本。

当 n 次观察一经完成，就得到一组实数 $x_1, x_2, \cdots, x_n$，它们依次是随机变量 $X_1, X_2, \cdots, X_n$ 的观察值，称为**样本值**。

对于有限总体，采用放回抽样就能得到简单随机样本，但放回抽样使用起来不方便，当个体的总数 N 比要得到的样本的容量 n 大得多时，在实际中可将不放回抽样近似当作放回抽样处理。

至于无限总体，因抽取一个个体不影响它的分布，所以总是用不放回抽样。例如，在生产过程中，每隔一定时间抽取一个个体，抽取 n 个就得到一个简单随机样本，实验室中的记录、水文、气象等观察资料都是样本。试制新产品得到样品的质量指标，也常被认为是样本。

综合上述，给出以下定义。

定义　设 X 是具有分布函数 F 的随机变量，若 $X_1, X_2, \cdots, X_n$ 是具有同一分布函数 F 的、相互独立的随机变量，则称 $X_1, X_2, \cdots, X_n$ 为从分布函数 F（或总体 F，或总体 X）得到的容量为 n 的简单随机样本，简称样本。它们的观察值 $x_1, x_2, \cdots, x_n$ 称为样本值，又称为 X 的 n 个独立的观察值。

也可以将样本看成一个随机向量，写成 $(X_1, X_2, \cdots, X_n)$，此时样本值相应地写成 $(x_1, x_2, \cdots, x_n)$。若 $(x_1, x_2, \cdots, x_n)$ 与 $(y_1, y_2, \cdots, y_n)$ 都是相应于样本 $(X_1, X_2, \cdots, X_n)$ 的样本值，一般来说它们是不相同的。

由定义得：若 $X_1, X_2, \cdots, X_n$ 为 F 的一个样本，则 $X_1, X_2, \cdots, X_n$ 相互独立，且它们的分布函数都是 F，所以 $(X_1, X_2, \cdots, X_n)$ 的分布函数为

$$F^*(x_1, x_2, \cdots, x_n)=\prod_{i=1}^{n}F(x_i)$$

又若 X 具有概率密度 f，则 $(X_1, X_2, \cdots, X_n)$ 的概率密度为

$$f^*(x_1,x_2,\cdots,x_n)=\prod_{i=1}^{n}f(x_i)$$

2. 抽样分布

样本是进行统计推断的依据。应用时，往往不直接使用样本本身，而是针对不同的问题构造样本的适当函数，利用这些样本的函数进行统计推断。

定义 设 $X_1,X_2,\cdots,X_n$ 是来自总体 X 的一个样本，$g(X_1,X_2,\cdots,X_n)$是 $X_1,X_2,\cdots,X_n$ 的函数，若 g 中不含未知参数，则称 $g(X_1,X_2,\cdots,X_n)$是一**统计量**。

因为 $X_1,X_2,\cdots,X_n$ 都是随机变量，而统计量 $g(X_1,X_2,\cdots,X_n)$是随机变量的函数，因此统计量是一个随机变量。设 $x_1,x_2,\cdots,x_n$ 是相应于样本 $X_1,X_2,\cdots,X_n$ 的样本值，则称 $g(x_1,x_2,\cdots,x_n)$是 $g(X_1,X_2,\cdots,X_n)$的观察值。

下面列出几个常用的统计量，设 $X_1,X_2,\cdots,X_n$ 是来自总体 X 的一个样本，$x_1,x_2,\cdots,x_n$ 是这一样本的观察值，定义

样本平均值

$$\overline{X}=\frac{1}{n}\sum_{i=1}^{n}X_i$$

样本方差

$$S^2=\frac{1}{n-1}\sum_{i=1}^{n}(X_i-\overline{X})^2=\frac{1}{n-1}\left(\sum_{i=1}^{n}X_i^2-n\overline{X}^2\right)$$

样本标准差

$$S=\sqrt{S^2}=\sqrt{\frac{1}{n-1}\sum_{i=1}^{n}(X_i-\overline{X}^2)}$$

样本 k 阶(原点)矩

$$A_k=\frac{1}{n}\sum_{i=1}^{n}X_i^k,\quad k=1,2,\cdots$$

样本 k 阶中心矩

$$B_k=\frac{1}{n}\sum_{i=1}^{n}(X_i-\overline{X})^k,\quad k=2,3,\cdots$$

它们的观察值分别为

$$\bar{x}=\frac{1}{n}\sum_{i=1}^{n}x_i$$

$$s^2=\frac{1}{n-1}\sum_{i=1}^{n}(x_i-\bar{x})^2=\frac{1}{n-1}\left(\sum_{i=1}^{n}x_i^2-n\bar{x}^2\right)$$

$$s=\sqrt{s^2}=\sqrt{\frac{1}{n-1}\sum_{i=1}^{n}(x_i-\bar{x}^2)}$$

$$a_k=\frac{1}{n}\sum_{i=1}^{n}x_i^k,\quad k=1,2,\cdots$$

$$b_k=\frac{1}{n}\sum_{i=1}^{n}(x_i-\bar{x})^k,\quad k=2,3,\cdots$$

这些观察值仍分别称为样本均值、样本方差、样本标准差、样本 k 阶(原点)矩以及样本

k 阶中心矩。

我们指出，若总体 X 的 k 阶矩 $E(X^k)=u_k$ 存在，则当 $n\to\infty$ 时，$A_k\to u_k$，　$k=1,2,3,\cdots$ 这是因为 $X_1,X_2,\cdots,X_n$ 独立且与 X 同分布，所以 $X_1^k,X_2^k,\cdots,X_n^k$ 独立且与 X^k 同分布，故有

$$E(X_1^k)=E(X_2^k)=\cdots=E(X_n^k)=u_k$$

从而，由**辛钦大数定理**知

$$A_k=\frac{1}{n}\sum_{i=1}^{n}X_i^k\to u_k,\quad k=1,2,\cdots$$

进而依概率收敛的序列的性质知道

$$g(A_1,A_2,\cdots,A_n)\to g(u_1,u_2,\cdots,u_n)$$

其中 g 为连续函数。这就是下面介绍的矩估计法的理论根据。

经验分布函数　我们还可以做出与总体分布函数 $F(x)$ 相应的统计量——经验分布函数。它的做法如下：设 $X_1,X_2,\cdots,X_n$ 是总体 F 的一个样本，用 $S(x)$，$-\infty<x<+\infty$ 表示 $X_1,X_2,\cdots,X_n$ 中不大于 x 的随机变量的个数。定义经验分布函数 $F_n(x)$ 为

$$F_n(x)=\frac{1}{n}S(x),\quad -\infty<x<+\infty$$

对于一个样本值，经验分布函数 $F_n(x)$ 的观察值是很容易得到的（$F_n(x)$ 的观察值仍以 $F_n(x)$ 表示）。例如，

(1) 设总体 F 具有一个样本值 1,2,3，则经验分布函数 $F_3(x)$ 的观察值为

$$F_3(x)=\begin{cases}0, & x<1,\\ \dfrac{1}{3}, & 1\leqslant x<2,\\ \dfrac{2}{3}, & 2\leqslant x<3,\\ 1, & x\geqslant 3\end{cases}$$

(2) 设总体 F 具有一个样本值 1,1,2，则经验分布函数 $F_3(x)$ 的观察值为

$$F_3(x)=\begin{cases}0, & x<1,\\ \dfrac{2}{3}, & 1\leqslant x<2,\\ 1, & x\geqslant 2\end{cases}$$

一般地，设 $x_1,x_2,\cdots,x_n$ 是总体 F 的一个容量为 n 的样本值。先将 $x_1,x_2,\cdots,x_n$ 按自小到大的次序排列，并重新编号，设为

$$x_{(1)}\leqslant x_{(2)}\leqslant\cdots\leqslant x_{(n)}$$

则经验分布函数 $F_n(x)$ 的观察值为

$$F_n(x)=\begin{cases}0, & x<x_{(1)}\\ \dfrac{k}{n}, & x_{(k)}\leqslant x<x_{(k+1)}\\ 1, & x\geqslant x_{(n)}\end{cases}$$

对于经验分布函数 $F_n(x)$，格里文科(Glivenko)在 1933 年证明了以下结果：对于任一实数 x，当 $n\to\infty$ 时，以概率 1 一致收敛于分布函数 $F(x)$，即

$$P\{\lim_{n\to\infty}\sup_{-\infty<x<+\infty}|F_n(x)-F(x)|=0\}=1$$

因此，对于任一实数 x，当 n 充分大时，经验分布函数的任一个观察值 $F_n(x)$ 与总体分布函数 $F(x)$ 只有微小的差别，从而在实际上可当作 $F(x)$ 使用。

统计量的分布称为**抽样分布**。在使用统计量进行统计推断时，常须知道它的分布。当总体的分布函数已知时，抽样分布是确定的，然而，要求出统计量的精确分布，一般是困难的。本节介绍来自正态总体的几个常用统计量的分布。

(1) **χ^2 分布**

设 $X_1,X_2,\cdots,X_n$ 是来自总体 $N(0,1)$ 的样本，则称统计量

$$\chi^2=X_1^2+X_2^2+\cdots+X_n^2 \tag{3-68}$$

服从自由度为 n 的 χ^2 分布，记为 $\chi^2\sim\chi^2(n)$。

此处，自由度是指式(3-68)右端包含的独立变量的个数。

$\chi^2(n)$ 分布的概率密度为

$$f(y)=\begin{cases}\dfrac{1}{2^{n/2}\Gamma(n/2)}y^{n/2-1}e^{\frac{-y}{2}}, & y>0\\ 0, & \text{其他}\end{cases} \tag{3-69}$$

概率密度示意图如图 3-25 所示。

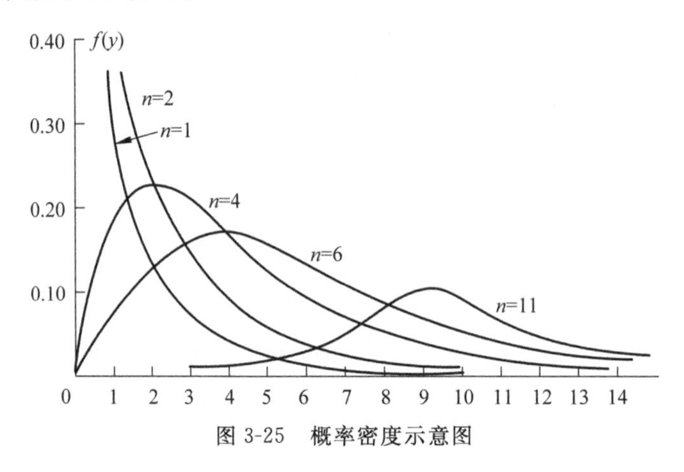

图 3-25 概率密度示意图

现在来推导式(3-69)。

$\chi^2(1)$ 分布即 $\Gamma\left(\frac{1}{2},2\right)$ 分布。现 $X_i\sim N(0,1)$，由定义 $X_i\sim\chi^2(1)$，即 $X_i^2\sim\Gamma\left(\frac{1}{2},2\right)$，$i=1,2,3,\cdots,n$，再由 $X_1,X_2,\cdots,X_n$ 的独立性可知 $X_1^2,X_2^2,\cdots,X_n^2$ 相互独立，从而由 Γ 分布的可加性知

$$\chi^2=\sum_{i=1}^{n}X_i^2\sim\Gamma\left(\frac{n}{2},2\right) \tag{3-70}$$

即得 χ^2 的概率密度如式(3-69)所示。

根据 Γ 分布的可加性易得 χ^2 分布的可加性如下：

χ^2 分布的可加性：设 $\chi_1^2\sim\chi^2(n_1)$，$\chi_2^2\sim\chi^2(n_2)$，并且 χ_1^2、χ_2^2 相互独立，则有

$$\chi_1^2+\chi_2^2\sim\chi^2(n_1+n_2) \tag{3-71}$$

χ^2 分布的数学期望和方差　设 $\chi^2 \sim \chi^2(n)$，则有

$$E(\chi^2)=n,\quad D(\chi^2)=2n \tag{3-72}$$

事实上，因 $X_i \sim N(0,1)$，故

$$E(X_i^2)=D(X_i)=1$$

$$D(X_i^2)=E(X_i^2)-[E(X_i^2)]^2=3-1=2,\quad i=1,2,3,\cdots,n$$

于是

$$E(\chi^2)=E\left(\sum_{i=1}^{n}X_i^2\right)=\sum_{i=1}^{n}E(X_i^2)=n$$

$$D(\chi^2)=D\left(\sum_{i=1}^{n}X_i^2\right)=\sum_{i=1}^{n}D(X_i^2)=2n$$

χ^2 分布的分位点　对于给定的正数 α，$0<\alpha<1$，称满足条件

$$P\{\chi^2>\chi_\alpha^2(n)\}=\int_{\chi_\alpha^2}^{\infty}f(y)\mathrm{d}y=\alpha \tag{3-73}$$

的点 $\chi_\alpha^2(n)$ 为 $\chi^2(n)$ 分布的上 α 分位点，如图 3-26 所示。

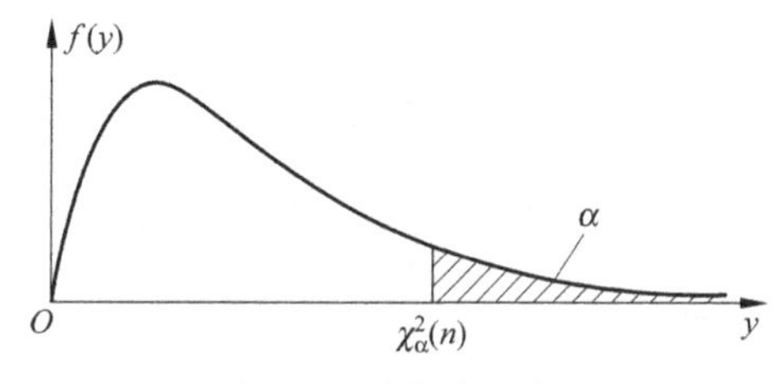

图 3-26　分位点示意图

对于不同的 α、n，上 α 分位点的值已制成表格，可以查 χ^2 分布表。例如，对于 $\alpha=0.1$，$n=25$，查 $\chi_{0.1}^2(25)=34.382$，该表只详列到 $n=40$，费希(R.A.Fisher)曾证明，当 n 充分大时，近似地有

$$\chi_\alpha^2(n)\approx\frac{1}{2}(z_0+\sqrt{2n-1})^2 \tag{3-74}$$

其中 z_0 是标准正态分布的上 α 二分位点。利用式(3-74)可以求得，当 $n>40$ 时 $\chi^2(n)$ 分布的上 α 分位点的近似值。

例如，由式(3-74)可得

$$\chi_{0.05}^2(n)\approx\frac{1}{2}(1.645+\sqrt{99})^2=67.221$$

(2) t 分布

设 $X\sim N(0,1)$，$Y\sim\chi^2(n)$，且 X，Y 相互独立，则称随机变量

$$t=\frac{X}{\sqrt{Y/n}} \tag{3-75}$$

服从自由度为 n 的 t 分布，记为 $t\sim t(n)$。

t 分布又称学生氏(Student)分布。$t(n)$分布的概率密度函数为

$$h(t)=\frac{\Gamma[(n+1)/2]}{\sqrt{\pi n}\,\Gamma(n/2)}\left(1+\frac{t^2}{n}\right)^{-(n+1)/2},\quad -\infty<t<+\infty \tag{3-76}$$

图 3-26 中画出了 $h(t)$的图形，$h(t)$的图形关于 $t=0$ 对称，当 n 充分大时，其图形类似于标准正态变量概率密度的图形。事实上，利用 Γ 函数的性质可得

$$\lim_{n\to\infty}h(t)=\frac{1}{\sqrt{2\pi}}\mathrm{e}^{-\frac{t^2}{2}} \tag{3-77}$$

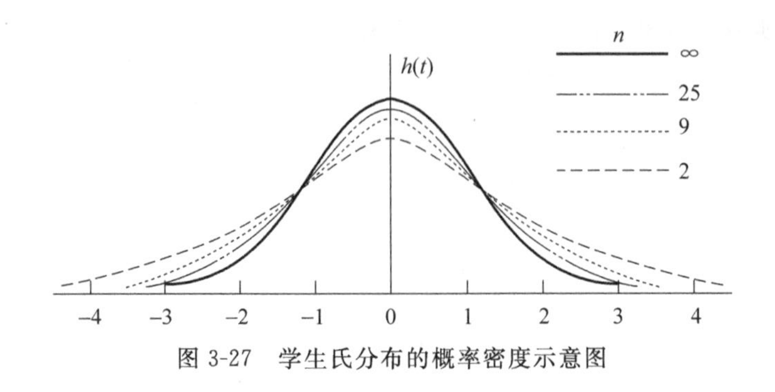

图 3-27 学生氏分布的概率密度示意图

当 n 充分大时，t 分布近似于 $N(0,1)$分布。但对于较小的 n，t 分布与 $N(0,1)$分布相差较大。

t 分布的分位点 对于给定的 α，$0<\alpha<1$，称满足条件

$$P\{t>t_\alpha(n)\}=\int_{t_\alpha(n)}^{\infty}h(t)\mathrm{d}t=\alpha \tag{3-78}$$

的点 $t_\alpha(n)$为 $t(n)$分布的上 α 分位点，如图 3-28 所示。

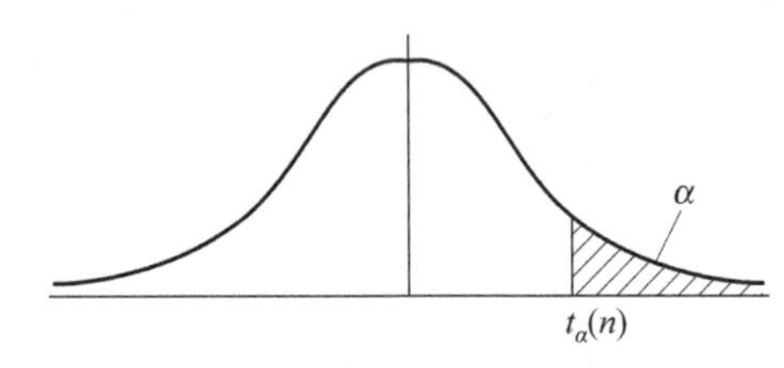

图 3-28 t 分布分位点示意图

由 t 分布上 α 分位点的定义及 $h(t)$图形的对称性知

$$t_{1-\alpha}(n)=-t_\alpha(n) \tag{3-79}$$

t 分布上 α 分位点，在 $n>45$ 时，对于常用的 α 值，就用正态近似

$$t_\alpha(n)\approx z_0 \tag{3-80}$$

(3) F 分布

设 $U\sim\chi^2(n_1)$，$V\sim\chi^2(n_2)$，且 U，V 相互独立，则称随机变量

$$F=\frac{U/n_1}{V/n_2} \tag{3-81}$$

服从自由度为(n_1,n_2)的 F **分布**，记为 $F\sim F(n_1,n_2)$。

$F(n_1,n_2)$分布的概率密度为

$$\psi(y)=\begin{cases}\dfrac{\Gamma[(n_1+n_2)/2](n_1/n_2)^{n_1/2}y^{(n_1/2)-1}}{\Gamma(n_1/2)\Gamma(n_2/2)[1+(n_1y/n_2)]^{(n_1+n_2)/2}}, & y>0\\ 0, & \text{其他}\end{cases} \tag{3-82}$$

图 3-29 中画出了 $\psi(y)$的图形。

由定义可知，若 $F\sim F(n_1,n_2)$，则

$$\frac{1}{F}\sim F(n_2,n_1) \tag{3-83}$$

F 分布的分位点 对于给定的 α，$0<\alpha<1$，称满足条件

$$P\{F>F_\alpha(n_1,n_2)\}=\int_{F_\alpha(n_1,n_2)}^{\infty}\psi(y)\mathrm{d}y=\alpha \tag{3-84}$$

的点 $F_\alpha(n_1,n_2)$为 $F(n_1,n_2)$分布的上 α 分位点。

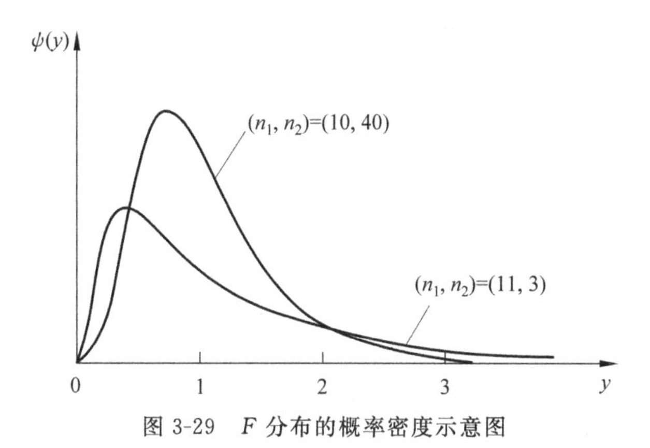

图 3-29　F 分布的概率密度示意图

F 分布的 α 分位点有如下的重要性质：

$$\frac{1}{F_{\alpha}(n_1,n_2)}=F_{1-\alpha}(n_2,n_1) \tag{3-85}$$

常用来求 F 分布表中未列出的常用的上 α 分位点。例如，

$$\frac{1}{F_{0.05}(9,12)}=F_{0.95}(12,9)=\frac{1}{2.80}=0.357$$

(4) 正态总体的样本均值与样本方差的分布

设总体 X（不管服从什么分布，只要均值和方差存在）的均值为 u，方差为 σ^2，X_1，X_2，…，X_n 是来自 X 的一个样本，$\overline{X}$，S^2 分别是样本均值和样本方差，则有

$$E(\overline{X})=u,\quad D(\overline{X})=\frac{\sigma^2}{n} \tag{3-86}$$

而

$$E(S^2)=E\left[\frac{1}{n-1}\left(\sum_{i=1}^{n}X_i^2-n\overline{X}^2\right)\right]=\frac{1}{n-1}\left[\sum_{i=1}^{n}E(X_i^2)-nE(\overline{X}^2)\right]$$
$$=\frac{1}{n-1}\left[\sum_{i=1}^{n}(\sigma^2+u^2)-n\left(\frac{\sigma^2}{n}+u^2\right)\right]=\sigma^2$$

即

$$E(S^2)=\sigma^2 \tag{3-87}$$

进而，设 $X\sim N(u,\sigma^2)$，由于 $\overline{X}=\frac{1}{n}\sum_{i=1}^{n}X_i$ 也服从正态分布，于是得到以下定理：

定理一　设 X_1，X_2，…，X_n 是来自正态总体 $N(u,\sigma^2)$的样本，$\overline{X}$ 是样本均值，则有

$$\overline{X}\sim N(u,\sigma^2/n)$$

对于正态总体 $N(u,\sigma^2)$的样本均值 $\overline{X}$ 和样本方差 S^2，有以下两个重要定理。

定理二　设 X_1，X_2，…，X_n 是来自正态总体 $N(u,\sigma^2)$的样本，$\overline{X}$，S^2 分别是样本均值和样本方差，则有

(1) $\frac{(n-1)S^2}{\sigma^2}\sim\chi^2(n-1)$；　(3-88)

(2) $\overline{X}$ 与 S^2 相互独立。

定理三 设 $X_1,X_2,\cdots,X_n$ 是来自正态总体 $N(u,\sigma^2)$ 的样本，$\overline{X}$、S^2 分别是样本均值和样本方差，则有

$$\frac{\overline{X}-u}{S/\sqrt{n}} \sim t(n-1) \tag{3-89}$$

证 由定理一、定理二

$$\frac{\overline{X}-u}{\sigma/\sqrt{n}} \sim N(0,1), \quad \frac{(n-1)S^2}{\sigma^2} \sim \chi^2(n-1),$$

且两者独立，由 t 分布的定义知

$$\frac{\overline{X}-u}{\sigma/\sqrt{n}}\Bigg/\sqrt{\frac{(n-1)S^2}{\sigma^2(n-1)}} \sim t(n-1)$$

化简上式左边，即得式(3-89)。

对于两个正态总体的样本均值和样本方差，有以下定理：

定理四 设 $X_1,X_2,\cdots,X_{n_1}$ 是与 $Y_1,Y_2,\cdots,Y_{n_2}$ 来自正态总体 $N(u_1,\sigma_1^2)$ 和 $N(u_2,\sigma_2^2)$ 的样本，且这两个样本相互独立。

设 $\overline{X}=\frac{1}{n_1}\sum_{i=1}^{n_1}X_i$，$\overline{Y}=\frac{1}{n_2}\sum_{i=1}^{n_2}Y_i$ 分别是这两个样本的样本均值，

$$S_1^2=\frac{1}{n_1-1}\sum_{i=1}^{n_1}(X_i-\overline{X})^2, \quad S_2^2=\frac{1}{n_2-1}\sum_{i=1}^{n_2}(Y_i-\overline{Y})^2$$

分别是这两个样本的样本方差，则有

(1) $\frac{S_1^2/S_2^2}{\sigma_1^2/\sigma_2^2}\sim F(n_1-1,n_2-1)$；

(2) 当 $\sigma_1^2=\sigma_2^2=\sigma^2$ 时，

$$\frac{(\overline{X}-\overline{Y})-(u_1-u_2)}{S_w\sqrt{\frac{1}{n_1}+\frac{1}{n_2}}} \sim t(n_1+n_2)$$

其中，$S_w^2=\frac{(n_1-1)S_1^2+(n_2-1)S_2^2}{n_1+n_2-2}$，$S_w=\sqrt{S_w^2}$。

证 (1) 由定理二

$$\frac{(n_1-1)S_1^2}{\sigma_1^2} \sim \chi^2(n_1-1), \quad \frac{(n_2-1)S_2^2}{\sigma_2^2} \sim \chi^2(n_2-1)$$

又因为假设 S_1^2、S_2^2 相互独立，则由 F 分布的定义知：

$$\frac{(n_1-1)S_1^2}{(n_2-1)\sigma_1^2}\Bigg/\frac{(n_2-1)S_2^2}{(n_2-1)\sigma_2^2} \sim F(n_1-1,n_2-1),$$

即

$$\frac{S_1^2/S_1^2}{\sigma_1^2/\sigma_2^2} \sim F(n_1-1,n_2-1)$$

(2) 易知 $\overline{X}-\overline{Y}\sim N\left(u_1-u_2,\frac{\sigma^2}{n_1}+\frac{\sigma^2}{n_2}\right)$，即有

$$U=\frac{(\bar{X}-\bar{Y})-(u_1-u_2)}{\sigma\sqrt{\frac{1}{n_1}+\frac{1}{n_2}}}\sim N(0,1)$$

又由给定条件知：

$$\frac{(n_1-1)S_1^2}{\sigma_1^2}\sim\chi^2(n_1-1),\quad \frac{(n_2-1)S_2^2}{\sigma_2^2}\sim\chi^2(n_2-1),$$

且它们相互独立，故由 χ^2 分布的可加性知：

$$V=\frac{(n_1-1)S_1^2}{\sigma^2}+\frac{(n_2-1)S^2}{\sigma^2}\sim\chi^2(n_1+n_2-2)$$

又因为 U、V 相互独立，按照 t 分布的定义知：

$$\frac{U}{\sqrt{V/(n_1+n_2-2)}}=\frac{(\bar{X}-\bar{Y})-(u_1-u_2)}{S_w\sqrt{\frac{1}{n_1}+\frac{1}{n_2}}}\sim t(n_1+n_2-2)$$

本节介绍的几个分布以及四个定理，在下面小节中起着重要作用。应该注意，它们都是在总体为正态这一基本假定下得到的。

3.1.5 随机过程及其统计描述

首先，从随时间演变的随机现象引入随机过程的概念和记号。接着，一般介绍随机过程的统计描述方法。最后，作为示例，从实际问题抽象出两个著名的随机过程，并介绍它们的统计特性。

1. 随机过程的概念

随机过程被认为是概率论的“动力学”部分。意思是说，它的研究对象是随时间演变的随机现象。对于这种现象，一般来说，人们已不能用随机变量或多维随机变量合理地表达，而需要用一族(无限多个)随机变量描述。下面看一个具体例子。

热噪声电压 电子元件或器件由于内部微观粒子(如电子)的随机热运动所引起的端电压称为热噪声电压，它在任一确定时刻 t 的值是一随机变量，记为 $V(t)$。不同时刻对应不同的随机变量，当时间在某区间，譬如$[0,+\infty)$上推移时，热噪声电压表现为一族随机变量，记为$\{V(t),t\geqslant 0\}$。在无线电通信技术中，接收机接收信号时，机内的热噪声电压要对信号产生持续的干扰，为了消除这种干扰(假设没有其他干扰因素)，必须掌握热噪声电压随时间变化的过程。为此，我们通过某种装置对元件(或器件)两端的热噪声电压进行长时间的测量，并把结果自动记录下来，作为一次试验结果，便得到一个电压—时间函数(即电压关于时间 t 的函数)$v_1(t)$，$t>0$，如图 3-29 所示。这个电压—时间函数在试验前是不可能预先确知的，只有通过测量才能得到。如果在相同条件下独立地再进行一次测量，得到的记录是不同的。事实上，由于热骚动的随机性，在相同条件下每次测量都将产生不同的电压—时间函数。这样，不断独立重复地测量，就可以得到一族不同的电压—时间函数，这族函数从另一角度刻画了热噪声电压。

现以上述例子为背景，引入随机过程的概念。

设 T 是一无限实数集，我们把依赖于参数 $t\in T$ 的一族(无限多个)随机变量称为**随机**

过程，记为$\{X(t),t\in T\}$，这里对每一个$t\in T$，$X(t)$是一随机变量，T叫作**参数集**，我们常把t看作时间，称$X(t)$为时刻t时过程的**状态**，而把$X(t_1)=x$（实数）说成$t=t_1$时过程处于状态x。对于一切$t\in T$，$X(t)$所有可能取的值的全体称为随机过程的**状态空间**。

对随机过程进行一次试验（即进行一次全程观测），其结果是一函数，记为$x(t)$，$t\in T$称它为随机过程的一个**样本函数或样本曲线**。所有不同的试验结果构成一族（可以只包含有限个结果）样本函数，如图3-30所示。

随机过程可以看作多维随机变量的延伸，随机过程与其样本函数的关系就像数理统计中总体与样本的关系一样。

热噪声电压的变化过程$\{V(t),t\geqslant 0\}$是一个随机过程，它的状态空间是$(-\infty,+\infty)$，一次观测到的电压—时间函数就是这个随机过程的一个样本函数。在以后的叙述中，为简便起见，常以"$X(t),t\in T$"表示随机过程。在上下文不致混淆的情形下，一般略去记号中的参数集T。

例 3-37 抛掷一枚硬币的试验，样本空间是$S=\{H,T\}$，现借此定义

$$X(t)=\begin{cases}\cos\pi t, & \text{当出现 H}\\ t, & \text{当出现 T}\end{cases}\quad t(-\infty,+\infty)$$

其中$P(\mathrm{T})=P(\mathrm{H})=1/2$，对任意固定的$t$，$X(t)$是一定义在$S$上的随机变量；对不同的$t$，$X(t)$是不同的随机变量（图3-31），所以$\{X(t),t\in(-\infty,+\infty)\}$是一族随机变量，即它是随机过程。另一方面，做一次试验，若出现H，则样本函数为$x_1(t)=\cos\pi t$；若出现T，则样本函数为$x_2(t)=t$，所以该随机过程对应的一族样本函数仅包含两个函数：$\{\cos\pi t,t\}$，显然，这个随机过程的状态空间为$(-\infty,+\infty)$。

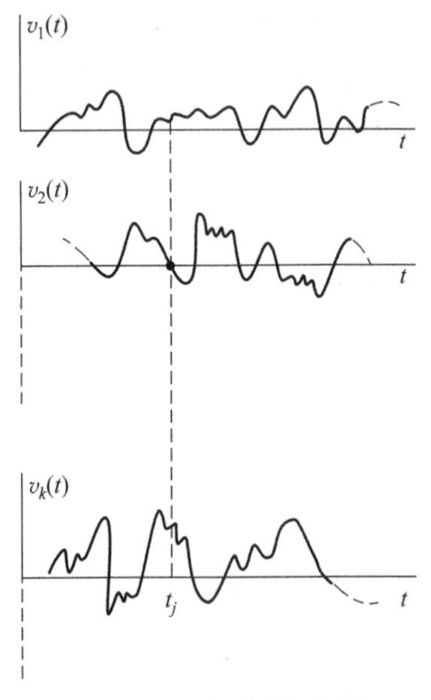

图 3-30 样本函数示意图

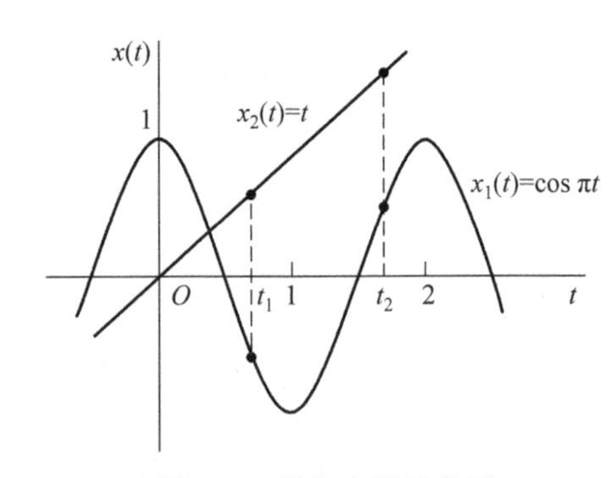

图 3-31 随机变量示意图

例 3-38 考虑

$$X(t)=a\cos(wt+\Theta),\quad t\in(-\infty,+\infty) \tag{3-90}$$

式中，a 和 w 是正常数，Θ 是在$(0,2\pi)$上服从均匀分布的随机变量。

显然，对于每一个固定的时刻 $t=t_1$，$X(t)=a\cos(wt+\Theta)$都是一个随机变量，因而由式(3-90)确定的 $X(t)$ 是一个随机过程，通常称它为**随机相位正弦波**。它的状态空间是$[-a,a]$在$(0,2\pi)$内随机取一数 θ_i，相应地即得这个随机过程的一个样本函数

$$X(t)=a\cos(wt+\theta_i),\theta_i \in (0,2\pi)$$

图 3-32 中画出了这个随机过程的两条样本曲线。

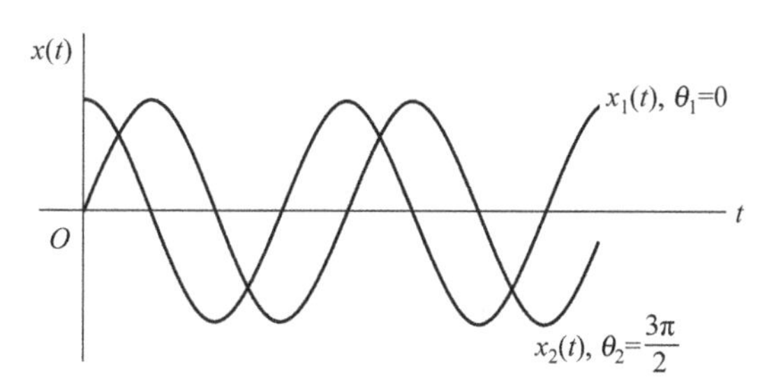

图 3-32　样本曲线示意图

例 3-39　在测量运动目标的距离时存在随机误差，若以 $\varepsilon(t)$表示在时刻 t 的测量误差，则它是一个随机变量。当目标随时间 t 按一定规律运动时，测量误差 $\varepsilon(t)$也随时间 t 变化，换句话说，$\varepsilon(t)$是依赖于时间 t 的一族随机变量，即$\{\varepsilon(t),t\geqslant 0\}$是一随机过程，且它们的状态空间是$(-\infty,\infty)$。

例 3-40　设某城市的 120 急救电话台迟早会接到用户的呼叫，以 $X(t)$表示时间间隔$(0,t]$内接到的呼叫次数，它是一个随机变量，且对于不同的 $t\geqslant 0$，$X(t)$是不同的随机变量，于是，$\{X(t),t\geqslant 0\}$是一随机过程，且它的状态空间是$\{0,1,2,\cdots\}$。

例 3-41　考虑抛掷一颗骰子的试验。(i)设 X_n 是第 n 次$(n\geqslant 1)$抛掷的点数。对于 $n=1,2,3,\cdots$的不同值，X_n 是不同的随机变量，因而$\{X_n,n\geqslant 1\}$构成一随机过程，称为**伯努利过程**或**伯努利随机序列**。(ii)设 Y_n 是前 n 次抛掷中出现的最大点数，$\{Y_n,n\geqslant 1\}$也是一随机过程。它们的状态空间都是$\{1,2,3,4,5,6\}$。

工程技术中有很多随机现象，例如，地震波幅、结构物承受的风荷载、时间间隔$(0,t]$内船舶甲板"上浪"的次数、通信系统和自控系统中的各种噪声和干扰，以及生物群体的生长等变化过程都可用随机过程这一数学模型描绘。以及生物群体的生长等变化过程都可用随机过程这一数学模型描绘。不过，这些随机过程都不能像随机相位正弦波那样，很方便、很具体地用时间和随机变量(一个或几个)的关系式表示出来，其主要原因在于自然界和社会产生随机因素的机理是极复杂的，甚至是不可能被观察到的。因而，对于这样的随机过程(实际中大多是这样的随机过程)，一般来说，只有通过分析由观察所得到的样本函数，才能掌握它们随时间变化的统计规律性。

随机过程的不同描述方式在本质上是一致的，在理论分析时往往以随机变量族的描述方式作为出发点。而在实际测量和数据处理中往往采用样本函数簇的描述方式。这两种描述方式在理论和实际两方面互为补充。

随机过程可依其在任一时刻的状态是连续型随机变量或离散型随机变量而分成**连续型**

随机过程和**离散型随机过程**。

随机过程还可依时间(参数)是连续或离散进行分类。当时间集 T 是有限或无限区间时，称$\{X(t),t\geqslant 0\}$为**连续参数随机过程**(以下如无特别指明，"随机过程"总是相对连续参数而言的)。如果 T 是离散集合，例如 $T=\{0,1,2,\cdots\}$，则称$\{X(t),t\geqslant 0\}$为**离散参数随机过程**或**随机序列**，此时常记成$\{X_n,n=0,1,2,\cdots\}$等。

有时，为了适应数字化的需要，实际中也常将连续参数随机过程转化为随机序列处理，例如，我们只在时间集 $T=\{\Delta t,2\Delta t,\cdots,n\Delta t,\cdots\}$上观测电阻热噪声电压 $V(t)$，这时就得到一个随机序列

$$\{V_1,V_2,\cdots,V_n,\cdots\}$$

其中 $V_n=V(n\Delta t)$，显然，当 Δt 充分小时，这个随机序列能够近似地描述连续时间情况下的热噪声电压。

最后指出，参数 t 虽然通常解释为时间，但它也可以表示其他量，如序号、距离等。例如，在例 3-41 中，假定每隔一段单位时间抛掷骰子一次，那么第 n 次抛掷时骰子出现的点数 X_n 就相当于 $t=n$ 时骰子出现的点数。

2. 随机过程的统计描述

随机过程在任一时刻的状态是随机变量，由此可以利用随机变量(一维和多维)的统计描述方法描述随机过程的统计特性。

(1) 随机过程的分布函数簇

给定随机过程$\{X(t),t\in T\}$，对于每一个固定的 $t\in T$，随机变量 $X(t)$的分布函数一般与 t 有关，记为

$$F(x,t)=P\{X(t)\leqslant x\},\quad x\in R$$

称它为随机过程$\{X(t),t\in T\}$的**一维分布函数**，而$\{F(x,t),t\in T\}$称为**一维分布函数簇**。

一维分布函数簇刻画了随机过程中各个个别时刻的统计特性。为了描述随机过程在不同时刻状态之间的统计联系，一般可对任意 $n(n=2,3,\cdots)$个不同的时刻 $t_1,t_2,\cdots,t_n,t_n\in T$，引入 n 维随机变量$(X(t_1),X(t_2),\cdots,X(t_n))$，它的分布函数记为

$$F(x_1,x_2,\cdots,x_n;t_1,t_2,\cdots,t_n)=P\{X(t_1)\leqslant x_1,X(t_2)\leqslant x_2,\cdots,X(t_n)\leqslant x_n\},\quad x\in R$$

对于固定的 n，我们称$\{F(x_1,x_2,\cdots,x_n;t_1,t_2,\cdots,t_n),n=1,2,\cdots,t_i\in T\}$为随机过程$\{X(t),t\in T\}$的 **$n$ 维分布函数簇**。

当 n 充分大时，n 维分布函数簇能够近似地描述随机过程的统计特性，显然，n 的值越大，n 维分布函数簇描述随机过程的特性也越趋完善。一般地，可以指出科尔莫格罗夫定理：有限维分布函数簇，即$\{F(x_1,x_2,\cdots,x_n;t_1,t_2,\cdots,t_n),n=1,2,\cdots,t_i\in T\}$完全确定了随机过程的统计特性。

前面我们曾将随机过程按其状态或时间的连续或离散进行了分类。然而，随机过程的本质的分类方法仍是按其分布特性进行分类。具体地说，就是依照过程在不同时刻的状态之间的特殊统计依赖方式，抽象出一些不同类型的模型，如独立增量过程、马尔可夫过程、平稳过程等。我们将在以后章节中对它们作不同程度的介绍。

(2) 随机过程的数字特征

随机过程的分布函数簇能完善地刻画随机过程的统计特性，但是，人们在实际中，根据

观察往往只能得到随机过程的部分资料(样本)，用它确定有限维分布函数簇是困难的，甚至是不可能的。因而，和引入随机变量的数字特征那样，有必要引入随机过程的基本的数字特征——均值函数和相关函数等。我们将会看到，这些数字特征在一定条件下是便于测量的。下面依次介绍。

给定随机过程$\{X(t), t\in T\}$，固定$t\in T$，$X(t)$是一随机变量，它的均值一般与t有关，记为

$$\mu_X(t)=E[X(t)] \tag{3-91}$$

称$\mu_X(t)$为随机过程$\{X(t), t\in T\}$的**均值函数**。

注意，$\mu_X(t)$是随机过程的所有样本函数在时刻t的函数值的平均值，通常称这种平均为**集平均**或**统计平均**。

均值函数$\mu_X(t)$表示了随机过程$X(t)$在各个时刻的摆动中心。

其次，我们把随机变量的二阶原点矩和二阶中心矩分别记作

$$\psi_X^2(t)=E[X^2(t)] \tag{3-92}$$

$$\sigma_X^2(t)=D_X(t)=\mathrm{Var}[X(t)]=E\{[X(t)-\mu_X(t)]^2\} \tag{3-93}$$

并分别称它们为随机过程$\{X(t), t\in T\}$的**均方值函数**和**方差函数**。方差函数的算术平方根$\sigma_X(t)$称为随机过程的**标准差函数**，它表示随机过程$X(t)$在时刻t对于均值$\mu_X(t)$的平均偏离程度，如图3-33所示。

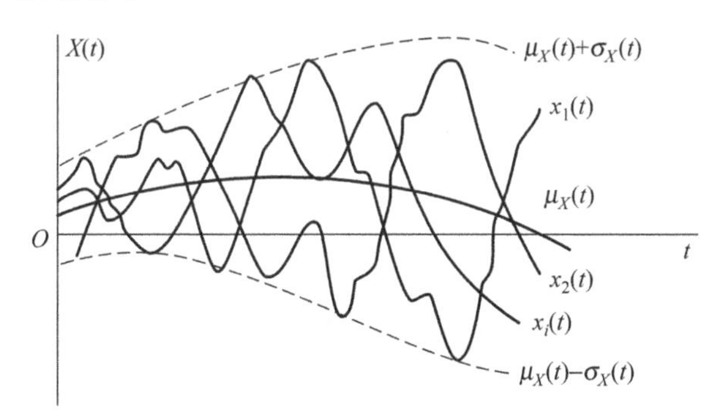

图3-33　标准差函数示意图

又设任意$t_1, t_2\in T$。我们把随机变量$X(t_1)$和$X(t_2)$的二阶原点混合矩记作

$$R_{XX}(t_1,t_2)=E[X(t_1)X(t_2)] \tag{3-94}$$

并称它为随机过程$\{X(t), t\in T\}$的**自相关函数**，简称**相关函数**。记号$R_{XX}(t_1,t_2)$在不致混淆的场合常简记为$R_X(t_1,t_2)$。

类似地，还可写出$X(t_1)$和$X(t_2)$的二阶混合中心矩，记作

$$C_{XX}(t_1,t_2)=\mathrm{Cov}[X(t_1),X(t_2)]=E\{[X(t_1)-\mu_X(t_1)][X(t_2)-\mu_X(t_2)]\} \tag{3-95}$$

并称它为随机过程$\{X(t), t\in T\}$的**自协方差函数**，简称**协方差函数**。$C_{XX}(t_1,t_2)$也常记为$C_X(t_1,t_2)$。

由多维随机变量数字特征的知识可知，自相关函数和自协方差函数是刻画随机过程自身在两个不同时刻的状态之间统计依赖关系的数字特征。

现把式(3-91)和式(3-95)定义的数字特征之间的关系简述如下：

由式(3-92)和式(3-94)知

$$\psi_X^2(t)=R_X(t,t) \tag{3-96}$$

展开式(3-95)，得

$$C_X(t_1,t_2)=R_X(t_1,t_2)-\mu_X(t_1)\mu_X(t_2) \tag{3-97}$$

特别地，当 $t_1=t_2=t$ 时，由式(3-97)得

$$\sigma_X^2(t)=C_X(t,t)=R_X(t,t)-\mu_X^2(t) \tag{3-98}$$

由式(3-96)和式(3-98)可知，以上数字特征中最主要的是均值函数和自相关函数。

从理论的角度看，仅研究均值函数和自相关函数当然不能代替对整个随机过程的研究，但是，由于它们确实刻画了随机过程的主要统计特性，而且远较有限维分布函数簇易于观察和实际计算，因而，对于应用课题而言，它们常常能够起到重要作用。据此，在随机过程的专著中着重研究了所谓的二阶矩过程。

如果对每一个 $t\in T$，随机过程 $\{X(t),t\in T\}$ 的二阶矩 $E[X^2(t)]$ 都存在，根据柯西-施瓦茨，有

$$\{E[X(t_1)X(t_2)]\}^2\leqslant E[X^2(t_1)]E[X^2(t_2)],t_1,t_2\in T$$

即知 $R_X(t_1,t_2)=E[X(t_1)X(t_2)]$ 存在。

在实际中，常遇到一种特殊的二阶矩过程——正态过程。随机过程 $\{X(t),t\in T\}$ 称为**正态过程**，如果它的每一个有限维分布都是正态分布，即对任意整数 $n\geqslant 0$ 及任意 $t_1,t_2,\cdots,t_n$ 服从 n 维正态分布，正态过程的全部统计特性完全由它的均值函数和自协方差函数(或自相关函数)确定。

例 3-42 求随机相位正弦波 $X(t)=a\cos(\omega t+\Theta),t\in(-\infty,\infty)$ 的均值函数、方差函数和自相关函数。

解 由于假设的 Θ 概率密度为

$$f(\theta)=\begin{cases}\dfrac{1}{2\pi}, & 0<\theta<2\pi\\ 0, & \text{其他}\end{cases}$$

于是，由定义

$$\begin{aligned}\mu_X(t)&=E[X(t)]=E[a\cos(\omega t+\Theta)]\\&=\int_0^{2\pi}a\cos(\omega t+\theta)\cdot\frac{1}{2\pi}\mathrm{d}\theta=0\end{aligned}$$

而自相关函数

$$\begin{aligned}R_X(t_1,t_2)&=E[X(t_1)X(t_2)]\\&=E[a^2\cos(\omega t_1+\Theta)\cos(\omega t_2+\Theta)]\\&=a^2\int_0^{2\pi}\cos(\omega t_1+\theta)\cos(\omega t_2+\theta)\cdot\frac{1}{2\pi}\mathrm{d}\theta\\&=\frac{a^2}{2}\cos\omega\tau\end{aligned}$$

式中，$t=t_2-t_1$，特别地，令 $t_1=t_2=t$，即得方差函数为

$$\sigma_X^2(t)=R_X(t,t)-\mu_X^2(t)=R_X(t,t)=\frac{a^2}{2}$$

(3) 二维随机过程的分布函数和数字特征

实际中，有时必须同时研究两个或两个以上随机过程及它们之间的统计联系。例如，某地在时段$(0,t]$内的最高温度$X(t)$和最低温度$Y(t)$都是随机过程，这时输出不是随机过程，需要研究输出和输入之间的统计联系等。对于这类问题，除了对各个随机过程的统计特性加以研究外，还必须将几个随机过程作为整体研究其统计特性。

设$X(t)$，$Y(t)$是依赖于同一参数$t\in T$的随机过程，对于不同的$t\in T$，$X(t)$，$Y(t)$是不同的二维随机变量，我们称$\{X(t),Y(t),t\in T\}$为**二维随机过程**。

给定二维随机过程$\{(X(t),Y(t)),t\in T\}$，$t_1,t_2,\cdots,t_n;t_1',t_2',\cdots,t_m'$是$T$中的任意两组实数，通常称其为$\boldsymbol{n+m}$**维随机变量**。

$$(X(t_1),X(t_2),\cdots,X(t_n);Y(t_1'),Y(t_2'),\cdots,Y(t_m'))$$

的分布函数$F(x_1,x_2,\cdots,x_n;t_1,t_2,\cdots,t_n;y_1,y_2,\cdots,y_n;t_1',t_2',\cdots,t_m')$，$x_i,y_j\in R$，$i=1,2,\cdots,n$，$j=1,2,\cdots,m$如果对于任意正整数$n,m$，任意数组$t_1,t_2,\cdots,t_n\in T$，$t_1',t_2',\cdots,t_m'\in T$，$n$维随机变量$(X(t_1),X(t_2),\cdots,X(t_n))$与$m$维随机变量$Y(t_1'),Y(t_2'),\cdots,Y(t_m')$相互独立，则称随机过程$X(t)$和$Y(t)$是**相互独立**的。关于数字特征，除了$X(t)$、$Y(t)$个别的均值和自相关函数外，在应用课题中感兴趣的是$X(t)$和$Y(t)$的二阶混合原点矩，记作

$$R_{XY}(t_1,t_2)=E[X(t_1)Y(t_2)],\quad t_1,t_2\in T \tag{3-99}$$

并称它为随机过程$X(t)$和$Y(t)$的**互相关函数**。

类似地，还有如下定义的$X(t)$和$Y(t)$的互协方差函数。

$$\begin{aligned}C_{XY}(t_1t_2)&=E\{[X(t_1)-m_X(t_1)][Y(t_2)-m_Y(t_2)]\}\\&=R_{XX}(t_1t_2)-m_X(t_1)m_Y(t_2)t_1t_2\in T\end{aligned} \tag{3-100}$$

如果二维随机过程$\{X(t),Y(t)\}$对任意$t_1,t_2\in T$恒有

$$C_{XY}(t_1,t_2)=0 \tag{3-101}$$

则称随机过程$X(t)$和$Y(t)$是**不相关**的。

两个随机过程如果是相互独立的，且它们的二阶矩存在，则它们必然不相关。反之，从不相关一般并不能推断出它们是相互独立的。

当同时考虑$n(n>2)$个随机过程或n维随机过程时，可引入它们的多维分布，以及均值函数和两两之间的互相关函数(或互协方差函数)。

在许多应用问题中，经常研究几个随机过程之和(例如，将信号和噪声同时输入到一个线性系统的情形)的统计特性。现考虑三个随机过程$X(t)$、$Y(t)$和$Z(t)$之和的情形。令

$$W(t)=X(t)+Y(t)+Z(t)$$

显然，均值函数

$$\mu_W(t)=\mu_X(t)+\mu_Y(t)+\mu_Z(t)$$

而$W(t)$的自相关函数可以根据均值运算规则和相关函数的定义得到：

$$\begin{aligned}R_{WW}(t_1,t_2)&=E[W(t_1)W(t_2)]\\&=R_{XX}(t_1,t_2)+R_{XY}(t_1,t_2)+R_{XZ}(t_1,t_2)+\\&\quad R_{YX}(t_1,t_2)+R_{YY}(t_1,t_2)+R_{YZ}(t_1,t_2)+\\&\quad R_{ZX}(t_1,t_2)+R_{ZY}(t_1,t_2)+R_{ZZ}(t_1,t_2)\end{aligned}$$

此事表明，几个随机过程之和的自相关函数可以表示为各个随机过程的自相关函数以及各对随机过程的互相关函数之和。

如果上述三个随机过程是两两不相关的,且各自的均值函数都为零,则由式(3-101)可知诸互相关函数均等于零,此时 $W(t)$ 的自相关函数简单地等于各个过程的自相关函数之和,即

$$R_{WW}(t_1,t_2)=R_{XX}(t_1,t_2)+R_{YY}(t_1,t_2)+R_{ZZ}(t_1,t_2) \tag{3-102}$$

特别地,令 $t_1=t_2=t$,由式(3-102)可得 $W(t)$ 的方差函数(此处即均方值函数)为

$$\sigma_W^2(t)=\psi_W^2(t)=\psi_X^2(t)+\psi_Y^2(t)+\psi_Z^2(t)$$

3. 泊松过程及维纳过程

泊松过程及维纳过程是两个典型的随机过程,它们在随机过程的理论和应用中都有重要的地位,它们都属于所谓的独立增量过程,所以下面先介绍独立增量过程。给定二阶矩过程$\{N(t),t\geqslant 0\}$,称随机变量 $X(t)-X(s)$,$0\leqslant s<t$ 为随机过程在区间$(s,t]$上的增量。如果对任意选定的正整数 n 和任意选定的 $0\leqslant t_0<t_1<t_2\cdots<t_n$,$n$ 个增量

$$X(t_1)-X(t_0),X(t_2)-X(t_1),\cdots,X(t_n)-X(t_n-1)$$

相互独立,则称$\{N(t),t\geqslant 0\}$为**独立增量过程**。直观地说,它具有"在互不重叠的区间上,状态的增量是相互独立的"这一特征。

对于独立增量过程,可以证明:在 $X(0)=0$ 的条件下,它的有限维分布函数簇可以由增量 $X(t)-X(s)(0\leqslant s<t)$的分布确定。

特别地,若对任意实数 h 和 $0\leqslant s+h<t+h$,$X(t+h)-X(s+h)$ 与 $X(t)-X(s)$都具有相同的分布,则称**增量具有平稳性**。这时,增量 $X(t)-X(s)$的分布函数实际上只依赖于时间差 $t-s(0\leqslant s<t)$,而不依赖于 t 和 s 本身(事实上,令 $h=-s$ 即知)。当增量具有平稳性时,称相应的独立增量过程是**齐次的或时齐的**。

设 $X(0)=0$ 和方差函数 $D_X(t)$为已知,计算独立增量过程$\{N(t),t\geqslant 0\}$的协方差函数 $C_X(s,t)$,记 $Y(t)=X(t)-\mu_X(t)$,则当 $X(t)$具有独立增量时,$Y(t)$也具有独立增量;$Y(0)=0$,$E[Y(t)]=0$,且方差函数 $D_Y(t)=E[Y^2(t)]=D_X(t)$。当 $0\leqslant s<t$ 时,

$$\begin{aligned}C_X(s,t)&=E[Y(s)Y(t)]\\&=E\{[Y(s)-Y(0)][(Y(t)-Y(s))+Y(s)]\}\\&=E[Y(s)-Y(0)]E[Y(t)-Y(s)]+E[Y^2(s)]\\&=D_X(s)\end{aligned}$$

由此可知,对任意 $s,t\geqslant 0$

$$C_X(s,t)=D_X(\min(s,t)) \tag{3-103}$$

(1) 泊松过程

考虑下列随时间推移迟早会重复出现的事件:自电子管阴极发射的电子到达阳极;意外事故或意外差错的发生。

要求服务的顾客到达服务站。此处,"顾客"与"服务站"的含义相当广泛,例如,"顾客"可以是电话的呼叫,"服务站"是 120 急救台;"顾客"可以是来领配件的汽车维修工,"服务站"是维修站配件仓库的管理员;"顾客"可以是联网的个人计算机,"服务站"是某网站的主页等。

为建立一般模型方便起见,我们把电子、顾客等看作时间轴上的质点,电子到达阳极、顾客到达服务站等事件的发生相当于质点出现。于是,抽象地说,我们研究的对象将是随时间推移,陆续出现在时间轴上的许多质点所构成随机的质点流。

以 $N(t),t\geqslant 0$ 表示在时间间隔 $(0,t]$ 内出现的质点数。$\{N(t),t\geqslant 0\}$ 是一状态取非负整数,时间连续的随机过程,称为**计数过程**。它的一个典型的样本函数如图 3-34 所示,图中,t_1, t_2,…是质点依次出现的时刻。

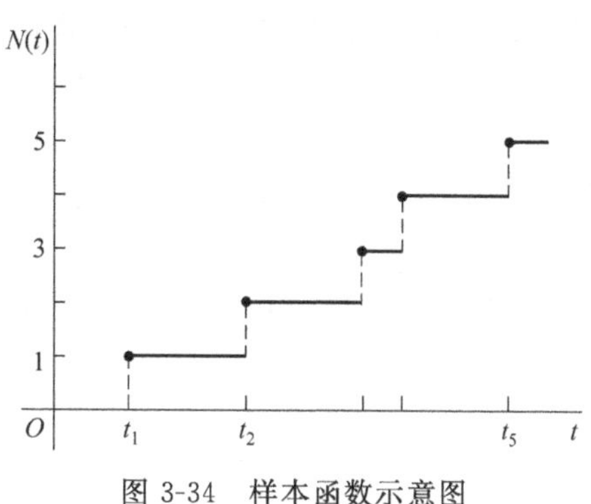

图 3-34 样本函数示意图

令 $N(t_0,t)=N(t)-N(t_0)$,$0\leqslant t_0<t$,它表示时间间隔 $(t_0,t]$ 内出现的质点数。"在 $(t_0,t]$ 内出现 k 个质点",即 $\{N(t_0,t)=k\}$ 是一事件,其概率记为

$$P_k(t_0,t)=P\{N(t_0,t)=k\} \quad k=0,1,2,\cdots \tag{3-104}$$

现假设 $N(t)$ 满足如下条件:

① 在不相重叠的区间上的增量具有独立性;

② 对于充分小的 Δt

$$P_1(t,t+\Delta t)=P\{N(t,t+\Delta t)=1\}=\lambda\Delta t+o(\Delta t) \tag{3-105}$$

其中常数 $\lambda>0$ 称为过程 $N(t)$ 的强度,而 $o(\Delta t)$ 当 $\Delta t\to 0$ 时,是关于 Δt 的高阶无穷小。

③ 对于充分小的 Δt

$$\sum_{j=2}^{\infty}P_j(t,t+\Delta t)=\sum_{j=2}^{\infty}P\{N(t,t+\Delta t)=j\}=o(\Delta t) \tag{3-106}$$

即对于充分小的 Δt,在 $(t,t+\Delta t]$ 出现 2 个或 2 个以上质点的概率与出现一个质点的概率相比,可以忽略不计。

④ $N(0)=0$

把满足条件①~④的计数过程 $\{N(t),t\geqslant 0\}$ 称作**强度为 λ 的泊松过程**,把相应的质点流或质点出现的随机时刻 $t_1,t_2,\cdots$ 称作**强度为 λ 的泊松流**。

以下首先求出增量的分布律。

对于泊松过程,我们注意到

$$\sum_{k=0}^{\infty}P_k(t_0,t)=1$$

结合条件②和③

$$\begin{aligned}P_0(t,t+\Delta t)&=1-P_1(t,t+\Delta t)-\sum_{k=2}^{\infty}P_k(t,t+\Delta t)\\&=1-\lambda\Delta t+o(\Delta t)\end{aligned} \tag{3-107}$$

下面就泊松过程计算概率式(3-104)。

首先确定 $P_0(t_0,t)$。为此,对 $\Delta t>0$,考虑

$$\begin{aligned}P_0(t_0,t+\Delta t)&=P\{N(t_0,t+\Delta t)=0\}\\&=P\{N(t_0,t)+N(t,t+\Delta t)=0\}\\&=P\{N(t_0,t)=0,N(t,t+\Delta t)=0\}\end{aligned}$$

由条件①和式(3-107),上式可写成

$$\begin{aligned}P_0(t_0,t+\Delta t)&=P\{N(t_0,t)=0\},P\{N(t,t+\Delta t)=0\}\\&=P_0(t_0,t)[1-l\Delta t+o(\Delta t)] \text{ 或 } P_0(t_0,t+\Delta t)-P_0(t_0,t)\end{aligned}$$

$$=-lP_0(t_0,t)\Delta t+o(\Delta t)$$

现以 Δt 除上式两边，并令 $\Delta t\to 0$，得微分方程

$$\frac{dP_0(t_0,t)}{dt}=-\lambda P_0(t_0,t) \tag{3-108}$$

因为 $N(t_0,t_0)=0$，故 $P_0(t_0,t_0)=1$。把它看作初始条件即可从式(3-108)解得

$$P_0(t_0,t)=\exp[-\lambda(t-t_0)]\quad t>t_0 \tag{3-109}$$

再计算 $P_k(t_0,t),k\geqslant 1$。根据和事件概率公式和条件①，有

$$P\{N(t_0,t+Dt)=k\}=P\{N(t_0,t)+N(t,t+Dt)=k\}$$

$$\sum_{j=0}^{k}P\{N(t,t+\Delta t)=j\}P\{N(t_0,t)=k-j\}$$

由式(3-104)和式(3-107)，并注意到

$$\sum_{j=2}^{k}P_j(t,t+\Delta t)P_{k-j}(t_0,t)\leqslant\sum_{j=2}^{\infty}P_j(t,t+\Delta t)=o(t)\quad(k\geqslant 2),$$

上式可表示成

$$\begin{aligned}P_k(t_0,t+\Delta t)&=\sum_{j=0}^{k}P_j(t,t+\Delta t)P_{k-j}(t_0,t)\\&=[1-l\Delta t+o(\Delta t)]P_k(t_0,t)+[l\Delta t+o(\Delta t)]\\&\quad P_{k-1}(t_0,t)+o(\Delta t)\quad(k\geqslant 1)\end{aligned}$$

将此式适当整理后，两边除以 Δt，并令 $\Delta t\to 0$，就可得到 $P_k(t_0,t)$满足的微分—差分方程

$$\frac{dP_k(t_0,t)}{dt}=-\lambda P_k(t_0,t)+\lambda P_{k-1}(t_0,t),\quad t>t_0 \tag{3-110}$$

又因 $N(t_0,t_0)=0$，故有初始条件

$$P_k(t_0,t_0)=0,\quad k\geqslant 1 \tag{3-111}$$

于是，在式(3-110)和式(3-111)中令 $k=1$，并利用已求出的 $P_0(t_0,t)$即可解出

$$P_1(t_0,t)=\lambda(t-t_0)e^{-\lambda(t-t_0)}$$

如此重复，即逐次令 $k=2,3,\cdots$就可求得在"$(t_0,t]$内出现 k 个质点"的概率，即得增量的分布律为

$$\begin{aligned}P_k(t_0,t)&=P\{N(t_0,t)=k\}\\&=\frac{[\lambda(t-t_0)]^k}{k!}e^{-\lambda(t-t_0)},\quad t>t_0,k=0,1,2,\cdots\end{aligned} \tag{3-112}$$

由式(3-112)可见，增量 $N(t_0,t)=N(t)-N(t_0)$的概率分布是参数为 $\lambda(t-t_0)$的泊松分布，且只与时间差$(t-t_0)$有关，所以强度为 λ 的泊松过程是一齐次的独立增量过程。

在有些书中，泊松过程也用另一种形式定义，即若计数过程$\{N(t),t\geqslant 0\}$满足下列三个条件：

i. 它是独立增量过程；

ii. 对任意的 $t>t_0\geqslant 0$，增量 $N(t)-N(t_0)\sim\pi(\lambda(t-t_0))$；

iii. $N(0)=0$

那么称$\{N(t),t\geqslant 0\}$是一强度为 λ 的泊松过程。

从前面的演算结果不难看到,从条件①～④可以推出 i～iii。反之,在 ii 中令 $t-t_0=\Delta t$,并利用 $e^{-\lambda\Delta t}$ 的泰勒级数展开式,就能得到条件②和③(详细推演由读者自己完成)。由此,定义泊松过程的两组条件是等价的。

因为 $N(t)-N(t_0)\sim\pi(\lambda(t-t_0)),t>t_0\geqslant 0$ 可知

$$E[N(t)-N(t_0)]=\mathrm{Var}[N(t)-N(t_0)]=\lambda(t-t_0)$$

特别地,令 $t_0=0$,由于假设 $N(0)=0$,故可推知泊松过程的均值函数和方差函数分别为

$$E[N(t)]=\lambda t, D_N(t)=\mathrm{var}[N(t)]=\lambda t \tag{3-113}$$

从式(3-113)可以看到,$\lambda=E[N(t)/t]$,即泊松过程的强度 λ(常数)等于单位长时间间隔内出现的质点数目的期望值。关于泊松过程的协方差函数,由式(3-103)和式(3-113)直接推得:

$$C_N(s,t)=\lambda\min(s,t), s,\quad t\geqslant 0$$

而相关函数

$$R_N(s,t)=E[N(s)N(t)]=\lambda^2 st+\lambda\min(s,t), s,t\geqslant 0$$

若条件式(3-105)中的强度为非均匀的,即 λ 是时间 t 的函数 $\lambda=\lambda(t),t\geqslant 0$,则称泊松过程为非齐次的。对于非齐次泊松过程,用类似的方法可得

$$P\{N(t)-N(t_0)=k\}=\frac{\left[\int_{t_0}^{t}\lambda(\tau)\mathrm{d}\tau\right]^k e^{-\int_{t_0}^{t}\lambda(\tau)\mathrm{d}\tau}}{k!},\quad t>t_0\geqslant 0, k=0,1,2,\cdots$$

$$E[N(t)]=\int_0^t\lambda(\tau)\mathrm{d}\tau$$

$$R_N(s,t)=\int_0^{\min(s,t)}\lambda(\tau)\mathrm{d}\tau\left[1+\int_0^{\max(s,t)}\lambda(\tau)\mathrm{d}\tau\right]$$

下面介绍与泊松过程有关的两个随机变量,即等待时间和点间间距,以及它们的概率分布。在实际问题中,通常对质点的观察不是对时间间隔 $(t_1,t_2]$ 中出现的质点计数,而是对记录到某一预定数量的质点所需要的时间进行计时。例如,为研究含某种放射性元素的物质,常对它发射出的粒子做计时试验。

一般地,设质点(或事件)依次重复出现的时刻

$$t_1,t_2,\cdots,t_n\cdots$$

是一强度为 λ 的泊松流,$\{N(t),t\geqslant 0\}$ 为相应的泊松过程。以惯用记号记

$$W_0=0, W_n=t_n, n=1,2,\cdots$$

是一随机变量,表示第 n 个质点(或事件第 n 次)出现的**等待时间**(图 3-34)为求出 W_n 的分布函数 $F_{W_n}(t)=P\{W_n\leqslant t\}$。首先注意,事件 $\{W_n>t\}=\{N(t)<n\}$,所以

$$F_{W_n}(t)=P\{W_n\leqslant t\}=1-P\{W_n>t\}=1-P\{N(t)<n\}$$

$$=P\{N(t)\geqslant n\}=\sum_{k=n}^{\infty}e^{-\lambda t}\frac{(\lambda t)^k}{k!},\quad t\geqslant 0,$$

$$F_{W_n}(t)=0,\quad t<0$$

将它关于 t 求导,得 W_n 的概率密度为

$$f_{W_n}(t)=\frac{\mathrm{d}F_{W_n}(t)}{\mathrm{d}t}=\begin{cases}\dfrac{\lambda(\lambda t)^{n-1}}{(n-1)!}e^{-\lambda t}, & t>0\\ 0, & 其他\end{cases} \tag{3-114}$$

这就是说，泊松流（泊松过程）的等待时间 W_n 服从 Γ 分布。特别地，质点（或事件）首次出现的等待时间 W_1 服从指数分布，如图 3-35 所示。

$$f_{W_1}(t)=\begin{cases}\lambda e^{-\lambda t}, & t>0\\ 0, & 其他\end{cases} \tag{3-115}$$

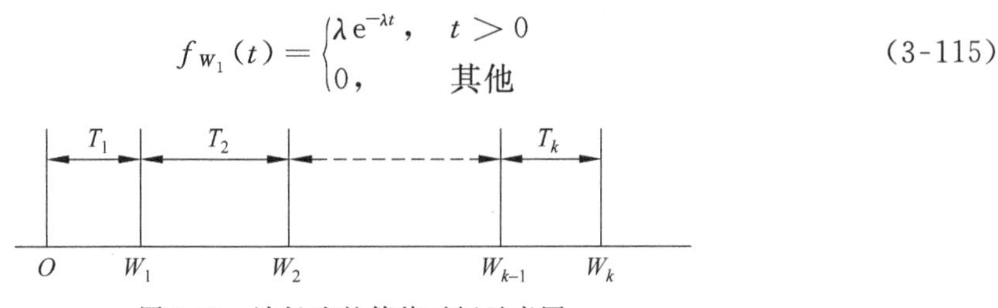

图 3-35　泊松流的等待时间示意图

又记 $T_i=W_i-W_{i-1}, i=1,2,\cdots$，它是一个连续型随机变量，称为相继出现的第 $i-1$ 个质点和第 i 个质点的**点间间距**。下面求 T_i 的分布，由于 $T_1=W_1$，所以 T_1 服从指数分布式(3-115)。对于 $i\geqslant 2$，可以证明 T_i 也服从同样的指数分布，即

$$f_{T_i}(t)=\begin{cases}\lambda e^{-\lambda t}, & t>0\\ 0, & t\leqslant 0\end{cases} \quad i=2,3,4,\cdots \tag{3-116}$$

且 $T_1,T_2,\cdots,T_i,\cdots$ 是相互独立的随机变量。可以把这些结论写成如下的定理。

定理一　强度为 λ 的泊松流（泊松过程）的点间间距是相互独立的随机变量，且服从同一个指数分布式(3-116)。

它的逆命题也成立，叙述如下：

定理二　如果任意相继出现的两个质点的点间间距相互独立，且服从同一个指数分布式(3-116)，则质点流构成了强度为 λ 的泊松过程。

这两个定理刻画出了泊松过程的特征。定理二告诉我们，要确定一个计数过程是否为泊松过程，只要用统计方法检验点间间距是否独立，且服从同一个指数分布即可。

泊松过程或泊松流是研究排队理论的工具，在技术领域内，它又是构造（模拟）一类重要噪声（散粒噪声）的基础。

(2) 维纳过程

维纳过程是布朗运动的数学模型。英国植物学家布朗在显微镜下观察漂浮在平静的液面上的微小粒子，发现它们不断地进行着杂乱无章的运动，这种现象后来称为布朗运动。以 $W(t)$ 表示运动中一微粒从时刻 $t=0$ 到时刻 $t>0$ 的位移的横坐标（同样也可以讨论纵坐标），且设 $W(0)=0$。根据爱因斯坦 1905 年提出的理论，微粒的这种运动是由于受到大量随机的、相互独立的分子碰撞的结果。于是，粒子在时段 $(s,t]$（与相继两次碰撞的时间间隔相比是很大的量）上的位移可看作许多微小位移的代数和。显然，依中心极限定理，假定位移 $W(t)-W(s)$ 为正态分布是合理的。其次，由于粒子的运动完全是由液体分子的不规则碰撞引起的。这样，在不相重叠的时间间隔内，碰撞的次数、大小和方向可假定是相互独立的，这就是说，位移 $W(t)$ 具有独立的增量。另外，液面处于平衡状态，这时粒子在一时段上位移的概率分布可以认为只依赖于这个时段的长度，而与观察的起始时刻无关，即 $W(t)$ 具有平稳增量。

综上所述，可引入如下的数学模型：

给定二阶矩过程 $\{W(t), t\geqslant 0\}$，如果它满足

① 具有独立增量；

② 对任意的 $t>s\geqslant 0$，增量

$$W(t)-W(s)\sim N(0,\sigma^2(t-s))，且\ \sigma>0$$

③ $W(0)=0$

则称此过程为维纳过程。图 3-36 展示了它的一条样本曲线。

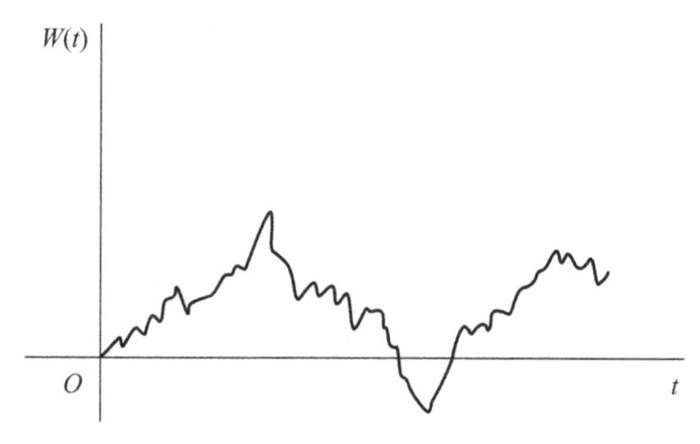

图 3-36　维纳过程样本曲线示意图

由②可知，维纳过程增量的分布只与时间差有关，所以它是齐次的独立增量过程，也是正态过程。事实上，对任意 $n(n\geqslant 1)$ 个时刻 $0<t_1<t_2<\cdots<t_n$（记 $t_n=0$），可以把 $W(t_k)$ 写成

$$W(t_k)=\sum_{i=1}^{k}[W(t_i)-W(t_{i-1})],\quad k=1,2,3,\cdots,n$$

根据①～③，它们都是独立的正态随机变量的和，由 n 维正态变量的性质③推知 $(W(t_1),W(t_2),\cdots,W(t_n))$ 是 n 维正态变量，即 $\{W(t),t\geqslant 0\}$ 是正态过程。因此，其分布完全由它的均值函数和自协方差函数（或自相关函数）确定。

根据条件②和③可知，$W(t)\sim N(0,\sigma^2 t)$，由此可得维纳过程的均值与方差函数分别是

$$E[W(t)]=0,D_{W(t)}=\sigma^2 t$$

其中 σ^2 称为维纳过程的参数，它可通过实验观察值加以估计。再根据式(3-103)就可求得自协方差函数（自相关函数）为

$$C_W(s,t)=R_W(s,t)=\sigma^2\min(s,t),s,t\geqslant 0$$

维纳过程不只是布朗运动的数学模型，前面讲到的电子元件或器件在恒温下的热噪声也可归结为维纳过程。泊松过程和维纳过程的重要性不仅是因为实际中不少随时间演变的随机现象可以归结为这两个模型，而且在理论与应用中常利用它们构造一些新的、重要的随机过程模型。

3.1.6　平稳随机过程

平稳随机过程是一类应用相当广泛的随机过程。本章在介绍平稳过程概念之后，着重在二阶矩过程的范围内讨论平稳过程的各态历经性、相关函数的性质以及功率谱密度函数和它的性质。

1. 平稳随机过程的概念

实际中，有相当多的随机过程，不仅它现在的状态，而且它过去的状态都对未来状态的

发生有很大的影响，有这样重要的一类随机过程，即所谓的平稳随机过程，它的特点是：过程的统计特性不随时间的推移变化。

严格地说，如果对于任意 $n(N=1,2,\cdots)t_1,t_2,\cdots,t_n\in T$ 和任意实数 h，当 $t_1+h,t_2+h,\cdots,t_n+h\in T$ 时，n 维随机变量 $(X(t_1),X(t_2),\cdots,X(t_n))$ 和

$$(X(t_1+h),X(t_2+h),\cdots,X(t_n+h)) \tag{3-117}$$

具有相同的分布函数，则称随机过程 $(X(t),t\in T)$ 具有平稳性，并同时称此过程为平稳随机过程，或简称平稳过程。

平稳过程的参数集 T 一般为 $(-\infty,+\infty)$、$[0,+\infty)$、$\{0,\pm1,\pm2,\cdots\}$ 或 $\{0,1,2,\cdots\}$。当定义在离散参数集上时，也称过程为平稳随机序列或平稳时间序列。以下若无特殊声明，均认为参数集 $T=(-\infty,+\infty)$。

在实际问题中确定过程的分布函数，并用它判定其平稳性，一般很难办到。但是，对于一个被研究的随机过程，如果前后的环境和主要条件都不随时间的推移而变化，就可以认为是平稳的。

恒温条件下的热噪声电压过程以及例 3-37～例 3-39 都是平稳过程的例子。强震阶段的地震波幅、船舶的颠簸过程、照明电网中电压的波动过程以及各种噪声和干扰等在工程上都被认为是平稳的。

与平稳过程相反的是非平稳过程。一般随机过程处于过渡阶段时总是非平稳的。例如，飞机控制在高度为 h 的水平面上飞行，由于受到大气湍流的影响，实际飞行高度 $H(t)$ 应在 h 水平面上下随机波动，$H(t)$ 可看作平稳过程，但涉及的时间范围必须排除飞机的升降阶段（过渡阶段），因为在升降阶段飞行的主要条件随时间而发生变化，因而 $H(t)$ 的主要特征也随时间而变化，也就是说，在升降阶段过程 $H(t)$ 是非平稳的。不过，在实际问题中，当仅考虑过程的平稳阶段时，为了数学处理的方便，通常把平稳阶段的时间范围取为 $-\infty<t<+\infty$。

接着，考查平稳过程数字特征的特点，设平稳过程 $X(t)$ 的均值函数 $E[X(t)]$ 存在，对 $n=1$，在式(3-117)中，令 $h=-t_1$，由平稳性定义，一维随机变量 $X(t_1)$ 和 $X(0)$ 同分布，于是 $E[X(t)]=E[X(0)]$，即均值函数必为常数，记为 μ_X。同样，$[X(t)]$ 的均方值函数和方差函数也为常数，分别记为 ψ_X^2 和 σ_X^2。据此，依照图 3-32 的意义，可以知道，平稳过程的所有样本曲线都在水平直线 $x(t)=\mu_X$ 上下波动，平均偏离度为 σ_X。又若平稳过程 $X(t)$ 的自相关函数 $R_X(t_1,t_2)=E[X(t_1)X(t_2)]$ 存在，对 $n=2$，在式(3-116)中，令 $h=-t_1$，由平稳性定义，二维随机变量 $(X(t_1),X(t_2))$ 与 $(X(0),X(t_2-t_1))$ 同分布，于是有

$$R_X(t_1,t_2)=E[X(t_1)X(t_2)]=E[X(0)X(t_2-t_1)]$$

等式右端只与时间差 t_2-t_1 有关，记为 $R_X(t_2-t_1)$，即有

$$R_X(t_1,t_2)=R_X(t_2-t_1) \tag{3-118}$$

或

$$R_X(t,t+\tau)=E[X(t)X(t+\tau)]=R_X(\tau)$$

这表明平稳过程的自相关函数仅是时间差 $t_2-t_1=\tau$ 的单变量函数（换句话说，它不随时间的推移而变化）。

又由式(3-97)，协方差函数可以表示为

$$C_X(\tau)=E\{[X(t)-\mu_X][X(t+\tau)-\mu_X]\}=R_X(\tau)-\mu_X^2$$

特别地,令 $\tau=0$,由上式,有

$$\sigma_X^2=C_X(0)=R_X(0)-\mu_X^2$$

如前所述,要确定一个随机过程的分布函数,并进而判定其平稳性在实际中是不易办到的。因此,通常只在二阶矩过程范围内考虑如下一类广义平稳过程。

定义 给定二阶矩过程$\{X(t),t\in T\}$,如果对任意 $t,t+\tau\in T$,

$$E[X(t)]=\mu_X(\text{常数})$$

$$E[X(t)X(t+\tau)]=R_X(\tau)$$

则称$\{X(t),t\in T\}$为宽平稳过程或广义平稳过程,相对地,前述按分布函数定义的平稳过程称为严平稳过程或狭义平稳过程。

由于宽平稳过程的定义只涉及与一维、二维分布有关的数字特征,所以一个严平稳过程只要二阶矩存在,则它必定也是宽平稳的。反之,一般不成立。不过有一个重要的例外情形,即正态过程,因为正态过程的概率密度是由均值函数和自相关函数完全确定的,因而,如果均值函数和自相关函数不随时间的推移而变化,则概率密度也不随时间的推移而变化。由此,一个宽平稳的正态过程必定也是严平稳的。

今后讲到平稳过程时,除特别指明以外,总是指宽平稳过程。

另外,当同时考虑两个平稳过程 $X(t)$和 $Y(t)$时,如果它们的互相关函数也只是时间差的单变量函数,则记为 $R_{XY}(\tau)$,即

$$R_{XY}(t,t+\tau)=E[X(t)Y(t-\tau)]=R_{XY}(\tau) \tag{3-119}$$

那么就称 $X(t)$和 $Y(t)$约是平稳相关的,或称这两个过程是联合(宽)平稳的。

例 3-43 设$\{X_k,K=1,2,3,\cdots\}$是互不相关的随机变量序列,且 $E(X_k)=0,E(X_k^2)=\sigma^2$,则有

$$R_X(k,l)=E(X_kX_l)=\begin{cases}\sigma^2, & k=l\\0, & k\neq l\end{cases}$$

即相关函数只与 $k-l$ 有关,所以它是宽平稳的随机序列。如果 $X_1,X_2,\cdots,X_k,\cdots$又是独立同分布的,则易证该序列是严平稳的。

例 3-44 设 $s(t)$是一周期为 T 的函数,Θ 是在$(0,T)$上服从均匀分布的随机变量,称 $X(t)=s(t+\Theta)$为随机相位周期过程,试讨论它的平稳性。

解 由假设,Θ 的概率密度为

$$f(\theta)=\begin{cases}1/T, & 0<\theta<T\\0, & \text{其他}\end{cases}$$

于是,$X(t)$的均值函数为

$$E[X(t)]=E[s(t+\Theta)]=\int_0^T s(t+\theta)\frac{1}{T}\mathrm{d}\theta=\frac{1}{T}\int_0^{t+T}s(\varphi)\mathrm{d}\varphi$$

利用 $s(\varphi)$的周期性,可知

$$E[X(t)]=\frac{1}{T}\int_0^T s(\varphi)\mathrm{d}\varphi=\text{常数}$$

而自相关函数

$$\begin{aligned}R_X(t,t+\tau)&=E[s(t+\Theta)s(t+\tau+\Theta)]\\&=\int_0^T s(t+\Theta)s(t+\tau+\Theta)\cdot\frac{1}{T}\mathrm{d}\theta\end{aligned}$$

$$=\frac{1}{T}\int_{t}^{t+T}s(\varphi)s(\varphi+\tau)\mathrm{d}\varphi$$

同样，利用 $s(\varphi)s(\varphi+\tau)$ 的周期性，可知自相关函数仅与 τ 有关，即

$$R_X(t,t+\tau)=\frac{1}{T}\int_{0}^{T}s(\varphi)s(\varphi+x)\mathrm{d}\varphi \quad \text{记成} \quad R_X(\tau)$$

所以，随机相位周期过程是平稳的特例，随机相位正弦波是平稳的。

2. 各态历经性

首先注意，如果按照数学期望的定义计算平稳过程 $X(t)$ 的数字特征，就需要预先确定 $X(t)$ 的一族样本函数或一维、二维分布函数，但这实际上是不易办到的。事实上，即使用统计实验方法，例如可以把均值和自相关函数近似表示为

$$\mu_X\approx\frac{1}{N}\sum_{k=1}^{N}x_k(t_1)$$

和

$$R_X(t_2-t_1)\approx\frac{1}{N}\sum_{k=1}^{N}x_k(t_1)x_k(t_2)$$

也需要对一个平稳过程重复进行大量观察，以便获得数量很多的样本函数 $x_k(t_1),k=1,2,3,\cdots,N$，而这正是实际困难所在。

但是，平稳过程的统计特性是不随时间的推移而变化的，于是我们自然期望在一段很长时间内观察得到的一个样本曲线，可以作为得到这个过程的数字特征的充分依据。本节给出的各态历经定理将证实：对平稳过程而言，只要满足一些较宽的条件，那么集平均（均值和自相关函数等）实际上可以用一个样本函数在整个时间轴 L 的平均值代替。这样，在解决实际问题时就节约了大量的工作量。

在介绍各态历经性之前，先简要介绍有关随机过程积分的概念。给定二阶矩过程 $\{X(t),t\in T\}$，如果它的每一个样本函数在 $[a,b]\subset T$ 上的积分都存在，就说随机过程 $X(t)$ 在 $[a,b]$ 上的积分存在，并记为

$$Y=\int_{a}^{b}X(t)\mathrm{d}t \tag{3-120}$$

显然，Y 是一随机变量。

但是，在某些情形下，对于随机过程的所有样本函数来说，在 $[a,b]$ 上的积分未必全都存在，此时引入所谓均方意义上的积分，即考虑 $[a,b]$ 内的一组分点

$$a=t_0<t_1<t_2<\cdots<t_n=b$$

且记

$$\Delta t_i=t_i-t_{i-1},\quad t_{i-1}\leqslant\tau_i\leqslant t_i,\quad i=1,2,\cdots,n$$

如果有满足

$$\lim_{\max\Delta t_i\to 0}E\{[Y-\sum_{i=1}^{n}X(\tau_i)\Delta t_i]^2\}=0$$

的随机变量 Y 存在，就称 Y 为 $X(t)$ 在 $[a,b]$ 上的均方积分，并仍以符号式(3-120)记之。可以证明：二阶矩过程 $X(t)$ 在 $[a,b]$ 上均方积分存在的充分条件是自相关函数的二重积分，即

$$\int_{a}^{b}\int_{a}^{b}R_X(s,t)\mathrm{d}s\mathrm{d}t$$

存在，而且此时还有

$$E[Y]=\int_{a}^{b}E[X(t)]\mathrm{d}t \tag{3-121}$$

也就是说，过程 $X(t)$的积分的均值等于过程的均值函数的积分。

现在引入随机过程 $X(t)$沿整个时间轴上的如下两种时间平均：

$$<X(t)>=\lim_{T\to+\infty}\frac{1}{2T}\int_{-T}^{T}X(t)\mathrm{d}t \tag{3-122}$$

和

$$<X(t)X(t+\tau)>=\lim_{T\to+\infty}\frac{1}{2T}\int_{-T}^{T}X(t)X(t+\tau)\mathrm{d}t \tag{3-123}$$

它们分别称为随机过程 $X(t)$的时间均值和时间相关函数。可以沿用高等数学中的方法计算积分和极限，其结果一般是随机的。

下面讨论时间平均与集平均之间的关系。

例 3-45　试计算随机相位正弦波 $X(t)=a\cos(\omega t+\Theta)$的时间平均$<X(t)X(t+\tau)>$和$<X(t)>$。

解　$$<X(t)>=\lim_{T\to+\infty}\frac{1}{2T}\int_{-T}^{T}a\cos(\omega t+\Theta)\mathrm{d}t=\lim_{T\to+\infty}\frac{a\sin\Theta\sin\omega T}{\omega T}=0$$

$$<X(t)X(t+\tau)>=\lim_{T\to+\infty}\frac{1}{2T}\int_{-T}^{T}a^{2}\cos(\omega t+\Theta)\cos[\omega(t+\tau)+\Theta]\mathrm{d}t=\frac{a^{2}}{2}\cos w\tau$$

比较例 3-45 的结果与例 3-43 的结果，可知

$\mu_X=E[X(t)]=<X(t)>,R_X(\tau)=E[X(t)X(t+\tau)]=<X(t)X(t+\tau)>$

这表明：对于随机相位正弦波，用时间平均和集平均分别算得的均值和自相关函数是相等的。这一特性并不是随机相位正弦波独有的。下面引入一般概念。

定义　设 $X(t)$是一平稳过程，

(1) 如果

$$<X(t)>=E[X(t)]=\mu_X \tag{3-124}$$

以概率 1 成立，则称过程 $X(t)$的均值具有各态历经性。

(2) 如果对任意实数 τ，

$$<X(t)X(t+\tau)>=E[X(t)X(t+\tau)]=R_X(\tau) \tag{3-125}$$

以概率 1 成立，则称过程 $X(t)$的自相关函数具有各态历经性。特别当 $\tau=0$ 时，称均方值具有各态历经性。

(3) 如果 $X(t)$的均值和自相关函数都具有各态历经性，则称 $X(t)$是各态历经过程，或者说 $X(t)$是各态历经的。

定义中“以概率 1 成立”是对 $X(t)$的所有样本函数而言的，各态历经性有时也称作遍历性或埃尔古德性。

当然，并不是任意一个平稳过程都是各态历经的。例如，平稳过程 $X(t)=Y$，其中 Y 是方差异于零的随机变量，就不是各态历经过程。事实上，$<X(t)>=<Y>=Y$，即时间均值随Y 取不同可能值而不同，因 Y 的方差异于零，这样$<X(t)>$就不可能以概率 1 等于常数$E[X(t)]=E[Y]$，如图 3-37 所示。

一个平稳过程应该满足什么条件才是各态历经的呢？下面两个定理从理论上回答了这

图 3-37　平稳过程示意图

一问题。

定理一(均值各态历经定理)　平稳过程 $X(t)$均具有各态历经性的充要条件是

$$\lim_{T\to+\infty}\frac{1}{T}\int_0^{2T}\left(1-\frac{\tau}{2T}\right)[R_X(\tau)-\mu_X^2]\mathrm{d}\tau=0 \tag{3-126}$$

证　先计算$<X(t)>$的均值和方差。由式(3-122)

$$E\{<X(t)>\}=E\left\{\lim_{T\to+\infty}\frac{1}{2T}\int_{-T}^{T}X(t)\mathrm{d}t\right\}$$

交换运算顺序,并注意到 $E[X(t)]=\mu_X$,即有

$$E\{<X(t)>\}=\lim_{T\to+\infty}\frac{1}{2T}\int_{-T}^{T}E[X(t)]\mathrm{d}t=\mu_X$$

而$<X(t)>$的方差为

$$\begin{aligned}D[<X(t)>]&=E\{[<X(t)>-\mu_X]^2\}\\&=\lim_{T\to+\infty}E\left\{\left[\frac{1}{2T}\int_{-T}^{T}X(t)\mathrm{d}t\right]^2\right\}-\mu_X^2\\&=\lim_{T\to+\infty}E\left\{\frac{1}{4T^2}\int_{-T}^{T}X(t_1)\mathrm{d}t_1\int_{-T}^{T}X(t_2)\mathrm{d}t_2\right\}-\mu_X^2\\&=\lim_{T\to+\infty}\frac{1}{4T^2}\int_{-T}^{T}\int_{-T}^{T}E[X(t_1)X(t_2)]\mathrm{d}t_1\mathrm{d}t_2-\mu_X^2\end{aligned}$$

由 $X(t)$的平稳性,$E[X(t_1)X(t_2)]=R_X[t_2-t_1]$,上式可改写为

$$D[<X(t)>]=\lim_{T\to+\infty}\frac{1}{4T^2}\int_{-T}^{T}\int_{-T}^{T}R_X[t_2-t_1]\mathrm{d}t_1\mathrm{d}t_2-\mu_X^2 \tag{3-127}$$

为了简化式(3-127)右端的积分,引入变量替代 $\tau_1=t_1+t_2$ 和 $\tau_2=-t_1+t_2$。此变换的雅克比式是

$$\left|\frac{\partial(t_1,t_2)}{\partial(\tau_1,\tau_2)}\right|=\frac{1}{2}$$

而积分区域按图 3-38 转换,于是式(3-127)中的二重积分用新变量可表示成

$$\int_{-T}^{T}\int_{-T}^{T}R_X[t_2-t_1]\mathrm{d}t_1\mathrm{d}t_2=\iint_D R_X(\tau_2)\frac{1}{2}\mathrm{d}\tau_1\mathrm{d}\tau_2 \tag{3-128}$$

其中 D 为图 3-38(b)所示的正方形,注意到被积函数 $R_X[\tau_2]$是 τ_2 的偶函数,且与 τ_1 无关,因而积分值为图 3-38(b)中阴影区域 G 积分值的 4 倍,即

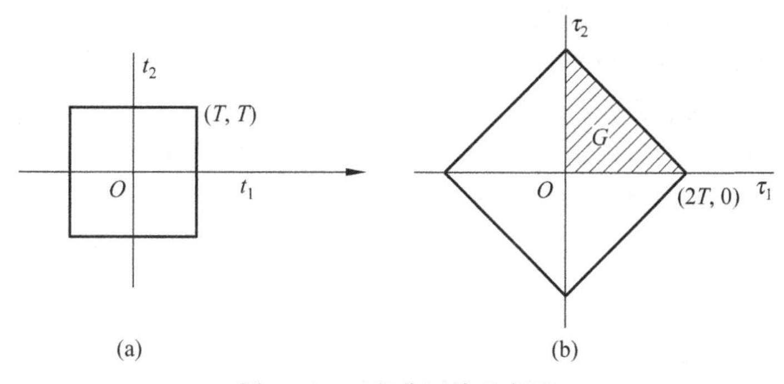

图 3-38　面积分区域示意图

$$\int_{-T}^{T}\int_{-T}^{T}R_X(t_2-t_1)\mathrm{d}t_1\mathrm{d}t_2=4\iint_G R_X(\tau_2)\ \frac{1}{2}\mathrm{d}\tau_1\mathrm{d}\tau_2=2\int_0^{2T}\mathrm{d}\tau_2\int_0^{2T-\tau_2}R_X(\tau_2)\mathrm{d}\tau_1$$

$$=2\int_0^{2T}(2T-\tau)R_X(\tau)\mathrm{d}\tau$$

把这个式子代入式(3-126)有

$$D[<X(t)>]=\lim_{T\to+\infty}\frac{1}{T}\int_0^{2T}\left(1-\frac{\tau}{2T}\right)R_X(\tau)-\mu_X^2$$

$$=\lim_{T\to+\infty}\frac{1}{T}\int_0^{2T}\left(1-\frac{\tau}{2T}\right)[R_X(\tau)-\mu_X^2]\mathrm{d}\tau \tag{3-129}$$

由方差的性质(4)可知

$$<X(t)>=E\{X(t)\}$$

以概率 1 成立的充要条件是

$$D[<X(t)>]=0$$

但现已算得 $E\{<X(t)>\}=E[X(t)]$，故知

$$<X(t)>=E[X(t)]$$

以概率 1 成立的充要条件是

$$D[<X(t)>]=0 \tag{3-130}$$

而由式(3-129)，条件式(3-130)即

$$\lim_{T\to+\infty}\frac{1}{T}\int_0^{2T}\left(1-\frac{\tau}{2T}\right)[R_X(\tau)-\mu_X^2]\mathrm{d}\tau=0$$

由此定理得证。

推论　在 $\lim\limits_{T\to+\infty}R_X(\tau)$ 存在条件下，若 $\lim\limits_{T\to+\infty}R_X(\tau)=\mu_X^2$，则式(3-126)成立，均值具有各态历经性；若 $\lim\limits_{T\to+\infty}R_X(\tau)\neq\mu_X^2$，则式(3-126)不成立，均值不具有各态历经性。

在定理一的证明中将 $X(t)$ 换成 $X(t)X(t+\tau)$，可得定理二。

定理二(自相关函数各态历经定理)　平稳过程 $X(t)$ 的自相关函数 $R_X(\tau)$ 具有各态历经性的充要条件是

$$\lim_{T\to+\infty}\frac{1}{T}\int_0^{2T}\left(1-\frac{\tau}{2T}\right)[B(\tau)-R_X^2(\tau)]\mathrm{d}\tau_1=0 \tag{3-131}$$

其中 $B(\tau_1)=E[X(t)X(t+\tau)X(t+\tau_1)X(t+\tau+\tau_1)]$。

在式(3-131)中令 $\tau=0$，就可得到均方值具有各态历经性的充要条件。

若在定理二中以 $X(t)Y(t+\tau)$ 代替 $X(t)X(t+\tau)$，$R_{XY}(\tau)$ 代替 $R_X(\tau)$ 进行讨论，还可以相应地得到互相关函数的各态历经定理。

在实际应用中通常只考虑定义在 $0\leqslant t<+\infty$ 上的平稳过程，此时上面的所有时间平均都应以 $0\leqslant t<+\infty$ 上的时间平均代替，而相应的各态历经定理可表示为下述形式：

定理三 $\lim\limits_{T\to+\infty}\dfrac{1}{T}\displaystyle\int_0^T X(t)\mathrm{d}t=E[X(t)]=\mu_X$

以概率 1 成立的充要条件是

$$\lim_{T\to+\infty}\frac{1}{T}\int_0^T\left(1-\frac{\tau}{T}\right)[R_X(\tau)-\mu_X^2]\mathrm{d}\tau=0 \tag{3-132}$$

定理四

$$\lim_{T\to+\infty}\frac{1}{T}\int_0^T X(t)X(t+\tau)\mathrm{d}\tau=E[X(t)X(t+\tau)]=R_X(\tau)$$

以概率 1 成立的充要条件是

$$\lim_{T\to+\infty}\frac{1}{T}\int_0^T\left(1-\frac{\tau_1}{T}\right)[B(\tau_1)-R_X^2(\tau)]\mathrm{d}\tau_1=0 \tag{3-133}$$

各态历经定理的重要价值在于，它从理论上给出了如下保证：一个平稳过程 $X(t)$ 若 $0<t<+\infty$，只要它满足条件式(3-126)和式(3-133)，便可以根据“以概率 1 成立”的含义，从一次试验得到的样本函数 $x(t)$ 确定该过程的均值和自相关函数，即

$$\lim_{T\to+\infty}\frac{1}{T}\int_0^T x(t)\mathrm{d}t=\mu_X \tag{3-134}$$

和

$$\lim_{T\to+\infty}\frac{1}{T}\int_0^T x(t)x(t+\tau)\mathrm{d}t=R_X(\tau) \tag{3-135}$$

这就是本节开始预告的论断。

如果试验记录 $x(t)$ 只在时间区间 $[0,T]$ 上给出，则相应于式(3-131)和式(3-133)有以下无偏估计式：

$$\mu_X\approx\hat{\mu}=\frac{1}{T}\int_0^T x(t)\mathrm{d}t \tag{3-136}$$

$$\begin{aligned}R_X(\tau)\approx\hat{R}_X(\tau)-\frac{1}{T-\tau}\int_0^{T-\tau}x(t)x(t+\tau)\mathrm{d}t\\=\frac{1}{T-\tau}\int_\tau^T x(t)x(t-\tau)\mathrm{d}t,\quad 0\leqslant\tau<T\end{aligned} \tag{3-137}$$

不过，实际中一般不可能给出 $x(t)$ 的表达式，因而通常通过模拟方法或数字方法测量或计算估计式(3-136)和式(3-137)，现介绍如下。

① 模拟自相关分析仪。这种仪器的功能是，当输入样本函数 $x(t)$ 时，$X-Y$ 记录仪自动描绘自相关函数的曲线，它的方框图如图 3-39 所示。

② 数学方法。如图 3-40 所示，把 $[0,T]$ 等分为 N 个长为 $\Delta t=\dfrac{T}{N}$ 的小区间，然后在时刻 $t_k=\left(k-\dfrac{1}{2}\right)\Delta t$，$k=1,2,\cdots,N$，对 $x(t)$ 取样，得 N 个函数值 $x_k=x(t_k)$，$k=1,2,\cdots,N$，

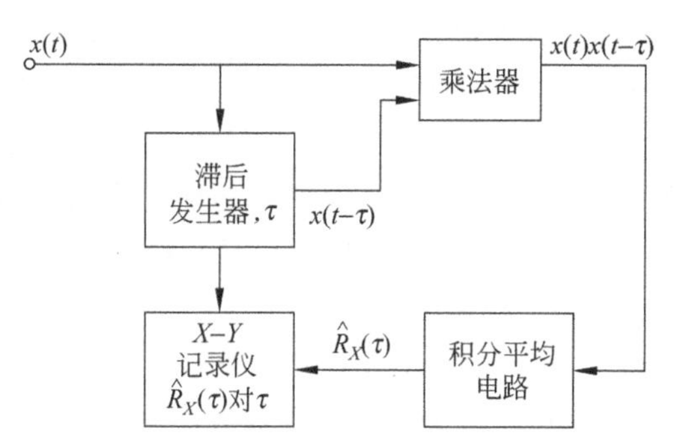

图 3-39　模拟自相关分析仪示意图

把积分式(3-136)近似表示为基本区间 Δt 上的和，就有无偏估计

$$\hat{\mu}=\frac{1}{T}\sum_{k=1}^{N}x_k\Delta t=\frac{1}{N}\sum_{k=1}^{N}x_k,$$

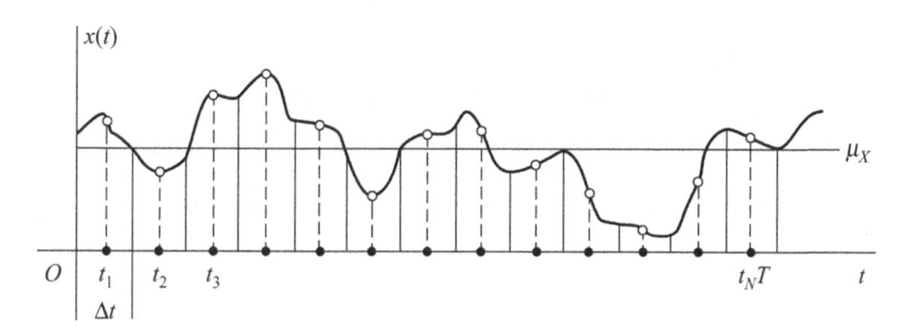

图 3-40　数学方法示意图

相应于式(3-137)，可以写出当 $\tau_r=r\Delta t$ 时，自相关函数的无偏估计

$$\begin{aligned}\hat{R}_X(\tau_r)&=\frac{1}{T-\tau_r}\sum_{k=1}^{N-r}x_k x_{k+r}\Delta t\\&=\frac{1}{N-r}\sum_{k=1}^{N-r}x_k x_{k+r},\quad r=0,1,2,\cdots,m,m<N\end{aligned}\tag{3-138}$$

由这个估计式算出自相关函数的一系列近似值，从而拟合出自相关函数的近似图形，如图 3-41 所示。

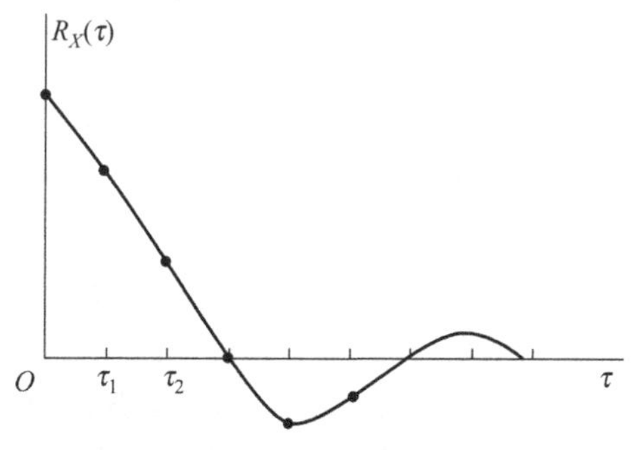

图 3-41　自相关函数的近似图

最后，各态历经定理的条件是比较宽的，工程中碰到的大多数平稳过程都能够满足。不过，要验证它们是否成立却十分困难。因此，在实践中，通常事先假定所研究的平稳过程具有各态历经性，并从这个假定出发，对由此而产生的各种资料进行分析、处理，看所得的结论是否与实际相符，如果不符，则须修改假设，另做处理。

3. 相关函数的性质

用数字特征描绘随机过程，比用分布函数(或概率密度)简便。对于具有各态历经性的平稳过程，可以根据各态历经定理对随机过程的一个样本函数使用数学分析的计算手续求它的均值和相关函数。在这种场合下，利用均值和相关函数研究随机过程更方便。特别是对于正态平稳过程，它的均值 μ_X 和相关函数 $R_X(\tau)$ 完全刻画了该过程的统计特性，因此，这两个数字特征的重要性更突出地显现出来。为了成功地使用数字特征研究随机过程，下面着重研究相关函数的性质。以下假设 $X(t)$ 和 $Y(t)$ 是平稳相关过程，$R_X(\tau)$、$R_Y(\tau)$ 和 $R_{XY}(\tau)$ 分别是它们的自相关函数和互相关函数。

(1) $R_X(0)=E[X^2(t)]=^2_X\geqslant 0$，量 $R_X(0)$ 表示平稳过程 $X(t)$ 的“平均功率”。

(2) $R_X(-\tau)=R_X(\tau)$，即 $R_X(\tau)$ 是 τ 的偶函数。而互相关函数既不是奇函数，也不是偶函数，但满足 $R_{XY}(-\tau)=R_{XY}(\tau)$。在实际问题中只需计算或测量 $R_X(\tau)$，$R_Y(\tau)$，$R_{XY}(\tau)$ 和 $R_{YX}(\tau)$ 在 $\tau\geqslant 0$ 时的值。

(3) 关于自相关函数和自协方差函数，有不等式：

$$|R_X(\tau)|\leqslant R_X(0)\ \text{和}\ |C_X(\tau)|\leqslant C_X(0)=\sigma_X^2$$

这可根据自相关函数、自协方差函数的定义以及柯西—施瓦茨不等式直接推出。

此不等式表明，自相关（自协方差）函数都在 $\tau=0$ 处取到最大值。

类似地，可以推得以下有关互相关函数和互协方差函数的不等式：

$$|R_{XY}(\tau)|^2\leqslant R_X(0)R_Y(0)\ \text{和}\ |C_{XY}(\tau)|^2\leqslant C_X(0)C_Y(0)$$

应用上，还定义有标准自协方差函数和标准互协方差函数，即

$$\rho_X(\tau)=\frac{C_X(\tau)}{C_X(0)}\ \text{和}\ \rho_{XY}(\tau)=\frac{C_{XY}(\tau)}{\sqrt{C_X(0)C_Y(0)}}$$

由上述不等式性质知：$|\rho_X(\tau)|\leqslant 1$ 和 $|\rho_{XY}(\tau)|\leqslant 1$，且当 $|\rho_{XY}(\tau)|\equiv 1$ 时，$X(t)$ 和 $Y(t)$ 不相关。

(4) $R_X(\tau)$ 是非负定的，即对任意数组 $t_1,t_2,\cdots,t_n\in T$ 和任意实值函数 $g(t)$，都有

$$\sum_{i,j=1}^{n}R_X(t_i-t_j)g(t_i)g(t_j)\geqslant 0$$

事实上，根据自相关函数的定义和均值运算性质，有

$$\begin{aligned}\sum_{i,j=1}^{n}R_X(t_i-t_j)g(t_i)g(t_j)&=\sum_{i,j=1}^{n}E[X(t_i)X(t_j)]g(t_i)g(t_j)\\&=E\left\{\sum_{i,j=1}^{n}X(t_i)X(t_j)g(t_i)g(t_j)\right\}\\&=E\left\{\left[\sum_{i=1}^{n}X(t_i)g(t_i)\right]^2\right\}\geqslant 0\end{aligned}$$

对于平稳过程而言，自相关函数的非负定性是最本质的。这是因为理论上可以证明：任一连续函数，只要具有非负定性，该函数必是某平稳过程的自相关函数。

(5) 如果平稳过程 $X(t)$ 满足条件 $P\{X(t+T_0)=X(t)\}=1$，则称它为周期是 T_0 的平稳过程。周期平稳过程的自相关函数必是周期函数，且其周期也是 T_0。

事实上，由平稳性 $E[X(t)-X(t+T_0)]=0$，又根据方差的性质，条件

$$P\{X(t+T_0)=X(t)\}=1$$

与

$$E\{[X(t+T_0)-X(t)]^2\}=0$$

等价。于是,由柯西—施瓦茨不等式

$$\{E[X(t)(X(t+\tau+T_0)-X(t+\tau))]\}^2 \leqslant E[X^2(t)]E\{[(X(t+\tau+T_0)-X(t+\tau))]^2\}$$

右端为零,推知

$$E\{X(t)[X(t+\tau+T_0)-X(t+\tau)]\}=0$$

展开得

$$R_X(\tau+T_0)=R_X(\tau)$$

另外,在实际中,各种具有零均值的非周期性噪声和干扰一般当$|\tau|$值适当增大时,$X(t+\tau)$和$X(t)$即呈现独立或不相关,于是有

$$\lim_{\tau\to+\infty} R_X(\tau)=\lim_{\tau\to+\infty} C_X(\tau)=0$$

下面讲一个应用的例子。

设某接收机输出电压$V(t)$是周期信号$S(t)$和噪声电压$N(t)$之和,即

$$V(t)=S(t)+N(t)$$

又设$S(t)$和$N(t)$是两个互不相关(实际问题中一般都是如此)的各态历经过程,且$E[N(t)]=0$,$V(t)$的自相关函数应为

$$R_V(\tau)=R_S(\tau)+R_N(\tau)$$

由性质(5)知$R_S(\tau)$是周期函数,又因为一般噪声电压当$|\tau|$值适当增大时,$X(t+\tau)$和$X(t)$呈现独立或不相关,即有

$$\lim_{\tau\to+\infty} R_N(\tau)=0$$

于是,对于充分大的τ值,有

$$R_V(\tau)\approx R_S(\tau)$$

如果现在$V(t)$作为自相关分析仪(图3-34)的输入,则对于充分大的τ值,分析仪记录到的是周期函数$R_S(\tau)$的曲线,如果只有噪声,而无信号,则对充分大的τ值,记录到的$R_V(\tau)\approx 0$。所以,从分析仪记录到的曲线有无明显的周期成分就可以判断接收机的输出有无周期信号,这种探查信号的方法称为相关接收法。

例如,假设接收机输出电压中的信号和噪声过程的自相关函数分别为

$$R_S(\tau)=\frac{a^2}{2}\cos\tau\omega,\quad R_N(\tau)=b^2\mathrm{e}^{-\alpha|\tau|}\quad(\alpha>0)$$

且噪声平均功率$R_N(0)=b^2$远大于信号平均功率$R_S(0)=a^2/2$,此时依关系式

$$R_V(\tau)=\frac{a^2}{2}\cos\tau\omega+b^2\mathrm{e}^{-\alpha|\tau|}\approx\frac{a^2}{2}\cos\tau\omega,\quad \tau\text{ 充分大} \tag{3-139}$$

看,自相关分析仪记录到的$R_V(\tau)$,$\tau\geqslant 0$的图形当τ充分大后应呈现正弦曲线,即从强噪声中检测到微弱的正弦信号,如图3-42所示。

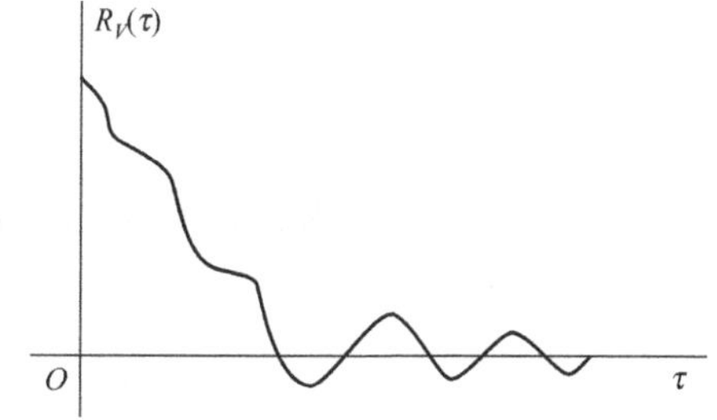

图3-42 自相关函数示意图

4. 平稳随机过程的功率谱密度

在很多理论和应用问题中,常常利用傅里叶变换这一有效工具确立时间函数的频率结构,现在讨论如何运用这一工具确立平稳过程的频率结构—功率谱密度。

(1) 平稳过程的功率谱密度

设有时间函数$x(t)$,$-\infty<t<+\infty$,我们知

道，假如 $x(t)$ 满足狄利克雷条件，且绝对可积，即

$$\int_{-\infty}^{+\infty} |x(t)| \mathrm{d}t < +\infty \tag{3-140}$$

那么 $x(t)$ 的傅里叶变换存在，或者说具有频谱

$$F_x(\omega) = \int_{-\infty}^{+\infty} x(t)\mathrm{e}^{-i\omega t}\mathrm{d}t$$

且同时有傅里叶逆变换

$$x(t) = \frac{1}{2\pi}\int_{-\infty}^{+\infty} F_x(\omega)\mathrm{e}^{j\omega t}\mathrm{d}\omega$$

$F_x(\omega)$ 一般是复数量，其共轭函数 $F_x^*(\omega) = F_x(-\omega)$。在 $x(t)$ 和 $F_x(\omega)$ 之间成立有**帕塞瓦尔等式**

$$\int_{-\infty}^{+\infty} x^2(t)\mathrm{d}t = \frac{1}{2\pi}\int_{-\infty}^{+\infty} |F_x(\omega)|^2 \mathrm{d}\omega$$

等式左边表示 $x(t)$ 在 $(-\infty, +\infty)$ 上的总能量，右边的被积函数 $|F_x(\omega)|^2$ 相应地称为 $x(t)$ 的能谱密度。这样，帕塞瓦尔等式又可理解为总能量的谱表示式。

但是，在工程技术中有很多重要的时间函数总能量是无限的，而且条件式(3-140)也不满足。正弦函数就是一例，平稳过程的样本函数一般来说也是如此，这时我们通常转去研究 $x(t)$ 在 $(-\infty, +\infty)$ 上的平均功率，即

$$\lim_{T\to+\infty} \frac{1}{2T}\int_{-T}^{T} x^2(t)\mathrm{d}t$$

在以下的讨论中，我们都假定这个平均功率存在，为了能利用傅里叶变换给出“平均功率的谱表示式”，首先由给定的 $x(t)$ 构造一个截尾函数

$$x_T(t) = \begin{cases} x(t) & |t| \leqslant T \\ 0 & |t| > T \end{cases} \tag{3-141}$$

易知，$x_T(t)$ 是满足条件式(3-140)的。现记 $x_T(t)$ 的傅里叶变换为

$$F_x(\omega, T) = \int_{-\infty}^{+\infty} x_T(t)\mathrm{e}^{i\omega t}\mathrm{d}t = \int_{-T}^{+T} x(t)\mathrm{e}^{i\omega t}\mathrm{d}t \tag{3-142}$$

并写出它的帕塞瓦尔等式

$$\int_{-\infty}^{+\infty} x_T^2(t)\mathrm{d}t = \frac{1}{2\pi}\int_{-\infty}^{+\infty} |F_x(\omega, T)|^2 \mathrm{d}\omega$$

将上式两边除以 $2T$，并注意到式(3-139)，得

$$\frac{1}{2T}\int_{-T}^{T} x^2(t)\mathrm{d}t = \frac{1}{4\pi T}\int_{-\infty}^{+\infty} |F_x(\omega, T)|^2 \mathrm{d}\omega \tag{3-143}$$

令 $T \to +\infty$，$x(t)$ 在 $(-\infty, +\infty)$ 上的平均功率即可表示为

$$\lim_{T\to+\infty} \frac{1}{2T}\int_{-T}^{T} x^2(t)\mathrm{d}t = \frac{1}{2\pi}\int_{-\infty}^{+\infty} \lim_{T\to+\infty} \frac{1}{2T} |F_x(\omega, T)|^2 \mathrm{d}\omega \tag{3-144}$$

相应于能谱密度，我们把式(3-144)右端的被积式称作函数 $x(t)$ 的平均功率谱密度，简称**功率谱密度**，并记为

$$S_x(\omega) = \lim_{T\to+\infty} \frac{1}{2T} |F_x(\omega, T)|^2 \tag{3-145}$$

而式(3-144)右端就是平均功率的谱表示式。

现在把平均功率和功率谱密度的概念推广到平稳过程 $x(t)(-\infty<t<+\infty)$ 上，为此，相应于式(3-142)和式(3-143)写出

$$F_X(\omega,T)=\int_{-T}^{T}X(t)\mathrm{e}^{-i\omega t}\,\mathrm{d}t \tag{3-146}$$

和

$$\frac{1}{2T}\int_{-T}^{T}X^2(t)\,\mathrm{d}t=\frac{1}{4\pi T}\int_{-\infty}^{+\infty}|F_X(\omega,T)|^2\,\mathrm{d}\omega \tag{3-147}$$

显然，式(3-146)和式(3-147)中诸积分都是随机的。这时，将式(3-147)左端的均值的极限，即量

$$\lim_{T\to+\infty}E\left\{\frac{1}{2T}\int_{-T}^{T}X^2(t)\,\mathrm{d}t\right\} \tag{3-148}$$

定义为平稳过程 $x(t)$ 的平均功率。

交换式(3-148)中积分与均值的运算顺序，并注意到平稳过程的均方值是常数 Ψ^2，于是

$$\lim_{T\to+\infty}E\left\{\frac{1}{2T}\int_{-T}^{T}X^2(t)\,\mathrm{d}t\right\}=\lim_{T\to+\infty}\frac{1}{2T}\int_{-T}^{T}E[X^2(t)]\,\mathrm{d}t=\Psi_X^2 \tag{3-149}$$

即平稳过程的平均功率等于该过程的均方值或 $R_X(0)$。

接着，把式(3-147)的右端代入式(3-149)的左端，交换运算顺序后，可得

$$\Psi_X^2=\frac{1}{2\pi}\int_{-\infty}^{+\infty}\lim_{T\to+\infty}\frac{1}{2T}E\{|F_X(\omega,T)|^2\}\,\mathrm{d}\omega \tag{3-150}$$

相应于式(3-144)和式(3-145)，把式(3-150)中的被积式称为平稳过程 $X(t)$ 的功率谱密度，并记为 $S_{XX}(\omega)$ 或 $S_X(\omega)$，即

$$S_X(\omega)=\lim_{T\to+\infty}\frac{1}{2T}E\{|F_X(\omega,T)|^2\} \tag{3-151}$$

利用记号 $S_X(\omega)$，式(3-150)可简写为

$$\Psi_X^2=\frac{1}{2\pi}\int_{-\infty}^{+\infty}S_X(\omega)\,\mathrm{d}\omega \tag{3-152}$$

此式称为平稳过程 $X(t)$ 的平均功率的谱表示式。

功率谱密度 $S_X(\omega)$ 通常也简称为自谱密度或谱密度，它是从频率这个角度描述 $X(t)$ 的统计规律的最主要的数字特征。由式(3-152)可知，它的物理意义是表示 $X(t)$ 的平均功率关于频率的分布。

如果已知平稳过程 $X(t)$ 的谱密度，那么在任何特定频率范围(ω_1,ω_2)内的谱密度对平均功率的贡献为

$$_{(\omega_1,\omega_2)}\Psi_X^2=\frac{1}{2\pi}\int_{\omega_1}^{\omega_2}S_X(\omega)\,\mathrm{d}\omega$$

以上定义的谱密度 $S_X(\omega)$ 又称为“双边谱密度”，意思是对 ω 的正负值都是有定义的，但实际中负频率是无意义的，为了适应实际测量，考虑定义在$[0,+\infty)$上的平稳过程 $X(t)$，并按前面的思想和步骤定义“单边谱密度”：

$$G_X(\omega)=\begin{cases}2\lim\limits_{T\to+\infty}\dfrac{1}{T}E\{|F_X(\omega,T)|^2\}, & \omega\geqslant 0\\ 0, & \omega<0\end{cases} \tag{3-153}$$

此处 $F_X(\omega,T)=\int_0^T X(t)\mathrm{e}^{-i\omega t}\mathrm{d}t$。

可以证明，单边谱密度与双边谱密度的关系是：

$$G_X(\omega)=\begin{cases}2S_X(\omega), & \omega\geqslant 0\\ 0, & \omega<0\end{cases}$$

如图 3-43 所示，这相当于利用 $S_X(\omega)$的偶函数性质，把负频率范围内的谱密度折算到正频率范围内。

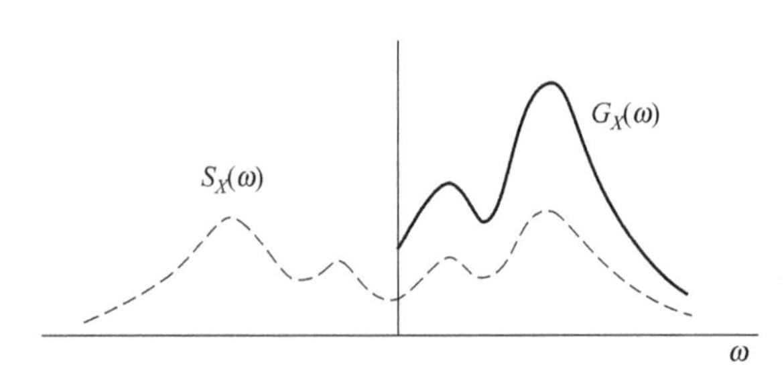

图 3-43　单边谱密度与双边谱密度示意图

实际上，从定义单边谱密度的式(3-153)出发，设计有专门的仪器和计算方法用以模拟平稳过程的谱密度或进行数值计算。

(2) 谱密度的性质

谱密度 $S_X(\omega)$有以下重要性质：

① $S_X(\omega)$是 ω 的实的、非负的偶函数，事实上，在式(3-145)中，

$$|F_X(\omega,T)|^2=F_X(\omega,T)F_X(-\omega,T)$$

是 ω 的实的、非负的偶函数，所以它的均值的极限也必是实的、非负的偶函数。

② $S_X(\omega)$和自相关函数 $R_X(\tau)$是一傅里叶变换对，即

$$S_X(\omega)=\int_{-\infty}^{+\infty}R_X(\tau)\mathrm{e}^{-i\omega\tau}\mathrm{d}\tau \tag{3-154}$$

$$R_X(\tau)=\frac{1}{2\pi}\int_{-\infty}^{+\infty}S_X(\omega)\mathrm{e}^{i\omega\tau}\mathrm{d}\omega \tag{3-155}$$

它们统称为**维纳-辛钦公式**。

为了推导式(3-154)，将式(3-146)代入式(3-151)，得

$$S_X(\omega)=\lim_{T\to+\infty}\frac{1}{2T}E\left\{\int_{-T}^{T}X(t_1)\mathrm{e}^{i\omega t_1}\mathrm{d}t_1\int_{-T}^{T}X(t_2)\mathrm{e}^{-i\omega t_2}\mathrm{d}t_2\right\}$$

把括号内的积分乘积改写成重积分形式，交换积分与均值的运算顺序，并注意到 $E\{X(t_1)X(t_2)\}=R_X(t_2-t_1)$，即有

$$\begin{aligned}S_X(\omega)&=\lim_{T\to+\infty}\frac{1}{2T}\int_{-T}^{T}\int_{-T}^{T}E\{X(t_1)X(t_2)\}\mathrm{e}^{-i\omega(t_2-t_1)}\mathrm{d}t_1\mathrm{d}t_2\\&=\lim_{T\to+\infty}\frac{1}{2T}\int_{-T}^{T}\int_{-T}^{T}R_X(t_2-t_1)\mathrm{e}^{-i\omega(t_2-t_1)}\mathrm{d}t_1\mathrm{d}t_2\end{aligned}$$

接着，作变量代换 $\tau_1=t_1+t_2$ 和 $\tau_2=-t_1+t_2$，可以得到

$$S_X(\omega)=\lim_{T\to+\infty}\int_{-2T}^{2T}\left(1-\frac{|\tau|}{2T}\right)R_X(\tau)\mathrm{e}^{-i\omega\tau}\mathrm{d}\tau$$

$$=\lim_{T\to+\infty}\int_{-\infty}^{+\infty}R_X^T(\tau)\mathrm{e}^{-i\omega\tau}\mathrm{d}\tau \tag{3-156}$$

式中，当 $T\to+\infty$，注意到 $R_X^T\to R_X(\tau)$ 对每一个 τ 都成立，于是由式(3-156)可得到公式

$$S_X(\omega)=\int_{-\infty}^{+\infty}R_X(\tau)\mathrm{e}^{-i\omega\tau}\mathrm{d}\tau$$

最后，理论上要求 $\int_{-\infty}^{+\infty}|R_X(\tau)|\mathrm{d}\tau<+\infty$。

如此，可以得出下述结论：平稳过程在自相关函数绝对可积的条件下，谱密度就是自相关函数的傅里叶变换，即维纳-辛钦式(3-154)成立。而式(3-155)则是 $S_X(\omega)$ 的傅里叶逆变换，在式(3-155)中令 $\tau=0$，再次得到表达式(3-152)。

此外，由于 $R_X(\tau)$ 和 $S_X(\omega)$ 都是偶函数，所以利用欧拉公式，维纳-辛钦公式还可以写成如下形式：

$$S_X(\omega)=2\int_0^{+\infty}R_X(\tau)\cos\omega\tau\mathrm{d}\tau \tag{3-157}$$

$$R_X(\tau)=\frac{1}{\pi}\int_0^{+\infty}S_X(\omega)\cos\omega\tau\mathrm{d}\omega \tag{3-158}$$

维纳-辛钦公式又称为平稳过程自相关函数的谱表示式，它揭示了从时间角度描述平稳过程 $X(t)$ 的统计规律和从频率角度描述 $X(t)$ 的统计规律之间的联系，据此，在应用上可以根据实际情形选择时间域方法或等价的频率域方法解决实际问题。

例 3-46　已知平稳过程 $X(t)$ 的自相关函数为

$$R_X(\tau)=\mathrm{e}^{-a|\tau|}\cos\omega_0\tau$$

求 $X(t)$ 的谱密度 $S_X(\omega)$。

解　由式(3-154)和欧拉公式，有

$$S_X(\omega)=\int_{-\infty}^{+\infty}\mathrm{e}^{-a|\tau|}\cos\omega_0\tau\cdot\mathrm{e}^{-i\omega\tau}\mathrm{d}\tau$$

$$=\int_{-\infty}^{+\infty}\mathrm{e}^{-a|\tau|}\left(\frac{\mathrm{e}^{i\omega_0\tau}+\mathrm{e}^{-i\omega_0\tau}}{2}\right)\mathrm{e}^{-i\omega\tau}\mathrm{d}\tau$$

$$=\frac{1}{2}\left[\int_{-\infty}^{+\infty}\mathrm{e}^{-a|\tau|}\mathrm{e}^{-i(\omega-\omega_0)\tau}\mathrm{d}\tau+\int_{-\infty}^{+\infty}\mathrm{e}^{-a|\tau|}\mathrm{e}^{-i(\omega+\omega_0)\tau}\mathrm{d}\tau\right]$$

这两个积分分别是 $\mathrm{e}^{-a|\tau|}$ 的傅里叶变换在 $\omega-\omega_0$，$\omega+\omega_0$ 处的值(见表 3-4 中第 1 栏)，所以

$$S_X(\omega)=\frac{1}{2}\left[\frac{2a}{a^2+(\omega-\omega_0)^2}+\frac{2a}{a^2+(\omega+\omega_0)^2}\right]$$

$$=a\left[\frac{1}{a^2+(\omega-\omega_0)^2}+\frac{1}{a^2+(\omega+\omega_0)^2}\right]$$

它的图形见表 3-4 的第 3 栏，本题的解法实际上是利用表 3-4 中第 1 栏的对应关系，验证第 3 栏的对应关系。

表 3-4　例 3-46 表

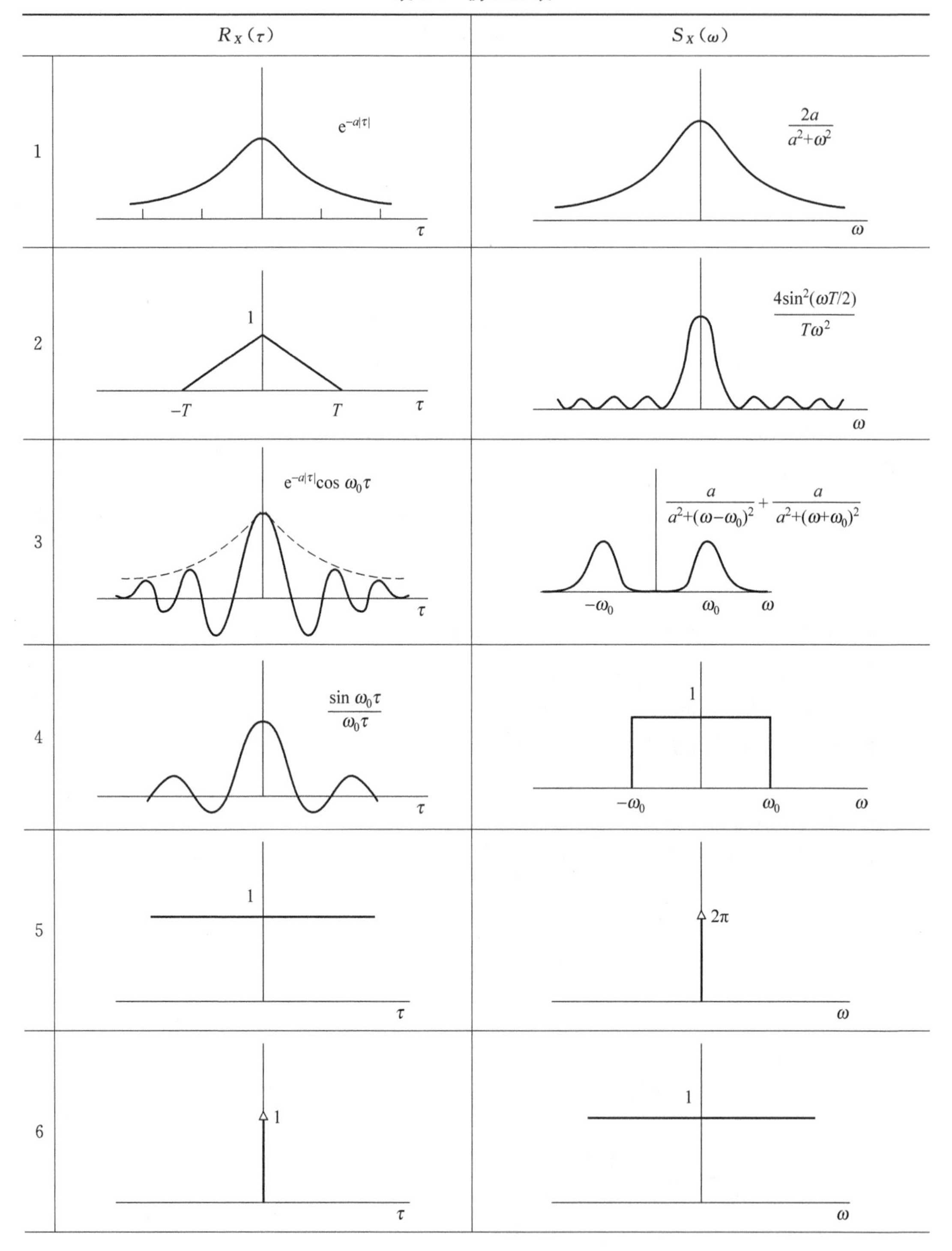

$R_X(\tau)$
$S_X(\omega)$
1
$e^{-a|\tau|}$
τ
$\frac{2a}{a^2+\omega^2}$
ω
2
1
$-T$
T
τ
$\frac{4\sin^2(\omega T/2)}{T\omega^2}$
ω
3
$e^{-a|\tau|}\cos\omega_0\tau$
τ
$\frac{a}{a^2+(\omega-\omega_0)^2}+\frac{a}{a^2+(\omega+\omega_0)^2}$
$-\omega_0$
ω_0
ω
4
$\frac{\sin\omega_0\tau}{\omega_0\tau}$
τ
1
$-\omega_0$
ω_0
ω
5
1
τ
2π
ω
6
1
τ
1
ω

续表

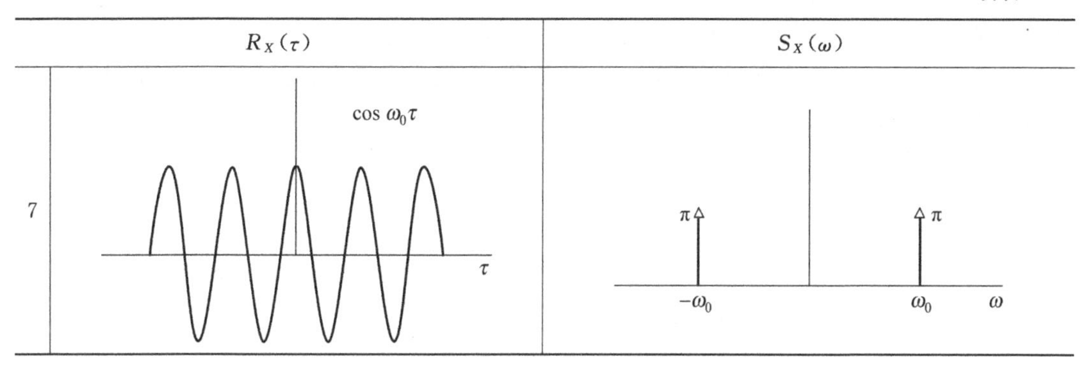

例 3-47 已知谱密度

$$S_X(\omega)=\frac{1}{2}\left[\frac{2a}{a^2+(\omega-\omega_0)^2}+\frac{2a}{a^2+(\omega+\omega_0)^2}\right]$$

$$=a\left[\frac{1}{a^2+(\omega-\omega_0)^2}+\frac{1}{a^2+(\omega+\omega_0)^2}\right] \tag{3-159}$$

求平稳过程 $X(t)$的自相关函数和均方值。

解 用查表方法,先把 $S_X(\omega)$改写成部分分式之和

$$S_X(\omega)=\frac{\omega^2+4}{(\omega^2+1)(\omega^2+9)}=\frac{1}{8}\left(\frac{3}{\omega^2+1}+\frac{5}{\omega^2+3^2}\right)$$

由于傅里叶逆变换式(3-155)也是线性变换,所以可对上式右端两项分别查表 3-4 中第 1 栏后相加,经整理得所要求的自相关函数

$$R_X(\tau)=\frac{1}{48}(9\mathrm{e}^{-|\tau|}+5\mathrm{e}^{-3|\tau|})$$

而均方值为

$$\Psi^2=R_X(0)=\frac{7}{24}$$

形如式(3-159)的谱密度属于有理谱密度,根据谱密度性质(1),有理谱密度的一般形式应为

$$S_X(\omega)=S_0\frac{\omega^{2n}+a_{2n-2}\omega^{2n-2}+\cdots+a_0}{\omega^{2n}+b_{2n-2}\omega^{2n-2}+\cdots+b_0}$$

式中,$S_0>0$;又由于要求均方值有限,所以由式(3-152)还要求 $m>n$,且分母应无实数根,有理谱密度是实用上最常见的一类谱密度。

另外,当已经算得平稳过程的自相关函数的估计 $R_X(\tau_r)$,$r=0,1,2,\cdots,m$ 时,那么经由维纳-辛钦公式可以得到谱密度的估计。这种估计式很多,例如,利用积分的梯形近似公式,相应于式(3-157)可以写出如下谱密度的原始估计:

$$\hat{S}_X(\omega)=\Delta t\left[\hat{R}_X(0)+2\sum_{r=1}^{m-1}\hat{R}_X(\tau_r)\cos\omega\tau_r+\hat{R}_X(\tau_m)\cos\omega\tau_m\right]$$

$0\leqslant\omega\leqslant\omega_c$,实际应用时,还须利用有关随机数据分析方法对原始估计做进一步加工。

最后需要指出的是,在实际问题中常常碰到这样一些平稳过程,它们的自相关函数或谱密度在通常情形下的傅里叶变换或逆变换是不存在的(例如,随机相位正弦波的自相关函

数），但与通常频谱分析中遇到的情况一样，如果允许谱密度和自相关函数含有 δ 函数，则在新的意义下利用 δ 函数的傅里叶变换性质，有关实际问题仍能得到圆满解决。

上面所说的函数是单位冲激函数 $\delta(t)$ 的简称，它是一种广义函数。狄拉克最早给出了 $\delta(t)$ 的如下定义：

$$\begin{cases}\delta(t)=0, & t\neq 0\\ \int_{-\infty}^{+\infty}\delta(t)\mathrm{d}t=1\end{cases}$$

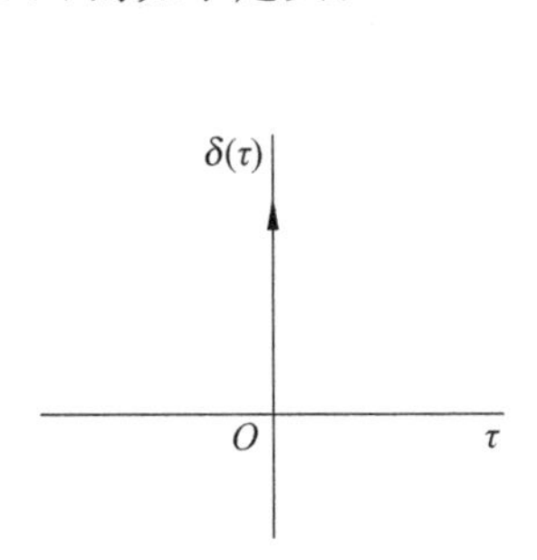

图 3-44　单位冲激函数示意图

通常用图 3-44 中的单位有向线段表示。δ 函数的基本性质是：对任一在 $\tau=0$ 连续的函数 $f(\tau)$，有

$$\int_{-\infty}^{+\infty}\delta(\tau)f(\tau)\mathrm{d}\tau=f(0)$$

一般地，若函数 $f(\tau)$ 在 $\tau=\tau_0$ 连续，就有

$$\int_{-\infty}^{+\infty}\delta(\tau-\tau_0)f(\tau)\mathrm{d}\tau=f(\tau_0)\quad（筛选性）$$

据此，可以写出以下傅里叶变换对：

$$\int_{-\infty}^{+\infty}\delta(\tau)\mathrm{e}^{-i\omega\tau}\mathrm{d}\tau=1\longleftrightarrow\delta(\tau)=\frac{1}{2\pi}\int_{-\infty}^{+\infty}1\cdot\mathrm{e}^{i\omega\tau}\mathrm{d}\omega \tag{3-160}$$

$$\int_{-\infty}^{+\infty}\frac{1}{2\pi}\cdot\mathrm{e}^{-i\omega\tau}\mathrm{d}\tau=\delta(\omega)\longleftrightarrow\frac{1}{2\pi}=\int_{-\infty}^{+\infty}\delta(\omega)\mathrm{e}^{i\omega\tau}\mathrm{d}\omega \tag{3-161}$$

式(3-161)表明：当自相关函数 $R_X(\tau)=1$ 时，谱密度 $S_X(\omega)=2\pi\delta(\omega)$；其次，还可求得正弦型自相关函数 $R_X(\tau)=a\cos\omega_0\tau$ 的谱密度为

$$S_X(\omega)=a\pi[\delta(\omega-\omega_0)+\delta(\omega+\omega_0)] \tag{3-162}$$

事实上，

$$S_X(\omega)=\int_{-\infty}^{+\infty}a\cos\omega_0\tau\mathrm{e}^{-i\omega\tau}\mathrm{d}\tau=\frac{a}{2}\int_{-\infty}^{+\infty}(\mathrm{e}^{i\omega_0\tau}+\mathrm{e}^{-i\omega_0\tau})\mathrm{e}^{-i\omega\tau}\mathrm{d}\tau$$
$$=\frac{a}{2}\left[\int_{-\infty}^{+\infty}\mathrm{e}^{-i(\omega-\omega_0)\tau}\mathrm{d}\tau+\int_{-\infty}^{+\infty}\mathrm{e}^{-i(\omega+\omega_0)\tau}\mathrm{d}\tau\right]$$

利用变换式(3-161)即得式(3-162)。

可见，自相关函数为常数或正弦型函数的平稳过程，其谱密度都是离散的。

(3) 互谱密度及其性质

设 $X(t)$ 和 $Y(t)$ 是两个平稳相关的随机过程。我们定义

$$S_{XY}(\omega)=\lim_{T\to+\infty}\frac{1}{2T}E\{F_X(-\omega,T)F_Y(\omega,T)\} \tag{3-163}$$

为平稳过程 $X(t)$ 和 $Y(t)$ 的互谱密度，式中，$F_X(\omega,T)$ 由式(3-146)确定。由式(3-163)可知互谱密度不再是 ω 实的、正的偶函数，但它具有以下特性：

① $S_{XY}(\omega)=S_{YX}^*(\omega)$，即 $S_{XY}(\omega)$ 和 $S_{YX}^*(\omega)$ 互为共轭函数。

② 在互相关函数 $R_{XY}(\tau)$ 绝对可积的条件下，还有如下维纳-辛钦公式：

$$S_{XY}(\omega)=\int_{-\infty}^{+\infty}R_{XY}(\tau)\mathrm{e}^{-i\omega\tau}\mathrm{d}\tau \tag{3-164}$$

$$R_{XY}(\tau)=\frac{1}{2\pi}\int_{-\infty}^{+\infty}S_{XY}(\omega)\mathrm{e}^{i\omega\tau}\mathrm{d}\omega \tag{3-165}$$

证明方法与式(3-154)和式(3-155)相同。

③ $\mathrm{Re}[S_{XY}(\omega)]$和 $\mathrm{Re}[S_{YX}(\omega)]$是 ω 的偶函数，$\mathrm{Im}[S_{XY}(\omega)]$和 $\mathrm{Im}[S_{YX}(\omega)]$是 ω 的奇函数，这时 Re[]表示取实部，Im[]表示取虚部。

事实上，把式(3-164)改写成

$$S_{XY}(\omega)=\int_{-\infty}^{+\infty}R_{XY}(\tau)\cos\omega\tau\mathrm{d}\tau-i\int_{-\infty}^{+\infty}R_{XY}(\tau)\sin\omega\tau\mathrm{d}\tau$$

即可推知。

④ 互谱密度与自潜密度之间有不等式

$$|S_{YX}(\omega)|^2\leqslant S_X(\omega)S_Y(\omega)$$

实际应用中，当考虑多个平稳过程之和的频率结构时，要运用互谱密度。例如，设 $Z(t)=X(t)+Y(t)$，其中 $X(t)$和 $Y(t)$是平稳相关的。这时，$Z(t)$的自相关函数是 $R_{ZZ}(\tau)=R_{XX}(\tau)+R_{XY}(\tau)+R_{YX}(\tau)+R_{YY}(\tau)$，根据维纳-辛钦公式，$Z(t)$的自谱密度为

$$\begin{aligned}S_{ZZ}(\tau)&=S_{XX}(\tau)+S_{XY}(\tau)+S_{YX}(\tau)+S_{YY}(\tau)\\&=S_{XX}(\tau)+S_{YY}(\tau)+2\mathrm{Re}[S_{XY}(\tau)]\end{aligned}$$

互谱密度并不像自谱密度那样具有物理意义，引入这个概念主要是为了能在频率域上描述两个平稳过程的相关性(例如，对具有零均值的平稳过程 $X(t)$和 $Y(t)$而言，根据性质②，$S_{XY}(\omega)\equiv 0$ 与 $X(t)$和 $Y(t)$不相关是等价的)。

相关函数和谱密度的一个重要应用是分析线性系统对随机输入的响应，它的具体内容由有关专业课程加以介绍。

3.2　概率论与随机过程的工程应用

1. 脉宽调制信号

例 3-48　某简单通信系统以周期 T_0 在信道上传送一脉冲信号 $Y(t)$，$t>0$。在每个周期内，脉冲信号的幅度为 A，脉宽为在$[0,T_0)$内均匀分布的随机变量 X。在不同的周期内，脉宽随机变量相互独立，求该脉冲信号的一维概率密度函数。

解　将第 i 个周期内的脉宽随机变量表示为 $X_i(i=1,2,3,\cdots)$，则该随机过程的样本函数如图 3-45 所示。

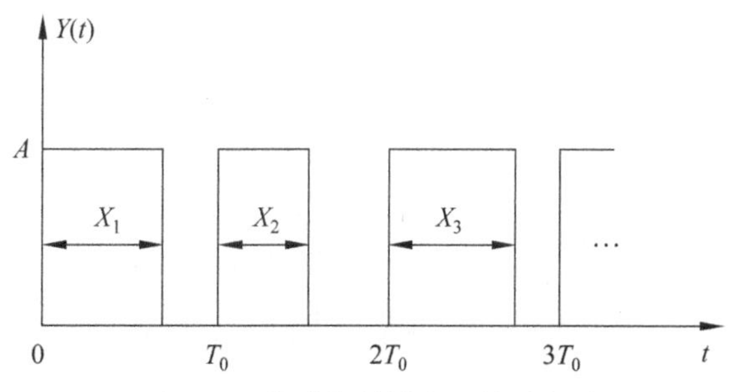

图 3-45　脉冲信号样本函数示意图

随机过程 $Y(t)$在任意时刻 t 只能取值为 0 或 A。只要计算出 $P\{Y(t)=A\}$和 $P\{Y(t)=0\}$，则一维概率密度函数为

$$f_Y(y;t)=P\{Y(t)=A\}\delta(y-A)+P\{Y(t)=0\}\delta(y)$$

先考虑第一个周期内的情形,即 $0\leqslant t\leqslant T_0$,此时,

$$P\{Y(t)=A\}=P\{X_1<t\}=\int_t^{T_0}f_X(\tau)\mathrm{d}\tau=\frac{T_0-t}{T_0}$$

$$P\{Y(t)=0\}=P\{X_1<t\}=1-P\{Y(t)=A\}=\frac{t}{T_0}$$

由于在不同周期上脉宽随机变量的独立性,所以只要将第一个周期$[0,T_0)$内的表达式周期延拓到其他周期上即可。当 $t\in[iT_0,(i+1)T_0)$,$i=1,2,\cdots$时,

$$P\{Y(t)=A\}=\frac{(i+1)T_0-t}{T_0},\quad P\{Y(t)=0\}=\frac{t-iT_0}{T_0}$$

从而知一维概率密度函数为

$$f_Y(y;t)=\frac{(i+1)T_0-t}{T_0}\delta(y-A)+\frac{t-iT_0}{T_0}\delta(y)\quad t\in[iT_0,(i+1)T_0)$$

2. Poisson 随机电报信号

例 3-49 设 $X(t)$为一个取值为±1 的随机过程。设初始随机变量 $X(0)$为±1 的概率相等,即 1/2。设"变换一次极性"为一个事件,并设该事件的发生构成一个 Poisson 过程 $N(t)$,且设每秒改变极性的次数为 α。这样,给定随机变量 $X(0)$,按 Poisson 过程的规律改变极性得到的随机过程 $X(t)$称为 Poisson 随机电报信号。Poisson 随机电报信号具有表达式

$$X(t)=X(0)\,(-1)^{N(t)}$$

$X(t)$的一阶概率质量函数为

$$\begin{aligned}P\{X(t)=\pm1\}=&P\{X(t)=\pm1\mid X(0)=1\}P\{X(0)=1\}+\\&P\{X(t)=\pm1\mid X(0)=-1\}P\{X(0)=-1\}\end{aligned}$$

此外,

$$\begin{aligned}P\{X(t)=1\mid X(0)=1\}&=P\{X(t)=-1\mid X(0)=-1\}\\&=P\{N(t)=\text{偶数}\}=\sum_{j=0}^{\infty}\frac{(\alpha t)^{2j}}{(2j)!}\mathrm{e}^{-\alpha t}\\&=\mathrm{e}^{-\alpha t}\,\frac{1}{2}(\mathrm{e}^{\alpha t}+\mathrm{e}^{-\alpha t})=\frac{1}{2}(1+\mathrm{e}^{-2\alpha t})\end{aligned}$$

同理,当 $N(t)$为奇数时,$X(t)$和 $X(0)$具有相反的符号。

$$\begin{aligned}P\{X(t)=1\mid X(0)=-1\}&=P\{X(t)=-1\mid X(0)=1\}\\&=P\{N(t)=\text{奇数}\}=\sum_{j=0}^{\infty}\frac{(\alpha t)^{2j+1}}{(2j=1)!}\mathrm{e}^{-\alpha t}\\&=\mathrm{e}^{-\alpha t}\,\frac{1}{2}(\mathrm{e}^{\alpha t}+\mathrm{e}^{-\alpha t})=\frac{1}{2}(1+\mathrm{e}^{-2\alpha t})\end{aligned}$$

又因为

$$P\{X(t)=1\}=\frac{1}{2}\cdot\frac{1}{2}(1+\mathrm{e}^{-2\alpha t})+\frac{1}{2}\cdot\frac{1}{2}(1-\mathrm{e}^{-2\alpha t})=\frac{1}{2}$$

从而

$$P\{X(t)=-1\}=1-P\{X(t)=1\}=\frac{1}{2}$$

$X(t)$的均值和方差分别为

$$\mu_X(t)=1P\{X(t)=1\}+(-1)P\{X(t)=-1\}=0$$

$$\mathrm{Var}\{X(t)\}=E\{X^2(t)\}=1^2P\{X(t)=1\}+(-1)^2P\{X(t)=-1\}=1$$

$X(t)$的自协相关函数为

$$\begin{aligned}C_X(t_1,t_2)&=E\{X(t_1)X(t_2)\}\\&=P\{X(t_1)=X(t_2)\}+(-1)P\{X(t_1)\neq X(t_2)\}\\&=\frac{1}{2}(1+\mathrm{e}^{-2\alpha|t_2-t_1|})-\frac{1}{2}(1-\mathrm{e}^{-2\alpha|t_2-t_1|})\\&=\mathrm{e}^{-2\alpha|t_2-t_1|}\end{aligned}$$

3. 通信中的白噪声过程

例 3-50 如图 3-46 所示，若宽平稳随机过程 $W(t)$的功率谱密度在任意频点上是常数，即 $S_W(f)=N_0/2$，则称 $W(t)$为白噪声过程，由 Wiener-Khinchin 定理知其自相关函数为

$$R_W(\tau)=\frac{N_0}{2}\delta(\tau)$$

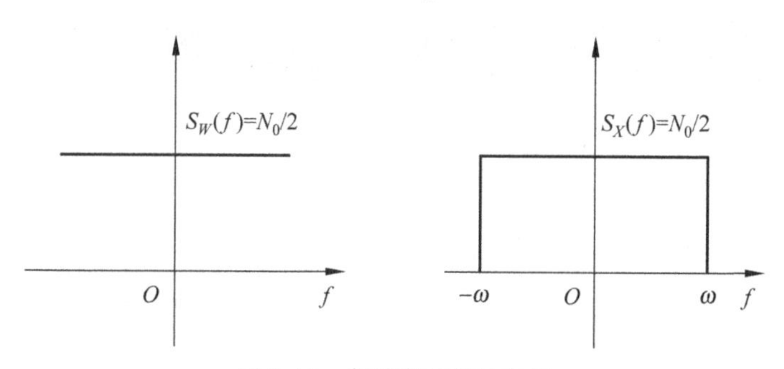

图 3-46 白噪声过程示意图

若宽平稳随机过程 $X(t)$的功率谱密度为

$$S_X(f)=\begin{cases}N_0/2, & |f|\leqslant w\\0, & |f|>w\end{cases}$$

其中 w 为某个正数，则称 $X(t)$为带通白噪声过程。该过程的平均功率为

$$E\{|X(t)|^2\}=\int_{-w}^{w}\frac{N_0}{2}\mathrm{d}f=N_0w$$

自相关函数为

$$\begin{aligned}R_X(\tau)&=\frac{N_0}{2}\int_{-w}^{w}\mathrm{e}^{j2\pi\omega\tau}\mathrm{d}f=\frac{N_0}{2}\cdot\frac{\mathrm{e}^{j2\pi\omega\tau}-\mathrm{e}^{-j2\pi\omega\tau}}{j2\pi\tau}\\&=\frac{N_0\sin(2\pi\omega\tau)}{2\pi\tau}\end{aligned}$$

可见，当 $r=\pm k/2w,k=1,2,\cdots$时，$X(t)$和 $X(t+\tau)$互相正交。

例 3-51 离散时间白噪声过程。设 $X[n]$为离散时间随机过程，且是独立同分布的随

机变量序列，其均值为零，方差为 σ_X^2，试求 $S_X(f)$。

解 离散时间随机过程 $X[n]$ 的自相关函数为

$$R_X[k]=\begin{cases}\sigma_X^2, & k=0\\ 0, & k\neq 0\end{cases}$$

因此，功率谱密度为

$$S_X(f)=\sigma_X^2$$

上述过程称为离散时间白噪声过程。

4. 信号包络的瑞利分布

（1）瑞利分布的概率密度函数

由于陆地移动通信中的多径传播，移动台处接收到的无线信号包络（电压）r（图 3-47）在形式上是典型的瑞利分布。瑞利分布随机变量 r 的概率密度函数有如下形式：

$$p_r(x)=\begin{cases}\dfrac{x}{b_0}\mathrm{e}^{-\frac{x^2}{2b_0}}, & x\geqslant 0\\ 0, & x<0\end{cases} \tag{3-166}$$

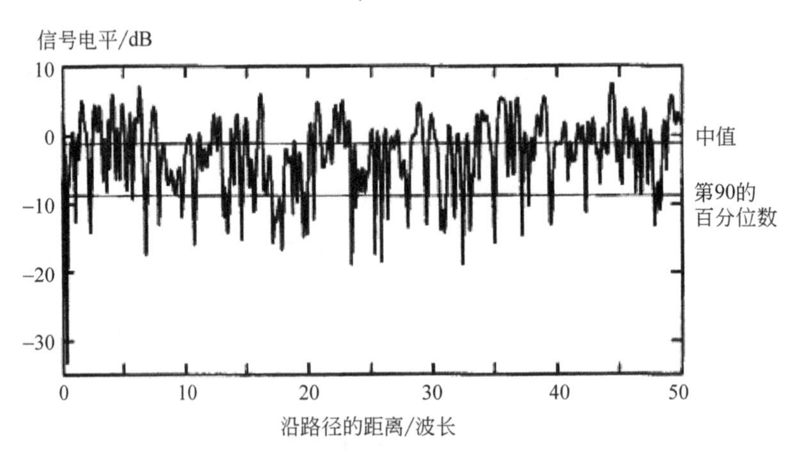

图 3-47 多径散射条件下的信号示意图

式中，$b_0=\sigma^2$，σ^2 是高斯分布中的方差，均值为零。瑞利分布随机变量 r 的均值 $\Omega_r=<r>=\sqrt{\dfrac{\pi}{2}b_0}\approx 1.253\sqrt{b_0}$，方差为 $\sigma_r^2=\dfrac{4-\pi}{2}b_0$，平均功率

$$\Omega_s=<\frac{1}{2}r^2>=\int_0^{\infty}\frac{1}{2}t^2 p_r(t)\mathrm{d}t=b_0$$

所以，瑞利分布的概率密度函数中的 b_0 代表信号的平均功率，这和 σ^2 在高斯分布中也代表平均功率一致。另外，也可以用信号的峰值功率 $b_0^*=2b_0$ 表示。瑞利分布的概率密度函数示意图如图 3-48 所示。

（2）瑞利分布的概率分布函数

对于瑞利随机变量 r 的概率分布函数，可对概率密度函数 $p_r(x)$ 从 $-\infty$ 到 x 积分，得到

$$F_r(x)=\mathrm{Prob}(r\leqslant x)=\int_{-\infty}^{x}p_r(t)\mathrm{d}t=1-\mathrm{e}^{-r^2/2b_0}$$

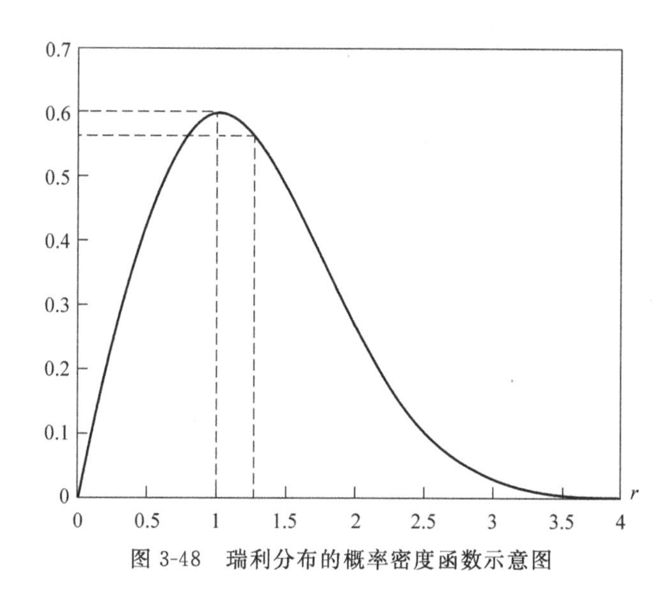

图 3-48　瑞利分布的概率密度函数示意图

5. 信号包络的莱斯分布

在移动卫星系统中，或在郊区和农村地区的陆地移动通信系统以及市区微蜂窝中，经常接收到有视距(LOS)传播路径分量的信号。这时有一个起主导作用的不变的(非衰落)信号分量添加到散射波上时，即存在一个直达分量或常数分量 c 的情况时，原来服从式(3-166)瑞利分布的信号包络 r 将服从莱斯分布(rice distribution)，即更一般的瑞利分布。它的相位分布也不再是均匀分布，而是相当复杂的分布。振幅包络和相位也不再是互相独立的。

(1) 信号包络的概率密度函数

莱斯概率密度函数如下：

$$\text{Prob}(x)=\begin{cases}\dfrac{x}{b_0}\exp\left(-\dfrac{x^2+c^2}{2b_0}\right)I_0\left(\dfrac{xc}{b_0}\right) & x\geqslant 0\\ 0 & x<0\end{cases}\tag{3-167}$$

式中，r 是接收信号合成振幅包络，b_0 等于弥散(瑞利)分量中的平均功率，$(c^2/2)$是信号中占主导地位的直达(常数)分量的平均功率，$I_0(\cdot)$是第一类零阶修正贝塞耳函数。当直达信号不存在时，即 $c\to 0$ 时，莱斯分布就退化为瑞利分布。

通常定义 $K=c^2/2b_0$，表示直达平均功率 $c^2/2$ 和弥散平均功率 b_0 之比，K 称为莱斯因子，莱斯分布常用该参数描述。式(3-167)中含 c、b_0 两个参量，我们可以通过将总平均功率 $b_0+(c^2/2)$固定为 1(也就是 0dB_r；下标 r 用来表示单位是相对的量，而不是绝对的量)降为含单参量 K 的公式。将 $b_0+(c^2/2)=1$ 代入莱斯因子中，得到 $b_0=1/(1+K)$，这样就有

$$\text{Prob}(x)=\begin{cases}x(1+K)\exp\left(-K-\dfrac{x^2(1+K)}{2}\right)I_0\left(x\sqrt{2K(1+K)}\right) & x\geqslant 0\\ 0 & x<0\end{cases}\tag{3-168}$$

当 K 接近零时，即 $c\to 0$ 时，行为由瑞利分量占支配地位；当 $K=0$ 时，传播信道呈现瑞利衰落。当 K 很大时，行为将由直达分量占支配地位，可用高斯概率密度近似，均值为 $\sqrt{2Kb_0}$，标准差为 $\sqrt{b_0}$；而当 $K=\infty$时，信道不出现任何衰落，给出不变信道。但是，要小心

的是，有些文献（主要是在移动卫星领域）中，K 被定义为弥散功率与镜面功率之比，是习惯定义的倒数。图 3-49 画出了几种 K 值下的概率密度函数 $p_r(x)$。

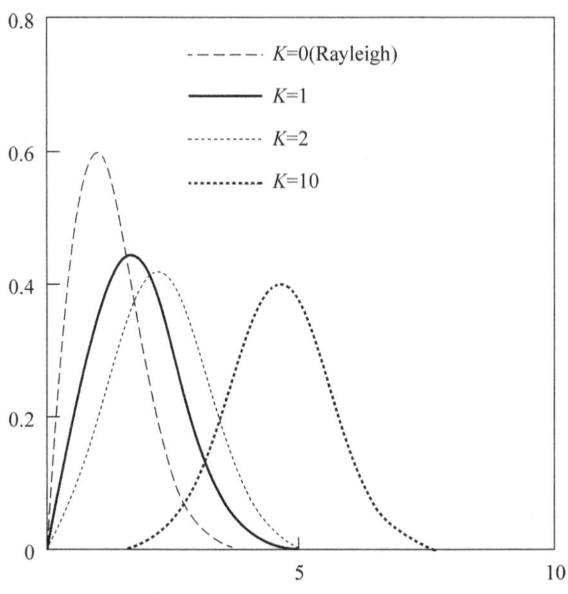

图 3-49 几种 K 值下的莱斯分布概率密度函数 $p_r(x)$

（2）信号功率的概率密度函数

根据式(3-167)，可以从信号包络 r 的概率密度函数得到平均功率 $s=r^2/2$ 的概率密度函数为

$$p_s(x)=\begin{cases}\dfrac{1}{b_0}\exp\left(-\dfrac{2x+c^2}{2b_0}\right)I_0\left(\dfrac{c}{b_0}\sqrt{2x}\right), & x\geqslant 0\\ 0, & x<0\end{cases}\tag{3-169}$$

信号功率 s 的均值 $\langle s\rangle=b_0(K+1)$。单参量 K 的公式则为

$$p_s(x)=\begin{cases}(K+1)\exp[-K-(K+1)x]I_0(2\sqrt{K(K+1)x}), & x\geqslant 0\\ 0, & x<0\end{cases}\tag{3-170}$$

6. 蒙特卡罗法求π

蒙特卡罗方法是以概率和统计的理论、方法为基础的一种数值计算方法，它将所求解的问题同一定的概率模型相联系，用计算机实现统计模拟或抽样，以获得问题的近似解，故又称随机抽样法或统计试验法。

下面介绍蒙特卡罗方法计算圆周率的一种方法。如图 3-50 所示，正方形内部有一个相切的圆，圆与正方形的面积之比为

$$\frac{S_{\text{circle}}}{S_{\text{square}}}=\frac{\pi r^2}{(2r)^2}=\frac{\pi}{4}$$

利用 MATLAB 编程实现。在正方形内部随机产生 total 个点(x,y)，计算它们与圆心的距离，从而判断该点是否位于圆内。如果这些点是均匀分布的，那么圆内的点应当占到所有点的 $\pi/4$，从而得出圆周率的值。

以下是 MATLAB 代码：

```
total =10000;
x =random('unif',0,1,[total,1]);
y =random('unif',0,1,[total,1]);

count =0;

for i =1:total
    if (sqrt(x(i) * x(i)+y(i) * y(i)) <=1.0)
        count =count +1;
    end
end

pi =count * 4/total
```

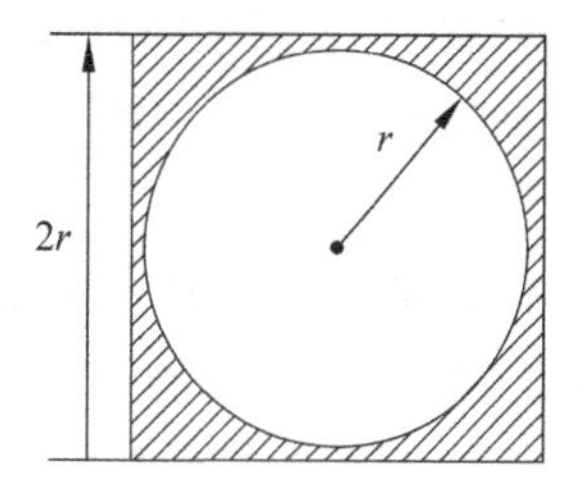

图 3-50 蒙特卡罗方法圆域示意图

通过修改 total 值，逐步逼近 pi 值，结果见表 3-5。

表 3-5 total 值与 pi 值的关系

total	10^4	10^5	10^6	10^7	10^8
pi	3.1544	3.1409	3.1420	3.1416	3.1415

3.3 思政教育——生活中的偶然性与必然性

辩证唯物主义认为，必然与偶然之间存在着对立统一的辩证关系，随机现象出现过程中的每个细节虽然是偶然的，但是从总体趋势上看，却呈现出必然的统计规律性。在教学中再现两者的关系，可以为培养学生唯物辩证观点提供生动的现实性材料，必然与偶然的关系寓于概率统计与其他数学学科的关系中。概率统计是随机数学，研究方法主要是确定性数学的方法，集合论、测度论和实变函数论等数学学科是其成熟的基石。反过来，概率统计思想又推动了确定性数学的发展。例如，著名的蒙特卡罗（Monet-Calro）方法，就是用随机数学方法求解确定性数学问题。由此看出，随机数学与确定性数学彼此促进，密不可分。

必然与偶然的关系寓于数学对象所揭示的规律中。揭示"必然寓于偶然之中"的典型例证是概率统计中的"小概率原理"。数学家庞加莱（Poincare）说："最大的机遇莫过于一个伟人的诞生。"一个人成功的概率虽极小，但几十亿人中总有佼佼者，这就把小概率原理形象化了。

习 题

1. 袋中有 a 只白球、b 只红球，k 个人依次在袋中取一只球，(1)作放回抽样；(2)作不放回抽样，求第 $i(i=1,2,\cdots,k)$ 人取到白球（记为事件 F）的概率（$k\leqslant a+b$）。

2. 在 1～2000 的整数中随机取一个数，问取到的整数既不能被 6 整除，又不能被 8 整除的概率是多少？

3. 将 15 名新生随机地平均分配到三个班级中，这 15 名新生中有 3 名是优秀生，问(1)每个班级各分配到一名优秀生的概率是多少？(2)3 名优秀生分配在同一班级的概率是多少？

4. 设某光学仪器厂制造的透镜，第一次落下时打破的概率为 1/2，若第一次落下未打破，第二次落下打破的概率为 7/10。若前两次落下未打破，第三次落下打破的概率为 9/10。试求透镜落下三次而未打破的概率。

5. 据美国的一份资料报道，在美国患肺癌的概率为 0.1%，人群中有 20%的人是吸烟者，他们患肺癌的概率为 0.4%，求不吸烟者患肺癌的概率是多少？

6. 甲与其他三人参与一个项目的竞拍，价格以美元计，价格高者获胜。若甲中标，他就将此项目以 10 000 美元转让给他人。可认为其他三人的竞拍价是相互独立的，且都在 7000～11 000 美元均匀分布。问甲应如何报价，才能使获益的数学期望最大(若甲中标，必须将此项目以他自己的报价买下)。

7. 某商店对某种家用电器的销售采用先使用后付款的方式，记使用寿命为 X(以年计)，规定：$X\leqslant 1$，一台付款 1500 元；$1<X\leqslant 2$，一台付款 2000 元；$2<X\leqslant 3$，一台付款 2500 元；$X>3$，一台付款 3000 元。

设寿命 X 服从指数分布，概率密度为

$$f(x)=\begin{cases}\dfrac{1}{10}\mathrm{e}^{-\frac{x}{10}}, & x>0\\ 0, & x\leqslant 0\end{cases}$$

试求该商店一台这种家用电器收费 Y 的数学期望。

8. 设随机变量 $X-b(n,p)$，求 $E(X)$、$D(X)$。

9. 设 $X(t)=A\cos wt+B\sin wt$，$t\in T=(-\infty,+\infty)$，其中 A、B 是相互独立，且都服从正态分布 $N(0,\sigma^2)$的随机变量，w 是实常数。试证明 $X(t)$是正态过程，并求它的均值函数和自相关函数。

10. 考虑随机电报信号，信号 $X(t)$由只取$+I$ 或$-I$ 的电流给出(图 3-51 画出了 $X(t)$的一条样本曲线)。

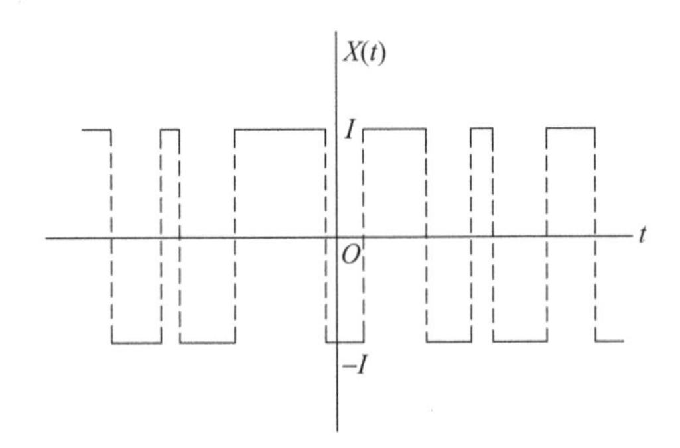

图 3-51 随机电报信号示意图

这里，

$$P\{X(t)=\pm I\}=P\{X(t)=-I\}=1/2$$

而正负号在区间$(t,t+\tau)$内变化的次数$N(t,t+\tau)$是随机的，且假设$N(t,t+\tau)$服从泊松分布，即事件

$$A_k=\{N(t,t+\tau)=k\}$$

的概率

$$P(A_k)=\frac{(\lambda\tau)^k}{k!}\mathrm{e}^{-\lambda\tau},\quad k=0,1,2,\cdots$$

其中$\lambda>0$是单位时间内变号次数的数学期望，试讨论$X(t)$的平稳性。

第 4 章 矢量分析与场论及其工程应用

CHAPTER 4

矢量分析与场论是电磁理论中的重要数学基础，就好比建造房子时打地基，它是房子的根基，有了它，就可以在上面盖楼梯、门窗等。同样，学习了矢量分析和场论，可以帮助我们更好地了解和解决电磁场中的问题。另外，在电磁场理论中场的概念是一个重要的基础概念，例如，两个电荷间的作用力就是由电荷的场相互作用产生的，同时电磁理论中的许多基本量都是矢量，如电场强度 $\boldsymbol{E}$、磁场强度 H、电流密度 $\boldsymbol{J}$ 等，而且用来描述电磁场规律的方程也多是矢量函数，如麦克斯韦方程组。由此可见，学好矢量分析和场论对今后电磁场理论的学习十分重要。

4.1 矢量分析与场论的知识点

4.1.1 场的概念和表示

1. 场的概念

在电磁场理论中，经常要研究某些物理量（如电位、电场强度）在空间的分布和变化规律，为此需要引入场的概念，若空间中的每一个点都对应某个物理量的一个确定值，就说在该空间中存在该物理量的场。例如，锅炉内的温度分布形成了温度场，河流中的水流速度分布形成了流速场。

场可以看成某物理量的位置函数，若物理量是标量，其场称为**标量场**，例如

$$u(x,y,z)=x^2+y^2+z^2$$

是一个标量场，可以看出空间内每给一点 (x,y,z)，都可以得出物理量 u 的一个确定值，这就确定了一个标量场。典型的标量场有温度场、电位场、高度场等。

若物理量是矢量，其场称为**矢量场**，例如

$$\boldsymbol{E}(x,y,z)=\boldsymbol{e}_x 2x-\boldsymbol{e}_y 3y+\boldsymbol{e}_z(5+z)$$

是一个矢量场，给出一点 (x,y,z) 可以得到物理量 $\boldsymbol{E}$ 的一个确定值，且该物理量是矢量，这就确定了一个矢量场，典型的矢量场有流速场、电场、磁场等。

若场中各点对应的物理量不随时间变化，则该场称为**静态场**，以上两个例子都是静态场，若场中各点对应的物理量随时间变化而变化，则该场称为**时变场**。本节主要讨论静态场，其结论也适用于时变场的每一时刻。

2. 场的直观表示方法

用函数形式表示场虽然精确，但不够直观。为直观了解场分布，可用等值面（线）描述标

量场，用矢量线描述矢量场。

(1) 标量场的等值面(线)

标量场中函数值相同的空间点组成的曲面称为标量场的**等值面**。例如，温度相同的点组成等温面，电位相同的点组成等位面。

标量场 u 的等值面方程为

$$u(x,y,z)=c(c\text{ 为常数}) \tag{4-1}$$

式中，常数 c 取不同数值，就得到不同的等值面方程，如图 4-1 所示，这些等值面充满了标量场 u 所在的整个空间。由于 u 是坐标(x,y,z)的单值函数，场中任意一点处只有一个等值面通过，等值面互不相交。

例如，无界自由空间中，位于原点的、电量为 q 的点电荷在空间点(x,y,z)的电位为

$$u(x,y,z)=\frac{q}{4\pi\varepsilon_0(x^2+y^2+z^2)^{1/2}}(\varepsilon_0\text{ 为真空中的介电常数})$$

等位面方程 $x^2+y^2+z^2=C$ 描述的曲面是一簇以原点为球心的同心球面，如图 4-2 所示。

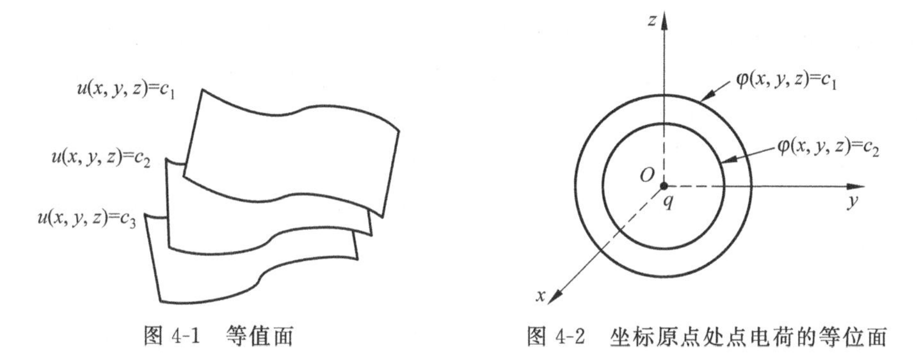

图 4-1　等值面　　　图 4-2　坐标原点处点电荷的等位面

若标量场 u 只与两个坐标(不妨设为(x,y))有关，则 $u=u(x,y)$是平面标量场，其等值面退化为**等值线**，其方程为

$$u(x,y)=c\quad(c\text{ 为常数}) \tag{4-2}$$

地图中的等高线、气象图中的等值线、等温线都是等值线。图 4-3 所示为某地区的等高线。

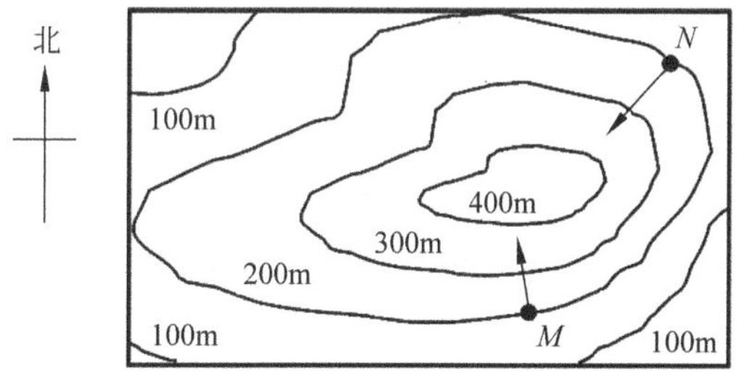

图 4-3　等高线

(2) 矢量场的矢量线

为了更直观地描述矢量的分布状况，引入了矢量线的概念。**矢量线**是一系列有方向的曲线，规定线上每一点的切线方向代表该点矢量场的方向，而横向的矢量线密度代表该点矢量场的大小，如图 4-4 所示。流速场的流线、电场的电力线、磁场的磁力线都是矢量线的例

子。通常可以利用矢量场的一些特性画出它的示意图，例如，在电磁理论中讨论波导中的场结构时，就可以根据电磁场分布特性画出波导中的电磁力线图。

一般来说，矢量场中的每一点均有一条矢量线通过，所以矢量线充满了整个矢量场所在的空间。

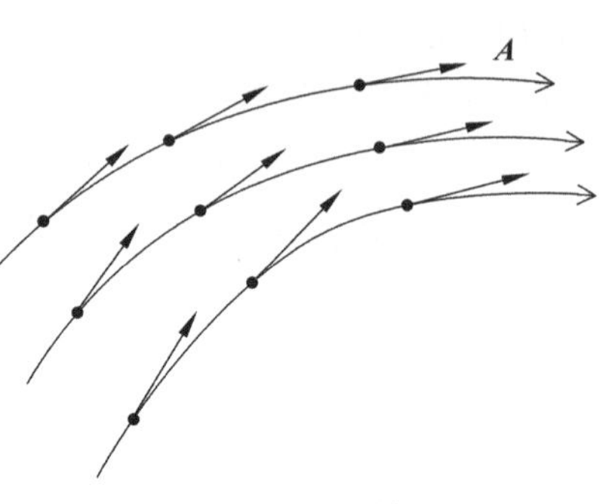

图 4-4 矢量线

4.1.2 方向导数与梯度

本节和 4.1.3 节将介绍场的梯度、散度和旋度。学习"三度"对后面理解电磁场理论问题极有帮助。由电磁场唯一性定理可以知道，在一个区域内，一个矢量场的散度、旋度以及在边界面上的切向分量（或法向分量）已给定，则这个矢量场在这个区域内将被唯一地确定。唯一性定理是电磁场许多重要理论的基础，能够帮助我们理解许多电磁场理论的原理，如镜像法、分离变量法等。镜像法是指用一个或者多个在待求解场区域外的虚设等效电荷产生的电场叠加得到代替导体表面上感应电荷的作用，保持边界条件不变，根据唯一性定理场的旋度、散度和边界条件没有变化，场不变，空间的电场可以由原来的电荷和所有等效电荷产生的电场叠加得到。另外，物理量与物理量之间不仅需要进行代数运算，还需要进行微分和积分的运算，而场的微分运算即场的梯度、散度和旋度。综上所述，学习好"三度"将帮助我们更好地理解场的概念。

1. 方向导数

标量场 $u(x,y,z)$ 的等值面只描述了场量 u 的分布状况。而研究标量场的另一个重要的方面，就是还要研究标量 $u(x,y,z)$ 在场中任一点的领域内沿各个方向的变化规律。为此，引入了标量场的方向导数和梯度的概念。

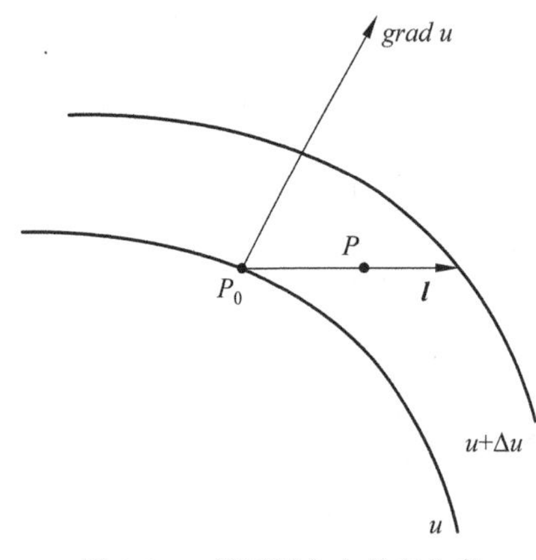

图 4-5 u 沿不同方向的变化率

(1) 方向导数的定义

设 P_0 为标量场 $u=u(P)$ 中的一点，从点 P_0 出发引出一条射线 $\boldsymbol{l}$，如图 4-5 所示。在 $\boldsymbol{l}$ 上 P_0 点邻近取一点 P，记线段 $\overline{P_0P}=\Delta l$，如果 $\dfrac{\Delta u}{\Delta l}=\dfrac{u(P)-u(P_0)}{\Delta l}$ 的极限存在，则称它为函数 $u(P)$ 在点 P_0 处沿 $\boldsymbol{l}$ 方向的方向导数，记作

$$\left.\frac{\partial u}{\partial l}\right|_{P_0}=\lim_{\Delta l\to 0}\frac{u(P)-u(P_0)}{\Delta l} \tag{4-3}$$

由此定义可知，方向导数是函数 $u(P)$ 在一个点处沿某一方向对距离的变化率，故当 $\dfrac{\partial u}{\partial l}>0$ 时，u 沿 $\boldsymbol{l}$ 方向是增加的；当 $\dfrac{\partial u}{\partial l}<0$ 时，u 沿 $\boldsymbol{l}$ 方向是减少的。

(2) 方向导数的计算公式

在直角坐标系中,设函数 $u(x,y,z)$在 $P_0(x_0,y_0,z_0)$处可微,则有

$$\Delta u = u(P) - u(P_0) = \frac{\partial u}{\partial x}\Delta x + \frac{\partial u}{\partial y}\Delta y + \frac{\partial u}{\partial z}\Delta z + \delta\Delta l \tag{4-4}$$

式(4-4)中,当 $\Delta l \to 0$ 时,$\delta \to 0$。

将式(4-4)两边同除以 Δl 并取极限,得到方向导数的计算公式:

$$\frac{\partial u}{\partial l} = \frac{\partial u}{\partial x}\cos\alpha + \frac{\partial u}{\partial y}\cos\beta + \frac{\partial u}{\partial z}\cos\gamma \tag{4-5}$$

式中,$\cos\alpha$、$\cos\beta$、$\cos\gamma$ 为 $\boldsymbol{l}$ 方向的方向余弦。

2. 标量场的梯度

在标量场中,从一个给定点出发有无穷多个方向。一般来说,标量场在同一点 P 处沿不同方向上的变化率是不同的,在某个方向上,变化率可能最大。那么,标量场在什么方向上的变化率最大,其最大的变化率是多少?为了描述这个问题,引入了梯度的概念。标量场 u 在 P 点处的梯度记作 $gradu$,它是一个矢量,其方向为标量场 u 变化率最大的方向,大小则等于其最大变化率,即

$$gradu = \boldsymbol{e}_l \left.\frac{\partial u}{\partial l}\right|_{\max} \tag{4-6}$$

在直角坐标系中,由方向导数的计算公式(4-5)可得

$$\begin{aligned}\frac{\partial u}{\partial l} &= \frac{\partial u}{\partial x}\cos\alpha + \frac{\partial u}{\partial y}\cos\beta + \frac{\partial u}{\partial z}\cos\gamma \\ &= \left(\boldsymbol{e}_x \frac{\partial u}{\partial x} + \boldsymbol{e}_y \frac{\partial u}{\partial y} + \boldsymbol{e}_z \frac{\partial u}{\partial z}\right) \cdot (\boldsymbol{e}_x\cos\alpha + \boldsymbol{e}_y\cos\beta + \boldsymbol{e}_z\cos\gamma) \\ &= \boldsymbol{G} \cdot \boldsymbol{e}_l \end{aligned} \tag{4-7}$$

式中,$\boldsymbol{G} = \boldsymbol{e}_x \frac{\partial u}{\partial x} + \boldsymbol{e}_y \frac{\partial u}{\partial y} + \boldsymbol{e}_z \frac{\partial u}{\partial z}$是与方向 $\boldsymbol{e}_l$ 无关的矢量。从式(4-7)可以看出,当方向 $\boldsymbol{e}_l$ 与矢量 $\boldsymbol{G}$ 的方向一致时,方向导数的值最大,且等于矢量 $\boldsymbol{G}$ 的模 $|\boldsymbol{G}|$。根据梯度的定义,可得到直角坐标系中梯度的表达式为

$$gradu = \boldsymbol{e}_x \frac{\partial u}{\partial x} + \boldsymbol{e}_y \frac{\partial u}{\partial y} + \boldsymbol{e}_z \frac{\partial u}{\partial z} \tag{4-8}$$

标量场的**梯度**具有以下性质:

(1) 标量场 $u(P)$的梯度是一个矢量场,通常称 $gradu$ 为标量场 u 所产生的梯度场。

(2) 标量场 $u(P)$中,在给定点处沿任意方向 $\boldsymbol{l}$ 的方向导数等于梯度在该方向上的投影。

(3) 标量场 $u(P)$中每一点 P 处的梯度,垂直于过该点的等值面且指向 $u(P)$增加的方向。

在矢量分析中,经常使用哈密顿算符∇(读作 del 或 Nabla)。∇是一个矢量微分运算符,具有矢量和微分的双重性质。

在直角坐标系中,有

$$\nabla = \boldsymbol{e}_x \frac{\partial}{\partial x} + \boldsymbol{e}_y \frac{\partial}{\partial y} + \boldsymbol{e}_z \frac{\partial}{\partial z} \tag{4-9}$$

因此，标量场 u 的梯度通常用哈密顿算符∇表示为

$$grad u = \boldsymbol{e}_x \frac{\partial u}{\partial x} + \boldsymbol{e}_y \frac{\partial u}{\partial y} + \boldsymbol{e}_z \frac{\partial u}{\partial z} = \nabla u \tag{4-10}$$

也就是说，可以把标量场 u 的梯度看作算符∇作用于标量函数 u 的运算。

梯度在圆柱面坐标系和球面坐标系中的表达式要复杂一些。

在圆柱面坐标系(ρ,φ,z)中，有

$$\nabla u = \boldsymbol{e}_\rho \frac{\partial u}{\partial \rho} + \boldsymbol{e}_\varphi \frac{\partial u}{\rho \partial \varphi} + \boldsymbol{e}_z \frac{\partial u}{\partial z} \tag{4-11}$$

在球面坐标系(r,θ,φ)中，有

$$\nabla u = \boldsymbol{e}_r \frac{\partial u}{\partial r} + \boldsymbol{e}_\theta \frac{\partial u}{r \partial \theta} + \boldsymbol{e}_\varphi \frac{1}{r \sin\theta} \cdot \frac{\partial u}{\partial \varphi} \tag{4-12}$$

例 4-1 已知 $\boldsymbol{R} = \boldsymbol{e}_x(x-x') + \boldsymbol{e}_y(y-y') + \boldsymbol{e}_z(z-z')$，$R = |\boldsymbol{R}|$。

试证明 (1)$\nabla R = \dfrac{\boldsymbol{R}}{R}$； (2)$\nabla\left(\dfrac{1}{R}\right) = -\dfrac{\boldsymbol{R}}{R^3}$； (3)$\nabla f(R) = -\nabla' f(R)$

其中，$\nabla = \boldsymbol{e}_x \dfrac{\partial}{\partial x} + \boldsymbol{e}_y \dfrac{\partial}{\partial y} + \boldsymbol{e}_z \dfrac{\partial}{\partial z}$表示对 x,y,z 的运算，$\nabla' = \boldsymbol{e}_x \dfrac{\partial}{\partial x'} + \boldsymbol{e}_y \dfrac{\partial}{\partial y'} + \boldsymbol{e}_z \dfrac{\partial}{\partial z'}$表示对 x',y',z'的运算。

证明 (1) 由于 $R = |\boldsymbol{R}| = \sqrt{(x-x')^2 + (y-y')^2 + (z-z')^2}$，代入梯度公式中，得

$$\begin{aligned} \nabla R &= \boldsymbol{e}_x \frac{\partial R}{\partial x} + \boldsymbol{e}_y \frac{\partial R}{\partial y} + \boldsymbol{e}_z \frac{\partial R}{\partial z} \\ &= \frac{\boldsymbol{e}_x(x-x') + \boldsymbol{e}_y(y-y') + \boldsymbol{e}_z(z-z')}{\sqrt{(x-x')^2 + (y-y')^2 + (z-z')^2}} = \frac{\boldsymbol{R}}{R} \end{aligned}$$

(2) 将$\dfrac{1}{R} = \dfrac{1}{\sqrt{(x-x')^2 + (y-y')^2 + (z-z')^2}}$代入梯度公式中，得

$$\begin{aligned} \nabla\left(\frac{1}{R}\right) &= \boldsymbol{e}_x \frac{\partial(1/R)}{\partial x} + \boldsymbol{e}_y \frac{\partial(1/R)}{\partial y} + \boldsymbol{e}_z \frac{\partial(1/R)}{\partial z} \\ &= -\frac{\boldsymbol{e}_x(x-x') + \boldsymbol{e}_y(y-y') + \boldsymbol{e}_z(z-z')}{[\sqrt{(x-x')^2 + (y-y')^2 + (z-z')^2}]^3} = -\frac{\boldsymbol{R}}{R^3} \end{aligned}$$

(3) 根据梯度的运算公式，得

$$\begin{aligned} \nabla f(R) &= \boldsymbol{e}_x \frac{\partial f(R)}{\partial x} + \boldsymbol{e}_y \frac{\partial f(R)}{\partial y} + \boldsymbol{e}_z \frac{\partial f(R)}{\partial z} \\ &= \boldsymbol{e}_x \frac{\mathrm{d}f(R)}{\mathrm{d}R} \cdot \frac{\partial R}{\partial x} + \boldsymbol{e}_y \frac{\mathrm{d}f(R)}{\mathrm{d}R} \cdot \frac{\partial R}{\partial y} + \boldsymbol{e}_z \frac{\mathrm{d}f(R)}{\mathrm{d}R} \cdot \frac{\partial R}{\partial z} \\ &= \frac{\mathrm{d}f(R)}{\mathrm{d}R} \nabla R = \frac{\mathrm{d}f(R)}{\mathrm{d}R} \cdot \frac{\boldsymbol{R}}{R} \end{aligned}$$

同理，

$$\begin{aligned} \nabla' f(R) &= \frac{\mathrm{d}f(R)}{\mathrm{d}R} \nabla' R \\ &= \frac{\mathrm{d}f(R)}{\mathrm{d}R} \cdot \left[-\frac{e_x(x-x') + e_y(y-y') + e_z(z-z')}{\sqrt{(x-x')^2 + (y-y')^2 + (z-z')^2}}\right] \end{aligned}$$

$$= -\frac{\mathrm{d}f(R)}{\mathrm{d}R} \cdot \frac{\boldsymbol{R}}{R}$$

故$\nabla f(R) = -\nabla' f(R)$，证毕。

4.1.3　矢量场的散度

1. 矢量场的通量

在矢量场 $\boldsymbol{A}$ 中取一个面元 $\mathrm{d}\boldsymbol{S}$ 及与该面元垂直的单位矢量 $\boldsymbol{n}$（外法向矢量，如图 4-6 所示），则面元矢量表示为

$$\mathrm{d}\boldsymbol{S} = \boldsymbol{n}\mathrm{d}S \tag{4-13}$$

由于所取的面元 $\mathrm{d}\boldsymbol{S}$ 很小，因此可认为在面元上各点矢量场 $\boldsymbol{A}$ 的值相同，$\boldsymbol{A}$ 与面元 $\mathrm{d}\boldsymbol{S}$ 的标量积称为矢量场 $\boldsymbol{A}$ 穿过 $\mathrm{d}\boldsymbol{S}$ 的**通量**，记作

$$\boldsymbol{A} \cdot \mathrm{d}\boldsymbol{S} = A\cos\theta \mathrm{d}S \tag{4-14}$$

因此，矢量场 $\boldsymbol{A}$ 穿过整个曲面 S 的通量为

$$\Phi = \int_S \boldsymbol{A} \cdot \mathrm{d}\boldsymbol{S} = \int_S A\cos\theta \mathrm{d}S \tag{4-15}$$

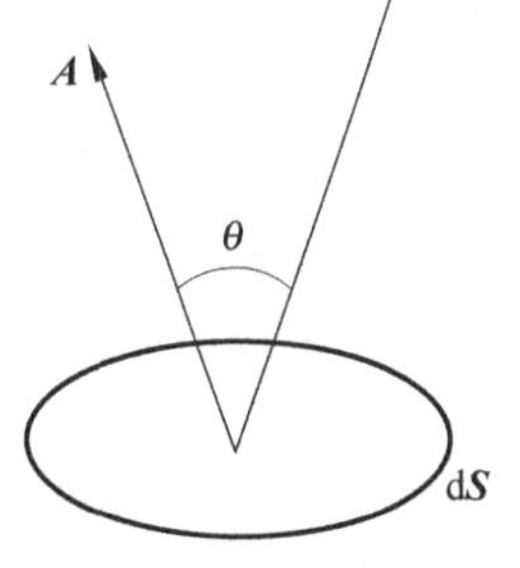

图 4-6　面元矢量

如果 S 是一个闭曲面，则通过闭合曲面的总通量可表示为

$$\Phi = \int_S \boldsymbol{A} \cdot \mathrm{d}\boldsymbol{S} = \int_S \boldsymbol{A} \cdot \boldsymbol{n}\mathrm{d}S \tag{4-16}$$

假定矢量场 $\boldsymbol{A}$ 为流体的速度，则式(4-16)的物理意义为：通量表示在单位时间内流体从闭合曲面内流出曲面 S 的正流量与流入闭合曲面 S 内部的负流量的代数和，即净流量。若 $\Phi>0$，则表示流出多于流入，说明此时在 S 内必有产生流体的正源；若 $\Phi<0$，则表示流入多于流出，此时在 S 内必有吸收流体的负源，我们称之为沟；当 $\Phi=0$，则表示流入等于流出，此时在 S 内正源与负源的代数和为零，或者说 S 内没有源。

矢量场在闭合面 S 上的通量是由 S 内的源决定的，它是一个积分量，因而它描绘的是闭合面较大范围内的源（我们把该类源称为发散源）的分布情况，而我们往往需要知道场中每一点上的通量特性，为此，引入矢量场散度的概念。

2. 矢量场的散度

(1) 散度的概念

设有矢量场 $\boldsymbol{A}$，在场中任一点 P 处作一个包含 P 点在内的任一闭合曲面 S，设 S 限定的体积为 ΔV，当体积 ΔV 以任意方式缩向 P 点时，取下列极限：

$$\lim_{V\to\infty} \frac{\int_S \boldsymbol{A} \cdot \boldsymbol{n}\mathrm{d}S}{\Delta V} \tag{4-17}$$

如果式(4-17)的极限存在，则称此极限为矢量场 $\boldsymbol{A}$ 在点 P 处的**散度**，记作

$$\mathrm{div}\boldsymbol{A} = \lim_{V\to\infty} \frac{\int_S \boldsymbol{A} \cdot \boldsymbol{n}\mathrm{d}S}{\Delta V} \tag{4-18}$$

显然，式(4-18)的物理意义是从点 P 单位体积内散发的通量。在直角坐标系中，散度的表达式为

$$\mathrm{div}\boldsymbol{A} = \frac{\partial A_x}{\partial x} + \frac{\partial A_y}{\partial y} + \frac{\partial A_z}{\partial z} \tag{4-19}$$

利用哈密顿算符∇,可将 div**A** 表示为

$$\mathrm{div}\boldsymbol{A}=\left(\boldsymbol{e}_x\frac{\partial}{\partial x}+\boldsymbol{e}_y\frac{\partial}{\partial y}+\boldsymbol{e}_z\frac{\partial}{\partial z}\right)\cdot(\boldsymbol{e}_xA_x+\boldsymbol{e}_yA_y+\boldsymbol{e}_zA_z)=\nabla\cdot\boldsymbol{A}$$

即

$$\nabla\cdot\boldsymbol{A}=\frac{\partial A_x}{\partial x}+\frac{\partial A_y}{\partial y}+\frac{\partial A_z}{\partial z} \tag{4-20}$$

此外,矢量函数 **A** 在圆柱坐标系和球坐标系中的散度表达式分别为

$$\nabla\cdot\boldsymbol{A}=\frac{1}{\rho}\cdot\frac{\partial}{\partial\rho}(\rho A_\rho)+\frac{1}{\rho}\left(\frac{\partial A_\varphi}{\partial\varphi}\right)+\frac{\partial A_z}{\partial z} \tag{4-21}$$

$$\nabla\cdot\boldsymbol{A}=\frac{1}{r^2}\cdot\frac{\partial}{\partial r}(r^2A_r)+\frac{1}{r\sin\theta}\cdot\frac{\partial}{\partial\theta}(\sin\theta A_\theta)+\frac{1}{r\sin\theta}\left(\frac{\partial A_\varphi}{\partial\varphi}\right) \tag{4-22}$$

可见,div**A** 为一标量,表示场中一点处的通量对体积的变化率,也就是在该点处对一个单位体积来说所穿出的通量,称为该点处源的强度。它描述的是场分量沿着各自方向上的变化规律。因此,矢量场的散度用于研究矢量场标量源在空间的分布状况。

当 div**A** 的值不为零时,其符号为正或为负。当 div**A** 的值为正时,表示矢量场 **A** 在该点处有散发通量之正源,称为源点;当 div**A** 的值为负时,表示矢量场 **A** 在该点处有吸收通量之负源,称为汇点。

div**A** 不等于零的点处存在矢量场 **A** 的通量源,它是矢量场 **A** 的矢量线的起点或终点,这种存在非 0 散度值的矢量场称为有散场(即有源场)。当 div**A** 的值等于零时,则表示矢量场 **A** 在该点处无源。我们称 div**A**≡0 的场是无散场。其矢量线既无起点,又无终点,只可能是无头无尾的闭曲线。从矢量线形态就可以判断矢量场是有散场,还是无散场。图 4-7 给出了典型的有散场和无散场的矢量线形态。

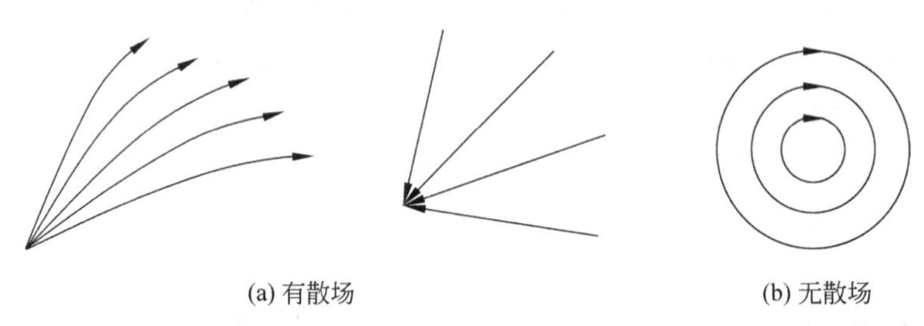

(a) 有散场　　(b) 无散场

图 4-7　有散场和无散场的矢量线形态

(2) 高斯散度定理

在矢量分析中,一个重要的定理是

$$\int_V\nabla\cdot\boldsymbol{A}\mathrm{d}V=\oint_S\boldsymbol{A}\cdot\mathrm{d}\boldsymbol{S} \tag{4-23}$$

式(4-23)称为**散度定理**。它说明了**矢量场散度的体积分等于矢量场在包围该体积的闭合面上的法向分量沿闭合面的面积分**。散度定理广泛用于将一个封闭面积分变成等价的体积分,或者将一个体积分变成等价的封闭面积分。

3. 格林公式

利用散度定理,可以证明下面两个重要的格林公式:

$$\iiint_V \nabla\cdot(u\,\nabla v)\mathrm{d}V=\oiint_S u\,\frac{\partial v}{\partial n}\mathrm{d}S \tag{4-24}$$

$$\iiint_V (u\,\nabla^2 v - v\,\nabla^2 u)\mathrm{d}V=\oiint_S \left(u\,\frac{\partial v}{\partial n}-v\,\frac{\partial u}{\partial n}\right)\mathrm{d}S \tag{4-25}$$

其中，S 是 V 的边界面，$\frac{\partial u}{\partial n}$和$\frac{\partial v}{\partial n}$为沿 S 的法线向外的方向导数。式(4-24)称为第一格林公式，式(4-25)称为第二格林公式。

证　在散度定理中，令 $\boldsymbol{A}=u\,\nabla v$，注意到沿 $\mathrm{d}\boldsymbol{S}$ 外法向，$\nabla v\cdot\mathrm{d}\boldsymbol{S}=\frac{\partial v}{\partial n}\mathrm{d}S$，则有

$$\iiint_V \nabla\cdot(u\,\nabla v)\mathrm{d}V=\oiint_S u\,\nabla v\cdot\mathrm{d}\boldsymbol{S}=\oiint_S u\,\frac{\partial v}{\partial n}\mathrm{d}S$$

式(4-24)得证。

再令 $\boldsymbol{A}=v\,\nabla u$，又有

$$\iiint_V \nabla\cdot(v\,\nabla u)\mathrm{d}V=\oiint_S v\,\frac{\partial u}{\partial n}\mathrm{d}S$$

用式(4-24)减此式，有

$$\iiint_V [\nabla\cdot(u\,\nabla v)-\nabla\cdot(v\,\nabla u)]\mathrm{d}V=\oiint_S \left(u\,\frac{\partial v}{\partial n}-v\,\frac{\partial u}{\partial n}\right)\mathrm{d}S$$

注意到

$$\nabla(u\,\nabla v)-\nabla(v\,\nabla u)=u\,\nabla^2 v-v\,\nabla^2 u$$

于是式(4-25)得证。

显然，式(4-24)和式(4-25)成立的前提条件是 $u(\boldsymbol{r})$和 $v(\boldsymbol{r})$在闭区域 $\boldsymbol{V}$ 上有连续的一阶偏导数，在 $\boldsymbol{V}$ 内有连续的二阶偏导数。

例 4-2　设静电场 $\boldsymbol{E}=\frac{1}{4\pi\varepsilon_0}\cdot\frac{\boldsymbol{r}}{r^3}$，证明：$\nabla\cdot\boldsymbol{E}=0, r\neq 0$。

证明　因为

$$\nabla\cdot E=\nabla\cdot\frac{1}{4\pi\varepsilon_0}\frac{\boldsymbol{r}}{r^3}=\frac{1}{4\pi\varepsilon_0 r^3}\nabla\cdot\boldsymbol{r}+\frac{1}{4\pi\varepsilon_0}\boldsymbol{r}\,\nabla\left(\frac{1}{r^3}\right)$$

$$=\frac{3}{4\pi\varepsilon_0 r^3}+\frac{1}{4\pi\varepsilon_0}\boldsymbol{r}\cdot\frac{-3r^2\,\nabla r}{r^6}=\frac{3}{4\pi\varepsilon_0 r^3}-\frac{3}{4\pi\varepsilon_0}\boldsymbol{r}\cdot\frac{\frac{\boldsymbol{r}^4}{r}}{r^4}=0$$

当空间充满电荷时，由高斯电通量定理得

$$\oiint_S \boldsymbol{E}\cdot\mathrm{d}\boldsymbol{S}=\frac{1}{\varepsilon_0}\iiint_\Omega \rho\mathrm{d}v$$

立即可得$\nabla\cdot\boldsymbol{E}=\frac{\rho}{\varepsilon_0}$，其中 ρ 为电荷体密度，证毕。

4.1.4　矢量场的旋度

1. 矢量场的环量

矢量场的散度描述了通量源的分布情况，反映了矢量场的一个重要性质。描述矢量场

的空间变化规律的另一个重要性质是矢量场的环量和旋度。

设有矢量场 $\boldsymbol{A}$，$\boldsymbol{l}$ 为场中的一条封闭的有向曲线，定义矢量场 $\boldsymbol{A}$ 环绕闭合路径 $\boldsymbol{l}$ 的线积分为该矢量的**环量**（图 4-8），记作

$$\Gamma=\oint_l \boldsymbol{A}\cdot \mathrm{d}\boldsymbol{l}=\oint_l A\cos\theta \mathrm{d}l \tag{4-26}$$

可见，矢量的环量也是一标量。如果矢量的环量不等于零，则在 $\boldsymbol{l}$ 内必然有产生这种场的旋涡源；如果矢量的环量等于零，则我们说在 $\boldsymbol{l}$ 内没有旋涡源。

矢量的环量和矢量穿过闭合面的通量一样，都是描绘矢量场 $\boldsymbol{A}$ 性质的重要物理量，同样都是积分量。为了知道场中每个点上旋涡源的性质，引入矢量场旋度的概念。

2. 矢量场的旋度

（1）旋度的概念

设 P 为矢量场中的任一点，作一个包含 P 点的微小面元 ΔS，其周界为 l，它的正向与面元 ΔS 的法向矢量 $\boldsymbol{n}$ 呈右手螺旋关系，如图 4-9 所示。

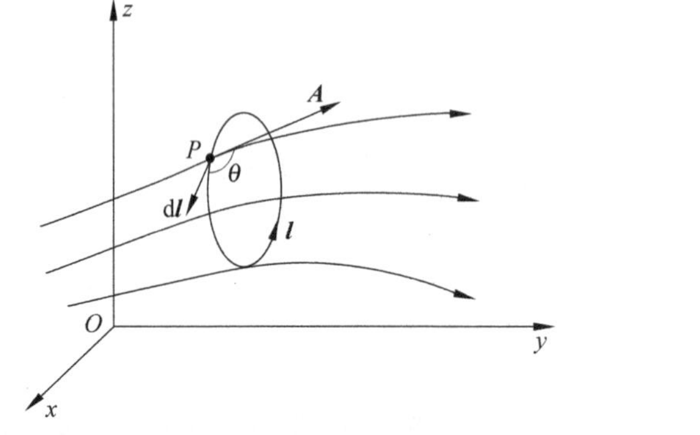

图 4-8 矢量场的环量

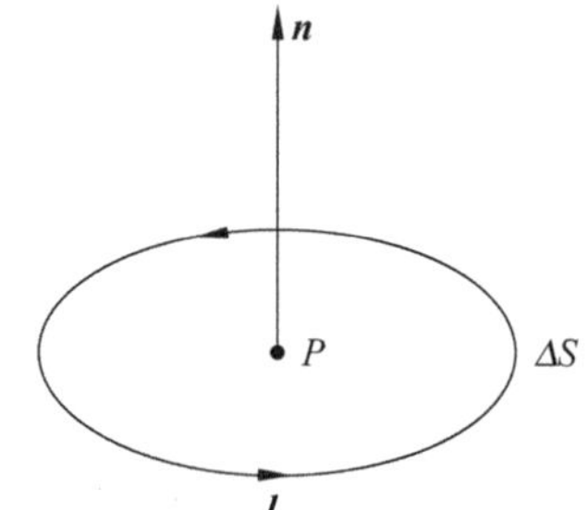

图 4-9 闭合曲线方向与面元的方向

当曲面 ΔS 在 P 点处保持以 $\boldsymbol{n}$ 为法向矢量不变的条件下，以任意方式缩向 P 点，若其极限

$$\lim_{\Delta S\to P}\frac{\oint_l \boldsymbol{A}\cdot \mathrm{d}\boldsymbol{l}}{\Delta \boldsymbol{S}} \tag{4-27}$$

存在，则称矢量场 $\boldsymbol{A}$ 沿 $\boldsymbol{l}$ 之正向的环量与面积 ΔS 之比为矢量场在点 P 处沿 $\boldsymbol{n}$ 方向的环量面密度（即环量对面积的变化率）。

不难看出，环量面密度与 $\boldsymbol{l}$ 围成的面元 ΔS 的方向有关。例如，在流体情形中，某点附近的流体沿着一个面呈旋涡状流动时，如果 $\boldsymbol{l}$ 围成的面元矢量与旋涡面的方向重合，则环量面密度最大；如果所取面元矢量与旋涡面的方向之间有一夹角，则得到的环量面密度总是小于最大值；若面元矢量与旋涡面方向垂直，则环量面密度等于零。

可见，必存在某一固定矢量 $\boldsymbol{R}$，它在任意面元方向上的投影就给出该方向上的环量面密度，$\boldsymbol{R}$ 的方向为环量面密度最大的方向，其模即最大环量面密度的数值。我们称固定矢量 $\boldsymbol{R}$ 为矢量 $\boldsymbol{A}$ 的**旋度**，记作

$$rot\boldsymbol{A}=\boldsymbol{R} \tag{4-28}$$

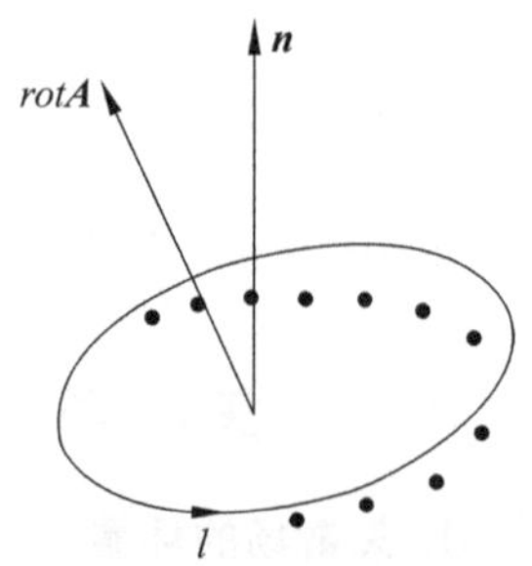

图 4-10 旋度及其投影

式（4-27）为旋度矢量在 $\boldsymbol{n}$ 方向的投影，如图 4-10 所示，即

$$\lim_{\Delta S \to P} \frac{\oint_l \boldsymbol{A} \cdot \mathrm{d}\boldsymbol{l}}{\Delta \boldsymbol{S}} = rot_n \boldsymbol{A} \tag{4-29}$$

因此,矢量场的旋度仍为矢量。

在直角坐标系中,旋度的表达式为

$$rot\boldsymbol{A} = \boldsymbol{e}_x \left(\frac{\partial A_z}{\partial y} - \frac{\partial A_y}{\partial z}\right) + \boldsymbol{e}_y \left(\frac{\partial A_x}{\partial z} - \frac{\partial A_z}{\partial x}\right) + \boldsymbol{e}_z \left(\frac{\partial A_y}{\partial x} - \frac{\partial A_x}{\partial y}\right) \tag{4-30}$$

为方便起见,也引入哈密顿算子∇,则旋度在直角坐标系中的表达式为

$$rot\boldsymbol{A} = \nabla \times \boldsymbol{A} = \begin{vmatrix} \boldsymbol{e}_x & \boldsymbol{e}_y & \boldsymbol{e}_z \\ \dfrac{\partial}{\partial x} & \dfrac{\partial}{\partial y} & \dfrac{\partial}{\partial z} \\ A_x & A_y & A_z \end{vmatrix} \tag{4-31}$$

矢量函数 $\boldsymbol{A}$ 在圆柱坐标系和球坐标中的旋度表达式分别为

$$\nabla \times \boldsymbol{A} = \frac{1}{\rho} \begin{vmatrix} \boldsymbol{e}_\rho & \rho\boldsymbol{e}_\varphi & \boldsymbol{e}_z \\ \dfrac{\partial}{\partial \rho} & \dfrac{\partial}{\partial \varphi} & \dfrac{\partial}{\partial z} \\ A_\rho & \rho A_\varphi & A_z \end{vmatrix} \tag{4-32}$$

$$\nabla \times \boldsymbol{A} = \frac{1}{r^2 \sin\theta} \begin{vmatrix} \boldsymbol{e}_r & r\boldsymbol{e}_\theta & r\sin\theta \boldsymbol{e}_z \\ \dfrac{\partial}{\partial r} & \dfrac{\partial}{\partial \theta} & \dfrac{\partial}{\partial \varphi} \\ A_r & rA_\theta & r\sin\theta A_\varphi \end{vmatrix} \tag{4-33}$$

由上述分析可见:**一个矢量场的旋度表示该矢量场单位面积上的环量,它描述的是场分量沿着与它垂直的方向的变化规律**。矢量场的旋度为一矢量,用以研究矢量场的矢量源在空间的分布状况。若矢量场的旋度不为零,则称该矢量场是有旋的。水从槽子流出或流入是流体旋转速度场最好的例子。若矢量场的旋度等于零,即$\nabla \times \boldsymbol{A} = 0$,则称此矢量场是无旋的或保守的。静电场中的电场强度就是一个保守场。

旋度的一个重要性质就是任意矢量旋度的散度恒等于零,即

$$\nabla \cdot \nabla \times \boldsymbol{A} \equiv 0 \tag{4-34}$$

这就是说,**如果有一个矢量场 $\boldsymbol{B}$ 的散度等于零,则该矢量 $\boldsymbol{B}$ 就可以用另一个矢量 $\boldsymbol{A}$ 的旋度表示**,即当

$$\nabla \cdot \boldsymbol{B} = 0$$

则有

$$\boldsymbol{B} = \nabla \times \boldsymbol{A} \tag{4-35}$$

$rot\boldsymbol{A}$ 不等于零的点处存在 $\boldsymbol{A}$ 的旋涡源。存在旋度值非零的矢量场称为有旋场,其矢量线是环绕旋涡源的无头无尾的闭曲线。旋度值处处为 0 的矢量场称为无旋场,其矢量线不是闭曲线,具有起点和终点。从矢量线的形态就可以判断矢量场是有旋场,还是无旋场,如图 4-11 所示。

(2) 斯托克斯定理

矢量分析中的另一个重要定理是

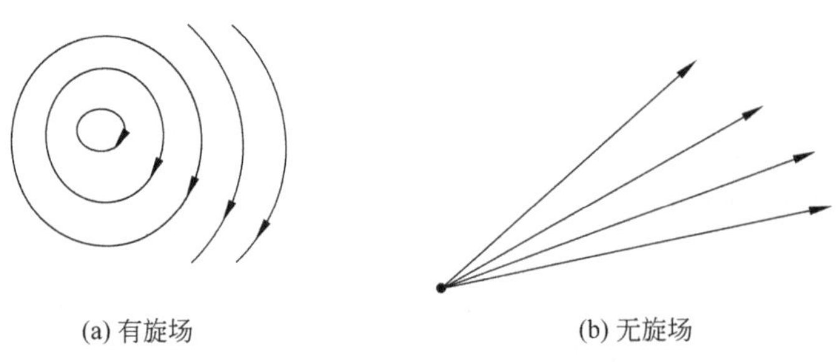

图 4-11　矢量线形态与旋度的关系

$$\oint_l \boldsymbol{A} \cdot \mathrm{d}\boldsymbol{l} = \int_S \mathrm{rot}\boldsymbol{A} \cdot \mathrm{d}\boldsymbol{S} \tag{4-36}$$

式(4-36)称为**斯托克斯定理**，其中 S 是闭合路径 $\boldsymbol{l}$ 围成的面积，它的方向与 $\boldsymbol{l}$ 的方向呈右手螺旋关系。

式(4-36)表明：矢量场 $\boldsymbol{A}$ 的旋度沿曲面 S 法向分量的面积分等于该矢量沿围绕此面积曲线边界的线积分。

例 4-3　已知 $\boldsymbol{R}=\boldsymbol{e}_x(x-x')+\boldsymbol{e}_y(y-y')+\boldsymbol{e}_z(z-z')$，$R=|\boldsymbol{R}|$，求矢量 $\boldsymbol{D}=\dfrac{\boldsymbol{R}}{R^3}$在 $R\neq 0$ 处的旋度。

解　根据旋度的计算公式，有

$$\mathrm{rot}\boldsymbol{D} = \nabla\times \boldsymbol{D} = \begin{vmatrix} \boldsymbol{e}_x & \boldsymbol{e}_y & \boldsymbol{e}_z \\ \dfrac{\partial}{\partial x} & \dfrac{\partial}{\partial y} & \dfrac{\partial}{\partial z} \\ \dfrac{x-x'}{R^3} & \dfrac{y-y'}{R^3} & \dfrac{z-z'}{R^3} \end{vmatrix}$$

$$= \boldsymbol{e}_x \frac{3[(z-z')(y-y')-(z-z')(y-y')]}{R^5} +$$

$$\boldsymbol{e}_y \frac{3[(z-z')(x-x')-(z-z')(x-x')]}{R^5} +$$

$$\boldsymbol{e}_z \frac{3[(y-y')(x-x')-(y-y')(x-x')]}{R^5}$$

$$=0$$

例 4-4　稳定磁场的安培环路定理的积分形式为

$$\oint_L \boldsymbol{B} \cdot \mathrm{d}\boldsymbol{l} = u_0 \iint_S \boldsymbol{j} \cdot \mathrm{d}\boldsymbol{S}$$

试导出其微分形式。

解　将积分形式左边应用斯托克斯公式，有

$$\iint_S \nabla\times \boldsymbol{B} \cdot \mathrm{d}\boldsymbol{S} = \iint_S u_0 \boldsymbol{j} \cdot \mathrm{d}\boldsymbol{S}$$

由于在 $\boldsymbol{B}$ 的定义域内，$\boldsymbol{S}$ 是任意的，故

$$\nabla\times \boldsymbol{B} = u_0 \boldsymbol{j}$$

4.1.5 梯度、散度、旋度的比较

梯度、散度、旋度都是用来描述空间各点特性的微分量，只有当场函数具有连续的一阶偏导数时，这三个"度"的定义才是有意义的。因此，在某些场分量不连续的交界面上，就不可能定义梯度、散度和旋度。

一个标量函数的梯度是一个矢量函数，它描述了空间各点标量函数的最大变化率及其方向；一个矢量函数的散度是一个标量函数，它描述了空间各点场矢量与通量源之间的关系；一个矢量函数的旋度是一个矢量函数，它描述了空间各点场矢量与旋涡源之间的关系。表 4-1 给出了梯度、散度和旋度的比较。

表 4-1　梯度、散度和旋度的比较

名称	梯　度	散　度	旋　度
表示符号	$grad f=\nabla f$	$div A=\nabla\cdot\boldsymbol{A}$	$rot\boldsymbol{A}=\nabla\times\boldsymbol{A}$
定义对象	标量场 $u(x,y,z)$	矢量场 $\boldsymbol{A}(x,y,z)$	矢量场 $\boldsymbol{A}(x,y,z)$
计算结果	矢量场	标量场	矢量场
定义	方向导数$\frac{\partial f}{\partial l}$最大	通量 $\Phi=\oint_S\boldsymbol{A}\cdot d\boldsymbol{S}$ 的密度	环量 $\Gamma=\oint_l\boldsymbol{A}\cdot d\boldsymbol{l}$ 的密度最大
物理意义	∇f 垂直与等值面	$\nabla\cdot\boldsymbol{A}>0$ 有源 $\nabla\cdot\boldsymbol{A}=0$ 无源 $\nabla\cdot\boldsymbol{A}<0$ 有沟	$\nabla\times\boldsymbol{A}\neq\boldsymbol{0}$ 有旋场 $\nabla\times\boldsymbol{A}=0$ 无旋场
直角坐标系展开式	$\nabla f=\boldsymbol{e}_x\frac{\partial f}{\partial x}+\boldsymbol{e}_y\frac{\partial f}{\partial y}+\boldsymbol{e}_z\frac{\partial f}{\partial z}$	$\nabla\cdot\boldsymbol{A}=\frac{\partial A_x}{\partial x}+\frac{\partial A_y}{\partial y}+\frac{\partial A_z}{\partial z}$	$\nabla\times\boldsymbol{A}=\begin{vmatrix}\boldsymbol{e}_x & \boldsymbol{e}_y & \boldsymbol{e}_z\\ \frac{\partial}{\partial x} & \frac{\partial}{\partial y} & \frac{\partial}{\partial z}\\ A_x & A_y & A_z\end{vmatrix}$
相关恒等式	$\nabla\times\nabla f=\boldsymbol{0}$	$\nabla\cdot\nabla\times\boldsymbol{A}=0$	$\nabla\times\nabla\times\boldsymbol{A}=\nabla(\nabla\cdot\boldsymbol{A})-\nabla^2\boldsymbol{A}$

表 4-1 中的最后一行恒等式将会在下面小节中加以说明。

4.1.6 几种重要的矢量场

1. 由方程$\nabla\times\boldsymbol{a}=\boldsymbol{0}$定义的无旋场及其位势

定义 1　满足方程$\nabla\times\boldsymbol{a}=0$ 的矢量场 $\boldsymbol{a}(x,y,z)$称为**无旋场**。

定理 1　若有$\nabla\times\boldsymbol{a}=0$，则有标量函数 $u(x,y,z)$，使得 $\boldsymbol{a}=\nabla u$，u 称为 $\boldsymbol{a}$ 的势函数，因此无旋场又称为有势场。

证明　应用斯托克斯公式，有

$$\oint_c\boldsymbol{a}\cdot d\boldsymbol{l}=\iint_S(\nabla\times\boldsymbol{a})\cdot d\boldsymbol{S}$$

当 $\boldsymbol{a}(x,y,z)$ 为无旋场时，有$\oint_c\boldsymbol{a}\cdot d\boldsymbol{l}=0$，即$\int_{M_0}^{M}\boldsymbol{a}\cdot d\boldsymbol{l}$ 为 x、y、z 的单值函数，有

$$\varphi(x,y,z)=\int_{M_0}^{M}\boldsymbol{a}\cdot d\boldsymbol{l}$$

在 $M(x,y,z)$ 的邻域内取一点 $M_1(x+\Delta x,y,z)$，则

$$\varphi(M_1)-\varphi(M)=\int_{M_0}^{M_1}\boldsymbol{a}\cdot\mathrm{d}\boldsymbol{l}-\int_{M_0}^{M}\boldsymbol{a}\cdot\mathrm{d}\boldsymbol{l}=\int_{M_0}^{M}\boldsymbol{a}\cdot\mathrm{d}\boldsymbol{l}+\int_{M}^{M_1}\boldsymbol{a}\cdot\mathrm{d}\boldsymbol{l}-\int_{M_0}^{M}\boldsymbol{a}\cdot\mathrm{d}\boldsymbol{l}=\int_{M}^{M_1}\boldsymbol{a}\cdot\mathrm{d}\boldsymbol{l}$$

由积分中值定理，在 MM_1 上至少有一点 P，使得

$$\int_{M_0}^{M}a_x\mathrm{d}x=a_x(P)\Delta x$$

即

$$\frac{\partial\varphi}{\partial x}=\lim_{\Delta x\to 0}\frac{\varphi(M_1)-\varphi(M)}{\Delta x}=a_x$$

同理可证

$$\frac{\partial\varphi}{\partial y}=a_y,\quad \frac{\partial\varphi}{\partial z}=a_z$$

即

$$\boldsymbol{a}=\Delta\varphi$$

由于 M_0 是任意的，故 $\varphi(x,y,z)$ 不是唯一的，不同的势函数之间相差一个常数，有时也将势函数记为 $\varphi=-\psi$。

若势函数可取平行于坐标轴的折线，如图 4-12 所示，则

$$\varphi(x,y,z)=\int_{x_0}^{x}a_x(x,y_0,z_0)\mathrm{d}x+\int_{y_0}^{y}a_y(x,y,z_0)\mathrm{d}y+\int_{z_0}^{z}a_z(x,y,z)\mathrm{d}z \tag{4-37}$$

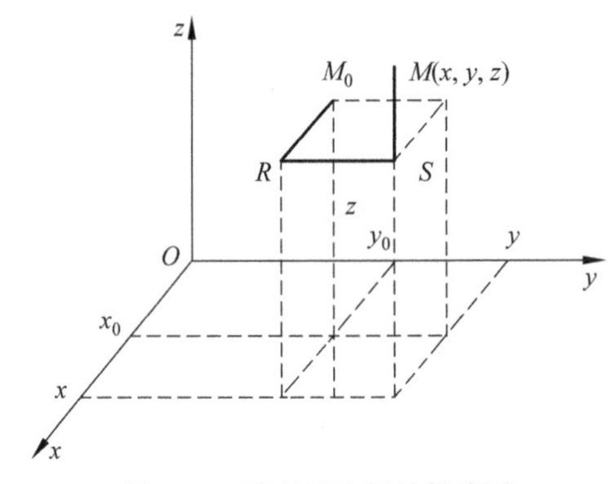

图 4-12　平行于坐标轴折线图

例 4-5　证明矢量场

$$\boldsymbol{A}=2xyz^2\boldsymbol{e}_x+(x^2z^2+\cos y)\boldsymbol{e}_y+2x^2yz\boldsymbol{e}_z$$

为有势场，并求其势函数。

证明

$$rot\boldsymbol{A}=\nabla\times\boldsymbol{A}=\begin{vmatrix}\boldsymbol{e}_x & \boldsymbol{e}_y & \boldsymbol{e}_z\\ \dfrac{\partial}{\partial x} & \dfrac{\partial}{\partial y} & \dfrac{\partial}{\partial z}\\ 2xyz^2 & x^2y^2+\cos y & 2x^2yz\end{vmatrix}$$

$$=(2x^2z-2x^2z)\boldsymbol{e}_x+(4xyz-4xyz)\boldsymbol{e}_y+(2x^2z-2xz^2)\boldsymbol{e}_z$$

$$=0$$

故 $\boldsymbol{A}$ 为有势场。

现在应用

$$u(x,y,z)=\int_{x0}^{x}a_x(x,y_0,z_0)\mathrm{d}x+\int_{y0}^{y}a_y(x,y,z_0)\mathrm{d}y+\int_{y0}^{y}a_y(x,y,z_0)\mathrm{d}y+\int_{z0}^{z}a_z(x,y,z)\mathrm{d}z$$

求势函数。为了讨论方便，取 $M_0(x_0,y_0,z_0)$ 为坐标原点 $O(0,0,0)$，有

$$\begin{aligned}u&=\int_0^x 0\mathrm{d}x+\int_0^y \cos y\mathrm{d}y+\int_0^z 2x^2yz\mathrm{d}z\\&=\sin y+x^2yz^2\end{aligned}$$

于是得势函数为

$$v=-u=-\sin y-x^2yz^2$$

而势函数的全体为

$$v=-\sin y-x^2yz^2+C$$

其中 C 为任意常数。

2. 由方程 $\nabla\cdot\boldsymbol{a}=0$ 定义的无源场及其矢量势

定义 2　满足方程 $\nabla\cdot\boldsymbol{a}=0$ 的矢量场 $\boldsymbol{a}(x,y,z)$ 称为**无源场**，无源场又称管形场。

定理 2　如果 $\nabla\cdot\boldsymbol{a}=0$，则存在矢量场 $\boldsymbol{A}$，使得 $\nabla\times\boldsymbol{A}=\boldsymbol{a}$，$\boldsymbol{A}$ 称为 $\boldsymbol{a}$ 的矢量势，$\boldsymbol{A}=(A_x,A_y,A_z)$ 满足下列等式：

$$A_x=\frac{\partial}{\partial x}\int A_x\mathrm{d}x\quad A_y=\int a_z\mathrm{d}x+\frac{\partial}{\partial y}\int A_x\mathrm{d}x\quad A_z=-\int a_y\mathrm{d}x+\frac{\partial}{\partial z}\int A_x\mathrm{d}x \tag{4-38}$$

证明　如果能找到矢量场 $\boldsymbol{A}$，使得

$$\frac{\partial A_z}{\partial y}-\frac{\partial A_y}{\partial z}=a_x \tag{4-39}$$

$$\frac{\partial A_x}{\partial z}-\frac{\partial A_z}{\partial x}=a_y \tag{4-40}$$

$$\frac{\partial A_y}{\partial x}-\frac{\partial A_x}{\partial y}=a_z \tag{4-41}$$

则定理得证，为此暂任意取函数 A_x，从式(4-40)和式(4-41)解得

$$A_z=-\int^x a_y\mathrm{d}x+\int^x\frac{\partial A_x}{\partial z}\mathrm{d}x \tag{4-42}$$

$$A_y=-\int^x a_z\mathrm{d}x+\int^x\frac{\partial A_x}{\partial y}\mathrm{d}x \tag{4-43}$$

记号 $\int^x f(\cdot)\mathrm{d}x$ 表示对 x 积分，其他变数暂时看作常数，式(4-42) 和式(4-43) 显然满足式(4-40) 和式(4-41)，现在证明它们也满足式(4-39)，将式(4-42) 和式(4-43) 代入式(4-39)左边，得到

$$-\int^x\frac{\partial a_y}{\partial y}\mathrm{d}x+\int^x\frac{\partial^2 A_x}{\partial y\partial z}\mathrm{d}x-\int^x\frac{\partial a_z}{\partial z}\mathrm{d}x-\int^x\frac{\partial^2 A_x}{\partial y\partial z}\mathrm{d}x=-\int^x\left(\frac{\partial a_y}{\partial y}+\frac{\partial a_z}{\partial z}\right)\mathrm{d}x=\int^x\frac{\partial a_x}{\partial x}\mathrm{d}x=a_x$$

可见，式(4-39)也可以满足，于是得出矢量势的分量用式(4-38)表示。

上面证明了矢量势的存在性，但并不唯一，例如，在式(4-38)中令 $A_x=0$，则得到一个

矢量势

$$A_x=0,\quad A_y=\int a_z\mathrm{d}x,\quad A_z=-\int a_y\mathrm{d}x$$

事实上，因为$\nabla\times\nabla\psi\equiv 0$，故$\nabla\times(\boldsymbol{A}+\nabla\psi)=\nabla\times\boldsymbol{A}$，$\psi$为任意一个标量场，即一个无源场的矢量势加上任意一个标量场的梯度仍然是这个矢量场的矢量势。

例 4-6 证明 $\boldsymbol{F}=(2x^2+8xy^2z)\boldsymbol{e}_x+(3x^3y-3xy)\boldsymbol{e}_y-(4y^2z^2+2x^3z)\boldsymbol{e}_z$ 不是无源场，而 $\boldsymbol{A}=xyz^2\boldsymbol{F}$ 是无源场。

证明 因为

$$\begin{aligned}\nabla\cdot\boldsymbol{F}&=\frac{\partial}{\partial x}(2x^2+8xy^2z)+\frac{\partial}{\partial y}(3x^3y-3xy)-\frac{\partial}{\partial z}(4y^2z^2+2x^3z)\\&=4x+8y^2z+3x^3-3x-8y^2z-2x^3\\&=x+x^3\neq 0\end{aligned}$$

所以 $\boldsymbol{F}$ 不是无源场；

而

$$\begin{aligned}\nabla\cdot\boldsymbol{A}&=\frac{\partial}{\partial x}(2x^3yz^2+8x^2y^3z^3)+\frac{\partial}{\partial y}(3x^4y^2z^2-3x^2y^2z^2)-\frac{\partial}{\partial z}(4xy^3z^4+2x^4yz^3)\\&=6x^2yz^2+16xy^3z^3+6x^4yz^2-6x^2yz^2-16xy^3z^3-6x^4yz^2\\&=0\end{aligned}$$

所以 $\boldsymbol{A}$ 是无源场，证毕。

3. 调和场

定义 3 既无旋又无源的矢量场称为**调和场**。

由定义 3 可知，在调和场域内同时满足

$$\nabla\times\boldsymbol{a}=0\qquad\nabla\cdot\boldsymbol{a}=0$$

由于无旋，所以是有势场，存在势函数 u，使得

$$\boldsymbol{a}=\nabla u=\left(\frac{\partial u}{\partial x},\frac{\partial u}{\partial y},\frac{\partial u}{\partial z}\right)$$

又由于 $\boldsymbol{a}$ 是无源场，所以有

$$\nabla\cdot\boldsymbol{a}=\nabla\cdot(\nabla u)=0$$

例 4-7 证明 $\boldsymbol{A}=(2x+y,4y+x+2z,2y-6z)$ 为调和场。

证明 因为

$$div\boldsymbol{A}=\frac{\partial P}{\partial x}+\frac{\partial Q}{\partial y}+\frac{\partial R}{\partial z}=2+4-6=0$$

$$rot\boldsymbol{A}=\nabla\times\boldsymbol{A}=\begin{vmatrix}\boldsymbol{e}_x&\boldsymbol{e}_y&\boldsymbol{e}_z\\\dfrac{\partial}{\partial x}&\dfrac{\partial}{\partial y}&\dfrac{\partial}{\partial z}\\2x+y&4y+x+2z&2y-6z\end{vmatrix}$$

$$\begin{aligned}&=\left[\frac{\partial}{\partial y}(2y-6z)-\frac{\partial}{\partial z}(4y+x+2z)\right]\boldsymbol{e}_x+\left[\frac{\partial}{\partial z}(2x+y)-\frac{\partial}{\partial x}(2y-6z)\right]\boldsymbol{e}_y+\\&\quad\left[\frac{\partial}{\partial x}(4y+x+2z)-\frac{\partial}{\partial y}(2x+y)\right]\boldsymbol{e}_z\\&=0\end{aligned}$$

所以该向量场为调和场。

4. 拉普拉斯运算

标量场 u 的梯度∇u 是一个矢量场，如果再对∇u 求散度，即$\nabla \cdot (\nabla u)$，称为标量场 u 的拉普拉斯运算，记为

$$\nabla \cdot (\nabla u) = \nabla^2 u$$

这里，∇^2称为**拉普拉斯算符**。

在直角坐标系中，可得

$$\nabla^2 u = \nabla \cdot \left(\boldsymbol{e}_x \frac{\partial u}{\partial x} + \boldsymbol{e}_y \frac{\partial u}{\partial y} + \boldsymbol{e}_z \frac{\partial u}{\partial z}\right) = \frac{\partial^2 u}{\partial x^2} + \frac{\partial^2 u}{\partial y^2} + \frac{\partial^2 u}{\partial z^2} \tag{4-44}$$

在圆柱坐标系中，可得

$$\nabla^2 u = \frac{1}{\rho} \cdot \frac{\partial}{\partial \rho}\left(\rho \frac{\partial u}{\partial \rho}\right) + \frac{1}{\rho^2} \frac{\partial^2 u}{\partial \varphi^2} + \frac{\partial^2 u}{\partial z^2} \tag{4-45}$$

在球坐标系中，可得

$$\nabla^2 u = \frac{1}{r^2} \frac{\partial}{\partial r}\left(r^2 \frac{\partial u}{\partial r}\right) + \frac{1}{r^2 \sin\theta} \cdot \frac{\partial}{\partial \theta}\left(\sin\theta \frac{\partial u}{\partial \theta}\right) + \frac{1}{r^2 \sin^2\theta} \cdot \frac{\partial^2 u}{\partial \varphi^2} \tag{4-46}$$

对于矢量场 $\boldsymbol{F}$，由于算符∇^2对矢量进行运算时，已经失去梯度的散度这一概念，因此将矢量场 $\boldsymbol{F}$ 的拉普拉斯运算$\nabla^2 \boldsymbol{F}$ 定义为

$$\nabla^2 \boldsymbol{F} = \nabla(\nabla \cdot \boldsymbol{F}) - \nabla \times (\nabla \times \boldsymbol{F}) \tag{4-47}$$

在直角坐标系中，可得

$$\begin{aligned}
[\nabla(\nabla \cdot \boldsymbol{F})]_x &= \frac{\partial}{\partial x}(\nabla \cdot \boldsymbol{F}) = \frac{\partial}{\partial x}\left(\frac{\partial F_x}{\partial x} + \frac{\partial F_y}{\partial y} + \frac{\partial F_z}{\partial z}\right) \\
&= \frac{\partial^2 F_x}{\partial x^2} + \frac{\partial^2 F_y}{\partial x \partial y} + \frac{\partial^2 F_z}{\partial x \partial z}
\end{aligned}$$

$$\begin{aligned}
[\nabla \times (\nabla \times \boldsymbol{F})]_x &= \frac{\partial}{\partial y}[(\nabla \times \boldsymbol{F})_z] - \frac{\partial}{\partial z}[(\nabla \times \boldsymbol{F})_y] \\
&= \frac{\partial}{\partial y}\left(\frac{\partial F_y}{\partial x} - \frac{\partial F_x}{\partial y}\right) - \frac{\partial}{\partial z}\left(\frac{\partial F_x}{\partial z} - \frac{\partial F_y}{\partial x}\right) \\
&= \frac{\partial^2 F_y}{\partial x \partial y} + \frac{\partial^2 F_x}{\partial y^2} - \frac{\partial^2 F_x}{\partial z^2} + \frac{\partial^2 F_z}{\partial z \partial x}
\end{aligned}$$

将以上两式代入式(4-47)，可得

$$\begin{aligned}
(\nabla^2 F)_y &= \nabla^2 F_y \text{ 和} (\nabla^2 F)_z = \nabla^2 F_z \\
&= \frac{\partial^2 F_x}{\partial x^2} + \frac{\partial^2 F_x}{\partial y^2} + \frac{\partial^2 F_x}{\partial z^2} = \nabla^2 F_x
\end{aligned}$$

同理，可得

$$(\nabla^2 \boldsymbol{F})_y = \nabla^2 F_y \text{ 和} (\nabla^2 \boldsymbol{F})_z = \nabla^2 F_z$$

于是得到

$$\nabla^2 \boldsymbol{F} = \boldsymbol{e}_x \nabla^2 F_x + \boldsymbol{e}_y \nabla^2 F_y + \boldsymbol{e}_z \nabla^2 F_z \tag{4-48}$$

必须注意，只有对直角分量，才有$(\nabla^2 \boldsymbol{F})_i = \nabla^2 F_i (i = x, y, z)$。

5. 三个重要恒等式

矢量恒等式在矢量场和标量场的讨论和计算中非常有用。它们中的大部分通过直接计算就能够证明。为了简单起见，可以在直角坐标系中证明，对于其他的正交坐标系，也都是成立的。

(1) $\nabla\times\nabla u=\mathbf{0}$

证明 已知$\nabla u=\boldsymbol{e}_x\dfrac{\partial u}{\partial x}+\boldsymbol{e}_y\dfrac{\partial u}{\partial y}+\boldsymbol{e}_z\dfrac{\partial u}{\partial z}$，所以有

$$
\begin{aligned}
\nabla\times\nabla u &= \begin{vmatrix} \boldsymbol{e}_x & \boldsymbol{e}_y & \boldsymbol{e}_z \\ \dfrac{\partial}{\partial x} & \dfrac{\partial}{\partial y} & \dfrac{\partial}{\partial z} \\ \dfrac{\partial u}{\partial x} & \dfrac{\partial u}{\partial y} & \dfrac{\partial u}{\partial z} \end{vmatrix} \\
&= \boldsymbol{e}_x\left(\frac{\partial^2 u}{\partial y\partial z}-\frac{\partial^2 u}{\partial z\partial y}\right)+\boldsymbol{e}_y\left(\frac{\partial^2 u}{\partial z\partial x}-\frac{\partial^2 u}{\partial x\partial z}\right)+\boldsymbol{e}_z\left(\frac{\partial^2 u}{\partial x\partial y}-\frac{\partial^2 u}{\partial y\partial x}\right) \\
&= \mathbf{0}
\end{aligned}
$$

这一等式表明，**任何一个标量函数的梯度的旋度必等于零**。由此可见，任何一个梯度场，即可表示成某一标量函数的梯度的矢量场，必然为无旋场。而任何一个无旋场，即旋度恒为零的场，也必为有位场。也就是说，假如一矢量场 $\boldsymbol{A}$ 的旋度等于零，即$\nabla\times\boldsymbol{A}=\mathbf{0}$，则必然存在一个标量位函数 u，使 $\boldsymbol{A}=\nabla u$。如图 4-13 所示，静电场正是这种类型的矢量场，从图中可以看出一个正电荷产生的场是一根根垂直于等势面的电力线，所以它是无旋场，同时也是有位场。

(2) $\nabla\cdot\nabla\times\boldsymbol{A}=0$

证明 已知$\nabla\times\boldsymbol{A}=\boldsymbol{e}_x\left(\dfrac{\partial A_z}{\partial y}-\dfrac{\partial A_y}{\partial z}\right)+\boldsymbol{e}_y\left(\dfrac{\partial A_x}{\partial z}-\dfrac{\partial A_z}{\partial x}\right)+\boldsymbol{e}_z\left(\dfrac{\partial A_y}{\partial x}-\dfrac{\partial A_x}{\partial y}\right)$，所以有

$$
\nabla\cdot(\nabla\times\boldsymbol{A})=\frac{\partial}{\partial x}\left(\frac{\partial A_z}{\partial y}-\frac{\partial A_y}{\partial z}\right)+\frac{\partial}{\partial y}\left(\frac{\partial A_x}{\partial z}-\frac{\partial A_z}{\partial x}\right)+\frac{\partial}{\partial z}\left(\frac{\partial A_y}{\partial x}-\frac{\partial A_x}{\partial y}\right)=0
$$

这一等式证明，**任何一个矢量函数的旋度的散度必等于零**。由此可见，任何一个旋度场，即可表示成某一矢量函数的旋度的矢量场，必为无源场。而任何一个无源场，即散度恒为零的场，必为旋度场。也就是说，假如一个矢量函数 $\boldsymbol{B}$ 的散度等于零，即$\nabla\cdot\boldsymbol{B}=\mathbf{0}$，则必然存在另一个矢量函数 $\boldsymbol{A}$，使 $\boldsymbol{B}=\nabla\times\boldsymbol{A}$。如图 4-14 所示，恒定磁场就是这种类型的矢量场，从图中可以看出，一个恒定电流周围产生的磁场是一个个围绕着电流的闭合曲线，磁场的方向根据右手螺旋定则得出沿逆时针旋转，所以它是无源场，同时也必然是有旋场。

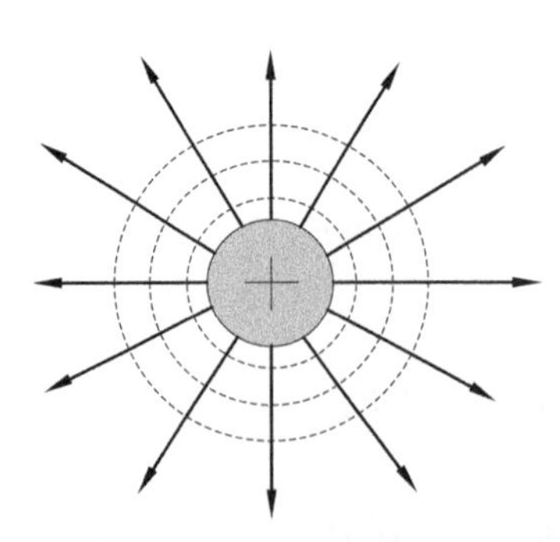

图 4-13 正电荷的电场分布

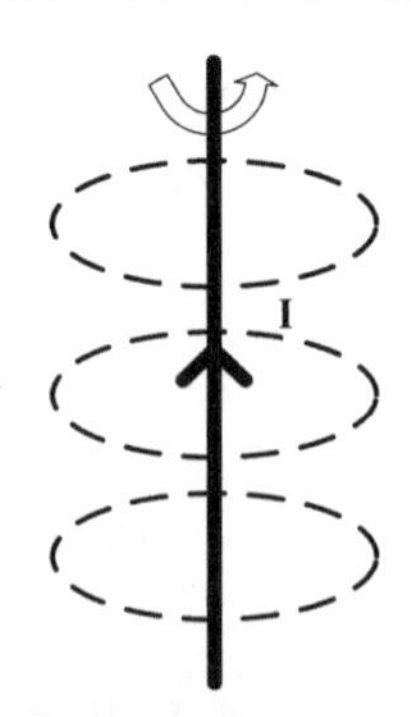

图 4-14 恒定电流产生的电场

(3) $\nabla\times(\nabla\times\boldsymbol{A})=\nabla(\nabla\cdot\boldsymbol{A})-\nabla^2\boldsymbol{A}$

证明 利用旋度表达式展开等式左边，得

$$\nabla\times(\nabla\times\boldsymbol{A})=\begin{vmatrix}\boldsymbol{e}_x & \boldsymbol{e}_y & \boldsymbol{e}_z\\ \dfrac{\partial}{\partial x} & \dfrac{\partial}{\partial y} & \dfrac{\partial}{\partial z}\\ \left(\dfrac{\partial A_z}{\partial y}-\dfrac{\partial A_y}{\partial z}\right) & \left(\dfrac{\partial A_x}{\partial z}-\dfrac{\partial A_z}{\partial x}\right) & \left(\dfrac{\partial A_y}{\partial x}-\dfrac{\partial A_x}{\partial y}\right)\end{vmatrix}$$

$$=\boldsymbol{e}_x\left[\frac{\partial}{\partial y}\left(\frac{\partial A_y}{\partial x}-\frac{\partial A_x}{\partial y}\right)-\frac{\partial}{\partial z}\left(\frac{\partial A_x}{\partial z}-\frac{\partial A_z}{\partial x}\right)\right]+$$

$$\boldsymbol{e}_y\left[\frac{\partial}{\partial z}\left(\frac{\partial A_z}{\partial y}-\frac{\partial A_y}{\partial z}\right)-\frac{\partial}{\partial x}\left(\frac{\partial A_y}{\partial x}-\frac{\partial A_x}{\partial y}\right)\right]+$$

$$\boldsymbol{e}_z\left[\frac{\partial}{\partial x}\left(\frac{\partial A_x}{\partial z}-\frac{\partial A_z}{\partial x}\right)-\frac{\partial}{\partial y}\left(\frac{\partial A_z}{\partial y}-\frac{\partial A_y}{\partial z}\right)\right]$$

$$=\boldsymbol{e}_x\left[\left(\frac{\partial^2 A_y}{\partial y\partial x}+\frac{\partial^2 A_z}{\partial z\partial x}\right)-\left(\frac{\partial^2 A_x}{\partial y^2}+\frac{\partial^2 A_x}{\partial z^2}\right)\right]+$$

$$\boldsymbol{e}_y\left[\left(\frac{\partial^2 A_z}{\partial z\partial y}+\frac{\partial^2 A_x}{\partial x\partial y}\right)-\left(\frac{\partial^2 A_y}{\partial z^2}+\frac{\partial^2 A_y}{\partial x^2}\right)\right]$$

$$=\boldsymbol{e}_z\left[\left(\frac{\partial^2 A_x}{\partial x\partial z}+\frac{\partial^2 A_y}{\partial y\partial z}\right)-\left(\frac{\partial^2 A_z}{\partial x^2}+\frac{\partial^2 A_z}{\partial y^2}\right)\right]$$

展开等式右边第一项，得

$$\nabla(\nabla\cdot\boldsymbol{A})=\boldsymbol{e}_x\frac{\partial\left(\dfrac{\partial A_x}{\partial x}+\dfrac{\partial A_y}{\partial y}+\dfrac{\partial A_z}{\partial z}\right)}{\partial x}+\boldsymbol{e}_y\frac{\partial\left(\dfrac{\partial A_x}{\partial x}+\dfrac{\partial A_y}{\partial y}+\dfrac{\partial A_z}{\partial z}\right)}{\partial y}+$$

$$\boldsymbol{e}_z\frac{\partial\left(\dfrac{\partial A_x}{\partial x}+\dfrac{\partial A_y}{\partial y}+\dfrac{\partial A_z}{\partial z}\right)}{\partial z}$$

$$=\boldsymbol{e}_x\left[\left(\frac{\partial^2 A_y}{\partial y\partial x}+\frac{\partial^2 A_z}{\partial z\partial x}\right)+\frac{\partial^2 A_x}{\partial x^2}\right]+\boldsymbol{e}_y\left[\left(\frac{\partial^2 A_x}{\partial x\partial y}+\frac{\partial^2 A_z}{\partial z\partial y}\right)+\frac{\partial^2 A_y}{\partial y^2}\right]+$$

$$\boldsymbol{e}_z\left[\left(\frac{\partial^2 A_x}{\partial x\partial z}+\frac{\partial^2 A_y}{\partial y\partial z}\right)+\frac{\partial^2 A_y}{\partial y^2}\right]$$

展开等式右边第二项，得

$$\nabla^2\boldsymbol{A}=\boldsymbol{e}_x\left(\frac{\partial^2 A_x}{\partial x^2}+\frac{\partial^2 A_x}{\partial y^2}+\frac{\partial^2 A_x}{\partial z^2}\right)+\boldsymbol{e}_y\left(\frac{\partial^2 A_y}{\partial x^2}+\frac{\partial^2 A_y}{\partial y^2}+\frac{\partial^2 A_y}{\partial z^2}\right)+$$

$$\boldsymbol{e}_z\left(\frac{\partial^2 A_z}{\partial x^2}+\frac{\partial^2 A_z}{\partial y^2}+\frac{\partial^2 A_z}{\partial z^2}\right)$$

通过比较等式左右两边的各个分量，可得到等式成立。

将等式左边的项移到等式右边，将等式右边的第二项移到等式左边，得

$$\nabla^2\boldsymbol{A}=\nabla(\nabla\cdot\boldsymbol{A})-\nabla\times(\nabla\times\boldsymbol{A})$$

上面式子左边的项表示对矢量的各分量进行二阶偏微分运算，得到的仍为一个矢量场，右边第一项求梯度可以表示成一个无旋场，右边第二项求两次旋度可以表示成一个有旋场，所以上式表明**任何一个矢量场都可以表示为一个无旋场与有旋场的和**。由亥姆霍兹定理，我们

知道空间有限区域内的任何一个矢量场均可表示为一个无旋的散度场和一个无散的旋度场的叠加，上式揭示的物理意义与亥姆霍兹定理一致。

4.2 矢量分析与场论的工程应用

1. 静电场的环路定理和电位

用来描述电场的矢量线称为电力线。空间任一点的电力线的方向就是该点电场的方向，也就是正电荷在该点受到电场力的方向。根据库仑定律可得到计算点电荷电场强度的公式

$$\boldsymbol{E}=\frac{\boldsymbol{F}}{q_0}=\frac{1}{4\pi\varepsilon_0}\cdot\frac{q}{R^2}\boldsymbol{e}_R=\frac{1}{4\pi\varepsilon_0}\cdot\frac{q}{|\boldsymbol{r}-\boldsymbol{r}'|^3}\cdot(\boldsymbol{r}-\boldsymbol{r}') \tag{4-49}$$

式中，$\boldsymbol{r}$ 表示场点；$\boldsymbol{r}'$表示源点。

可见，用来描述一个正电荷电场的电力线就是从该点电荷出发延伸到无限远的射线，如图 4-15 所示。

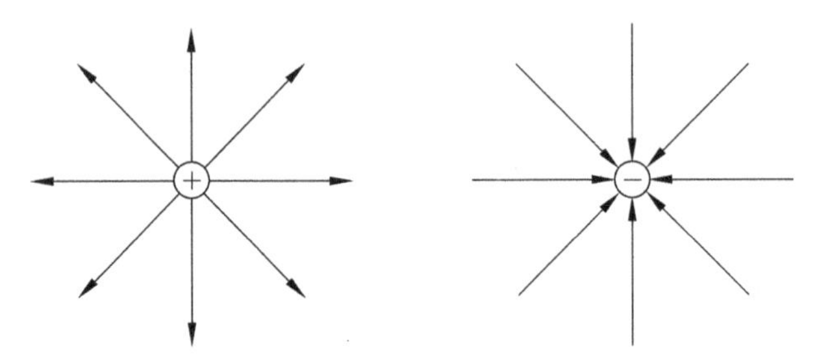

图 4-15 点电荷的电场

容易证明，该点电荷产生的静电场 $\boldsymbol{E}$ 沿任意闭合回路 l 的环量必为零。由于任意形式点电荷分布的电场都可以视为无数个点电荷电场的叠加，因此可以得出静电场中场强 $\boldsymbol{E}$ 沿任意闭合回路 l 的环量比为零的结论，即

$$\oint_l \boldsymbol{E}\cdot \mathrm{d}\boldsymbol{l}=0 \tag{4-50}$$

式(4-50)称为**静电场的环量定律**。

静电场的环量定律表明，静电场是无旋场。因此，从图 4-15 电力线的形态上也可以看到，电力线始于正电荷(或来自无穷远)，止于负电荷(或伸向无穷远)。

对式(4-50)应用斯托克斯定理，则

$$\oint_l \boldsymbol{E}\cdot \mathrm{d}\boldsymbol{l}=\int_S \nabla\times\boldsymbol{E}\cdot \mathrm{d}\boldsymbol{S}=0 \tag{4-51}$$

由于式(4-51)中的面积分在任何情况下都为零，因此被积函数必处处恒为零，即

$$\nabla\times\boldsymbol{E}=0$$

根据 4.1.6 节中的定理 1，若有$\nabla\times\boldsymbol{a}=0$，则有标量函数 u，使得 $\boldsymbol{a}=\nabla u$，因此，静电场的电场强度 $\boldsymbol{E}$ 可以由一个标量函数 u 的梯度表示，即定义

$$\boldsymbol{E}=-\nabla u \tag{4-52}$$

这个标量函数 u 称为静电场的标量电位函数，其单位是 V(伏)。式中的负号表示 $\boldsymbol{E}$ 指向电位函数 u 减小最快的方向。

例 4-8　点电荷 q 位于坐标原点，在周围空间任一点 $M(x,y,z)$ 处产生的电位为

$$u=\frac{q}{4\pi\varepsilon \boldsymbol{r}}$$

式中，ε 为介电常数，$\boldsymbol{r}=\boldsymbol{e}_x x+\boldsymbol{e}_y y+\boldsymbol{e}_z z$，$r=|\boldsymbol{r}|$，试求电位 u 的梯度。

解　根据梯度的运算公式，得

$$\begin{aligned}\nabla u&=\nabla\left(\frac{q}{4\pi\varepsilon r}\right)=\frac{q}{4\pi\varepsilon}\nabla\left(\frac{1}{r}\right)\\&=\boldsymbol{e}_r\frac{q}{4\pi\varepsilon}\frac{\partial}{\partial r}\left(\frac{1}{r}\right)=-\boldsymbol{e}_r\frac{q}{4\pi\varepsilon r^2}=-\frac{q}{4\pi\varepsilon r^3}\boldsymbol{r}\end{aligned}$$

而点电荷 q 产生的电场强度 $\boldsymbol{E}=\dfrac{q}{4\pi\varepsilon r^3}\boldsymbol{r}$，故有

$$\boldsymbol{E}=-\nabla u$$

这表明**静电场中的电场强度等于电位的负梯度**。

2. 电偶极子及其电场

电偶极子是指相距很近的两个等值异号的电荷。在电介质的极化现象和天线理论中，电偶极子的远场区有着重要的意义。

例 4-9　设每个电荷的电量为 q，它们相距 d，如图 4-16 所示。现在选用球坐标求电偶极子在点 P 的电位及电场。

解　根据点电荷电位的表达式，电偶极子在 P 点的电位为

$$u=\frac{q}{4\pi\varepsilon_0}\left(\frac{1}{r_2}-\frac{1}{r_1}\right)=\frac{q}{4\pi\varepsilon_0}\cdot\frac{r_1-r_2}{r_1r_2}$$

当两电荷的间距相对于到观察点的距离非常小，即 $r\gg d$ 时，r_1、r_2、r 三者近乎平行，因此有

$$r_1-r_2\approx d\cos\theta$$

$$r_1r_2\approx r^2$$

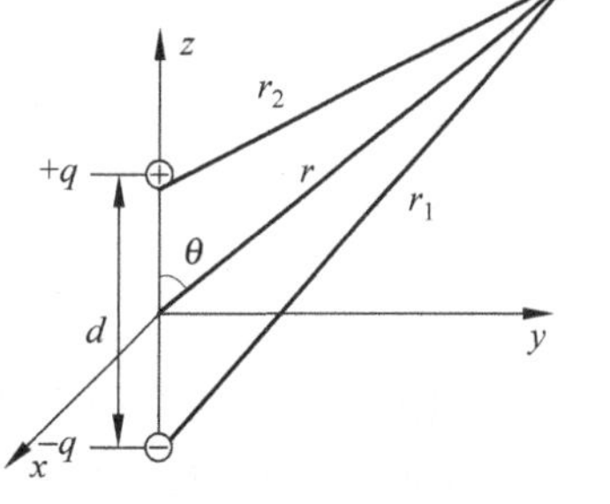

图 4-16　电偶极子的场

将其代入上式得电偶极子的电位表达式为

$$u=\frac{qd\cos\theta}{4\pi\varepsilon_0 r^2}\tag{4-53}$$

定义电偶极矩矢量 $\boldsymbol{p}$ 的大小为 qd，方向由负电荷指向正电荷，即

$$\boldsymbol{p}=\boldsymbol{e}_z qd\tag{4-54}$$

则 P 点的电位可以写成下列形式：

$$u=\frac{qd\cos\theta}{4\pi\varepsilon_0 r^2}=\frac{\boldsymbol{p}\cdot\boldsymbol{e}_r}{4\pi\varepsilon_0 r^2}\tag{4-55}$$

对式(4-53)取负梯度，得电偶极子在 P 点处的电场强度为

$$\boldsymbol{E}=-\nabla u=\frac{p}{4\pi\varepsilon_0 r^3}(\boldsymbol{e}_r 2\cos\theta+\boldsymbol{e}_\theta\sin\theta)\tag{4-56}$$

上述分析表明，电偶极子的电位随着距离的平方反比变化，电场按距离的三次方反比衰减。显然，随着离电荷距离越远，电偶极子比单个点电荷的电场衰减得更快，这是因为在远处正负电荷的电场互相抵消的缘故。电偶极子的电场和电位的另一个特点是具有轴对称

性，根据式(4-56)可以得到电偶极子的电场和电位分布，如图4-17所示。

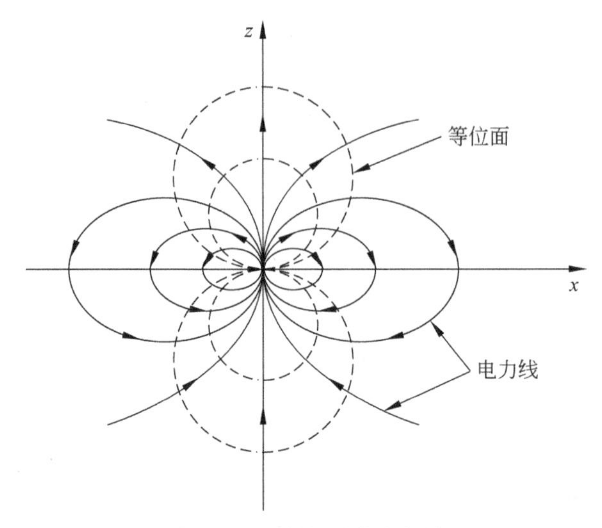

图4-17 电偶极子的电场线

3. 静电场中的高斯通量定理

静电场的环路定理讨论的是电场强度 $\boldsymbol{E}$ 的环路积分，得到静电场是无旋场的结论，现在讨论电场强度 $\boldsymbol{E}$ 的闭合面积分，从而推出静电场的高斯通量定理。

在无限大真空中有一点电荷，以点电荷处为球心，作一半径为 r 的球面，则由该球面穿出的 $\boldsymbol{E}$ 通量为

$$\oint_S \boldsymbol{E}\cdot \mathrm{d}\boldsymbol{S}=\oint_S \frac{q}{4\pi\varepsilon_0 r^2}\boldsymbol{e}_r\cdot \mathrm{d}\boldsymbol{S}=\frac{q}{4\pi\varepsilon_0 r^2}\oint_S \mathrm{d}S=\frac{q}{\varepsilon_0} \tag{4-57}$$

如果包围点电荷的是一个任意形状的闭合面，由面积分的知识可知式(4-57)仍然成立。由叠加原理可知，对闭合面内是连续分布电荷的情况，也有

$$\oint_S \boldsymbol{E}\cdot \mathrm{d}\boldsymbol{S}=\frac{\int \mathrm{d}q}{\varepsilon_0}=\frac{q}{\varepsilon_0} \tag{4-58}$$

真空中的高斯通量定理可叙述为：**在真空中任意闭合面穿出的 $\boldsymbol{E}$ 的通量，等于该闭合面内的所有电荷的代数和除以真空中的介电常数**。它是真空中静电场的基本特性。

用散度定理变换式(4-58)，得

$$\oint_S \boldsymbol{E}\cdot \mathrm{d}\boldsymbol{S}=\int_V \nabla\cdot \boldsymbol{E}\mathrm{d}V=\int_V \frac{\rho}{\varepsilon_0}\mathrm{d}V \tag{4-59}$$

由于对任意体积，式(4-59)均成立，因此得

$$\nabla\cdot \boldsymbol{E}=\frac{\rho}{\varepsilon_0} \tag{4-60}$$

式(4-60)即真空中高斯通量定理的微分形式，它表明静电场是有源场。

例4-10 设真空中有半径为 a 的球内分布着电荷体密度为 $\rho(r)$ 的电荷。已知球内场强 $\boldsymbol{E}=(r^3+Ar^2)\boldsymbol{e}_r$，式中 A 为常数，求 $\rho(r)$ 及球外的电场强度。

解 采用球坐标系，此时电场强度 $\boldsymbol{E}$ 和 $\boldsymbol{r}$ 方向相同，且与 θ、φ 无关。

$$\rho=\varepsilon_0\ \nabla\cdot\boldsymbol{E}=\varepsilon_0\ \frac{1}{r^2}\cdot\frac{\partial}{\partial r}(r^2\boldsymbol{E}_r)=\varepsilon_0(5r^2+4Ar)$$

因球内的电荷分布是对称的,故球外的电场必定也是对称的,因此可得

$$\oint_S \boldsymbol{E}\cdot \mathrm{d}\boldsymbol{S}=4\pi r^2 E$$

4. 电磁场法向分量边界条件的非独立性

我们知道,如图 4-18 所示,设 A 为两种不同媒质的分界面,这两种媒质的特征参量分别为 ε_1、μ_1 和 ε_2、μ_2,A 上的单位法线向量 e_n 方向设为由媒质 2 指向媒质 1,在界面 A 附近取一个很小、很窄的矩形回路 l,它的两个长为 Δl 的边与 A 平行,另两个长为 Δh 的边与 A 垂直,此外,将回路在媒质 1 中的方向取为分界面的切向,用 $\boldsymbol{e}_t$ 表示。

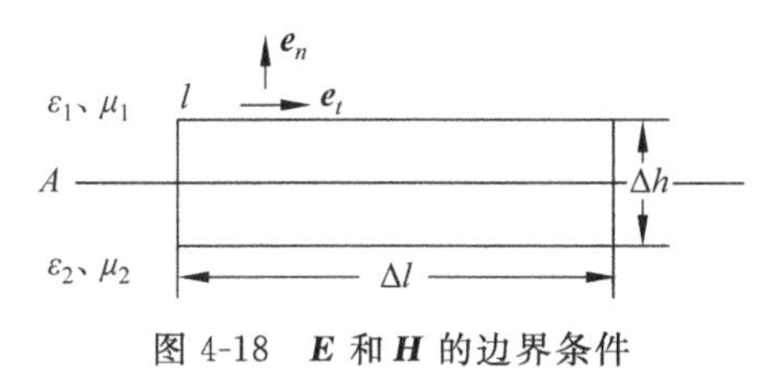

图 4-18 **E** 和 **H** 的边界条件

在两种媒质的分界面上,电磁场矢量必须满足边界条件。切向分量的边界条件是

$$\boldsymbol{E}_{1t}=\boldsymbol{E}_{2t},\quad \boldsymbol{e}_n\times(\boldsymbol{H}_1-\boldsymbol{H}_2)=\boldsymbol{J}_s$$

这里,**E** 和 **H** 分别为电场强度和磁场强度;法向分量边界条件是

$$D_{1n}-D_{2n}=\rho_s,B_{1n}=B_{2n}$$

这里,**D** 和 **B** 分别为电位移和磁感应强度。式中,ρ_s 为自由电荷面密度,$\boldsymbol{J}_s$ 为传导电流面密度;下标中,1、2 代表两种介质中无限靠近的两点,t 和 n 分别表示切向和法向,法向单位矢量 $\boldsymbol{e}_n$ 从点 2 指向点 1。下面证明,对于时谐场,上述两个关于法向分量的关系式不独立,它们可以由两个切向分量的关系式以及电荷守恒定律(或电流连续性方程)导出。

(1) $B_{1n}=B_{2n}$

对于角频率为 ω 的时谐场,$\partial/\partial t$ 可改为 $i\omega$,从而有方程

$$\nabla\times\boldsymbol{E}=-i\omega\boldsymbol{B} \tag{4-61}$$

把∇和 **E** 分解为切向分量和法向分量:$\nabla=\nabla_t+\nabla_n$,$\boldsymbol{E}=\boldsymbol{E}_t+\boldsymbol{E}_n$,则在媒质 2 中很靠近界面的 a 点(a 点不在界面上,从而法向导数存在),方程式(4-61)可写为

$$\nabla_t\times E_t+\nabla_t\times E_n+\nabla_n\times E_t+\nabla_n\times E_n=-i\omega\boldsymbol{B} \tag{4-62}$$

记两个相互正交的切向单位矢量分别为 $\boldsymbol{e}_b$ 和 $\boldsymbol{e}_c$,则左边第二项可展开成

$$\begin{aligned}\nabla_t\times\boldsymbol{E}_n&=(\nabla_t E_n)\times\boldsymbol{e}_n+E_n(\nabla_t\times\boldsymbol{e}_n)\\&=\left(\boldsymbol{e}_b\frac{\partial E_n}{\partial l_b}+\boldsymbol{e}_c\frac{\partial E_n}{\partial l_c}\right)\times\boldsymbol{e}_n+E_n\left(\boldsymbol{e}_b\frac{\partial\boldsymbol{e}_n}{\partial l_b}+\boldsymbol{e}_c\frac{\partial\boldsymbol{e}_n}{\partial l_c}\right)\end{aligned}$$

这里,∂l_b 和∂l_c 分别为从 a 点出发沿 $\boldsymbol{e}_b$ 和 $\boldsymbol{e}_c$ 方向的无限小位移。因为$\dfrac{\partial\boldsymbol{e}_n}{\partial l_b}$和$\dfrac{\partial\boldsymbol{e}_n}{\partial l_c}$分别平行于 $\boldsymbol{e}_b$ 和 $\boldsymbol{e}_c$,故最后一项为 0,于是$\nabla_t\times\boldsymbol{E}_n$ 只有切向分量。

再看式(4-62)左边的第三项,由于 $\boldsymbol{E}_t$ 的单位矢量 $\boldsymbol{e}_t$ 沿法向的方向导数$\dfrac{\partial\boldsymbol{e}_t}{\partial l_n}$,故$\nabla_n\times$

$\boldsymbol{e}_t=\boldsymbol{e}_n\times\dfrac{\partial \boldsymbol{e}_t}{\partial l_n}=\boldsymbol{0}$，于是$\nabla_n\times\boldsymbol{E}_t=(\nabla_n\boldsymbol{E}_t)\times\boldsymbol{e}_t$，它只是切向分量。

现在看式(4-62)左边的第四项，记沿法向的无限小位移为∂l_n，则有

$$\nabla_n\times\boldsymbol{E}_n=\left(\boldsymbol{e}_n\frac{\partial}{\partial l_n}\right)\times(E_n\boldsymbol{e}_n)=\boldsymbol{e}_n\times\boldsymbol{e}_n\frac{\partial E_n}{\partial l_n}+\boldsymbol{e}_n\times\frac{\partial \boldsymbol{e}_n}{\partial l_n}\boldsymbol{E}_n$$

由于$\boldsymbol{e}_n$沿法向不变，故$\dfrac{\partial \boldsymbol{e}_n}{\partial l_n}=0$。于是，由上式可知$\nabla_n\times\boldsymbol{E}_n=\boldsymbol{0}$。

综上可知，式(4-62)左边第四项为0，而第二、三项皆只有切向分量，因此，以$\boldsymbol{e}_n$点乘式(4-62)两边后，有

$$(\nabla_t\times\boldsymbol{E}_t)\cdot\boldsymbol{e}_n=-i\omega B_n \tag{4-63}$$

对于介质1中很靠近a点的b点，式(4-63)当然也成立。将a、b两点的相应两式相减，有

$$[(\nabla_t\times\boldsymbol{E}_t)_b-(\nabla_t\times\boldsymbol{E}_t)_a]\cdot\boldsymbol{e}_n=-i\omega(B_{bn}-B_{an})$$

现在令a、b两点相互无限接近，并将a、b分别改记为2、1，注意到$\boldsymbol{E}_{1t}=\boldsymbol{E}_{2t}$在界面上处处成立，即可得到$\nabla_t\times(\boldsymbol{E}_{1t}-\boldsymbol{E}_{2t})=\boldsymbol{0}$。又因为任意$\omega$，故得$B_{1n}=B_{2n}$。

可见，由切向分量的边界条件$\boldsymbol{E}_{1t}=\boldsymbol{E}_{2t}$，可以得出$B_{1n}=B_{2n}$。

(2) $D_{1n}-D_{2n}=\rho_s$

记$\boldsymbol{H}=\boldsymbol{H}_t+\boldsymbol{H}_n$，则方程$\nabla\times\boldsymbol{H}=\boldsymbol{J}+i\omega\boldsymbol{D}$可写为

$$\nabla_t\times\boldsymbol{H}_t+\nabla_t\times\boldsymbol{H}_n+\nabla_n\times\boldsymbol{H}_t+\nabla_n\times\boldsymbol{H}_n=\boldsymbol{J}+i\omega\boldsymbol{D} \tag{4-64}$$

式中，$\boldsymbol{J}$为传导电流密度。以$\boldsymbol{e}_n$点乘式(4-64)两边，则左边只剩下第一项。再利用恒等式$\boldsymbol{H}_t=(\boldsymbol{e}_n\times\boldsymbol{H}_t)\times\boldsymbol{e}_n$，可得到

$$\boldsymbol{e}_n\cdot\{\nabla_t\times[(\boldsymbol{e}_n\times\boldsymbol{H}_t)\times\boldsymbol{e}_n]\}=J_n+i\omega D_n$$

将此式用于a、b两点，并将所得两式相减，然后令a、b两点相互无限接近，则有

$$\boldsymbol{e}_n\cdot\{\nabla_t\times[(\boldsymbol{e}_n\times(\boldsymbol{H}_{1t}-\boldsymbol{H}_{2t}))\times\boldsymbol{e}_n]\}=(J_{1n}-J_{2n})+i\omega(D_{1n}-D_{2n}) \tag{4-65}$$

因为$\boldsymbol{e}_n\times(\boldsymbol{H}_1-\boldsymbol{H}_2)=\boldsymbol{J}_s$等价于$\boldsymbol{e}_n\times(\boldsymbol{H}_{1t}-\boldsymbol{H}_{2t})=\boldsymbol{J}_s$，故式(4-65)可写为

$$-\boldsymbol{e}_n\cdot[\nabla_t\times(\boldsymbol{J}_s\times\boldsymbol{e}_n)]=(J_{1n}-J_{2n})+i\omega(D_{1n}-D_{2n}) \tag{4-66}$$

又因为

$$\nabla_t\times(\boldsymbol{J}_s\times\boldsymbol{e}_n)=(\boldsymbol{e}_n\cdot\nabla_t)\boldsymbol{J}_s-\boldsymbol{e}_n(\nabla_t\cdot\boldsymbol{J}_s)+\boldsymbol{J}_s(\nabla_t\cdot\boldsymbol{e}_n)-(\boldsymbol{J}_s\cdot\nabla_t)\boldsymbol{e}_n$$

而$(\boldsymbol{e}_n\cdot\nabla_t)\boldsymbol{J}_s\equiv0$，$\boldsymbol{J}_s(\nabla_t\cdot\boldsymbol{e}_n)$沿切向，故式(4-66)可写为

$$\nabla_t\cdot\boldsymbol{J}_s+\boldsymbol{e}_n\cdot[(\boldsymbol{J}_s\cdot\nabla_t)\boldsymbol{e}_n]=(J_{1n}-J_{2n})+i\omega(D_{1n}-D_{2n}) \tag{4-67}$$

等号左边第二项可写为

$$\boldsymbol{e}_n\cdot[(\boldsymbol{J}_s\cdot\nabla_t)\boldsymbol{e}_n]=\boldsymbol{e}_n\cdot\left(\boldsymbol{J}_{sb}\frac{\partial \boldsymbol{e}_n}{\partial l_b}+\boldsymbol{J}_{sc}\frac{\partial \boldsymbol{e}_n}{\partial l_c}\right)$$

由于$\dfrac{\partial \boldsymbol{e}_n}{\partial l_b}$和$\dfrac{\partial \boldsymbol{e}_n}{\partial l_c}$分别平行于$\boldsymbol{e}_b$和$\boldsymbol{e}_c$，皆与$\boldsymbol{e}_n$垂直，故$\boldsymbol{e}_n\cdot[(\boldsymbol{J}_s\cdot\nabla_t)\boldsymbol{e}_n]=0$，于是式(4-67)成为

$$\nabla_t\cdot\boldsymbol{J}_s=(J_{1n}-J_{2n})+i\omega(D_{1n}-D_{2n}) \tag{4-68}$$

利用边界上的电流连续性方程

$$\nabla_t\cdot\boldsymbol{J}_s+(J_{2n}-J_{1n})=-i\omega\rho_s \tag{4-69}$$

式(4-68)可整理为

$$-i\omega\rho_s = i\omega(D_{1n} - D_{2n})$$

因为 ω 任意，于是有 $D_{1n}-D_{2n}=\rho_s$。

可见，由切向分量的边界条件 $\boldsymbol{e}_n\times(\boldsymbol{H}_1-\boldsymbol{H}_2)=\boldsymbol{J}_s$，以及电流连续性方程式(4-69)，可以导出 $D_{1n}-D_{2n}=\rho_s$。

4.3 思政教育——虚实结合思想

通常，可视化的矢量场可以通过计算幅度和矢量方向唯一确定。但是，电磁场是一个看不见、摸不着的东西，那么如何确定电磁场的方向矢量呢？本章利用梯度、散度、旋度刻画矢量场的变化，即梯度描述了数量场中某个点的最大变化方向以及变化率，散度描述了流体运动时单位体积的改变率，旋度表示曲线、流体等旋转程度的量。矢量场唯一性定理指出：若在区域中矢量场的散度、旋度已经给定，则矢量场可以唯一确定。亥姆霍兹定理进一步指出：若在空间有限区域中矢量场均可表示成一个无源场和一个无旋场之和，通过梯度、散度和旋度 3 个并不存在的物理量证明了电磁场的存在，通过以虚证实很好地体现了虚实结合思想。

"虚"代表想象，"实"代表实际存在，爱因斯坦曾经说过，"想象力比知识更重要，因为知识是有限的，而想象力概括世界上的一切，推动着进步，并且是知识进化的源泉"。我们的生活需要想象，因为想象可以提供很多灵感，而实际存在的东西往往就是这些灵感带来的产物，如麦克斯韦提出的位移电流假说，经过后人的实验得到了证实。生活需要虚实结合，这样的生活才会多姿多彩。

习　题

1. 设 $r=\sqrt{x^2+y^2+z^2}$ 为点 $M(x,y,z)$ 的矢径 $\boldsymbol{r}$ 的模，试证：

$$grad r = \frac{\boldsymbol{r}}{r} = \boldsymbol{r}^0$$

2. 求标量场 $u=xy^2+yz^3$ 在点 $M(2,-1,1)$ 处的梯度。

3. 在电荷 q 产生的静电场中，求电位移矢量 $\boldsymbol{D}$ 在任何一点 M 处的散度 $div\boldsymbol{D}$。

4. 求矢量场 $\boldsymbol{A}=\boldsymbol{e}_x xy^2z^2+\boldsymbol{e}_y z^2\sin y+\boldsymbol{e}_z x^2e^y$ 的旋度。

5. 设 $\boldsymbol{r}=\boldsymbol{e}_x\boldsymbol{x}+\boldsymbol{e}_y\boldsymbol{y}+\boldsymbol{e}_z\boldsymbol{z}$，$r=|\boldsymbol{r}|$，$\boldsymbol{C}$ 是常矢，$f(r)$ 是具有一阶导数的标量函数，试求：

(1) $\nabla\times\boldsymbol{r}$

(2) $\nabla\times[f(r)\boldsymbol{r}]$

(3) $\nabla\times[f(r)\boldsymbol{C}]$

(4) $\nabla\cdot\{\boldsymbol{r}\times[f(r)\boldsymbol{C}]\}$

6. 设有一个刚体绕过原点 O 的某个轴转动，其角速度为 $\boldsymbol{\omega}=\boldsymbol{e}_x\omega_1+\boldsymbol{e}_y\omega_2+\boldsymbol{e}_z\omega_3$，刚体上的每一点都具有线速度 $\boldsymbol{v}$，从而构成一个线速度场，由运动学知道，矢径为 $\boldsymbol{r}=\boldsymbol{e}_x x+\boldsymbol{e}_y y+\boldsymbol{e}_z z$ 的点的线速度为

$$\boldsymbol{v}=\boldsymbol{\omega}\times\boldsymbol{r}=\boldsymbol{e}_x(\omega_2 z-\omega_3 y)+\boldsymbol{e}_y(\omega_3 x-\omega_1 z)+\boldsymbol{e}_z(\omega_1 y-\omega_2 x)$$

求线速度 $\boldsymbol{v}$ 的旋度。

7. 证明：$\nabla(uv)=v\,\nabla u+u\,\nabla v$。

8. 稳定磁场的毕沙定律表明，磁感应强度 $\boldsymbol{B}$ 与电流分布之间有关系

$$\boldsymbol{B}(x,y,z)=\frac{u_0}{4\pi}\iiint_{v^*}\frac{\boldsymbol{I}(x',y',z')\times\boldsymbol{r}}{r^3}\mathrm{d}v'$$

其中 $\boldsymbol{I}$ 为电流密度，v^* 为电流分布区域，证明磁感应强度 $\boldsymbol{B}$ 为无源场，并求出其矢量势。

9. 证明：$\nabla\cdot(\boldsymbol{a}\times\boldsymbol{b})=\boldsymbol{b}\cdot(\nabla\times\boldsymbol{a})-\boldsymbol{a}\cdot(\nabla\times\boldsymbol{b})$。

10. 证明：$(\boldsymbol{A}\cdot\nabla)u=\boldsymbol{A}\cdot\nabla u$。

11. 已知 $u=3x\sin yz$，$\boldsymbol{r}=\boldsymbol{e}_x x+\boldsymbol{e}_y y+\boldsymbol{e}_z z$，求 $\nabla\cdot(u\boldsymbol{r})$。

12. 证明函数 $u=\dfrac{1}{r}=\dfrac{1}{\sqrt{x^2+y^2+z^2}}$ 满足 $\nabla^2 u=0$（即 u 满足拉普拉斯方程）。

第5章

CHAPTER 5

数学物理定解问题及其工程应用

无论是研究电流或电压怎样随着时间而变化,还是研究静电场的电势在空间中的分布,或是研究电磁波的电场强度在空间和时间中的变化情况,总之,这都是在研究某个物理量(电场强度、电势、电压)在空间的某个区域中的分布情况,以及它是怎样随时间变化的,要解决这些问题,首先必须掌握所研究的物理量在空间中的分布规律和在时间中的变化规律,这就是物理课程中论述的物理规律。物理规律反映同一类物理现象的共同规律,即普遍性,即共性。可是,同一类物理现象中,各个具体问题又各有其特殊性,即个性,但物理规律并不反映这种个性。

为了计算具体的问题,还必须考虑到所研究区域的边界处在什么样的状况下,也就是说,我们研究的对象处在什么样的环境中,周围的"环境"总是通过边界才传给研究对象,所以周围"环境"的影响体现于边界所处的物理状况,即边界条件。例如,不同材料的杯子倒入相同温度的热水,放置在空气中,它们的降温时间长短不同,杯子的材料就是水热传导的边界。同时,为计算随时间变化的问题,还必须考虑到研究对象的特定"历史",即它在早先某个所谓"初始"时刻的状态,即初始条件。边界条件和初始条件反映了具体问题的特定环境和历史,即问题的个性。在数学上,边界条件和初始条件合称为**定解条件**。

将物理规律用数学语言"翻译"出来,不过是建立物理量 u 在空间和时间中的变化规律,而这种规律往往是偏微分方程。物理规律用偏微分方程表达出来,叫作数学物理方程。数学物理方程作为同一类物理现象的共性,与具体条件无关。在数学上,数学物理方程本身(不连带定解条件)叫作泛定方程。

这样,问题在数学上的完整提法是:**在给定的定解条件下,求解数学物理方程,这叫作数学物理定解问题**,或简称为定解问题。数学物理定解问题分类主要有二阶偏微分方程、二阶线性偏微分方程、齐次二阶线性偏微分方程以及积分方程等。

5.1 数学物理定解问题的知识点

5.1.1 数学物理方程的导出

数学物理方程是把物理规律用数学语言表达出来,与定解条件无关。而物理规律反映的是某个物理量在邻近地点和邻近时刻之间的联系,因此数学物理方程的导出步骤为

(1) 首先确定所研究的物理量 u;

(2) 从所研究系统中选定微元(即力学中的“质点”、电学中的“电路元件”)，根据物理规律分析微元和相邻部分的相互作用(抓住主要影响，忽略次要影响)，这种相互作用在一个短时间段里如何影响物理量 u；

(3) 用算式表达这种相互影响，经简化整理就是数学物理方程。

下面导出一些常见的数学物理方程，它们分别属于三种类型，即波动方程、运输方程和恒定场方程。

1. 波动方程

问题 1：均匀弦的微小横向振动，如图 5-1 所示。

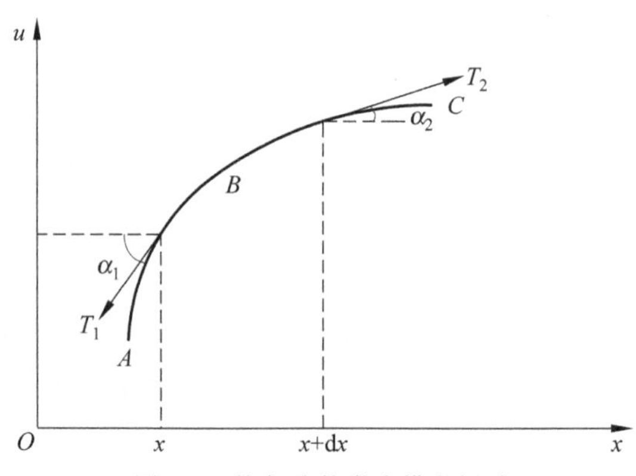

图 5-1 均匀弦的微小横向振动

说明：“横向”是指弦上的点沿垂直于 x 轴的方向运动；“微小”是指振动的幅度及弦在任意位置处切线的倾角都很小，以致其高阶项可以忽略不计。弦的重力与张力相比，可以忽略不计。

解 设弦上某点的横坐标为 x，弦上各点的横向位移为 u，则横向位移 u 为 x 和 t 的函数，记为 $u(x,t)$。把弦细分为许多极小的小段，如图 5-1 所示。分析 $(x,x+\mathrm{d}x)$ 段 B，该段没有重量，且是柔软的，受到邻段 A 和 C 的拉力分别为 T_1 和 T_2。

弦的横向加速度为 u_{tt}，利用牛顿定律 $\boldsymbol{F}=m\boldsymbol{a}$，段 B 的纵向和横向运动方程分别表示为

$$\begin{cases}T_2\cos\alpha_2-T_1\cos\alpha_1=0\\ T_2\sin\alpha_2-T_1\sin\alpha_1=(\rho\mathrm{d}s)u_{tt}\end{cases}\tag{5-1}$$

式中，ρ 为弦的线密度；$\mathrm{d}s$ 为段 B 的弧长。

由于弦的微小振动，α_1 和 α_2 为小量，则

$$\cos\alpha_1\approx 1,\cos\alpha_2\approx 1$$

$$\sin\alpha_1\approx\alpha_1\approx\tan\alpha_1,\sin\alpha_2\approx\alpha_2\approx\tan\alpha_2$$

$$\mathrm{d}s=\sqrt{\mathrm{d}x^2+\mathrm{d}u^2}=\mathrm{d}x\sqrt{1+(u_x)^2}\approx\mathrm{d}x\,(u_x=\partial u/\partial x=\tan\alpha\approx\alpha<<1)$$

$$\tan\alpha_1=u_x\,|_x,\tan\alpha_2=u_x\,|_{x+\mathrm{d}x}$$

于是运动方程简化为

$$\begin{cases}T_2-T_1=0\\ T_2u_x\,|_{x+\mathrm{d}x}-T_1u_x\,|_x=\rho u_{tt}\mathrm{d}x\end{cases}\tag{5-2}$$

式中，$T_2=T_1$ 表明弦中张力不随 x 变化，即整个弦张力相同；同时，每个时刻都有 $\mathrm{d}s=\mathrm{d}x$，

即 $\mathrm{d}s$ 不随时间 t 变化，因此作用于 B 段的张力也不随时间 t 变化。由此可见，弦中张力与 x 和 t 均无关，为常数，记为 T。

运动方程又可以简化为

$$T(u_x|_{x+\mathrm{d}x}-u_x|_x)=\rho u_{tt}\mathrm{d}x \Rightarrow Tu_{xx}=\rho u_{tt} \Rightarrow \rho u_{tt}-Tu_{xx}=0$$

若弦为均匀的，则 ρ 为常数，上式简化为

$$u_{tt}-a^2u_{xx}=0 \quad a=\sqrt{T/\rho} \tag{5-3}$$

式中，a 为振动在弦上的传播速度。该方程称为自由振动方程。

如果弦在振动过程中受到外加横向力的作用，且每单位长度弦所受横向力为 $F(x,t)$，那么运动方程变成

$$u_{tt}-a^2u_{xx}=f(x,t) \quad f(x,t)=F(x,t)/\rho \tag{5-4}$$

该式称为受迫振动方程。

问题 2：均匀杆的纵向振动

把杆细分为许多极小的段，分析 $(x,x+\mathrm{d}x)$ 线段 B（图 5-2）。在振动过程中，段 B 两端的位移分别为 $u(x,t)$ 和 $u(x+\mathrm{d}x,t)$，因此 B 段的伸长为 $u(x+\mathrm{d}x,t)-u(x,t)=\mathrm{d}u|_t$，而相对伸长为 $[u(x+\mathrm{d}x,t)-u(x,t)]=\mathrm{d}u/\mathrm{d}x=u_x$。

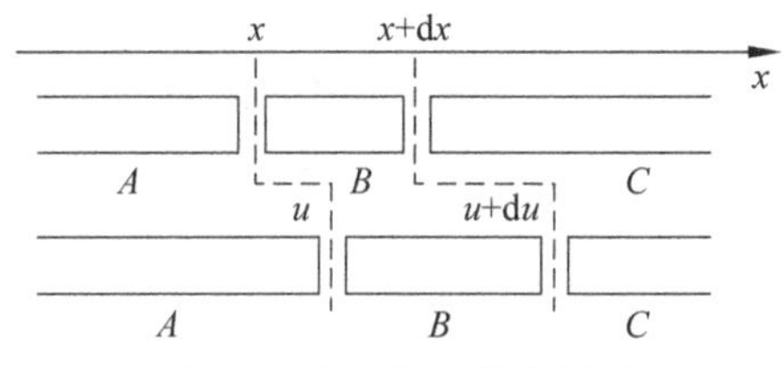

图 5-2　均匀杆的纵向振动

由于杆作纵向振动时，杆上各点的相对伸长是变化的，即段 B 的两端分别为 $u_x(x,t)$ 和 $u_x(x+\mathrm{d}x,t)$。设杆材料的杨氏模量为 Y，根据胡克定律，段 B 两端的张应力分别为 $Yu_x(x,t)$ 和 $Yu_x(x+\mathrm{d}x,t)$，则 B 段的运动方程为

$$\begin{aligned}\rho(S\mathrm{d}x)u_{tt}&=YSu_x(x+\mathrm{d}x,t)-YSu_x(x,t)\\&=YSu_{xx}\mathrm{d}x\end{aligned}$$

式中，ρ 为杆的密度，S 为杆的横截面积。上式也可以简化为

$$u_{tt}-a^2u_{xx}=0 \quad a^2=Y/\rho \tag{5-5}$$

式中，a 为纵向振动在杆中的传播速度。该方程称为杆的纵向振动方程。

问题 3：传输线方程。

对直流电路和低频交流电路，线与线之间的电容和电感可以忽略不计，但对较高频率的交变电流，电路中导线的自感和电容的效应不能忽略不计，因此同一支路中的电流未必相等。

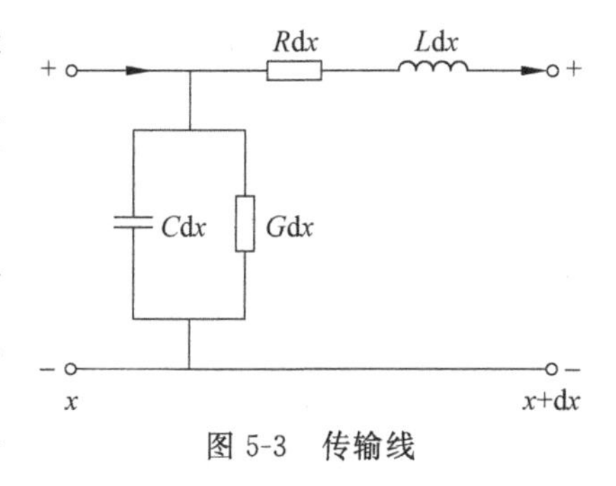

图 5-3　传输线

解　考虑双线或同轴线，电容和电感是沿着传输线连续分布的。设传输线单位长度导线电阻、线间电漏、电容和电感分别为 R、G、C 和 L。如图 5-3 所示，把传输线分成许多小段，分析 $(x,x+\mathrm{d}x)$ 段，该段可

以看作分立的电阻 $R\mathrm{d}x$ 和自感 $L\mathrm{d}x$ 串接在线路中，分立的电容 $C\mathrm{d}x$ 和漏电阻 $(I/G)\mathrm{d}x$ 跨接在两线之间。由电路理论可知，$u=Rj$，$u=L\dfrac{\partial j}{\partial t}$，$j=Gu$ 和 $j=C\dfrac{\partial u}{\partial t}$。基于基尔霍夫电流定律(KCL 定律)，两线之间的漏电流 $(G\mathrm{d}x)u$ 以及电容 $C\mathrm{d}x$ 的充放电，使得该小段两端的电流减小表示为

$$j(x,t)-j(x+\mathrm{d}x,t)=G\mathrm{d}xu(x,t)+C\mathrm{d}x\frac{\partial u(x,t)}{\partial t}$$

而由基尔霍夫电压定律(KVL 定律)得到导线电阻 $R\mathrm{d}x$ 上的电压降 $(R\mathrm{d}x)j$ 和两线之间的电感 $L\mathrm{d}x$ 上的感生电动势 $(L\mathrm{d}x)\partial j/\partial t$，使得该小段两端的电压降表示为

$$u(x,t)-u(x+\mathrm{d}x,t)=R\mathrm{d}xj(x+\mathrm{d}x,t)+L\mathrm{d}x\frac{\partial j(x+\mathrm{d}x,t)}{\partial t}$$

因此该式可以写成

$$\begin{cases}-\mathrm{d}j=Gu\mathrm{d}x+C\mathrm{d}x\dfrac{\partial u}{\partial t}\\ -\mathrm{d}u=R\mathrm{d}xj+L\mathrm{d}x\dfrac{\partial j}{\partial t}\end{cases}\Rightarrow\begin{cases}j_x=-Gu-Cu_t\\ u_x=-Rj-Lj_t\end{cases}\Rightarrow\begin{cases}\dfrac{\partial j}{\partial x}+\left(G+C\dfrac{\partial}{\partial t}\right)u=0\\ \left(R+L\dfrac{\partial}{\partial t}\right)j+\dfrac{\partial u}{\partial x}=0\end{cases}$$

若分别消去方程组中的电压 u 和电流，则得到

$$\begin{cases}LCj_{tt}-j_{xx}+(LG+RC)j_t+RGj=0\\ LCu_{tt}-u_{xx}+(LG+RC)u_t+RGu=0\end{cases}\tag{5-6}$$

若导线电阻 R 和线间电漏 G 可以忽略不计的传输线称为理想传输线，此时的传输线方程为

$$\begin{cases}j_{tt}-a^2j_{xx}=0\\ u_{tt}-a^2u_{xx}=0\end{cases}\quad a^2=1/(LC)\tag{5-7}$$

问题 4：流体力学与声学方程

流体力学中研究的物理量是流体的流动速度 v、压强 p 和密度 ρ。对于声波在空气中的传播，相应地要研究空气质点在平衡位置附近的振动速度 v、空气的压强 p 和密度 ρ。物体的振动引起周围空气压强和密度的变化，使空气中形成疏密相间的状态，这种疏密相间状态向周围的传播形成声波。

记空气处于平衡状态时的压强和密度分别为 p_0、ρ_0，并把声波中的空气密度相对变化量 $(\rho-\rho_0)/\rho$ 记为 s，

$$s=(\rho-\rho_0)/\rho,\quad \rho=\rho_0(1+s)$$

由于空气的振动速度 $|v|$ 远小于声速，v 是很小的量，且假定：声振动不过分剧烈，s 也是很小的量。声振动时，空气可以看作没有黏性的理想流体，声波的传播过程可当作绝热过程，借助理想流体的欧拉型运动方程、连续性方程和绝热过程的物态方程，在不受外力的情况下，略去 v 和 s 的二次以上的小量，可以导出声波方程

$$s_{tt}-a^2\nabla^2s=0\quad\left(a^2=\frac{\gamma p_0}{\rho_0}\right)\tag{5-8}$$

其中 γ 为空气定压比热容与定容比热容的比值。

假设在声波传播过程中空气是无旋的，即 $\nabla\times v=0$，由于对任何存在二阶偏导数的标量函数 $u(x,y,z)$，有 $\nabla\times\nabla u\equiv0$，因此总可以找到一个标量函数 $u(x,y,z,t)$ 满足 $v(x,y,z,t)=-\nabla u(x,y,z,t)$，$u$ 称为速度势，进而可得 u 遵从的声波方程为

$$u_{tt} - a^2 \nabla^2 u = 0 \quad \left(a^2 = \frac{\gamma p_0}{\rho_0}\right) \tag{5-9}$$

与方程式(5-8)的形式相同。

问题 5：电磁场方程

从物理学我们知道，电磁场特性可以用电场强度 $\boldsymbol{E}$ 与磁场强度 $\boldsymbol{H}$ 以及电位移矢量 $\boldsymbol{D}$ 与磁感应强度 $\boldsymbol{B}$ 描述。联系这些物理量的麦克斯韦方程组为

$$rot\boldsymbol{H} = \boldsymbol{J} + \frac{\partial \boldsymbol{D}}{\partial t} \tag{5-10}$$

$$rot\boldsymbol{E} = -\frac{\partial \boldsymbol{B}}{\partial t} \tag{5-11}$$

$$div\boldsymbol{B} = 0 \tag{5-12}$$

$$div\boldsymbol{D} = \rho \tag{5-13}$$

其中 $\boldsymbol{J}$ 为传导电流的面密度，ρ 为电荷的体密度。

麦克斯韦方程组的两个旋度方程表示变化的电场产生磁场，变化的磁场也能产生电场。电波的传播就是利用电场与磁场之间的转化，例如，如图 5-4 所示，一个交流馈电的半波振子天线，交变的电流会产生变化的电场，变化的电场又产生了变化的磁场，一直往复下去，就推动了电磁波的传播。第三个散度方程主要表示磁场是一个无源的场，它的磁力线是闭合的，例如恒定磁场的磁力线，最后一个散度方程表示电场是有源的，电荷是电场的源，如正电荷产生的场。

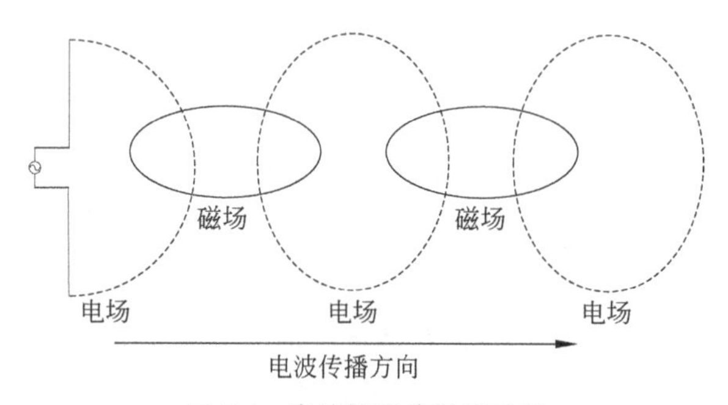

图 5-4　半波振子传播示意图

这组方程还必须满足下面的结构方程：

$$\boldsymbol{D} = \varepsilon \boldsymbol{E} \tag{5-14}$$

$$\boldsymbol{B} = \mu \boldsymbol{H} \tag{5-15}$$

$$\boldsymbol{J} = \sigma \boldsymbol{E} \tag{5-16}$$

其中，ε 是介电常数，μ 是磁导率，σ 为电导率，假定介质是均匀而且是各向同性的，此时，ε、μ、σ 均为常数。

方程式(5-10)与方程式(5-11)都同时包含 $\boldsymbol{E}$ 与 $\boldsymbol{H}$，从中消去一个变量，就可以得到关于另一个变量的微分方程。例如，先消去 $\boldsymbol{E}$，在方程两端求旋度(假定 $\boldsymbol{H}$、$\boldsymbol{E}$ 都是二次连续可微的)并利用方程式(5-14)与方程式(5-15)得

$$rot(rot\boldsymbol{H}) = \varepsilon \frac{\partial}{\partial t} rot\boldsymbol{E} + \sigma rot\boldsymbol{E}$$

将方程式(5-11)与方程式(5-15)代入上式得

$$rot(rot\boldsymbol{H})=-\varepsilon\mu\frac{\partial^2\boldsymbol{H}}{\partial t^2}-\sigma\mu\frac{\partial\boldsymbol{H}}{\partial t}$$

由式 $rot(rot\boldsymbol{H})=grad(div\boldsymbol{H})-\nabla^2\boldsymbol{H}$，及 $div\boldsymbol{H}=\frac{1}{\mu}div\boldsymbol{B}=0$，代入上式后得到 $\boldsymbol{H}$ 所满足的方程

$$\nabla^2\boldsymbol{H}=\varepsilon\mu\frac{\partial^2\boldsymbol{H}}{\partial t^2}+\sigma\mu\frac{\partial\boldsymbol{H}}{\partial t}$$

这里，∇^2为第 4 章提到的拉普拉斯算子。

同理，从方程式(5-10)与方程式(5-11)中消去 $\boldsymbol{H}$，即得到 $\boldsymbol{E}$ 所满足的方程

$$\nabla^2\boldsymbol{E}=\varepsilon\mu\frac{\partial^2\boldsymbol{E}}{\partial t^2}+\sigma\mu\frac{\partial\boldsymbol{E}}{\partial t}$$

如果媒质不导电($\sigma=0$)，则上面两个方程简化为

$$\frac{\partial^2\boldsymbol{H}}{\partial t^2}=\frac{1}{\varepsilon\mu}\nabla^2\boldsymbol{H}\tag{5-17}$$

$$\frac{\partial^2\boldsymbol{E}}{\partial t^2}=\frac{1}{\varepsilon\mu}\nabla^2\boldsymbol{E}\tag{5-18}$$

方程式(5-17)与方程式(5-18)称为(矢量形式的)三维波动方程。

若取 $\boldsymbol{E}$ 或 $\boldsymbol{H}$ 的任意分量为 u，并采用直角坐标系，则可将上述三维波动方程以标量函数的形式表示出来，即

$$\frac{\partial^2 u}{\partial t^2}=a^2\nabla^2 u=a^2\left(\frac{\partial^2 u}{\partial x^2}+\frac{\partial^2 u}{\partial y^2}+\frac{\partial^2 u}{\partial z^2}\right)\tag{5-19}$$

其中 $a^2=\frac{1}{\varepsilon\mu}$，$u$ 是 $\boldsymbol{E}$(或 $\boldsymbol{H}$)的任意一个分量，方程式(5-19)是(标量形式的)三维波动方程。

2. 运输方程

问题 1：扩散方程

扩散：由于浓度的不均匀，使得物质从浓度高的地方流入浓度低的地方；

应用：制作半导体器件采用的就是常用的扩散法；

扩散梯度：在扩散问题中研究的是浓度 u 在空间中的分布和在时间中的变化 $u(x,y,z;t)$，那么浓度的不均匀程度可以用浓度梯度∇u 表示；

扩散强度：扩散运动的强度可用扩散强度 $\boldsymbol{q}$ 表示，即定义为单位时间内通过单位横截面积的原子或分子，或质量。

解 根据扩散定律

$$\boldsymbol{q}=-D\nabla u\quad\Rightarrow\quad\begin{cases}q_x=-D\dfrac{\partial u}{\partial x}\\ q_y=-D\dfrac{\partial u}{\partial y}\\ q_z=-D\dfrac{\partial u}{\partial z}\end{cases}\tag{5-20}$$

式中，D 为扩散系数，与介质的温度有关。

利用扩散定律和粒子数(或质量)守恒定律导出三维扩散定律。把空间细分为极小的小

平行六面体，该六面体位于$(x,x+\mathrm{d}x;y+\mathrm{d}y;z+\mathrm{d}z)$，如图5-5所示。

先考虑单位时间内x方向的扩散流。左表面的流量$q_x|_x\mathrm{d}y\mathrm{d}z$和右表面的流量$q_x|_{x+\mathrm{d}x}\mathrm{d}y\mathrm{d}z$分别是流入和流出平行六面体的，则单位时间内$x$方向的净流入流量为

$$\begin{aligned}\Delta_x&=-(q_x|_{x+\mathrm{d}x}-q_x|_x)\mathrm{d}y\mathrm{d}z\\&=-\frac{\partial q_x}{\partial x}\mathrm{d}x\mathrm{d}y\mathrm{d}z=\frac{\partial}{\partial x}\left(D\frac{\partial u}{\partial x}\right)\mathrm{d}x\mathrm{d}y\mathrm{d}z\end{aligned}$$

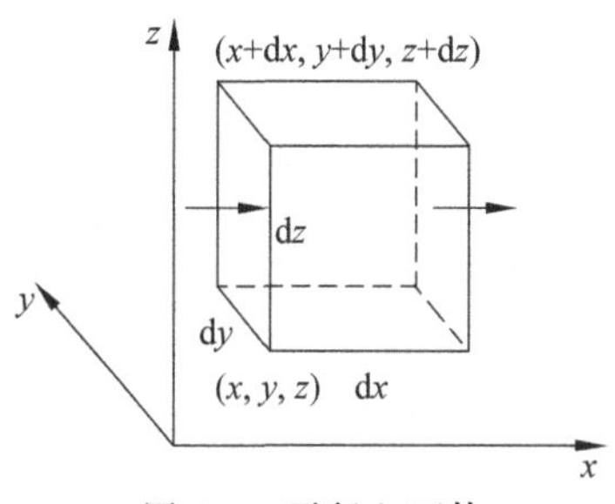

图5-5　平行六面体

同理，可以得到单位时间内y方向和z方向的净流入流量为

$$\Delta_y=\frac{\partial}{\partial y}\left(D\frac{\partial u}{\partial y}\right)\mathrm{d}x\mathrm{d}y\mathrm{d}z$$

$$\Delta_z=\frac{\partial}{\partial z}\left(D\frac{\partial u}{\partial z}\right)\mathrm{d}x\mathrm{d}y\mathrm{d}z$$

利用粒子数(或质量)守恒定律，若平行六面体内无源，则平行六面体中单位时间内增加的粒子数等于单位时间内净流入的粒子数

$$\frac{\partial u}{\partial t}\mathrm{d}x\mathrm{d}y\mathrm{d}z=\left[\frac{\partial}{\partial x}\left(D\frac{\partial u}{\partial x}\right)+\frac{\partial}{\partial y}\left(D\frac{\partial u}{\partial y}\right)+\frac{\partial}{\partial z}\left(D\frac{\partial u}{\partial z}\right)\right]\mathrm{d}x\mathrm{d}y\mathrm{d}z$$

式中，$\frac{\partial u}{\partial t}$为浓度的时间增长率，即单位时间内平行六面体中单位体积内增加的粒子数。整理上式，得到

$$u_t-\left[\frac{\partial}{\partial x}\left(D\frac{\partial u}{\partial x}\right)+\frac{\partial}{\partial y}\left(D\frac{\partial u}{\partial y}\right)+\frac{\partial}{\partial z}\left(D\frac{\partial u}{\partial z}\right)\right]=0 \tag{5-21}$$

若扩散系数D在空间中为均匀的，则式(5-21)简化为

$$u_t-D(u_{xx}+u_{yy}+u_{zz})=0$$

取$a^2=D$，可得

$$u_t-a^2\nabla^2u=0 \tag{5-22}$$

若物体内存在扩散源，且其强度(单位时间内单位体积中产生的粒子数)为$F(x,y,z;t)$，那么扩散方程为非齐次扩散方程，即

$$u_t-a^2\nabla^2u=F(x,y,z;t) \tag{5-23}$$

问题2：热传导方程

类似于扩散，温度不均匀时，热量从温度高的地方向温度低的地方转移，这就是热传导方程。此时要研究的是温度在空间的分布和在时间中的变化$u(x,y,x;t)$。
根据热传导定律

$$\boldsymbol{q}=-k\nabla u \tag{5-24}$$

式中，k为热传导系数。

解　利用热传导定律和能量守恒定律可以导出三维热传导定律。首先把空间细分为微小的平行六面体，该六面体位于$(x,x+\mathrm{d}x;y+\mathrm{d}y;z+\mathrm{d}z)$。

类似于扩散方程的方法，由热传导定律分别导出单位时间内x方向、y方向和z方向的净流入热量为

$$\Delta_x = \frac{\partial}{\partial x}\left(k\ \frac{\partial u}{\partial x}\right) \mathrm{d}x\mathrm{d}y\mathrm{d}z$$

$$\Delta_y = \frac{\partial}{\partial y}\left(k\ \frac{\partial u}{\partial y}\right) \mathrm{d}x\mathrm{d}y\mathrm{d}z$$

$$\Delta_z = \frac{\partial}{\partial z}\left(k\ \frac{\partial u}{\partial z}\right) \mathrm{d}x\mathrm{d}y\mathrm{d}z$$

利用能量守恒定律，若平行六面体内无热源，那么平行六面体中单位时间内增加的热量等于单位时间内的净流入热量，即

$$c\rho u_t - \left[\frac{\partial}{\partial x}\left(k\ \frac{\partial u}{\partial x}\right) + \frac{\partial}{\partial y}\left(k\ \frac{\partial u}{\partial y}\right) + \frac{\partial}{\partial z}\left(k\ \frac{\partial u}{\partial z}\right)\right] = 0 \tag{5-25}$$

式中，c 为比热，ρ 为密度。对均匀物体，k、c 和 ρ 均为常数，则式(5-25)简化为

$$c\rho u_t - k(u_{xx} + u_{yy} + u_{zz}) = 0$$

取 $a^2 = \dfrac{k}{c\rho}$，可得

$$u_t - a^2\ \nabla^2 u = 0 \tag{5-26}$$

若物体内存在热源，且其热源强度（单位时间单位体积中产生的热量）为 $F(x,y,z;t)$，那么热传导方程为非齐次偏微分方程，表示为

$$u_t - a^2\ \nabla^2 u = f(x,y,z;t) \tag{5-27}$$

其中 $f(x,y,z;t) = F(x,y,z;t)/(c\rho)$。

3. 恒定场方程

所谓的恒定场，就是场量不随时间变化，只与空间有关。

问题 1：稳定浓度分布

如果扩散源强度 $F(x,y,z)$ 不随时间变化，扩散运动持续进行下去，最终稳定状态，空间中各点的浓度不再随时间变化，即 $u_t = 0$，于是，式(5-23)成为 $\nabla \cdot (k\ \nabla u) = -F(x,y,z)$，如 k 是常数，则有

$$k\ \nabla^2 u = -F(x,y,z) \tag{5-28}$$

这是泊松方程。若没有源，则是拉普拉斯方程

$$\nabla^2 u = 0 \tag{5-29}$$

式(5-28)和式(5-29)是浓度的稳定分布方程。

问题 2：稳定温度分布

如果热源强度 $F(x,y,z)$ 不随时间变化，热传导持续进行下去，最终将达到稳定状态，空间中各点的温度不再随时间变化，即 $u_t = 0$，于是式(5-27)成为 $\nabla \cdot (k\ \nabla u) = F(x,y,z)$，如 k 是常数，

$$k\ \nabla^2 u = -F(x,y,z) \tag{5-30}$$

这也是泊松方程，如没有热源，也简化为拉普拉斯方程

$$\nabla^2 u = 0 \tag{5-31}$$

式(5-30)和式(5-31)是温度的稳定分布方程。

问题 3：静电场方程

现在从麦克斯韦方程组式(5-10)～方程式(5-13)与结构方程式(5-14)～方程式(5-16)推

导出静电场的电势所满足的微分方程，对于静电场情形$\frac{\partial \boldsymbol{B}}{\partial t}=0$，由式(5-11)有

$$rot\boldsymbol{E}=\boldsymbol{0}$$

即静电场的电场强度是无旋场，旋度为零，即保守场，这时电场强度 $\boldsymbol{E}$ 与电势 u 之间存在关系

$$\boldsymbol{E}=-gradu$$

代入式(5-14)和式(5-13)，有

$$div(gradu)=-\frac{\rho}{\varepsilon}$$

而 $div(gradu)=\nabla^2 u$，于是静电场的电位必须满足

$$\nabla^2 u=-\frac{\rho}{\varepsilon} \tag{5-32}$$

这个非齐次方程叫作泊松方程。

如果静电场是无源的，即 $\rho=0$，则方程式(5-32)变成

$$\nabla^2 u=0 \tag{5-33}$$

这个方程叫作位势方程或拉普拉斯方程，即无源静电场的电势满足拉普拉斯方程。

4. 亥姆霍兹方程

方程

$$\nabla^2 u+\lambda u=0$$

称为亥姆霍兹方程。第6章讨论用分离变量法求解波动方程、热传导方程时会用到这个方程。量子力学状态薛定谔方程是典型的亥姆霍兹方程。

$$-\frac{h^2}{2m}\nabla^2\varphi(x,y,z)+V(x,y,z)\varphi(x,y,z)=E\varphi(x,y,z) \tag{5-34}$$

其中 $V(x,y,z)$是粒子势能，$\varphi(x,y,z)$是描述微观粒子运动状态的所谓波函数。如果采用习惯的记号 $u(x,y,z)$代替 $\varphi(x,y,z)$，并加以整理，式(5-34)就成为亥姆霍兹方程形式

$$\nabla^2 u+\lambda u=0 \tag{5-35}$$

其中 $\lambda=\frac{2m}{h^2}(E-V)$。

显然，当系数 $\lambda=0$ 时，亥姆霍兹方程式(5-35)就退化为拉普拉斯方程。

5.1.2　定解条件

定解条件包括初始条件、边界条件，还有衔接条件。有时衔接条件也称为边界条件，只是与下面介绍的三类边界条件有些差别而已。

1. 初始条件

所谓的初始条件，是指某个物理量在“初始”时刻的状态，而这个“初始”时刻也是相对的。5.1.1节讨论的三类微分方程分别为输运方程、波动方程和恒定场方程，其方程形式中分别包括物理量的一阶偏导、二阶偏导和无偏导项。

对输运方程(扩散、热传导)，初始状态是指所研究的物理量 u 的初始分布(如初始浓度分布、初始温度分布)，因此初始条件为

$$u(x,y,z;t)\big|_{t=0}=\varphi(x,y,z) \tag{5-36}$$

式中，$\varphi(x,y,z)$为已知函数。

对波动方程（弦、杆、传输线和电磁波），不仅需要给出初始"位移"

$$u(x,y,z;t)\mid_{t=0}=\varphi(x,y,z) \tag{5-37}$$

还要给出初始"速度"

$$u_t(x,y,z;t)\mid_{t=0}=\psi(x,y,z) \tag{5-38}$$

从数学角度看，对泛定方程中出现一阶导数 u_t，方程为一阶微分方程，只需要初始条件，如输运方程；而对泛定方程中出现二阶导数 u_{tt}，方程为二阶微分方程，需要两个初始条件。

注意：从给出的初始条件 $u(x,y,z;t)|_{t=0}=\varphi(x,y,z)$ 或 $u_t(x,y,z;t)|_{t=0}=\psi(x,y,z)$ 可以看出初始条件是针对整个系统的初始条件。

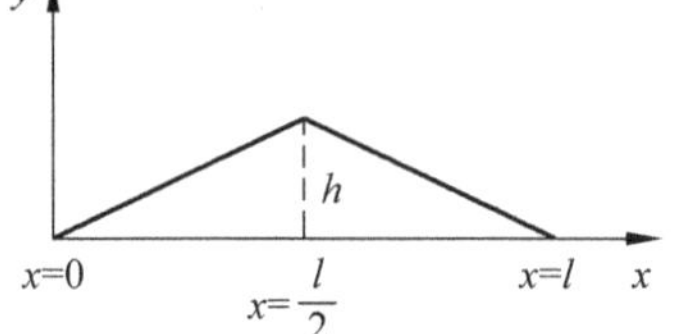

图 5-6　两端固定，长为 l 的弦

举例：一根长为 l，两端固定的弦，用手把中点拉开，然后任其振动，如图 5-6 所示。

此时初始条件就是放手的那个瞬间弦的位移和速度。初始速度和初始位移分别为

$$u_t(x,t)\mid_{t=0}=0, u(x,t)\mid_{t=0}=\begin{cases}(2h/l)x & 0<x<l/2\\(2h/l)(l-x) & l/2<x<l\end{cases}$$

2. 边界条件

边界条件：研究具体的物理系统，还要考虑研究对象所处的特定"环境"，而周围环境的影响常体现为边界上的物理状况。

边界条件通常为线性的，数学上可以分为第一类边界条件、第二类边界条件和第三类边界条件。

第一类边界条件：直接规定了所研究的物理量在边界上的数值；

$$u(x,y,z;t)\mid_{(x,y,z)=(x_0,y_0,z_0)}=f_1(x_0,y_0,z_0;t) \tag{5-39}$$

举例：

(1) 弦振动问题的边界条件：弦的两端 $x=0$ 和 $x=l$ 固定而振动，则边界条件分别为 $u|_{x=0}=0$ 和 $u|_{x=l}=0$。

(2) 细杆导热问题边界条件：杆的一端点 $x=a$ 的温度 u 按已知规律 $f(t)$ 变化，则该端点的边界条件为 $u(x,t)|_{x=a}=f(t)$；若该端点处于恒温 u_0，则边界条件为 $u(x,t)|_{x=a}=u_0$。

(3) 恒定表面浓度扩散问题：硅片边界就是其表面 $x=0$ 和 $x=l$，边界上的物理状况则为杂质浓度 u 保持为常数 N_0。

$$u(x,t)\mid_{x=0}=N_0, u(x,t)\mid_{x=l}=N_0$$

第二类边界条件：规定了所研究的物理量在边界外法线方向上方向导数的数值；

$$\left.\frac{\partial u(x,y,z;t)}{\partial n}\right|_{(x,y,z)=(x_0,y_0,z_0)}=f_2(x_0,y_0,z_0;t) \tag{5-40}$$

举例：

(1) 纵向振动的杆问题

杆的某个端点 $x=a$ 受有沿端点外法线方向的外力 $f(t)$，根据胡克定律，该端点的张应力 $Yu_n|_{x=a}$ 与外力的关系为

$$Yu_n\mid_{x=a}S=f(t)\Rightarrow u_n\mid_{x=a}=f(t)/YS$$

式中，S 为杆的横截面积。对 $x=0$ 端点，

$$u_n\,|_{x=0}=-f(t)/YS$$

(2) 细杆导热问题

若杆的某个端点 $x=a$ 有热流 $f(t)$ 沿该端点外法线方向流出，根据热传导定律，则边界条件为 $-ku_n\,|_{x=a}=f(t)\Rightarrow u_n\,|_{x=a}=-f(t)/k$；

若热流 $f(t)$ 是流入，则边界条件为 $-ku_n\,|_{x=a}=-f(t)\Rightarrow u_n\,|_{x=a}=f(t)/k$；

若端点绝热，则 $u_n\,|_{x=0}=0$。

第三类边界条件：规定了所研究的物理量及其外法向导数的线性组合在边界上的数值。

$$(u+Hu_n)\,|_{(x,y,z)=(x_0,y_0,z_0)}=f_3(x_0,y_0,z_0;t) \tag{5-41}$$

式中，$f_1(x_0,y_0,z_0;t)$、$f_2(x_0,y_0,z_0;t)$ 和 $f_3(x_0,y_0,z_0;t)$ 为已知函数，H 为常数系数。

举例：

(1) 细杆导热问题

杆的某端点 $x=a$ 自由冷却，即杆端和周围温度按照牛顿冷却定律交换热量，则自由冷却规定了从杆端流出的热流强度 $(-ku_n)$ 与温度差 $(u\,|_{x=a}-\theta)$ 之间的关系为

$$-ku_n=h(u\,|_{x=a}-\theta)\Rightarrow(u+Hu_n)\,|_{x=a}=\theta$$

式中，h 为杆端与周围介质的热交换系数。对杆的两端都是自由冷却，那么在 $x=a$ 端，外法向 n 就是 x 方向，而在 $x=0$ 端，外法向 n 就是 $-x$ 方向，则自由冷却条件分别表示为

$$(u+Hu_n)\,|_{x=a}=\theta$$

$$(u-Hu_n)\,|_{x=0}=\theta$$

(2) 纵向振动的杆问题

若杆的某端点 $x=a$ 既非固定，也非自由，而是通过弹性体连接到固定物上。弹性连接规定了杆中弹性力 (YSu_n) 等于弹性连接物中的弹性恢复力 $(-ku)$，其中 k 为劲度系数

$$\left(u+\frac{YS}{k}u_n\right)\Big|_{x=a}=0$$

3. 其他条件

(1) 衔接条件

衔接条件又称为边界条件。泛定方程适用于连续可导空间，若在所研究空间出现跃变点，泛定方程在跃变点就失去意义。

举例：静电场衔接条件。

电场强度和电位的边界条件：如图 5-7 所示，静电场中不同电介质分界面上，电场强度的切向分量和电位移的法向分量均必然连续（分界面上无源），满足以下边界条件：

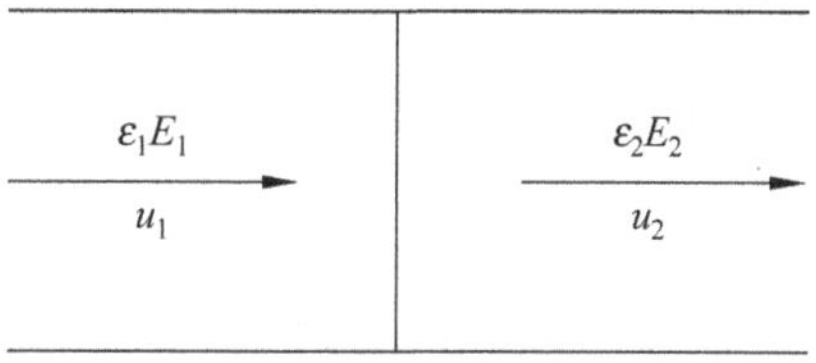

图 5-7　两种不同电介质分界面

$$\begin{cases}E_{1t}=E_{2t}\\ D_{1n}=D_{2n}\end{cases}\Rightarrow\begin{cases}E_{1t}=E_{2t}\\ \varepsilon_1 E_{1n}=\varepsilon_2 E_{2n}\end{cases}\Rightarrow\begin{cases}u_1=u_2\\ \varepsilon_1\dfrac{\partial u_1}{\partial n}=\varepsilon_2\dfrac{\partial u_2}{\partial n}\end{cases} \tag{5-42}$$

式中，E_{1t}、E_{1n} 和 E_{2t}、E_{2n} 分别为介质 1 和介质 2 的切向和法向电场强度，u_1 和 u_2 分别为介质 1 和介质 2 的电位，ε_1 和 ε_2 分别为介质 1 和介质 2 的相对介电常数。

(2) 自然边界条件

在某些情况下,出于物理上的合理性等原因,要求解为单值、有限,提出所谓自然边界条件,这些条件通常都不是由研究的问题直接明确给出的,而是根据解的特殊要求自然加上去的,故称为自然边界条件,如欧拉方程

$$x^2y''+2xy'-l(l+1)y=0$$

的通解为

$$y=Ax^l+Bx^{-l(l+1)}$$

在区间[0,a]中,由于受物理上要求解有限的条件限制,故有自然条件

$$y\mid_{x=0}\to 有限$$

从而在[0,a]上其解应表示为 $y=Ax^l$。

所谓"没有边界条件的问题"是一种抽象结果,实际物理系统都是有限的,必然有边界,可以给出边界条件。但是,如果着重研究不靠近边界处的情形,在不太长的时间间隔内,边界的影响还没有来得及传到,不妨认为边界在"无穷远"处,将问题抽象成无边界条件问题。

4. 定解问题的提法

在 5.1.1 节中,我们主要讨论了三种不同类型的泛定方程(波动方程、热传导方程和恒定场方程),通过本节的学习,我们又了解了它们相应的定解条件。

定解条件:初始条件和边界条件(包括衔接条件);

通常,把某个泛定方程(偏微分方程)和相应的定解条件结合在一起,就构成一个定解问题。根据定解条件的不同,定解问题可分为三类问题。

(1) **初值问题**:又称柯西问题,只有初始条件,没有边界条件的定解问题为初值问题;

(2) **边值问题**:只有边界条件,没有初始条件,称为边值问题;

(3) **混合问题**:既有初始条件,又有边界条件,称为混合问题。

这样,在给定的定解条件下,求解数学物理方程即数学物理方程定解问题,简称定解问题。一个定解问题是否符合实际情况是需要靠实验验证的,然而从数学角度看,即讨论解的适应性问题。

定解问题的适定性:解的存在性、唯一性和稳定性;若一个定解问题存在唯一且稳定的解,则此问题称为适定的。

在以后的章节中,我们把着眼点放在定解问题的解法上,很少讨论它的适应性。讨论定解问题的适应性往往十分困难,而本书中讨论的定解问题基本上都是经典的,它们的适应性都是经过证明的。

5.1.3 数学物理方程的分类

1. 线性二阶偏微分方程的一般形式

多自变量的线性二阶偏微分方程表示为

$$\sum_{j=1}^{n}\sum_{i=1}^{n}a_{ij}u_{x_ix_j}+\sum_{i=1}^{n}b_iu_{x_i}+cu+f=0 \tag{5-43}$$

式中,a_{ij}、b_i、c 和 f 只是 $x_1,x_2,\cdots,x_n$ 的函数,称为线性的偏微分方程。若 $f\equiv0$,则该方程为齐次的;若 $f\neq0$,则该方程为非齐次的。

叠加原理：若泛定方程和定解条件都是线性的，则定解问题的解可看作几部分的线性叠加，即分别满足泛定方程和定解条件的几部分，叠加之后为该泛定方程和定解条件的解。

2. 两个自变量的方程的分类

基于式(5-43)，$n=2$ 对应两个自变量的偏微分方程，那么式(5-43)可以变成

$$a_{11}u_{xx}+2a_{12}u_{xy}+a_{22}u_{yy}+b_1u_x+b_2u_y+cu+f=0 \tag{5-44}$$

式中，a_{11}、a_{12}、a_{22}、b_1、b_2、c 和 f 只是 x 和 y 的函数，且假设为实数。

作自变量的代换

$$\begin{cases}x=x(\xi,\eta)\\ y=y(\xi,\eta)\end{cases}\Rightarrow\begin{cases}\xi=\xi(x,y)\\ \eta=\eta(x,y)\end{cases} \tag{5-45}$$

$$\begin{cases}u_x=u_\xi\xi_x+u_\eta\eta_x\\ u_y=u_\xi\xi_y+u_\eta\eta_y\end{cases} \tag{5-46}$$

$$\begin{cases}u_{xx}=u_\xi\xi_{xx}+u_\eta\eta_{xx}+(u_\xi)_x\xi_x+(u_\eta)_x\eta_x\\ \quad=(u_{\xi\xi}\xi_x^2+u_{\xi\eta}\xi_x\eta_x+u_\xi\xi_{xx})+(u_{\eta\xi}\xi_x\eta_x+u_{\eta\eta}\eta_x^2+u_\eta\eta_{xx})\\ \quad=u_{\xi\xi}\xi_x^2+2u_{\xi\eta}\xi_x\eta_x+u_{\eta\eta}\eta_x^2+u_\xi\xi_{xx}+u_\eta\eta_{xx}\\ u_{xy}=(u_{\xi\xi}\xi_x\xi_y+u_{\xi\eta}\xi_x\eta_y+u_\xi\xi_{xy})+(u_{\eta\xi}\eta_x\xi_y+u_{\eta\eta}\eta_x\eta_y+u_\eta\eta_{xy})\\ \quad=u_{\xi\xi}\xi_x\xi_y+u_{\xi\eta}(\xi_x\eta_y+\xi_y\eta_x)+u_{\eta\eta}\eta_x\eta_y+u_\xi\xi_{xy}+u_\eta\eta_{xy}\\ u_{yy}=(u_{\xi\xi}\xi_y^2+u_{\xi\eta}\xi_y\eta_y+u_\xi\xi_{yy})+(u_{\eta\xi}\eta_y\xi_y+u_{\eta\eta}\eta_y^2+u_\eta\eta_{yy})\\ \quad=u_{\xi\xi}\xi_y^2+2u_{\xi\eta}\xi_y\eta_y+u_{\eta\eta}\eta_y^2+u_\xi\xi_{yy}+u_\eta\eta_{yy}\end{cases} \tag{5-47}$$

把变换的新自变量 ξ 和 η 代入两自变量的偏微分方程中，得到

$$A_{11}u_{\xi\xi}+2A_{12}u_{\xi\eta}+A_{22}u_{\eta\eta}+B_1u_\xi+B_2u_\eta+Cu+F=0 \tag{5-48}$$

式中，系数为

$$\begin{cases}A_{11}=a_{11}\xi_x^2+2a_{12}\xi_x\xi_y+a_{22}\xi_y^2\\ A_{12}=a_{11}\xi_x\eta_x+a_{12}(\xi_x\eta_y+\xi_y\eta_x)+a_{22}\xi_y\eta_y\\ A_{22}=a_{11}\eta_x^2+2a_{12}\eta_x\eta_y+a_{22}\eta_y^2\\ B_1=a_{11}\xi_{xx}+2a_{12}\xi_{xy}+a_{22}\xi_{yy}+b_1\xi_x+b_2\xi_y\\ B_2=a_{11}\eta_{xx}+2a_{12}\eta_{xy}+a_{22}\eta_{yy}+b_1\eta_x+b_2\eta_y\\ C=c\\ F=f\end{cases} \tag{5-49}$$

若要使该式中 $A_{11}=0$ 和 $A_{22}=0$，那么 ξ 和 η 必须满足下列一阶偏微分方程

$$a_{11}z_x^2+2a_{12}z_xz_y+a_{22}z_y^2=0 \tag{5-50}$$

对该一阶偏微分方程进行变换，得到

$$a_{11}\left(-\frac{z_x}{z_y}\right)^2-2a_{12}\left(-\frac{z_x}{z_y}\right)+a_{22}=0 \tag{5-51}$$

若把

$$z(x,y)=\text{常数}$$

当作定义隐函数 $y(x)$ 的方程，则 $\dfrac{\mathrm{d}y}{\mathrm{d}x}=-\dfrac{z_x}{z_y}$，那么式(5-51)变成

$$a_{11}\left(\frac{\mathrm{d}y}{\mathrm{d}x}\right)^2-2a_{12}\frac{\mathrm{d}y}{\mathrm{d}x}+a_{22}=0 \tag{5-52}$$

式(5-52)称为式(5-43)的特征方程，该特征方程的解 $\xi(x,y)=$常数和 $\eta(x,y)=$常数称为特征线。

式(5-52)的特征方程对应的解为

$$\begin{cases}\dfrac{\mathrm{d}y}{\mathrm{d}x}=\dfrac{a_{12}+\sqrt{a_{12}^2-a_{11}a_{22}}}{a_{11}}\\[2ex]\dfrac{\mathrm{d}y}{\mathrm{d}x}=\dfrac{a_{12}-\sqrt{a_{12}^2-a_{11}a_{22}}}{a_{11}}\end{cases} \tag{5-53}$$

根据特征方程解的根号下的符号划分偏微分方程的类型

$$\begin{cases}a_{12}^2-a_{11}a_{22}>0 & \text{双曲型}\\ a_{12}^2-a_{11}a_{22}=0 & \text{抛物型}\\ a_{12}^2-a_{11}a_{22}<0 & \text{椭圆型}\end{cases}$$

(1) 双曲型方程

由特征方程可以得到$\dfrac{\mathrm{d}y}{\mathrm{d}x}=\dfrac{a_{12}+\sqrt{a_{12}^2-a_{11}a_{22}}}{a_{11}}$，$\dfrac{\mathrm{d}y}{\mathrm{d}x}=\dfrac{a_{12}-\sqrt{a_{12}^2-a_{11}a_{22}}}{a_{11}}$，那么特征线为

$$\begin{cases}\xi(x,y)=\text{常数}\\ \eta(x,y)=\text{常数}\end{cases}$$

取 $\xi=\xi(x,y)$和 $\eta=\eta(x,y)$作为新的自变量，$A_{11}=0$ 和 $A_{22}=0$，那么式(5-48)变成

$$u_{\xi\eta}=-\frac{1}{2A_{12}}[B_1u_\xi+B_2u_\eta+Cu+F] \tag{5-54}$$

从该式还无法看到这是双曲型方程，若再作自变量代换

$$\begin{cases}\xi=\alpha+\beta\\ \eta=\alpha-\beta\end{cases}\Rightarrow\begin{cases}\alpha=\dfrac{1}{2}(\xi+\eta)\\[2ex]\beta=\dfrac{1}{2}(\xi-\eta)\end{cases}$$

则有

$$\begin{cases}u_\xi=u_\alpha\alpha_\xi+u_\beta\beta_\xi=\dfrac{1}{2}(u_\alpha+u_\beta)\\[2ex] u_\eta=u_\alpha\alpha_\eta+u_\beta\beta_\eta=\dfrac{1}{2}(u_\alpha-u_\beta)\\[2ex] u_{\xi\eta}=(u_\xi)_\eta=(u_\alpha\alpha_\xi+u_\beta\beta_\xi)_\eta=(u_\alpha\alpha_\xi+u_\beta\beta_\xi)_\alpha a_\eta+(u_\alpha a_\xi+u_\beta\beta_\xi)_\beta\beta_\eta=\dfrac{1}{4}(u_{\alpha\alpha}-u_{\beta\beta})\end{cases}$$

代入上述变换关系后再次化简，则式(5-54)变成

$$u_{\alpha\alpha}-u_{\beta\beta}=-\frac{1}{A_{12}}[(B_1+B_2)u_\alpha+(B_1-B_2)u_\beta+2Cu+2F] \tag{5-55}$$

式(5-54)和式(5-55)为双曲型方程的标准形式。

(2) 抛物型方程

对抛物型方程，$a_{12}^2-a_{11}a_{12}=0$，那么

$$\begin{cases}\dfrac{\mathrm{d}y}{\mathrm{d}x}=\dfrac{a_{12}+\sqrt{a_{12}^2-a_{11}a_{22}}}{a_{11}}\\\dfrac{\mathrm{d}y}{\mathrm{d}x}=\dfrac{a_{12}-\sqrt{a_{12}^2-a_{11}a_{22}}}{a_{11}}\end{cases}\Rightarrow\frac{\mathrm{d}y}{\mathrm{d}x}=\frac{a_{12}}{a_{11}}\tag{5-56}$$

特征线是

$$\xi(x,y)=\text{常数}$$

取 $\xi=\xi(x,y)$ 作为新自变量，由特征线 $\xi(x,y)=$ 常数和 $a_{12}^2-a_{11}a_{12}=0$ 可以导出

$$\begin{gathered}\frac{\xi_x}{\xi_y}=-\frac{\mathrm{d}y}{\mathrm{d}x}=-\frac{a_{12}}{a_{11}}\\a_{12}=\pm\sqrt{a_{11}a_{12}}\end{gathered}\tag{5-57}$$

把该式代入变换系数，得到

$$\begin{cases}A_{11}=\xi_y^2\left[a_{11}\left(\dfrac{\xi_x}{\xi_y}\right)^2+2a_{12}\dfrac{\xi_x}{\xi_y}+a_{22}\right]=-\dfrac{\xi_y^2}{a_{11}}[a_{12}^2-a_{11}a_{12}]=0\\A_{12}=\xi_y\left[a_{11}\dfrac{\xi_x}{\xi_y}\eta_x+a_{12}\left(\dfrac{\xi_x}{\xi_y}\eta_y+\eta_x\right)+a_{22}\eta_y\right]=-\dfrac{\xi_y\eta_y}{a_{11}}[a_{12}^2-a_{11}a_{12}]=0\\A_{22}=\eta_y^2\left[a_{11}\left(\dfrac{\eta_x}{\eta_y}\right)^2+2a_{12}\dfrac{\eta_x}{\eta_y}+a_{22}\right]=\eta_y^2\left[\sqrt{a_{11}}\left(\dfrac{\eta_x}{\eta_y}\right)\pm\sqrt{a_{22}}\right]^2\end{cases}\tag{5-58}$$

若取 $\eta=\eta(x,y)$ 作为与 $\xi(x,y)$ 无关的另一个新自变量，那么 $A_{22}\neq0$，因此

$$u_{\eta\eta}=-\frac{1}{A_{22}}[B_1u_\xi+B_2u_\eta+Cu+F]\tag{5-59}$$

这就是抛物型方程的标准形式。

（3）椭圆型方程

由特征方程的解可以得到特征线为

$$\begin{cases}\xi(x,y)=\text{常数}\\\eta(x,y)=\text{常数}\end{cases}$$

取 $\xi=\xi(x,y)$ 和 $\eta=\eta(x,y)$ 作为新的自变量，由于椭圆型方程 $a_{12}^2-a_{11}a_{22}<0$，那么 $\xi=\xi(x,y)$ 和 $\eta=\eta(x,y)=\xi^*(x,y)$ 作为新自变量，则 $A_{11}=0$，$A_{22}=0$，从而自变量代换后式(5-55)变成

$$u_{\xi\eta}=-\frac{1}{2A_{12}}[B_1u_\xi+B_2u_\eta+Cu+F]\tag{5-60}$$

该式从形式上看与双曲型方程一样，但此时 ξ 和 η 为复数。通常做如下代换

$$\begin{cases}\xi=\alpha+i\beta\\\eta=\alpha-i\beta\end{cases}\Rightarrow\begin{cases}\alpha=\mathrm{Re}\xi=\dfrac{1}{2}(\xi+\eta)\\\beta=\mathrm{Im}\xi=\dfrac{1}{2}(\xi-\eta)\end{cases}$$

利用变换关系，式(5-60)变成

$$u_{\alpha\alpha}+u_{\beta\beta}=-\frac{1}{A_{12}}[(B_1+B_2)u_\alpha+i(B_2-B_1)u_\beta+2Cu+2F]\tag{5-61}$$

式(5-60)和式(5-61)为椭圆型方程的标准形式。

讨论完上述三种方程化为标准型，可以回忆一下线性代数中二次型化为标准型的相关概念。

二次型的定义

含有 n 个变量 $x_1,x_2,\cdots,x_n$ 的二次型函数

$$f(x_1,x_2,\cdots,x_n)=a_{11}x_1^2+a_{22}x_2^2+\cdots+a_{nn}x_n^2+2a_{12}x_1x_2+2a_{13}x_1x_3+\cdots+2a_{n-1,n}x_{n-1}x_n \tag{5-62}$$

称为二次型。

例如，

$$f(x_1,x_2,x_3)=x_1^2+6x_2^2+4x_3^2-5x_1x_2$$

$$f(x_1,x_2,x_3)=x_1x_2-x_1x_3+x_2x_3$$

都是二次型。

在式(5-62)中，取 $a_{ji}=a_{ij}$，则 $2a_{ij}x_ix_j=a_{ij}x_ix_j+a_{ji}x_jx_i$，于是式(5-62)可改写为

$$f(x_1,x_2,\cdots,x_n)=(x_1,x_2,\cdots,x_n)\begin{pmatrix}a_{11} & a_{12} & \cdots & a_{1n}\\ a_{21} & a_{22} & \cdots & a_{2n}\\ \vdots & \vdots & & \vdots\\ a_{n1} & a_{n2} & \cdots & a_{nn}\end{pmatrix}=\boldsymbol{x}^{\mathrm{T}}\boldsymbol{A}\boldsymbol{x}$$

称 $f(x)=\boldsymbol{x}^{\mathrm{T}}\boldsymbol{A}\boldsymbol{x}$ 为二次型的矩阵形式。其中实对称矩阵 $\boldsymbol{A}$ 称为该二次型的矩阵。二次型 f 称为实对称矩阵 $\boldsymbol{A}$ 的二次型。实对称矩阵 $\boldsymbol{A}$ 的秩称为二次型的秩，于是，二次型 f 与实对称矩阵 $\boldsymbol{A}$ 之间有一一对应的关系。

例如，二次型 $x_1x_2-x_1x_3+2x_1^2+3x_2x_3$ 的矩阵是

$$\boldsymbol{A}=\begin{pmatrix}2 & 1/2 & -1/2\\ 1/2 & 0 & 3/2\\ -1/2 & 3/2 & 0\end{pmatrix}$$

反之，上述对称矩阵 $\boldsymbol{A}$ 对应的二次型是

$$\boldsymbol{x}^{\mathrm{T}}\boldsymbol{A}\boldsymbol{x}=(x_1,x_2,x_3)\begin{pmatrix}2 & 1/2 & -1/2\\ 1/2 & 0 & 3/2\\ -1/2 & 3/2 & 0\end{pmatrix}\begin{pmatrix}x_1\\ x_2\\ x_3\end{pmatrix}=x_1x_2-x_1x_3+2x_1^2+3x_2x_3$$

化二次型为标准型

根据标准型就可方便地对曲线的形状进行判断。对二次型，我们也进行类似的讨论。

关系式 $\begin{cases}x_1=c_{11}y_1+c_{12}y_2+\cdots+c_{1n}y_n\\ x_2=c_{21}y_1+c_{22}y_2+\cdots+c_{2n}y_n\\ \cdots\cdots\\ x_n=c_{n1}y_1+c_{n2}y_2+\cdots+c_{nn}y_n\end{cases}$ 称为由变量 $x_1,x_2,\cdots,x_n$ 到 $y_1,y_2,\cdots,y_n$ 的线性变换。矩阵

$$\boldsymbol{C}=\begin{pmatrix}c_{11} & c_{12} & \cdots & c_{1n}\\ c_{21} & c_{22} & \cdots & c_{2n}\\ \vdots & \vdots & & \vdots\\ c_{n1} & c_{n2} & \cdots & c_{nn}\end{pmatrix}$$

称为线性变换矩阵。当 $\boldsymbol{C}$ 可逆时，称该线性变换为可逆线性变换。

对于一般二次型 $f=\boldsymbol{x}^{\mathrm{T}}\boldsymbol{A}\boldsymbol{x}$，经可逆线性变换 $\boldsymbol{x}=\boldsymbol{C}\boldsymbol{y}$，可将其化为

$$f=\boldsymbol{x}^{\mathrm{T}}\boldsymbol{A}\boldsymbol{x}=(\boldsymbol{C}\boldsymbol{y})^{\mathrm{T}}\boldsymbol{A}(\boldsymbol{C}\boldsymbol{y})=\boldsymbol{y}^{\mathrm{T}}(\boldsymbol{C}^{\mathrm{T}}\boldsymbol{A}\boldsymbol{C})\boldsymbol{y}$$

其中，$\boldsymbol{y}^{\mathrm{T}}(\boldsymbol{C}^{\mathrm{T}}\boldsymbol{A}\boldsymbol{C})\boldsymbol{y}$ 为关于 $y_1,y_2,\cdots,y_n$ 的二次型。

若二次型 $f(x_1,x_2,\cdots,x_n)$经可逆线性变换 $\boldsymbol{x}=\boldsymbol{C}\boldsymbol{y}$ 可化为只含平方项的形式：

$$b_1y_1^2+b_2y_2^2+\cdots+b_ny_n^2 \tag{5-63}$$

则称式(5-63)为二次型 $f(x_1,x_2,\cdots,x_n)$的标准型。

其实，三类方程化为标准型可以类比二次型，也是经过一个变量的变换将方程化为只含有二阶偏导数项，而不含有二阶混合偏导项的方程。

3. 举例

例 5-1　讨论方程 $x^2u_{xx}+2xyu_{xy}+y^2u_{yy}=0$ 的类型，化成标准型，并求其通解。

解　首先判断偏微分方程的类型

$$\Delta=a_{12}^2-a_{11}a_{22}=(xy)^2-x^2y^2=0$$

因此该方程为抛物型方程，其对应的特征方程为

$$x^2\left(\frac{\mathrm{d}y}{\mathrm{d}x}\right)^2-2xy\frac{\mathrm{d}y}{\mathrm{d}x}+y^2=0$$

对应的解为

$$x\frac{\mathrm{d}y}{\mathrm{d}x}-y=0\Rightarrow\frac{y}{x}=c$$

令

$$\begin{cases}\xi=\dfrac{y}{x}\\ \eta=y\end{cases}$$

经过系数变换，原方程变成

$$u_{\eta\eta}=0\Leftrightarrow\frac{\partial}{\partial\eta}\left(\frac{\partial u}{\partial\eta}\right)=0$$

用直接积分方法求解该偏微分方程

$$\frac{\partial}{\partial\eta}\left(\frac{\partial u}{\partial\eta}\right)=0\Rightarrow\frac{\partial u}{\partial\eta}=f_1(\xi)\Rightarrow u=f_1(\xi)\eta+f_2(\xi)\Rightarrow u=f_1\left(\frac{y}{x}\right)y+f_2\left(\frac{y}{x}\right)$$

例 5-2　将 $u_{xx}+u_{xy}+u_{yy}+u_x=0$ 化为标准型。

解　首先判断方程的类型：

$$\Delta=a_{12}^2-a_{11}a_{22}=\left(\frac{1}{2}\right)^2-1<0$$

因此该方程为椭圆型方程，其对应的特征方程为

$$\left(\frac{\mathrm{d}y}{\mathrm{d}x}\right)^2-\frac{\mathrm{d}y}{\mathrm{d}x}+1=0$$

对应的解为$\dfrac{\mathrm{d}y}{\mathrm{d}x}=\dfrac{1}{2}\pm\mathrm{i}\dfrac{\sqrt{3}}{2}$，因此特征线为

$$y-\frac{x}{2}-\mathrm{i}\frac{\sqrt{3}}{2}x=C_1$$

$$y-\frac{x}{2}+\mathrm{i}\frac{\sqrt{3}}{2}x=C_2$$

令 $\xi=\alpha+\beta\mathrm{i},\eta=\alpha-\beta\mathrm{i}$，则有 $\alpha=y-\frac{1}{2}x$ 和 $\beta=-\frac{\sqrt{3}}{2}x$，代入公式

$$\begin{cases}A_{12}=a_{11}\xi_x\eta_x+a_{12}(\xi_x\eta_y+\xi_y\eta_x)+a_{22}\xi_y\eta_y\\ B_1=a_{11}\xi_{xx}+2a_{12}\xi_{xy}+a_{22}\xi_{yy}+b_1\xi_x+b_2\xi_y\\ B_2=a_{11}\eta_{xx}+2a_{12}\eta_{xy}+a_{22}\eta_{yy}+b_1\eta_x+b_2\eta_y\\ C=c\\ F=f\end{cases}$$

可以计算出各系数：

$$A_{12}=\left(-\frac{1}{2}-\mathrm{i}\frac{\sqrt{3}}{2}\right)\left(-\frac{1}{2}+\mathrm{i}\frac{\sqrt{3}}{2}\right)+\frac{1}{2}\left(-\frac{1}{2}-\mathrm{i}\frac{\sqrt{3}}{2}-\frac{1}{2}+\mathrm{i}\frac{\sqrt{3}}{2}\right)+1=\frac{3}{2}$$

$$B_1=-\frac{1}{2}-\mathrm{i}\frac{\sqrt{3}}{2}$$

$$B_2=-\frac{1}{2}+\mathrm{i}\frac{\sqrt{3}}{2}$$

将系数代入标准方程 $u_{\alpha\alpha}+u_{\beta\beta}=-\frac{1}{A_{12}}[(B_1+B_2)u_\alpha+\mathrm{i}(B_2-B_1)u_\beta+2Cu+2F]$中，于是可将原方程化简为

$$u_{\alpha\alpha}+u_{\beta\beta}=\frac{2}{3}u_\alpha+\frac{2\sqrt{3}}{3}u_\beta$$

例 5-3 将 $y^2u_{xx}-x^2u_{yy}=0$ 化为标准型。

解 首先判断方程的类型：

$$\Delta=a_{12}^2-a_{11}a_{22}=x^2y^2>0$$

因此该方程为双曲型方程，其对应的特征方程为

$$y^2\left(\frac{\mathrm{d}y}{\mathrm{d}x}\right)^2-x^2=0$$

对应的解为$\frac{\mathrm{d}y}{\mathrm{d}x}=\pm\frac{x}{y}$，因此特征线为

$$\frac{y^2}{2}-\frac{x^2}{2}=C_1$$

$$\frac{y^2}{2}+\frac{x^2}{2}=C_2$$

令

$$\xi=\frac{y^2}{2}-\frac{x^2}{2}$$

$$\eta=\frac{y^2}{2}+\frac{x^2}{2}$$

则原方程化为

$$u_{\xi\eta}=-\frac{2\eta}{4(\eta^2-\xi^2)}u_\xi+\frac{2\xi}{4(\eta^2-\xi^2)}u_\eta$$

5.1.4　达朗贝尔公式

1. 第一种情况：无限长情况

弦的横振动、均匀杆的纵振动和理想传输线具有相同的泛定方程

$$u_{tt}-a^2u_{xx}=0 \tag{5-64}$$

这是标准的双曲型方程。

(1) 通解

该泛定方程的特征方程为

$$\left(\frac{\mathrm{d}x}{\mathrm{d}t}\right)^2-a^2=0 \tag{5-65}$$

对应的解为$\frac{\mathrm{d}x}{\mathrm{d}t}=-a$ 和$\frac{\mathrm{d}x}{\mathrm{d}t}=a$，因此特征线为

$$\begin{aligned}x+at&=C_1\\x-at&=C_2\end{aligned} \tag{5-66}$$

令 $\xi=x+at$ 和 $\eta=x-at$，那么泛定方程变成

$$u_{\xi\eta}=0 \tag{5-67}$$

先对 η 积分，那么

$$u_\xi=f(\xi) \tag{5-68}$$

再对 ξ 积分，则

$$\begin{aligned}u&=\int f(\xi)\mathrm{d}\xi+f_2(\eta)=f_1(\xi)+f_2(\eta)\\&=f_1(x+at)+f_2(x-at)\end{aligned} \tag{5-69}$$

式中，f_1 和 f_2 均为任意函数。该式为原方程的**通解**。

该通解的物理意义：对无限长的弦的自由振动、无限长杆的自由纵振动、无限长理想传输线上电流和电压的变化而言，任意扰动总是以行波的形式分两个方向传播出去，波速为 a，即 $f_1(x+at)$为以速度 a 沿 x 负方向移动的行波，而 $f_2(x-at)$为以速度 a 沿 x 正方向移动的行波。

(2) 函数 f_1 和 f_2 的确定

若研究的弦、杆、传输线无限长，那么就不存在边界条件，只有初始条件。设初始条件为

$$\begin{cases}u\big|_{t=0}=\varphi(x)\\u_t\big|_{t=0}=\psi(x)\end{cases}\quad(-\infty<x<+\infty) \tag{5-70}$$

把泛定方程的通解代入初始条件，得到

$$\begin{cases}f_1(x)+f_2(x)=\varphi(x)\\af_1'(x)-af_2'(x)=\psi(x)\end{cases}\Rightarrow\begin{cases}f_1(x)+f_2(x)=\varphi(x)\\f_1(x)-f_2(x)=\dfrac{1}{a}\displaystyle\int_{x0}^{x}\psi(\tau)\mathrm{d}\tau+f_1(x_0)-f_2(x_0)\end{cases} \tag{5-71}$$

由此可得到

$$\begin{cases}f_1(x)=\dfrac{1}{2}\varphi(x)+\dfrac{1}{2a}\displaystyle\int_{x0}^{x}\psi(\tau)\mathrm{d}\tau+\dfrac{1}{2}[f_1(x_0)-f_2(x_0)]\\f_2(x)=\dfrac{1}{2}\varphi(x)-\dfrac{1}{2a}\displaystyle\int_{x0}^{x}\psi(\tau)\mathrm{d}\tau-\dfrac{1}{2}[f_1(x_0)-f_2(x_0)]\end{cases} \tag{5-72}$$

即

$$\begin{cases} f_1(x+at)=\dfrac{1}{2}\varphi(x+at)+\dfrac{1}{2a}\displaystyle\int_{x_0}^{x+at}\psi(\tau)\mathrm{d}\tau+\dfrac{1}{2}[f_1(x_0)-f_2(x_0)] \\ f_2(x-at)=\dfrac{1}{2}\varphi(x-at)-\dfrac{1}{2a}\displaystyle\int_{x_0}^{x-at}\psi(\tau)\mathrm{d}\tau-\dfrac{1}{2}[f_1(x_0)-f_2(x_0)] \end{cases} \tag{5-73}$$

因此

$$u(x,t)=f_1(x+at)+f_2(x-at)=\frac{1}{2}[\varphi(x+at)+\varphi(x-at)]+\frac{1}{2a}\int_{x-at}^{x+at}\psi(\tau)\mathrm{d}\tau \tag{5-74}$$

该式称为**达朗贝尔公式**。

举例：

例 5-4 初速为零，$\psi(x)=0$，而初始位移 $\varphi(x)$ 只在区间 (x_1,x_2) 上不为零，于 $x=(x_1+x_2)/2$ 处达到最大值 u_0，求该问题的解，如图 5-8 所示。

解 根据图形，初始位移为

$$\varphi(x)=\begin{cases} 2u_0\dfrac{x-x_1}{x_2-x_1} & x_1\leqslant x\leqslant \dfrac{x_1+x_2}{2} \\ 2u_0\dfrac{x_2-x}{x_2-x_1} & \dfrac{x_1+x_2}{2}\leqslant x\leqslant x_2 \\ 0 & x<x_1 \text{ 或 } x>x_2 \end{cases}$$

根据初始条件，利用达朗贝尔公式直接求出

$$u(x,t)=\frac{1}{2}\varphi(x+at)+\frac{1}{2}\varphi(x-at)$$

该初始位移分为两半，分别向左、右两个方向以速度 a 移动，根据这两个行波的和可以给出如图 5-8 所示的各个时刻的波形。

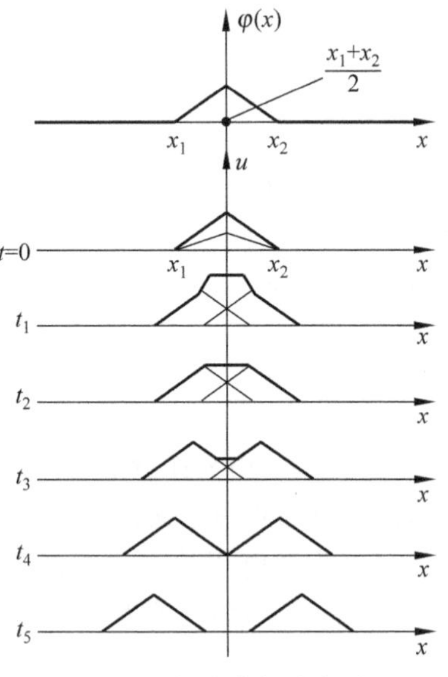

图 5-8 行波分解示意图

例 5-5 设初始位移为零 $\varphi(x)=0$，初始速度 $\psi(x)=\begin{cases}\psi_0 & x\in(x_1,x_2)\\ 0 & x\notin(x_1,x_2)\end{cases}$，求该问题的解。

解 由达朗贝尔公式，问题的解为

$$u(x,t)=\frac{1}{2a}\int_{-\infty}^{x+at}\psi(\tau)\mathrm{d}\tau-\frac{1}{2a}\int_{-\infty}^{x-at}\psi(\tau)\mathrm{d}\tau=\Psi(x+at)-\Psi(x-at)$$

式中，

$$\Psi(x)=\frac{1}{2a}\int_{x1}^{x}\psi(\tau)\mathrm{d}\tau=\begin{cases} 0 & (x\leqslant x_1) \\ \dfrac{1}{2a}(x-x_1)\psi_0 & (x_1\leqslant x\leqslant x_2) \\ \dfrac{1}{2a}(x_2-x_1)\psi_0 & (x_2\leqslant x) \end{cases}$$

用图做出 $+\Psi(x)$ 和 $-\Psi(x)$ 两个图形，让它们以速度 a 分别向左、右两个方向移动。

2. 第二种情况：半无限长情况

例 5-6　半无限长弦具有一个端点，该端点固定时的定解问题为

$$\begin{cases} u_{tt}-au_{xx}=0 & 0<x<+\infty \\ u\mid_{t=0}=\varphi(x),u_t\mid_{t=0}=\psi(x) & 0\leqslant x<+\infty \\ u\mid_{x=0}=0 \end{cases}$$

利用达朗贝尔公式求解该定解问题。

解　问题的初始条件在 $x<0$ 时不存在。我们知道，达朗贝尔公式不能用于这种情况。为了使达朗贝尔公式能用于这种情况，利用 $u|_{x=0}=0$，无限长弦的位移 $u(x,t)$ 应该为奇函数，因此无限长弦的初始位移和初始速度表示为

$$\Phi(x)=\begin{cases}\varphi(x) & x\geqslant 0\\ -\varphi(-x) & x<0\end{cases},\quad \Psi(x)=\begin{cases}\psi(x) & x\geqslant 0\\ -\psi(-x) & x<0\end{cases}$$

把 $\varphi(x)$ 和 $\psi(x)$ 从半无界区间 $x\geqslant 0$ 奇延拓到整个无界区间，分别为 $\Phi(x)$ 和 $\Psi(x)$。把上式代入达朗贝尔公式

$$u(x,t)=\frac{1}{2}[\Phi(x+at)+\Phi(x-at)]+\frac{1}{2a}\int_{x-at}^{x+at}\Psi(\tau)\mathrm{d}\tau$$

得到

$$u(x,t)=\begin{cases}\dfrac{1}{2}[\varphi(x+at)+\varphi(x-at)]+\dfrac{1}{2a}\displaystyle\int_{x-at}^{x+at}\psi(\tau)\mathrm{d}\tau & x-at\geqslant 0\Leftrightarrow t\leqslant x/a\\ \dfrac{1}{2}[\varphi(x+at)-\varphi(at-x)]+\dfrac{1}{2a}\displaystyle\int_{at-x}^{x+at}\psi(\tau)\mathrm{d}\tau & x-at<0\Leftrightarrow t>x/a\end{cases}$$

例 5-7　半无限长杆的自由振动，杆的端点自由，该定解问题为

$$\begin{cases} u_{tt}-au_{xx}=0 & 0<x<+\infty \\ u\mid_{t=0}=\varphi(x),u_t\mid_{t=0}=\psi(x) & 0\leqslant x<+\infty \\ u_x\mid_{x=0}=0 \end{cases}$$

利用达朗贝尔公式求解该定解问题的解。

解　半无限长杆在点 $x=0$ 的相对伸长 u_x 必须保持为零，即无限长杆的位移 $u(x,t)$ 应当为偶函数，因而无限长杆的初始位移 $\Phi(x)$ 和初始速度 $\Psi(x)$ 均应该为偶函数，即

$$\Phi(x)=\begin{cases}\varphi(x) & x\geqslant 0\\ \varphi(-x) & x<0\end{cases},\quad \Psi(x)=\begin{cases}\psi(x) & x\geqslant 0\\ \psi(-x) & x<0\end{cases}$$

把 $\varphi(x)$ 和 $\psi(x)$ 从半无界区间 $x\geqslant 0$ 偶延拓到整个无界区间，分别为 $\Phi(x)$ 和 $\Psi(x)$。利用达朗贝尔公式求出无限长杆的自由振动为

$$u(x,t)=\frac{1}{2}[\Phi(x+at)+\Phi(x-at)]+\frac{1}{2a}\int_{x-at}^{x+at}\Psi(\tau)\mathrm{d}\tau$$

得到

$$u(x,t)=$$

$$\begin{cases}\dfrac{1}{2}[\varphi(x+at)+\varphi(x-at)]+\dfrac{1}{2a}\displaystyle\int_{x-at}^{x+at}\psi(\tau)\mathrm{d}\tau & x-at\geqslant 0\Leftrightarrow t\leqslant x/a\\ \dfrac{1}{2}[\varphi(x+at)+\varphi(at-x)]+\dfrac{1}{2a}\displaystyle\int_{0}^{x+at}\psi(\tau)\mathrm{d}\tau+\dfrac{1}{2a}\displaystyle\int_{0}^{at-x}\psi(\tau)\mathrm{d}\tau & x-at<0\Leftrightarrow t>x/a\end{cases}$$

5.2 数学物理定解问题的工程应用

1. 良导体中电流密度的扩散方程

根据麦克斯韦第二旋度方程，可导出良导体中电流密度的扩散方程。

因微分形式的麦克斯韦第二旋度方程为

$$\nabla\times \boldsymbol{H}=\boldsymbol{J}+\boldsymbol{J}_d \tag{5-75}$$

式中，$\boldsymbol{J}=\dfrac{\boldsymbol{E}}{\sigma}$，为传导的体电流密度，$\sigma$ 为电导率；$\boldsymbol{J}_d=\varepsilon\dfrac{\partial \boldsymbol{E}}{\partial t}$，是位移电流密度，$\varepsilon$ 为媒质的介电常数。对良导体，$\dfrac{\sigma}{\omega\varepsilon}\ll 1$，于是式(5-75)变为

$$\nabla\times \boldsymbol{H}=\boldsymbol{J}$$

又因为微分形式的麦克斯韦第一旋度方程为$\nabla\times\boldsymbol{E}=-\mu\dfrac{\partial \boldsymbol{H}}{\partial t}$，故有

$$\nabla\times\nabla\times\boldsymbol{E}=\nabla\nabla\cdot\boldsymbol{E}-\nabla^2\boldsymbol{E}=-\mu\frac{\partial}{\partial t}(\nabla\times\boldsymbol{H}) \tag{5-76}$$

而式中$\nabla\cdot\boldsymbol{E}=0$，于是，将式(5-75)代入式(5-76)，得

$$\nabla^2\boldsymbol{E}=\mu\frac{\partial \boldsymbol{J}}{\partial t} \tag{5-77}$$

再用$\dfrac{\boldsymbol{J}}{\sigma}$代替式(5-77)中的$\boldsymbol{E}$，则方程式(5-77)变为

$$\nabla^2\boldsymbol{J}=\mu\sigma\frac{\partial \boldsymbol{J}}{\partial t} \tag{5-78}$$

这就是电流密度 $\boldsymbol{J}$ 满足的扩散方程，它类似煤质内无热源情况下的热传导方程。

2. 恒定电流场

这里研究的是具有恒定电流的导电介质中的电场。根据电荷守恒定律，导电介质中的电荷满足连续性方程

$$\frac{\partial\rho}{\partial t}+\nabla\cdot\boldsymbol{j}=0 \tag{5-79}$$

其中 $\rho(x,y,z,t)$为自由电荷体密度，$\boldsymbol{j}(x,y,z,t)$为传导电流的体密度。式(5-78)对任意变化的电流场均成立。在恒定电流情况下，$\rho(x,y,z,t)$不随时间 t 变化，电荷密度$\rho(x,y,z,t)$也不随时间变化，因而$\partial\rho/\partial t=0$；于是

$$\nabla\cdot\boldsymbol{j}=0 \tag{5-80}$$

称为恒定电流的连续性方程。对于恒定电流场，从任一闭合面流出的电流总等于流入的电流，因此可用闭合的电流线描述导电介质的恒定电流场。电流的散度$\nabla\cdot\boldsymbol{j}$ 代表电流源的强度。对恒定电流场，$\nabla\cdot\boldsymbol{j}=0$，即表示没有电流源。

由于电流是恒定的，所以产生的磁场也是恒定的。根据麦克斯韦方程组中的第二方程，有

$$\nabla\times\boldsymbol{E}=-\boldsymbol{B}_t=0 \tag{5-81}$$

由此可知，恒定电流场的电场强度 $\boldsymbol{E}$ 是无旋的，而 $\boldsymbol{E}$ 和恒定电流也遵从欧姆定律

$$\boldsymbol{j}=\sigma\boldsymbol{E} \tag{5-82}$$

因为 $\boldsymbol{E}$ 是无旋的，一定存在一个标量函数 $u(x,y,z)$，满足

$$\boldsymbol{E}=-\nabla u \tag{5-83}$$

u 是恒定电流场的电势函数。将式(5-82)和式(5-83)代入式(5-80)，有

$$\nabla\cdot(\sigma\boldsymbol{E})=-\nabla\cdot(\sigma\nabla u)=0 \tag{5-84}$$

对于均匀导电介质，$\sigma=$常数。式(5-83)可简化成

$$\nabla^2 u=0 \tag{5-85}$$

这是拉普拉斯方程，它是电源外部的均匀导电介质中，恒定电流势 $u(x,y,z)$ 所满足的方程。

但是，在一些问题中，人们的注意力集中在某个局部空间。例如，在大地电测中，人们关心的是大地中的恒定电流分布和恒定电流势的分布，对大地外面的电源和线路并不关心。这时往往把电极 A 看作恒定电流的源，把电极 B 看作恒定电流的汇(图 5-9)。于是，由式(5-80)可得

$$\nabla\cdot\boldsymbol{j}=f(x,y,z) \tag{5-86}$$

其中 $f(x,y,z)$ 是电流源强度的分布。而式(5-85)也应满足泊松方程

$$\nabla^2 u=-f(x,y,z) \tag{5-87}$$

3. 磁性煤质的波动方程

图 5-10 所示为一块无限大的平面电流板，平板两边具有一样的媒质，媒介的介电常数为 ε、磁导率为 μ、电导率为 σ，平板上的电流为 $J_S=-\boldsymbol{e}_x J_{S0}\cos\omega t$，推导媒质中的波动方程。

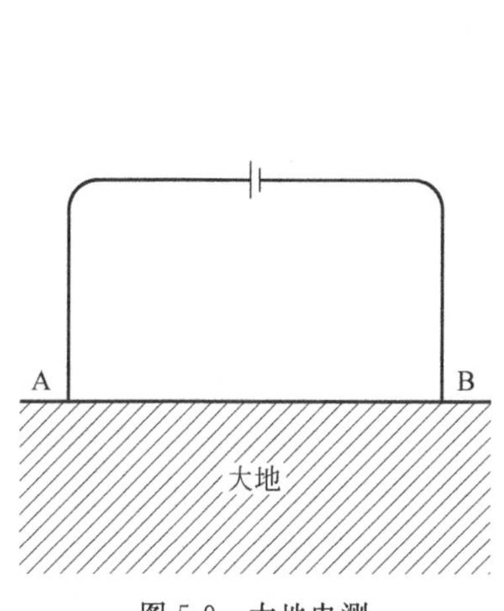

图 5-9　大地电测

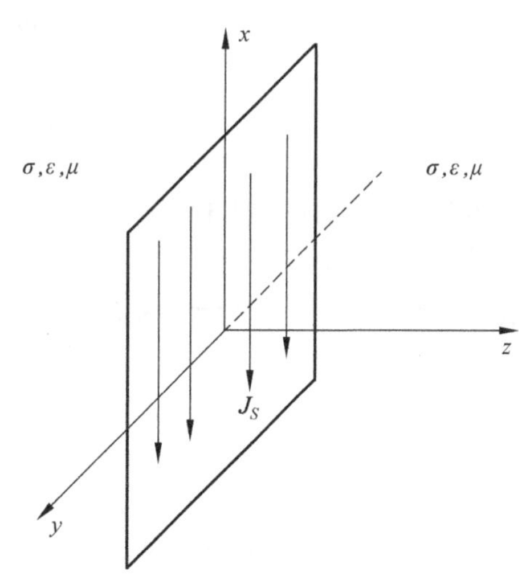

图 5-10　在材料媒质中的无限大平面电流板

对于在 $z=0$ 平面内无限大的平面电流板，并沿负 x 方向载有均匀分布的电流

$$J_S=-\boldsymbol{e}_x J_{S0}\cos\omega t \tag{5-88}$$

电场和磁场具有形式

$$\boldsymbol{E}=\boldsymbol{e}_x E_x(z,t) \tag{5-89}$$

$$\boldsymbol{H}=\boldsymbol{e}_y H_y(z,t) \tag{5-90}$$

相应的麦克斯韦旋度方程组的简化形式为

$$\frac{\partial E_x}{\partial z}=-\mu\frac{\partial H_y}{\partial t} \tag{5-91a}$$

$$\frac{\partial H_y}{\partial z}=-\sigma E_x-\varepsilon\frac{\partial E_x}{\partial t} \tag{5-91b}$$

式(5-91b)中的 σE_x 项使得时间域的求解复杂化。因此，利用相量表示法求解正弦时变的麦克斯韦方程组很方便。

这样，设

$$E_x(z,t)=\mathrm{Re}[\boldsymbol{E}_x(z)\mathrm{e}^{\mathrm{j}\omega t}] \tag{5-92a}$$

$$H_y(z,t)=\mathrm{Re}[\boldsymbol{H}_y(z)\mathrm{e}^{\mathrm{j}\omega t}] \tag{5-92b}$$

并分别用相量 $\boldsymbol{E}_x$ 和 $\boldsymbol{H}_y$ 代替式(5-91a)和式(5-91b)中的 E_x 和 H_y，以及用 $\mathrm{j}\omega$ 代替 $\partial/\partial t$，得到相量 $\boldsymbol{E}_x$ 和 $\boldsymbol{H}_y$ 相应的微分方程为

$$\frac{\partial \boldsymbol{E}_x}{\partial z}=-\mathrm{j}\omega\mu\boldsymbol{H}_y \tag{5-93a}$$

$$\frac{\partial \boldsymbol{H}_y}{\partial z}=-\sigma\boldsymbol{E}_x-\mathrm{j}\omega\varepsilon\boldsymbol{E}_x=-(\sigma+\mathrm{j}\omega\varepsilon)\boldsymbol{E}_x \tag{5-93b}$$

对式(5-93a)中的 z 微分，并将式(5-93b)代入，得到

$$\frac{\partial^2 \boldsymbol{E}_x}{\partial z^2}=-\mathrm{j}\omega\mu\frac{\partial \boldsymbol{H}_y}{\partial z}=\mathrm{j}\omega\mu(\sigma+\mathrm{j}\omega\varepsilon)\boldsymbol{E}_x \tag{5-94}$$

定义

$$\bar{\gamma}=\sqrt{\mathrm{j}\omega\mu(\sigma+\mathrm{j}\omega\varepsilon)} \tag{5-95}$$

并代入式(5-94)，有

$$\frac{\partial^2 \boldsymbol{E}_x}{\partial z^2}=\bar{\gamma}^2\boldsymbol{E}_x \tag{5-96}$$

这就是在媒质中 $\boldsymbol{E}_x$ 的波动方程。

5.3 思政教育——数学建模思想

所谓数学模型，就是用数学语言和方法对各种实际对象做出抽象或模仿而形成的一种数学结构。数学建模是指对现实世界中的原型进行具体构造数学模型，是问题解决的一个重要方面和类型，将考查的实际问题转化为数学问题，构造出相应的数学模型，通过对数学模型的研究和解答，使原来的实际问题得以解答的过程。数学教育的一个重要目标是培养学生的数学意识和实际应用能力，加强数学与实际应用的联系已逐渐成为人们的共识。近年来，高等数学教育也切合社会发展的实际，突破了过去狭隘的范畴，与自然科学、社会科学、人文科学相互渗透，在工农业生产、管理科学、医药卫生、计算机技术等领域发挥着重要的作用。尽管学生也知道各行各业都离不开数学，但他们不知道怎样使用数学。而数学模型思想是将实际问题转化为数学问题，结合数学的理论、思想方法、逻辑推理和计算解决问题。

数学定解问题以来源于物理、化学、力学等自然科学和工程技术领域的偏微分方程(组)作为主要研究对象，系统地介绍数学模型的导出和各类定解问题的求解方法，讨论波动方

程、热传导方程和恒定场方程三类典型方程的适定性基本理论，对提高学生的数学建模素养起到十分重要的作用。生活中处处都是三类典型方程的应用，弹钢琴属于均匀弦的微小横向振动现象，制作半导体的扩散法遵循运输方程，静电场的泊松方程和拉普拉斯方程就是恒定场方程。

习 题

1. 试导出真空中有静止电荷产生的方程。

2. 试导出稳恒电流所产生的电场。

3. 弦在阻尼介质中振动，单位长度的弦所受阻力 $F=-Ru_t$（比例常数 R 叫作阻力系数），试推导弦在这种阻尼介质中的振动方程。

4. 一均匀杆的原长为 l，一端固定，另一端沿杆的轴线方向拉长 e 而静止，突然放手任其振动，试建立振动方程与定解条件。

5. 长为 l 的柔软均质轻绳，一端($x=0$)固定在以匀速 ω 转动的竖直轴上。由于惯性离心力的作用，这根绳的平衡位置应是水平线，试推导此绳相对于水平线的横向振动方程。

6. 长为 l 的均匀杆，两端由恒定热流进入，其强度为 q_0，试写出这个热传导问题的边界条件。

7. 半径为 R 而表面熏黑的金属长圆柱，受到阳光照射，阳光方向垂直于柱轴，热流强度为 M，设圆柱外界的温度为 u_0，试写出这个圆柱的热传导问题的边界条件。

8. 习题 3 是否需要衔接条件？

9. 写出静电场中电介质表面的衔接条件。

10. 对弦的横向振动问题导出下列情况下的初始条件(图 5-11)：

(1) 弦的两端点 $x=0$ 和 $x=l$ 固定，用手将弦上的点 $x=c\,(0<c<l)$ 拉开，使之与平衡位置处的偏离高度为 h(图 5-11(a)，并设 $h=l$)然后放手；

(2) 弦的两端点 $x=0$ 和 $x=l$ 固定，用横向力 $F_0\,(F_0\leqslant T)$ 拉弦上的点 $x=c\,(0<c<l)$，达到平衡后放手(图 5-11(b))；

(3) 弦的两端点 $x=0$ 和 $x=l$ 固定，以槌击弦上的点 $x=c\,(0<c<l)$，使之获得冲量 I。

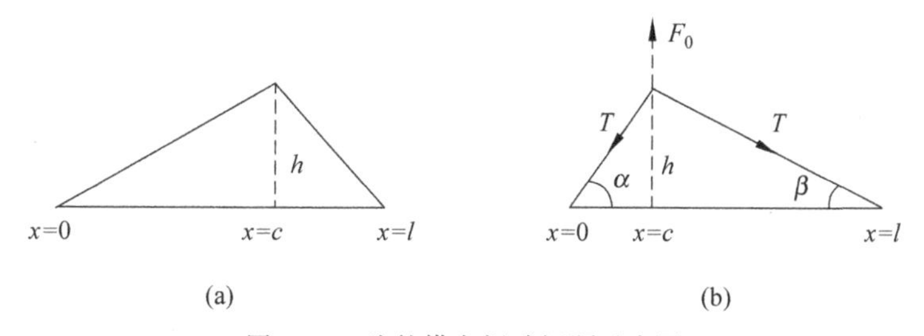

图 5-11 弦的横向振动问题示意图

11. 试将方程

$$u_{xx}-2u_{xy}-3u_{yy}+2u_x+6u_y=0$$

化为标准型。

12. 把下列方程化为标准型：

(1) $u_{xx}+4u_{xy}+5u_{yy}+u_x+2u_y=0$；

(2) $u_{xx}+yu_{yy}=0$；

(3) $u_{xx}+xu_{yy}=0$；

(4) $y^2u_{xx}+x^2u_{yy}=0$；

13. 讨论方程 $y^2u_{xx}-x^2u_{yy}=0$ 的类型，并化为标准型($x,y\neq0$)。

第6章 分离变量法及其工程应用

CHAPTER 6

第5章讨论了怎样将一个物理问题表达为定解问题，本章主要介绍怎样求解这些定解问题。本章介绍的分离变量法是定解问题的一种基本解法，适用于大量的各种各样的定解问题。从微分学得知，在计算诸如多元函数的微分和积分(重积分等)时，总是把它们转化为单元函数的相应问题解决，与此类似，求解偏微分方程的定解问题也可以设法把它们转化为常微分方程的定解问题求解。分离变量法是将一个偏微分方程分解为两个或多个只含一个变量的常微分方程。将方程中含有各个变量的项分离开，从而将原方程拆分成多个更简单的只含一个自变量的常微分方程。

6.1 分离变量法的知识点

6.1.1 分离变量的理论基础

1. 线性叠加原理

在数学物理中经常出现这样的现象：几种不同原因综合产生的效果，等于这些不同原因单独产生效果的累加。例如：

如果几个电荷同时存在，它们的电场就互相叠加，形成合电场，这时某点的场强等于各个电荷单独存在时在该点产生的场强的矢量和，这叫作电场的叠加原理。如图6-1所示，正电荷在平面上半区域产生的场可以看作该正电荷与它关于平面对称的镜像负电荷产生的场的叠加。

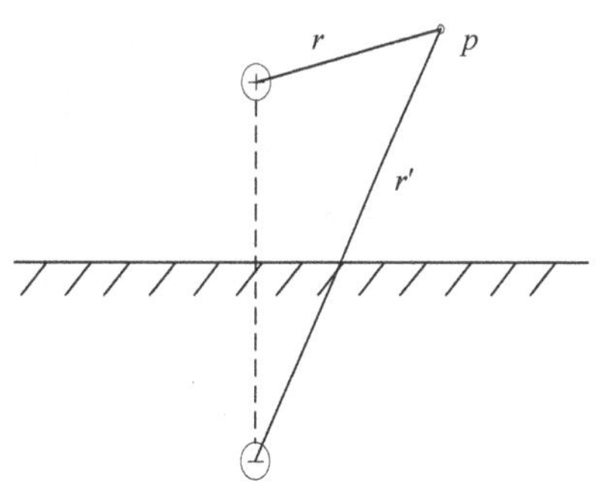

图6-1 点电荷关于平面的镜像

点电荷系电场中某点的电势等于各个点电荷单独存在时，在该点产生的电势的代数和，称为电势叠加原理。

在用分离变量法的过程中多次应用叠加原理，不仅方程的解是所有特解的线性叠加，而且处理非齐次方程泛定方程问题时，把方程条件也视为几种类型叠加的结果，从而将其“分解”。

2. 本征函数正交完备性

分离变量法的理论基础之二是本征函数系的正交完备性。正交完备性在线性空间中就是指构成这个空间的基是相互正交的，即这个空间中所有的向量都可以由这组基线性表出，例如，三角函数集合的标准正交基是($\sin nx$，$\cos nx$，$n\in Z^{+}$)，这样就可以说这组函数是完备正交的，因为任何一个函数都可以由它们通过线性叠加而构成，所以只有本征函数系是正交完备的，才能将平方可积的初始条件按本征函数展开傅氏级数。

6.1.2 齐次方程的分离变量法

1. 预备知识——因式分解与坐标解耦

首先考查下面的简单二元二次方程：

$$xy-2x-y+2=0$$

这个方程里的未知数 y、y 是耦合在一起的，直接求解显然不容易。为此，初等数学中引入了“因式分解”的办法，将上述方程写成若干个因式相乘的形式：

$$xy-2x-y+2=(x-1)(y-2)=0$$

可见，经过因式分解后，很容易求解出方程的解，原因是未知数 y、y 之间已经**解耦**，可以直接求解。

因此，在求解偏微分方程的时候，不妨先回顾初等数学中的“因式分解”，以及第 2 章中偏微分方程分类与二次型的“类比”关系，再联系“符号法”展开设想：将因式分解的套路进行类比和推广（即把因式中的未知数换成微分算子，结合其运算规则进行运算），应该也能得到偏微分方程的解。

显然，完全可以借助“因式分解”的概念，将其类比到偏微分方程中，这种做法的本质是实现自变量（坐标）之间的解耦。因此，我们把这种与“因式分解”同源、基于“坐标解耦”思想的方法称为“**分离变量法**”。

分离变量法的适用范围：分离变量法是定解问题的一种基本解法，适用于各种各样的定解问题。其基本思想是把偏微分方程分解成几个常微分方程，其中的常微分方程带有附加条件而构成本征值问题。

总之，对于实际问题，分离变量法的物理本质是实现“空-时”坐标的解耦或“空-空”坐标的解耦，将偏微分方程“降维”成若干个常微分方程进行求解。

分离变量法的提出，导致“本征问题”与“本征函数”概念的提出：本征问题就是齐次方程偏微分方程的解的问题，对应的通解可用“本征函数”的线性叠加表示。本章讨论的本征函数为三角函数，后面会用到本征函数为贝塞尔函数等特殊函数。

2. 齐次方程的分离变量法

例 6-1 研究两端固定的均匀弦的自由振动的定解问题。

$$\text{泛定方程：}u_{tt}-a^{2}u_{xx}=0 \tag{6-1}$$

$$\text{边界条件：}\begin{cases}u\,|_{x=0}=0\\ u\,|_{x=l}=0\end{cases} \tag{6-2}$$

$$\text{初始条件：}\begin{cases}u\,|_{t=0}=\varphi(x)\\ u\,|_{t=0}=\psi(x)\end{cases}\quad 0<x<l \tag{6-3}$$

解 分离变量法的步骤：

首先分离变量形式的试探解

$$u(x,t)=X(x)T(t) \tag{6-4}$$

代入泛定方程，得到

$$X(x)T''(t)-a^2X''(x)T(t)=0 \tag{6-5}$$

分解后的泛定方程两边同时除以 $X(x)T(t)$，得到

$$\frac{X''(x)}{X(x)}=\frac{T''(t)}{a^2T(t)} \tag{6-6}$$

式(6-6)的左边是与 x 有关，而与 t 无关的变量，但右边是与 t 有关，而与 x 无关的变量。两边相等显然是不可能的，除非两边实际上等于一个常数，该常数记为 $-\lambda$，为

$$\frac{X''(x)}{X(x)}=\frac{T''(t)}{a^2T(t)}=-\lambda\Rightarrow\begin{cases}X''(x)+\lambda X(x)=0\\T''(t)+a^2\lambda T(t)=0\end{cases}$$

把分解式代入边界条件，得到

$$\begin{cases}X(0)T(t)=0\\X(l)T(t)=0\end{cases}$$

由于 $T(t)$是与 t 有关的变量，那么由该边界条件得到

$$X(0)=0\quad X(l)=0 \tag{6-7}$$

因此，分离之后，有关 $X(x)$的常微分方程和对应的边界条件为

$$\begin{cases}X''(x)+\lambda X(x)=0\\X(0)=0,\quad X(l)=0\end{cases} \tag{6-8}$$

以及有关 $T(t)$的常微分方程为

$$T''(t)+a^2\lambda T(t)=0 \tag{6-9}$$

先求解 $X(x)$，这里认为 λ 是实数，为不失一般性，将 $\lambda<0$、$\lambda=0$ 和 $\lambda>0$ 三种可能性逐一加以分析。

(1) $\lambda<0$ 的情况。$X(x)$的常微分方程的解为

$$X(x)=C_1e^{\sqrt{-\lambda}x}+C_2e^{-\sqrt{-\lambda}x}$$

根据边界条件得到

$$\begin{cases}C_1+C_2=0\\C_1e^{\sqrt{-\lambda}l}+C_2e^{-\sqrt{-\lambda}l}=0\end{cases}$$

联立求解得到

$$\begin{cases}C_1=0\\C_2=0\end{cases}$$

显然，对此边界条件，$\lambda<0$ 的可能性不存在。

(2) $\lambda=0$ 的情况。$X(x)$的常微分方程的解为

$$X(x)=C_1x+C_2$$

根据边界条件得到

$$\begin{cases}C_2=0\\C_1l+C_2=0\end{cases}$$

联立求解得到

$$\begin{cases}C_1=0\\C_2=0\end{cases}$$

显然，对此边界条件，$\lambda=0$ 的可能性也是不存在的。

(3) $\lambda>0$ 的情况。$X(x)$的常微分方程的解为

$$X(x)=C_1\cos\sqrt{\lambda}x+C_2\sin\sqrt{\lambda}x$$

根据边界条件得到

$$\begin{cases}C_1=0\\C_2\sin\sqrt{\lambda}l=0\end{cases}$$

假如 $\sin\sqrt{\lambda}l\neq0$,那么解出 $C_1=0$ 和 $C_2=0$,也就是 $u(x,t)\equiv0$,同样没有意义,应排除。现在只剩下一种可能性,即 $C_1=0$,而 $C_2\neq0$,但 $\sin\sqrt{\lambda}l=0$,于是$\sqrt{\lambda}l=n\pi,n=1,2,3,\cdots$即

$$\lambda=\frac{n^2\pi^2}{l^2}\quad(n=1,2,3,\cdots)\tag{6-10}$$

当 λ 取这样的数值时,可得

$$X_n(x)=C_2\sin\frac{n\pi}{l}x\tag{6-11}$$

式中,C_2 为待定常数。该式正是傅里叶正弦级数的基本函数。

$\lambda=\dfrac{n^2\pi^2}{l^2}$的取值称为**本征值**;

对应的解 $X(x)=C_2\sin\dfrac{n\pi}{l}x$ 称为**本征函数**;

$X(x)$的常微分方程及其边界条件称为**本征值问题**;

上面解出 $X(x)$的本征值和本征函数,下面继续确定 $T(t)$。

$$T''(t)+a^2\lambda T(t)=0$$

方程的解为

$$T(t)=A\cos\frac{n\pi at}{l}+B\sin\frac{n\pi at}{l}\tag{6-12}$$

式中,A、B 为待定常数,由此得到

$$u_n(x,t)=\left(A_n\cos\frac{n\pi at}{l}+B_n\sin\frac{n\pi at}{l}\right)\sin\frac{n\pi}{l}x\tag{6-13}$$

式(6-13)为两端固定弦上的可能的驻波,每个 n 对应一种驻波(又称“模式”),这些驻波也叫作两端固定弦的**本征振动**。由于上述公式是满足泛定方程和边界条件的线性独立的特解,因此本征振动的线性叠加仍为方程的解

$$u(x,t)=\sum_{n=1}^{+\infty}\left(A_n\cos\frac{n\pi at}{l}+B_n\sin\frac{n\pi at}{l}\right)\sin\frac{n\pi}{l}x\tag{6-14}$$

下面就是要利用初始条件确定 A_n 和 B_n 的待定常数。把式(6-14)代入初始条件中,得到

$$\begin{cases}\displaystyle\sum_{n=1}^{+\infty}A_n\sin\frac{n\pi}{l}x=\varphi(x)\\\displaystyle\sum_{n=1}^{+\infty}B_n\frac{n\pi a}{l}\sin\frac{n\pi}{l}x=\psi(x)\end{cases}\quad 0<x<l\tag{6-15}$$

利用傅里叶级数,等式两侧乘以 $\sin\dfrac{m\pi}{l}x$ 并从 $0-l$ 积分,利用三角级数的正交性质可得

$$\text{左侧}=\int_0^l\sum_{n,m=1}^{+\infty}\left(A_n\sin\frac{n\pi}{l}x\right)\sin\frac{m\pi}{l}x\,\mathrm{d}x=\begin{cases}0,m\neq n\\A_n\displaystyle\int_0^l\sin^2\frac{n\pi}{l}x\,\mathrm{d}x=A_n\frac{l}{2}\end{cases}$$

$$右侧=\int_0^l \varphi(\xi)\sin\frac{m\pi}{l}\xi d\xi$$

于是，待定常数 A_n 和 B_n 可以确定为

$$\begin{cases}A_n=\dfrac{2}{l}\displaystyle\int_0^l \varphi(\xi)\sin\frac{n\pi}{l}\xi d\xi\\ B_n=\dfrac{2}{n\pi a}\displaystyle\int_0^l \psi(\xi)\sin\frac{n\pi}{l}\xi d\xi\end{cases} \tag{6-16}$$

回顾整个求解过程，关键在于把分离变量形式的试探解代入偏微分方程，从而把它分解为几个常微分方程，自变数各自分离开了，问题转化为求解常微分方程。另一方面，代入齐次边界条件把它转化为常微分方程的附加条件，这些条件与相应的常微分方程构成本征值问题。数学上，完全可以推广应用于线性齐次方程和线性齐次边界条件的多种定解问题。

用分离变量法得到的定解问题的解一般是无穷级数。不过，在具体问题中，级数里常常只有前若干项较重要，后面的项则迅速减小，从而可以一概略去。

从上面的表达式可以看出以下几个结论：

(1) 任意复杂的振动，都可以用无穷多个离散的、简单的振动模式之线性叠加等效，即通俗的"很多个臭皮匠，顶一个诸葛亮"。

(2) 如果系数 A_n，B_n 中有一个特别大，而其他系数与之相比特别小、可忽略不计，则该系数对应的模式为"充分激发模式"或"主要工作模式"，其余模式为"截止模式"。

(3) 工程中通常只要采用少数几个模式的叠加，即可得到近似结果，这时无穷级数解就简化成有限个函数(模式)的线性叠加，模式的个数选择取决于工程分析所需的精度。

例 6-1 已研究了区间两端均为第一类齐次边界条件的定解问题。例 6-2 是区间两端均为第二类齐次边界条件的例题。

例 6-2　两端自由的均匀杆，其作纵向振动，研究两端自由棒的自由纵向振动，即定解问题。

$$泛定方程：u_{tt}-a^2u_{xx}=0 \tag{6-17}$$

$$边界条件：\begin{cases}u_x|_{x=0}=0\\ u_x|_{x=l}=0\end{cases} \tag{6-18}$$

$$初始条件：\begin{cases}u|_{t=0}=\varphi(x)\\ u_t|_{t=0}=\psi(x)\end{cases}\quad 0<x<l \tag{6-19}$$

解　首先以分离变量形式的试探解

$$u(x,t)=X(x)T(t) \tag{6-20}$$

代入泛定方程得到

$$X(x)T''(t)-a^2X''(x)T(t)=0 \tag{6-21}$$

分解后的泛定方程两边同时除以 $X(x)T(t)$，得到

$$\frac{X''(x)}{X(x)}=\frac{T''(t)}{a^2T(t)}$$

令该常数记为 $-\lambda$，那么

$$\begin{cases}X''(x)+\lambda X(x)=0\\ T''(t)+a^2\lambda T(t)=0\end{cases} \tag{6-22}$$

同样，由问题的边界条件可以得到

$$\begin{cases} X'(0)T(t)=0 \\ X'(l)T(t)=0 \end{cases} \Rightarrow \begin{cases} X'(0)=0 \\ X'(l)=0 \end{cases} \tag{6-23}$$

因此，分离之后有关 $X(x)$ 的常微分方程和对应的边界条件为

$$\begin{cases} X''(x)+\lambda X(x)=0 \\ X(0)=0, X(l)=0 \end{cases} \tag{6-24}$$

以及有关 $T(t)$ 的常微分方程为

$$T''(t)+a^2\lambda T(t)=0 \tag{6-25}$$

根据边界条件的齐次性，$\lambda<0$，只能得到无意义的解。只有 $\lambda\geqslant 0$ 的情况存在，此时 $X(x)$ 的常微分方程的解为

$$X(x)=C_1\cos\{\sqrt{\lambda}x\}+C_2\sin\{\sqrt{\lambda}x\}$$

由 $X'(0)=0$ 的边界条件，可以得到

$$\sqrt{\lambda}C_2=0\Rightarrow\sqrt{\lambda}\neq 0 \quad C_2=0$$

因此

$$X(x)=C_1\cos\sqrt{\lambda}x$$

由 $X'(l)=0$ 的边界条件，得到

$$\sin\sqrt{\lambda}l=0\Rightarrow\lambda=\frac{n^2\pi^2}{l^2} \quad n=0,1,2,\cdots \tag{6-26}$$

因此，本征值和本征函数为

$$\begin{cases} \lambda=\dfrac{n^2\pi^2}{l^2} \\ X(x)=C_1\cos\dfrac{n\pi x}{l} \end{cases} \quad n=0,1,2,\cdots \tag{6-27}$$

式中，C_1 为任意常数。

把本征值代入 T 的方程，则有

$$T''(t)=0 \qquad n=0$$

$$T''(t)+\frac{n^2\pi^2a^2}{l^2}T(t)=0 \quad n>0$$

方程的解为

$$\begin{aligned} &T_0(t)=A_0+B_0t && n=0 \\ &T_n(t)=A_n\cos\frac{n\pi at}{l}+B_n\sin\frac{n\pi at}{l} && n\neq 0 \end{aligned} \tag{6-28}$$

式中，A_0、B_0、A_n 和 B_n 均为待定常数。因此，定解问题的解可以写成

$$\begin{aligned} &u_0(x,t)=A_0+B_0t && n=0 \\ &u_n(x,t)=\left(A_n\cos\frac{n\pi at}{l}+B_n\sin\frac{n\pi at}{l}\right)\cos\frac{n\pi}{l}x && n\neq 0 \end{aligned} \tag{6-29}$$

所有本征振动的线性叠加仍为方程的解

$$u(x,t)=(A_0+B_0t)+\sum_{n=1}^{+\infty}\left(A_n\cos\frac{n\pi at}{l}+B_n\sin\frac{n\pi at}{l}\right)\cos\frac{n\pi}{l}x \tag{6-30}$$

系数 A_0、B_0、A_n 和 B_n 由初始条件得到

$$\begin{cases} A_0+\sum_{n=1}^{+\infty}A_n\cos\frac{n\pi}{l}x=\varphi(x) \\ B_0+\sum_{n=1}^{+\infty}B_n\frac{n\pi a}{l}\cos\frac{n\pi}{l}x=\psi(x) \end{cases}\quad 0<x<l$$

把右边展开为傅里叶余弦级数，比较系数，那么

$$\begin{cases} A_0=\frac{1}{l}\int_0^l\varphi(\xi)\mathrm{d}\xi \\ B_0=\frac{1}{l}\int_0^l\psi(\xi)\mathrm{d}\xi \end{cases}\quad \begin{cases} A_n=\frac{2}{l}\int_0^l\varphi(\xi)\cos\frac{n\pi}{l}\xi\mathrm{d}\xi \\ B_n=\frac{2}{n\pi a}\int_0^l\psi(\xi)\cos\frac{n\pi}{l}\xi\mathrm{d}\xi \end{cases} \tag{6-31}$$

在问题的解中，第一项描述的是杆的整体移动，第二项描述的是杆的纵向振动。

比较例 6-1、例 6-2，可以看出以下几个结论：

(1) 本征值问题与激励无关，因为本征函数簇只通过求解齐次泛定方程(激励函数为 0)就能确定。

(2) 本征值问题与边界条件有关，不同的边界条件，解出的本征函数也不同。

(3) 在定义域内，本征函数(模式)之间是线性无关、相互独立(正交)的，说明每个模式都独立携带通解的信息，意味着通解就是无穷个模式张成的“无穷维函数空间”中的一个线性函数组合。

本征值问题的通俗说法——“捕鱼捉虾”问题

假设需要捕捉对虾和乌贼(模式、本征函数)，那么我们只能在南海、东海、黄海这些地方(海洋，边界条件)抓到它们(求出通解)，绝不可能在珠江、太湖和黄河(淡水，不同的边界条件)抓到它们；而且对虾和乌贼的存在，与我们是否捕捉它们无关(与外加激励函数无关，齐次方程的解)，它们总是存在于海洋中(特定边界条件下的固有特性)。

例 6-3 是一端为第一类齐次边界条件，另一端为第二类齐次边界条件。

例 6-3　研究细杆的导热问题。初始时刻杆的一端温度为零度，另一端温度为 u_0，杆上温度梯度均匀，零度的一端保持温度不变，另一端与外界绝热，试求细杆上温度的变化。

解　杆上温度 $u(x,t)$ 满足下列泛定方程和定解条件

$$\text{泛定方程：}u_t-a^2u_{xx}=0 \tag{6-32}$$

$$\text{边界条件：}\begin{cases} u\big|_{x=0}=0 \\ u_x\big|_{x=l}=0 \end{cases} \tag{6-33}$$

$$\text{初始条件：}u\big|_{t=0}=u_0x/l\quad 0<x<l \tag{6-34}$$

首先将分离变量形式的试探解

$$u(x,t)=X(x)T(t) \tag{6-35}$$

代入泛定方程，得到关于 $X(x)$ 的常微分方程和条件以及关于 $T(t)$ 的常微分方程

$$\begin{cases} X''(x)+\lambda X(x)=0 \\ X(0)=0,X'(l)=0 \end{cases}$$

$$T'(t)+a^2\lambda T(t)=0$$

由 $X(x)$ 的方程和条件，可以得到 $\lambda<0$ 和 $\lambda=0$ 的无意义的解 $X(x)\equiv0$。若 $\lambda>0$，则方程的解为

$$X(x)=C_1\cos\sqrt{\lambda}x+C_2\sin\sqrt{\lambda}x \tag{6-36}$$

由 $X(0)=0$ 的边界条件，可以得到 $C_1=0$，因此

$$X(x)=C_2\sin\sqrt{\lambda}x$$

由 $X'(l)=0$ 的边界条件，可以得到

$$C_2\cos\sqrt{\lambda}l=0\Rightarrow C_2\neq 0\Rightarrow\cos\sqrt{\lambda}l=0\quad \lambda=\frac{\left(n+\frac{1}{2}\right)^2\pi^2}{l^2}\quad n=0,1,2,\cdots$$

因此，本征值和本征函数为

$$\begin{cases}\lambda=\dfrac{\left(n+\frac{1}{2}\right)^2\pi^2}{l^2}\\ X(x)=C_2\sin\dfrac{\left(n+\frac{1}{2}\right)\pi x}{l}\end{cases}\quad n=0,1,2,\cdots \tag{6-37}$$

式中，C_2 为任意常数。

把本征值代入关于 T 的方程，则有

$$T'(t)+\frac{\left(n+\frac{1}{2}\right)^2\pi^2a^2}{l^2}T(t)=0 \tag{6-38}$$

方程的解为

$$T_n(t)=C_n e^{-\frac{\left(n+\frac{1}{2}\right)^2\pi^2a^2t}{l^2}} \tag{6-39}$$

式中，C_n 为待定常数。因此，定解问题的解可以写成

$$u(x,t)=\sum_{n=0}^{+\infty}C_n e^{-\frac{\left(n+\frac{1}{2}\right)^2\pi^2a^2t}{l^2}}\sin\frac{\left(n+\frac{1}{2}\right)\pi x}{l} \tag{6-40}$$

由初始条件得到

$$\sum_{n=0}^{+\infty}C_n\sin\frac{\left(n+\frac{1}{2}\right)\pi x}{l}=\frac{u_0}{l}x\quad 0<x<l \tag{6-41}$$

利用正弦函数的正交性，该式两边同乘以 $\sin\dfrac{\left(n+\frac{1}{2}\right)\pi x}{l}$，然后从 $0\sim l$ 积分，得到

$$C_n=\frac{2}{l}\int_0^l\frac{u_0}{l}\xi\sin\frac{\left(n+\frac{1}{2}\right)}{l}\xi d\xi=(-1)^n\frac{2u_0}{\left(n+\frac{1}{2}\right)^2\pi^2}$$

因此，问题的解为

$$u(x,t)=\sum_{n=0}^{+\infty}(-1)^n\frac{2u_0l}{\left(n+\frac{1}{2}\right)^2\pi^2}e^{-\frac{\left(n+\frac{1}{2}\right)^2\pi^2a^2t}{l^2}}\sin\frac{\left(n+\frac{1}{2}\right)\pi x}{l} \tag{6-42}$$

6.1.3　二维拉普拉斯方程

求解直角坐标系中的平行平面场问题经常使用二维的分离变量法，例如，接地金属槽，矩形波导内的电磁场。

例 6-4　有一只长直的金属槽，其横截面积如图 6-2 所示。上方的盖板与槽壁有无限小的间隙，以使之相互绝缘，盖板的电位为 $u=U_0$，槽壁电位为零，试求槽内的电位分布。

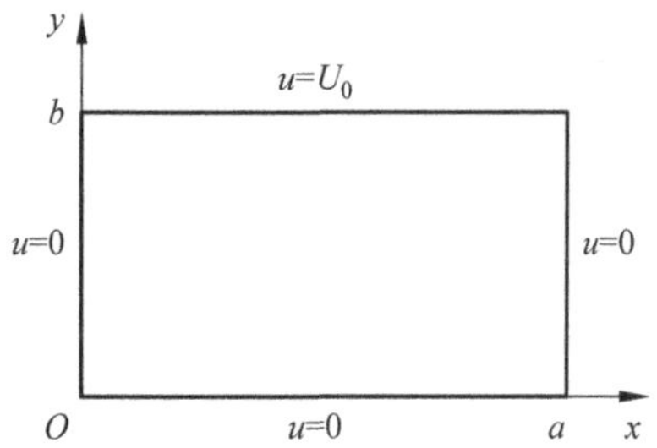

解　建立如图 6-2 所示的直角坐标系，可认为槽电位与 z 坐标无关，其电位分布 $u(x,y)$ 应满足二维拉普拉斯方程

$$u_{xx}+u_{yy}=0 \tag{6-43}$$

其边界条件可以表示为

$$u\big|_{x=0}=0,u\big|_{x=a}=0 \quad 0<y<b \tag{6-44}$$

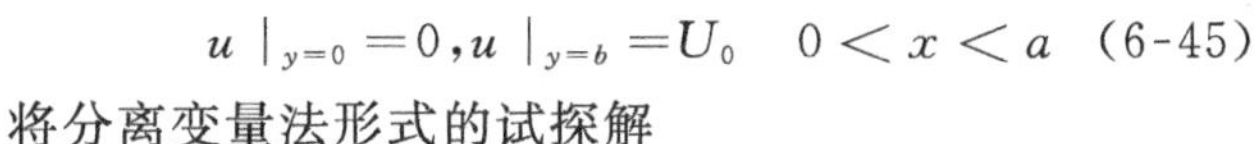

$$u\big|_{y=0}=0,u\big|_{y=b}=U_0 \quad 0<x<a \tag{6-45}$$

图 6-2　金属槽

将分离变量法形式的试探解

$$u(x,y)=X(x)Y(y) \tag{6-46}$$

代入泛定方程中，得到

$$\begin{cases}X''+\lambda X=0\\X(0)=0,\quad X(a)=0\end{cases}$$

$$Y''-\lambda Y=0$$

而由 X 的常微分方程和齐次边界条件式(6-44)可以求出本征值和本征函数分别为

$$\begin{cases}\lambda=\dfrac{n^2\pi^2}{a^2}\\X(x)=C\sin\dfrac{n\pi x}{a}\end{cases}\quad n=1,2,\cdots \tag{6-47}$$

由 $Y''-\dfrac{n^2\pi^2}{a^2}Y=0$ 可以得到

$$Y(y)=A\mathrm{e}^{\frac{n\pi}{a}y}+B\mathrm{e}^{-\frac{n\pi}{a}y} \tag{6-48}$$

因此，通过分离变量法得到的解为

$$u(x,y)=\sum_{n=1}^{+\infty}(A_n\mathrm{e}^{\frac{n\pi}{a}y}+B_n\mathrm{e}^{-\frac{n\pi}{a}y})\sin\frac{n\pi x}{a} \tag{6-49}$$

由非齐次边界条件式(6-45)确定系数 A_n 和 B_n

$$\begin{cases}\displaystyle\sum_{n=1}^{+\infty}(A_n+B_n)\sin\frac{n\pi x}{a}=0\\\displaystyle\sum_{n=1}^{+\infty}(A_n\mathrm{e}^{\frac{n\pi b}{a}}+B_n\mathrm{e}^{-\frac{n\pi b}{a}})\sin\frac{n\pi x}{a}=U_0\end{cases} \tag{6-50}$$

利用傅里叶正弦级数，两侧同时乘以 $\sin\dfrac{m\pi x}{a}$ 并从 $0\sim a$ 积分，可以得到

$$\begin{cases} A_n + B_n = 0 \\ A_n e^{\frac{n\pi b}{a}} + B_n e^{-\frac{n\pi b}{a}} = \begin{cases} 0 & n \text{ 为偶数} \\ \dfrac{4U_0}{n\pi} & n \text{ 为奇数} \end{cases} \end{cases} \tag{6-51}$$

由此可以解出

$$A_n = -B_n = \begin{cases} 0 & n \text{ 为偶数} \\ \dfrac{4U_0}{n\pi}(e^{\frac{n\pi b}{a}} - e^{-\frac{n\pi b}{a}}) & n \text{ 为奇数} \end{cases} \tag{6-52}$$

利用指数函数与双曲函数的关系,可以得到

$$A_n = -B_n = \frac{2U_0}{n\pi\sinh\left(\dfrac{n\pi b}{a}\right)}, \quad n \text{ 为奇数} \tag{6-53}$$

令 $n=2k+1,(k=1,2,3,\cdots)$,并将式(6-53)代入式(6-49)可以得到 u 的解:

$$\begin{aligned} u &= \sum_{k=0}^{+\infty}\left(\frac{2U_0}{(2k+1)\pi\sinh\dfrac{(2k+1)\pi b}{a}}e^{\frac{2k+1}{a}\pi y} - \frac{2U_0}{(2k+1)\pi\sinh\dfrac{(2k+1)\pi b}{a}}e^{-\frac{2k+1}{a}\pi y}\right) \\ &\quad \sin\frac{(2k+1)\pi x}{a} \\ &= \sum_{k=0}^{+\infty} 2\sinh\frac{(2k+1)\pi y}{a}\,\frac{2U_0}{(2k+1)\pi\sinh\dfrac{(2k+1)\pi b}{a}}\sin\frac{(2k+1)\pi x}{a} \\ &= \frac{4U_0}{\pi}\sum_{k=0}^{+\infty}\frac{\sinh\dfrac{(2k+1)\pi y}{a}}{(2k+1)\sinh\dfrac{(2k+1)\pi b}{a}}\sin\frac{(2k+1)\pi x}{a} \end{aligned}$$

于是,问题的解为

$$u(x,y) = \frac{4U_0}{\pi}\sum_{k=0}^{+\infty}\frac{1}{2k+1}\,\frac{\sinh\dfrac{(2k+1)\pi y}{a}}{\sinh\dfrac{(2k+1)\pi b}{a}}\sin\frac{(2k+1)\pi x}{a} \tag{6-54}$$

下面列出分离变量法求解定解问题的基本步骤:

(1) 首先将问题中的偏微分方程通过分离变量转化成常微分方程的定解问题,对于线性齐次常微分方程来说是可以办到的。

(2) 确定本征值和本征函数。由于本征函数是要经过叠加的,所以用来确定本征函数方程和边界条件,在经过叠加后仍要满足。当边界条件齐次时,求固有函数就是求一个常微分方程满足零边界条件的非零解。

(3) 定出本征值、本征函数后,再解其他常微分方程,把得到的解与本征函数相乘得到本征解,这时本征解中还包含有任意常数。

(4) 最后,为了使解满足其余定解条件,需要把所有本征解叠加写成级数形式,这时级数中的一系列任意常数就由其余的定解条件确定。在最后一步工作中,需要把已知的函数展开成本征函数系的级数。

6.1.4　非齐次泛定方程

此时讨论和研究非齐次泛定方程只考虑泛定方程为非齐次，而边界条件仍然为齐次，初始条件数值为零的情况。如果初始条件数值不是零，那么可以令 $u=v+w$，使得下式成立。

$$u_{tt}-a^2u_{xx}=f(x,t) \qquad v_{tt}-a^2v_{xx}=0 \qquad w_{tt}-a^2w_{xx}=f(x,t)$$

$$\begin{cases}u|_{x=0}=0\\u|_{x=l}=0\end{cases}=\begin{cases}v|_{x=0}=0\\v|_{x=l}=0\end{cases}+\begin{cases}w|_{x=0}=0\\w|_{x=l}=0\end{cases}$$

$$\begin{cases}u|_{t=0}=\varphi(x)\\u_t|_{t=0}=\psi(x)\end{cases} \qquad \begin{cases}v|_{t=0}=\varphi(x)\\v_t|_{t=0}=\psi(x)\end{cases} \qquad \begin{cases}w|_{t=0}=0\\w_t|_{t=0}=0\end{cases}$$

1. 傅里叶级数法

6.1.2 节中求解两端固定的弦的齐次振动方程定解问题，得到的解式(6-14)具有傅里叶正弦级数的形式，而且其系数 A_n 和 B_n 决定初始条件 $\varphi(x)$ 和 $\psi(x)$ 的傅里叶正弦级数式(6-15)。至于采取正弦级数，而不是一般的傅里叶级数的形式，则完全是由于两端都是第一类齐次边界条件 $u|_{x=0}=0$ 和 $u|_{x=l}=0$ 的原因。

分离变量法得出的这些结果给出提示：不妨把所求的解本身展开为傅里叶级数，即非齐次泛定方程的定解问题也可以傅里叶级数求解，即把所求的解展开为傅里叶级数

$$u(x,t)=\sum_n T_n(t)X_n(x) \tag{6-55}$$

式中，傅里叶级数的基本函数簇 $X_n(x)$ 为该定解问题齐次方程在所给齐次边界条件下的本征函数。

由于解是自变数 x 和 t 的函数，因而 $u(x,t)$ 的傅里叶系数不是常数，而是时间 t 的函数，把它记作 $T_n(t)$。将待定解式(6-55)代入泛定方程，尝试分离出 $T_n(t)$ 的常微分方程，然后求解。

例 6-5　求解受迫振动的定解问题

$$\begin{cases}u_{tt}-a^2u_{xx}=A\cos\dfrac{\pi x}{l}\sin\omega t\\u_x|_{x=0}=0 \quad u_x|_{x=l}=0\\u|_{t=0}=0 \qquad u_t|_{t=0}=0\end{cases} \tag{6-56}$$

解　级数展开的基本函数是对应齐次泛定方程 $u_{tt}-a^2u_{xx}=0$ 在所在边界条件 $u_x|_{x=0}=0$ 和 $u_x|_{x=l}=0$ 下的本征函数。该本征函数为 $\cos\dfrac{n\pi x}{l}(n=0,1,2,\cdots)$，因此把所求的解展开为傅里叶余弦级数为

$$u(x,t)=\sum_{n=0}^{+\infty}T_n(t)\cos\frac{n\pi x}{l} \tag{6-57}$$

为了求解 $T_n(t)$，把该级数代入泛定方程

$$\sum_{n=0}^{+\infty}\left[T_n''(t)+\frac{n^2\pi^2a^2}{l^2}T_n(t)\right]\cos\frac{n\pi x}{l}=A\cos\frac{\pi x}{l}\sin\omega t \tag{6-58}$$

比较两边的系数，则 $T(t)$ 的常微分方程为

$$T_1''(t)+\frac{\pi^2a^2}{l^2}T_1(t)=A\sin\omega t$$

$$T_n''(t)+\frac{n^2\pi^2a^2}{l^2}T_n(t)=0 \qquad n\neq 1$$

把 $u(x,t)$的傅里叶余弦级数代入初始条件，则得到 $T_n(t)$的初始条件为

$$T_n(0)=0 \quad T_n'(0)=0 \tag{6-59}$$

对于基模($n=1$)的情况，由于扰动项只有正弦分量，根据三角函数的正交特性，通解中肯定不能存在余弦分量，因此通解的形式必定为正弦函数形式，即

$$T_1^*(t)=C_1\sin\frac{\pi at}{l}$$

根据常微分方程特解的特性，可知特解为

$$T_1^{**}(t)=\frac{A}{\left(\frac{\pi a}{l}\right)^2-\omega^2}\sin\omega t \tag{6-60}$$

于是，最终的解应该等于通解与特解的叠加，即

$$T_1(t)=T_1^*(t)+T_1^{**}(t)=C_1\sin\frac{\pi at}{l}+\frac{A}{\left(\frac{\pi a}{l}\right)^2-\omega^2}\sin\omega t \tag{6-61}$$

于是，$T_n(t)$的常微分方程在初始条件 $T_n(0)=0$，$T_n'(0)=0$ 下的解为

$$T_1(t)=\frac{Al}{\pi a}\cdot\frac{1}{\omega^2-\pi^2a^2/l^2}\left(\omega\sin\frac{\pi at}{l}-\frac{\pi a}{l}\sin\omega t\right)$$

$$T_n(t)=0 \quad n\neq 1$$

因此，该非齐次方程的定解问题的解为

$$u(x,t)=\frac{Al}{\pi a}\cdot\frac{1}{\omega^2-\pi^2a^2/l^2}\left(\omega\sin\frac{\pi at}{l}-\frac{\pi a}{l}\sin\omega t\right)\cos\frac{\pi x}{l} \tag{6-62}$$

讨论：

激励函数只有一个模式，则激励出的也只有一个模式；

激励函数如果含有多个模式，则激励出的肯定也是多个模式；

当外加激励信号的角频率 ω 等于本征频率 $\pi a/l$ 时，u 的振幅趋于无穷大，表明出现“谐振”（共振）现象。实际上，由于存在阻尼，振幅总是有限的，而且在激励结束后逐渐衰减。

“谐振”（共振）的利用：贴片微带天线、微波谐振器与滤波器、微波振荡器（附加了有源电路的谐振器）；

“谐振”（共振）的危害：桥梁、建筑物的本征频率如果与外加振动频率（如地震波的频率、外来的强力撞击等）很接近，则会产生振幅极大的振荡，一旦超过材料能承受的程度，就会发生倒塌，造成人员伤亡和财产损失。

例 6-6 用傅里叶级数求解稳态激励下的扩散方程

$$\begin{cases}u_t-a^2u_{xx}=A\sin\omega t\\ u_x|_{x=0}=0 \quad u_x|_{x=l}=0\\ u|_{t=0}=0\end{cases} \tag{6-63}$$

解 级数展开的基本函数为相应的齐次泛定方程 $u_t-a^2u_{xx}=0$ 在所给边界条件 $u_x|_{x=0}=0$

和 $u_x|_{x=l}=0$ 下的本征函数。该本征值和本征函数分别为 $\frac{n^2\pi^2}{l^2}$ 和 $\cos\frac{n\pi x}{l}$，则所求解可以展开为傅里叶余弦级数

$$u(x,t)=\sum_{n=0}^{+\infty}T_n(t)\cos\frac{n\pi x}{l} \tag{6-64}$$

把该级数代入非齐次泛定方程中，得到

$$\sum_{n=0}^{+\infty}\left[T_n{}'(t)+\frac{n^2\pi^2a^2}{l^2}T_n(t)\right]\cos\frac{n\pi x}{l}=A\sin\omega t \tag{6-65}$$

通过比较系数，得到

$$\begin{cases}T_0{}'=A\sin\omega t\\ T_n{}'(t)+\dfrac{n^2\pi^2a^2}{l^2}T_n(t)=0\quad n\neq 0\end{cases} \tag{6-66}$$

把 $u(x,t)$ 的傅里叶余弦级数代入初始条件，则得到 $T_n(t)$ 的初始条件为

$$T_n(0)=0 \tag{6-67}$$

因此，$T_n(t)$ 的常微分方程在初始条件 $T_n(0)=0$ 下的解为

$$T_0(t)=\frac{A}{\omega}(1-\cos\omega t) \tag{6-68}$$

$$T_n(t)=0\quad n\neq 0 \tag{6-69}$$

所求解为

$$u(x,t)=\frac{A}{\omega}(1-\cos\omega t) \tag{6-70}$$

齐次振动方程和齐次输运方程问题当然也可以用傅里叶级数法（结合分离变量法）求解，这时得到的常微分方程为齐次方程，求解更容易。建议读者用这样的方法重新求解 6.1.2 节的定解问题例 6-1～例 6-3，这里就不再赘述了。

综上所述，可以看出，对于振动和输运问题，不论是齐次，还是非齐次方程定解问题，傅里叶级数法结合分离变量法均可应用。如仅用分离变量法，则只能用于齐次方程齐次边界条件定解问题。

2. 冲量定理法

冲量定理法的使用前提是初始条件均取零值，那么定解问题为

$$\begin{cases}u_{tt}-a^2u_{xx}=f(x,t)=F(x,t)/\rho\\ u|_{x=0}=0\quad u|_{x=l}=0\\ u|_{t=0}=0\quad u_t|_{t=0}=0\end{cases} \tag{6-71}$$

式中，$F(x,t)=\rho f(x,t)$ 为单位长弦上的外力。

冲量定理法的基本物理思想是把持续作用力看成许许多多前后相继的“瞬时”力，把持续作用力引起的振动看作所有“瞬时”力引起的振动的叠加，即从 0 时刻持续作用到 t 时刻的作用力 $F(x,t)$ 在时间区间$[0,t]$划分为许许多多的小段，在某个从 τ 到 $\tau+\mathrm{d}\tau$ 的短时间段上，力 $F(x,t)$ 的冲量是 $F(x,\tau)\mathrm{d}\tau$，既然 $\mathrm{d}\tau$ 很短，不妨将这段短时间上的作用力看作瞬时力，记作 $F(x,\tau)\delta(t-\tau)\mathrm{d}\tau$。这许许多多前后相继的瞬时力的总计就是持续力 $F(x,t)$，即

$$F(x,t)=\rho f(x,t)=\int_0^t\rho f(x,\tau)\delta(t-\tau)\mathrm{d}\tau \tag{6-72}$$

由于泛定方程的定解问题是线性的，因此适用于叠加原理。既然外加力是一系列瞬时力的叠加，那么该定解问题的解也应该是瞬时力引起的振动 $v(x,t;\tau)$ 的叠加。

$$u(x,t)=\int_0^t v(x,t;\tau)\mathrm{d}\tau \tag{6-73}$$

式中，$v(x,t;\tau)$ 既然是 $\rho f(x,\tau)\delta(t-\tau)\mathrm{d}\tau$ 引起的振动，则应该从下列泛定方程和定解问题解出

$$\begin{cases}v_{tt}-a^2v_{xx}=f(x,t)\delta(t-\tau)\\ v\big|_{x=0}=0\quad v\big|_{x=l}=0\\ v\big|_{t=0}=0\quad v_t\big|_{t=0}=0\end{cases} \tag{6-74}$$

因此，定解问题的解归结为求解瞬时力 $\rho f(x,\tau)\delta(t-\tau)\mathrm{d}\tau$ 所引起的振动。由此可知，求解原定解问题的解 $u(x,t)$ 变成求解 $v(x,t;\tau)$。

0：$\tau-0$：由于瞬时力 $\rho f(x,\tau)\delta(t-\tau)\mathrm{d}\tau$ 作用在时间区间 $(\tau+\mathrm{d}\tau)$ 上，从 0 时刻到 $\tau-0$ 时刻，该瞬时力尚未起作用，从初始条件得到 $v\big|_{t=\tau-0}=0$ 和 $v_t\big|_{t=\tau-0}=0$。对这种状态，上述定解问题改写为

$$\begin{cases}v_{tt}-a^2v_{xx}=f(x,t)\delta(t-\tau)\\ v\big|_{x=0}=0\quad v\big|_{x=l}=0\\ v\big|_{t=\tau-0}=0\quad v_t\big|_{t=\tau-0}=0\end{cases} \tag{6-75}$$

$\tau-0\sim\tau+0$：在这个时间内，瞬时力 $\rho f(x,\tau)\delta(t-\tau)\mathrm{d}\tau$ 起作用。把泛定方程对时间积分，得到

$$\int_{\tau-0}^{\tau+0}v_{tt}\mathrm{d}t-a^2\int_{\tau-0}^{\tau+0}v_{xx}\mathrm{d}t=\int_{\tau-0}^{\tau+0}f(x,t)\delta(t-\tau)\mathrm{d}t$$

即

$$v_t\big|_{t=\tau+0}-v_t\big|_{t=\tau-0}-0=f(x,\tau)\Rightarrow v_t\big|_{t=\tau+0}=f(x,\tau)$$

从 $\tau+0$ 时刻起，瞬时力 $\rho f(x,\tau)\delta(t-\tau)\mathrm{d}\tau$ 不再起作用，泛定方程变成齐次的，但此时以 $\tau+0$ 作为初始时刻，因此

$$\begin{cases}v_{tt}-a^2v_{xx}=0\\ v\big|_{x=0}=0\quad v\big|_{x=l}=0\\ v\big|_{t=\tau+0}=0\quad v_t\big|_{t=\tau+0}=f(x,\tau)\end{cases} \tag{6-76}$$

该定解问题的泛定方程为齐次的，很容易求解，只是把前面的 t 换成 $t-\tau$。

例 6-7 求解定解问题

$$\begin{cases}u_{tt}-a^2u_{xx}=A\cos\dfrac{\pi x}{l}\sin\omega t\\ u_x\big|_{x=0}=0\quad u_x\big|_{x=l}=0\\ u\big|_{t=0}=0\quad u_t\big|_{t=0}=0\end{cases} \tag{6-77}$$

解 利用冲量定理法，先求解

$$\begin{cases}v_{tt}-a^2v_{xx}=0\\ v_x\big|_{x=0}=0\quad v_x\big|_{x=l}=0\\ v\big|_{t=\tau+0}=0\quad v_t\big|_{t=\tau+0}=A\cos\dfrac{\pi x}{l}\sin\omega\tau\end{cases} \tag{6-78}$$

根据边界条件,v 可以写成傅里叶余弦级数形式,即

$$v(x,t;\tau)=\sum_{n=0}^{+\infty}T_n(t;\tau)\cos\frac{n\pi x}{l} \tag{6-79}$$

把该余弦级数代入 v 的泛定方程

$$\sum_{n=0}^{+\infty}\left[T_n''(t;\tau)+\frac{n^2\pi^2a^2}{l^2}T_n(t;\tau)\right]\cos\frac{n\pi x}{l}=0 \tag{6-80}$$

比较两边的系数,则 $T(t;\tau)$的常微分方程为

$$T_n''(t;\tau)+\frac{n^2\pi^2a^2}{l^2}T_n(t;\tau)=0 \tag{6-81}$$

该常微分方程的解为

$$T_n(t;\tau)=A_n(\tau)\cos\frac{n\pi a(t-\tau)}{l}+B_n(\tau)\sin\frac{n\pi a(t-\tau)}{l} \tag{6-82}$$

因此,解 v 的傅里叶余弦级数为

$$v(x,t;\tau)=\sum_{n=0}^{+\infty}\left[A_n(\tau)\cos\frac{n\pi a(t-\tau)}{l}+B_n(\tau)\sin\frac{n\pi a(t-\tau)}{l}\right]\cos\frac{n\pi x}{l} \tag{6-83}$$

式中,系数 $A_n(\tau)$和 $B_n(\tau)$由初始条件确定,因此

$$\begin{cases}\displaystyle\sum_{n=0}^{+\infty}A_n(\tau)\cos\frac{n\pi x}{l}=0\\ \displaystyle\sum_{n=0}^{+\infty}B_n(\tau)\frac{n\pi a}{l}\cos\frac{n\pi x}{l}=A\cos\frac{\pi x}{l}\sin\omega\tau\end{cases} \tag{6-84}$$

比较系数,得到

$$\begin{aligned}&A_n(\tau)=0\\&B_n(\tau)=0\quad(n\neq 1)\\&B_1(\tau)=A\frac{l}{\pi a}\sin\omega\tau\end{aligned} \tag{6-85}$$

由此可求出

$$v(x,t;\tau)=A\frac{l}{\pi a}\sin\omega\tau\sin\frac{\pi a(t-\tau)}{l}\cos\frac{\pi x}{l} \tag{6-86}$$

因此,原定解问题的解为

$$\begin{aligned}u(x,t)&=\int_0^t v(x,t;\tau)\mathrm{d}\tau=\frac{lA}{\pi a}\cdot\cos\frac{\pi x}{l}\int_0^t\sin\omega\tau\sin\frac{\pi a(t-\tau)}{l}\mathrm{d}\tau\\&=\frac{Al}{\pi a}\cdot\frac{1}{\omega^2-\pi^2a^2/l^2}\left(\omega\sin\frac{\pi at}{l}-\frac{\pi a}{l}\sin\omega t\right)\cos\frac{\pi x}{l}\end{aligned} \tag{6-87}$$

例 6-8　求解定解问题

$$\begin{cases}u_t-a^2u_{xx}=A\sin\omega t\\u_x\mid_{x=0}=0\quad u_x\mid_{x=l}=0\\u\mid_{t=0}=0\end{cases} \tag{6-88}$$

解　上面是用冲量定理法求解波动方程的定解问题,这里用冲量定理法求解输运方程的定解问题。先求解

$$\begin{cases} v_t - a^2 v_{xx} = 0 \\ v_x \big|_{x=0} = 0 \quad v_x \big|_{x=l} = 0 \\ v \big|_{t=\tau+0} = A\sin\omega\tau \end{cases} \tag{6-89}$$

试将解 v 展开为傅里叶余弦级数

$$v(x,t;\tau) = \sum_{n=0}^{\infty} T_n(t;\tau)\cos\frac{n\pi x}{l} \tag{6-90}$$

把该级数代入 v 的泛定方程中，得到

$$\sum_{n=0}^{+\infty}\left[T'_n(t;\tau) + \frac{n^2\pi^2a^2}{l^2}T_n(t;\tau)\right]\cos\frac{n\pi x}{l} = 0 \tag{6-91}$$

由此分离出 T_n 的常微分方程

$$T'_n(t;\tau) + \frac{n^2\pi^2a^2}{l^2}T_n(t;\tau) = 0 \tag{6-92}$$

该常微分方程的解为

$$T_n(t;\tau) = C_n(\tau)\mathrm{e}^{-\frac{n^2\pi^2a^2}{l^2}(t-\tau)} \tag{6-93}$$

此时解 v 的傅里叶余弦级数为

$$v(x,t;\tau) = \sum_{n=0}^{+\infty} C_n(\tau)\mathrm{e}^{-\frac{n^2\pi^2a^2}{l^2}(t-\tau)}\cos\frac{n\pi x}{l} \tag{6-94}$$

由初始条件可以确定系数 $C_n(\tau)$ 为

$$\sum_{n=0}^{+\infty} C_n(\tau)\cos\frac{n\pi x}{l} = A\sin\omega\tau \tag{6-95}$$

比较系数，得到

$$\begin{aligned} &C_0(\tau) = A\sin\omega\tau \\ &C_n(\tau) = 0 \quad (n \neq 0) \end{aligned} \tag{6-96}$$

由此求出

$$v(x,t;\tau) = A\sin\omega\tau \tag{6-97}$$

因此，原定解问题的解为

$$u(x,t) = \int_0^t v(x,t;\tau)\mathrm{d}\tau = \frac{A}{\omega}(1-\cos\omega t) \tag{6-98}$$

3. 特解法

求解非齐次泛定方程可以通过寻找特解转化为齐次泛定方程。

例 6-9 求解定解问题

$$\begin{cases} u_{xx} + u_{yy} = -x^2 y \quad 0 < x < a, 0 < y < b \\ u \big|_{x=0} = u \big|_{x=a} = 0 \\ u \big|_{y=0} = u \big|_{x=b} = 0 \end{cases} \tag{6-99}$$

解：令 $u=v+w$，式中的 w 为泛定方程的特解，因此，求解原定解问题转化为求解齐次泛定方程的定解问题。

注意，原泛定方程的右端函数为 xy 的多项式，那么可以找到原泛定方程的特解 $w(x,y)$，使 $w_{xx}+w_{yy}=-x^2y$。此时的 $w(x,y)$ 不是唯一的，因此还可要求 $w(0,y)=0$ 和 $w(a,y)=0$。基于该条件，取 $w(x,y)=-\dfrac{x^4y-a^3xy}{12}$ 为满足泛定方程和相应边界条件的

特解，则原定解问题可以变成

$$\begin{cases} v_{xx}+v_{yy}=0 & 0<x<a,0<y<b \\ v\big|_{x=0}=v\big|_{x=a}=0 \\ v\big|_{y=0}=0 \quad v\big|_{y=b}=\dfrac{x^4-a^3x}{12}b \end{cases} \tag{6-100}$$

利用分离变量法，该定解问题的解为

$$v(x,y)=\sum_{n=1}^{+\infty}\left(C_n e^{\frac{n\pi}{a}y}+D_n e^{-\frac{n\pi}{a}y}\right)\sin\frac{n\pi}{a}x \tag{6-101}$$

由 $v\big|_{y=0}=0$ 可以求得

$$D_n=-C_n$$

则

$$v(x,y)=\sum_{n=1}^{+\infty}2C_n\sinh\frac{n\pi}{a}y\sin\frac{n\pi}{a}x \tag{6-102}$$

由 $v\big|_{y=b}=\dfrac{x^4-a^3x}{12}b$ 可确定系数 C_n，因此

$$C_n=\frac{1}{a\sinh\dfrac{n\pi b}{a}}\int_0^a\frac{x^4-a^3x}{12}b\sin\frac{n\pi}{a}x\,dx \tag{6-103}$$

因此，原定解问题的解为

$$u(x,y)=v(x,y)+w(x,y)=\sum_{n=1}^{+\infty}2C_n\sinh\frac{n\pi}{a}y\sin\frac{n\pi}{a}x-\frac{x^4y-a^3xy}{12} \tag{6-104}$$

经过比较复杂的运算，利用分部积分和积分表，可以求得系数 C_n：

$$C_n=\frac{(-1)^n}{\sinh\dfrac{n\pi b}{a}}\left\{-\frac{b}{12n\pi}+\frac{a^5b}{(n\pi)^4}+\frac{2a^4b}{(n\pi)^2}\left[1-(-1)^n\right]+\frac{a^4b}{12n\pi}\right\} \tag{6-105}$$

例 6-10　在圆域 $\rho<R$ 上求解泊松方程

$$\begin{cases} \nabla^2u=a+b(x^2-y^2) \\ u\big|_{\rho=R}=c \end{cases} \tag{6-106}$$

解　设法寻找一个特解。显然，

$$\left.\begin{cases} \nabla^2\left(\dfrac{a}{2}x^2\right)=a \\ \nabla^2\left(\dfrac{a}{2}y^2\right)=a \end{cases}\right.\Rightarrow\frac{a}{4}(x^2+y^2) \tag{6-107}$$

$$\left.\begin{cases} \nabla^2\left(\dfrac{b}{12}x^4\right)=bx^2 \\ \nabla^2\left(\dfrac{b}{12}y^4\right)=by^2 \end{cases}\right.\Rightarrow\frac{b}{12}(x^4-y^4) \tag{6-108}$$

因此，问题的特解为

$$\begin{aligned} w&=\frac{a}{4}(x^2+y^2)+\frac{b}{12}(x^4-y^4)=\frac{a}{4}\rho^2+\frac{b}{12}(x^2+y^2)(x^2-y^2) \\ &=\frac{a}{4}\rho^2+\frac{b}{12}\rho^4\cos2\varphi \end{aligned} \tag{6-109}$$

令 $u=v+w$，那么

$$\begin{cases}\nabla^2 v=0\\ u\,|_{\rho=R}=c-\dfrac{a}{4}R^2-\dfrac{b}{12}R^4\cos2\varphi\end{cases}\tag{6-110}$$

由于问题的对称性，v 与 z 无关，那么

$$\nabla^2 v=\frac{1}{\rho}\frac{\partial}{\partial\rho}\left(\rho\frac{\partial v}{\partial\rho}\right)+\frac{1}{\rho^2}\frac{\partial^2 v}{\partial\varphi^2}\tag{6-111}$$

利用分离变量法，令 $v=F(\rho)G(\varphi)$

$$\rho\frac{\mathrm{d}}{\mathrm{d}\rho}\left[\rho\frac{\mathrm{d}F(\rho)}{\mathrm{d}\rho}\right]G(\varphi)+F(\rho)\frac{\mathrm{d}^2G(\varphi)}{\mathrm{d}\varphi^2}=0\Rightarrow\frac{1}{F(\rho)}\rho\frac{\mathrm{d}}{\mathrm{d}\rho}\left[\rho\frac{\mathrm{d}F(\rho)}{\mathrm{d}\rho}\right]+\frac{1}{G(\varphi)}\frac{\mathrm{d}^2G(\varphi)}{\mathrm{d}\varphi^2}=0\tag{6-112}$$

因此，

$$\begin{cases}\dfrac{\mathrm{d}^2G(\varphi)}{\mathrm{d}\varphi^2}+n^2G(\varphi)=0\\ \rho^2\dfrac{\mathrm{d}^2F(\rho)}{\mathrm{d}\rho^2}+\rho\dfrac{\mathrm{d}F(\rho)}{\mathrm{d}\rho}-n^2F(\rho)=0\end{cases}\tag{6-113}$$

求解该常微分方程，得到

$$\begin{gathered}G(\varphi)=B_1\sin n\varphi+B_2\cos n\varphi\\ F(\rho)=\begin{cases}A_1+A_2\ln\rho & n=0\\ A_1\rho^n+A_2\rho^{-n} & n\neq0\end{cases}\end{gathered}\tag{6-114}$$

因此，齐次泛定方程在圆域的解为

$$v(\rho,\varphi)=C_0+D_0\ln\rho+\sum_{n=1}^{+\infty}(A_n\sin n\varphi+B_n\cos n\varphi)(C_n\rho^n+D_n\rho^{-n})\tag{6-115}$$

由于 v 在 $\rho\to0$ 应该是有限的，那么 $D_n=0$，式(6-115)简化为

$$v(\rho,\varphi)=C_0+\sum_{n=1}^{+\infty}(A_n\sin n\varphi+B_n\cos n\varphi)\rho^n\tag{6-116}$$

把该式代入边界条件

$$C_0+\sum_{n=1}^{+\infty}(A_n\sin n\varphi+B_n\cos n\varphi)\rho^n=c-\frac{a}{4}R^2-\frac{b}{12}R^4\cos2\varphi\tag{6-117}$$

比较两边的系数，则得到

$$\begin{cases}C_0=c-\dfrac{a}{4}R^2\\ A_2=-\dfrac{b}{12}R^2\\ A_n=0\qquad(m\neq2)\quad B_n=0\end{cases}\tag{6-118}$$

因此，所求解为

$$u=c+\frac{a}{4}(\rho^2-R^2)+\frac{b}{12}\rho^2(\rho^2-R^2)\cos2\varphi\tag{6-119}$$

6.1.5　齐次泛定方程和非齐次边界条件的处理

在前面的学习中，不管是齐次还是非齐次振动方程和输运方程，它们的定解问题的解法都有一个前提：边界条件是齐次的。

但是，在实际问题中，常有非齐次边界条件出现，那么，这样的定解问题又如何求解呢？由于定解问题是线性的，处理的原则是利用叠加原理，把非齐次边界条件问题转化为另一种未知函数的齐次边界条件问题。

1. 一般处理方法

例 6-11　一个矩形金属槽，槽的一边 $y=b$ 电位较高，为 U，其他三边 $y=0$、$x=0$ 和 $x=a$ 连在一起，电位为 u_0。求槽内的电位 $u(x,y)$ 分布，即定解问题，如图 6-3 所示。

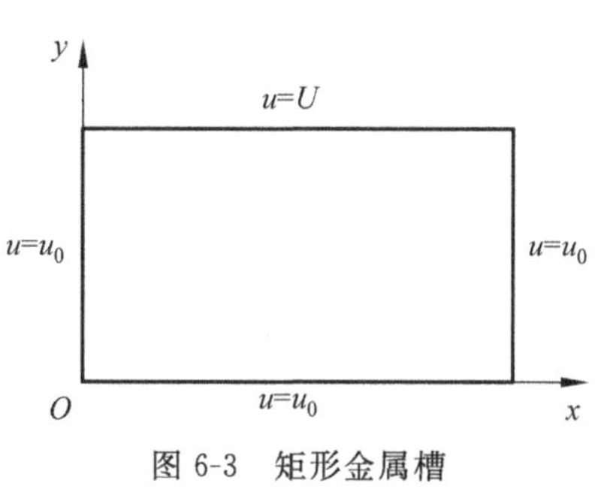

图 6-3　矩形金属槽

$$\begin{cases} u_{xx}+u_{yy}=0 \\ u\big|_{x=0}=u_0, u\big|_{x=a}=u_0 & 0<y<b \\ u\big|_{y=0}=u_0, u\big|_{y=b}=U & 0<x<a \end{cases} \tag{6-120}$$

解　首先，把边界条件奇次化。令 $u=u_0+w$，代入泛定方程和边界条件，得到

$$\begin{cases} w_{xx}+w_{yy}=0 \\ w\big|_{x=0}=0, w\big|_{x=a}=0 & 0<y<b \\ u\big|_{y=0}=0, u\big|_{y=b}=U-u_0 & 0<x<a \end{cases} \tag{6-121}$$

其次，将分离变量法形式的试探解

$$w(x,y)=X(x)Y(y) \tag{6-122}$$

代入泛定方程中，得到

$$\begin{cases} X''+\lambda X=0 \\ X(0)=0, X(a)=0 \end{cases} \tag{6-123}$$

$$Y''-\lambda Y=0$$

而由 X 的常微分方程和边界条件可以求出本征值和本征函数分别为

$$\begin{cases} \lambda=\dfrac{n^2\pi^2}{a^2} \\ X(x)=C\sin\dfrac{n\pi x}{a} \end{cases} \quad n=1,2,3,\cdots \tag{6-124}$$

由 $Y''-\dfrac{n^2\pi^2}{a^2}Y=0$ 可以得到

$$Y(y)=A\mathrm{e}^{\frac{n\pi}{a}y}+B\mathrm{e}^{-\frac{n\pi}{a}y} \tag{6-125}$$

因此，分离变量法得到的解为

$$w(x,y)=\sum_{n=1}^{+\infty}\left(A_n\mathrm{e}^{\frac{n\pi}{a}y}+B_n\mathrm{e}^{-\frac{n\pi}{a}y}\right)\sin\frac{n\pi x}{a} \tag{6-126}$$

由非齐次边界条件确定系数 A_n 和 B_n

$$\begin{cases}\sum_{n=1}^{+\infty}(A_n+B_n)\sin\frac{n\pi x}{a}=0\\\sum_{n=1}^{+\infty}(A_n e^{\frac{n\pi b}{a}}+B_n e^{-\frac{n\pi b}{a}})\sin\frac{n\pi x}{a}=U-u_0\end{cases}\tag{6-127}$$

利用傅里叶正弦级数，两侧同时乘以 $\sin\frac{m\pi x}{a}$ 并从 $0\sim a$ 积分，可以得到

$$\begin{cases}A_n+B_n=0\\A_n e^{\frac{n\pi b}{a}}+B_n e^{-\frac{n\pi b}{a}}=\begin{cases}0 & n\text{ 为偶数}\\\frac{4}{n\pi}(U-u_0) & n\text{ 为奇数}\end{cases}\end{cases}\tag{6-128}$$

由此可以解出

$$A_n=-B_n=\begin{cases}0 & n\text{ 为偶数}\\4(U-u_0)/n\pi(e^{\frac{n\pi b}{a}}-e^{-\frac{n\pi b}{a}}) & n\text{ 为奇数}\end{cases}\tag{6-129}$$

利用指数函数与双曲函数的关系，可得

$$A_n=-B_n=\frac{2(U-u_0)}{n\pi\sinh\left(\frac{n\pi b}{a}\right)},\quad n\text{ 为奇数}\tag{6-130}$$

由此可得 w 的解：

$$\begin{aligned}w&=\sum_{k=0}^{+\infty}\left[\frac{2(U-u_0)}{(2k+1)\pi\sinh\frac{(2k+1)\pi b}{a}}e^{\frac{2k+1}{a}y}-\frac{2(U-u_0)}{(2k+1)\pi\sinh\frac{(2k+1)\pi b}{a}}e^{-\frac{2k+1}{a}y}\right]\\&\quad\sin\frac{(2k+1)\pi x}{a}\\&=\sum_{k=0}^{+\infty}2\sinh\left(\frac{2k+1}{a}y\right)\frac{2(U-u_0)}{(2k+1)\pi\sinh\frac{(2k+1)\pi b}{a}}\sin\frac{(2k+1)\pi x}{a}\\&=\frac{4(U-u_0)}{\pi}\sum_{k=0}^{+\infty}\frac{\sinh\left(\frac{2k+1}{a}y\right)}{(2k+1)\sinh\frac{(2k+1)\pi b}{a}}\sin\frac{(2k+1)\pi x}{a}\end{aligned}$$

于是，问题的解为

$$u(x,y)=u_0+\frac{4(U-u_0)}{\pi}\sum_{k=0}^{\infty}\frac{1}{2k+1}\frac{\sinh\frac{(2k+1)\pi y}{a}}{\sinh\frac{(2k+1)\pi b}{a}}\sin\frac{(2k+1)\pi x}{a}\tag{6-131}$$

思考：如果定解问题为

$$\begin{cases}u_{xx}+u_{yy}=0\\u|_{x=0}=V_1,u|_{x=a}=V_3 & 0<y<b\\u|_{y=0}=V_4,u|_{y=b}=V_2 & 0<x<a\end{cases}\tag{6-132}$$

提示：首先令 $u=w+\frac{V_3-V_1}{a}x+V_1$，那么定解问题变成

$$\begin{cases} w_{xx}+w_{yy}=0 \\ w\,|_{x=0}=0, w\,|_{x=a}=0 & 0<y<b \\ w\,|_{y=0}=(V_4-V_1)-\dfrac{(V_3-V_1)}{a}x, w\,|_{y=b}=(V_2-V_1)-\dfrac{V_3-V_1}{a}x & 0<x<a \end{cases}$$

2. 特殊处理方法

例 6-12　将弦的一端 $x=0$ 固定起来，迫使另一端 $x=l$ 作谐振动 $A\sin\omega t$，弦的初始位移和初始速度均为零，求弦的振动。

解　定解问题为

$$u_{tt}-a^2u_{xx}=0$$

$$\begin{cases} u\,|_{x=0}=0 \\ u\,|_{x=l}=A\sin\omega t \end{cases}$$

$$\begin{cases} u\,|_{t=0}=0 \\ u_t\,|_{t=0}=0 \end{cases} \quad 0<x<l$$

根据定解问题的线性化，可以令所求的 $u(x,t)$ 为 $v(x,t)$ 和 $w(x,t)$ 的叠加，即

$$u(x,t)=v(x,t)+w(x,t) \tag{6-133}$$

那么，上面的泛定方程和边界条件可以分解为

$$\begin{matrix} u_{tt}-a^2u_{xx}=0 \\ \begin{cases} u\,|_{x=0}=0 \\ u\,|_{x=l}=A\sin\omega t \end{cases} \end{matrix} = \begin{matrix} v_{tt}-a^2v_{xx}=0 \\ \begin{cases} v\,|_{x=0}=0 \\ v\,|_{x=l}=A\sin\omega t \end{cases} \end{matrix} + \begin{matrix} w_{tt}-a^2w_{xx}=0 \\ \begin{cases} w\,|_{x=0}=0 \\ w\,|_{x=l}=0 \end{cases} \end{matrix}$$

首先设法消除这个非齐次边界条件，找出新变量既能使泛定方程齐次的，也能使边界条件齐次的，但不用考虑初始条件的齐次化。设新变量为

$$v(x,t)=AB(x)\sin\omega t \tag{6-134}$$

把该表达式代入

$$v_{tt}-a^2v_{xx}=0$$

$$\begin{cases} v\,|_{x=0}=0 \\ v\,|_{x=l}=A\sin\omega t \end{cases}$$

得到

$$B''(x)+\frac{\omega^2}{a^2}B(x)=0$$

$$\begin{cases} B(0)=0 \\ B(l)=1 \end{cases} \tag{6-135}$$

该微分方程的解为

$$B(x)=C_1\cos\frac{\omega}{a}x+C_2\sin\frac{\omega}{a}x \tag{6-136}$$

由边界条件可以得到

$$B(x)=\frac{1}{\sin\dfrac{\omega}{a}l}\sin\frac{\omega}{a}x \tag{6-137}$$

因此，新变量为

$$v(x,t)=A\frac{\sin(\omega x/a)}{\sin(\omega l/a)}\sin\omega t \tag{6-138}$$

由此可以把非齐次方程转化为

$$w_{tt}-a^2w_{xx}=0$$

$$\begin{cases}w|_{x=0}=0\\ w|_{x=l}=0\end{cases}\quad \begin{cases}w|_{t=0}=0\\ w_t|_{t=0}=-A\omega\dfrac{\sin(\omega x/a)}{\sin(\omega l/a)}\end{cases} \tag{6-139}$$

该定解问题为

$$w(x,t)=\sum_{n=1}^{+\infty}\left(A_n\cos\frac{n\pi at}{l}+B_n\sin\frac{n\pi at}{l}\right)\sin\frac{n\pi x}{l} \tag{6-140}$$

由初始条件 $w|_{t=0}=0$ 可以得到 $A_n=0$，再由 $w_t|_{t=0}=-A\omega\dfrac{\sin(\omega x/a)}{\sin(\omega l/a)}$ 可以得到

$$\sum_{n=1}^{+\infty}B_n\frac{n\pi a}{l}\sin\frac{n\pi x}{l}=-A\omega\frac{\sin(\omega x/a)}{\sin(\omega l/a)} \tag{6-141}$$

利用傅里叶级数可以得到

$$\begin{aligned}B_n&=\frac{2}{n\pi a}\int_0^l -A\omega\frac{\sin(\omega\xi/a)}{\sin(\omega l/a)}\sin\frac{n\pi\xi}{l}\mathrm{d}\xi\\&=\frac{2A\omega}{n\pi a\sin(\omega l/a)}\int_0^l\left\{-\frac{1}{2}\left[\cos\left(\frac{\omega}{a}+\frac{n\pi}{l}\right)\xi\right]+\frac{1}{2}\left[\cos\left(\frac{\omega}{a}-\frac{n\pi}{l}\right)\xi\right]\right\}\mathrm{d}\xi\\&=(-1)^n\frac{2A\omega}{al}\cdot\frac{1}{\omega^2/a^2-n^2\pi^2/l^2}\end{aligned} \tag{6-142}$$

因此，该定解问题的解为

$$w(x,t)=\frac{2A\omega}{al}\sum_{n=1}^{+\infty}\left[(-1)^n\frac{1}{\omega^2/a^2-n^2\pi^2/l^2}\sin\frac{n\pi at}{l}\right]\sin\frac{n\pi x}{l} \tag{6-143}$$

因此，该非齐次边界条件的解为

$$u(x,t)=A\frac{\sin(\omega x/a)}{\sin(\omega l/a)}\sin\omega t+\frac{2A\omega}{al}\sum_{n=1}^{+\infty}\left[(-1)^n\frac{1}{\omega^2/a^2-n^2\pi^2/l^2}\sin\frac{n\pi at}{l}\right]\sin\frac{n\pi x}{l} \tag{6-144}$$

3. 泊松方程

泊松方程

$$\nabla^2u=f(x,y,z)$$

就是非齐次的拉普拉斯方程，它与时间无关，显然不适用冲量定理法。

我们可以采用特解法。先不管边界条件，任取泊松方程的一个特解 v，然后令 $u=v+w$，这就把问题转化为求解 w，而$\nabla^2w=\nabla^2u-\nabla^2v=\nabla^2u-f=0$，这不再是泊松方程，而是拉普拉斯方程。在一定边界条件下求解拉普拉斯方程是 6.1.2 节研究过的问题。

例 6-13 在圆域 $\rho<\rho_0$ 上求解泊松方程的边值问题

$$\begin{cases}\nabla^2u=a+b(x^2-y^2)\\ u|_{\rho=\rho_0}=c\end{cases} \tag{6-145}$$

解 先设法寻找泊松方程的一个特解。显然，$\nabla^2(ax^2/2)=a$，$\nabla^2(ay^2/2)=a$，为对称起见，取 $a(x^2+y^2)/4$。又$\nabla^2(bx^4/12)=bx^2$，$\nabla^2(by^4/12)=by^2$。这样，找到一个特解

$$v=\frac{a}{4}(x^2+y^2)+\frac{b}{12}(x^4-y^4)=\frac{a}{4}\rho^2+\frac{b}{12}(x^2+y^2)(x^2-y^2)$$
$$=\frac{a}{4}\rho^2+\frac{b}{12}\rho^4\cos2\varphi$$

令

$$u=v+w=\frac{a}{4}\rho^2+\frac{b}{12}\rho^4\cos2\varphi+w$$

就把问题转化为 w 的定解问题

$$\begin{cases}\nabla^2 w=0\\ w|_{\rho=\rho_0}=c-\dfrac{a}{4}\rho_0^2-\dfrac{b}{12}\rho_0^4\cos2\varphi\end{cases}\tag{6-146}$$

在极坐标系中用分离变量法求解拉普拉斯方程的一般结果为

$$w(\rho,\varphi)=C_0+D_0\ln\rho+\sum_{m=1}^{+\infty}\rho^m(A_m\cos m\varphi+B_m\sin m\varphi)+\sum_{m=1}^{+\infty}\rho^{-m}(C_m\cos m\varphi+D_m\sin m\varphi)\tag{6-147}$$

w 在圆内应当处处有限。但式(6-147)中的 $\ln\rho$ 和 ρ^{-m} 在圆心处为无限大，所以应当排除，也就是说 $D_0=0,C_m=0,D_m=0$，于是

$$w(\rho,\varphi)=\sum_{m=1}^{+\infty}\rho^m(A_m\cos m\varphi+B_m\sin m\varphi)\tag{6-148}$$

把式(6-148)代入边界条件

$$\sum_{m=0}^{+\infty}\rho_0^m(A_m\cos m\varphi+B_m\sin m\varphi)=c-\frac{a}{4}\rho_0^2-\frac{b}{12}\rho_0^4\cos2\varphi$$

比较两边的系数，得

$$A_0=c-\frac{a}{4}\rho_0^2,A_2=-\frac{b}{12}\rho_0^2,A_m=0(m\neq0,2),B_m=0$$

这样，所求解是

$$u=v+w=\frac{a}{4}(\rho^2-\rho_0^2)+\frac{b}{12}\rho^2(\rho^2-\rho_0^2)\cos2\varphi$$

例 6-14　在矩形域 $0\leqslant x\leqslant a,0\leqslant y\leqslant b$ 上求解泊松方程的边值问题。

$$\nabla^2 u=-2$$
$$u|_{x=0}=0,u|_{x=a}=0\tag{6-149}$$
$$u|_{y=0}=0,u|_{y=b}=0\tag{6-150}$$

解　先找泊松方程的一个特解 v，显然，$v=-x^2$ 满足$\nabla^2 v=-2$。其实，$v=-x^2+c_1x+c_2$（c_1 和 c_2 是两个积分常数）也满足$\nabla^2 v=-2$。我们打算选择适当的 c_1 和 c_2，使 v 满足齐次边界条件式(6-149)。容易看出，$c_1=a,c_2=0$。这样，

$$v(x,y)=x(a-x)$$

令

$$u(x,y)=v+w=x(a-x)+w(x,y)$$

把上式代入 u 的定解问题，就把它转化为 w 的定解问题

$$\nabla^2 w=0\tag{6-151}$$

$$w\big|_{x=0}=0, w\big|_{x=a}=0 \tag{6-152}$$

$$w\big|_{y=0}=x(x-a), w\big|_{y=b}=x(x-a) \tag{6-153}$$

满足式(6-151)和式(6-152)的解可表示为

$$w(x,y)=\sum_{n=1}^{+\infty}(A_n e^{\frac{n\pi y}{a}}+B_n e^{-\frac{n\pi y}{a}})\sin\frac{n\pi x}{a} \tag{6-154}$$

为确定系数 A_n 和 B_n,将边界条件式(6-153)代入式(6-154)得

$$\begin{cases}\sum\limits_{n=1}^{+\infty}(A_n+B_n)\sin\dfrac{n\pi x}{a}=x(x-a)\\ \sum\limits_{n=1}^{+\infty}(A_n e^{\frac{n\pi b}{a}}+B_n e^{-\frac{n\pi b}{a}})\sin\dfrac{n\pi x}{a}=x(x-a)\end{cases} \tag{6-155}$$

将式(6-155)的右边也展为傅里叶正弦级数

$$x(x-a)=\sum_{n=1}^{+\infty}C_n\sin\frac{n\pi x}{a} \tag{6-156}$$

其中

$$C_n=\frac{2}{a}\int_0^a(x^2-ax)\sin\frac{n\pi x}{a}dx=\frac{4a^2}{n^3\pi^3}[(-1)^n-1]$$

将式(6-156)代入式(6-155)的右边,比较左、右两边的傅里叶系数

$$A_n+B_n=C_n$$

$$A_n e^{\frac{n\pi b}{a}}+B_n e^{-\frac{n\pi b}{a}}=C_n$$

由此解得

$$A_n=\frac{1-e^{-n\pi b/a}}{e^{n\pi b/a}-e^{-n\pi b/a}}C_n=\frac{e^{-n\pi b/2a}(e^{n\pi b/a}-e^{-n\pi b/a})}{e^{n\pi b/a}-e^{-n\pi b/a}}$$

$$=\frac{e^{-n\pi b/a}}{e^{n\pi b/a}+e^{-n\pi b/a}}C_n=\frac{e^{-n\pi b/a}}{\cosh(n\pi b/2a)}C_n$$

$$B_n=\frac{e^{n\pi b/a}-1}{e^{n\pi b/a}-e^{-n\pi b/a}}C_n=\frac{e^{n\pi b/2a}(e^{n\pi b/a}-e^{-n\pi b/a})}{e^{n\pi b/a}-e^{-n\pi b/a}}$$

$$=\frac{e^{n\pi b/a}}{e^{n\pi b/a}+e^{-n\pi b/a}}C_n=\frac{e^{n\pi b/a}}{\cosh(n\pi b/2a)}C_n$$

于是,代入式(6-154)成为

$$w(x,y)=\sum_{n=1}^{+\infty}\frac{\cosh[n\pi(y-b/2)/a]}{\cosh(n\pi b/2a)}C_n\sin\frac{n\pi x}{a}$$

我们又知道,对于 $n=2k(k=1,2,3,\cdots)$,$C_n=0$;对于 $n=2k-1(k=1,2,3,\cdots)$,$C_n=-8a^2/(2k-1)^3\pi^3$。这样,

$$w(x,y)=-\frac{8a^2}{\pi^3}\sum_{k=1}^{+\infty}\frac{\cosh[(2k-1)\pi(y-b/2)/a]}{(2k-1)^3\cosh[(2k-1)\pi b/2a]}\sin\frac{(2k-1)\pi x}{a}$$

$w(x,y)$加上 $x(x-a)$就是所求的 $u(x,y)$。

6.2 分离变量法的工程应用

1. 一阶电路的零输入响应

一阶电路的零输入响应包括一阶 RC 电路的零输入响应和一阶 RL 电路的零输入

响应。

1）一阶 RC 电路的零输入响应

一阶 RC 电路的零输入响应图如图 6-4 所示，开关 S 置 1 已久，电路处于稳态，即 $u_c(0_-)=U_0, i_c(0_-)=0$，电容器充电过程结束。在 $t=0$ 时电路换路，S 由 1 置 2，构成输入为零的电容器 C 的放电回路。

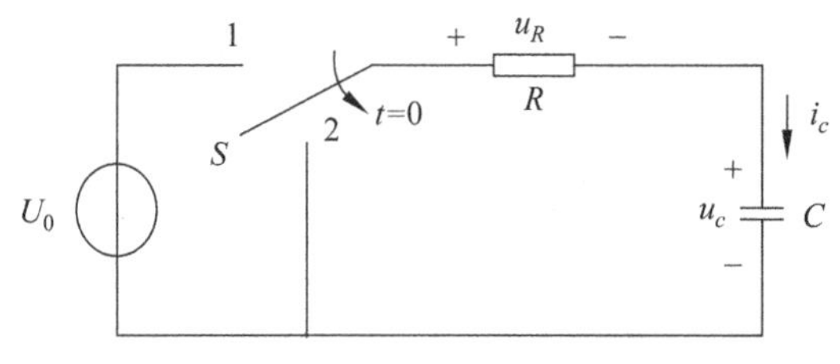

图 6-4　一阶 RC 电路的零输入响应图

由换路定则得 $u_c(0_+)=u_c(0_-)=U_0$

由 KVL 得

$$u_R+u_c=0$$

$$Ri_c+u_c=0$$

$$RC\frac{\mathrm{d}u_c}{\mathrm{d}t}+u_c=0$$

可见，得出的是一个关于电容电压的可分离变量的一阶线性常系数齐次微分方程，上式又可写成

$$\frac{\mathrm{d}u_c}{\mathrm{d}t}=-\frac{u_c}{RC}$$

分离变量：
$$\frac{\mathrm{d}u_c}{u_c}=-\frac{1}{RC}\mathrm{d}t$$

两端积分：
$$\int\frac{\mathrm{d}u_c}{u_c}=\int-\frac{1}{RC}\mathrm{d}t$$

得
$$\ln u_c=-\frac{1}{RC}t+K_1$$

所以

$$\begin{aligned}u_c&=\mathrm{e}^{\left(-\frac{1}{RC}t+K_1\right)}\\&=\mathrm{e}^{-\frac{1}{RC}t}\mathrm{e}^{K_1}\\&=K\mathrm{e}^{-\frac{1}{RC}t}\end{aligned}$$

即 $u_c(t)=K\mathrm{e}^{-\frac{1}{RC}t}$

其中 $K=\mathrm{e}^{K_1}$ 为积分常数。

令 $t=0$，并利用初始条件 $u_c(0)=u_c(0_+)=u_c(0_-)=U_0$ 得 $u_c(0)=U_0=K$

即 $K=U_0$，从而得到零输入状态下电容器两端的电压响应为

$$u_c(t)=U_0\mathrm{e}^{-\frac{1}{RC}t}=U_0\mathrm{e}^{-\frac{t}{\tau}}\ (t\geqslant0)$$

其中 $\tau=RC$，为电路的时间常数。

同时，电路中的电流响应为

$$i_c(t)=C\frac{\mathrm{d}u_c}{\mathrm{d}t}=C\frac{\mathrm{d}}{\mathrm{d}t}(U_0\mathrm{e}^{-\frac{1}{RC}t})=-CU_0\frac{1}{RC}\mathrm{e}^{-\frac{1}{RC}t}=-\frac{U_0}{R}\mathrm{e}^{-\frac{t}{\tau}}(t\geqslant 0)$$

2）一阶 RL 电路的零输入响应

一阶 RL 电路的零输入响应图如图 6-5 所示，开关 S 置 1 已久，电路处于稳态，即 $i_L(0_-)=\dfrac{U_S}{R}=I_0$，$u_L(0_-)=0$ 电感元件充电结束。在 $t=0$ 时电路换路，S 由 1 置 2，构成电感元件的放电回路。

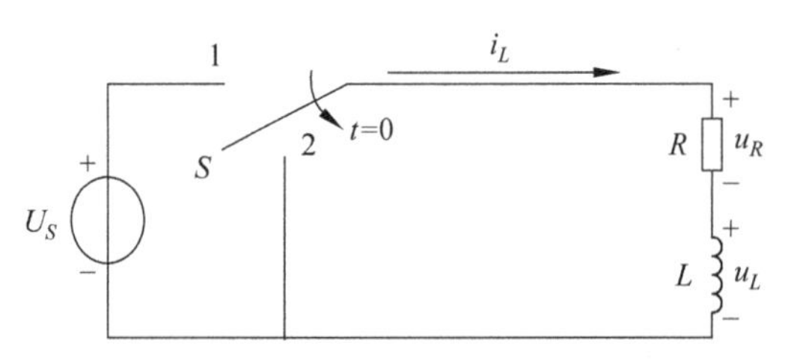

图 6-5　一阶 RL 电路的零输入响应图

由换路定则得 $i_L(0_+)=i_L(0_-)=\dfrac{U_S}{R}=I_0$

由 KVL 得电感元件在 $t\geqslant 0_+$ 时的放电回路电压方程：$u_L+u_R=0$

即 $L\dfrac{\mathrm{d}i_L}{\mathrm{d}t}+Ri_L=0$

可见，得到的是关于电感电流的可分离变量的一阶线性常系数齐次微分方程。上式又可写成 $L\dfrac{\mathrm{d}i_L}{\mathrm{d}t}=-Ri_L$

分离变量：
$$\frac{\mathrm{d}i_L}{i_L}=\frac{-R}{L}\mathrm{d}t$$

两端积分：
$$\int\frac{\mathrm{d}i_L}{i_L}=\int\frac{-R}{L}\mathrm{d}t$$

得
$$\ln i_L=\frac{-R}{L}t+K_1$$

$$i_L=\mathrm{e}^{\left(\frac{-R}{L}t+K_1\right)}=\mathrm{e}^{\frac{-R}{L}t}\mathrm{e}^{K_1}=K\mathrm{e}^{\frac{-R}{L}t}$$

即 $i_L(t)=K\mathrm{e}^{\frac{-R}{L}t}$

其中 K 为积分常数。将 $t=0$ 代入上式，

由 $i_L(0)=i_L(0_+)=i_L(0_-)=\dfrac{U_S}{R}=I_0$

得 $i_L(0)=K$

所以 $K=I_0$

从而得到零输入状态下电感元件电流响应为

$$i_L(t)=I_0\mathrm{e}^{\frac{-R}{L}t}=I_0\mathrm{e}^{-\frac{t}{\tau}}(t\geqslant 0)$$

其中 $\tau=\dfrac{L}{R}$ 为电路的时间常数。同时，电感元件两端的电压相应为

$$u_L(t)=L\frac{\mathrm{d}i_L}{\mathrm{d}t}=L\frac{\mathrm{d}}{\mathrm{d}t}\left(I_0\mathrm{e}^{\frac{-R}{L}t}\right)=-LI_0\frac{R}{L}\mathrm{e}^{\frac{-R}{L}t}=-I_0R\mathrm{e}^{\frac{-R}{L}t}(t\geqslant 0)$$

2. 极坐标系中的平行平面场

例 6-15　带电的云与大地之间的静电场近似匀强静电场，其电场强度 $\boldsymbol{E}_0$ 是竖直的。水平架设的输电线处在这个静电场中(图 6-6)。输电线是导体圆柱。柱面由于静电感应出现感应电荷，圆柱邻近的静电场也就不再是匀强的了。不过，离圆柱“无限远”处的静电场仍保持为匀强的。现在研究导体圆柱怎样改变了匀强静电场。

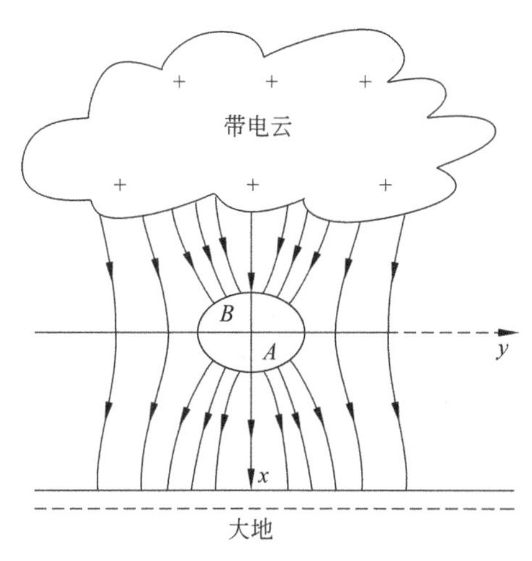

图 6-6　水平架设的输电线

首先需要把这个物理问题表示为定解问题。取圆柱的轴为 z 轴，如果圆柱“无限长”，那么，这个静电场的电场强度、电势显然与 z 无关，我们只需在 xOy 平面上研究就够了。在图 6-3 中绘制的正是 xOy 平面上的静电场，圆柱面在 xOy 平面的剖口是圆 $x^2+y^2=a^2$，其中 a 是圆柱的半径，既然边界是圆，直角坐标系显然是不适当的，必须采用平面极坐标系。因为柱外空间无电荷，所以柱外空间中的电势 u 满足拉普拉斯方程，即

$$\frac{\partial^2 u}{\partial\rho^2}+\frac{1}{\rho}\cdot\frac{\partial u}{\partial\rho}+\frac{1}{\rho^2}\cdot\frac{\partial^2 u}{\partial\varphi^2}=0\quad(\rho>a)\tag{6-157}$$

式中，ρ 是极径，φ 是极角。“导体电势为零”就表示为齐次的边界条件

$$u\,|_{\rho=a}=0\tag{6-158}$$

在“无限远”处的静电场仍然保持为匀强的 $\boldsymbol{E}_0$。由于选取了 x 轴平行于 $\boldsymbol{E}_0$，所以在无限远处，$\boldsymbol{E}_y=0$，$\boldsymbol{E}_x=\boldsymbol{E}_0$，即 $-\partial u/\partial x=\boldsymbol{E}_0$，即 $u=-E_0x=-E_0\rho\cos\varphi$。另外，导体圆柱还可能带电，若单位长度导体带的电量为 q_0，它在圆柱外产生的电势为 $(q_0/2\pi\varepsilon_0)\ln(1/\rho)$，因而还有一个非齐次的边界条件

$$u\,|_{\rho\to\infty}\sim u_0+\frac{q_0}{2\pi\varepsilon_0}\ln\frac{1}{\rho}-E_0\rho\cos\varphi\tag{6-159}$$

其中 u_0 为常数，其数值与电势的零点选取有关。这里要求其满足在圆柱导体侧面上电势为零。问题归结为求解平面极坐标系定解问题式(6-157)～式(6-159)。

解　分离变量形式的试探解

$$u(\rho,\varphi)=R(\rho)\Phi(\varphi)$$

代入拉普拉斯方程式(6-157)，得

$$\frac{\rho}{R}\cdot\frac{\mathrm{d}}{\mathrm{d}\rho}\left(\rho\frac{\mathrm{d}R}{\mathrm{d}\rho}\right)=-\frac{\Phi''}{\Phi}$$

上式左边是 ρ 的函数，与 φ 无关；右边是 φ 的函数，与 ρ 无关。两边不可能相等，除非两边实际上是同一个常数。把这个常数记作 λ，

$$-\frac{\Phi''}{\Phi}=\lambda=\frac{\rho}{R}\cdot\frac{\mathrm{d}}{\mathrm{d}\rho}\left(\rho\frac{\mathrm{d}R}{\mathrm{d}\rho}\right)$$

这就分解为两个常微分方程

$$\Phi''+\lambda\Phi=0 \tag{6-160}$$

$$\rho^2R''+\rho R'-\lambda R=0 \tag{6-161}$$

常微分方程式(6-160)隐含着一个附加条件。事实上，一个确定地点的极角可以加减 2π 的整倍数，而电势 u 在确定的地点应具有确定数值，所以 $u(\rho,\varphi+2\pi)=u(\rho,\varphi)$，即 $R(\rho)\Phi(\varphi+2\pi)=R(\rho)\Phi(\varphi)$，即

$$\Phi(\varphi+2\pi)=\Phi(\varphi) \tag{6-162}$$

这叫作**自然的周期条件**。常微分方程式(6-160)与条件式(6-162)构成本征值问题。同样，取 λ 为实数，不难求得方程式(6-160)的解为

$$\Phi(\varphi)=\begin{cases}A\cos\sqrt{\lambda}\varphi+B\sin\sqrt{\lambda}\varphi & (\lambda>0)\\ A+B\varphi & (\lambda=0)\\ A\mathrm{e}^{\sqrt{-\lambda}\varphi}+B\mathrm{e}^{-\sqrt{-\lambda}\varphi} & (\lambda<0)\end{cases} \tag{6-163}$$

从而，求得本征值和本征函数

$$\lambda=m^2\,(m=0,1,2,\cdots) \tag{6-164}$$

$$\Phi(\varphi)=\begin{cases}A\cos m\varphi+B\sin m\varphi & (m\neq0)\\ A & (m=0)\end{cases} \tag{6-165}$$

将本征值式(6-164)代入常微分方程式(6-161)，得

$$\rho^2\frac{\mathrm{d}^2R}{\mathrm{d}\rho^2}+\rho\frac{\mathrm{d}R}{\mathrm{d}\rho}-m^2R=0 \tag{6-166}$$

这是欧拉型常微分方程，作 $\rho=\mathrm{e}^t$ 代换，即 $t=\ln\rho$，方程转化为

$$\frac{\mathrm{d}^2R}{\mathrm{d}t^2}-m^2R=0$$

其解为

$$R(\rho)=\begin{cases}C\mathrm{e}^{mt}+D\mathrm{e}^{-mt}=C\rho^m+D\dfrac{1}{\rho^m} & (m\neq0),\\ C+Dt=C+D\ln\rho & (m=0)\end{cases}$$

这样，分离变数形式的本征解是

$$u_0(\rho,\varphi)=C_0+D_0\ln\rho$$

$$u_m(\rho,\varphi)=\rho^m(A_m\cos m\varphi+B_m\sin m\varphi)+\rho^{-m}(C_m\cos m\varphi+D_m\sin m\varphi)$$

拉普拉斯方程是线性的，它的一般解应是所有本征解的叠加，即

$$u(\rho,\varphi)=C_0+D_0\ln\rho+\sum_{m=1}^{+\infty}\rho^m(A_m\cos m\varphi+B_m\sin m\varphi)$$

$$+\sum_{m=1}^{+\infty}\rho^{-m}(C_m\cos m\varphi+D_m\sin m\varphi) \tag{6-167}$$

为确定式(6-167)中的系数，可把式(6-167)代入边界条件。先代入齐次边界条件(6-158)，有

$$C_0+D_0\ln a+\sum_{m=1}^{+\infty}a^m(A_m\cos m\varphi+B_m\sin m\varphi)+\sum_{m=1}^{+\infty}a^{-m}(C_m\cos m\varphi+D_m\sin m\varphi)=0$$

一个傅里叶级数等于零，意味着所有傅里叶系数为零，即

$$C_0+D_0\ln a=0,\quad a^mA_m+a^{-m}C_m=0,\quad a^mB_m+a^{-m}D_m=0$$

由此

$$C_0=-D_0\ln a,\quad C_m=-A_ma^{2m},\quad D_m=-B_ma^{2m}$$

代入式(6-167)，得

$$u(\rho,\varphi)=D_0\ln\frac{\rho}{a}+\sum_{m=1}^{+\infty}\rho^m(A_m\cos m\varphi+B_m\sin m\varphi)$$

$$+\sum_{m=1}^{+\infty}\rho^{-m}(-a^{2m}A_m\cos m\varphi-a^{2m}B_m\sin m\varphi)=0 \tag{6-168}$$

将式(6-168)代入非齐次的边界条件(6-159)，在 ρ 很大的地方，有

$$D_0\ln\frac{\rho}{a}+\sum_{m=1}^{+\infty}\left[A_m\left(\rho^m-\frac{a^{2m}}{\rho^m}\right)\cos m\varphi+B_m\left(\rho^m-\frac{a^{2m}}{\rho^m}\right)\sin m\varphi\right]$$

$$\sim u_0+\frac{q_0}{2\pi\varepsilon_0}\ln\frac{1}{\rho}-E_0\rho\cos\varphi \tag{6-169}$$

既然主要部分是 ρ^1 项，可见在式(6-169)中不应出现 $\rho^m(m>1)$ 的项(否则 ρ^m 项就成了主要部分)。也就是说，

$$A_m=0,B_m=0\quad(m>1)$$

从式(6-169)比较系数，还能知道

$$B_1=0,A_1=-E_0,\quad D_0=-\frac{q_0}{2\pi\varepsilon_0},u_0=-D_0\ln a=\frac{q_0}{2\pi\varepsilon_0}\ln a$$

最后得柱外的静电势为

$$u(\rho,\varphi)=\frac{q_0}{2\pi\varepsilon_0}\ln\frac{a}{\rho}-E_0\rho\cos\varphi+E_0\frac{a^2}{\rho}\cos\varphi \tag{6-170}$$

3. 电磁场在同轴线中的传播

电磁场在同轴线中传播时，求解其电场分布，同样可以使用极坐标系中的分离变量法。

例 6-16　同轴线的几何结构如图 6-7 所示，其中内导体处于 V_0 伏电压下，而外导体处于零电压。其场可以由位函数 $u(\rho,\varphi)$ 导出，而位函数是拉普拉斯方程的解。

解　圆柱坐标系中，拉普拉斯方程取形式

$$\frac{1}{\rho}\cdot\frac{\partial}{\partial\rho}\left(\rho\frac{\partial u(\rho,\varphi)}{\partial\rho}\right)+\frac{1}{\rho^2}\cdot\frac{\partial^2u(\rho,\varphi)}{\partial\varphi^2}=0 \tag{6-171}$$

这个方程必须根据边界条件

$$u(a,\varphi)=V_0 \tag{6-172}$$

$$u(b,\varphi)=0 \tag{6-173}$$

对 $u(\rho,\varphi)$ 进行求解。

利用分离变量法，令位函数 $u(\rho,\varphi)=R(\rho)\Phi(\varphi)$，代入式(6-171)，有

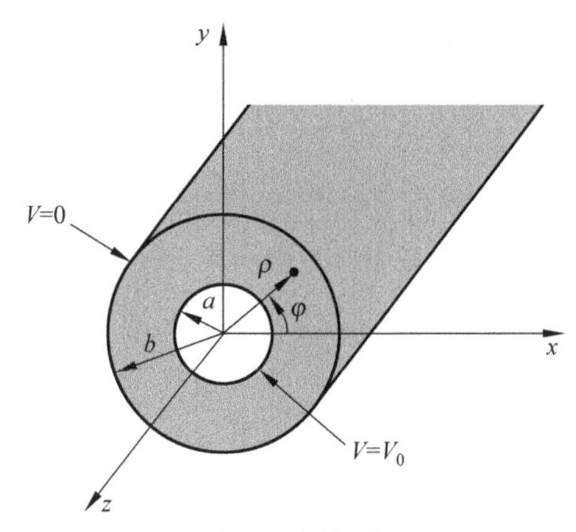

图 6-7　同轴线

$$\frac{\rho}{R}\cdot\frac{\mathrm{d}}{\mathrm{d}\rho}\left(\rho\frac{\mathrm{d}R}{\mathrm{d}\rho}\right)+\frac{1}{\Phi}\cdot\frac{\mathrm{d}^2\Phi}{\mathrm{d}\varphi^2}=0 \tag{6-174}$$

通过极坐标下的分离变量理论,式(6-174)的通解为

$$u(\rho,\varphi)=C_0+D_0\mathrm{In}\rho+\sum_{m=1}^{+\infty}(A_m\cos m\varphi+B_m\sin m\varphi)\left(C_m\rho^m+D_m\frac{1}{\rho^m}\right) \tag{6-175}$$

将边界条件式(6-173)代入式(6-175),得

$$C_0+D_0\mathrm{In}b+\sum_{m=1}^{+\infty}(A_m\cos m\varphi+B_m\sin m\varphi)\left(C_mb^m+D_m\frac{1}{b^m}\right)=0$$

一个傅里叶级数等于零,意味着所有傅里叶系数为零,即

$$C_0+D_0\mathrm{In}b=0$$

$$\left(C_mb^m+D_m\frac{1}{b^m}\right)=0$$

由此,得

$$C_0=-D_0\mathrm{In}b,\quad D_m=-C_mb^{2m} \tag{6-176}$$

将式(6-176)代入式(6-175),得

$$u(\rho,\varphi)=D_0\mathrm{In}\frac{\rho}{b}+\sum_{m=1}^{+\infty}(A_m\cos m\varphi+B_m\sin m\varphi)\left(\rho^m-b^{2m}\frac{1}{\rho^m}\right) \tag{6-177}$$

将边界条件式(6-172)代入式(6-177),得

$$D_0\mathrm{In}\frac{a}{b}+\sum_{m=1}^{+\infty}(A_m\cos m\varphi+B_m\sin m\varphi)\left(a^m-\frac{b^{2m}}{a^m}\right)=V_0 \tag{6-178}$$

由于式(6-178)对任意 $\varphi(0\leqslant\varphi\leqslant2\pi)$都成立,所以

$$\left(a^m-\frac{b^{2m}}{a^m}\right)=0\Rightarrow b^m=a^m(a\neq b)\Rightarrow m=0 \tag{6-179}$$

$$D_0\mathrm{In}\frac{a}{b}=V_0\Rightarrow D_0=\frac{V_0}{\mathrm{In}a/b} \tag{6-180}$$

将式(6-179)和式(6-180)代入式(6-177),得

$$u(\rho,\varphi)=\frac{V_0\ln\rho/b}{\ln a/b}$$

得到电位函数之后，根据 $\boldsymbol{E}=-\nabla u$ 便可得到电磁场在同轴线中传播时电场强度的分布。

4. 钢板热传导问题

将如图 6-8 所示的钢板简化为二维模型，钢板的尺寸为 160mm×200mm。假设钢板是均质且各向同性的理想导热体，当 $t=0$ 时，钢板的初始温度场为 0℃，此时在钢板的上边界加载一个 20℃的恒定边界温度，求达到稳恒状态时钢板的温度场分布。

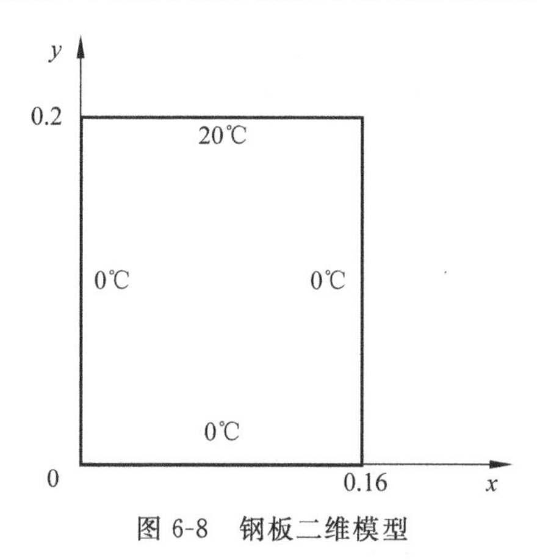

图 6-8　钢板二维模型

热传导问题达到稳恒状态时温度与时间无关，求达到稳恒状态时钢板的温度场分布，即求解下列定解问题：

$$\begin{cases} a^2\left(\dfrac{\partial^2 u(x,y)}{\partial x^2}+\dfrac{\partial^2 u(x,y)}{\partial y^2}\right)=0 \\ \text{取值范围：} 0\leqslant x\leqslant 0.16, 0\leqslant y\leqslant 0.2 \\ \text{初值条件：} u(x,y)=0 \\ \text{边界条件：} u(x,y)\big|_{y=0}=0, u(x,y)\big|_{y=0.2}=20 \\ \qquad\qquad u(x,y)\big|_{x=0}=0, u(x,y)\big|_{x=0.12}=0 \end{cases}$$

式中，$a^2=\dfrac{k}{c\rho}$，k 为物体的热传导系数，当物体为均匀且各向同性的导热体时，k 为常数，c 为物体的比热，ρ 为物体密度。

这里采用分离变量法求解这个问题。首先求出满足边界条件而且是变量被分离形式的特解，设

$$u(x,y)=X(x)Y(y)$$

代入定解问题的第一个方程，得

$$X''(x)Y(y)+X(x)Y''(y)=0$$

或

$$\frac{X''(x)}{X(x)}=-\frac{Y''(y)}{Y(y)}$$

这个式子左端仅是 x 的函数，右端仅是 y 的函数，一般情况下二者不可能相等，只有当它们均为常数时才能相等，令此常数为 $-\beta^2$，则有

$$\frac{X''(x)}{X(x)}=-\frac{Y''(y)}{Y(y)}=-\beta^2$$

这样就可以得到两个常微分方程：

$$X''(x)+\beta^2X(x)=0 \tag{6-181}$$

$$Y''(y)-\beta^2Y(y)=0 \tag{6-182}$$

解式(6-181)得

$$X(x)=A\cos\beta x+B\sin\beta x$$

由边界条件可知：

$$X(0)=0,X(0.16)=0$$

由 $X(0)=0$ 得 $A=0$

由 $X(0.16)=0$ 得 $B\sin(0.12\beta)=0$

由于 $B\neq0$，故 $\sin(0.12\beta)=0$，即

$$\beta=\frac{n\pi}{0.16}=\frac{25n\pi}{4}\quad(n=0,1,2,\cdots)$$

从而得到一系列特征值与特征函数：

$$\lambda_n=\frac{625n^2\pi^2}{16}$$

$$X_n(x)=B_n\sin\frac{25n\pi}{4}x\quad(n=0,1,2,\cdots)$$

与这些特征值对应的式(6-182)的通解为

$$Y_n(y)=C'\mathrm{e}^{-\frac{25n\pi}{4}y}+D'\mathrm{e}^{\frac{25n\pi}{4}y}\quad(n=0,1,2,\cdots)$$

于是可以得到满足二维热传导方程以及边界条件的一组变量被分离的特解

$$u_n(x,y)=(C_n\mathrm{e}^{-\frac{25n\pi}{4}y}+D_n\mathrm{e}^{\frac{25n\pi}{4}y})\sin\frac{25n\pi}{4}x(n=0,1,2,\cdots)$$

其中，$C_n=B_nC',D_n=B_nD'$是任意常数。到现在为止，我们求出了既满足二维热传导方程，又满足边界条件的无穷多个解 $u_n(x,y)$。为了求得原定解问题的解，还需要满足剩下的一组边界条件，首先将满足二维热传导方程以及边界条件的特解中的所有函数 $u_n(x,y)$叠加起来，得

$$\begin{aligned}u(x,y)&=\sum_{n=0}^{+\infty}u_n(x,y)\\&=\sum_{n=0}^{+\infty}(C_n\mathrm{e}^{-\frac{25n\pi}{4}y}+D_n\mathrm{e}^{\frac{25n\pi}{4}y})\sin\frac{25n\pi}{4}x\end{aligned}\tag{6-183}$$

由叠加原理可知，如果式(6-183)右端的无穷级数是收敛的，而且关于 x、y 都能逐项微分两次，则它的和 $u(x,y)$也满足二维热传导方程以及第一组边界条件。适当选择 C_n 和 D_n，使得函数 $u(x,y)$也满足第二组边界条件，为此有

$$u(x,y)\mid_{y=0}=u(x,0)=\sum_{n=0}^{+\infty}(C_n+D_n)\sin\frac{25n\pi}{4}x=0 \tag{6-184}$$

$$u(x,y)\mid_{y=0.2}=u(x,0.2)=\sum_{n=0}^{+\infty}(C_n\mathrm{e}^{-\frac{5n\pi}{4}y}+D_n\mathrm{e}^{\frac{5n\pi}{4}y})\sin\frac{25n\pi}{4}x=20 \tag{6-185}$$

由式(6-184)可知，由于 $\sin\frac{25n\pi}{4}x$ 不恒等于 0，则有

$$C_n+D_n=0，即\ C_n=-D_n$$

则式(6-185)可转化为

$$u(x,y)\big|_{y=0.2}=u(x,0.2)=\sum_{n=0}^{+\infty}(-D_n\mathrm{e}^{-\frac{5n\pi}{4}y}+D_n\mathrm{e}^{\frac{5n\pi}{4}y})\sin\frac{25n\pi}{4}x$$
$$=\sum_{n=-\infty}^{+\infty}D_n\mathrm{e}^{\frac{5n\pi}{4}y}\sin\frac{25n\pi}{4}x=20$$

所以，只要选取适当的 D_n 的傅里叶正弦级数展开式的系数，就可以使得上述等式满足第二组边界条件，也就是

$$\begin{cases}C_n=-D_n\\ D_n=\dfrac{1}{\mathrm{e}^{\frac{5n\pi}{4}}}\displaystyle\int_0^{0.16}20\sin\frac{25n\pi}{4}x\,\mathrm{d}x=-\frac{32}{5}\mathrm{e}^{-\frac{5n\pi}{4}}\end{cases}$$

将求出的 C_n、D_n 代入式(6-183)，得

$$u(x,y)=\sum_{n=0}^{\infty}\left(\frac{32}{5}\mathrm{e}^{-5n\pi y}-\frac{32}{5}\mathrm{e}^{5n\pi y}\right)\sin\frac{25n\pi}{4}x \tag{6-186}$$

式(6-186)即原定解问题的解。

6.3 思政教育——分合思想

分合思想是指从整体或者从局部解决问题的数学思想，它包含“分”与“合”两种思路，其中“分”是指从局部考查问题，然后从局部推出整体情况；“合”是指从整体考查问题，然后通过整体涵盖局部的情况。在具体的解题过程中，“分”与“合”是相辅相成、密切相关的。深入思考可以发现“分解与组合”实质上就是逻辑思维方法——“分析与综合”的表现与应用，是唯物辩证方法之一。正如数学家波利亚所说：“分解，重新组合，再分解，再重新组合，我们对问题的了解就是这样朝着更有前景的希望演化着”。

在物理学以及工程技术中，描述研究对象的数学物理方程大部分是偏微分方程。客观世界的复杂性，导致描述其关系的数学方程的复杂性，求解相当复杂。如何简化求解方法，成为求解数理方程的一个重要方面。分离变量法就是一种求解偏微分方程的普遍的重要方法，其可将偏微分方程分离为常微分方程，使得一些偏微分方程变得可解。分离变量法的大致思路是在求解一些偏微分方程问题的时候，首先对问题的不同方面进行拆分，分别解决，再把各个解决的部分合并得到整体的结论。所以，本章介绍的分离变量法中就蕴含着分合思想。

习　题

1. 长为 l 的弦，两端固定，弦中张力为 T，在距一端为 x_0 的一点以力 F_0 把弦拉开，然后突然撤除这个力，求解此弦的振动。

2. 研究长为 l，一端固定，另一端自由，初始位移为 hx，而初始速度为零的弦的自由振动情况。

3. 长为 l 的理想传输线远端开路，先把传输线充电到电位差 v_0，然后把近端短路，求线上的电压 $V(x,t)$，其定解问题为

$$\begin{cases} V_{tt}-a^2V_{xx}=0 \quad (a^2=LC, 0<x<l) \\ V(0,t)=0, \qquad V_x(l,t)=-\left(R+L\dfrac{\partial}{\partial t}\right)i_x\mid_{x=l}=0 \\ V(x,0)=v_0, \qquad V_t(x,0)=\dfrac{-1}{C}i_x\mid_{t=0}=0 \end{cases}$$

4. 求解细杆的热传导问题。杆长为 l，两端温度保持为零度，初始温度分布为

$$u\mid_{t=0}=\frac{bx(l-x)}{l^2}$$

5. 求解细杆的热传导问题。杆长为 l，初始温度为均匀的 u_0，两端温度分别保持为 u_1 和 u_2。

6. 长为 l 的柱形管，一端封闭，另一端开放。管外空气中含有某种气体，其浓度为 u_0，向管内扩散，求该气体在管内的浓度 $u(x,t)$。

7. 均匀的薄板占据区域 $0<x<a, 0<y<\infty$。其边界上的温度为 $u|_{x=0}=0, u|_{x=a}=0$，$u|_{y=0}=u_0, \lim\limits_{y\to\infty}u=0$，求解板的稳定温度分布。

8. 研究处于重力场中，长为 l，一端固定，另一端自由，初始位移和初始速度均为零的弦的受迫振动情况，设重力加速度为 g，即试用分离变数法求解定解问题

$$\begin{cases} u_{tt}=a^2u_{xx}+g & (t>0, 0<x<l) \\ u\mid_{x=0}=0, u_x\mid_{x=l}=0 & (t>0) \\ u\mid_{t=0}=0, u_t\mid_{t=0}=0 & (0<x<l) \end{cases}$$

9. 半径为 a，表面熏黑了的均匀长圆柱，在温度为零度的空气中受阳光照射，阳光垂直于柱轴，热流强度为 q，试求圆柱内的稳定温度分布。

10. 矩形区域 $0<x<a, 0<y<b$ 上，电位满足 $\nabla^2u=0$，并满足边界条件：$u|_{x=0}=Ay(b-y), u|_{x=a}=0, u|_{y=0}=B\sin\dfrac{\pi x}{a}, u|_{y=b}=0$，求此矩形区域内的电势 u。

11. 用傅里叶变换求解定解问题

$$\begin{cases} \dfrac{\partial^2u}{\partial x^2}+\dfrac{\partial^2u}{\partial y^2}=0, & (-\infty<x<\infty, y>0) \\ u\mid_{y=0}=\varphi(x), & (-\infty<x<\infty) \\ u\mid_{y\to\infty}=0, & (-\infty<x<\infty) \end{cases}$$

12. 在带状区域 $0<x<a, y>0$，求解 $\nabla^2u=0$，使

$$u\mid_{x=0}=u\mid_{x=a}=0, \quad u\mid_{y=0}=A\left(1-\frac{x}{a}\right), \lim_{y\to\infty}u=0$$

第7章 二阶常微分方程级数解法及其工程应用

CHAPTER 7

分离变量法仅讨论对直角坐标系的各种定解问题和平面极坐标系的稳定场问题的应用，出现的本征函数都是三角函数。但实际问题中的边界是多种多样的，坐标系必须参照问题中的边界形状选择，不可能总是直角坐标系或平面极坐标系。

圆球形和圆柱形是常见的边界，相应地，采用球坐标系和柱坐标系比较方便。本章讲述球坐标系和柱坐标系中的分离变量法所产生的常微分方程以及相应的本征值问题。

7.1 二阶常微分方程级数解法的知识点

7.1.1 特殊函数常微分方程

1. 拉普拉斯方程

拉普拉斯方程的一般形式为 $\Delta u=0$。

(1) 球坐标系

球坐标系拉普拉斯算符 Δ 的表达式可在微积分学传统教材中找到，从而得到拉普拉斯方程在球坐标系下，$\Delta u=0$ 表示为

$$\frac{1}{r^2}\cdot\frac{\partial}{\partial r}\left(r^2\frac{\partial u}{\partial r}\right)+\frac{1}{r^2\sin\theta}\cdot\frac{\partial}{\partial\theta}\left(\sin\theta\frac{\partial u}{\partial\theta}\right)+\frac{1}{r^2\sin^2\theta}\cdot\frac{\partial^2 u}{\partial\varphi^2}=0 \tag{7-1}$$

首先，把表示距离的变量 r 与 (θ,φ) 分离开，把

$$u(r,\theta,\varphi)=R(r)Y(\theta,\varphi)$$

代入式(7-1)方程，得

$$\frac{Y}{r^2}\cdot\frac{\partial}{\partial r}\left(r^2\frac{\partial R}{\partial r}\right)+\frac{R}{r^2\sin\theta}\cdot\frac{\partial}{\partial\theta}\left(\sin\theta\frac{\partial Y}{\partial\theta}\right)+\frac{R}{r^2\sin^2\theta}\cdot\frac{\partial^2 Y}{\partial\varphi^2}=0$$

$$\Rightarrow\frac{1}{R}\cdot\frac{\partial}{\partial r}\left(r^2\frac{\partial R}{\partial r}\right)=-\frac{1}{Y\sin\theta}\cdot\frac{\partial}{\partial\theta}\left(\sin\theta\frac{\partial Y}{\partial\theta}\right)-\frac{1}{Y\sin^2\theta}\cdot\frac{\partial^2 Y}{\partial\varphi^2}$$

由于该方程左右两边分别与独立的变量有关，而又要相等，只有为同一常数，该常数记为 $l(l+1)$（这样给定常数是考虑到后面的勒让德方程和自然边界条件的本征值）。

$$\frac{1}{R}\cdot\frac{\mathrm{d}}{\mathrm{d}r}\left(r^2\frac{\mathrm{d}R}{\mathrm{d}r}\right)=-\frac{1}{Y\sin\theta}\cdot\frac{\partial}{\partial\theta}\left(\sin\theta\frac{\partial Y}{\partial\theta}\right)-\frac{1}{Y\sin^2\theta}\cdot\frac{\partial^2 Y}{\partial\varphi^2}=l(l+1)$$

因此就分解为两个方程

$$\frac{\mathrm{d}}{\mathrm{d}r}\left(r^2\frac{\mathrm{d}R}{\mathrm{d}r}\right)-l(l+1)R=0$$
$$\frac{1}{\sin\theta}\cdot\frac{\partial}{\partial\theta}\left(\sin\theta\frac{\partial Y}{\partial\theta}\right)+\frac{1}{\sin^2\theta}\cdot\frac{\partial^2 Y}{\partial\varphi^2}+l(l+1)Y=0 \tag{7-2}$$

式(7-2)中的第一个方程转化为 $r^2R''+2rR'-l(l+1)R=0$,这是欧拉型常微分方程,其解为

$$R(r)=Cr^l+D\frac{1}{r^{l+1}} \tag{7-3}$$

偏微分方程式(7-2)为**球函数方程**。

继续分离该方程,将

$$Y(\theta,\varphi)=\Theta(\theta)\Phi(\varphi)$$

代入球函数方程式(7-2),得

$$\frac{\sin\theta}{\Theta}\cdot\frac{\mathrm{d}}{\mathrm{d}\theta}\left(\sin\theta\frac{\mathrm{d}\Theta}{\mathrm{d}\theta}\right)+l(l+1)\sin^2\theta=-\frac{1}{\Phi}\cdot\frac{\mathrm{d}^2\Phi}{\mathrm{d}\varphi^2}$$

左边是关于 θ 的函数,与 φ 无关;右边是 φ 的函数,与 θ 无关,两边要相等,必须两边是同一个常数,把这个常数记作 λ,

$$\frac{\sin\theta}{\Theta}\cdot\frac{\mathrm{d}}{\mathrm{d}\theta}\left(\sin\theta\frac{\mathrm{d}\Theta}{\mathrm{d}\theta}\right)+l(l+1)\sin^2\theta=-\frac{1}{\Phi}\cdot\frac{\mathrm{d}^2\Phi}{\mathrm{d}\varphi^2}=\lambda$$

该方程可分解为两个常微分方程:

$$\begin{cases}\dfrac{\mathrm{d}^2\Phi}{\mathrm{d}\varphi^2}+\lambda\Phi=0\\ \sin\theta\dfrac{\mathrm{d}}{\mathrm{d}\theta}\left(\sin\theta\dfrac{\mathrm{d}\Theta}{\mathrm{d}\theta}\right)+[l(l+1)\sin^2\theta-\lambda]\Theta=0\end{cases} \tag{7-4}$$

式(7-4)的第一个方程由自然周期条件 $\Phi(\varphi+2\pi)=\Phi(\varphi)$ 构成本征值和本征函数

$$\lambda=m^2\quad(m=0,1,2,\cdots)$$
$$\Phi(\varphi)=A\cos m\varphi+B\sin m\varphi \tag{7-5}$$

式(7-4)的第二个方程可以改写为

$$\frac{1}{\sin\theta}\cdot\frac{\mathrm{d}}{\mathrm{d}\theta}\left(\sin\theta\frac{\mathrm{d}\Theta}{\mathrm{d}\theta}\right)+\left[l(l+1)-\frac{m^2}{\sin^2\theta}\right]\Theta=0 \tag{7-6}$$

令 $x=\cos\theta$,把自变量从 θ 换为 x,则

$$\frac{\mathrm{d}\Theta}{\mathrm{d}\theta}=\frac{\mathrm{d}\Theta}{\mathrm{d}x}\cdot\frac{\mathrm{d}x}{\mathrm{d}\theta}=-\sin\theta\frac{\mathrm{d}\Theta}{\mathrm{d}x}$$
$$\frac{1}{\sin\theta}\cdot\frac{\mathrm{d}}{\mathrm{d}\theta}\left(\sin\theta\frac{\mathrm{d}\Theta}{\mathrm{d}\theta}\right)=\frac{1}{\sin\theta}\cdot\frac{\mathrm{d}x}{\mathrm{d}\theta}\cdot\frac{\mathrm{d}}{\mathrm{d}x}\left(-\sin^2\theta\frac{\mathrm{d}\Theta}{\mathrm{d}x}\right)=\frac{\mathrm{d}}{\mathrm{d}x}\left[(1-x^2)\frac{\mathrm{d}\Theta}{\mathrm{d}x}\right]$$

因此,该方程转化为

$$\frac{\mathrm{d}}{\mathrm{d}x}\left[(1-x^2)\frac{\mathrm{d}\Theta}{\mathrm{d}x}\right]+\left[l(l+1)-\frac{m^2}{1-x^2}\right]\Theta=0 \tag{7-7}$$

或

$$(1-x^2)\frac{\mathrm{d}^2\Theta}{\mathrm{d}x^2}-2x\frac{\mathrm{d}\Theta}{\mathrm{d}x}+\left[l(l+1)-\frac{m^2}{1-x^2}\right]\Theta=0 \tag{7-8}$$

该方程称为 l 阶**连带勒让德方程**或 l 阶勒让德方程。

如果球坐标的极轴为对称轴，则 u 与 φ 无关，即 $m=0$。若 $m=0$，那么连带勒让德方程变成

$$(1-x^2)\frac{\mathrm{d}^2\Theta}{\mathrm{d}x^2}-2x\frac{\mathrm{d}\Theta}{\mathrm{d}x}+l(l+1)\Theta=0 \tag{7-9}$$

该方程称为 l 阶**勒让德方程**。

勒让德方程和连带勒让德方程的求解在后面章节中介绍。后面我们还可以看到，勒让德方程和连带勒让德方程隐含着在 $x=\pm1$（即 $\theta=0,\pi$）的"自然边界条件"并构成本征值问题，决定了 l 只能取整数值。

（2）柱坐标系

在柱坐标系下，$\nabla^2 u=0$ 表示为

$$\frac{1}{\rho}\cdot\frac{\partial}{\partial\rho}\left(\rho\frac{\partial u}{\partial\rho}\right)+\frac{1}{\rho^2}\cdot\frac{\partial^2 u}{\partial\varphi^2}+\frac{\partial^2 u}{\partial z^2}=0 \tag{7-10}$$

首先把 $u(\rho,\varphi,z)$ 分离为

$$u(\rho,\varphi,z)=R(\rho)\Phi(\varphi)Z(z)$$

代入方程并两边同乘 $\rho^2/R\Phi Z$，然后移项得到

$$\frac{\rho^2}{R}\cdot\frac{\mathrm{d}^2R}{\mathrm{d}\rho^2}+\frac{\rho}{R}\cdot\frac{\mathrm{d}R}{\mathrm{d}\rho}+\frac{\rho^2}{Z}\cdot\frac{\mathrm{d}^2Z}{\mathrm{d}z^2}=-\frac{1}{\Phi}\frac{\mathrm{d}^2\Phi}{\mathrm{d}\varphi^2}$$

由于该方程的左边与(ρ,z)有关，而右边与 φ 有关，所以左右两边只能等于常数方程才会成立。把这个常数记为 λ，得到

$$\Phi''+\lambda\Phi=0$$

$$\frac{\rho^2}{R}\cdot\frac{\mathrm{d}^2R}{\mathrm{d}\rho^2}+\frac{\rho}{R}\cdot\frac{\mathrm{d}R}{\mathrm{d}\rho}+\frac{\rho^2}{Z}\cdot\frac{\mathrm{d}^2Z}{\mathrm{d}z^2}=\lambda$$

与球坐标系中 $\Phi(\varphi)$ 的自然周期条件构成的本征值相同。由第一个方程得到本征值和本征函数为

$$\begin{aligned}&\lambda=m^2 \quad m=0,1,2,\cdots\\&\Phi(\varphi)=A\cos m\varphi+B\sin m\varphi\end{aligned} \tag{7-11}$$

式(7-11)的第二个方程两边各项同时乘 $1/\rho^2$，移项后得到

$$\frac{1}{R}\cdot\frac{\mathrm{d}^2R}{\mathrm{d}\rho^2}+\frac{1}{\rho R}\cdot\frac{\mathrm{d}R}{\mathrm{d}\rho}-\frac{m^2}{\rho^2}=-\frac{1}{Z}\cdot\frac{\mathrm{d}^2Z}{\mathrm{d}z^2}$$

式中，左边与 ρ 有关，右边与 z 有关，要使两边相等，除非等于常数，若该常数记为 $-\mu$，则有

$$\frac{1}{R}\cdot\frac{\mathrm{d}^2R}{\mathrm{d}\rho^2}+\frac{1}{\rho R}\cdot\frac{\mathrm{d}R}{\mathrm{d}\rho}-\frac{m^2}{\rho^2}=-\frac{1}{Z}\cdot\frac{\mathrm{d}^2Z}{\mathrm{d}z^2}=-\mu$$

此时该方程分成两个常微分方程

$$\begin{aligned}&Z''-\mu Z=0\\&\frac{\mathrm{d}^2R}{\mathrm{d}\rho^2}+\frac{1}{\rho}\cdot\frac{\mathrm{d}R}{\mathrm{d}\rho}+\left(\mu-\frac{m^2}{\rho^2}\right)R=0\end{aligned} \tag{7-12}$$

下面讨论 $\mu=0$、$\mu>0$ 和 $\mu<0$ 三种情况。

① 当 $\mu=0$ 时，两个常微分方程式(7-12)的解分别为

$$Z=C+Dz$$

$$R=\begin{cases}E+F\ln\rho & m=0\\ E\rho^m+F/\rho^m & m=1,2,3,\cdots\end{cases}\tag{7-13}$$

而我们最关心的是 $\mu\neq0$ 的情况。

讨论 $Z''-\mu Z=0$：该常微分方程的解为

$$Z(z)=\begin{cases}C\mathrm{e}^{\sqrt{\mu}z}+D\mathrm{e}^{-\sqrt{\mu}z} & \mu>0\\ C\cos\sqrt{-\mu}z+D\sin\sqrt{-\mu}z & \mu<0\end{cases}$$

② $\mu>0$ 的情况。作代换 $x=\sqrt{\mu}\rho$，则

$$\frac{\mathrm{d}R}{\mathrm{d}\rho}=\frac{\mathrm{d}R}{\mathrm{d}x}\cdot\frac{\mathrm{d}x}{\mathrm{d}\rho}=\sqrt{\mu}\frac{\mathrm{d}R}{\mathrm{d}x}$$

$$\frac{\mathrm{d}^2R}{\mathrm{d}\rho^2}=\frac{\mathrm{d}R}{\mathrm{d}\rho}\left(\sqrt{\mu}\frac{\mathrm{d}R}{\mathrm{d}x}\right)=\mu\frac{\mathrm{d}^2R}{\mathrm{d}x^2}$$

那么，方程转化为

$$\frac{\mathrm{d}^2R}{\mathrm{d}x^2}+\frac{1}{x}\cdot\frac{\mathrm{d}R}{\mathrm{d}x}+\left(1-\frac{m^2}{x^2}\right)R=0\Leftrightarrow x^2\frac{\mathrm{d}^2R}{\mathrm{d}x^2}+x\frac{\mathrm{d}R}{\mathrm{d}x}+(x^2-m^2)R=0\tag{7-14}$$

该方程称为 m 阶**贝塞尔方程**。

对 $\mu>0$ 的情况确定本征值是由贝塞尔方程附加以 $\rho=\rho_0$ 处的齐次边界条件构成本征值，即确定 μ 的可能值。

③ $\mu<0$ 的情况。作代换 $x=\sqrt{-\mu}\rho=vp$，则

$$\frac{\mathrm{d}^2R}{\mathrm{d}x^2}+\frac{1}{x}\cdot\frac{\mathrm{d}R}{\mathrm{d}x}-\left(1+\frac{m^2}{x^2}\right)R=0\Leftrightarrow x^2\frac{\mathrm{d}^2R}{\mathrm{d}x^2}+x\frac{\mathrm{d}R}{\mathrm{d}x}-(x^2+m^2)R=0\tag{7-15}$$

该方程称为**虚宗量贝塞尔方程**。

对 $\mu<0$ 的情况确定本征值是由 $Z''+v^2Z=0$ 方程附加以 $z=z_1$ 和 $z=z_2$ 处的齐次边界条件构成本征值，即确定 v 的可能值。

2. 波动方程

三维波动方程为

$$u_{tt}-a^2\nabla^2u=0\tag{7-16}$$

分离时间变量和空间变量 $\boldsymbol{r}$，将

$$u(\boldsymbol{r},t)=T(t)v(\boldsymbol{r})$$

代入方程，两边同乘以 $1/Tv$，移项后得到

$$\frac{T''}{a^2T}=\frac{\nabla^2v}{v}$$

式中，左边为 t 的函数，右边为 $\boldsymbol{r}$ 的函数，那么只能为常数，该关系式才能成立，若该常数记为 $-k^2$，则

$$\frac{T''}{a^2T}=\frac{\nabla^2v}{v}=-k^2$$

该关系式可以分解成两个方程，分别为

$$T''+k^2a^2T=0\tag{7-17}$$

其解为

$$T(t)=\begin{cases}C\cos kat+D\sin kat & k\neq0\\ C+Dt & k=0\end{cases}$$

和

$$\nabla^2 v + k^2 v = 0 \tag{7-18}$$

方程(7-18)为**亥姆霍兹方程**(又称为波动方程),通过后续“电磁场和电磁波理论”课程的学习,可知它是复振幅形式的波动方程。

3. 输运方程

三维输运方程为

$$u_t - a^2 \nabla^2 u = 0 \tag{7-19}$$

分离时间变量和空间变量 $\boldsymbol{r}$,将

$$u(\boldsymbol{r},t) = T(t)v(\boldsymbol{r})$$

代入方程,两边同乘以 $1/Tv$,移项后得到

$$\frac{T'}{a^2 T} = \frac{\nabla^2 v}{v}$$

式中,左边为 t 的函数,右边为 $\boldsymbol{r}$ 的函数,那么只能为常数,该关系式才能成立,若该常数记为 $-k^2$,则

$$\frac{T'}{a^2 T} = \frac{\nabla^2 v}{v} = -k^2$$

该关系式可以分解成两个方程,分别为

$$T' + k^2 a^2 T = 0 \tag{7-20}$$

其解为

$$T(t) = C\mathrm{e}^{-k^2 a^2 t}$$

和

$$\nabla^2 v + k^2 v = 0 \tag{7-21}$$

方程(7-21)为亥姆霍兹方程。下面继续讨论亥姆霍兹方程。

4. 亥姆霍兹方程

(1) 直角坐标系

设 $v(x,y,z) = X(x)Y(y)Z(z)$,代入亥姆霍兹方程,可得

$$X''YZ + XY''Z + XYZ'' + k^2 XYZ = 0 \tag{7-22}$$

两边除以 XYZ,得

$$\frac{X''}{X} + \frac{Y''}{Y} + \frac{Z''}{Z} + k^2 = 0$$

令 $\frac{X''}{X} = -k_x^2, \frac{Y''}{Y} = -k_y^2, \frac{Z''}{Z} = -k_z^2$ 则有

$$\begin{cases} X'' + k_x^2 X = 0 \\ Y'' + k_y^2 Y = 0 \\ Z'' + k_z^2 Z = 0 \end{cases} \tag{7-23}$$

以及

$$k_x^2 + k_y^2 + k_z^2 = k^2 \tag{7-24}$$

式(7-23)和式(7-24)就是著名的“色散关系”(dispersion relation),在今后专业课中研究矩形空心波导、平面波传播等问题中会经常用到。k_x、k_y、k_z 分别表示 x、y、z 方向上的本征

值，对应的本征函数为三角函数。对于真空中的电磁波，k 为电磁波的波数，$k=\dfrac{2\pi}{\lambda}$，λ 为电磁波的波长；对于波导中的导行(guided)电磁波，k 为电磁波在波导内的截止(cut-off)波数，$k=\dfrac{2\pi}{\lambda_c}$，$\lambda_c$ 为电磁波在波导内的截止波长。

(2) 球坐标系

基于上述的拉普拉斯方程的球坐标系形式，可以直接写出亥姆霍兹方程$\nabla^2 v+k^2 v=0$在球坐标系下的形式为

$$\frac{1}{r^2}\cdot\frac{\partial}{\partial r}\left(r^2\frac{\partial v}{\partial r}\right)+\frac{1}{r^2\sin\theta}\cdot\frac{\partial}{\partial\theta}\left(\sin\theta\frac{\partial v}{\partial\theta}\right)+\frac{1}{r^2\sin^2\theta}\cdot\frac{\partial^2 v}{\partial\varphi^2}+k^2 v=0 \tag{7-25}$$

首先把变量 r 与(θ,φ)分离开，把

$$v(r,\theta,\varphi)=R(r)Y(\theta,\varphi)$$

代入方程，两边同乘以 r^2/RY，移项后得到

$$\frac{1}{R}\cdot\frac{\mathrm{d}}{\mathrm{d}r}\left(r^2\frac{\mathrm{d}R}{\mathrm{d}r}\right)+k^2r^2=-\frac{1}{Y\sin\theta}\cdot\frac{\partial}{\partial\theta}\left(\sin\theta\frac{\partial Y}{\partial\theta}\right)-\frac{1}{Y\sin^2\theta}\cdot\frac{\partial^2 Y}{\partial\varphi^2}$$

式中，左边只与 r 有关，右边只与(θ,φ)有关，因此，只有两边等于同一个常数，该关系式才成立。通常把该常数记为 $l(l+1)$，即

$$\begin{cases}\dfrac{1}{\sin\theta}\cdot\dfrac{\partial}{\partial\theta}\left(\sin\theta\dfrac{\partial Y}{\partial\theta}\right)+\dfrac{1}{\sin^2\theta}\cdot\dfrac{\partial^2 Y}{\partial\varphi^2}+l(l+1)Y=0\\ \dfrac{\mathrm{d}}{\mathrm{d}r}\left(r^2\dfrac{\mathrm{d}R}{\mathrm{d}r}\right)+[k^2r^2-l(l+1)]R=0\end{cases} \tag{7-26}$$

式(7-26)的第一个方程就是球函数方程，可以继续分解为

$$\begin{aligned}&\Phi''+\lambda\Phi=0\\&\sin\theta\frac{\mathrm{d}}{\mathrm{d}\theta}\left(\sin\theta\frac{\mathrm{d}\Theta}{\mathrm{d}\theta}\right)+[l(l+1)\sin^2\theta-\lambda]\Theta=0\end{aligned} \tag{7-27}$$

式(7-26)的第二个方程可以改写成

$$r^2\frac{\mathrm{d}^2R}{\mathrm{d}r^2}+2r\frac{\mathrm{d}R}{\mathrm{d}r}+[k^2r^2-l(l+1)]R=0 \tag{7-28}$$

式(7-28)称为**球贝塞尔方程**。若把自变量 r 和函数 $R(r)$分别换作 x 和 $y(x)$，即

$$x=kr \quad R(r)=\sqrt{\frac{1}{x}}y(x)$$

那么球贝塞尔方程变成

$$x^2\frac{\mathrm{d}^2y}{\mathrm{d}x^2}+x\frac{\mathrm{d}y}{\mathrm{d}x}+\left[x^2-\left(l+\frac{1}{2}\right)^2\right]y=0 \tag{7-29}$$

因此，该方程为 $l+\dfrac{1}{2}$阶贝塞尔方程。

对于 $k=0$，式(7-26)的第二个方程退化成欧拉方程式(7-2)的第一个方程，相应地解为$R(r)=Cr^l+\dfrac{D}{r^{l+1}}$。

(3) 柱坐标系

利用柱坐标系的拉普拉斯方程的表达式可得到柱坐标系亥姆霍兹方程的表达式为

$$\frac{1}{\rho}\cdot\frac{\partial}{\partial\rho}\left(\rho\frac{\partial v}{\partial\rho}\right)+\frac{1}{\rho^2}\cdot\frac{\partial^2 v}{\partial\varphi^2}+\frac{\partial^2 v}{\partial z^2}+k^2 v=0 \tag{7-30}$$

首先把 $u(\rho,\varphi,z)$分离为

$$v(\rho,\varphi,z)=R(\rho)\Phi(\varphi)Z(z)$$

那么可以得到

$$\begin{cases}\Phi''+\lambda\Phi=0\\ Z''+v^2 Z=0\\ \dfrac{\mathrm{d}^2 R}{\mathrm{d}\rho^2}+\dfrac{1}{\rho}\cdot\dfrac{\mathrm{d}R}{\mathrm{d}\rho}+\left(k^2-v^2-\dfrac{\lambda}{\rho^2}\right)R=0\end{cases} \tag{7-31}$$

由自然周期条件 $\Phi(\varphi)=\Phi(\varphi+2\pi)$构成的本征值 $\lambda=m^2$,其本征函数为

$$\Phi(\varphi)=A\cos m\varphi+B\sin m\varphi$$

记常数 $\mu=k^2-v^2$,即 $k^2=\mu+v^2$,那么式(7-31)的第三个方程可以写成

$$\frac{\mathrm{d}^2 R}{\mathrm{d}\rho^2}+\frac{1}{\rho}\cdot\frac{\mathrm{d}R}{\mathrm{d}\rho}+\left(\mu-\frac{m^2}{\rho^2}\right)R=0 \tag{7-32}$$

讨论：如果给定 $z=z_1$ 和 $z=z_2$ 处的齐次边界条件,就构成本征值问题,确定 v 的可能数值;若圆柱侧面上为齐次边界条件,也构成本征值问题,确定 μ 的可能数值。

对自变量做变换 $x=\sqrt{\mu}\rho$,那么式(7-32)变成

$$\frac{\mathrm{d}^2 R}{\mathrm{d}x^2}+\frac{1}{x}\cdot\frac{\mathrm{d}R}{\mathrm{d}x}+\left(1-\frac{m^2}{x^2}\right)R=0 \tag{7-33}$$

式(7-33)即 m 阶**贝塞尔方程**。

综上可知,不管是球坐标系,还是柱坐标系,亥姆霍兹方程在齐次边界条件下分离变数后,都有常数 $k^2\geqslant 0$,即 k^2 为非负实数,从而 k 为实数。

7.1.2 常点邻域上的级数解法

用球坐标系和柱坐标系对拉普拉斯方程、波动方程、输运方程进行分离变数,就出现连带勒让德方程、勒让德方程、贝塞尔方程、球贝塞尔方程等特殊函数方程。用其他坐标系对其他数学物理偏微分方程进行分离变量,还会出现各种各样的特殊函数方程,它们大多都是线性二阶常微分方程。这就向我们提出求解带初始条件的线性二阶常微分方程

$$\begin{aligned}&y''+p(x)y'+q(x)y=0\\&y(x_0)=C_0,\quad y'(x_0)=C_1\end{aligned} \tag{7-34}$$

的任务,其中 x_0 为任意指定点,C_0、C_1 为常数。

这些线性二阶常微分方程不能用通常的方法求解,但可用级数法求解。所谓级数解法,就是在某个任选点 x_0 的邻域上把待求的解表示为系数待定的级数,代入方程以逐个确定系数。

级数解法是一个比较普遍的方法,适用范围较广,可借助解析函数的理论讨论。这里仅介绍有关的结论,不作证明。求得的解是级数,就有是否收敛以及收敛范围的问题。级数解法的计算较烦琐,要求耐心和细心。

1. 基本概念

熟悉的特殊函数：在球坐标系和柱坐标系对拉普拉斯方程、波动方程、输运方程进行分

离变量，得到连带勒让德方程、勒让德方程、贝塞尔方程、球贝塞尔方程等特殊函数常微分方程。

未知的特殊函数：在其他坐标系对其他数学物理偏微分方程进行分离，还会出现其他各种各样的特殊函数方程。

级数解法：级数解法是求解常微分方程的一种方法，特别是当微分方程的解不能用初等函数或其积分式表达时，就要寻求其他求解方法。尤其是近似求解方法。级数解法就是常用的近似求解方法。用级数解法和广义幂级数解法可以解出许多数学、物理中重要的常微分方程，如贝塞尔方程、勒让德方程。

级数解法就是在某个任选点 x_0 的邻域上，把待求的解表示为待定的级数，代入原方程以逐个确定系数。

常微分形式：线性二阶常微分方程

$$\begin{gathered}\frac{\mathrm{d}^2 w}{\mathrm{d}z^2}+p(z)\frac{\mathrm{d}w}{\mathrm{d}z}+q(z)w=0\\ w(z_0)=C_0\quad w'(z_0)=C_1\end{gathered}\tag{7-35}$$

式中，z 为复变函数，$p(z)$和 $q(z)$为方程的系数，z_0 为选定的点，C_0、C_1 为复常数。显然，方程的解完全是由方程的系数决定的，方程的解析性完全是由方程系数的解析性决定的。

用级数解法解常微分方程时，得到的解总是某一点 z_0 的邻域内收敛的无穷级数。方程的系数 $p(z)$和 $q(z)$决定了级数解在 z_0 点的解析性，即决定了级数解的形式，如是 Taylor 级数，还是 Laurent 级数。

方程的常点：常微分方程中的系数 $p(z)$和 $q(z)$在选定的点 z_0 的邻域中是解析的，则点 z_0 称为方程的常点。

方程的奇点：常微分方程中的系数 $p(z)$和 $q(z)$在选定的点 z_0 是 $p(z)$或 $q(z)$的奇点，则点 z_0 称为方程的奇点。

有限远点是否为奇点很容易判定，但无穷远点不是一个确定的点，这导致方程的奇异性不能直接判定，但可以通过变换 $z=1/z_1$，把 $z=\infty$转化为确定的点 $z_1=0$，从而 $z=\infty$处的奇异性就是 $z_1=0$ 处的奇异性。在变换 $z=1/z_1$ 之下，方程(7-35)变形为

$$\frac{\mathrm{d}^2 w}{\mathrm{d}z_1^2}+p_1(z_1)\frac{\mathrm{d}w}{\mathrm{d}z_1}+q_1(z_1)w=0$$

其中，$p_1(z_1)=\frac{2}{z_1}-\frac{1}{z_1^2}\cdot p\left(\frac{1}{z_1}\right)$，$q_1(z_1)=\frac{1}{z_1^4}\cdot q\left(\frac{1}{z_1}\right)$。若 $z_1=0$ 为 $p_1(z_1)$和(或) $q_1(z_1)$的奇点，则 $z=\infty$就是方程(7-35)的奇点。

2. 常点邻域上的级数解

若方程的系数 $p(z)$和 $q(z)$为点 z_0 的邻域$|z-z_0|<R$ 中的解析函数，则方程在该圆中存在唯一的解析解 $w(z)$满足初值条件 $w(z_0)=C_0$ 和 $w'(z_0)=C_1$。既然方程在点 z_0 的邻域$|z-z_0|<R$ 中存在唯一的解析解，则该解可以表示为此邻域上的泰勒级数的形式

$$w(z)=\sum_{k=0}^{\infty}a_k(z-z_0)^k\tag{7-36}$$

式中，$\{a_k\}$为待定系数。

求解步骤：把展开级数代入方程，合并同幂项，令合并后的各系数分别为零，找到系数

$a_1, a_2, \cdots, a_k, \cdots$之间的递推关系，最后用已给的初值 C_0 和 C_1 确定各个系数$\{a_k\}$。

3. 举例（以勒让德方程为例）

(1) 勒让德方程的级数解

在 $x_0=0$ 的邻域上求解 l 阶勒让德方程

$$(1-x^2)y''-2xy'+l(l+1)y=0 \tag{7-37}$$

该方程可写成 $y''-[2x/(1-x^2)]y'+[l(l+1)/(1-x^2)]y=0$，则方程系数 $p(x)=2x/(1-x^2)$和$q(x)=l(l+1)(1-x^2)$在 $x_0=0$ 均为解析的，因此 $x_0=0$ 为方程的常点。设解的泰勒级数形式及其导数为

$$y(x)=\sum_{k=0}^{\infty}a_k x^k \Rightarrow y'(x)=\sum_{k=1}^{\infty}a_k k x^{k-1} \Rightarrow y''(x)=\sum_{k=2}^{\infty}a_k k(k-1)x^{k-2}$$

把级数代入 l 阶勒让德方程，得到

$$\sum_{k=2}^{\infty}a_k k(k-1)x^{k-2}-\sum_{k=2}^{\infty}a_k k(k-1)x^k-\sum_{k=1}^{\infty}2a_k k x^k+\sum_{k=0}^{\infty}l(l+1)a_k x^k=0$$

化简之后得到

$$\sum_{k=2}^{\infty}a_k k(k-1)x^{k-2}-\sum_{k=0}^{\infty}a_k[k(k+1)-l(l+1)]x^k=0$$

还可以写成

$$\sum_{k=0}^{\infty}a_{k+2}(k+2)(k+1)x^k-\sum_{k=0}^{\infty}a_k[k(k+1)-l(l+1)]x^k=0$$

要使各幂次合并后的系数分别为零，则得到系数的递推公式为

$$a_{k+2}=\frac{k(k+1)-l(l+1)}{(k+2)(k+1)}a_k=\frac{(k-l)(k+l+1)}{(k+2)(k+1)}a_k$$

由该递推公式可以得到

$$a_2=\frac{(-l)(l+1)}{2!}a_0 \qquad a_3=\frac{(1-l)(l+2)}{3!}a_1$$

$$a_4=\frac{(2-l)(l+3)}{4\times 3}a_2=\frac{(2-l)(-l)(l+1)(l+3)}{4!}a_0 \qquad a_5=\frac{(3-l)(l+4)}{5\times 4}a_3=\frac{(3-l)(1-l)(l+2)(l+4)}{5!}a_1$$

$$\cdots\cdots \qquad \cdots\cdots$$

$$a_{2k}=\frac{(2k-2-l)(2k-4-l)\cdots(2-l)(-l)\cdot(l+1)(l+3)\cdots(l+2k-1)}{(2k)!}a_0$$

$$a_{2k+1}=\frac{(2k-1-l)(2k-3-l)\cdots(3-l)(1-l)\cdot(l+2)(l+4)\cdots(l+2k)}{(2k+1)!}a_1$$

把该系数代入泰勒级数展开式，得到

$$y(x)=a_0 y_0(x)+a_1 y_1(x)$$

式中

$$y_0(x)=1+\frac{(-l)(l+1)}{2!}x^2+\frac{(2-l)(-l)(l+1)(l+3)}{4!}x^4+\cdots+\frac{(2k-2-l)(2k-4-l)\cdots(2-l)(-l)\cdot(l+1)(l+3)\cdots(l+2k-1)}{(2k)!}x^{2k}+\cdots$$

$$y_1(x)=x+\frac{(1-l)(l+2)}{3!}x^3+\frac{(3-l)(1-l)(l+2)(l+4)}{5!}x^5+\cdots+$$
$$\frac{(2k-1-l)(2k-3-l)\cdots(3-l)(1-l)\cdot(l+2)(l+4)\cdots(l+2k)}{(2k+1)!}x^{2k+1}+\cdots$$

其中，$y_0(x)$为偶次幂，是偶函数；$y_1(x)$为奇次幂，是奇函数。

通过这个实例可以看出，在常点邻域内求级数解的一般步骤如下：

(a) 将方程常点邻域内的解展开为泰勒(Taylor)级数，代入微分方程；

(b) 比较系数，得到系数之间的递推关系；

(c) 反复利用递推关系求出系数 c_k 的普遍表达式，从而得出级数解。

由于递推关系一定是线性的，所以最后的级数解一定可以写成如下形式：

$$w(z)=c_0w_1(z)+c_1w_2(z)$$

需要注意的是，系数之间的递推关系中会同时出现 c_k、c_{k+1}、c_{k+2} 三个相邻的系数，因此 c_k 会同时依赖于 c_0 和 c_1，最后求得的 $w_1(z)$ 或 $w_2(z)$ 就不会只含有 z 的偶次幂或奇次幂。

(2) 级数收敛半径

把幂级数收敛半径用于 $y_0(x)$ 和 $y_1(x)$，即 $R=\lim\limits_{n\to\infty}|a_n/a_{n+2}|$，那么由系数的递推公式可以得到

$$R=\lim_{n\to\infty}|a_n/a_{n+2}|=\lim_{n\to\infty}\left|\frac{(n+2)(n+1)}{(n-l)(n+l+1)}\right|=\lim_{n\to\infty}\left|\frac{\left(1+\frac{2}{n}\right)\left(1+\frac{1}{n}\right)}{\left(1-\frac{l}{n}\right)\left(1+\frac{l+1}{n}\right)}\right|=1 \tag{7-38}$$

因此，级数 $y_0(x)$ 和 $y_1(x)$ 收敛于 $|x|<1$，发散于 $|x|>1$。由于 l 阶勒让德方程 $x=\cos\theta$，则其绝对值 $|x|=|\cos\theta|\leqslant 1$。

(3) 解在 $x=\pm1$ 的收敛性

根据 $x=\cos\theta$，$x=\pm1$ 对应于 $\theta=0,\pi$，则级数解 $y_0(x)$ 和 $y_1(x)$ 在 $x=\pm1$ 是否收敛，是我们需要讨论的。但根据高斯判别法可以证明，级数解 $y_0(x)$ 和 $y_1(x)$ 在 $x=\pm1$ 是发散的。

(4) 解退化为多项式

通过观察级数解 $y_0(x)$ 和 $y_1(x)$，就能发现 $y_0(x)$ 和 $y_1(x)$ 确实能退化为多项式。若 $l=2n$（n 为整数），那么 $y_0(x)$ 中只到 x^{2n} 项，而从 x^{2n+2} 项起因为所有系数都含有 $(2n-l)$ 因子，所以均为零，但此时 $y_1(x)$ 仍为无穷级数。若再取 $a_1=0$，那么 $y_1(x)=0$。因此，l 为偶数时，解为只含偶次幂的 l 阶多项式 $a_0y_0(x)$。选取适当的 a_0 得到一个特解，称为 l 阶勒让德多项式。

若 $l=2n+1$（n 为零或正整数），那么 $y_1(x)$ 中只到 x^{2n+1} 项，而从 x^{2n+3} 项起因为所有系数都含有 $(2n+1-l)$ 因子，所以均为零，但此时 $y_0(x)$ 仍为无穷级数。若再取 $a_0=0$，那么 $y_0(x)=0$。因此，l 为奇数时，解为只含奇次幂的 l 阶多项式 $a_1y_1(x)$。选取适当的 a_1 得到一个特解，称为 l 阶勒让德多项式。

(5) 自然边界条件

定解问题的解在空间都是有限的，而经过分离变量法得到的勒让德方程的解在 $x=\pm1$

有限说成是勒让德方程的自然边界条件。因此，勒让德方程与自然边界条件构成本征值问题，其本征值是

$$l(l+1) \quad (l\text{ 为零或正整数}) \tag{7-39}$$

本征函数为 l 阶勒让德多项式。

7.1.3 正则奇点邻域上的级数解法

1. 奇点邻域上的级数解

求解标准形式的线性二阶常微分方程

$$y''+p(x)y'+q(x)y=0 \tag{7-40}$$

若选定的点 x_0 是 $p(x)$和 $q(x)$的奇点，则点 x_0 称为该方程的奇点。如果在方程的奇点的邻域 $0<|x-x_0|<R$ 上，方程的两个线性独立解全部具有有限个负幂项，则 x_0 称为方程的正则奇点，这时 $p(x)$和 $q(x)$不再能展开为以 x_0 为中心的泰勒级数，而是展开为含有负幂项的洛朗(Laurent)级数：

$$p(x)=\sum_{k=-m}^{+\infty}p_k(x-x_0)^k,\quad q(x)=\sum_{k=-n}^{+\infty}q_k(x-x_0)^k \tag{7-41}$$

2. 确定判定方程

尝试把泰勒级数展开式推广为

$$\begin{aligned}y(x)&=\sum_{k=0}^{+\infty}a_k(x-x_0)^{s+k}\\&=a_0(x-x_0)^s+a_1(x-x_0)^{s+1}+\cdots+a_k(x-x_0)^{s+k}+\cdots\end{aligned}$$

式中，s 和系数$\{a_k\}$为尚待确定的常数。若这种尝试成功，那么点 x_0 称为方程的**正则点**。该尝试条件是什么呢?

由级数展开式可以得到

$$y''=s(s-1)a_0(x-x_0)^{s-2}+(s+1)sa_1(x-x_0)^{s-1}+\cdots$$

$$p(x)y'=sp_{-m}a_0(x-x_0)^{s-m-1}+[sp_{-m+1}a_0+(s+1)p_{-m}a_1](x-x_0)^{s-m}+\cdots$$

$$q(x)y=q_{-n}a_0(x-x_0)^{s-n}+(q_{-n+1}a_0+q_{-n}a_1)(x-x_0)^{s-n+1}+\cdots$$

把这三个式子代入二阶常微分方程，合并同幂项，且各个幂次合并后的系数应为零。最低幂项合并后的系数为零，给出 s 的代数方程，由此确定出 s。确定 s 之后，按升幂顺序依次令各个幂次合并后的系数为零，就可以依次递推出各个系数 a_k。令系数 a_0 合并得到

$$[s(s-1)(x-x_0)^{s-2}+sp_{-m}(x-x_0)^{s-m-1}+q_{-n}(x-x_0)^{s-n}]a_0=0 \tag{7-42}$$

讨论：

(1) 若 $m>1$ 或 $n>2$，式(7-42)的第二项或第三项或两者为最低幂项。令最低幂项系数和为零，只能得到 $sp_{-m}=0$ 或 $q_{-n}=0$ 或 $sp_{-m}+q_{-n}=0$，这些是 s 的一次或零次代数方程，只能解出一个 s 的值或根本解不出 s 的值。也就是说，解的级数展开式不是两个线性独立解，尝试不成功，点 x_0 不是正则奇点。

(2) 若 $m\leqslant 1$ 且 $n\leqslant 2$，式(7-42)中的第一项为最低幂项，另外两项最低与它同项，但不会低于它。令最低幂项系数和为零，得到 s 的二次代数方程

$$s(s-1)+sp_{-1}+q_{-2}=0$$

求解该方程得到两个 s。对每个 s，进行系数 a_k 的递推，得到方程的级数展开的一种形式

解，总共是两个解，也就意味着原微分方程对应两个线性独立解。尝试成功，点 x_0 为正则奇点。确定 s 的二次代数方程称为判定方程。

结论(重点)：奇点 x_0 为方程的正则奇点的条件是 $m\leqslant 1$ 且 $n\leqslant 2$，即 $p(x)$ 以 x_0 为不高于一阶的极点，且系数 $q(x)$ 以 x_0 为不高于二阶的极点。

3. 正则解与指标方程

如果 z_0 是方程

$$\frac{\mathrm{d}^2 w}{\mathrm{d}z^2}+\frac{p(z)}{(z-z_0)}\cdot\frac{\mathrm{d}w}{\mathrm{d}z}+\frac{q(z)}{(z-z_0)^2}w=0 \tag{7-43}$$

的奇点，则 $p(z)$ 和 $q(z)$ 都解析的环形区域 $0<|z-z_0|<R$ 内，方程的两个基础解系为

$$w_1(z)=(z-z_0)^{\rho_1}\sum_{k=0}^{+\infty}a_k(z-z_0)^k$$

$$w_2(z)=c_0 w_1(z)\ln(z-z_0)+(z-z_0)^{\rho_2}\sum_{k=0}^{+\infty}b_k(z-z_0)^k$$

其中，ρ_1、ρ_2 和 c_0 都是常数。

这种形式的解称为正则解。当 $c_0\neq 0$ 时，$w_1(z)$ 的形式 $w_2(z)$ 的形式不同，因此需要分别求解。当 $c_0=0$ 时，$w_2(z)$ 的表达式不含对数项，两个解的形式相同。

$w_1(z)$ 和 $w_2(z)$ 的具体求法：

设

$$w(z)=(z-z_0)^{\rho}\sum_{k=0}^{+\infty}a_k(z-z_0)^k,\quad a_0\neq 0$$

$$P(x)=\sum_{i=0}^{+\infty}P_i(z-z_0)^i,\quad Q(x)=\sum_{j=0}^{+\infty}Q_j(z-z_0)^j$$

代入方程(7-43)，比较 $x^0,x^1,\cdots,x^k$ 的系数可得

$$\begin{cases} f_0(\rho)a_0=0 \\ f_0(\rho+1)a_1+a_0 f_1(\rho)=0 \\ \quad\vdots \\ f_0(\rho+n)a_n+f_1(\rho+n-1)a_{n-1}+\cdots+a_0 f_n(\rho)=0,n\geqslant 1 \end{cases} \tag{7-44}$$

其中，$\begin{cases} f_0(\rho)=\rho(\rho-1)+\rho P_0+Q_0 \\ f_k(\rho)=\rho P_k+Q_k,\quad k=1,2,3,\cdots \end{cases}$

由于 $a_0\neq 0$，因此必有

$$f_0(\rho)=\rho(\rho-1)+\rho P_0+Q_0=0 \tag{7-45}$$

通常称方程式(7-45)为方程式(7-43)关于正则奇点 z_0 的指标方程，它的两个根 ρ_1、ρ_2 称为正则奇点 z_0 的指标数。

设方程的一个解为

$$w_1(z)=(z-z_0)^{\rho_1}\sum_{k=0}^{+\infty}a_k(z-z_0)^k$$

此幂级数在 $|z-z_0|<R$ 内必收敛，称上式解为方程式(7-43)的广义幂级数解。

求第二个解：

① $\rho_1-\rho_2\neq 0$ 和整数

在所设解式中取 $\rho=\rho_2$，这时 $f_0(\rho_2)=0, f_0(\rho_2+n)\neq 0, n=0,1,2,\cdots$，所以，对任意 $a_0\neq 0$，又可得到方程的另一个解

$$w_2(z)=(z-z_0)^{\rho_2}\sum_{k=0}^{+\infty}b_k(z-z_0)^k$$

② $\rho_1-\rho_2=m$（m 为正整数）

由于 $f_0(\rho_2)=0, f_0(\rho_2+m)=0$，则递推关系到第 m 步后不能进行，这时令

$$b_0=b_1=\cdots=b_{m-1}=0,\quad b_m\neq 0$$

则对任取的 $b_m\neq 0$，又可有递推关系(7-44)唯一确定 $b_k(k>m)$，从而得到方程的另一个解

$$w_2(z)=(z-z_0)^{\rho_2}\sum_{k=0}^{+\infty}b_k(z-z_0)^k$$

若 $w_1(z)$ 和 $w_2(z)$ 线性无关，则它们构成方程式(7-43)的基础解系，若 $w_1(z)$ 和 $w_2(z)$ 线性相关，则 $w_2(z)$ 可由 $w_2(z)=w_1(z)\int\frac{\Delta(w_1,w_2)}{w_1^2}\mathrm{d}z$ 求得

$$w_2(z)=c_0w_1(z)\ln(z-z_0)+(z-z_0)^{\rho_2}\sum_{k=m}^{+\infty}b_k(z-z_0)^k$$

4. 举例

例 7-1　欧拉型常微分方程在 $x_0=0$ 的邻域上求解

$$x^2y''+xy'-m^2y=0(m^2\text{ 为常数})$$

解　把方程写成标准形式，系数 $p(x)=1/x, q(x)=-m^2/x^2$，则 $x_0=0$ 为 $p(x)$ 的一阶极点，为 $q(x)$ 的二阶极点。因此，x_0 为方程的正则奇点。把

$$-m^2y(x)=-m^2a_0x^s-m^2a_1x^{s+1}-\cdots-m^2a_kx^{s+k}-\cdots$$

$$xy'(x)=sa_0x^s+(s+1)a_1x^{s+1}+\cdots+(s+k)a_kx^{s+k}+\cdots$$

$$x^2y''(x)=s(s-1)a_0x^s+(s+1)sa_1x^{s+1}+\cdots+(s+k)(s+k-1)a_kx^{s+k}+\cdots$$

代入常微分方程，然后相加，令各个幂次合并后的系数分别为零，则得到的一系列方程为

$$\begin{cases}[s(s-1)+s-m^2]a_0=0\\ [(s+1)s+(s+1)-m^2]a_1=0\\ [(s+2)(s+1)+(s+2)-m^2]a_2=0\\ \cdots\cdots\end{cases}\Rightarrow\begin{cases}[s^2-m^2]a_0=0\\ [(s+1)^2-m^2]a_1=0\\ [(s+2)^2-m^2]a_2=0\\ \cdots\cdots\end{cases}$$

考虑到第一个系数 $a_0\neq 0$，则第一个方程为判定方程

$$s^2-m^2=0$$

由此得到第一项的幂次为

$$s_1=+m\text{ 和 }s_2=-m$$

先取 $s_1=+m$，那么第二个方程成为 $[(m+1)^2-m^2]a_1=0\Rightarrow a_1=0$，第三个方程成为 $[(m+2)^2-m^2]a_2=0\Rightarrow a_2=0$，同理得到 $a_k=0(k\geqslant 1)$。因此，常微分方程的一个特解为 $y_1(x)=x^m$。再取 $s_2=-m$，同理得 $a_k=0(k\geqslant 1)$。那么，常微分方程的另一个特解为 $y_2(x)=x^{-m}$，因此常微分方程的通解为 $y(x)=Cx^m+Dx^{-m}$。

例 7-2　在 $x_0=0$ 的邻域上求解 v 阶贝塞尔方程

$$x^2y''+xy'+(x^2-v^2)y=0\quad(v\text{ 为常数})$$

解　把该方程写成标准形式，则系数 $p(x)=1/x$ 和 $q(x)=1-v^2/x^2$ 在 $x_0=0$ 点分别

为一阶奇点和二阶奇点，因此 $x_0=0$ 点为贝塞尔方程的正则奇点。把

$$x^2y(x)=a_0x^{s+2}+a_1x^{s+2}+\cdots+a_kx^{s+k+2}-\cdots$$

$$-v^2y(x)=-v^2a_0x^s-v^2a_1x^{s+1}-\cdots-v^2a_kx^{s+k}-\cdots$$

$$xy'(x)=sa_0x^s+(s+1)a_1x^{s+1}+\cdots+(s+k)a_kx^{s+k}+\cdots$$

$$x^2y''(x)=s(s-1)a_0x^s+(s+1)sa_1x^{s+1}+\cdots+(s+k)(s+k-1)a_kx^{s+k}+\cdots$$

代入常微分方程，并合并各项，令各个幂次合并后的系数分别为零，得到的一系列方程为

$$\begin{cases}[s^2-v^2]a_0=0\\ [(s+1)^2-v^2]a_1=0\\ [(s+2)^2-v^2]a_2+a_0=0\\ \cdots\cdots\\ [(s+k)^2-v^2]a_k+a_{k-2}=0\\ \cdots\cdots\end{cases}$$

考虑到第一个系数 $a_0\neq0$，则第一个方程为判定方程

$$s^2-v^2=0$$

由此得到第一项的幂次为

$$s_1=+v \text{ 和 } s_2=-v$$

第二个方程 $[(\pm v+1)^2-v^2]a_1=0\Rightarrow a_1=0$。利用后面各式进行系数递推，得到的递推公式为

$$[(s+k)^2-v^2]a_k+a_{k-2}=0$$

即

$$\begin{aligned}a_k&=-\frac{1}{(s+k)^2-v^2}a_{k-2}\\ &=-\frac{1}{(s+k+v)(s+k-v)}a_{k-2}\end{aligned}$$

先取 $s_1=+v$，递推公式成为

$$a_k=-\frac{1}{(2v+k)k}a_{k-2}$$

因此

$$a_2=-\frac{1}{(2v+2)2}a_0=-\frac{1}{1!\ (v+1)2^2}a_0$$

$$a_3=-\frac{1}{(2v+3)3}a_1=0$$

$$a_4=-\frac{1}{(2v+4)4}a_2=\frac{1}{2!\ (v+1)(v+2)2^4}a_0$$

$$\cdots\cdots$$

$$a_{2k}=(-1)^k\frac{1}{k!\ (v+1)(v+2)\cdots(v+k)}\frac{1}{2^{2k}}a_0$$

$$a_{2k+1}=0$$

因此，贝塞尔方程的一个特解为

$$y_1(x)=a_0x^v\left[1-\frac{1}{1!\ (v+1)}\left(\frac{x}{2}\right)^2+\frac{1}{2!\ (v+1)(v+2)}\left(\frac{x}{2}\right)^4+\cdots\right.$$
$$\left.+(-1)^k\frac{1}{k!\ (v+1)(v+2)\cdots(v+k)}\left(\frac{x}{2}\right)^{2k}+\cdots\right]$$

该级数的收敛半径为

$$R=\lim_{k\to\infty}|a_{k-2}/a_k|=\lim_{k\to\infty}k(2v+k)=\infty$$

因此，只要 x 有限，级数就是收敛的，通常取

$$a_0=\frac{1}{2^v\Gamma(v+1)}$$

式中，$\Gamma(x)$为 Γ 函数，若 v 为整数，那么 $\Gamma(v+1)=v!$，此时把这个解称为 v 阶贝塞尔函数，记为 $J_v(x)$：

$$J_v(x)=\sum_{k=0}^{\infty}(-1)^k\frac{1}{k!\ \Gamma(v+k+1)}\left(\frac{x}{2}\right)^{v+2k}$$

再取 $s_2=-v$，递推公式成为

$$b_k=-\frac{1}{(k-2v)k}b_{k-2}$$

因此

$$b_2=-\frac{1}{(2-2v)2}b_0=-\frac{1}{1!\ (1-v)2^2}b_0$$

$$b_3=-\frac{1}{(3-2v)3}b_1=0$$

$$b_4=-\frac{1}{(4-2v)4}b_2=\frac{1}{2!\ (-v+1)(-v+2)2^4}b_0$$

……

$$b_{2k}=(-1)^k\frac{1}{k!\ (-v+1)(-v+2)\cdots(-v+k)}\frac{1}{2^{2k}}b_0$$

$$b_{2k+1}=0$$

……

因此，贝塞尔方程的另一个特解为

$$y_2(x)=b_0x^{-v}\left[1-\frac{1}{1!\ (1-v)2^2}\left(\frac{x}{2}\right)^2+\frac{1}{2!\ (1-v)(2-v)}\left(\frac{x}{2}\right)^4+\cdots\right.$$
$$\left.+(-1)^k\frac{1}{k!\ (-v+1)(-v+2)\cdots(-v+k)}\left(\frac{x}{2}\right)^{2k}+\cdots\right]$$

该级数的收敛半径为

$$R=\lim_{k\to\infty}|b_{k-2}/b_k|=\lim_{k\to\infty}k(-2v+k)=\infty$$

因此，只要 x 有限，级数就是收敛的，通常取

$$b_0=\frac{1}{2^{-v}\Gamma(-v+1)}$$

我们把这个解称为$-v$ 阶贝塞尔函数，记为 $J_{-v}(x)$：

$$J_{-v}(x)=\sum_{k=0}^{+\infty}(-1)^k\frac{1}{k!\ \Gamma(-v+k+1)}\left(\frac{x}{2}\right)^{-n+2k}$$

因此，v 阶贝塞尔方程的通解就是两个特解的线性叠加。

$$y(x)=C_1J_v(x)+C_2J_{-v}(x)$$

式中，C_1 和 C_2 为常数。若取 $C_1=\cot v\pi$、$C_2=\csc v\pi$，并代入通解中可以得到一个特解，该特解可以作为 v 阶贝塞尔方程的第二个线性独立的特解，称为 v 阶诺伊曼函数，即

$$N_v(x)=\frac{J_v(x)\cos v\pi-J_{-v}(x)}{\sin v\pi}$$

因此，v 阶贝塞尔方程的通解还可以写成

$$y(x)=C_1J_v(x)+C_2N_v(x)$$

例 7-3 在 $x_0=0$ 的邻域上求解 $\frac{1}{2}$ 阶贝塞尔方程

$$x^2y''+xy'+\left[x^2-\left(\frac{1}{2}\right)^2\right]y=0$$

解 由判定方程解出两个根为 $s_1=\frac{1}{2}$ 和 $s_2=-\frac{1}{2}$。对应于较大的根 $s_1=\frac{1}{2}$，有一个特解为贝塞尔函数

$$\begin{aligned}
y_1(x)=J_{\frac{1}{2}}(x)&=\sum_{k=0}^{+\infty}(-1)^k\frac{1}{k!\ \Gamma\left(k+\frac{3}{2}\right)}\left(\frac{x}{2}\right)^{\frac{1}{2}+2k}\\
&=\sum_{k=0}^{+\infty}\frac{(-1)^k}{k!\ \left(k+\frac{1}{2}\right)\left(k+\frac{1}{2}-1\right)\cdots\frac{1}{2}\times\Gamma\left(\frac{1}{2}\right)}\left(\frac{x}{2}\right)^{\frac{1}{2}+2k}\\
&=\sum_{k=0}^{+\infty}\frac{(-1)^k}{k!\ (2k+1)(2k-1)\cdots5\times3\times1\times\sqrt{\pi}}\left(\frac{1}{2}\right)^{k-\frac{1}{2}}(x)^{\frac{1}{2}+2k}\\
&=\sqrt{\frac{2x}{\pi}}\sum_{k=0}^{+\infty}\frac{(-1)^k}{2k(2k-2)\cdots4\cdot2\cdot(2k+1)(2k-1)\cdots5\cdot3\cdot1}(x)^{2k}\\
&=\sqrt{\frac{2x}{\pi}}\sum_{k=0}^{+\infty}(-1)^k\frac{1}{(2k+1)!}(x)^{2k}=\sqrt{\frac{2}{\pi x}}\sum_{k=0}^{+\infty}(-1)^k\frac{1}{(2k+1)!}(x)^{2k+1}\\
&=\sqrt{\frac{2}{\pi x}}\sin x
\end{aligned}$$

由于判定方程两根之差 $s_1-s_2=1$ 为整数，因此第二个特解的形式为

$$\begin{aligned}
y_2(x)&=AJ_{\frac{1}{2}}(x)\text{In}x+\sum_{k=-1/2}^{+\infty}a_kx^k\\
&=A\sqrt{\frac{2}{\pi x}}\sin x\,\text{In}x+\sum_{k=-1/2}^{+\infty}a_kx^k
\end{aligned}$$

将该特解代入贝塞尔方程中，可以证明 $A=0$。令各个幂次的项分别等于零，可以得到

$$y_2(x)=a_{\frac{1}{2}}\frac{1}{\sqrt{x}}\cos x$$

若令 $a_{\frac{1}{2}}=\sqrt{2/\pi}$，则

$$J_{-\frac{1}{2}}(x)=\sqrt{\frac{2}{\pi x}}\cos x$$

因此，方程的通解为

$$y(x)=C_1J_{\frac{1}{2}}(x)+C_2J_{-\frac{1}{2}}(x)$$

由此推广到半奇数$\left(l+\frac{1}{2}\right)$阶贝塞尔方程的求解。判定方程为$s_1=\frac{1}{2}$和$s_1=-\left(l+\frac{1}{2}\right)$，两根之差$s_1-s_2=2l+1$为整数。对应于$s_1=l+\frac{1}{2}$的一个特解为$v=l+\frac{1}{2}$阶的贝塞尔函数，即

$$J_{l+\frac{1}{2}}(x)=\sum_{k=0}^{+\infty}\frac{(-1)^k}{k!\ \Gamma\left(l+\frac{1}{2}+k+1\right)}\left(\frac{x}{2}\right)^{l+\frac{1}{2}+2k}$$

第二个线性独立的特解可以用

$$y_2(x)=AJ_{l+\frac{1}{2}}(x)\ln x+\sum_{k=-(l+1/2)}^{+\infty}b_kx^k$$

代入方程中，可以证明$A=0$，因此第二个特解仍可以用

$$J_{-\left(l+\frac{1}{2}\right)}(x)=\sum_{k=0}^{+\infty}\frac{(-1)^k}{k!\ \Gamma\left(-l-\frac{1}{2}+k+1\right)}\left(\frac{x}{2}\right)^{-l-\frac{1}{2}+2k}$$

因此，$\left(l+\frac{1}{2}\right)$阶贝塞尔方程的通解为

$$y(x)=C_1J_{l+\frac{1}{2}}(x)+C_2J_{-\left(l+\frac{1}{2}\right)}(x)$$

例 7-4　在$x_0=0$的邻域上求解整数m阶贝塞尔方程

$$x^2y''+xy'+(x^2-m^2)y=0\quad(m\text{ 为整数})$$

解　贝塞尔方程对应$s_1=+m$的一个特解为

$$\begin{aligned}J_m(x)&=\sum_{k=0}^{\infty}(-1)^k\frac{1}{k!\ \Gamma(m+k+1)}\left(\frac{x}{2}\right)^{m+2k}\\&=\sum_{k=0}^{\infty}(-1)^k\frac{1}{k!\ (m+k)!}\left(\frac{x}{2}\right)^{m+2k}\end{aligned}$$

而对应$s_2=-m$的另一个特解为

$$J_{-m}(x)=\sum_{k=0}^{+\infty}(-1)^k\frac{1}{k!\ \Gamma(-m+k+1)}\left(\frac{x}{2}\right)^{-m+2k}$$

如果m是整数，只要$k<m$，则$-m+k+1$是负整数，而负整数的Γ函数为无限大，因此这个级数实际上只从$k=m$开始，即

$$J_{-m}(x)=\sum_{k=m}^{+\infty}(-1)^k\frac{1}{k!\ \Gamma(-m+k+1)}\left(\frac{x}{2}\right)^{-m+2k}$$

令$l=k-m$，则

$$\begin{aligned}J_{-m}(x)&=\sum_{k=0}^{+\infty}(-1)^{l+m}\frac{1}{(l+m)!\ \Gamma(l+1)}\left(\frac{x}{2}\right)^{m+2l}\\&=(-1)^m\sum_{l=0}^{\infty}(-1)^l\frac{1}{(l+m)!\ l!}\left(\frac{x}{2}\right)^{m+2l}\\&=(-1)^mJ_m(x)\end{aligned}$$

因此，第二个特解实际上就是第一个特解。

对于这种情况，第二个特解应该是如下形式：

$$y_2(x)=AJ_m(x)\ln x+\sum_{k=0}^{+\infty}a_{-m+k}x^{-m+k}$$

把该式代入贝塞尔方程中，并利用各个幂次项合并后的系数为零，根据系数的递推公式得到第二个特解：

$$y_2(x)=\frac{2}{\pi}(\ln x+C)J_m(x)-\frac{1}{\pi}\sum_{n=0}^{m-1}\frac{(m-n-1)!}{n!}\left(\frac{x}{2}\right)^{-m+2n}$$
$$-\frac{1}{\pi}\sum_{n=m}^{\infty}\frac{(-1)^{n-m}}{n!\ (n-m)!}\left[\left(1+\frac{1}{2}+\cdots+\frac{1}{n-m}\right)+\left(1+\frac{1}{2}+\cdots+\frac{1}{n}\right)\right]\left(\frac{x}{2}\right)^{-m+2n}$$

若用上面定义的诺伊曼函数作为整数 m 阶贝塞尔方程的第二个特解，又会得到怎样的结果？

$$N_v(x)=\frac{J_v(x)\cos v\xi-J_{-v}(x)}{\sin v\xi}$$

当 $v\to m$（整数）时，整个表达式变成不定式 $\frac{0}{0}$ 情况，必须用罗必塔法则求极限：

$$N_m(x)=\lim_{v\to m}N_v(x)=\lim_{v\to m}\frac{J_v(x)\cos v\xi-J_{-v}(x)}{\sin v\xi}$$

该极限就等于上述的 $y_2(x)$，即第二个特解为 $y_2(x)=N_m(x)$。因此，方程的通解为

$$y(x)=C_1J_m(x)+C_2N_m(x)$$

例 7-5 在 $x_0=0$ 的邻域上求解 v 阶虚宗贝塞尔方程

$$x^2y''+xy'-(x^2+v^2)y=0$$

解 (1) $v\neq$整数或半奇数情况。做变量变换 $\xi=ix$，则 $\frac{\mathrm{d}y}{\mathrm{d}x}=\frac{\mathrm{d}y}{\mathrm{d}\xi}\cdot\frac{\mathrm{d}\xi}{\mathrm{d}x}=i\frac{\mathrm{d}y}{d\xi}$，那么该方程变成

$$\xi^2\frac{\mathrm{d}^2y}{\mathrm{d}\xi^2}+\xi\frac{\mathrm{d}y}{\mathrm{d}\xi}+(\xi^2-v^2)y=0$$

该方程又变成 m 阶贝塞尔方程，其在点 $\xi_0=ix_0=0$ 邻域上的两个线性独立解分别为

$$J_v(\xi)=J_v(ix)=\sum_{k=0}^{+\infty}\frac{(-1)^k}{k!\ \Gamma(v+k+1)}\left(\frac{ix}{2}\right)^{v+2k}$$
$$=i^v\sum_{k=0}^{+\infty}\frac{1}{k!\ \Gamma(v+k+1)}\left(\frac{x}{2}\right)^{v+2k}$$

及

$$J_{-v}(\xi)=J_{-v}(ix)=\sum_{k=0}^{+\infty}\frac{(-1)^k}{k!\ \Gamma(-v+k+1)}\left(\frac{ix}{2}\right)^{-v+2k}$$
$$=i^{-v}\sum_{k=0}^{+\infty}\frac{1}{k!\ \Gamma(-v+k+1)}\left(\frac{x}{2}\right)^{-v+2k}$$

或

$$N_v(\xi)=N_v(ix)=\frac{J_v(ix)\cos v\pi-J_{-v}(ix)}{\sin v\pi}$$

通常，虚宗量贝塞尔函数表示为

$$I_v(x)=i^{-v}J_v(ix)=\sum_{k=0}^{+\infty}\frac{1}{k!\ \Gamma(v+k+1)}\left(\frac{x}{2}\right)^{v+2k}$$

$$I_{-v}(x)=i^{v}J_{-v}(ix)=\sum_{k=0}^{+\infty}\frac{1}{k!\ \Gamma(-v+k+1)}\left(\frac{x}{2}\right)^{-v+2k}$$

因此，该两个解除 $x=0$ 外恒不为零。于是，v 阶贝塞尔方程的解为

$$y(x)=C_1I_v(x)+C_2I_{-v}(x)$$

(2) $v=m$ 为整数。做变量变换 $\xi=ix$，则

$$\xi^2\frac{\mathrm{d}^2y}{\mathrm{d}\xi^2}+\xi\frac{\mathrm{d}y}{\mathrm{d}\xi}+(\xi^2-m^2)y=0$$

判定方程的两个根为 $s_1=m$ 和 $s_2=-m$，若两根之差为 $s_1-s_2=2m$，则第一个特解

$$I_m(x)=i^{-m}J_m(ix)=\sum_{k=0}^{+\infty}\frac{1}{k!\ (m+k)!}\left(\frac{ix}{2}\right)^{m+2k}$$

称为虚宗量贝塞尔函数。

由于 $J_{-m}(ix)=(-1)^mJ_m(ix)$，因此 $-m$ 阶虚宗量贝塞尔函数

$$I_{-m}(x)=i^mJ_{-m}(ix)=i^m(-1)^mJ_m(ix)=i^m(-1)^mi^mI_m(x)=I_m(x)$$

就是 m 阶虚宗量贝塞尔函数。因此，第二个线性独立的特解为虚宗量汉克尔函数

$$K_m(x)=\lim_{v\to m}\frac{\pi}{2}\frac{I_{-v}(x)-I_v(x)}{\sin v\pi}$$

7.1.4 斯特姆-刘维尔本征值问题

1. 基本概念

数学物理中的偏微分方程的分离变量法引出的常微分方程通常附带边界条件；这些边界条件有的是直接给出的，有的是没有写出的自然边界条件；满足这些边界条件的非零解往往不存在，除非方程的参数取某些特定值，这些特定值称为特征值，对应的非零解称为特征函数。求特征值和特征函数的问题称为本征值问题。

因此，分离变量法就是一种本征值问题的解法，不同的方程在不同的正交曲线坐标系下分离变量，可以得到不同的本征值和本征函数。将直角坐标下的本征值问题推广到其他正交曲线坐标系(圆柱坐标、球坐标)，将本征函数从“三角函数”推广至“特殊函数”，然后用统一的模型描述，就是 *S-L* 问题。

2. 斯特姆-刘维尔本征值问题

对于一般二阶常微分方程的本征值问题，通常用适当的函数遍乘微分方程各项，表示为斯特姆-刘维尔型形式

$$\frac{\mathrm{d}}{\mathrm{d}x}\left[k(x)\frac{\mathrm{d}y}{\mathrm{d}x}\right]-q(x)y+\lambda\rho(x)y=0\quad(a\leqslant x\leqslant b)\tag{7-46}$$

附以相应的边界条件(第一类、第二类或第三类边界条件或自然边界条件)，构成斯特姆-刘维尔本征值问题。

(1) $a=0,b=l$；$k(x)=$常数，$q(x)=0$，$\rho(x)=$常数。本征值问题为

$$\begin{cases}y''+\lambda y=0\\y(0)=0,y(l)=0\end{cases}$$

该方程的本征值和本征函数分别为

$$\lambda=\frac{n^2\pi^2}{l^2}$$

$$y(x)=C\sin\frac{n\pi x}{l}$$

(2) $a=-1,b=+1;k(x)=1-x^2,q(x)=0,\rho(x)=1$。勒让德方程本征值问题为

$$\begin{cases}\dfrac{\mathrm{d}}{\mathrm{d}x}\left[(1-x^2)\dfrac{\mathrm{d}y}{\mathrm{d}x}\right]+\lambda y=0\\ y(-1)=\text{有限},y(1)=\text{有限}\end{cases}$$

(3) $a=-1,b=+1;k(x)=1-x^2,q(x)=\dfrac{m^2}{1-x^2},\rho(x)=1$。连带勒让德方程本征值问题为

$$\begin{cases}\dfrac{\mathrm{d}}{\mathrm{d}x}\left[(1-x^2)\dfrac{\mathrm{d}y}{\mathrm{d}x}\right]-\dfrac{m^2}{1-x^2}y+\lambda y=0\\ y(-1)=\text{有限},y(1)=\text{有限}\end{cases}$$

(4) $a=0,b=\rho_0;k(x)=x,q(x)=\dfrac{m^2}{x},\rho(x)=x$。贝塞尔方程本征值问题为

$$\begin{cases}\dfrac{\mathrm{d}}{\mathrm{d}x}\left[x\dfrac{\mathrm{d}y}{\mathrm{d}x}\right]-\dfrac{m^2}{x}y+\lambda xy=0\\ y(0)=\text{有限},y(\rho_0)=0\end{cases}$$

(5) $a=-\infty,b=+\infty;k(x)=\mathrm{e}^{-x^2},q(x)=0,\rho(x)=\mathrm{e}^{-x^2}$。埃尔米特方程本征值问题为

$$\begin{cases}\dfrac{\mathrm{d}}{\mathrm{d}x}\left[\mathrm{e}^{-x^2}\dfrac{\mathrm{d}y}{\mathrm{d}x}\right]+\lambda\mathrm{e}^{-x^2}y=0\\ x\to\pm\infty,y\text{ 的增长不快于 }\mathrm{e}^{\frac{1}{2}x^2}\end{cases}$$

(6) $a=0,b=+\infty;k(x)=x\mathrm{e}^{-x},q(x)=0,\rho(x)=\mathrm{e}^{-x}$。拉盖尔方程本征值问题为

$$\begin{cases}\dfrac{\mathrm{d}}{\mathrm{d}x}\left[x\mathrm{e}^{-x}\dfrac{\mathrm{d}y}{\mathrm{d}x}\right]+\lambda\mathrm{e}^{-x}y=0\\ y(0)\text{ 有限},x\to\infty,y\text{ 的增长不快于 }\mathrm{e}^{x/2}\end{cases}$$

结论：若端点 a 或 b 是 $k(x)$的一级零点，则该端点就存在自然边界条件。

举例：(1) 勒让德方程 $k(x)=1-x^2\Rightarrow x=\pm1,k(\pm1)=0$，因此，在端点 $x=\pm1$ 存在自然边界条件；

(2) 贝塞尔方程的 $k(x)=x\Rightarrow x=0,k(0)=0$，因此，在端点 $x=0$ 存在自然边界条件。

3. 斯特姆-刘维尔本征值问题的性质

以上各例的共同条件：$k(x)$、$q(x)$、$\rho(x)\geqslant0$。在这样的条件下，斯特姆-刘维尔本征值问题有如下的共同性质：

(1) 如果 $k(x)$、$k'(x)$、$q(x)$连续或最多以 $x=a$ 和 $x=b$ 为一阶极点，则存在无限多个本征值

$$\lambda_1\leqslant\lambda_2\leqslant\lambda_3\leqslant\cdots$$

对应有无限多个本征函数

$$y_1(x), y_2(x), y_3(x), \cdots$$

这些本征函数的排列次序正好使节点个数依次增多。

(2) 所有本征值 $\lambda_n \geqslant 0$

证明　本征函数 $y_n(x)$ 和本征值 λ_n 满足

$$-\frac{\mathrm{d}}{\mathrm{d}x}[ky'_n] + q(x)y_n = \lambda_n \rho(x) y_n$$

对方程两端同乘 y_n 并逐项从 a 和 b 积分，得到

$$\begin{aligned}
\lambda_n \int_a^b \rho(x) y_n^2 \mathrm{d}x &= -\int_a^b y_n \frac{\mathrm{d}}{\mathrm{d}x}[ky'_n]\mathrm{d}x + \int_a^b q(x) y_n^2 \mathrm{d}x \\
&= -\left[ky_n \frac{\mathrm{d}y_n}{\mathrm{d}x}\right]_a^b + \int_a^b k\left(\frac{\mathrm{d}y_n}{\mathrm{d}x}\right)^2 \mathrm{d}x + \int_a^b q(x) y_n^2 \mathrm{d}x \\
&= (ky_n y'_n)_{x=a} - (ky_n y'_n)_{x=b} + \int_a^b k\left(\frac{\mathrm{d}y_n}{\mathrm{d}x}\right)^2 \mathrm{d}x + \int_a^b q(x) y_n^2 \mathrm{d}x
\end{aligned}$$

分析：若在端点 $x=a$ 的边界条件是第一类齐次边界条件 $y(a)=0$ 或第二类边界条件 $y'(a)=0$ 或自然边界条件 $k(a)=0$，显然 $(ky_n y'_n)_{x=a}=0$；若在端点 $x=a$ 为第三类齐次条件 $(y_n - hy'_n)_{x=a}=0$，则

$$(ky_n y'_n)_{x=a} = [k(y_n - hy'_n)y'_n + hky'^2_n]_{x=a} = h(ky'^2_n)_{x=a} \geqslant 0$$

若在端点 $x=b$，同理可以证明

$$-(ky_n y'_n)_{x=b} = -[k(y_n + hy'_n)y'_n - hky'^2_n]_{x=b} = h(ky'^2_n)_{x=b} \geqslant 0$$

而

$$\int_a^b k\left(\frac{\mathrm{d}y_n}{\mathrm{d}x}\right)^2 \mathrm{d}x \geqslant 0 \text{ 及} \int_a^b q(x) y_n^2 \mathrm{d}x \geqslant 0$$

因此

$$\lambda_n \int_a^b \rho(x) y_n^2 \mathrm{d}x \geqslant 0$$

因此 $\lambda_n \geqslant 0$。

(3) 对应于不同本征值 λ_m 和 λ_n 的本征函数 $y_m(x)$ 和 $y_n(x)$ 在区间 $[a,b]$ 上带权重 $\rho(x)$ 正交，即

$$\int_a^b y_m(x) y_n(x) \rho(x) \mathrm{d}x = 0$$

证明　本征函数 $y_m(x)$ 和 $y_n(x)$ 分别满足

$$\frac{\mathrm{d}}{\mathrm{d}x}[ky'_m] - q(x)y_m + \lambda_m \rho(x) y_m = 0$$

$$\frac{\mathrm{d}}{\mathrm{d}x}[ky'_n] - q(x)y_n + \lambda_n \rho(x) y_n = 0$$

两式分别乘以 y_n 和 y_m，然后相减，得到

$$y_n \frac{\mathrm{d}}{\mathrm{d}x}[ky'_m] - y_m \frac{\mathrm{d}}{\mathrm{d}x}[ky'_n] + (\lambda_m - \lambda_n)\rho(x) y_m y_n = 0$$

逐项从 a 到 b 积分，得到

$$0 = \int_a^b \left\{ y_n \frac{\mathrm{d}}{\mathrm{d}x}[ky'_m] - y_m \frac{\mathrm{d}}{\mathrm{d}x}[ky'_n] \right\} \mathrm{d}x + (\lambda_m - \lambda_n) \int_a^b \rho(x) y_m y_n \mathrm{d}x$$

$$=\int_a^b \frac{\mathrm{d}}{\mathrm{d}x}[ky'_m y_n - k y_m y'_n]\mathrm{d}x + (\lambda_m - \lambda_n)\int_a^b \rho(x) y_m y_n \mathrm{d}x$$

$$=[ky'_m y_n - k y_m y'_n]_a^b + (\lambda_m - \lambda_n)\int_a^b \rho(x) y_m y_n \mathrm{d}x$$

分析：若在端点 $x=a$ 和 $x=b$ 的边界条件是第一类齐次边界条件 $y(a)=0$ 和 $y(b)=0$，那么上式的第一项为零；若在端点 $x=a$ 和 $x=b$ 的边界条件是第二类边界条件 $y'(a)=0$ 和 $y'(b)=0$，那么第一项仍然为零；若在端点 $x=b$ 为自然边界条件 $k(b)=0$，显然第一项还是为零；若在端点 $x=a$ 和 $x=b$ 的边界条件为第三类齐次条件 $(y_m+hy'_m)_{x=b}=0$ 和 $(y_n+hy'_n)_{x=b}=0$，则

$$[ky'_m y_n - k y_m y'_n]_{x=b} = \frac{1}{h}[ky_n(y_m+hy'_m) - ky_m(y_n+hy'_n)]_{x=b} = 0$$

因此第一项为零。同时，由于 $\lambda_m=\lambda_n$，因此

$$\int_a^b \rho(x) y_m y_n \mathrm{d}x = 0$$

（4）本征函数簇 $y_1(x), y_2(x), y_3(x), \cdots$ 是完备的，也就是说，函数 $f(x)$ 如具有连续一阶导数和分段连续二阶导数，且满足本征函数簇所满足的边界条件，就可以展开为绝对且一致收敛的级数

$$f(x)=\sum_{n=1}^{+\infty} f_n y_n(x)$$

其中

$$f_n = \frac{\int_a^b \overline{y_n(x)} f(x)\rho(x)\mathrm{d}x}{\int_a^b |y_n(x)|^2 \rho(x)\mathrm{d}x} = \frac{1}{N_n^2}\int_a^b \overline{y_n(x)} f(x)\rho(x)\mathrm{d}x$$

4. 广义傅里叶级数

对 $f(x)$ 进行级数展开

$$f(x)=\sum_{n=1}^{+\infty} f_n y_n(x)$$

称为广义傅里叶级数，系数 f_n 称为广义傅里叶系数，$y_n(x)$ 称为该级数展开的基函数。

由于广义傅里叶级数是绝对且一致收敛的，因此可以逐项积分。用 $y_m(x)\rho(x)$ 乘以展开式两端且逐项积分

$$\int_a^b f(x) y_m(x)\rho(x)\mathrm{d}x = \sum_{n=1}^{+\infty} f_n \int_a^b y_n(x) y_m(x)\rho(x)\mathrm{d}x$$

由于基函数的正交性，上式变成

$$\int_a^b f(x) y_m(x)\rho(x)\mathrm{d}x = f_m \int_a^b [y_m(x)]^2 \rho(x)\mathrm{d}x$$

因此

$$f_m = \frac{1}{N_m^2}\int_a^b f(x) y_m(x)\rho(x)\mathrm{d}x$$

式中，$N_m^2=\int_a^b [y_m(x)]^2\rho(x)\mathrm{d}x$ 称为基函数 $y_m(x)$ 的模，这就是广义傅里叶系数的计算公式。

如果本征函数的模 $N_m=1(m=1,2,3,\cdots)$，则该本征函数称为归一化本征函数。因此，对归一化的本征函数簇，广义傅里叶系数为

$$f_m=\int_a^b f(x)y_m(x)\rho(x)\mathrm{d}x$$

基函数的正交性也可以表示为

$$\int_a^b y_n(x)y_m(x)\rho(x)\mathrm{d}x=N_m^2\delta_{mn}$$

式中，

$$\delta_{mn}=\begin{cases}1 & n=m\\ 0 & n\neq m\end{cases}$$

7.2　二阶常微分方程级数解法及其工程应用

1. 级数解法中贝塞尔函数在圆形波导中的应用

圆形波导简称圆波导，是截面形状为圆形的金属管，同矩形波导，圆形波导也只能传输TE和TM波，而不能传输TEM波。为了简便，讨论圆波导时一般采用圆柱坐标系，如图7-1所示。圆波导具有加工方便、双极化、低损耗等优点，广泛应用于远距离通信、双极化馈线以及微波圆形谐振器等，是一种较常用的规则金属波导。

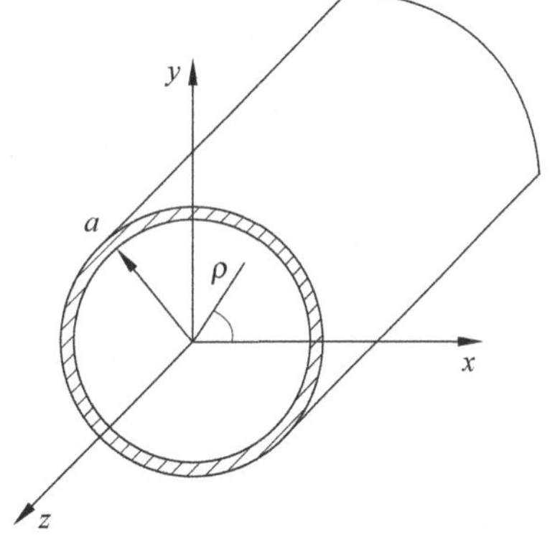

图7-1　圆柱坐标系

(1) 圆波导中的场分量

设圆波导内填充一种媒质，电磁场满足理想导体边界条件 $\boldsymbol{e}_n\times\boldsymbol{E}|_S=0$，即

$$\rho=a,\boldsymbol{E}_z=0,E_\varphi=0\text{ 或}\frac{\partial\boldsymbol{H}_z}{\partial\rho}=0$$

只能 $k_C^2>0$，再考虑到 $\rho=0$ 时，电磁场必须有界，即 $\boldsymbol{A}_2=\boldsymbol{B}_2=0$，由此可得

$$\boldsymbol{E}_z=\boldsymbol{A}_1J_m(k_C\rho)\begin{matrix}\cos(m\varphi)\\ \sin(m\varphi)\end{matrix}\mathrm{e}^{-\gamma z}\quad \boldsymbol{H}_z=\boldsymbol{B}_1J_m(k_C\rho)\begin{matrix}\cos(m\varphi)\\ \sin(m\varphi)\end{matrix}\mathrm{e}^{-\gamma z}$$

$\boldsymbol{E}_z$ 和 $\boldsymbol{H}_z$ 可以分别满足边界条件——TE模和TM模可以分别存在于圆波导内，只有波导壁是由坐标曲面构成时，才有 $\frac{\partial\boldsymbol{H}_z}{\partial\rho}=0$，一般情况下，$\frac{\partial\boldsymbol{H}_z}{\partial n}=0$。

设圆波导外导体内径为 a，圆波导壁为理想导体，波导内介质为空气。因为圆波导只能传输TE和TM波，故这里分别讨论这两种模的场分布。

① TE模——$\boldsymbol{E}_z=0$

由边界条件 $\rho=a$ 时，$\frac{\partial\boldsymbol{H}_z}{\partial\rho}=0$，解得 $J'_m(k_Ca)=0$，即 $k_Ca=\mu'_{mn}$——第 m 阶贝塞尔函数的导函数的第 n 个不为零的零点。由截止波数 $k_C(\mathrm{TE}_{mn})=\frac{\mu'_{mn}}{a}$，模指数 (m,n) 推导出 k_C、$\boldsymbol{H}_z$，从而得到 TE_{mn} 模(TE_{10} 模、TE_{01} 模、TE_{11} 模、……)。

场分量：

$$\boldsymbol{E}_z=0 \quad H_z=H_{mn}J_m\left(\frac{\mu'_{mn}}{a}\rho\right)\begin{matrix}\cos m\varphi\\ \sin m\varphi\end{matrix}\mathrm{e}^{-\gamma z}$$

$$\boldsymbol{E}_\rho=-\frac{j\omega\mu}{k_c^2\rho}\cdot\frac{\partial \boldsymbol{H}_z}{\partial\varphi}=\pm\frac{j\omega\mu m a^2}{\mu'^2_{mn}\rho}\boldsymbol{H}_{mn}J_m\left(\frac{\mu'_{mn}}{a}\rho\right)\begin{matrix}\sin m\varphi\\ \cos m\varphi\end{matrix}\mathrm{e}^{-\gamma z}$$

$$\boldsymbol{E}_\varphi=+\frac{j\omega\mu}{k_c^2}\cdot\frac{\partial \boldsymbol{H}_z}{\partial\rho}=\frac{j\omega\mu a}{\mu'_{mn}}\boldsymbol{H}_{mn}J'_m\left(\frac{\mu'_{mn}}{a}\rho\right)\begin{matrix}\cos m\varphi\\ \sin m\varphi\end{matrix}\mathrm{e}^{-\gamma z}$$

$$\boldsymbol{H}_\rho=-\frac{\gamma}{k_c^2}\cdot\frac{\partial \boldsymbol{H}_z}{\partial\rho}=-\frac{\gamma a}{\mu'_{mn}}\boldsymbol{H}_{mn}J'_m\left(\frac{\mu'_{mn}}{a}\rho\right)\begin{matrix}\cos m\varphi\\ \sin m\varphi\end{matrix}\mathrm{e}^{-\gamma z}$$

$$\boldsymbol{H}_\varphi=-\frac{\gamma}{k_c^2\rho}\cdot\frac{\partial \boldsymbol{H}_z}{\partial\varphi}=\pm\frac{\gamma m a}{\mu'^2_{mn}\rho}\boldsymbol{H}_{mn}J_m\left(\frac{\mu'_{mn}}{a}\rho\right)\begin{matrix}\sin m\varphi\\ \cos m\varphi\end{matrix}\mathrm{e}^{-\gamma z}$$

$m=0,1,2,\cdots;n=1,2,3,\cdots$（$n$ 不能为零，没有 TE_{00} 模）

所有场分量都满足理想导体的边界条件。

② TM 模——$\boldsymbol{H}_z=0$

由边界条件 $\rho=a$ 时，$\boldsymbol{E}_z=0$，解得 $J_m(k_C a)=0$，即

$k_C a=\mu_{mn}$——第 m 阶贝塞尔函数的第 n 个不为零的零点（表 7-1）

表 7-1　圆波导截止波长分布表

模式	TE_{11}	TM_{01}	TE_{21}	TE_{01}，TM_{11}	TE_{31}	TM_{21}	TE_{12}	TM_{02}	…
λ_C	$3.41a$	$2.62a$	$2.06a$	$1.64a$	$1.50a$	$1.22a$	$1.18a$	$1.14a$	…

截止波数 $k_C(\mathrm{TM}_{mn})=\dfrac{\mu_{mn}}{a}$

模指数$(m,n)\Rightarrow k_C$，$\boldsymbol{H}_z\Rightarrow\mathrm{TM}_{mn}$ 模（TM_{10} 模、TM_{01} 模、TM_{11} 模、……）

场分量：

$$\boldsymbol{H}_z=0 \quad \boldsymbol{E}_z=\boldsymbol{E}_{mn}J_m\left(\frac{\mu_{mn}}{a}\rho\right)\begin{matrix}\cos m\varphi\\ \sin m\varphi\end{matrix}\mathrm{e}^{-\gamma z}$$

$$\boldsymbol{E}_\rho=-\frac{\gamma}{k_c^2}\cdot\frac{\partial \boldsymbol{E}_z}{\partial\rho}=-\frac{\gamma a}{\mu_{mn}}\boldsymbol{E}_{mn}J'_m\left(\frac{\mu_{mn}}{a}\rho\right)\begin{matrix}\cos m\varphi\\ \sin m\varphi\end{matrix}\mathrm{e}^{-\gamma z}$$

$$\boldsymbol{E}_\varphi=-\frac{\gamma}{k_c^2\rho}\cdot\frac{\partial \boldsymbol{E}_z}{\partial\varphi}=\pm\frac{\gamma m a^2}{\mu^2_{mn}\rho}\boldsymbol{E}_{mn}J_m\left(\frac{\mu_{mn}}{a}\rho\right)\begin{matrix}\sin m\varphi\\ \cos m\varphi\end{matrix}\mathrm{e}^{-\gamma z}$$

$$\boldsymbol{H}_\rho=+\frac{j\omega\varepsilon}{k_c^2\rho}\frac{\partial \boldsymbol{E}_z}{\partial\varphi}=\mp\frac{j\omega\varepsilon m a^2}{\mu^2_{mn}\rho}\boldsymbol{E}_{mn}J_m\left(\frac{\mu_{mn}}{a}\rho\right)\begin{matrix}\sin m\varphi\\ \cos m\varphi\end{matrix}\mathrm{e}^{-\gamma z}$$

$$\boldsymbol{H}_\varphi=-\frac{j\omega\varepsilon}{k_c^2}\cdot\frac{\partial \boldsymbol{E}_z}{\partial\rho}=-\frac{j\omega\varepsilon a}{\mu_{mn}}\boldsymbol{E}_{mn}J'_m\left(\frac{\mu_{mn}}{a}\rho\right)\begin{matrix}\cos m\varphi\\ \sin m\varphi\end{matrix}\mathrm{e}^{-\gamma z}$$

$m=0,1,2,\cdots;n=1,2,3,\cdots$（$n$ 不能为零，没有 TM_{00} 模）

所有场分量都满足理想导体的边界条件。

所有的 TE_{mn} 模和 TM_{mn} 模构成一个完备的正交集，可以线性叠加得到波导内传输的任意电磁场，通常将它们称为正规模。

(2) 圆波导中导行电磁波的传播特性

截止波长和截止频率分别为

$$\lambda_C=\frac{2\pi}{k_C}=\frac{v}{f_C}\quad f_C=\frac{k_C v}{2\pi}=\frac{v}{\lambda_C}\quad v=\frac{1}{\sqrt{\mu\varepsilon}}$$

截止波数 $k_C(\mathrm{TE}_{mn})=\dfrac{\mu'_{mn}}{a}\quad k_C(\mathrm{TM}_{mn})=\dfrac{\mu_{mn}}{a}$

截止波长 $\lambda_C(\mathrm{TE}_{mn})=\dfrac{2\pi a}{\mu'_{mn}}\quad \lambda_C(\mathrm{TM}_{mn})=\dfrac{2\pi a}{\mu_{mn}}$

截止频率 $f_C(\mathrm{TE}_{mn})=\dfrac{\mu'_{mn}}{2\pi a\sqrt{\mu\varepsilon}}\quad f_C(\mathrm{TM}_{mn})=\dfrac{\mu_{mn}}{2\pi a\sqrt{\mu\varepsilon}}$

传播模式 $k>k_C$ 或 $\lambda<\lambda_C$ 或 $f>f_C$——高通

截止模式 $k<k_C$ 或 $\lambda>\lambda_C$ 或 $f<f_C$

特点：① λ_C——m,n,a，且 $m(\neq 0)\uparrow,n\uparrow\Rightarrow\lambda_C\downarrow$，而 $a\uparrow\Rightarrow\lambda_C\uparrow$，但次序不变。

② 主模(截止波长最大的模式，可以单模工作)是 TE_{11} 模式，且 $\lambda_C(\mathrm{TE}_{11})=3.41a$。

③ 最低型高次模是 TM_{01} 模，且 $\lambda_C(\mathrm{TM}_{02})=2.62a$。

④ 截止区(没有模式可以传播的波长范围)为 $\lambda>\lambda_C(\mathrm{TE}_{11})=3.41a$。

⑤ 主模的单模工作条件 λ_C(最低型高次模)$<\lambda<\lambda_C$(主模)，即 $2.62a<\lambda<3.41a$。

⑥ 模式简并：截止波长相同，场结构完全不同的两种模式。

(3) 传播模式的种类及其传播特性

相位常数 $\beta=\dfrac{2\pi}{\lambda}\sqrt{1-(\lambda/\lambda_C)^2}=\dfrac{2\pi f}{v}\sqrt{1-(f_C/f)^2}$

波导波长 $\lambda_g=\dfrac{2\pi}{\beta}=\dfrac{\lambda}{\sqrt{1-(\lambda/\lambda_C)^2}}=\dfrac{v}{f}\dfrac{1}{\sqrt{1-(f_C/f)^2}}$

相速度 $v_p=\dfrac{\omega}{\beta}=\dfrac{v}{\sqrt{1-(\lambda/\lambda_C)^2}}=\dfrac{v}{\sqrt{1-(f_C/f)^2}}$

群速度 $v_g=\dfrac{\mathrm{d}\omega}{\mathrm{d}\beta}=v\sqrt{1-(\lambda/\lambda_C)^2}=v\sqrt{1-(f_C/f)^2}$

波型阻抗 $Z_{TE}=\dfrac{\omega\mu}{\beta}=\dfrac{Z_W}{\sqrt{1-(\lambda/\lambda_C)^2}}=\dfrac{Z_W}{\sqrt{1-(f_C/f)^2}}>Z_W$

$$Z_{TM}=\frac{\beta}{\omega\varepsilon}=Z_W\sqrt{1-(\lambda/\lambda_C)^2}=Z_W\sqrt{1-(f_C/f)^2}<Z_W$$

$$Z_W=\sqrt{\mu/\varepsilon}$$

截止模式的波型阻抗是复数。

$$\boldsymbol{Z}_{TE}=jZ_W/\sqrt{(\lambda/\lambda_C)^2-1}=Z_W\sqrt{(f_C/f)^2-1}$$

$$\boldsymbol{Z}_{TM}=jZ_W\sqrt{(\lambda/\lambda_C)^2-1}=Z_W\sqrt{(f_C/f)^2-1}$$

模 TE 和模 TM 都是色散波(相速与频率有关)，由于它们是波导的横截面所引起的色散，所以称为几何色散。此外，因为波导内填充的色散媒质所引起的色散称为媒质色散。

2. 应用常点邻域上级数解法中勒让德方程的级数解求解球形域内的电位分布

在半径为 1m 的单位球内求调和函数 u，使它在球面上满足

$$u|_{r=1}=\cos^2\theta$$

解 由于方程的自由项及定解条件中的已知函数均与变量 φ 无关，故可以推知，所求的调和函数只与 r、θ 两个变量有关，而与变量 φ 无关，因此，所提的问题可归结为下列定解问题：

$$\begin{cases}\dfrac{1}{r^2}\cdot\dfrac{\partial}{\partial r}\left(r^2\dfrac{\partial u}{\partial r}\right)+\dfrac{1}{r^2\sin\theta}\cdot\dfrac{\partial}{\partial\theta}\left(\sin\theta\dfrac{\partial u}{\partial\theta}\right)=0, & 0<r<1,0\leqslant\theta\leqslant\pi\\ u|_{r=1}=\cos^2\theta, & 0\leqslant\theta\leqslant\pi\end{cases}\tag{7-47}$$

用分离变量法解，将 $u(r,\theta)=R(r)\Theta(\theta)$ 代入原方程，得

$$(r^2R''+2rR')\Theta+(\Theta''+\Theta'\cot\theta)R=0$$

从而得到

$$r^2R''+2rR'-\lambda R=0\tag{7-48}$$

$$\Theta''(\theta)+\Theta'\cot\theta+\lambda\Theta(\theta)=0\tag{7-49}$$

将常数 λ 写成 $\lambda=n(n+1)$，则式(7-49)变成

$$\frac{\mathrm{d}^2\Theta}{\mathrm{d}\theta^2}+\cot\theta\frac{\mathrm{d}\Theta}{\mathrm{d}\theta}+\left[n(n+1)-\frac{m^2}{\sin^2\theta}\right]\Theta=0$$

当 $m=0$ 的特例，所以它就是勒让德方程。由问题的物理意义，函数 $u(r,\theta)$ 应是有界的，只有当 n 为整数时，式(7-49)在区间 $0\leqslant\theta\leqslant\pi$ 内才有有界解

$$\Theta_n(\theta)=P_n(\cos\theta)$$

$P_n(\cos\theta)(n=0,1,2,\cdots)$ 就是式(7-49)在自然边界条件 $|y(\pm1)|<+\infty$ 下的特征函数系，因为 $k(x)=1-x^2$ 在 $x=\pm1$ 处为零，所以在这两点应该加自然边界条件，而式(7-48)的通解为

$$R_n=C_1r^n+C_2r^{-(n+1)}$$

要使 u 有界，必须 R_n 也有界，故 $C_2=0$，即

$$R_n=C_1r^n$$

用叠加原理得到原问题的解为

$$u(r,\theta)=\sum_{n=0}^{+\infty}C_nr^nP_n(\cos\theta)\tag{7-50}$$

由式(7-50)中的边界条件得

$$\cos^2\theta=\sum_{n=0}^{+\infty}C_nP_n(\cos\theta)\tag{7-51}$$

若在式(7-51)中以 x 代替 $\cos\theta$，则得

$$x^2=\sum_{n=0}^{+\infty}C_nP_n(x)$$

由于

$$x^2\equiv\frac{1}{3}P_0(x)+\frac{2}{3}P_2(x)$$

比较这两式的右端，可得

$$C_0=\frac{1}{3},C_2=\frac{2}{3},C_n=0(n\neq0,2)$$

因此，所求定解问题的解为

$$u(r,\theta)=\frac{1}{3}+\frac{2}{3}P_2(\cos\theta)r^2=\frac{1}{3}+\left(\cos^2\theta-\frac{1}{3}\right)r^2$$

关于系数，可按照 7.1.2 节中的函数展开成勒让德多项式的级数进行求解。

7.3　思政教育——极限思想

所谓的极限思想是用无限的变化过程研究有限的思想。它是用有限描述无限、由近似过渡到精确，更是一种工具、一种过程，特别是对于变化趋势的“无穷小”过程，是高等数学的中心思想。有了极限思想后，在此基础上给出了连续概念、导数概念、定积分概念、广义积分的敛散性、级数的敛散性、多元函数的偏导数、重积分概念、曲线积分概念及曲面积分概念等。运动是一切事物、现象发生变化的根本属性，但变化也有渐变和突变之分。而极限思想是渐变的思想。例如，在求曲边梯形的面积时，经历了四个过程：化“整”为“零”、以“直”代“曲”、积“零”为“整”、取极限。首先将曲边梯形任意分割成若干个小曲边梯形，每个小曲边梯形的面积用较接近的小矩形的面积近似替代，分割得越细，近似程度越精确，最后以小矩形面积之和的极限值作为曲边梯形面积。本章主要介绍了二阶常微分方程的级数解法，无穷级数的概念相当于无限逼近。在柱坐标系、球坐标系下，通过分离变量得到特殊方程通常无法采用正常的解法，可以采用级数法解出，利用近似的解无限逼近精确解，也是一种极限思想的成功应用。

早在公元 263 年，中国古代第一部数学专著《九章算术》中，刘徽就提出割圆求周的方法，“割之弥细，所失弥少，割之又割，以至于不可割，则与圆合体而无所失矣”，将圆周分成三等分、六等分、十二等分……这样继续分割下去，所得多边形的周长就无限接近圆的周长。这种把所考查的对象看作某对象在无限变化过程中变化的结果的思想就是极限的思想。极限的思想贯穿微积分的始终，是微积分的基本思想。刘徽的割圆求周方法有力地说明了，大学生在虚心学习借鉴人类社会创造的一切文明成果的同时，不能数典忘祖，要坚定不移地培养文化自信，将优秀传统文化和时代精神、社会实践有效结合起来。

习　　题

1. 试用平面极坐标系把二维波动方程分离变数。

2. 在 $x_0=0$ 的邻域上求解常微分方程 $y''+w^2y=0$（w 是常数）。

3. 求方程 $x^2y''(x)-xy'(x)+y(x)=0$ 在 $x=0$ 邻域内的通解。

4. 在 $x_0=0$ 的邻域上求解雅克比方程

$$(1-x^2)y''+[\beta-\alpha-(\alpha+\beta+2)]y'+\lambda(\alpha+\beta+\lambda+1)=0$$

5. 在 $x_0=0$ 的邻域上求拉盖尔方程 $xy''+(1-x)y'+\lambda y=0$ 的有限解。

（1）λ 取什么数值可使级数退化为多项式？

（2）这些多项式乘以适当的常数使最高幂项成为 $(-x)^n$ 形式就叫作拉盖尔多项式，记作 $L_n(x)$，请写出前几个 $L_n(x)$。

6. 在 $x=0$ 的邻域上求解方程 $y''-2xy'+(\lambda-1)y=0$，当 λ 取什么数值时，可使级数退化为多项式。

7. 在 $x_0=1$ 的邻域上，求勒让德方程 $(1-x)y''-2xy'+l(l+1)y=0$ 的有限解。

8. 在 $x_0=0$ 的邻域上求解 $xy''-xy'+y=0$。

9. 在 $x_0=0$ 的邻域上求解高斯方程(超几何数微分方程)

$$x(x-1)y''+[(1+\alpha+\beta)x-\gamma]y'+\alpha\beta y=0 \quad \alpha,\beta,\gamma \text{ 为常数}$$

10. 在 $x_0=0$ 的邻域上求解汇合超几何级数微分方程

$$xy''+(\gamma-x)y'-\alpha y=0 \quad \alpha,\gamma \text{ 为常数}$$

11. 欧勒型常微分方程在 $x_0=0$ 的邻域上求解

$$x^2y''+xy'-m^2y=0(m^2 \text{ 为常数})$$

12. 在 $x_0=0$ 的邻域上求解 v 阶贝塞尔方程

$$x^2y''+xy'+(x^2-v^2)y=0(v \text{ 为常数})$$

13. 在 $x_0=0$ 的邻域上求解 $\frac{1}{2}$ 阶贝塞尔方程

$$x^2y''+xy'+\left[x^2-\left(\frac{1}{2}\right)^2\right]y=0$$

14. 在 $x_0=0$ 的邻域上求解整数 m 阶贝塞尔方程

$$x^2y''+xy'+(x^2-m^2)y=0(m \text{ 为整数})$$

15. 在 $x_0=0$ 的邻域上求解 v 阶虚宗贝塞尔方程

$$x^2y''+xy'-(x^2+v^2)y=0$$

16. 将下列方程转化为 Sturm-Liouville 型方程的标准形式。

(1) $y''-\cot xy'+\lambda y=0$

(2) $xy''+(1-x)y'+\lambda y=0$

第 8 章 柱函数及其工程应用

CHAPTER 8

柱函数是数学物理方法中的一个重要内容，包括贝赛尔函数、诺伊曼函数和汉克尔函数。在柱坐标系里对拉普拉斯方程进行分离变量，可得到贝塞尔方程。它的解可由贝塞尔函数、诺伊曼函数和汉克尔函数表示。本章主要讨论拉普拉斯方程、贝塞尔方程、亥姆霍兹方程的解的性质及其在数学物理定解问题中的应用，以及工程应用。

在进行讨论之前，这里要对贝塞尔方程的阶的记号进行说明。以 m 特指整数阶，以 $l+1/2$ 特指半奇数阶，以 v 表示一般的阶。

8.1 柱函数的知识点

8.1.1 柱函数

1. 三类柱函数

在柱坐标系中对拉普拉斯方程$\nabla^2 u=0$ 进行分离变量法，得到贝塞尔方程

$$x^2 \frac{\mathrm{d}^2 R}{\mathrm{d}x^2}+x \frac{\mathrm{d}R}{\mathrm{d}x}+(x^2-m^2)R=0 \quad (x=\sqrt{\mu}\rho)$$

和虚宗量贝塞尔方程

$$x^2 \frac{\mathrm{d}^2 R}{\mathrm{d}x^2}+x \frac{\mathrm{d}R}{\mathrm{d}x}-(x^2+m^2)R=0 \quad (x=v\rho)$$

在球坐标系中对亥姆霍兹方程进行分离变量法，得到球贝塞尔方程

$$r^2 \frac{\mathrm{d}^2 R}{\mathrm{d}r^2}+2r \frac{\mathrm{d}R}{\mathrm{d}r}+[k^2 r^2-l(l+1)]R=0$$

对应于贝塞尔方程的通解为

$$R(x)=C_1 \mathrm{J}_m(x)+C_2 \mathrm{J}_{-m}(x) \tag{8-1}$$

或

$$R(x)=C_1 \mathrm{J}_m(x)+C_2 \mathrm{N}_m(x) \tag{8-2}$$

上述第一种解的表达式只对 m 为非整数的情况是成立的，因为当 m 为整数阶时，$\mathrm{J}_{-m}(x)=(-1)^m \mathrm{J}_m(x)$，两个解不是独立的解；第二种解的表达式对任意 m 均成立。

还可以把贝塞尔方程通解表示为

$$R(x)=C_1 \mathrm{H}_m^{(1)}(x)+C_2 \mathrm{H}_m^{(2)}(x) \tag{8-3}$$

式中，$H_m^{(1)}(x)$和$H_m^{(2)}(x)$分别称为第一种汉克尔函数和第二种汉克尔函数，表示为

$$\begin{aligned} H_m^{(1)}(x) &= J_m(x) + iN_m(x) \\ H_m^{(2)}(x) &= J_m(x) - iN_m(x) \end{aligned} \tag{8-4}$$

通常把贝塞尔函数$J_m(x)$、诺伊曼函数$N_m(x)$和汉克尔函数$H_m^{(1)}(x)$或$H_m^{(2)}(x)$分别称为第一类、第二类和第三类柱函数。

2. 渐近特性

$$J_v(x) = \sum_{k=0}^{\infty} (-1)^k \frac{1}{k!\ \Gamma(v+k+1)} \left(\frac{x}{2}\right)^{v+2k}$$

$$J_{-v}(x) = \sum_{k=0}^{\infty} (-1)^k \frac{1}{k!\ \Gamma(-v+k+1)} \left(\frac{x}{2}\right)^{-v+2k}$$

$$N_v(x) = \frac{J_v(x)\cos v\pi - J_{-v}(x)}{\sin v\pi}$$

因此，当$x \to 0$时，

$$J_0(x) \to 1 \quad J_m(x) \to 0 \quad J_{-m}(x) \to \infty$$

$$N_0(x) \to 0 \quad N_m(x) \to \pm\infty \ (m \neq 0)$$

这样，研究圆柱内部问题时，“在圆柱轴上（$\rho=0$，即$x=0$）解应为有限值”这个要求就成为自然的边界条件，按照这个条件，应舍弃诺伊曼函数和负阶的贝塞尔函数，只要零阶和正阶的贝塞尔函数。

当$x \to \infty$时，

$$\begin{aligned} H_m^{(1)} &\sim \sqrt{\frac{2}{\pi x}}\, e^{i\left(x-\frac{m\pi}{2}-\frac{\pi}{4}\right)} \\ H_m^{(2)} &\sim \sqrt{\frac{2}{\pi x}}\, e^{-i\left(x-\frac{m\pi}{2}-\frac{\pi}{4}\right)} \\ J_m(x) &\sim \sqrt{\frac{2}{\pi x}} \cos\left(x-\frac{m\pi}{2}-\frac{\pi}{4}\right) \\ N_m(x) &\sim \sqrt{\frac{2}{\pi x}} \sin\left(x-\frac{m\pi}{2}-\frac{\pi}{4}\right) \end{aligned} \tag{8-5}$$

3. 递推公式

根据贝塞尔函数的级数表达式

$$J_v(x) = \sum_{k=0}^{+\infty} (-1)^k \frac{1}{k!\ \Gamma(v+k+1)} \left(\frac{x}{2}\right)^{v+2k}$$

可以得到

$$\begin{aligned} \frac{d}{dx}\left[\frac{J_v(x)}{x^v}\right] &= \frac{d}{dx}\left[\sum_{k=0}^{+\infty} (-1)^k \frac{1}{k!\ \Gamma(v+k+1)} \left(\frac{1}{2}\right)^{v+2k} x^{2k}\right] \\ &= \sum_{k=1}^{+\infty} \frac{(-1)^k 2k}{k!\ \Gamma(v+k+1)} \left(\frac{1}{2}\right)^{v+2k} x^{2k-1} \end{aligned}$$

令$k=l+1$，则

$$\frac{d}{dx}\left[\frac{J_v(x)}{x^v}\right] = \sum_{l=0}^{+\infty} \frac{(-1)^{(l+1)} 2(l+1)}{(l+1)!\ \Gamma(v+l+1+1)} \left(\frac{1}{2}\right)^{v+2l+2} x^{2l+1}$$

$$=-\frac{1}{x^v}\sum_{l=0}^{+\infty}\frac{(-1)^l}{l!\ \Gamma(v+1+l+1)}\left(\frac{x}{2}\right)^{v+1+2l}$$

$$=-\frac{\mathrm{J}_{v+1}(x)}{x^v} \tag{8-6}$$

$$\frac{\mathrm{d}}{\mathrm{d}x}[x^vJ_v(x)]=\frac{\mathrm{d}}{\mathrm{d}x}\left[\sum_{l=0}^{+\infty}(-1)^l\frac{1}{l!\ \Gamma(l+v+1)}\frac{x^{2l+2v}}{2^{2l+v}}\right]$$

$$=\sum_{l=0}^{+\infty}(-1)^l\frac{2(l+v)}{l!\ \Gamma(l+v+1)}\frac{x^{2l+2v-1}}{2^{2l+v}}$$

$$=x^v\sum_{l=0}^{+\infty}(-1)^l\frac{(l+v)}{l!\ \Gamma(l+v+1)}\frac{x^{2l+2v-1}}{2^{2l+v-1}}$$

$$=x^v\sum_{l=0}^{+\infty}(-1)^l\frac{1}{l!\ \Gamma(l+v)}\frac{x^{2l+2v-1}}{2^{2l+v-1}}$$

$$=x^v\mathrm{J}_{v-1}(x) \tag{8-7}$$

由于诺伊曼函数 $\mathrm{N}_m(x)$是正、负阶贝塞尔函数 $\mathrm{J}_m(x)$的线性组合，而汉克尔函数 $\mathrm{H}_m^{(1)}(x)$和 $\mathrm{H}_m^{(2)}(x)$是贝塞尔函数 $\mathrm{J}_m(x)$和诺伊曼函数 $\mathrm{N}_m(x)$的线性组合，因此贝塞尔函数 $\mathrm{J}_m(x)$、诺伊曼函数 $\mathrm{N}_m(x)$和汉克尔函数 $\mathrm{H}_m^{(1)}(x)$或 $\mathrm{H}_m^{(2)}(x)$均满足上述递推关系。

$$\begin{aligned}&\frac{\mathrm{d}}{\mathrm{d}x}\left[\frac{Z_v(x)}{x^v}\right]=-\frac{Z_{v+1}(x)}{x^v}\\&\frac{\mathrm{d}}{\mathrm{d}x}[x^vZ_v(x)]=x^vZ_{v-1}(x)\end{aligned} \tag{8-8}$$

展开两个递推关系式的右端求导项，得到

$$\begin{aligned}&Z'_v(x)-vZ_v(x)/x=-Z_{v+1}(x)\\&Z'_v(x)+vZ_v(x)/x=x^vZ_{v-1}(x)\end{aligned} \tag{8-9}$$

从这对关系式中分别消去 $Z'_v(x)$和 $Z_v(x)$，得到

$$\begin{aligned}&Z_{v-1}(x)-Z_{v+1}(x)=2Z'_v(x)\\&Z_{v+1}(x)-2vZ_v(x)/x+Z_{v-1}(x)=0\end{aligned} \tag{8-10}$$

8.1.2 贝塞尔方程

1. 贝塞尔函数和本征值问题

亥姆霍兹方程为 $\mu'<0,\mu'=0,\mu'>0$ 三种情况。现讨论拉普拉斯方程的三种情况。

对于圆柱内部的问题，如果柱侧有齐次的边界条件，则 $\mu<0$ 应予排除。这是因为 $\mu<0$ 引至虚宗量贝塞尔方程，其解恒不为零，除非 $x=\sqrt{\mu}\rho=0$。这样，我们只需考虑 $\mu\geqslant0$ 的情况。

在 $\mu\geqslant0$ 的情况下，$R(\rho)$应是整数 m 阶贝塞尔方程

$$x^2\frac{\mathrm{d}^2R}{\mathrm{d}x^2}+x\frac{\mathrm{d}R}{\mathrm{d}x}+(x^2-m^2)R=0\quad(x=\sqrt{\mu}\rho) \tag{8-11}$$

的解，由于圆柱轴上的自然边界条件，这个方程的两个线性独立解中，我们只要非负阶贝塞尔函数

$$R(\rho)=\mathrm{J}_m(x)=\mathrm{J}_m(\sqrt{\mu}\rho)\quad(m\geqslant0) \tag{8-12}$$

柱侧的齐次边界条件决定式(8-11)中的 μ 的可能值,这些就是式(8-11)所给齐次边界条件下的本征值,相应的本征函数是式(8-12)。

(1) 第一类齐次边界条件 $R(\rho_0)=0$,ρ_0 为圆柱的半径。这个条件也就是 $\mathrm{J}_m(\sqrt{\mu}\rho_0)=0$。因此,本征值 $\mu_n^{(m,1)}=(x_n^{(m,1)}/\rho_0)^2=(x_n^{(m)}/\rho_0)^2$,记 $x_0=\sqrt{\mu}\rho_0$,其中 $x_n^{(m)}$ 是 $\mathrm{J}_m(x)$的第 n 个正零点,$\mathrm{J}_m(x_n^{(m)})=0$,而 $x_n^{(m,1)}$ 表示 $\mathrm{J}_m(x)$在满足第一类齐次边界条件下方程

$$\mathrm{J}_m(x_0)=0 \tag{8-13}$$

的第 n 个正根,因此,$x_n^{(m,1)}=x_n^{(m)}$。

图 8-1 描绘了 $\mathrm{J}_0(x)$、$\mathrm{J}_1(x)$、$\mathrm{J}_2(x)$和 $\mathrm{J}_3(x)$,易知 $\mathrm{J}_0(0)=1$ 而 $\mathrm{J}_m(0)=0$,$(m=1,2,3,\cdots)$。也就是说,在侧面第一类齐次边界条件下,不论是 $\mathrm{J}_0(x)$,还是 $\mathrm{J}_m(x)$,$\mu=0$ 都不是本征值。

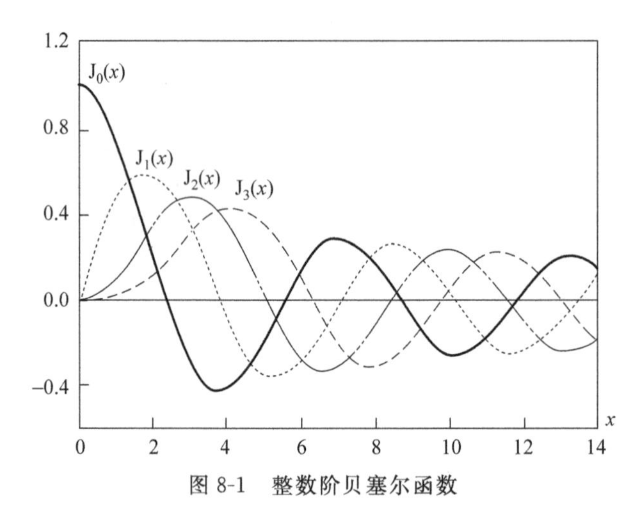

图 8-1　整数阶贝塞尔函数

零点 $x_n^{(m)}$ 还可以用下面的公式计算:

$$x_n^{(m)}=A-\frac{B-1}{8A}\left(1+\frac{C}{3(4A)^2}+\frac{2D}{15(4A)^4}+\frac{E}{105(4A)^6}+\cdots\right)$$

其中

$$A=\left(m-\frac{1}{2}+2n\right)\frac{\pi}{2},B=4m^2$$

$$C=7B-31,D=83B^2-982B+3779$$

$$E=6949B^3-153855B^2+1585743B-6277237$$

下面列举一些有关贝塞尔函数零点的一般性结论。

贝塞尔函数 $\mathrm{J}_m(x)$的级数表达式各项的幂指数依次逐个相差两次,所以

$$\mathrm{J}_m(-x)=(-1)^m\mathrm{J}_m(x)$$

这样,如果 $x_n^{(m)}$ 是零点,则 $-x_n^{(m)}$ 也必是零点。换句话说,贝塞尔函数的零点正负成对,其绝对值相等。不过,柱坐标系中的 ρ 一般理解为正,所以我们将不讨论负的零点。式(8-5)给出了大 x 下的渐近公式 $\mathrm{J}_m(x)\sim(1/\sqrt{x})\cos(x-m\pi/2-\pi/4)$。余弦函数有无限多个零点,可见贝塞尔函数有无限多个零点。

连续函数的两个相邻零点之间必有其导数的一个零点。这样,式(8-6)表明 $J_m(x)$ 的两个相邻零点之间必有 $J_{m+1}(x)$ 的一个零点。把式(8-7)中的 v 换作 $m+1$,则它表明 $x^{m+1}J_{m+1}(x)$ 的两个相邻零点必有 $J_m(x)$ 的一个零点。这又可分为两种情况：

① $J_{m+1}(x)$ 的两个相邻的且不等于零的两零点之间必有 $J_m(x)$ 的一个零点；

② 在 $x=0$ 和 $J_{m+1}(x)$ 的绝对值最小的零点之间必有 $J_m(x)$ 的一个零点。总之,$J_m(x)$ 和 $J_{m+1}(x)$ 的零点两两相间,$J_m(x)$ 的绝对值最小的零点比 $J_{m+1}(x)$ 的绝对值最小的零点更接近零(这对于波导问题是有意义的)。

(2) 第二类齐次边界条件 $R'(\rho_0)=0$。这个条件就是

$$0=[\mathrm{d}J_m(\sqrt{\mu}\rho/\mathrm{d}\rho)]|_{\rho=\rho_0}=\sqrt{\mu}J'_m(\sqrt{\mu}\rho_0)$$

若 $\mu\neq 0$,则这个条件也就是 $J'_m(\sqrt{\mu}\rho_0)=0$。所以,本征值 $\mu_n^{(m,2)}=(x_n^{(m,2)}/\rho_0)^2$,记 $x_0=\sqrt{\mu}\rho_0$,其中 $x_n^{(m,2)}$ 是 $J_m(x)$ 在第二类齐次边界条件下方程

$$\frac{x_0}{\rho_0}J'_m(x_0)=0 \tag{8-14}$$

的第 n 个正根,即 $J'_m(x)$ 的第 n 个正的零点。

$J'_m(x)$ 的零点在一般的数学中并未用表列出。不过,$m=0$ 的特例还是容易处理的：在式(8-10)中,置 $v=0$,则

$$J'_0(x)=-J_1(x) \tag{8-15}$$

这样,$J'_0(x)$ 的零点就是 $J_1(x)$ 的零点,即 $x_n^{(0,2)}=x_n^{(1)}$ 可从数学用表查出。至于 $m\neq 0$ 的情况,可考虑如下：引用

$$J'_m(x)=\frac{1}{2}[J_{m-1}(x)-J_{m+1}(x)] \tag{8-16}$$

这样,$J'_m(x)$ 的零点可从曲线 $J_{m-1}(x)$ 和 $J_{m+1}(x)$ 的第 n 个交点的 x 坐标得出。

$J'_m(x)$ 的零点 $x_n^{(m,2)}>0$,还可以用下面的公式计算：

$$x_n^{(m)}=A-\frac{B+3}{8A}-\frac{C}{6(4A)^3}-\frac{D}{15(4A)^5}-\cdots$$

其中
$$A=(m+\frac{1}{2}+2n)\frac{\pi}{2},B=4m^2,C=7B^2+82B-9$$

$$D=83B^3+2075B^2-3039B+3537$$

(3) 第三类齐次边界条件 $R(\rho_0)+HR'(\rho_0)=0$。这个条件就是

$$J_m(\sqrt{\mu}\rho_0)+H\sqrt{\mu}J'_m(\sqrt{\mu}\rho_0)=0$$

记 $x_0=\sqrt{\mu}\rho_0$,$h=\rho_0/H$ 并引用式(8-10)可将式(8-16)改写为

$$J_m(x_0)=\frac{x_0}{h+m}J_{m+1}(x_0) \tag{8-17}$$

所以,第三类齐次边界条件下的本征值 $\mu_n^{(m,3)}=(x_n^{(m,3)}/\rho_0)^2$,其中 $x_n^{(m,3)}$ 是方程式(8-17)的第 n 个正根。

综上所述,统一用 $x_n^{(m)}$ 表示 $J_m(x)(m=0,1,2,\cdots)$ 的第 n 个正的零点。而 $x_n^{(m,\sigma)}$、$\mu_n^{(m,\sigma)}$ $(\sigma=1,2,3)$ 分别表示 $J_m(x)$ 或 $J_m(\sqrt{\mu}\rho)$ 在圆柱侧面常见的三类齐次边界条件下的第 n 个正根或本征值。如果不指明边界条件的种类,则本征值记为 $\mu_n^{(m)}$ 或 μ_n。

2. 贝塞尔函数的正交关系

作为斯特姆-刘维本征值问题的正交关系$\int_a^b y_m(x)y_n(x)\rho(x)\mathrm{d}x=0$的特例，对应于不同本征值的同阶贝塞尔函数在$[0,\rho_0]$上带权重$\rho$正交，即

$$\int_0^{\rho_0}\mathrm{J}_m(\sqrt{\mu_n}\rho)\mathrm{J}_m(\sqrt{\mu_l}\rho)\rho\mathrm{d}\rho=0\quad n\neq l \tag{8-18}$$

证明：设$\mathrm{J}_m(\sqrt{\mu_n}\rho)$和$\mathrm{J}_m(\sqrt{\mu_l}\rho)$分别满足贝塞尔方程，则

$$\frac{\mathrm{d}}{\mathrm{d}\rho}\left[\rho\frac{\mathrm{d}}{\mathrm{d}\rho}\mathrm{J}_m(\sqrt{\mu_n}\rho)\right]+\left(\mu_n\rho-\frac{v^2}{\rho}\right)\mathrm{J}_m(\sqrt{\mu_n}\rho)=0$$

$$\frac{\mathrm{d}}{\mathrm{d}\rho}\left[\rho\frac{\mathrm{d}}{\mathrm{d}\rho}\mathrm{J}_m(\sqrt{\mu_l}\rho)\right]+\left(\mu_l\rho-\frac{v^2}{\rho}\right)\mathrm{J}_m(\sqrt{\mu_l}\rho)=0$$

以$\mathrm{J}_m(\sqrt{\mu_l}\rho)$和$\mathrm{J}_m(\sqrt{\mu_n}\rho)$分别乘以这两个方程，得

$$\mathrm{J}_m(\sqrt{\mu_l}\rho)\frac{\mathrm{d}}{\mathrm{d}\rho}\left[\rho\frac{\mathrm{d}}{\mathrm{d}\rho}\mathrm{J}_m(\sqrt{\mu_n}\rho)\right]+\left(\mu_n\rho-\frac{v^2}{\rho}\right)\mathrm{J}_m(\sqrt{\mu_l}\rho)\mathrm{J}_m(\sqrt{\mu_n}\rho)=0$$

$$\mathrm{J}_m(\sqrt{\mu_n}\rho)\frac{\mathrm{d}}{\mathrm{d}\rho}\left[\rho\frac{\mathrm{d}}{\mathrm{d}\rho}\mathrm{J}_m(\sqrt{\mu_l}\rho)\right]+\left(\mu_l\rho-\frac{v^2}{\rho}\right)\mathrm{J}_m(\sqrt{\mu_l}\rho)\mathrm{J}_m(\sqrt{\mu_n}\rho)=0$$

两式相减，并且从0到ρ_0积分，得

$$\begin{aligned}&(\mu_n-\mu_l)\int_0^{\rho_0}\mathrm{J}_m(\sqrt{\mu_n}\rho)\mathrm{J}_m(\sqrt{\mu_l}\rho)\rho\mathrm{d}\rho\\&=\int_0^{\rho_0}\left\{\mathrm{J}_m(\sqrt{\mu_n}\rho)\frac{\mathrm{d}}{\mathrm{d}\rho}\left[\rho\frac{\mathrm{d}}{\mathrm{d}\rho}\mathrm{J}_m(\sqrt{\mu_l}\rho)\right]-\mathrm{J}_m(\sqrt{\mu_l}\rho)\frac{\mathrm{d}}{\mathrm{d}\rho}\left[\rho\frac{\mathrm{d}}{\mathrm{d}\rho}\mathrm{J}_m(\sqrt{\mu_n}\rho)\right]\right\}\mathrm{d}\rho\\&=\rho\left[\mathrm{J}_m(\sqrt{\mu_n}\rho)\frac{\mathrm{d}}{\mathrm{d}\rho}\mathrm{J}_m(\sqrt{\mu_l}\rho)-\mathrm{J}_m(\sqrt{\mu_l}\rho)\frac{\mathrm{d}}{\mathrm{d}\rho}\mathrm{J}_m(\sqrt{\mu_n}\rho)\right]\Bigg|_0^{\rho_0}-\\&\quad\int_0^{\rho_0}\frac{\mathrm{d}}{\mathrm{d}\rho}[\mathrm{J}_m(\sqrt{\mu_n}\rho)]\rho\frac{\mathrm{d}}{\mathrm{d}\rho}\mathrm{J}_m(\sqrt{\mu_l}\rho)\mathrm{d}\rho+\int_0^{\rho_0}\frac{\mathrm{d}}{\mathrm{d}\rho}[\mathrm{J}_m(\sqrt{\mu_l}\rho)]\rho\frac{\mathrm{d}}{\mathrm{d}\rho}\mathrm{J}_m(\sqrt{\mu_n}\rho)\mathrm{d}\rho\end{aligned}$$

因为$\mathrm{J}_m(\sqrt{\mu\rho})=0$，$|\mathrm{J}_m(0)|<+\infty$，所以有

$$\begin{aligned}&(\mu_n-\mu_l)\int_0^{\rho_0}\mathrm{J}_m(\sqrt{\mu_n}\rho)\mathrm{J}_m(\sqrt{\mu_l}\rho)\rho\mathrm{d}\rho\\&=\rho[\mu_l\mathrm{J}_m(\sqrt{\mu_n}\rho)\mathrm{J}'_m(\sqrt{\mu_l}\rho)-\mu_n\mathrm{J}_m(\sqrt{\mu_l}\rho)\mathrm{J}'_m(\sqrt{\mu_n}\rho)]\\&=0\end{aligned}$$

即$(\mu_n-\mu_l)\int_0^{\rho_0}\mathrm{J}_m(\sqrt{\mu_n}\rho)\mathrm{J}_m(\sqrt{\mu_l}\rho)\rho\mathrm{d}\rho=0$，但$n\neq l$，$\mu_n\neq\mu_l$，因此

$$\int_0^{\rho_0}\mathrm{J}_m(\sqrt{\mu_n}\rho)\mathrm{J}_m(\sqrt{\mu_l}\rho)\rho\mathrm{d}\rho=0$$

3. 贝塞尔函数的模

贝塞尔函数$\mathrm{J}_m(\sqrt{\mu_n^{(m)}}\rho)$的模$N_n^{(m)}$为

$$[N_n^{(m)}]^2=\int_0^{\rho_0}[\mathrm{J}_m(\sqrt{\mu_n^{(m)}}\rho)]^2\rho\mathrm{d}\rho \tag{8-19}$$

设$\sqrt{\mu_n^{(m)}}\rho=x$，$\sqrt{\mu_n^{(m)}}\rho_0=x_0$，则式(8-19)变成

$$[N_n^{(m)}]^2=\frac{1}{\mu_n^{(m)}}\int_0^{x_0}[\mathrm{J}_m(x)]^2x\mathrm{d}x$$

$$=\frac{1}{2\mu_n^{(m)}}\int_0^{x_0}[\mathrm{J}_m(x)]^2\mathrm{d}(x^2)$$

$$=\frac{1}{2\mu_n^{(m)}}[x^2\mathrm{J}_m^2(x)]_0^{x_0}-\frac{1}{\mu_n^{(m)}}\int_0^{x_0}[x^2\mathrm{J}_m(x)]\mathrm{J}'_m(x)\mathrm{d}x$$

利用贝塞尔方程 $x^2\mathrm{J}''_m(x)+x\mathrm{J}'_m(x)+(x^2-m^2)\mathrm{J}_m(x)=0$，则模写成

$$\begin{aligned}
[N_n^{(m)}]^2&=\frac{1}{2\mu_n^{(m)}}[x^2\mathrm{J}_m^2]_0^{x_0}+\frac{1}{\mu_n^{(m)}}\int_0^{x_0}[x^2\mathrm{J}''_m+x\mathrm{J}'_m-m^2\mathrm{J}'_m]\mathrm{J}'_m\mathrm{d}x\\
&=\frac{1}{2\mu_n^{(m)}}[x^2\mathrm{J}_m^2]_0^{x_0}+\frac{1}{\mu_n^{(m)}}\int_0^{x_0}\left[x^2\mathrm{J}'_m\frac{\mathrm{d}\mathrm{J}'_m}{\mathrm{d}x}+x(\mathrm{J}'_m)^2\right]\mathrm{d}x-\frac{m^2}{\mu_n^{(m)}}\int_0^{x_0}\mathrm{J}_m\mathrm{d}\mathrm{J}_m\\
&=\frac{1}{2\mu_n^{(m)}}[x^2\mathrm{J}_m^2]_0^{x_0}+\frac{1}{2\mu_n^{(m)}}\int_0^{x_0}\mathrm{d}(x^2\mathrm{J}_m'^2)-\frac{m^2}{2\mu_n^{(m)}}[\mathrm{J}_m^2]_0^{x_0}\\
&=\frac{1}{2\mu_n^{(m)}}[(x^2-m^2)\mathrm{J}_m^2]_0^{x_0}+\frac{1}{2\mu_n^{(m)}}[x^2\mathrm{J}'^2_m]_0^{x_0}\\
&=\frac{1}{2}\left(\rho_0^2-\frac{m^2}{\mu_n^{(m)}}\right)[\mathrm{J}_m(\sqrt{\mu_n^{(m)}}\rho_0)]^2+\frac{1}{2}\rho_0^2[\mathrm{J}'_m(\sqrt{\mu_n^{(m)}}\rho_0)]^2
\end{aligned}\tag{8-20}$$

因此，对第一类边界条件 $\mathrm{J}_m(\sqrt{\mu_n^{(m)}}\rho_0)=0$，贝塞尔函数模的平方为

$$[N_n^{(m)}]^2=\frac{1}{2}\rho_0^2[\mathrm{J}'_m(\sqrt{\mu_n^{(m)}}\rho_0)]^2\tag{8-21}$$

若把递推关系 $\mathrm{J}'_m(x)-m\mathrm{J}_m(x)/x=-\mathrm{J}_{m+1}(x)$ 代入式(8-21)，那么

$$[N_n^{(m)}]^2=\frac{1}{2}\rho_0^2[\mathrm{J}_{m+1}(\sqrt{\mu_n^{(m)}}\rho_0)]^2\tag{8-22}$$

对第二类边界条件 $\mathrm{J}'_m(\sqrt{\mu_n^{(m)}}\rho_0)=0$，则贝塞尔函数模的平方为

$$[N_n^{(m)}]^2=\frac{1}{2}\left[\left(\rho_0^2-\frac{m^2}{\mu_n^{(m)}}\right)[\mathrm{J}_m(\sqrt{\mu_n^{(m)}}\rho_0)\right]^2$$

对第三类边界条件 $\mathrm{J}'_m=-\mathrm{J}_m/(\sqrt{\mu_n^{(m)}}H)$，则贝塞尔函数模的平方为

$$\begin{aligned}
[N_n^{(m)}]^2&=\frac{1}{2}\left[\left(\rho_0^2-\frac{m^2}{\mu_n^{(m)}}\right)[\mathrm{J}_m(\sqrt{\mu_n^{(m)}}\rho_0)\right]^2+\frac{1}{2}\rho_0^2[\mathrm{J}'_m(\sqrt{\mu_n^{(m)}}\rho_0)]^2\\
&=\frac{1}{2}\left(\rho_0^2-\frac{m^2}{\mu_n^{(m)}}+\frac{\rho_0^2}{\mu_n^{(m)}H}\right)[\mathrm{J}_m(\sqrt{\mu_n^{(m)}}\rho_0)]^2
\end{aligned}\tag{8-23}$$

4. 傅里叶-贝塞尔级数

根据斯特姆-刘维本征值问题的特性，本征函数簇 $\mathrm{J}_m(\sqrt{\mu_n^{(m)}}\rho)$ 是完备的，即可作为广义傅里叶级数展开的基函数。在区间$[0,\rho_0]$上，函数 $f(\rho)$ 的傅里叶-贝塞尔函数为

$$\begin{cases}
f(\rho)=\displaystyle\sum_{n=1}^{+\infty}f_n\mathrm{J}_m(\sqrt{\mu_n^{(m)}}\rho)\\
f_n=\dfrac{1}{[N_n^{(m)}]^2}\displaystyle\int_0^{\rho_0}f(\rho)\mathrm{J}_m(\sqrt{\mu_n^{(m)}}\rho)\rho\mathrm{d}\rho
\end{cases}\tag{8-24}$$

利用递推关系有助于计算系数 f_n

$$\begin{cases}\int x^{-m}\mathrm{J}_{m+1}(x)\mathrm{d}x=-x^{-m}\mathrm{J}_m(x)+C\\ \int \mathrm{J}_1(x)\mathrm{d}x=-\mathrm{J}_0(x)+C\\ \int x^m\mathrm{J}_{m-1}(x)\mathrm{d}x=x^m\mathrm{J}_m(x)+C\\ \int x\mathrm{J}_0(x)\mathrm{d}x=x\mathrm{J}_1(x)+C\end{cases}\tag{8-25}$$

对于 $\rho_0\to\infty$ 的情况，则有傅里叶-贝塞尔积分：

$$\begin{cases}f(\rho)=\int_0^{\infty}F(\omega)\mathrm{J}_m(\omega\rho)\omega\mathrm{d}\omega\\ F(\omega)=\int_0^{\infty}f(\rho)\mathrm{J}_m(\omega\rho)\rho\mathrm{d}\rho\end{cases}\tag{8-26}$$

例 8-1 计算积分 $\int_0^{x_0}x^3\mathrm{J}_0(x)\mathrm{d}x$。

解 由式(8-25)中的方程 $\int x\mathrm{J}_0(x)\mathrm{d}x=x\mathrm{J}_1(x)+C$，

得

$$\begin{aligned}\int_0^{x_0}x^3\mathrm{J}_0(x)\mathrm{d}x&=\int_0^{x_0}x^2\mathrm{d}[x\mathrm{J}_1(x)]\\ &=[x^2\cdot x\mathrm{J}_1(x)]_0^{x_0}-\int_0^{x_0}x\mathrm{J}_1(x)\cdot 2x\mathrm{d}x\end{aligned}$$

又由式(8-25)中的 $\int x^2\mathrm{J}_1(x)\mathrm{d}x=x^2\mathrm{J}_2(x)+C$，

得

$$\begin{aligned}\int_0^{x_0}x^3\mathrm{J}_0(x)\mathrm{d}x&=x_0^3\mathrm{J}_1(x_0)-2[x^2\mathrm{J}_2(x)]_0^{x_0}\\ &=x_0^3\mathrm{J}_1(x_0)-2x_0^2\mathrm{J}_2(x_0)\end{aligned}\tag{8-27}$$

用递推公式 $\mathrm{J}_2(x)=(2/x)\mathrm{J}_1(x)-\mathrm{J}_0(x)$，式(8-27)可改写为

$$\int_0^{x_0}x^3\mathrm{J}_0(x)\mathrm{d}x=x_0^3\mathrm{J}_1(x_0)-4x_0\mathrm{J}_1(x_0)+2x_0^2\mathrm{J}_0(x_0)\tag{8-28}$$

例 8-2 在区间 $[0,\rho_0]$ 上，以 $\mathrm{J}_0(\sqrt{\mu_n^{(0)}}\rho)$ 为基（$\mu_n^{(0)}$ 是 $\mathrm{J}_0(\sqrt{\mu}\rho_0)=0$ 的正根），把函数 $f(\rho)=$ 常数 μ_0 展开为傅里叶-贝塞尔级数。

解 依据式(8-24)和式(8-25)有

$$\mu_0=\sum_{n=1}^{+\infty}f_n\mathrm{J}_0(\sqrt{\mu_n^{(0)}}\rho)$$

其中系数

$$f_n=\frac{1}{[N_n^{(0)}]^2}\int_0^{\rho_0}\mu_0\mathrm{J}_0(\sqrt{\mu_n^{(0)}}\rho)\rho\mathrm{d}\rho$$

这里的 $N_n^{(0)}$ 由式(8-21)给出，本征值 $\mu_n^{(0)}=(x_n^{(0)}/\rho)^2$，而 $x_n^{(0)}$ 是 $\mathrm{J}_0(x)$ 的第 n 个正零点，可由贝塞尔函数表查出。这样，

$$\begin{aligned}f_n&=\frac{1}{\rho^2\,[\mathrm{J}_1(x_n^{(0)})]^2}\int_0^{\rho_0}\mathrm{J}_0\left(\frac{x_n^{(0)}}{\rho_0}\rho\right)\rho\mathrm{d}\rho\\ &=\frac{2\mu_0}{\rho^2\,[\mathrm{J}_1(x_n^{(0)})]^2}\left[\frac{\rho_0}{x_n^{(0)}}\right]^2\int_0^{\rho_0}\mathrm{J}_0\left(\frac{x_n^{(0)}}{\rho_0}\rho\right)\cdot\frac{x_n^{(0)}}{\rho_0}\rho\mathrm{d}\left(\frac{x_n^{(0)}}{\rho_0}\rho\right)\end{aligned}$$

令 $x=(x_n^{(0)}/\rho_0)\rho$，应用式(8-25)有

$$f_n=\frac{1}{[x_0^2 J_1(x_n^{(0)})]^2}\int_0^{x_n^{(0)}} x J_0(x)\mathrm{d}x=\frac{2\mu_0}{[x_n^{(0)} J_1(x_n^{(0)})]^2}[xJ_1(x)]_0^{x_n^{(0)}}$$

$$=\frac{2\mu_0}{x_n^{(0)} J_1(x_n^{(0)})}$$

从而

$$u_0=\sum_{n=1}^{\infty}\frac{2\mu_0}{x_n^{(0)} J_1(x_n^{(0)})}J_0\left(\frac{x_n^{(0)}}{\rho_0}\rho\right)$$

例 8-3 在傅里叶光学中常用到圆域函数，其定义是

$$circ\rho=\begin{cases}1, & (\rho\leqslant 1)\\ 0. & (\rho>1)\end{cases}$$

试将 $circ\rho$ 展开为傅里叶-贝塞尔积分 $\int_0^{\infty}F(\omega)J_0(\omega\rho)\omega\,\mathrm{d}\omega$。

解 依据式(8-26)，$circ\rho$ 的傅里叶-贝塞尔积分

$$circ\rho=\int_0^{\infty}F(\omega)J_0(\omega\rho)\omega\,\mathrm{d}\omega$$

其中的 $F(\omega)$ 应是

$$F(\omega)=\int_0^{\infty}circ(\rho)J_0(\omega\rho)\rho\,\mathrm{d}\rho=\int_0^{1}J_0(\omega\rho)\rho\,\mathrm{d}\rho$$

把 $\omega\rho$ 记作 x，则

$$F(\omega)=\frac{1}{\omega^2}\int_0^{\omega}J_0(x)x\,\mathrm{d}x$$

应用式(8-25)，有

$$F(\omega)=\frac{1}{\omega^2}[xJ_1(x)]_0^{\omega}=\frac{1}{\omega^2}\{\omega J_1(\omega)-0\}=\frac{1}{\omega}J_1(\omega)。$$

5. 贝塞尔函数应用举例

例 8-4 有一匀质圆柱，半径为 ρ_0，高为 L，柱侧绝热，上下底面温度分布分别保持为 $f_2(\rho)$ 和 $f_1(\rho)$，求解柱内的稳定温度分布。

解 采用柱坐标系，极点在下底中心，z 轴沿着圆柱的轴。定解问题表为

$$\begin{cases}\Delta u=0\\ \left.\frac{\partial u}{\partial\rho}\right|_{\rho=\rho_0}=0, u|_{\rho=0}=\text{有限值} & (8\text{-}29)\\ u|_{z=0}=f_1(\rho), u|_{z=l}=f_2(\rho) & (8\text{-}30)\end{cases}$$

本例是圆柱内部的拉普拉斯方程定解问题。

对于 $\mu>0$，根据圆柱轴($\rho=0$)上的自然边界条件，查得

$$J_m(\sqrt{\mu}\rho)\begin{Bmatrix}e^{\sqrt{\mu}z}\\ e^{-\sqrt{\mu}z}\end{Bmatrix}\begin{Bmatrix}\cos m\varphi\\ \sin m\varphi\end{Bmatrix}$$

边界条件全都与 φ 无关，由此可见 $m=0$，于是简化为

$$J_0(\sqrt{\mu}\rho)\begin{Bmatrix}e^{\sqrt{\mu}z}\\ e^{-\sqrt{\mu}z}\end{Bmatrix}$$

由第二类齐次边界条件 $u_\rho(\rho_0)=0$ 得出本征值 $\mu_n^{(0)}=(x_n^{(0)}/\rho_0)^2$，其中 $x_n^{(0)}$ 是 $\mathrm{J}'_0(x)$ 的第 n 个正根，即 $J_1(x)$ 的第 n 个正的零点。

对于 $\mu=0$，考虑到圆柱轴线上的自然边界条件，应弃去 $R(\rho)$ 的解 $\ln\rho$ 和 ρ^{-m}，另一解 ρ^m 不能满足柱侧第二类齐次边界条件，也应放弃，仅保留对应 $m=0$ 的解 $R_0(\rho)=J_0(0)=1$，这时，$Z(z)=\begin{Bmatrix}1\\z\end{Bmatrix}$。

把以上特解叠加起来，有

$$u(\rho,z)=A_0+B_0z+\sum_{n=1}^{\infty}(A_n\mathrm{e}^{x_n^{(0)}z/\rho_0}+B_n\mathrm{e}^{-x_n^{(0)}z/\rho_0})\mathrm{J}_0\left(\frac{x_n^{(0)}}{\rho_0}\rho\right) \tag{8-31}$$

为决定系数 A_0、B_0、A_n 和 B_n，把式(8-31)代入边界条件式(8-30)，有

$$\begin{cases}A_0+\displaystyle\sum_{n=1}^{\infty}(A_n+B_n)\mathrm{J}_0\left(\frac{x_n^{(0)}}{\rho_0}\rho\right)=f_1(\rho)\\A_0+B_0L+\displaystyle\sum_{n=1}^{\infty}(A_n\mathrm{e}^{x_n^{(0)}L/\rho_0}+B_n\mathrm{e}^{-x_n^{(0)}L/\rho_0})\mathrm{J}_0\left(\frac{x_n^{(0)}}{\rho_0}\rho\right)=f_2(\rho)\end{cases}$$

把右边的 $f_1(\rho)$ 和 $f_2(\rho)$ 分别展开为傅里叶-贝塞尔级数，然后与左边比较，得

$$\begin{cases}A_0=\dfrac{2}{\rho_0^2}\displaystyle\int_0^{\rho_0}f_1(\rho)\rho\mathrm{d}\rho=f_{10}\\A_0+B_0L=\dfrac{2}{\rho_0^2}\displaystyle\int_0^{\rho_0}f_2(\rho)\rho\mathrm{d}\rho=f_{20}\end{cases} \tag{8-32}$$

$$\begin{cases}A_n+B_n=\dfrac{2}{\rho_0^2[\mathrm{J}_0(x_n^{(0)})]^2}\displaystyle\int_0^{\rho_0}f_1(\rho)\mathrm{J}_0\left(\frac{x_n^{(0)}}{\rho_0}\rho\right)\rho\mathrm{d}\rho\equiv f_{1n}\\A_n\mathrm{e}^{x_n^{(0)}L/\rho_0}+B_n\mathrm{e}^{-x_n^{(0)}L/\rho_0}\\=\dfrac{2}{\rho_0^2[\mathrm{J}_0(x_n^{(0)})]^2}\displaystyle\int_0^{\rho_0}f_2(\rho)\mathrm{J}_0\left(\frac{x_n^{(0)}}{\rho_0}\rho\right)\rho\mathrm{d}\rho\equiv f_{2n}\end{cases} \tag{8-33}$$

$$\begin{cases}A_0=f_{10}\\A_n=\dfrac{f_{1n}\mathrm{e}^{-x_n^{(0)}L/\rho_0}-f_{2n}}{\mathrm{e}^{-x_n^{(0)}L/\rho_0}-\mathrm{e}^{x_n^{(0)}L/\rho_0}}\end{cases}\quad\begin{cases}B_0=(f_{20}-f_{10})/L\\B_n=\dfrac{f_{1n}\mathrm{e}^{x_n^{(0)}L/\rho_0}-f_{2n}}{\mathrm{e}^{x_n^{(0)}L/\rho_0}-\mathrm{e}^{-x_n^{(0)}L/\rho_0}}\end{cases} \tag{8-34}$$

例 8-5 用匀质材料制作尖劈形细杆，宽度很小，首尾一样，取 x 轴沿杆身，坐标原点在削尖的一端，杆长为 l，粗端是自由的。已知初始位移为 $f(x)$，初始速度处处为零，求解杆的纵向振动。

解 本例虽非圆柱问题，但也用到贝塞尔函数。

尖劈的横截面积 $S(x)$ 随 x 而异。记粗端的高为 h，则 x 处的高 $y=(h/l)x$。记尖劈的宽为 ε，则 $S(x)=\varepsilon y=\varepsilon hx/l$。

现在推导这种杆的纵向振动方程，设在杆上截取一小段 B(图 8-2)，这个小段的两端分别受到 A 段、C 段的拉力$[ESu_x]_x$、$[ESu_x]_{x+\mathrm{d}x}$，其合力为$[ESu_x]_{x+\mathrm{d}x}-[ESu_x]_x$，即 $E\dfrac{\partial}{\partial x}[Su_x]\mathrm{d}x$。

B 段的质量是 $\rho S\mathrm{d}x$。E 为杨氏模量，ρ 为杆的密度。于是，B 段的运动方程是

$$(\rho S\mathrm{d}x)u_{tt}=E\frac{\partial}{\partial x}(Su_x)\mathrm{d}x$$

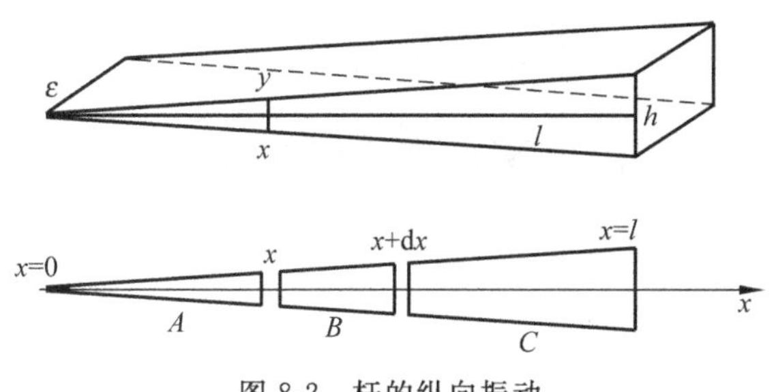

图 8-2 杆的纵向振动

本例研究的定解问题是

$$\begin{cases} u_{tt}-a^2\dfrac{1}{x}\cdot\dfrac{\partial}{\partial x}(xu_x)=0 \quad (a^2=E/\rho) & (8\text{-}35) \\ u_x\,|_{x=l}=0 & \\ u\,|_{t=0}=f(x) \quad u_t\,|_{t=0}=0 & (8\text{-}36) \end{cases}$$

在尖端 $x=0$，没有提出边界条件。下面将会发现在 $x=0$ 有自然的边界条件。用分离变数法，将

$$u(x,t)=X(x)T(t)$$

代入方程式(8-35)和方程式(8-36)，可得

$$T'''+k^2a^2T=0 \tag{8-37}$$

$$\begin{cases} x^2X''+xX'+k^2x^2X=0 & (8\text{-}38) \\ X'(l)=0 & (8\text{-}39) \end{cases}$$

方程式(8-38)是以 kx 为宗量的零阶贝塞尔方程。它在 $x=0$ 有自然的边界条件，其在 $x=0$ 为有限的解是

$$X(x)=\mathrm{J}_0(kx)$$

代入齐次边界条件式(8-39)，有 $\mathrm{J}'_0(kl)=-\mathrm{J}_1(kl)=0$，得本征值 $k=0$ 和 $k_n=x_n^{(0)}/l$ $(n=1,2,3,\cdots)$，其中 $x_n^{(0)}$ 是 $\mathrm{J}'_0(x)$ 或 $\mathrm{J}_1(x)$ 的第 n 个正的零点。由于 $\mathrm{J}_1(0)=0$，因此可以把本征值 $k=0$ 作为 $\mathrm{J}_1(x)$ 的第 0 个零点，记为 $k_0=x_0^{(0)}/l=0$，本征值统一记为

$$k_n=x_n^{(0)}/l \quad (n=0,1,2,\cdots)$$

这样，本征函数是

$$X_n(x)=\mathrm{J}_0\left(\frac{x_n^{(0)}}{l}x\right) \tag{8-40}$$

本征值 $k_0=0$，相应的本征函数 $X_0(x)=\mathrm{J}_0(0)=1$，这时方程式(8-37)的解为

$$T_0(t)=A_0+B_0t$$

对应的本征值 $k_n=x_n^{(0)}/l>0$，方程式(8-37)的解是

$$T_n(t)=A_n\cos\frac{x_n^{(0)}a}{l}t+B_n\sin\frac{x_n^{(0)}a}{l}t$$

把本征解叠加起来

$$u(x,t)=A_0+B_0t\sum_{n=1}^{+\infty}\left[A_n\cos\frac{x_n^{(0)}a}{l}t+B_n\sin\frac{x_n^{(0)}a}{l}\right]\mathrm{J}_0\left(\frac{x_n^{(0)}}{l}x\right)$$

为决定系数 A_0、B_0、A_n 和 B_n，将通解代入初始条件式(8-36)，得

$$\begin{cases} A_0 + \sum_{n=1}^{\infty} A_n \mathrm{J}_0\left(\frac{x_n^{(0)}}{l}x\right) = f(x) \\ B_0 + \sum_{n=1}^{\infty} B_n \frac{x_n^{(0)}a}{l} \mathrm{J}_0\left(\frac{x_n^{(0)}}{l}x\right) = 0 \end{cases}$$

由第二式 $B_0=0$，得 $B_n=0$。再把第一式右边的 $f(x)$ 展开为傅里叶-贝塞尔级数，然后比较两边的系数，得

$$\begin{cases} A_0 = \frac{2}{l^2}\int_0^l f(x)x\mathrm{d}x \\ A_n = \frac{2}{l^2\left[\mathrm{J}_0(x_n^{(0)})\right]^2}\int_0^l \mathrm{J}_0\left(\frac{x_n^{(0)}}{l}x\right)f(x)\mathrm{d}x \end{cases} \tag{8-41}$$

这样，本例的解是

$$u(x,t) = A_0 + \sum_{n=1}^{+\infty} A_n \cos\frac{x_n^{(0)}}{l}at\mathrm{J}_0\left(\frac{x_n^{(0)}}{l}x\right)$$

其中系数由式(8-41)给出。

例 8-6 一圆柱体的半径为 ρ_0，高为 L，侧面和下底面的温度保持为 u_0，上底面绝热，初始温度为 $u_0+f_1(\rho)f_2(z)$，求圆柱体内各处温度 u 的变化情况。

解 采用柱坐标系，极点在下底中心，z 轴沿着圆柱的轴。定解问题表为

$$\begin{cases} u_t - a^2\Delta_3 u = 0 \\ u\,|_{\rho=\rho_0} = u_0, u\,|_{\rho=0} = \text{有限值} \\ u\,|_{z=0} = u_0, u\,|_{z=L} = 0 \\ u\,|_{t=0} = u_0 + f_1(\rho)f_2(z) \end{cases}$$

首先把边界条件转化为齐次。为此，令

$$u = u_0 + v \tag{8-42}$$

则

$$\begin{cases} v_t - a^2\Delta_3 v = 0 & (8\text{-}43) \\ v\,|_{\rho=\rho_0} = 0, v\,|_{\rho=0} = \text{有限值} & (8\text{-}44) \\ v\,|_{z=0} = 0, v_z\,|_{z=L} = 0 & (8\text{-}45) \\ v\,|_{t=0} = f_1(\rho)f_2(z) \end{cases}$$

这是圆柱内部的热传导问题，边界条件全是齐次的。

①上下底的齐次边界条件；②圆柱轴的自然边界条件；③问题与 φ 无关，即 $m=0$，查得

$$\mathrm{J}_0(\sqrt{\mu'}\rho)\sin vz\,\mathrm{e}^{-k^2a^2t} \quad (k^2 = \mu' + v^2)$$

代入边界条件式(8-44)容易求得本征值 $v^2=(p+1/2)^2\pi^2/L^2$，其中 p 为非负整数。又代入边界条件式(8-43)容易求得本征值 $\mu_n'^{(0)}=(x_n^{(0)}/\rho_0)^2$，其中 $x_n^{(0)}$ 是 $\mathrm{J}_0(x)$ 的第 n 个正零点。

把以上特解叠加起来

$$v = \sum_{n=1}^{+\infty}\sum_{p=0}^{+\infty} A_{np}\left\{\exp - \left[\left(\frac{x_n^{(0)}}{\rho_0}\right)^2 + \frac{\left(p+\frac{1}{2}\right)^2\pi^2}{L^2}\right]a^2t\right\}\mathrm{J}_0\left(\frac{x_n^{(0)}}{\rho_0}\rho\right)\sin\frac{\left(p+\frac{1}{2}\right)\pi}{L}z \tag{8-46}$$

为确定系数 A_{np}，将式(8-46)代入初始条件式(8-45)，得

$$\sum_{n=1}^{+\infty}\sum_{p=0}^{+\infty}A_{np}J_0\left(\frac{x_n^{(0)}}{\rho_0}\rho\right)\sin\frac{\left(p+\frac{1}{2}\right)\pi}{L}z=f_1(\rho)f_2(z)$$

可见，应以 $J_0(x_n^{(0)}\rho/\rho_0)$ 为基将 $f_1(\rho)$ 展开为傅里叶-贝塞尔级数，以 $\sin[(p+1/2)\pi z/L]$ 为基将 $f_2(\rho)$ 展开为傅里叶级数，然后比较两边的系数，即得

$$A_{np}=\frac{2}{\rho_0^2[J_1(x_n^{(0)})]^2}\int_0^{\rho_0}f_1(\rho)J_0\left(\frac{x_n^{(0)}}{\rho_0}\rho\right)\rho d\rho\cdot\frac{2}{L}\int_0^L f_2(z)\sin\frac{\left(p+\frac{1}{2}\right)\pi}{L}z dz$$

将上式代入式(8-46)，又将式(8-46)代入式(8-42)即得本例的解。

6. 母函数

把 $e^{\frac{1}{2}xz}$ 和 $e^{-\frac{1}{2}x\frac{1}{z}}$ 分别展开为绝对收敛级数，然后逐项相乘得到

$$\begin{aligned}e^{\frac{1}{2}x\left(z-\frac{1}{z}\right)}&=\sum_{m=0}^{+\infty}\left[\sum_{n=0}^{+\infty}\frac{(-1)^n}{(m+n)!\,n!}\left(\frac{x}{2}\right)^{m+2n}\right]z^m+\\&\quad\sum_{m=-1}^{-\infty}(-1)^m\left[\sum_{n=0}^{\infty}\frac{(-1)^n}{n!\,(|m|+n)!}\left(\frac{x}{2}\right)^{|m|+2n}\right]z^m\\&=\sum_{m=0}^{+\infty}J_m(x)z^m+\sum_{m=0}^{-\infty}(-1)^m[(-1)^mJ_{|m|}(x)]z^m\\&=\sum_{m=-\infty}^{+\infty}J_m(x)z^m\quad(0<|z|<\infty)\end{aligned}\tag{8-47}$$

因此，$e^{\frac{1}{2}x\left(z-\frac{1}{z}\right)}$ 称为整数阶贝塞尔函数的母函数。

7. 积分表示

令 $z=e^{i\xi}$，则

$$e^{ix\sin\xi}=\sum_{m=-\infty}^{+\infty}J_m(x)e^{im\xi}$$

又令 $\xi=\psi-\frac{\pi}{2}$，则

$$e^{-ix\cos\psi}=\sum_{m=-\infty}^{+\infty}(-i)^mJ_m(x)e^{im\psi}$$

再令 $\psi=\theta+\pi$，则

$$e^{ix\cos\theta}=\sum_{m=-\infty}^{+\infty}i^mJ_m(x)e^{im\theta}$$

从上述展开式可以看到，$J_m(x)$ 可以看作 $e^{ix\sin\xi}$ 的傅里叶级数的系数，因此

$$J_m(x)=\frac{1}{2\pi}\int_{-\pi}^{\pi}e^{ix\sin\xi}e^{-im\xi}d\xi=\frac{1}{2\pi}\int_{-\pi}^{\pi}e^{ix\sin\xi-im\xi}d\xi\tag{8-48}$$

由于 $e^{ix\sin\xi-im\xi}=\cos(x\sin\xi-m\xi)+i\sin(x\sin\xi-m\xi)$ 的虚部是 ξ 的奇函数，其在 $[-\pi,\pi]$ 上积分为零，因此

$$\begin{aligned}J_m(x)&=\frac{1}{2\pi}\int_{-\pi}^{\pi}\cos(x\sin\xi-m\xi)d\xi\\&=\frac{1}{2\pi}\int_{-\pi}^{\pi}\cos(m\xi-x\sin\xi)d\xi\end{aligned}$$

$$=\frac{1}{2\pi}\int_{-\pi}^{\pi}\mathrm{e}^{im\xi-ix\sin\xi}\mathrm{d}\xi \tag{8-49}$$

同理，可以得到

$$\mathrm{J}_m(x)=\frac{(-i)^m}{2\pi}\int_{-\pi}^{\pi}\mathrm{e}^{ix\cos\psi+im\psi}\mathrm{d}\psi$$

$$\mathrm{J}_m(x)=\frac{i^m}{2\pi}\int_{-\pi}^{\pi}\mathrm{e}^{-ix\cos\theta+im\theta}\mathrm{d}\theta \tag{8-50}$$

8. 加法公式

根据整数阶贝塞尔函数的母函数关系式推导加法公式

$$\sum_{m=-\infty}^{+\infty}\mathrm{J}_m(a+b)z^m=\mathrm{e}^{\frac{1}{2}(a+b)\left(z-\frac{1}{z}\right)}$$

$$=\mathrm{e}^{\frac{1}{2}a\left(z-\frac{1}{z}\right)}\mathrm{e}^{\frac{1}{2}b\left(z-\frac{1}{z}\right)}$$

$$=\sum_{k=-\infty}^{\infty}\mathrm{J}_k(a)z^k\sum_{n=-\infty}^{\infty}\mathrm{J}_n(b)z^n$$

比较两边 z^m 的系数，即可得到加法公式为

$$\mathrm{J}_m(a+b)=\sum_{k=-\infty}^{+\infty}\mathrm{J}_k(a)\mathrm{J}_{m-k}(b)$$

8.1.3 虚宗量贝塞尔方程

8.1.2 节研究的圆柱状区域的拉普拉斯方程定解问题都是柱侧面有齐次边界条件的。对于这些问题，只须考虑 $\mu\geqslant 0$ 的分离变数解。但如果圆柱上下底面具有齐次边界条件，而侧面为非齐次边界条件，这时 $Z(z)$ 的齐次方程 $Z''+v^2Z=0$ 与上下底面齐次边界条件构成本征值问题，其中 $v^2=-\mu\geqslant 0$，即应考虑 $\mu\leqslant 0$ 的分离变数解。$\mu=0$ 的情况比较简单，无须特别讨论；这里着重介绍 $\mu<0$ 的情况。

在 $\mu=-v^2<0$ 的情况下，$R(\rho)$ 应是虚宗量贝塞尔方程

$$x^2\frac{\mathrm{d}^2R}{\mathrm{d}x^2}+x\frac{\mathrm{d}R}{\mathrm{d}x}-(x^2+m^2)R=0\quad(x=v\rho) \tag{8-51}$$

的解。这个方程的一个实数解是 m 阶虚宗贝塞尔函数

$$\mathrm{I}_m(x)=\sum_{k=0}^{+\infty}\frac{1}{k!\ (m+k)!}\left(\frac{x}{2}\right)^{m+2k} \tag{8-52}$$

7.1.3 节还指出，对于整数 m，$\mathrm{I}_{-m}(x)=\mathrm{I}_m(x)$，并非线性独立的另一个解。这样，我们还得寻找线性独立的另一个解。据式(8-4)，有

$$\mathrm{H}_v^{(1)}(ix)=\mathrm{J}_v(ix)+i\mathrm{N}_v(ix) \tag{8-53}$$

$$\mathrm{H}_v^{(1)}(ix)=\mathrm{J}_v(ix)+i\frac{\mathrm{J}_v(ix)\cos v\pi-\mathrm{J}_{-v}(ix)}{\sin v\pi}$$

$$=\frac{\mathrm{e}^{-iv\pi}\mathrm{J}_v(ix)-\mathrm{J}_{-v}(ix)}{-i\sin v\pi}$$

又由于

$$\mathrm{H}_v^{(1)}(ix)==\frac{\mathrm{e}^{-iv\pi}i^v\mathrm{I}_v(x)-i^{-v}\mathrm{I}_{-v}(x)}{-i\sin v\pi}=\frac{\mathrm{e}^{-i\frac{v}{2}\pi}}{-i}\frac{\mathrm{I}_v(x)-\mathrm{I}_{-v}(x)}{\sin v\pi}$$

乘以 $\pi i e^{iv\pi/2}/2$ 后成为实值函数，记作 $K_v(x)$，具体为

$$K_v(x)=\frac{\pi}{2}ie^{i\frac{\pi}{2}v}H_v^{(1)}(ix)=\frac{\pi}{2}\cdot\frac{I_{-v}(x)-I_v(x)}{\sin v\pi} \tag{8-54}$$

式(8-54)即平常说的虚宗量汉克尔函数。v 阶虚宗量贝塞尔方程的两个线性独立的实数特解就是虚宗量贝塞尔函数 $I_v(x)$和式(8-54)的虚宗量汉克函数 $K_v(x)$。

将式(8-53)代入式(8-54)，两边令 $v\to m$，有

$$\begin{aligned}\lim_{v\to m}K_v(x)&=\lim_{v\to m}\frac{\pi}{2}ie^{i\frac{\pi}{2}v}H_v(ix)=\lim_{v\to m}\frac{\pi}{2}ie^{i\frac{\pi}{2}v}[J_v(ix)+iN_v(ix)]\\&=\frac{\pi}{2}i^{m+1}[J_m(ix)+iN_m(ix)]\end{aligned} \tag{8-55}$$

有

$$\begin{aligned}N_m(ix)=&\frac{2}{\pi}J_m(ix)\ln\frac{ix}{2}-\frac{1}{\pi}\sum_{n=0}^{m-1}\frac{(m-n-1)!}{n!}\left(\frac{ix}{2}\right)^{-m+2n}\\&-\frac{1}{\pi}\sum_{n=0}^{+\infty}\frac{(-1)^n}{n!\ (m+n)!}[\psi(m+n+1)+\psi(n+1)]\left(\frac{ix}{2}\right)^{m+2n}\end{aligned}$$

由于 $\ln i=\ln 1e^{i\frac{\pi}{2}}=i\ \frac{\pi}{2}$，于是

$$\begin{aligned}N_m(ix)=&\frac{2}{\pi}J_m(ix)\left(i\ \frac{\pi}{2}\right)+\frac{2}{\pi}\sum_{n=0}^{+\infty}\frac{(-1)^n}{n!\ (m+n)}\left(\frac{ix}{2}\right)^{m+2n}\ln\frac{x}{2}-\\&\frac{1}{\pi}i^{-m}\sum_{n=0}^{m-1}\frac{(-1)^n(m-n-1)!}{n!}\left(\frac{x}{2}\right)^{-m+2n}-\\&\frac{1}{\pi}i^m\sum_{n=0}^{+\infty}\frac{1}{n!\ (m+n)!}[\psi(m+n+1)+\psi(n+1)]\left(\frac{x}{2}\right)^{m+2n}\\=&iJ_m(ix)-\frac{1}{\pi}i^{-m}\sum_{n=0}^{m-1}\frac{(-1)^n(m-n-1)!}{n!}\left(\frac{x}{2}\right)^{-m+2n}+\\&\frac{2}{\pi}i^m\sum_{n=0}^{+\infty}\frac{1}{n!\ (m+n)}\left\{\ln\frac{x}{2}-\frac{1}{2}[\psi(m+n+1)+\psi(n+1)]\right\}\left(\frac{x}{2}\right)^{m+2n}\end{aligned} \tag{8-56}$$

将式(8-55)代入式(8-56)，得

$$\begin{aligned}\lim_{v\to m}K_v(x)=&\frac{\pi}{2}i^{m+1}\left\{J_m(ix)-J_m(ix)-\frac{1}{\pi}i^{1-m}\sum_{n=0}^{m-1}\frac{(-1)^n(m-n-1)!}{n!}\left(\frac{x}{2}\right)^{-m+2n}+\right.\\&\left.\frac{2}{\pi}i^{m+1}\sum_{n=0}^{+\infty}\frac{1}{n!\ (m+n)!}\left[\ln\frac{x}{2}-\frac{1}{2}\psi(m+n+1)-\frac{1}{2}\psi(n+1)\right]\left(\frac{x}{2}\right)^{m+2n}\right\}\end{aligned}$$

这个极限就定义为整数 m 阶虚宗量汉克函数，记为 $K_m(x)$，即

$$\begin{aligned}K_m(x)=&\lim_{v\to m}K_v(x)=\frac{1}{2}\sum_{n=0}^{m-1}(-1)^n\frac{(m-n-1)!}{n!}\left(\frac{x}{2}\right)^{-m+2n}\\&(-1)^{m+1}\sum_{n=0}^{+\infty}\frac{1}{n!\ (m+n)!}\left\{\ln\frac{x}{2}-\frac{1}{2}[\psi(m+n+1)+\psi(n+1)]\right\}\left(\frac{x}{2}\right)^{m+2n}\\&(m=0,1,2,\cdots,\ |\arg z|<\pi)\end{aligned} \tag{8-57}$$

当 $m=0$ 时，第一个有限求和项不存在。式(8-52)和式(8-57)是 m 阶虚宗量贝塞尔方程式(8-51)的两个线性独立的实数解，其通解为

$$y(x)=C_1\mathrm{I}_m(x)+C_2\mathrm{K}_m(x) \tag{8-58}$$

图 8-3 描画了 $\mathrm{I}_0(x)$ 和 $\mathrm{K}_0(x)$，$\mathrm{I}_1(x)$ 和 $\mathrm{K}_1(x)$ 的图形。除 $x=0$ 外，它们都没有实的零点。其实，这是虚宗量贝塞尔函数和虚宗量汉克尔函数的共同性质。现在看它们在 $x\to 0$ 时的行为。由式(8-52)易知

$$\mathrm{I}_0(x)=1,\mathrm{I}_m(0)=0\quad(m\neq 0) \tag{8-59}$$

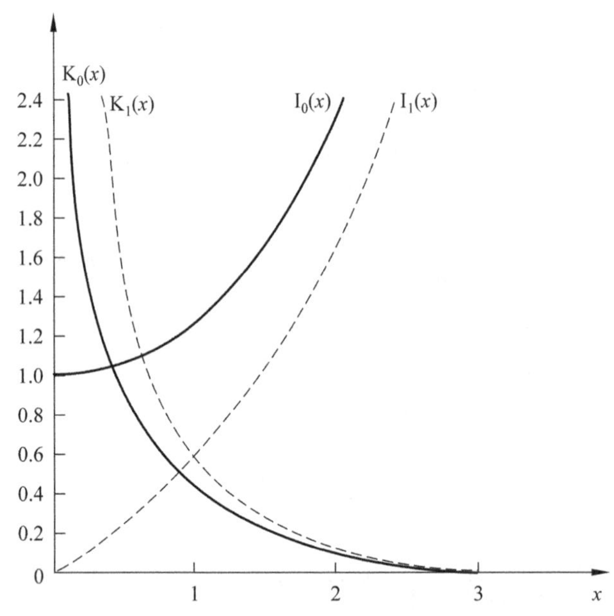

图 8-3　虚宗量贝塞尔函数和虚宗量汉克尔函数

而由式(8-57)可以看出，$\mathrm{K}_m(x)$ 含有 $\ln x$ 或 x^{-m} 项，

$$\text{当 } x\to 0 \text{ 时，}\mathrm{K}_m(x)\to\infty \tag{8-60}$$

这样，如果研究的区域包含圆柱轴线($\rho=0$，从而 $x=v\rho=0$)，在轴线上的自然边界条件则排除虚宗量汉克尔函数 $\mathrm{K}_m(x)$，只能用 $\mathrm{I}_m(x)$。

再看另一种情况，当 $x\to\infty$，引用渐近式(8-55)，对于较大的 x，有

$$\begin{aligned}\mathrm{I}_m(x)&=i^{-m}\mathrm{J}_m(ix)\sim i^{-m}\frac{1}{\sqrt{ix}}\cos\left(ix-\frac{m\pi}{2}-\frac{\pi}{4}\right)\\&=i^{-m-\frac{1}{2}}\frac{1}{\sqrt{x}}\cdot\frac{1}{2}\left(\mathrm{e}^{i\left(ix-\frac{m\pi}{2}-\frac{\pi}{4}\right)}+\mathrm{e}^{-i\left(ix-\frac{m\pi}{2}-\frac{\pi}{4}\right)}\right)\sim\\&\quad i^{-m-\frac{1}{2}}\frac{1}{2\sqrt{x}}\mathrm{e}^{x+i\frac{m\pi}{2}+i\frac{\pi}{4}}=i^{-m-\frac{1}{2}}\frac{1}{2\sqrt{x}}\mathrm{e}^{x}\cdot i^{m}\cdot i^{\frac{1}{2}}\\&=\frac{1}{2\sqrt{x}}\mathrm{e}^{x}\end{aligned} \tag{8-61}$$

$$\mathrm{K}_m(x)=\frac{\pi}{2}i\mathrm{e}^{i\frac{m\pi}{2}}\mathrm{H}_m^{(1)}(ix)\sim\frac{\pi}{2}i^{m+1}\cdot\frac{1}{\sqrt{ix}}\mathrm{e}^{i\left(ix-\frac{m\pi}{2}-\frac{\pi}{4}\right)}$$

$$=\frac{\pi}{2}i^{m+\frac{1}{2}}\frac{1}{\sqrt{x}}e^{-x}\cdot i^{-m}\cdot i^{-\frac{1}{2}}=\frac{\pi}{2\sqrt{x}}e^{-x} \tag{8-62}$$

因此，当 $x\to\infty$ 时，$I_m(x)\to\infty$，$K_m(x)\to 0$。这样，如果研究的区域伸向无限远，一般应排除 $I_m(x)$，只用 $K_m(x)$。

例 8-7 某一匀质圆柱，半径为 ρ_0，高为 L，柱侧有均匀分布的热流进入，其强度为 q_0。圆柱上下两底保持为恒定的温度 u_0，求解柱内稳定温度分布。

解 采用柱坐标系，极点在下底中心，z 轴沿着圆柱的轴，定解问题是

$$\begin{cases}\Delta u=0\\ ku\mid_{\rho=\rho_0}=q_0, u\mid_{\rho=0}=\text{有限值}\\ u\mid_{z=0}=u_0, u\mid_{z=L}=u_0\end{cases}$$

边界条件全是非齐次的，不便应用分离变数法。移动温标零点，令

$$u=u_0+v$$

问题转化为 v 的定解问题，上下底面具有齐次边界条件：

$$\begin{cases}\Delta v=0\\ kv\mid_{\rho=\rho_0}=q_0, v\mid_{\rho=0}=\text{有限值} & (8\text{-}63)\\ v\mid_{z=0}=0, v\mid_{z=L}=0 & (8\text{-}64)\end{cases}$$

这是圆柱内部的拉普拉斯方程定解问题，上下底为齐次边界条件。

对于 $\mu<0$，计及①柱轴上的自然边界条件；②问题与 φ 无关，即 $m=0$，查得

$$I_0(v^2\rho)\begin{Bmatrix}\cos v^2 z\\ \sin v^2 z\end{Bmatrix}$$

上下底面为齐次边界条件式(8-64)，可把 $\cos v^2 z$ 舍弃，本征值 $v^2=p^2\pi^2/L^2$（p 为自然数）。

对于 $v=0$，计及①柱轴上自然边界条件；②问题与 φ 无关，查得

$$R(\rho)=1, Z(z)=\begin{Bmatrix}1\\ z\end{Bmatrix}$$

由于上下底面的第一类齐次边界条件式(8-64)导致没有意义的 $Z(z)=0$，所以 $v=0$ 的情况舍弃。

将以上特解叠加起来，得

$$v=\sum_{p=1}^{+\infty}A_p I_0\left(\frac{p\pi}{L}\rho\right)\sin\frac{p\pi z}{L} \tag{8-65}$$

为确定系数 A_p，将式(8-65)代入柱侧边界条件式(8-63)，得

$$\sum_{p=1}^{+\infty}A_p\frac{p\pi}{L}I'_0\left(\frac{p\pi}{L}\rho_0\right)\sin\frac{p\pi z}{L}=\frac{q_0}{k}$$

把上式右端展开为傅里叶正弦级数，然后比较两边的系数，得

$$A_p=\frac{L}{p\pi}\cdot\frac{1}{I'_0(p\pi\rho_0/L)}\cdot\frac{2}{L}\int_0^L\frac{q_0}{k}\sin\frac{p\pi z}{L}dz=\frac{2Lq_0}{p^2\pi^2 k}\cdot\frac{1}{I'_0(p\pi\rho_0/L)}[1-(-1)^p]$$

只有当 p 为奇数 $2l+1$ 时，A_p 才不为零。

于是，最后的解为

$$u=u_0+\frac{4Lq_0}{k\pi^2}\sum_{l=0}^{+\infty}\frac{1}{(2l+1)^2}\frac{1}{I'_0\left(\frac{(2l+1)\pi\rho_0}{L}\right)}I_0\left(\frac{(2l+1)\pi\rho}{L}\right)\sin\frac{(2l+1)\pi z}{L}$$

例 8-8 某一匀质圆柱,半径为 ρ_0,高为 L,柱侧有均匀分布的恒定热流流入,其强度为 q_0。圆柱上下底面温度分布分别保持为 $f_2(\rho)$ 和 $f_1(\rho)$,求解柱内稳定温度分布。

解 取柱坐标系如例 8-7,定解问题是

$$\begin{cases}\Delta u=0\\ u_\rho\big|_{\rho=\rho_0}=q_0, u\big|_{\rho=0}=\text{有限值}\\ u\big|_{z=0}=f_1(\rho), u\big|_{z=L}=f_2(\rho)\end{cases}$$

边界条件全是非齐次的,不便应用分离变数法。移动温标零点也不能解决问题。常用的办法是把 u 分解为 v 和 w,使 v 和 w 各有一组齐次边界条件。也就是说,令

$$u=v+w$$

$$\begin{cases}\Delta v=0\\ kv_\rho\big|_{\rho=\rho_0}=q_0\\ v\big|_{\rho=0}=\text{有限值}\\ v\big|_{z=0}=0\\ v\big|_{z=L}=0\end{cases}\qquad\begin{cases}\Delta w=0\\ kw_\rho\big|_{\rho=\rho_0}=q_0\\ w\big|_{\rho=0}=\text{有限值}\\ w\big|_{z=0}=f_1(\rho)\\ w\big|_{z=L}=f_2(\rho)\end{cases}$$

读者可以验证,把 v 和 w 的泛定方程叠加起来是 u 的泛定方程,把 v 和 w 的相应定解条件叠加起来是 u 的定解条件。

例 8-9 某一导体圆柱壳的半径为 ρ_0,高为 L,用不导电的物质将柱壳的上下底面与侧面隔离开。柱壳侧面电势为 u_0z/L,上底面电势为 u_1,下底面接地,求柱壳外静电场的电势分布。

解 取柱坐标系如例 8-7,柱壳外的空间没有电荷,静电势满足拉普拉斯方程,定解问题是

$$\begin{cases}\Delta u=0\quad(\rho>\rho_0)\\ u\big|_{\rho=\rho_0}=u_0z/L, u\big|_{\rho\to\infty}=\text{有限值}\\ u\big|_{z=0}=0, u\big|_{z=L}=u_1\end{cases}$$

两组边界条件全是非齐次的,不便应用分离变数法。不过,本例无须采用例 8-8 的办法,将底面边界条件齐次化较为简便,令

$$u=\frac{u_1z}{L}+w\tag{8-66}$$

问题转化为 w 的定解问题

$$\begin{cases}\Delta w=0\quad(\rho>\rho_0)\\ w\big|_{\rho=\rho_0}=\dfrac{u_0-u_1}{L}, w\big|_{\rho\to\infty}=\text{有限值} & (8\text{-}67)\\ w\big|_{z=0}=0, w\big|_{z=L}=0 & (8\text{-}68)\end{cases}$$

这是拉普拉斯方程的定解问题,上下底面为齐次边界条件,看 $\mu\leqslant0$ 的部分。计及问题与 φ 无关,即 $m=0$,从 $\mu=0$ 查得可能解为

$$R(\rho)=\begin{Bmatrix}1\\ \ln\rho\end{Bmatrix}\qquad Z(z)=\begin{Bmatrix}1\\ z\end{Bmatrix}$$

$\rho\to\infty$处的自然边界条件,必须舍弃 $\ln\rho$,上下底面第一类齐次边界条件式(8-68)导致没有

意义的 $Z(z)=0$，故也舍去。从 $\mu<0$ 查得

$$\begin{Bmatrix}\mathrm{I}_0(x)\\ \mathrm{K}_0(x)\end{Bmatrix}\begin{Bmatrix}\cos vz\\ \sin vz\end{Bmatrix}\quad(x=v\rho)$$

上下底面第一类齐次边界条件式(8-68)决定应舍弃 $\cos vz$，本征值 $v^2=p^2\pi^2/L^2$（p 为自然数）。当 $\rho\to\infty$，要求 w 有限，这就排除了 $\mathrm{I}_0(x)$。

将以上特解叠加起来，得

$$w=\sum_{p=1}^{+\infty}A_pK_0\left(\frac{p\pi}{L}\rho\right)\sin\frac{p\pi z}{L}\tag{8-69}$$

为确定系数 A_p，将式(8-69)代入 $\rho=\rho_0$ 处的边界条件式(8-67)，得

$$\sum_{p=1}^{+\infty}A_pK_0\left(\frac{p\pi}{L}\rho_0\right)\sin\frac{p\pi z}{L}=\frac{u_0-u_1}{L}z$$

将上式右端展开为傅里叶正弦级数，比较两边的系数，得

$$\begin{aligned}A_p&=\frac{1}{K_0(p\pi\rho/L)}\frac{2}{L}\int^L\frac{u_0-u_1}{L}z\sin\frac{p\pi z}{L}\mathrm{d}z\\&=(-1)^p\frac{2(u_0-u_1)}{p\pi K_0(p\pi\rho_0/L)}\end{aligned}\tag{8-70}$$

这样，本例的解是式(8-66)，其中 w 见式(8-69)，系数 A_p 见式(8-70)。

8.1.4　球贝塞尔函数

在球坐标系对亥姆霍兹方程进行分离变量，得到球贝塞尔方程为

$$r^2\frac{\mathrm{d}^2R}{\mathrm{d}r^2}+2r\frac{\mathrm{d}R}{\mathrm{d}r}+[k^2r^2-l(l+1)]R=0\tag{8-71}$$

若令 $x=kr,R(r)=\sqrt{\frac{\pi}{2x}}y(x)$，那么

$$x^2\frac{\mathrm{d}^2y}{\mathrm{d}x^2}+x\frac{\mathrm{d}y}{\mathrm{d}x}+\left[x^2-\left(l+\frac{1}{2}\right)^2\right]y=0\tag{8-72}$$

这是 $l+\frac{1}{2}$ 阶贝塞尔方程。

1. 线性独立解

$l+\frac{1}{2}$ 阶贝塞尔方程的阶有下列几种形式的解

$$y(x)=\mathrm{J}_{l+\frac{1}{2}}(x),\mathrm{J}_{-\left(l+\frac{1}{2}\right)}(x),\mathrm{N}_{l+\frac{1}{2}}(x),\mathrm{H}^{(1)}_{l+\frac{1}{2}}(x),\mathrm{H}^{(2)}_{l+\frac{1}{2}}(x)$$

任取两种就可以构成 $l+\frac{1}{2}$ 阶贝塞尔方程的线性独立解。因此，球贝塞尔方程的线性独立解是下列解中的任两种：

球贝塞尔函数 $\mathrm{j}_l(x)=\sqrt{\frac{\pi}{2x}}\mathrm{J}_{l+\frac{1}{2}}(x)\quad j_{-l}(x)=\sqrt{\frac{\pi}{2x}}\mathrm{J}_{-\left(l+\frac{1}{2}\right)}(x)$

球诺伊曼函数 $\mathrm{n}_l(x)=\sqrt{\frac{\pi}{2x}}\mathrm{N}_{l+\frac{1}{2}}(x)$

球汉克尔函数 $h_l^{(1)}(x)=\sqrt{\dfrac{\pi}{2x}}H_{l+\frac{1}{2}}^{(1)}(x)\quad h_l^{(2)}(x)=\sqrt{\dfrac{\pi}{2x}}H_{l+\frac{1}{2}}^{(2)}(x)$

2. 递推公式

令 z_l 表示球贝塞尔函数、球诺伊曼函数或球汉克尔函数，即

$$z_l(x)=\sqrt{\frac{\pi}{2x}}Z_{l+\frac{1}{2}}(x)$$

而 $Z_v(x)$满足下列递推公式

$$Z_{v+1}(x)-2vZ_v(x)/x+Z_{v-1}(x)=0$$

令 $v=l+\dfrac{1}{2}$，那么上述的递推关系变成

$$Z_{l+\frac{3}{2}}(x)-2\left(l+\frac{1}{2}\right)Z_{l+\frac{1}{2}}(x)/x+Z_{l-\frac{1}{2}}(x)=0$$

因此，递推公式为

$$z_{l+1}(x)-(2l+1)z_l(x)/x+Z_{l-1}(x)=0 \tag{8-73}$$

3. 初等球贝塞尔函数的表示

在正则奇点邻域上的级数算法中求出$\dfrac{1}{2}$阶贝塞尔函数为

$$J_{1/2}(x)=\sqrt{\frac{\pi}{2x}}\sin x\quad J_{-1/2}(x)=\sqrt{\frac{\pi}{2x}}\cos x$$

因此

$$j_0(x)=\frac{\sin x}{x}\quad j_{-1}(x)=\frac{\cos x}{x} \tag{8-74}$$

对半奇数阶的诺伊曼函数，存在关系

$$N_{l+1/2}(x)=\frac{J_{l+1/2}(x)\cos(l+1/2)\pi-J_{-(l+1/2)}(x)}{\sin(l+1/2)\pi}=(-1)^{l+1}J_{-(l+1/2)}(x)$$

转换成球诺伊曼函数和球贝塞尔函数为

$$n_l(x)=(-1)^{l+1}j_{-(l+1)}(x)$$

若令 $l=0$ 和 $l=-1$，则得到

$$n_0(x)=-\frac{\cos x}{x}\quad n_{-1}(x)=\frac{\sin x}{x}$$

根据递推公式，可以推导出球贝塞尔函数 $j_l(x)$和球诺伊曼函数 $n_l(x)$的表达式为

$$j_0(x)=\frac{1}{x}\sin x\qquad n_0(x)=-\frac{1}{x}\cos x$$

$$j_1(x)=\frac{1}{x^2}(\sin x-x\cos x)\qquad n_1(x)=-\frac{1}{x^2}(\cos x+x\sin x)$$

$$j_2(x)=\frac{1}{x^3}[3(\sin x-x\cos x)-x^2\sin x]\qquad n_2(x)=-\frac{1}{x^3}[3(\cos x+x\sin x)-x^2\cos x]$$

……　　　　……

当 $x=0$ 时，$j_l(x)$和 $n_l(x)$具有不同的特性。由上式可见，当 $x\to0$ 时，$j_l(x)$是有极限的，但 $n_l(x)$是发散的。因此，有如下重要结论：如果定解问题在球内区域，要求满足自然

边界条件 $R(x)$=有限，则 $R(r)$中必须舍弃球诺伊曼函数，只留下球贝塞尔函数。球贝塞尔函数如图 8-4 所示。

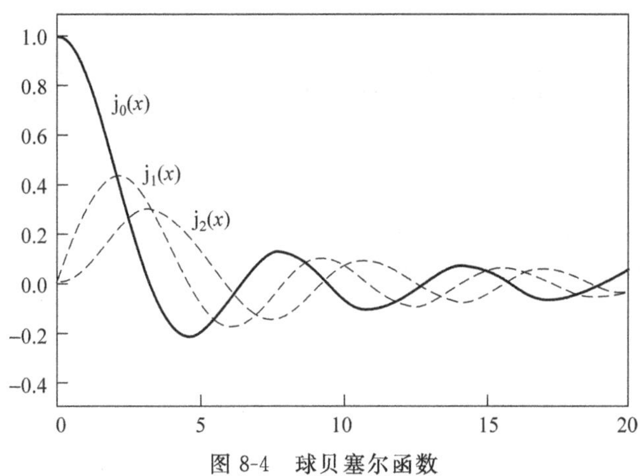

图 8-4　球贝塞尔函数

根据球汉克尔函数的定义

$$\mathrm{h}_l^{(1)}(x)=\mathrm{j}_l(x)+\mathrm{i}\mathrm{n}_l(x)\quad \mathrm{h}_l^{(2)}(x)=\mathrm{j}_l(x)-\mathrm{i}\mathrm{n}_l(x)$$

得到

$$\mathrm{h}_0^{(1)}(x)=-\frac{i}{x}\mathrm{e}^{ix}\qquad \mathrm{h}_0^{(2)}(x)=\frac{i}{x}\mathrm{e}^{-ix}$$

$$\mathrm{h}_1^{(1)}(x)=\left(-\frac{i}{x^2}-\frac{1}{x}\right)\mathrm{e}^{ix}\qquad \mathrm{h}_1^{(2)}(x)=\left(\frac{i}{x^2}-\frac{1}{x}\right)\mathrm{e}^{-ix}$$

$$\mathrm{h}_2^{(1)}(x)=\left(-\frac{3i}{x^3}-\frac{3}{x^2}+\frac{i}{x}\right)\mathrm{e}^{ix}\qquad \mathrm{h}_2^{(2)}(x)=\left(\frac{3i}{x^3}-\frac{3}{x^2}-\frac{i}{x}\right)\mathrm{e}^{-ix}$$

……　　　　　　　　……

球诺伊曼函数如图 8-5 所示。

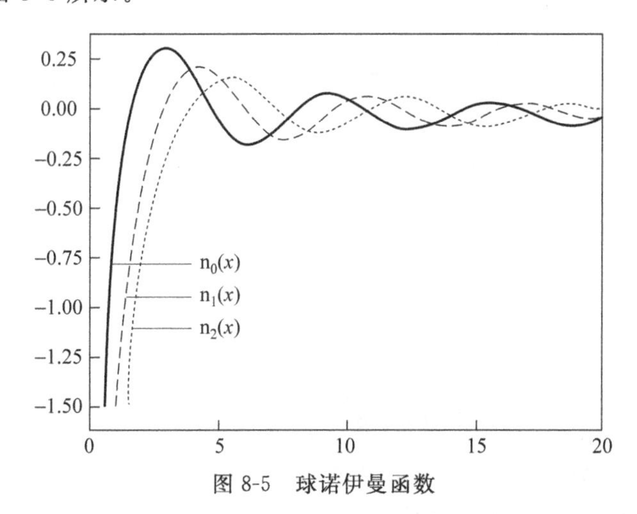

图 8-5　球诺伊曼函数

4. 渐近表达式

根据球贝塞尔函数、球诺伊曼函数和球汉克尔函数的级数表达式及定义，当 $x\to0$ 时

$$\mathrm{j}_0(x) \to 1 \quad \mathrm{j}_l(x) \to 0(l \neq 0)$$

$$\mathrm{n}_l(x) \to \infty \quad \mathrm{h}_l^{(1)}(x) \to \infty \quad \mathrm{h}_l^{(2)}(x) \to -\infty$$

当 $x \to \infty$ 时

$$\mathrm{j}_l(x) \sim \frac{1}{x}\cos\left(x - \frac{l+1}{2}\pi\right) \quad \mathrm{n}_l(x) \sim \frac{1}{x}\sin\left(x - \frac{l+1}{2}\pi\right)$$

$$\mathrm{h}_l^{(1)}(x) \sim (-i)^{l+1}\frac{1}{x}\mathrm{e}^{ix} \quad \mathrm{h}_l^{(2)}(x) \sim i^{l+1}\frac{1}{x}\mathrm{e}^{-ix}$$

5. $x\to 0$ 和 $x\to\infty$ 时的行为

先看 $x\to 0$，引用 $\mathrm{J}_{l+1/2}(x)$ 的级数表达式

$$\mathrm{j}_l(x) = \sqrt{\frac{\pi}{2}}x^{-1/2}\sum_{k=0}^{+\infty}(-1)^k\frac{1}{k!\ \Gamma(l+k+3/2)}\left(\frac{x}{2}\right)^{l+1/2+2k}$$

$$= \sqrt{\frac{\pi}{2}}\sum_{k=0}^{\infty}(-1)^k\frac{1}{k!\ \Gamma(l+k+3/2)}\left(\frac{1}{2}\right)^{l+1/2+2k}x^{l+2k}$$

我们把 l 理解为非负的整数，这个级数只含 x 的正幂项，可见 $\mathrm{j}_0(0)=1$，$\mathrm{j}_l(0)=0$（l 为自然数）。又由于

$$\mathrm{n}_l(x) = (-i)^{l+1}\mathrm{j}_{-(l+1)}(x)$$

$$= (-i)^{l+1}\sqrt{\frac{\pi}{2}}\sum_{k=0}^{+\infty}(-1)^k\frac{1}{k!\ \Gamma(-l+k+1/2)}\left(\frac{1}{2}\right)^{-l-\frac{1}{2}+2k}x^{-l+2k-1}$$

其中既有 x 的正幂项，也有 x 的负幂项。可见，当 $x\to 0$ 时，$\mathrm{n}_l(x)\to+\infty$。这样，在 $x=0$ 存在自然的边界条件，应舍弃 $\mathrm{n}_l(x)$，只要 $\mathrm{j}_l(x)$。

再看 $x\to\infty$，引用渐近公式

$$\mathrm{j}_l(x) \sim \frac{1}{x}\cos\left(x - \frac{l+1}{2}\pi\right) \quad \mathrm{n}_l(x) \sim \frac{1}{x}\sin\left(x - \frac{l+1}{2}\pi\right)$$

$$\mathrm{h}_l^{(1)}(x) \sim \frac{1}{x}\mathrm{e}^{ix}(-i)^{l+1} \quad \mathrm{h}_l^{(2)}(x) \sim \frac{1}{x}\mathrm{e}^{-ix}i^{l+1}$$

从波动方程分离出的时间因子是 e^{ikat} 和 e^{-ikat}。把时间因子 e^{-ikat} 分别附在上面 4 个渐近公式之后，则 $\mathrm{j}_l(x)$ 和 $\mathrm{n}_l(x)$ 对应驻波，$\mathrm{h}_l^{(1)}(x)$ 对应朝 $+x$ 方向（$+r$ 方向）传播的波，即从球坐标系极点向外发散的波，$\mathrm{h}_l^{(2)}(x)$ 对应向球坐标系极点会聚的波。如以 e^{ikat} 代替 e^{-ikat}，则 $\mathrm{j}_l(x)$ 和 $\mathrm{n}_l(x)$ 仍然对应驻波，$\mathrm{h}_l^{(1)}(x)$ 对应会聚波，$\mathrm{h}_l^{(2)}(x)$ 对应发散波。

6. 正交性

球贝塞尔方程的斯维特-刘维尔型是

$$\frac{\mathrm{d}}{\mathrm{d}r}\left[r^2\frac{\mathrm{d}R(r)}{\mathrm{d}r}\right] - l(l+1)R(r) + k^2r^2R(r) = 0$$

带齐次边界条件

$$\left[\alpha R(r) + \beta\frac{\mathrm{d}R(r)}{\mathrm{d}r}\right]\bigg|_{r=a} = 0$$

注意，方程中的参数 l 是关联勒让德方程的本征值，这时的本征值是参数 k，由其次边界条件确定为 k_n，球内问题的本征函数为

$$R(r) = C_n j_l(k_n r), \quad n = 1,2,3,\cdots$$

根据一般的理论，同阶球贝塞尔函数相对于不同本征值 k_n 的本征函数，在 $(0,a)$ 上带

权重 r^2 正交：

$$\int_0^a \mathrm{j}_l(k_n r)\mathrm{j}_l(k_m r)r^2\mathrm{d}r = 0,\quad n \neq m$$

7. 模方

$$[\mathrm{N}_n^{(l)}]^2 = \int_0^a [\mathrm{j}_l(k_n r)]^2 r^2 \mathrm{d}r = \frac{\pi}{2k_n}\int_0^a [\mathrm{j}_{l+\frac{1}{2}}(k_n r)]^2 r\mathrm{d}r$$

可见，球贝塞尔函数模方的计算可以转化为贝塞尔模方的计算。

8. 广义傅里叶级数展开

如果函数 $f(r)$可以展开成如下绝对且一致收敛的级数条件

$$f(r) = \sum_{n=1}^{+\infty} f_n \mathrm{j}_l(k_n r)$$

则利用正交性及模方公式，级数系数可按下式求取

$$f_n = \frac{1}{[\mathrm{N}_n^{(l)}]^2}\int_0^a f(r)\mathrm{j}_l(k_n r)r^2\mathrm{d}r$$

例 8-10　某一匀质球，半径为 r_0，初始时刻，球体温度均匀为 u_0，把它放入温度为 U_0 的烘箱，使球面温度保持为 U_0，求解球内各处温度 u 的变化情况。

解　取球坐标系，极点在球心，定解问题是

$$\begin{cases} u_t - a^2\Delta u = 0 \\ u\,|_{r=r_0} = U_0 \\ u\,|_{t=0} = u_0 \end{cases}$$

首先把边界条件转化为齐次边界条件。为此，移动温标零点，

$$u = U_0 + w$$

$$\begin{cases} w_t - a^2\Delta w = 0 \\ w\,|_{r=r_0} = 0 \\ w\,|_{t=0} = u_0 - U_0 \end{cases} \tag{8-75}$$

计及①问题与 φ 无关，即 $m=0$；②问题与 θ 无关，即 $l=0$；③球心的自然边界条件，查得 $k\neq 0$ 的可能解为

$$\mathrm{j}_0(kr)\mathrm{e}^{-k^2a^2t}$$

至于 $k=0$ 的可能解为 $r^0P_0(\cos\theta)\mathrm{e}^{-0t}$ 即常数，不可能满足边界条件式(8-75)，故应舍弃。这样，我们应考虑的特解只有

$$\frac{\sin kr}{kr}\mathrm{e}^{-k^2a^2t} \tag{8-76}$$

为确定本征值 k，把式(8-76)代入齐次边界条件式(8-75)，得

$$\frac{\sin kr}{kr}\mathrm{e}^{-k^2a^2t} = 0$$

由此得本征值

$$k_n = \frac{n\pi}{r_0}\quad (n = 1,2,3,\cdots)$$

把对应这些本征值的特解叠加起来，得

$$w\sum_{n=1}^{+\infty} A_n \frac{\sin(n\pi r/r_0)}{n\pi r/r_0}\mathrm{e}^{-(n\pi r/r_0)^2a^2t} \tag{8-77}$$

为确定系数 A_n，把式(8-77)代入初始条件式(8-75)，得

$$\sum_{n=1}^{+\infty} A_n \frac{\sin(n\pi r/r_0)}{n\pi r/r_0} = u_0 - U_0$$

把右边的(u_0-U_0)按球贝塞尔函数 $j_0(k_n r)$展开，比较两边的系数，得

$$A_n = \frac{1}{N_n^2}\int_0^{r_0}(u_0 - U_0)\frac{\sin(n\pi r/r_0)}{n\pi r/r_0} r^2 \mathrm{d}r$$

其中

$$N_n^2 = \int_0^{r_0}[j_0(k_n r)]^2 r^2 \mathrm{d}r = \int_0^{r_0}\left[\frac{\sin(n\pi r/r_0)}{n\pi r/r_0}\right]^2 r^2 \mathrm{d}r = \frac{r_0^3}{2n^2\pi^2}$$

于是

$$A = \frac{2n^2\pi^2}{r_0^3}\cdot\frac{r_0(u_0 - U_0)}{n\pi}\int_0^{r_0} r\sin\frac{n\pi}{r_0}r\,\mathrm{d}r = (-1)^n 2(U_0 - u_0)$$

这样，本例的解是

$$u = U_0 + \frac{2(U_0 - u_0)}{\pi r}\sum_{n=1}^{+\infty}\frac{(-1)^n}{n}\mathrm{e}^{-\frac{n^2\pi^2 a^2}{r_0^2}t}\sin\frac{n\pi r}{r_0}。$$

例 8-11 半径为 r_0 的球面径向速度分布为

$$v = v_0\cos\theta\cos\omega t \tag{8-78}$$

试求解这个球面发射的稳恒声振动的速度势 u，设 ρ_0 远小于声波的波长 λ。

由于式(8-78)中的 $\cos\theta$ 即 $P_1(\cos\theta)$，因此本例称为偶极声源。

解 用球坐标系，极点取在球心，定解问题是

$$\begin{cases} u_{tt} - a^2\Delta u = 0 \\ u_r\big|_{r=r_0} = v_0 P_1(\cos\theta)\mathrm{e}^{-i\omega t} \end{cases} \tag{8-79}$$

边界条件里的 $\cos\omega t$ 即 $\mathrm{Re}(\mathrm{e}^{-i\omega t})$，写成了 $\mathrm{e}^{-i\omega t}$，这要求约定计算的最后结果也应取其实部。

计及①问题与 φ 无关，即 $m=0$；②u 对 θ 的依赖关系为 $P_1(\cos\theta)$，即 $l=1$；③边界条件中的时间因子 $\mathrm{e}^{-i\omega t}$，查得

$$h_1^{(1)}(kr)P_1(\cos\theta)\mathrm{e}^{-i\omega t}$$

且 $ka=\omega$，即 $k=\omega/a$。本例中的 k 只有 ω/a 这个唯一的值，所以无须叠加，

$$u = Ah_1^{(1)}\left(\frac{\omega}{a}r\right)P_1(\cos\theta)\mathrm{e}^{-i\omega t} \tag{8-80}$$

为了确定系数 A，把式(8-80)代入边界条件式(8-79)，得

$$A\left[\frac{\mathrm{d}}{\mathrm{d}r}\left(-i\frac{a^2}{\omega^2 r^2} - \frac{a}{\omega r}\right)\mathrm{e}^{i\omega r/a}\right]_{r=r_0} = v_0$$

即

$$\frac{\omega}{a}A\left(i\frac{2a^3}{\omega^3 r_0^3} + \frac{2a^2}{\omega^2 r_0^2} - i\frac{a}{\omega r_0}\right) = v_0$$

因 $r_0 \ll \lambda = 2\pi/k = 2\pi a/\omega$，即 $\omega r_0/a$ 很小，所以 $\mathrm{e}^{i\omega r_0/a}\approx 1$ 且上式中第一项的绝对值远大于其余两项，上式可简化为

$$iA\frac{2a^2}{\omega^3 r_0^3} = v_0$$

由此，$A = -iv_0\omega^2 r_0^3/2a^2$。于是，解为

$$u=-i\frac{v_0\omega^2r_0^3}{2a^2}h_1^{(1)}\left(\frac{\omega}{a}r\right)P_1(\cos\theta)e^{-i\omega t}$$

$$=-i\frac{v_0\omega^2r_0^3}{2a^2}\left(-i\frac{a^2}{\omega^2r^2}-\frac{a}{\omega r}\right)P_1(\cos\theta)e^{i\frac{\omega}{a}(r-at)}$$

在远场区，即 r 大的地方

$$u=i\frac{v_0\omega r_0^3}{2ar}P_1(\cos\theta)e^{i\frac{\omega}{a}(r-at)}$$

取实部

$$u(r,\theta,t)=-\frac{v_0\omega r_0^3}{2ar}P_1(\cos\theta)\sin\frac{\omega}{a}(r-at)$$

这是振幅按 $1/r$ 减小的球面波，其对空间中方向的依赖也由 $P_1(\cos\theta)$ 描写，因而是偶极声场。

8.2　柱函数的工程应用

1. 用柱函数展开法求解轴对称的稳恒磁场

(1) 引言

若稳恒电流是环形的，并且是旋转对称分布的，则电流密度 $\boldsymbol{J}$ 在柱坐标系 (ρ,φ,z) 中只有 J_φ 分量不为零，且与坐标 φ 无关，这种电流分布产生的稳恒磁场具有轴对称性，为了求解该磁场，引入满足库仑规范的矢势 $\boldsymbol{A}$，则矢势 $\boldsymbol{A}$ 也只有 A_φ 分量不为零，且与坐标 φ 无关。

$$\boldsymbol{A}=\boldsymbol{e}_\varphi A_\varphi(\rho,z) \tag{8-81}$$

A_φ 满足的场方程为

$$\nabla^2A_\varphi-\frac{1}{\rho^2}A_\varphi=-\mu J_\varphi$$

虽然在轴对称条件下，三维问题的矢势方程为标量方程，但求解过程仍很复杂。

为了避免直接求解关于矢势的场方程，本文推导出轴对称稳恒磁场的矢势的柱函数展开形式，一旦给出电流分布，便可由此公式简捷地计算出均匀无界空间中的稳恒磁场。

(2) 计算公式

在充满均匀磁介质的无界空间里，矢势 $\boldsymbol{A}$ 的解为

$$\boldsymbol{A}=\frac{\mu}{4\pi}\int_V\frac{\boldsymbol{J}'(\boldsymbol{r}')\mathrm{d}V'}{R}$$

式中，$\boldsymbol{R}=\boldsymbol{r}-\boldsymbol{r}'$（图 8-6）。

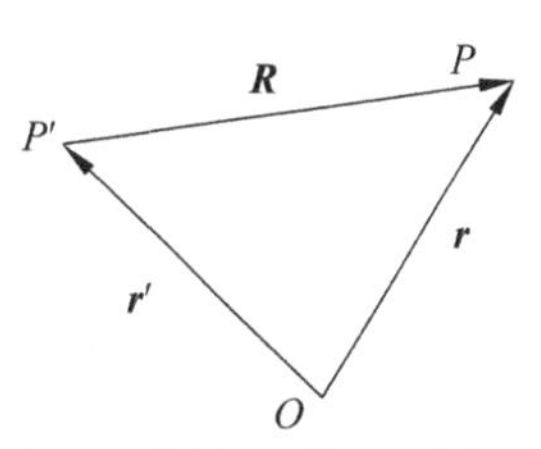

图 8-6　源点 P' 与观测点 P

在柱坐标系里，$\frac{1}{R}=\frac{1}{|\boldsymbol{r}-\boldsymbol{r}'|}$ 有两种形式的柱函数展开式，其一是

$$\frac{1}{R}=\int_0^\infty \mathrm{d}\lambda\, e^{(-\lambda|z-z'|)}\left\{J_0(\lambda\rho)J_0(\lambda\rho')+2\sum_{m=1}^{\infty}\cos[m(\phi-\phi')]J_m(\lambda\rho)J_m(\lambda\rho')\right\} \tag{8-82}$$

另一种等价的形式是

$$\frac{1}{R}=\frac{2}{\pi}\int_0^{\infty}\mathrm{d}\lambda(\cos\lambda\mid z-z'\mid)\{\mathrm{I}_0(\lambda\rho<)\mathrm{K}_0(\lambda\rho>)+ \\ 2\sum_{m=1}^{\infty}\cos[m(\phi-\phi')]\mathrm{I}_m(\lambda\rho_<)\mathrm{K}_m(\lambda\rho_>)\} \tag{8-83}$$

式(8-83)中的 $\rho_>$ 和 $\rho_<$ 是 ρ 和 ρ' 中的较大者和较小者。将式(8-83)或式(8-82)代入式(8-81)，就可得出矢势 $\boldsymbol{A}$ 的柱函数展开式，为了便于推导，把观测点 P 选在 xOz 平面上，如图 8-7 所示。

由于式(8-82)中对 ϕ'角的积分关于 $\phi'=0$ 平面对称，则电流密度

$$\boldsymbol{J}(\boldsymbol{r}')=\boldsymbol{e}_\varphi J_\varphi(\rho',z')=-\boldsymbol{e}_x J_\varphi(\rho',z')\sin\varphi'+\boldsymbol{e}_r J_\varphi(\rho',z')\cos\varphi' \tag{8-84}$$

式(8-84)中的 $\boldsymbol{x}$ 分量 J_x 对积分没有贡献，只有矢势的 $\boldsymbol{y}$ 分量 A_r 不为零，它就是 A_ϕ，将式(8-82)代入式(8-81)，得

$$A_\varphi(\rho,z)=\frac{\mu}{2\pi}\int_0^{\infty}\mathrm{d}\lambda\mathrm{J}_1(\lambda\rho)\int_{V'}\mathrm{J}_\varphi(\rho',z')\mathrm{e}^{-\lambda|z-z'|}\mathrm{J}_1(\lambda\rho')\cos^2\varphi'\mathrm{d}V' \tag{8-85}$$

将式(8-83)代入式(8-81)，得

$$A_\varphi(\rho,z)=\frac{\mu}{\pi^2}\int_0^{\infty}\mathrm{d}\lambda\int_{V'}\mathrm{J}_\varphi(\rho',z')\cos[\lambda\mid z-z'\mid]\mathrm{I}_1(\lambda\rho_<)\mathrm{K}_1(\lambda\rho_>)\cos^2\varphi'\mathrm{d}V' \tag{8-86}$$

式(8-85)和式(8-86)就是轴对称三维稳恒磁场矢势的柱函数展开式。若电流分布已知，就可由式(8-85)或式(8-86)求得全空间的矢势 $\boldsymbol{A}$，再对 $\boldsymbol{A}$ 取旋度便计算出磁感应强度 $\boldsymbol{B}$

$$B_\rho=-\frac{\partial A_\varphi}{\partial z},\quad B_x=\frac{1}{\rho}\cdot\frac{\partial}{\partial\rho}(\rho A_\varphi),\quad B_\varphi=0 \tag{8-87}$$

(3) 应用举例

具体求解时，是应用式(8-85)，还是应用式(8-86)应视具体情况而定，对于给定的电流分布，有时无法用一个解式表示出整个区域的矢势分布，这时就需要将求解区域划分为若干子区域，对于某些电流分布，适于按轴向划分区域，这时应用式(8-85)求解较方便，对于某些电流分布，适于按径向划分区域，这时应用式(8-86)求解较方便。

例 8-12 在一段长为 $2b$、半径为 a 的圆柱面上，有环向流动且均匀分布的电流，电流线密度为 A，求此电流产生的磁场。

解 建立如图 8-8 所示的柱坐标系，其电流密度分布为

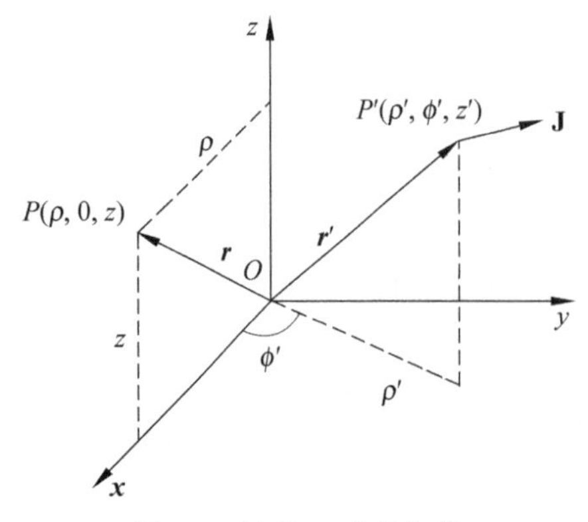

图 8-7 计算 P 点的矢势

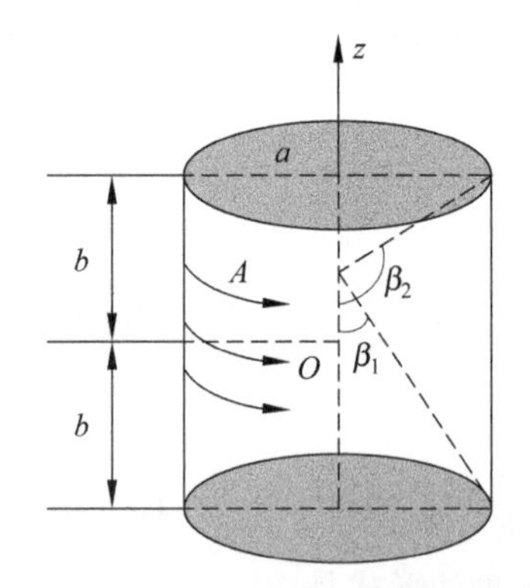

图 8-8 有限长柱面上的环向电流

$$J_\varphi(\rho',z')=\begin{cases}A\delta(\rho'-a) & (|z|<b)\\ 0 & (|z|>b)\end{cases} \tag{8-88}$$

此电流分布适于按径向划分区域,用式(8-86)可求得矢势

$$A_\varphi(\rho,z)=\begin{cases}\dfrac{2\mu aA}{\pi}\displaystyle\int_0^\infty \mathrm{d}\lambda\lambda^{-1}\mathrm{K}_1(\lambda\rho)\mathrm{I}_1(\lambda a)\cos(\lambda z)\sin(\lambda b) & (\rho>a)\\ \dfrac{2\mu aA}{\pi}\displaystyle\int_0^\infty \mathrm{d}\lambda\lambda^{-1}\mathrm{I}_1(\lambda\rho)\mathrm{K}_1(\lambda a)\cos(\lambda z)\sin(\lambda b) & (\rho<a)\end{cases} \tag{8-89}$$

将式(8-89)代入式(8-87)求得 $\boldsymbol{B}$

$$B_z(\rho,z)=\begin{cases}\dfrac{2\mu aA}{\pi}\displaystyle\int_0^\infty \mathrm{d}\lambda\,\mathrm{K}_0(\lambda\rho)\mathrm{I}_1(\lambda a)\cos(\lambda z)\sin(\lambda b) & (\rho>a)\\ \dfrac{2\mu aA}{\pi}\displaystyle\int_0^\infty \mathrm{d}\lambda\,\mathrm{I}_0(\lambda\rho)\mathrm{K}_1(\lambda a)\cos(\lambda z)\sin(\lambda b) & (\rho<a)\end{cases} \tag{8-90}$$

$$B_\rho(\rho,z)=\begin{cases}\dfrac{2\mu aA}{\pi}\displaystyle\int_0^\infty \mathrm{d}\lambda\,\mathrm{K}_1(\lambda\rho)\mathrm{I}_1(\lambda a)\sin(\lambda z)\sin(\lambda b) & (\rho>a)\\ \dfrac{2\mu aA}{\pi}\displaystyle\int_0^\infty \mathrm{d}\lambda\,\mathrm{I}_1(\lambda\rho)\mathrm{K}_1(\lambda a)\sin(\lambda z)\sin(\lambda b) & (\rho<a)\end{cases} \tag{8-91}$$

在式(8-90)和式(8-91)中令 $\boldsymbol{\rho}=\mathbf{0}$,可得中轴线上的 $\boldsymbol{B}$,方向沿 z 轴,大小为

$$\begin{aligned}B_z(z)&=\frac{\mu aA}{\pi}\int_0^\infty \mathrm{d}\lambda\,\mathrm{K}_1(\lambda a)\{\sin[\lambda(z+b)]-\sin[\lambda(z-b)]\}\\&=\frac{\mu aA}{\pi}\left\{\frac{z+b}{a}\int_0^\infty \mathrm{d}\lambda\,\mathrm{K}_0(\lambda a)\cos[\lambda(z+b)]-\frac{z-b}{a}\int_0^\infty \mathrm{d}\lambda K_0(\lambda a)\cos[\lambda(z-b)]\right\}\\&=\frac{\mu}{2}A\left[\frac{z+b}{\sqrt{a^2+(z+b)^2}}-\frac{z-b}{\sqrt{a^2+(z-b)^2}}\right]\\&=\frac{\mu}{2}A(\cos\beta_1-\cos\beta_2)\end{aligned} \tag{8-92}$$

这是有限长螺线管中轴线上 $\boldsymbol{B}$ 的表示式。

例 8-13 一半径为 a,电荷面密度为 σ 的均匀带电圆盘,以恒定的角速度 ω 绕过圆盘中心且与圆盘垂直的轴线旋转,求磁场的分布。

解 以圆盘中心为原点,以旋转轴为极轴建立柱坐标系,z 轴正方向与圆盘旋转方向满足右手关系,则旋转带电圆盘形成的电流密度分布为

$$J_\varphi(\rho',z')=\begin{cases}\sigma\omega\rho'\delta(z') & (0\leqslant\rho'\leqslant a)\\ 0 & (\rho'>a)\end{cases} \tag{8-93}$$

应用式(8-85)求得矢势

$$A_\varphi(\rho,z)=\frac{1}{2}\mu\sigma\omega a^2\int_0^\infty \mathrm{d}\lambda\lambda^{-1}\mathrm{J}_1(\lambda\rho)\mathrm{J}_2(\lambda a)\mathrm{e}^{-\lambda|z|} \tag{8-94}$$

将式(8-94)代入式(8-87)求得 $\boldsymbol{B}$

$$B_z(\rho,z)=\frac{1}{2}\mu\sigma\omega a^2\int_0^\infty \mathrm{d}\lambda\,\mathrm{J}_0(\lambda\rho)\mathrm{J}_2(\lambda a)\mathrm{e}^{-\lambda|z|} \tag{8-95}$$

$$B_\varphi(\rho,z)=\pm\frac{1}{2}\mu\sigma\omega a^2\int_0^\infty \mathrm{d}\lambda\,\mathrm{J}_1(\lambda\rho)\mathrm{J}_2(\lambda a)\mathrm{e}^{-\lambda|z|} \tag{8-96}$$

在式(8-96)中，$z>0$ 时取“+”号，$z<0$ 时取“−”号。在式(8-95)和式(8-96)中，令 $\rho=0$，得轴线上的 $\boldsymbol{B}$，方向沿 z 轴，大小为

$$\begin{aligned}B_z(z)&=\frac{1}{2}\mu\sigma\omega a^2\int_0^{\infty}\mathrm{d}\lambda \mathrm{J}_2(\lambda a)\mathrm{e}^{-\lambda|z|}\\&=\frac{1}{2}\mu\sigma\omega a^2\left[(a^2+2z^2)(a^2+z^2)^{-\frac{1}{2}}-2|z|\right]\end{aligned}\tag{8-97}$$

这正是旋转带电圆盘轴线上 $\boldsymbol{B}$ 的表示式。

2. 有限长均匀带电圆柱壳的电场

大学物理书中，作为高斯定理的应用，计算了无限长均匀带电圆柱体的电场分布，而对有限长均匀带电柱体的电场研究涉及较少。该应用利用带电圆环级数解的公式进行叠加，给出了级数形式的有限长薄圆柱的电场。本文利用柱函数展开式及特殊函数的性质，给出了积分形式的有限长均匀带电圆柱壳的电场分布公式。

(1) 电势分布

设有内、外半径分别为 a 和 b，高度为 $2h$，电荷体密度为 η 的均匀带电圆柱壳，如图 8-9 所示。以轴线中点为原点，建立柱坐标系(ρ,φ,z)，在柱体内的任意 P' 处取电荷元

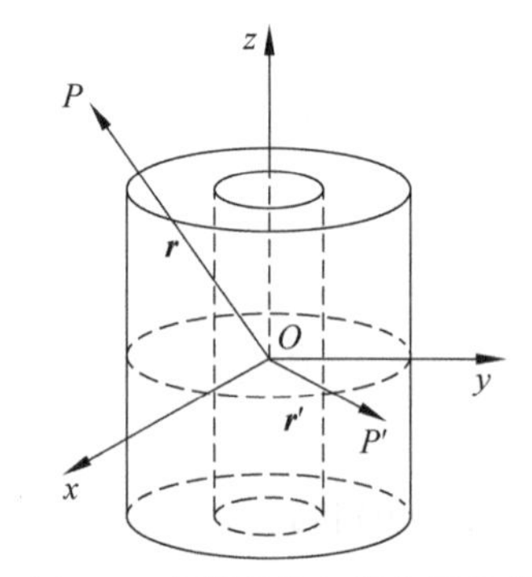

图 8-9 有限长均匀带电圆柱壳

$$\mathrm{d}q'=\eta\mathrm{d}V'=\eta\rho'\mathrm{d}\rho'\mathrm{d}\varphi'\mathrm{d}z'$$

此电荷元在空间任意点 P 处产生的电势元为

$$\mathrm{d}u=\frac{\mathrm{d}q'}{4\pi\varepsilon_0 R}=\frac{\eta\rho'\mathrm{d}\rho'\mathrm{d}\varphi'\mathrm{d}z'}{4\pi\varepsilon_0|\boldsymbol{r}-\boldsymbol{r}'|}\tag{8-98}$$

其中，$\boldsymbol{r}$、$\boldsymbol{r}'$分别为 P 点和 P'点的位置矢量，$\boldsymbol{R}=\boldsymbol{r}-\boldsymbol{r}'$。

在柱坐标系中，源点到场点距离$|\boldsymbol{r}-\boldsymbol{r}'|$倒数的柱函数展开式为

$$\begin{aligned}\frac{1}{|\boldsymbol{r}-\boldsymbol{r}'|}=\frac{2}{\pi}\int_0^{\infty}\Big[&I_0(k\rho_<)\mathrm{K}_0(k\rho_>)+\\&2\sum_{m=1}^{\infty}\mathrm{I}_m(k\rho_<)\mathrm{K}_m(k\rho_>)\cos m(\varphi-\varphi')\Big]\cdot\\&\cos k(z-z')\mathrm{d}k\end{aligned}\tag{8-99}$$

式中，$\rho_>$、$\rho_<$表示 ρ 和 ρ'中的较大者、较小者，$\mathrm{I}_m(k\rho)$、$\mathrm{K}_m(k\rho)$为变形贝塞尔函数。

由电荷分布的对称性可知，电势与方位角 φ 无关，可令 $\varphi=0$，将式(8-98)叠加得到整个圆柱壳在 P 处产生的电势。

$$\begin{aligned}u(\rho,\varphi,z)=&\frac{\eta}{2\pi^2\varepsilon_0}\int_0^{\infty}\mathrm{d}k\int_a^b\rho'\mathrm{d}\rho'\int_{-h}^{h}\cos k(z-z')\mathrm{d}z'\cdot\\&\int_0^{2\pi}\Big[\mathrm{I}_0(k\rho_<)\mathrm{K}_0(k\rho_>)+2\sum_{m=1}^{\infty}\mathrm{I}_m(k\rho_<)\mathrm{K}_m(k\rho_>)\cos m\varphi'\Big]\mathrm{d}\varphi'\end{aligned}\tag{8-100}$$

由三角函数的正交性可知，

$$\int_0^{2\pi}[\mathrm{I}_0(k\rho_<)\mathrm{K}_0(k\rho_>)+2\sum_{m=1}^{\infty}\mathrm{I}_m(k\rho_<)\mathrm{K}_m(k\rho_>)\cos m\varphi']\mathrm{d}\varphi'=2\pi\mathrm{I}_0(k\rho_<)\mathrm{K}_0(k\rho_>)$$

$$\int_{-h}^{h}\cos k(z-z')\mathrm{d}z'=\frac{1}{k}[\sin k(z+h)-\sin k(z-h)]=\frac{2}{k}\cos kz\sin kh$$

式(8-100)可简化为

$$u(\rho,z)=\frac{2\eta}{\pi\varepsilon_0}\int_0^{\infty}\cos kz\sin kh\ \frac{\mathrm{d}k}{k}\cdot\int_a^b\rho'\mathrm{I}_0(k\rho_<)\mathrm{K}_0(k\rho_>)\mathrm{d}\rho'$$

上式即圆柱壳的电势积分表达式。

下面应用公式$\frac{\mathrm{d}}{\mathrm{d}x}(x^r\mathrm{I}_r(x))=x^r\mathrm{I}_{r-1}(x)$；$\frac{\mathrm{d}}{\mathrm{d}x}(x^r\mathrm{K}_r(x))=-x^r\mathrm{K}_{r-1}(x)$；$\mathrm{I}_r(x)\mathrm{K}_{r+1}(x)+\mathrm{I}_{r+1}(x)\mathrm{K}_r(x)=\frac{1}{x}$，分3种情况计算积分。

① 当$\rho<a$时，

$$\int_a^b\rho'\mathrm{I}_0(k\rho_<)\mathrm{K}_0(k\rho_>)\mathrm{d}\rho'=\int_a^b\rho'\mathrm{I}_0(k\rho)\mathrm{K}_0(k\rho')\mathrm{d}\rho'=\frac{\mathrm{I}_0(k\rho)}{k}[a\mathrm{K}_1(ka)-b\mathrm{K}_1(kb)]$$

其电势分布为

$$u(\rho,z)=\frac{2\eta}{\pi\varepsilon_0}\int_0^{\infty}\mathrm{I}_0(k\rho)\cdot[a\mathrm{K}_1(ka)-b\mathrm{K}_1(kb)]\cos kz\sin kh\ \frac{\mathrm{d}k}{k^2}\tag{8-101}$$

② 当$a<\rho<b$时，

$$\begin{aligned}\int_a^b\rho'\mathrm{I}_0(k\rho_<)\mathrm{K}_0(k\rho_>)\mathrm{d}\rho'&=\int_a^{\rho}\rho'\mathrm{I}_0(k\rho')\mathrm{K}_0(k\rho)\mathrm{d}\rho'+\int_{\rho}^b\rho'\mathrm{I}_0(k\rho)\mathrm{K}_0(k\rho')\mathrm{d}\rho'\\&=\frac{\mathrm{K}_0(k\rho)}{k}[\rho\mathrm{I}_1(k\rho)-a\mathrm{I}_1(ka)]+\frac{\mathrm{I}_0(k\rho)}{k}[\rho\mathrm{K}_1(k\rho)-b\mathrm{K}_1(kb)]\\&=\left(\frac{1}{k}-a\mathrm{I}_1(ka)\mathrm{K}_0(k\rho)-b\mathrm{K}_1(kb)\mathrm{I}_0(k\rho)\right)\frac{1}{k}\end{aligned}$$

其电势分布为

$$u(\rho,z)=\frac{2\eta}{\pi\varepsilon_0}\int_0^{\infty}\left(\frac{1}{k}-a\mathrm{I}_1(ka)\mathrm{K}_0(k\rho)-b\mathrm{K}_1(kb)\mathrm{I}_0(k\rho)\right)\cdot\cos kz\sin kh\ \frac{\mathrm{d}k}{k^2}\tag{8-102}$$

③ 当$\rho>b$时，

$$\int_a^b\rho'\mathrm{I}_0(k\rho_<)\mathrm{K}_0(k\rho_>)\mathrm{d}\rho'=\int_a^b\rho'\mathrm{I}_0(k\rho')\mathrm{K}_0(k\rho)\mathrm{d}\rho'=\frac{k_0(k\rho)}{k}[b\mathrm{I}_1(kb)-a\mathrm{I}_1(ka)]$$

其电势分布为

$$u(\rho,z)=\frac{2\eta}{\pi\varepsilon_0}\int_0^{\infty}\mathrm{K}_0(k\rho)[b\mathrm{I}_1(kb)-a\mathrm{I}_1(ka)]\cdot\cos kz\sin kh\ \frac{\mathrm{d}k}{k^2}\tag{8-103}$$

(2) 场强分布

利用$\boldsymbol{E}=-\nabla u=-\frac{\partial u}{\partial\rho}\boldsymbol{e}_{\rho}-\frac{\partial u}{\partial z}\boldsymbol{e}_Z$可得到电场强度。

① 当$\rho<a$时，

由式(8-101)可得场强分布

$$\boldsymbol{E}(\rho,z)=\frac{2\eta}{\pi\varepsilon_0}\int_0^{\infty}[a\mathrm{K}_1(ka)-b\mathrm{K}_1(kb)]\cdot[-\mathrm{I}_1(k\rho)\cos kz\boldsymbol{e}_{\rho}+\mathrm{I}_0(k\rho)\sin kz\boldsymbol{e}_z]\sin kh\ \frac{\mathrm{d}k}{k}$$

② 当$a<\rho<b$时，

由式(8-102)可得场强分布

$$\boldsymbol{E}(\rho,z)=-\frac{2\eta}{\pi\varepsilon_0}\int_0^{\infty}(a\mathrm{I}_1(ka)\mathrm{K}_1(k\rho)-b\mathrm{K}_1(kb)\mathrm{I}_1(k\rho))\cdot\cos kz\sin kh\frac{\mathrm{d}k}{k}\cdot\boldsymbol{e}_\rho+$$
$$\frac{2\eta}{\pi\varepsilon_0}\int_0^{\infty}\left(\frac{1}{k}-a\mathrm{I}_1(ka)\mathrm{K}_0(k\rho)-b\mathrm{K}_1(kb)\mathrm{I}_0(k\rho)\right)\cdot\sin kz\sin kh\frac{\mathrm{d}k}{k}\boldsymbol{e}_z$$

③ 当 $\rho>b$ 时，

由式(8-103)可得场强分布

$$\boldsymbol{E}(\rho,z)=\frac{2\eta}{\pi\varepsilon_0}\int_0^{\infty}[\mathrm{K}_1(k\rho)\cos kz\boldsymbol{e}_\rho+\mathrm{K}_0(k\rho)\sin kz\boldsymbol{e}_z]\cdot[b\mathrm{I}_1(kb)-a\mathrm{I}_1(ka)]\sin kh\frac{\mathrm{d}k}{k}$$

当研究的问题具有轴对称性时，利用柱函数展开式能更方便地分析其形成的空间静电场，该方法对转动柱体、螺线管等形成的磁场同样适用。

3. 转动有限长带电圆柱体的矢势

电荷量 Q 均匀分布在半径为 a、长度为 $2h$ 的柱体内，当柱体以匀角速度 w 绕轴线旋转时，计算其空间的矢势和磁场分布。

以轴线中心 O 为原点，转轴为极轴，建立如图 8-10 所示的柱坐标系。根据电流产生矢势的公式，在柱体 r' 处取体积元 $\mathrm{d}V'=\rho'\mathrm{d}\rho'\mathrm{d}\varphi'\mathrm{d}z'$，可得到空间任意点 r 处的矢势为

$$A(r)=\frac{\mu_0}{4\pi}\int_V\frac{J(r')\mathrm{d}V'}{|r-r'|}\tag{8-104}$$

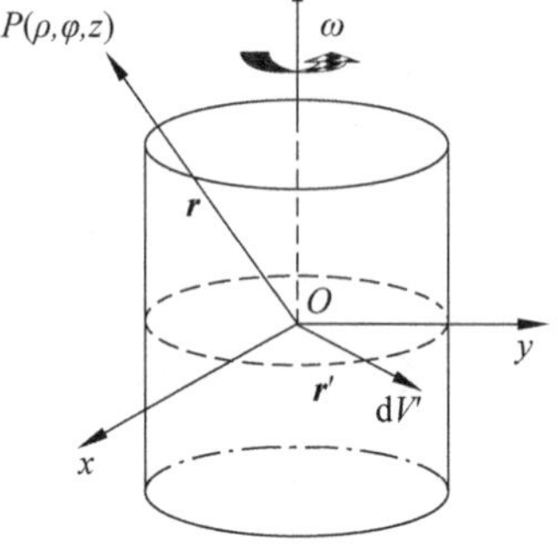

图 8-10 旋转带电圆柱体

因为

$$\omega\times r'=\omega e_z\times(\rho'\cos\varphi' e_x+\rho'\sin\varphi' e_y+z' e_z)=\omega\rho'(\cos\varphi' e_y-\sin\varphi' e_x)$$

故 $\mathrm{J}(r')=\dfrac{Q}{2\pi a^2h}\omega\times r'=\dfrac{Q}{2\pi a^2h}\omega\rho'(\cos\varphi' e_y-\sin\varphi' e_x)$

在柱坐标系中，源点到场点距离 $|r-r'|$ 倒数的柱函数展开式为

$$\frac{1}{|r-r'|}=\frac{2}{\pi}\sum_{m=-\infty}^{+\infty}\int_0^{+\infty}\cos k(z-z')\mathrm{I}_m(k\rho_<)\mathrm{K}_m(k\rho_>)\mathrm{e}^{im(\varphi-\varphi')}\mathrm{d}k$$

式中，$\rho_>$、$\rho_<$ 表示 ρ 和 ρ' 中的较大者、较小者，$\mathrm{I}_m(k\rho)$、$\mathrm{K}_m(k\rho)$ 为变形贝塞尔函数。由于问题具有轴对称性，故令 $\varphi=0$，由式(8-104)得到整个旋转圆柱体在 r 处的矢势

$$\begin{aligned}A(\rho,\varphi,z)=&\frac{\mu_0Q\omega}{4\pi^3a^2h}\int_0^{+\infty}\mathrm{d}k\int_0^a(\rho')^2\mathrm{d}\rho'\int_{-h}^{h}\cos k(z-z')\mathrm{d}z'\cdot\\&\sum_{m=-\infty}^{+\infty}\int_0^{2\pi}[\mathrm{I}_m(k\rho_<)\mathrm{K}_m(k\rho_>)\mathrm{e}^{im\varphi'}]\cdot(\cos\varphi' e_y-\sin\varphi' \mathrm{e}_x)\mathrm{d}\varphi'\end{aligned}\tag{8-105}$$

由三角函数的正交性知

$$\sum_{m=-\infty}^{+\infty}\int_0^{2\pi}[\mathrm{I}_m(k\rho_<)\mathrm{K}_m(k\rho_>)\mathrm{e}^{im\varphi'}](\cos\varphi' e_y-\sin\varphi' e_x)\mathrm{d}\varphi'$$
$$=2\pi\mathrm{I}_1(k\rho_<)\mathrm{K}_1(k\rho_>)e_y\int_{-h}^{h}\cos k(z-z')\mathrm{d}z'$$
$$=\frac{1}{k}[\sin k(z+h)-\sin k(z-h)]$$

$$=\frac{2}{k}\cos kz\sin kh$$

在柱坐标系中，$e_y=e_\varphi$，式(8-105)可以简化为

$$A(\rho,z)=e_\varphi\frac{\mu_0 Q\omega}{\pi^2a^2h}\int_0^{+\infty}\cos kz\sin kh\frac{\mathrm{d}k}{k}\int_0^a(\rho')^2\mathrm{I}_1(k\rho_<)\mathrm{K}_1(k\rho_>)\mathrm{d}\rho' \tag{8-106}$$

式(8-106)即转动柱体的矢势积分表达式。下面分 $\rho<a$ 和 $\rho>a$ 两种情况计算积分。

当 $\rho<a$ 时，利用公式 $\frac{\mathrm{d}}{\mathrm{d}x}(x^\gamma\mathrm{I}_\gamma(x))=x^\gamma\mathrm{I}_{\gamma-1}(x)$，$\frac{\mathrm{d}}{\mathrm{d}x}(x^\gamma\mathrm{K}_\gamma(x))=-x^\gamma\mathrm{K}_{\gamma-1}(x)$，当 $\gamma=2$ 时，有 $\begin{cases}\frac{\mathrm{d}}{\mathrm{d}x}(x^2\mathrm{I}_2(x))=x^2\mathrm{I}_1(x),\\ \frac{\mathrm{d}}{\mathrm{d}x}(x^2\mathrm{K}_2(x))=-x^2\mathrm{K}_1(x)\end{cases}$ 及 $\mathrm{I}_\gamma(x)\mathrm{K}_{\gamma+1}(x)+\mathrm{I}_{\gamma+1}(x)\mathrm{K}_\gamma(x)=\frac{1}{x}$，

$$\begin{aligned}&\int_0^a(\rho')^2\mathrm{I}_1(k\rho_<)\mathrm{K}_1(k\rho_>)\mathrm{d}\rho'\\&=\int_0^\rho(\rho')^2\mathrm{I}_1(k\rho')\mathrm{K}_1(k\rho)\mathrm{d}\rho'+\int_\rho^a\rho'\mathrm{I}_1(k\rho)\mathrm{K}_1(k\rho')\mathrm{d}\rho'\\&=\frac{1}{k}[\mathrm{K}_1(k\rho)\rho^2\mathrm{I}_2(k\rho)-a^2\mathrm{I}_1(k\rho)\mathrm{K}_2(ka)+\mathrm{I}_1(k\rho)\rho^2\mathrm{K}_2(k\rho)]\\&=\left(\frac{\rho}{k}-a^2\mathrm{I}_1(k\rho)\mathrm{K}_2(k\rho)\right)\frac{1}{k}\end{aligned}$$

整理式(8-106)得

$$A_\varphi(\rho,z)=\frac{\mu_0 Q\omega}{\pi^2a^2h}\int_0^{+\infty}\left(\frac{\rho}{k}-a^2\mathrm{K}_2(k\rho)\mathrm{I}_1(k\rho)\right)\cos kz\sin kh\frac{\mathrm{d}k}{k^2} \tag{8-107}$$

当 $\rho>a$ 时，有

$$\int_0^a(\rho')^2\mathrm{I}_1(k\rho_<)\mathrm{K}_1(k\rho_>)\mathrm{d}\rho'=\int_0^a(\rho')^2\mathrm{I}_1(k\rho')\mathrm{K}_1(k\rho)\mathrm{d}\rho'=\frac{\mathrm{K}_1(k\rho)}{k}a^2\mathrm{I}_2(ka)$$

整理式(8-106)得

$$A_\varphi(\rho,z)=\frac{\mu_0 Q\omega}{\pi^2h}\int_0^{+\infty}\mathrm{K}_1(k\rho)\mathrm{I}_2(ka)\cos kz\sin kh\frac{\mathrm{d}k}{k^2} \tag{8-108}$$

4. 转动柱体的磁感强度

由 $\boldsymbol{B}=\nabla\times\boldsymbol{A}=-\frac{\partial A_\varphi}{\partial z}e_\rho+\frac{1}{\rho}\cdot\frac{\partial}{\partial\rho}(\rho A_\varphi)e_z$ 可得磁感应强度。利用

$$\frac{1}{\rho}\cdot\frac{\partial}{\partial\rho}(\rho\mathrm{I}_1(k\rho))=k\mathrm{I}_0(k\rho),\ \frac{1}{\rho}\cdot\frac{\partial}{\partial\rho}(\rho\mathrm{K}_1(k\rho))=-k\mathrm{K}_0(k\rho)$$

当 $\rho<a$ 时，由式(8-107)可得磁感应强度分布：

$$\boldsymbol{B}(\rho,z)=\frac{\mu_0 Q\omega}{\pi^2a^2h}\int_0^{+\infty}\left\{\left(\frac{\rho}{k}-a^2\mathrm{K}_2(ka)\mathrm{I}_1(k\rho)\right)\sin kh\boldsymbol{e}_\rho+\left(\frac{2}{k}-a^2k\mathrm{K}_2(ka)\mathrm{I}_0(k\rho)\frac{\cos kz}{k}\boldsymbol{e}_z\right\}\sin kh\frac{\mathrm{d}k}{k} \tag{8-109}$$

当 $\rho>a$ 时，由式(8-108)可得磁感应强度分布：

$$\boldsymbol{B}(\rho,z)=\frac{\mu_0 Q\omega}{\pi^2h}\int_0^{+\infty}[\mathrm{K}_1(k\rho)\sin kz\boldsymbol{e}_\rho-\mathrm{K}_0(k\rho)\cos kz\boldsymbol{e}_z]\mathrm{I}_2(ka)\sin kh\frac{\mathrm{d}k}{k} \tag{8-110}$$

讨论：

1）当 $h \to \infty$ 时，有限长圆柱体变成无限长直圆柱体，所研究场点均可视为在 $z=0$ 平面上，由式(8-107)和式(8-109)可得转动圆柱体内部的矢势和磁感强度：

$$A_\varphi(\rho,z)=\frac{\mu_0 Q\omega}{\pi^2 a^2 h}\int_0^{+\infty}\left(\frac{\rho}{k}-a^2\mathrm{K}_2(k\rho)\mathrm{I}_1(k\rho)\right)\sinh kh\,\frac{\mathrm{d}k}{k^2}$$

$$\boldsymbol{B}(\rho,z)=\boldsymbol{e}_z\frac{\mu_0 Q\omega}{\pi^2 a^2 h}\int_0^{+\infty}\left(\frac{2}{k}-a^2 k\mathrm{K}_2(ka)\mathrm{I}_0(k\rho)\right)\sinh kh\,\frac{\mathrm{d}k}{k^2}$$

2）当 $\sqrt{\rho^2+z^2}>>h$ 时，$\mathrm{I}_2(ka)$ 取小宗量渐近式，由式(8-110)可得旋转圆柱体在远区的磁感强度：

$$\boldsymbol{B}(\rho,z)=\frac{\mu_0 Q\omega a^2}{8\pi^2 h}\int_0^{+\infty}[\mathrm{K}_1(k\rho)\sin kz\boldsymbol{e}_\rho-\mathrm{K}_0(k\rho)\cos kz\boldsymbol{e}_z]k\sinh kh\,\mathrm{d}k$$

可见，当研究的问题具有轴对称性时，利用柱函数展开式能更方便地分析其形成的空间场，该方法既能计算电流分布区域外部的磁场，又能计算电流分布区域内部的磁场，不涉及求解泊松方程，简便直观，易于理解，是求解轴对称性稳恒场的一种有力工具。

5. 轴对称静磁场的两种便捷方法

若稳恒电流是环形的，并且是旋转对称分布的，则电流密度矢量在柱坐标系中只有轴向分量 J_φ 且与轴向坐标 φ 无关，这种电流分布产生的静磁场具有轴对称性。为了求解该磁场，可引入满足库仑规范的矢势 $\boldsymbol{A}$，且矢势也只有轴向分量 A_φ，与坐标 φ 无关，A_φ 所满足的场方程为

$$\Delta^2 A_\varphi-\frac{1}{\rho^2}A_\varphi=-\mu \mathrm{J}_\varphi$$

虽然这是一个标量方程，但求解过程仍然很烦琐，对于求解轴对称的静电场，第一个工程案例给出了电势的柱函数展开法和由对称轴上电势得出空间电势分布的延拓法，对于求解轴对称的静磁场，也有类似的两种解法。本文将推导出矢势的柱函数展开式和由对称轴上的磁场表示空间矢势和磁场分布的级数展开式，并将给出用这两种方法求解的具体例子。

(1) 矢势的柱函数展开式

在充满均匀磁介质的无界空间里，电流密度分布为 $\boldsymbol{J}(\boldsymbol{r}')$，由源点 $\boldsymbol{r}'$ 到场点 $\boldsymbol{r}$ 的距离为 R，即 $R=|\boldsymbol{R}|=|\boldsymbol{r}-\boldsymbol{r}'|$，则场点 $\boldsymbol{r}$ 处的矢势可表示为

$$\boldsymbol{A}=\frac{\mu}{4\pi}\int_{V'}\frac{\boldsymbol{J}(\boldsymbol{r}')\mathrm{d}V'}{R} \tag{8-111}$$

在柱坐标系中，R 的倒数有两种形式的柱函数展开式

$$\frac{1}{R}=\sum_{n=-\infty}^{+\infty}\int_0^{+\infty}\mathrm{J}_n(k\rho)\mathrm{J}_n(k\rho')\mathrm{e}^{in(\varphi-\varphi')}\mathrm{e}^{-k|z-z'|}\mathrm{d}k \tag{8-112}$$

$$\frac{1}{R}=\frac{2}{\pi}\sum_{n=-\infty}^{+\infty}\int_0^{+\infty}\mathrm{I}_n(k\rho_<)\mathrm{K}_n(k\rho_>)\mathrm{e}^{in(\varphi-\varphi')}\cdot\cos(k\mid z-z'\mid)\mathrm{d}k \tag{8-113}$$

式中的 $\rho_>$ 和 $\rho_<$ 分别代表 ρ 和 ρ' 中的较大者和较小者，$\mathrm{J}_n(x)$ 为 n 阶第一类贝塞尔函数，$\mathrm{I}_n(x)$ 和 $\mathrm{K}_n(x)$ 分别为 n 阶第一类和第二类虚宗量贝塞尔函数。

将式(8-112)和式(8-113)代入式(8-111)，可推导出求解矢势 $\boldsymbol{A}$ 的柱函数展开式。为

了便于推导，将场点 P 选在 xOy 平面上，即柱坐标系中的 $\varphi=0$ 平面上，如图 8-11 所示。将电流密度矢量分解为

$$\boldsymbol{J}(\boldsymbol{r}')=\boldsymbol{e}_\varphi \mathrm{J}_\varphi(\rho',z')=-\boldsymbol{e}_x \mathrm{J}_\varphi(\rho',z')\sin\varphi'+\boldsymbol{e}_y \mathrm{J}_\varphi(\rho',z')\cos\varphi' \tag{8-114}$$

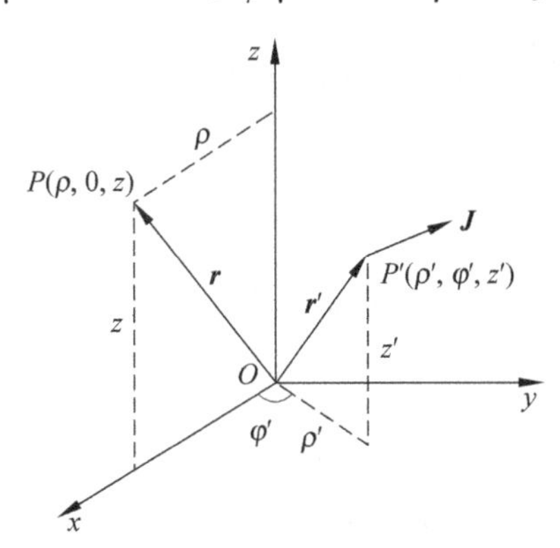

图 8-11　柱坐标系中的场点 P 与源点 P'

将式(8-112)～式(8-114)代入式(8-111)，在对轴向坐标 φ' 积分时，由于三角函数的正交性，且 $1/R$ 的展开式中不含正弦函数项，故由 J_x 计算出的 $A_x=0$。由 J_y 计算 A_y 时，除 $n=\pm1$ 的项不为零外，其余所有 $n\neq\pm1$ 的项均为零，而且计算出的 A_y 在柱坐标系中就是矢势的轴向分量 A_φ，于是得出

$$A_\varphi(\rho,z)=\frac{\mu}{2\pi}\int_0^{+\infty}\mathrm{J}_1(k\rho)\mathrm{d}k\int_{V'}\mathrm{J}_\varphi(\rho',z')\cdot\mathrm{J}_1(k\rho')\cos^2\varphi'\mathrm{e}^{-k|z-z'|}\mathrm{d}V' \tag{8-115}$$

$$A_\varphi(\rho,z)=\frac{\mu}{\pi^2}\int_0^{+\infty}\mathrm{d}k\int_{V'}\mathrm{J}_\varphi(\rho',z')\mathrm{I}_1(k\rho_<)\cdot\mathrm{K}_1(k\rho_>)\cos^2\varphi'\cos k(z-z')\mathrm{d}V' \tag{8-116}$$

式(8-115)和式(8-116)就是用于求解轴对称静磁场矢势的柱函数展开式。对于给定的电流分布，可应用它求得矢势 $\boldsymbol{A}$，再根据 $\boldsymbol{B}=\Delta\times\boldsymbol{A}$ 求得磁感应强度

$$B_\rho=-\frac{\partial A_\varphi}{\partial_z}\quad B_z=\frac{1}{\rho}\cdot\frac{\partial}{\partial\rho}(\rho A_\varphi)\quad B_\varphi=0 \tag{8-117}$$

这里给出了两种形式的展开式，目的是为了便于求解。因为有时无法用一个统一的解式表示出全空间的矢势分布，因此可将求解区域划分为若干子区域，对于某些电流分布，适于按轴向坐标 z 划分区域，这时应用式(8-115)较方便，对于另外一些电流分布，又适于按径向坐标 ρ 划分区域，这时应用式(8-116)较方便。

(2) 矢势的级数展开式

延拓法就是由对称轴上的磁场分布求得轴外空间的磁场分布，因为有关计算公式以级数的形式给出，故把它称为级数展开式。应用 8.2 节第(3)点中的第(1)点得出的柱函数展开式可推导出这个级数展开式。先将推导中用到的公式列在下面：

$$\mathrm{J}_0(x)=\sum_{n=0}^{+\infty}\frac{(-1)^n}{(n!)^2}\left(\frac{x}{2}\right)^{2n}$$

$$\mathrm{J}_1(x)=\sum_{n=0}^{+\infty}\frac{(-1)^n}{n!\,(n+1!)}\left(\frac{x}{2}\right)^{2n+1}$$

$$\frac{\mathrm{d}}{\mathrm{d}x}[x\mathrm{J}_1(x)]=x\mathrm{J}_0(x)$$

将矢势的柱函数展开式(8-115)代入式(8-117)，求得 B_z 为

$$\begin{aligned}B_z(\rho,z)&=\frac{\mu}{2\pi}\int_0^{+\infty}k\mathrm{J}_0(k\rho)\mathrm{d}k\int_{V'}\mathrm{J}_\varphi(\rho',z')\cdot\mathrm{J}_1(k\rho')\cos^2\varphi'\mathrm{e}^{-k|z-z'|}\\&=\frac{\mu}{2\pi}\sum_{n=0}^{+\infty}\frac{(-1)^n}{(n!)^2}\left(\frac{\rho}{2}\right)^{2n}\int_0^{\infty}k^{2n+1}G(k,z)\mathrm{d}k\end{aligned}\tag{8-118}$$

式中

$$G(k,z)=\int_{V'}\mathrm{J}_\varphi(\rho',z')\mathrm{J}_1(k\rho')\cos^2\mathrm{e}^{-k|z-z'|}\mathrm{d}V'\tag{8-119}$$

在式(8-118)中，令 $\rho=0$，求得 z 轴上的磁感应强度

$$B_z(0,z)=\frac{\mu}{2\pi}\int_0^{+\infty}kG(k,z)\mathrm{d}k$$

对上式求 $2n$ 次导数，可得

$$B_z^{2n}(0,z)=\frac{\mathrm{d}^{2n}B_z(0,z)}{\mathrm{d}z^{2n}}=\frac{\mu}{2\pi}\int_0^{+\infty}k^{2n+1}G(k,z)\mathrm{d}k\tag{8-120}$$

将式(8-115)中的 $J_1(k\rho)$ 展开成幂级数，并将式(8-120)代入，得

$$\begin{aligned}A_\varphi(\rho,z)&=\frac{\mu}{2\pi}\int_0^{+\infty}\mathrm{J}_1(k\rho)G(k,z)\mathrm{d}k\\&=\sum_{n=0}^{\infty}\frac{(-1)^n}{n!\,(n+1)!}\left(\frac{\rho}{2}\right)^{2n+1}\cdot\frac{\mu}{2\pi}\int_0^{+\infty}k^{2n+1}G(k,z)\mathrm{d}k\\&=\sum_{n=0}^{+\infty}\frac{(-1)^n}{n!\,(n+1)!}\left(\frac{\rho}{2}\right)^{2n+1}B_z^{(2n)}(0,z)\end{aligned}\tag{8-121}$$

再将式(8-121)代入式(8-117)，可求得磁感应强度各分量的表示式：

$$B_z(\rho,z)=\frac{1}{\rho}\cdot\frac{\partial}{\partial\rho}(\rho A_\varphi)=\sum_{n=0}^{+\infty}\frac{(-1)^n}{(n!)^2}\left(\frac{\rho}{2}\right)^{2n}B_z^{(2n)}(0,z)\tag{8-122}$$

$$B_\rho(\rho,z)=-\frac{\partial A_\varphi}{\partial z}=\sum_{n=0}^{+\infty}\frac{(-1)^{n+1}}{n!\,(n+1)!}\left(\frac{\rho}{2}\right)^{2n+1}B_z^{(2n+1)}(0,z)\tag{8-123}$$

式(8-121)～式(8-123)就是轴上的磁场和空间任意点磁场与矢势关系的级数展开式，应用它们求解的方法就是延拓法。下面给出应用上述两种方法求解的例题。

(3) 匀速转动的均匀带电圆盘

半径为 a，电荷面密度为 σ(设 $\sigma>0$)的均匀带电圆盘，以恒定的角速度 w 绕过圆盘中心且与盘面垂直的轴线转动，求其矢势和磁场分布。

以圆盘的中心为原点，以转轴为 z 轴建立一柱坐标系，且使 z 轴的正方向与圆盘的转动方向满足右手关系。在旋转的圆盘上形成沿轴向流动的面电流，其电流密度可表示为

$$J_\varphi(\rho',z')=\begin{cases}\sigma w\rho'\delta(z') & (0\leqslant\rho'\leqslant a)\\0 & (a<\rho')\end{cases}\tag{8-124}$$

解法一 柱函数展开法

将式(8-124)代入柱函数展开式(8-115)，并利用公式

$$\int_0^a\rho'^2\mathrm{J}_1(k\rho')\mathrm{d}\rho'=k^{-1}a^2\mathrm{J}_2(ka)\tag{8-125}$$

求得矢势分布

$$A_{\varphi}(\rho,z)=\frac{\mu\sigma w}{2\pi}\int_{0}^{\infty}\mathrm{J}_1(k\rho)\mathrm{d}k\int_{0}^{a}\rho'^2\mathrm{J}_1(k\rho')\mathrm{d}\rho'\cdot\int_{0}^{2\pi}\cos^2\varphi'\mathrm{d}\varphi'$$

$$\int_{0}^{\infty}\delta(z')\mathrm{e}^{-k|z-z'|}\mathrm{d}z'=\frac{1}{2}\mu\sigma wa^2\int_{0}^{+\infty}k^{-1}\mathrm{J}_2(ka)J_1(k\rho)\mathrm{e}^{-k|z|}\mathrm{d}k \tag{8-126}$$

对式(8-125)和式(8-126)两边取旋度,可求得 $\boldsymbol{B}$

$$B_z(\rho,z)=\frac{1}{2}\mu\sigma wa^2\int_{0}^{+\infty}\mathrm{J}_2(ka)\mathrm{J}_0(k\rho)\mathrm{e}^{-k|z|}\mathrm{d}k \tag{8-127}$$

$$B_{\rho}(\rho,z)=(\mathrm{sgn}z)\ \frac{1}{2}\mu\sigma wa^2\int_{0}^{+\infty}\mathrm{J}_2(ka)\mathrm{J}_1(k\rho)\mathrm{e}^{-k|z|}\mathrm{d}k \tag{8-128}$$

式中,$\mathrm{sgn}z=z/|z|$。

解法二 延拓法

z 轴上的磁场易于求得

$$B_z(0,z)=\frac{1}{2}\mu\sigma w\left[\frac{a^2+2z^2}{\sqrt{a^2+z^2}}-2\mid z\mid\right] \tag{8-129}$$

对于这样一个表示式,很难给出一个 $2n$ 阶导数的表达式,不过可利用公式

$$\int_{0}^{\infty}\mathrm{J}_2(t)\mathrm{e}^{-at}\mathrm{d}t=\frac{1}{b^2}\left[\frac{2a^2+b^2}{\sqrt{a^2+b^2}}-2a\right] \tag{8-130}$$

将式(8-129)改写为

$$B_z(0,z)=\frac{1}{2}\mu\sigma wa^2\int_{0}^{+\infty}\mathrm{J}_2(ka)\mathrm{e}^{-k|z|}\mathrm{d}k \tag{8-131}$$

式(8-131)对坐标 z 求 $2n$ 阶导数,可得

$$B_z^{2n}(0,z)=\frac{1}{2}\mu\sigma wa^2\int_{0}^{+\infty}k^{2n}\mathrm{J}_2(ka)\mathrm{e}^{-k|z|}\mathrm{d}k \tag{8-132}$$

将式(8-132)代入矢势的级数展开式(8-121),求得矢势分布

$$\begin{aligned}A_{\varphi}(\rho,z)&=\sum_{n=0}^{\infty}\frac{(-1)^n}{n!\ (n+1)!}\left(\frac{\rho}{2}\right)^{2n+1}B_z^{(2n)}(0,z)\\&=\frac{1}{2}\mu\sigma wa^2\int_{0}^{+\infty}\mathrm{J}_2(ka)\mathrm{e}^{-k|z|}\cdot k^{-1}\sum_{n=0}^{+\infty}\frac{(-1)^n}{n!\ (n+1)!}\left(\frac{k\rho}{2}\right)^{2n+1}\mathrm{d}k\\&=\frac{1}{2}\mu\sigma wa^2\int_{0}^{+\infty}k^{-1}\mathrm{J}_2(ka)\mathrm{J}_1(k\rho)\mathrm{e}^{-k|z|}\mathrm{d}k\end{aligned} \tag{8-133}$$

与解法一求出的矢势分布式(8-126)完全相同。对于至圆盘中心的距离远大于圆盘半径的远区场($\sqrt{\rho^2+z^2}\gg a$),矢势表达式(8-133)中的 $\mathrm{J}_2(ka)$ 可以取小宗量渐近表示式

$$\mathrm{J}_2(x)=\frac{1}{8}x^2 \tag{8-134}$$

同时,再利用公式

$$\int_{0}^{+\infty}x\mathrm{e}^{-ax}\mathrm{J}_1(bx)\mathrm{d}x=\frac{b}{(a^2+b^2)^{\frac{3}{2}}} \tag{8-135}$$

就可以由式(8-133)求得远区场的矢势分布

$$A_{\varphi}(\rho,z)=\frac{1}{16}\mu\sigma wa^4\int_{0}^{+\infty}k\mathrm{J}_1(k\rho)\mathrm{e}^{-k|z|}\mathrm{d}k$$

$$=\frac{\mu m}{4\pi}\cdot\frac{\rho}{(\rho^2+z^2)^{3/2}} \tag{8-136}$$

式中，$m=(1/4)\mu\sigma w a^4$，是旋转带电圆盘的磁矩的大小。式(8-136)是磁矩为 $\boldsymbol{m}=\boldsymbol{e}_z m$ 的磁偶极子的矢势表达式，表明远离旋转圆盘的区域是一个磁偶极子的磁场，这正是所期待的结果。

(4) 有限长载流螺线管

一载有电流 I 的密绕螺线管，其半径为 a，总长度为 $2l$，单位长度上的匝数为 n，求空间的矢势分布及磁场分布。

取螺线管的中点为原点，以其中轴线为 z 轴，建立一柱坐标系，并使 z 轴正方向与柱面上的电流满足右手关系。将载流密绕螺线管圆柱面上的电流视为只有轴向分量的面电流，则电流密度可表示为

$$J_\varphi(\rho',z')=\begin{cases}nI\delta(\rho'-a) & (|z'|\leqslant l)\\ 0 & (|z'|>l)\end{cases}$$

解法一　柱函数展开法

此种电流分布适于将空间按纵向坐标 ρ 分成 $\rho<a$ 和 $\rho>a$ 两个区域分别求解，故将上式代入矢势的柱函数展开式(8-115)，求得

当 $\rho<a$ 时

$$\begin{aligned}A_\varphi(\rho,z)&=\frac{\mu nIa}{\pi^2}\int_0^{+\infty}\mathrm{I}_1(k\rho)\mathrm{d}k\int_0^{+\infty}\rho'\delta(\rho'-a)\mathrm{K}_1(k\rho')\mathrm{d}\rho'\cdot\int_0^{2\pi}\cos^2\varphi'\mathrm{d}\varphi'\int_{-l}^{l}\cos k(z-z')\mathrm{d}z'\\&=\frac{\mu nIa}{\pi^2}\int_0^{+\infty}k^{-1}\mathrm{I}_1(k\rho)\mathrm{K}_1(ka)[\sin k(z+l)-\sin k(z-l)]\mathrm{d}k\end{aligned} \tag{8-137}$$

当 $\rho>a$ 时

$$A_\varphi(\rho,z)=\frac{\mu nIa}{\pi}\int_0^{+\infty}k^{-1}\mathrm{I}_1(ka)\mathrm{K}_1(k\rho)[\sin k(z+l)-\sin k(z-l)]\mathrm{d}k \tag{8-138}$$

对式(8-137)和式(8-138)求旋度，利用以下两个公式：

$$\frac{1}{\rho}\cdot\frac{\partial}{\partial\rho}[\rho\mathrm{I}_1(k\rho)]=k\mathrm{I}_0(k\rho)$$

$$\frac{1}{\rho}\cdot\frac{\partial}{\partial\rho}[\rho\mathrm{K}_1(k\rho)]=-k\mathrm{K}_0(k\rho)$$

可求得磁场分布

$$\begin{cases}B_z(\rho,z)=\dfrac{\mu nIa}{\pi}\displaystyle\int_0^{+\infty}\mathrm{I}_0(k\rho)\mathrm{K}_1(ka)[\sin k(z+l)-\sin k(z-l)]\mathrm{d}k & (\rho<a)\\ B_z(\rho,z)=\dfrac{\mu nIa}{\pi}\displaystyle\int_0^{+\infty}-\mathrm{I}_1(ka)\mathrm{K}_0(k\rho)[\sin k(z+l)-\sin k(z-l)]\mathrm{d}k & (\rho>a)\end{cases} \tag{8-139}$$

$$\begin{cases}B_\rho(\rho,z)=-\dfrac{\mu nIa}{\pi}\displaystyle\int_0^{+\infty}\mathrm{I}_1(k\rho)\mathrm{K}_1(ka)[\cos k(z+l)-\cos k(z-l)]\mathrm{d}k & (\rho<a)\\ B_\rho(\rho,z)=-\dfrac{\mu nIa}{\pi}\displaystyle\int_0^{+\infty}\mathrm{I}_1(ka)\mathrm{K}_1(k\rho)[\cos k(z+l)-\cos k(z-l)]\mathrm{d}k & (\rho>a)\end{cases} \tag{8-140}$$

解法二 延拓法

有限长密螺线管轴线上的磁场可表示为

$$B_z(0,z)=\frac{1}{2}\mu nI\left[\frac{z+l}{\sqrt{a^2+(z+l)^2}}-\frac{z-l}{\sqrt{a^2+(z-l)^2}}\right] \tag{8-141}$$

由公式

$$\int_0^{+\infty}\mathrm{K}_0(ax)\cos(bx)\mathrm{d}x=\frac{\pi}{2}\frac{1}{\sqrt{a^2+b^2}} \tag{8-142}$$

用分部积分法可导出

$$\int_0^{+\infty}\mathrm{K}_1(ax)\sin(bx)\mathrm{d}x=\frac{\pi}{2}\cdot\frac{b}{a}\cdot\frac{1}{\sqrt{a^2+b^2}} \tag{8-143}$$

利用式(8-143)可以将式(8-141)改写为

$$B_z(0,z)=\frac{\mu nIa}{\pi}\int_0^{+\infty}\mathrm{K}_1(ka)[\sin k(z+l)-\sin k(z-l)]\mathrm{d}k \tag{8-144}$$

由式(8-144)求得 $B_z(0,z)$的 $2n$ 阶导数为

$$B_z(0,z)=(-1)^n\frac{\mu nIa}{\pi}\int_0^{+\infty}k^{2n}\mathrm{K}_1(ka)[\sin k(z+l)-\sin k(z-l)]\mathrm{d}k \tag{8-145}$$

将式(8-145)代入矢势的级数展开式(8-121),求得

$$A_\varphi(\rho,z)=\frac{\mu nIa}{\pi}\int_0^{+\infty}k^{-1}\mathrm{K}_1(ka)\mathrm{I}_1(k\rho)[\sin k(z+l)-\sin k(z-l)]\mathrm{d}k \tag{8-146}$$

式(8-146)仅是 $\rho<a$ 区域的解,由于 $\rho>a$ 区域不包含 z 轴,因此无法直接应用式(8-121)求解。然而,既然已经求得了 $\rho<a$ 区域的解,原则上讲就可以利用分界面 $\rho=a$ 柱面两侧场量的边值关系,继续用延拓法扩大求解的范围,求得 $\rho>a$ 区域的解。在本例中,矢势 $\boldsymbol{A}$ 只有轴向分量 A_φ 不为零,在 $\rho=a$ 柱面上属切向分量,应满足连续的边值关系:$A_\varphi(a-0,z)=A_\varphi(a+0,z)$。另外,在 $\rho>a$ 区域,$\lim\limits_{\rho\to\infty}\mathrm{I}_1(k\rho)\to\infty$,应将 $\mathrm{I}_1(k\rho)$替换为 $\mathrm{K}_1(k\rho)$。可见,只将式(8-146)中的 $\mathrm{K}_1(ka)\mathrm{I}_1(k\rho)$换成 $\mathrm{I}_1(ka)\mathrm{K}_1(k\rho)$,即可由 $\rho<a$ 区域的解式(8-144)直接得出 $\rho>a$ 区域的解:

$$A_\varphi(\rho,z)=\frac{\mu nIa}{\pi}\int_0^{+\infty}k^{-1}\mathrm{I}_1(ka)\mathrm{K}_1(k\rho)[\sin k(z+l)-\sin k(z-l)]\mathrm{d}k\quad(\rho>a) \tag{8-147}$$

先考查矢势 A_φ 在 $l\to0$ 时的极限情形。长度为 $2l$ 的螺线管上共有 $N=2nl$ 匝线圈,当 $l\to0$ 时,它们处在同一位置 $z=0$ 处,而且每匝线圈产生的矢势均相同,据此可求得一匝线圈(即圆形线电流)产生的矢势 A'_φ:

$$\begin{aligned}
A'_\varphi(\rho,z)&=\frac{1}{2nl}A_\varphi(\rho,z)=\frac{\mu Ia}{\pi}\int_0^{+\infty}\mathrm{I}_1(k\rho)\mathrm{K}_1(ka)\cos(kz)\frac{\sin(kl)}{kl}\mathrm{d}k\\
&=\frac{\mu Ia}{\pi}\int_0^{+\infty}\mathrm{I}_1(k\rho)\mathrm{K}_1(ka)\cos(kz)\mathrm{d}k\quad(\rho<a)\\
A'_\varphi(\rho,z)&=\frac{1}{2nl}A_\varphi(\rho,z)=\frac{\mu Ia}{\pi}\int_0^{+\infty}\mathrm{I}_1(ka)\mathrm{K}_1(k\rho)\cos(kz)\frac{\sin(kl)}{kl}\mathrm{d}k\\
&=\frac{\mu Ia}{\pi}\int_0^{+\infty}\mathrm{I}_1(ka)\mathrm{K}_1(k\rho)\cos(kz)\mathrm{d}k\quad(\rho>a)
\end{aligned} \tag{8-148}$$

这正是圆形线电流的矢势表达式。

再考查矢势 A_φ 在 $l\to\infty$ 时的极限情形。这时可将中轴线上任意一点选为坐标系原点，故可取 $z=0$，使 $[\sin k(z+l)-\sin k(z-l)]=2\sin kl$，再应用小宗量渐近表示式 $\mathrm{I}_1(x)=\frac{x}{2}$，以及式(8-143)，可推导出如下结果：

对于螺线管内部 $\rho<a$，取 $\mathrm{I}_1(k\rho)=\frac{1}{2}k\rho$，则有

$$A_\varphi(\rho,z)=\frac{\mu nIa\rho}{\pi}\int_0^{+\infty}\mathrm{K}_1(ka)\sin(kl)\mathrm{d}k=\frac{\mu nI\rho}{2} \tag{8-149}$$

据此可计算出螺线管内部为均匀磁场：

$$B_\rho=0 \quad B_z=\mu nI \quad B_\varphi=0$$

对于螺线管外部 $\rho>a$，取 $\mathrm{I}_1(ka)=\frac{1}{2}ka$，则有

$$A_\varphi(\rho,z)=\frac{\mu nIa^2}{\pi}\int_0^{+\infty}K_1(k\rho)\sin(kl)\mathrm{d}k=\frac{\mu nIa^2}{2\rho} \tag{8-150}$$

据此可计算出螺线管外部的磁场为零。

8.3 思政教育——工欲善其事，必先利其器

本章主要介绍了贝塞尔方程以及柱函数的相关知识。在柱坐标下使用分离变量法求解拉普拉斯方程，或在球坐标下使用分离变量法求解亥姆霍兹方程时可以得到贝塞尔方程。贝塞尔方程的解对应三类柱函数，包括贝塞尔函数、诺依曼函数和汉克尔函数，这些柱函数具有不同的渐近特性，能够构成完备的加权正交系。贝塞尔函数在波动问题以及有势场问题中占有重要地位，能够有效解决圆柱形波导中的电磁波传播等问题。

通常，人们倾向在直角坐标系下求解定解问题，那么为什么还要重新引入柱坐标系和贝塞尔函数呢？正所谓工欲善其事，必先利其器。正是考虑到圆波导场结构的特点，使用柱函数更能有效刻画边界条件，减少计算量，简化表达形式。研究问题也应如此，充分认识到事物的性质，做好准备工作，采取最适宜的策略，才能又快、又好地完成目标。

习　题

1. 当 n 为正整数时，讨论 $\mathrm{J}_n(x)$ 的收敛范围。
2. 证明：$\mathrm{J}_{2n-1}(0)=0$ 其中 $n=1,2,3,\cdots$。
3. 求 $\frac{\mathrm{d}}{\mathrm{d}x}\mathrm{J}_0(\alpha x)$。
4. 求 $\frac{\mathrm{d}}{\mathrm{d}x}[x\mathrm{J}_1(\alpha x)]$。
5. 计算积分 $\int x^3\mathrm{J}_0(x)\mathrm{d}x$。
6. 计算积分 $\int \mathrm{J}_3(x)\mathrm{d}x$。

7. 证明 $y=x^{\frac{1}{2}}\mathrm{J}_{\frac{3}{2}}(x)$是方程 $x^2y''+xy'+(a^2x^2-n^2)y=0$ 的解。

8. 证明 $y=x\mathrm{J}_n(x)$是方程 $x^2y''-xy'+(x^2-2)y=0$ 的一个解。

9. 利用递推公式证明：

(1) $\mathrm{J}_2(x)=\mathrm{J}''_0(x)-\dfrac{1}{x}\mathrm{J}'_0(x)$　　(2) $\mathrm{J}_3(x)+3\mathrm{J}'_0(x)+4\mathrm{J}'''_0(x)=0$

10. 在区间$[0,\rho_0]$上，以 $\mathrm{J}_0(\sqrt{\mu_n^{(0)}}\rho)$为基[$\mu_n^{(0)}$ 是 $\mathrm{J}_0(\sqrt{\mu}\rho_0)=0$ 的正根]，把函数 $f(\rho)=$常数 μ_0 展开为傅里叶-贝塞尔级数。

11. 在傅里叶光学中常用到圆域函数，其定义是

$$circ\rho=\begin{cases}1 & (\rho\leqslant 1)\\0 & (\rho>1)\end{cases}$$

试将 $circ\rho$ 展开为傅里叶-贝塞尔积分 $\int_0^{\infty}F(\omega)\mathrm{J}_0(\omega\rho)\omega\,\mathrm{d}\omega$。

12. 圆柱空腔内电磁振荡的定解问题为

$$\begin{cases}\nabla^2u+\lambda u=0, & \sqrt{\lambda}=\dfrac{\omega}{c},\\u\big|_{\rho=a}=0,\\\dfrac{\partial}{\partial}\Big|_{z=0}=\dfrac{\partial}{\partial}\Big|_{z=l}=0\end{cases}$$

试证明电磁振荡的固有频率为

$$\omega_{mn}=c\sqrt{\lambda}=c\sqrt{\left(\frac{x_m^{(0)}}{a}\right)^2+\left(\frac{n\pi}{l}\right)^2},\quad n=0,1,2,\cdots;m=0,1,2,\cdots$$

13. 半径为 R，高为 H 的圆柱内无电荷，柱体下底和柱面保持零电位，上底电位为

$$f(\rho)=\rho^2,$$

求柱体内各内点的电位分布。定解问题为(取极坐标)

$$\begin{cases}\nabla^2u=0, & 0<\rho<a,0<z<H,\\u\big|_{z=0}=0,u\big|_{z=H}=\rho^2,\\u\big|_{\rho=0}\neq\infty,u\big|_{\rho=R}=0\end{cases}$$

14. 设半径为 R 的无限长圆柱形物体的侧面温度为 0℃，初始温度 $u|_{t=0}=\rho^2-R^2$，求此物体的温度分布随时间的变化规律。(无限长→u 与 φ 无关)。

15. 设圆柱体的半径为 R 而高为 H，上底面保持温度 u_1，下底面保持温度 u_2，侧面的温度分布为 $f(z)=\dfrac{2\mu_1}{H^2}\left(z-\dfrac{H}{2}\right)z+\dfrac{\mu_2}{H}(H-z)$，求解圆柱体内各点的稳恒温度(稳定温度分布)。

第 9 章 球函数及其工程应用

CHAPTER 9

数学物理方程定解问题的求解，很多都是在直角坐标系中进行的。但在实际问题中，研究问题所处的边界是多种多样的。讨论这些问题的时候，坐标系的选择必须按照所处的边界形状，所以出现了对球坐标、柱坐标等方程求解的讨论。本章就在球坐标系下分解拉普拉斯方程和亥姆霍兹方程，得出球函数方程，并用级数解求解方程得到了球函数的解，并介绍了勒让德方程的解的性质及其在数学物理定解问题中的应用。

9.1 球函数的知识点

9.1.1 球函数

7.1.1 节用球坐标系对拉普拉斯方程和亥姆霍兹方程进行分离变数，得到球函数方程(7-3)，7.1.1 节又对亥姆霍兹方程进行分离变数，也得到球函数方程。具体写出，球函数方程，即

$$\frac{1}{\sin\theta}\cdot\frac{\partial}{\partial\theta}\left(\sin\theta\frac{\partial Y}{\partial\theta}\right)+\frac{1}{\sin^2\theta}\cdot\frac{\partial^2 Y}{\partial\varphi^2}+l(l+1)Y=0$$

球函数方程的解 $Y(\theta,\varphi)$称为球函数，即定义在半径为 r 的球面上的函数，它是角度 θ、φ 的函数。

在 7.1.1 节中，还继续对球函数方程进行分离变数，得到分离变数形式的球函数

$$Y(\theta,\varphi)=(A\cos m\varphi+B\sin m\varphi)\Theta(\theta)$$

其中 $\Theta(\theta)$需从连带勒让德方程

$$(1-x^2)\frac{\mathrm{d}^2\Theta}{\mathrm{d}x^2}-2x\frac{\mathrm{d}\Theta}{\mathrm{d}x}+\left[l(l+1)-\frac{m^2}{1-x^2}\right]\Theta=0 \tag{9-1}$$

解出，式中的 x 是

$$x=\cos\theta$$

9.1.2 节将研究 $m=0$ 的特例，9.1.3 节和 9.1.4 节则研究一般的球函数。

9.1.2 轴对称球函数

本节研究 $m=0$ 的特例。在这种情况下，满足周期条件的解是 $\Phi(\varphi)=$常数，与 φ 无关，从而球函数以球坐标的极轴为对称轴。而 $\Theta(\theta)$遵从的连带勒让德方程则简化为勒让德

方程

$$(1-x^2)\frac{\mathrm{d}^2\Theta}{\mathrm{d}x^2}-2x\frac{\mathrm{d}\Theta}{\mathrm{d}x}+l(l+1)\Theta=0 \tag{9-2}$$

1. 勒让德多项式

(1) 勒让德多项式的表达式

勒让德方程(9-2)已在 7.1.2 节解出。作为二阶常微分方程，它有两个线性独立解在 7.1.2 节已经给出，通解是两个线性独立解的线性组合。

但是，勒让德方程在 $x=\pm1$(即 $\theta=0,\pi$，即球坐标系的极轴方向及其反方向)往往有自然边界条件“解在 $x=\pm1$ 保持有限”，从而构成本征值问题。若本征值为 $l(l+1)$，则本征函数为由式(7-39)退化得到的多项式，将它们分别乘以适当的常数，称为 l 阶勒让德多项式，记作 $\mathrm{p}_l(x)$。

由于 $m=0$ 时，$\Phi(\varphi)=$常数，因此它是轴对称的。轴对称球函数 $Y(\theta,\varphi)$ 简化为 $\mathrm{p}_l(x)$。

现在具体写出勒让德多项式。通常约定，用适当的常数乘以本征函数，使最高次幂项 x^l 的系数

$$a_l=\frac{(2l)!}{2^l(l!)^2}$$

反复利用系数递推公式，把它改写成

$$a_k=\frac{(k+2)(k+1)}{(k-l)(k+l+1)}a_{k+2} \tag{9-3}$$

就可把其他系数推算出来。例如

$$\begin{aligned}
a_{l-2}&=\frac{l(l-1)}{(-2)(2l-1)}a_l=-\frac{l(l-1)(2l)!}{2(2l-1)2^l l!\ l!}\\
&=-\frac{1}{2(2l-1)}\frac{(2l)!}{2^l l(l-1)!\ (l-2)!}\\
&=(-1)^1\frac{(2l-2)!}{2^l(l-1)!\ (l-2)!}\\
a_{l-4}&=\frac{(l-2)(l-3)}{(-4)(2l-3)}a_{l-2}\\
&=(-1)^2\frac{(l-2)(l-3)}{2\times2!\ (2l-3)}\frac{(2l-2)!}{2^l(l-1)!\ (l-2)!}\\
&=(-1)^2\frac{1}{2\times2!\ (2l-3)}\frac{(2l-2)!}{2^l(l-1)(l-2)!\ (l-4)!}\\
&=(-1)^2\frac{(2l-4)!}{2!\ 2^l(l-2)!\ (l-4)!}\\
a_{l-6}&=\frac{(l-4)(l-5)}{(-6)(2l-5)}a_{l-4}\\
&=(-1)^3\frac{(l-4)(l-5)}{2\times3(2l-5)}\frac{(2l-4)!}{2!\ 2^l(l-2)!\ (l-4)!}\\
&=(-1)^3\frac{1}{2\times3!\ (2l-5)}\frac{(2l-4)!}{2^l(l-2)(l-3)!\ (l-6)!}
\end{aligned}$$

$$=(-1)^3\frac{(2l-6)!}{3!\ 2^l(l-3)!\ (l-6)!}$$

……

$$a_{l-2n}=(-1)^n\frac{(2l-2n)!}{n!\ 2^l(l-n)!\ (l-2n)!}\tag{9-4}$$

将指标 n 仍记为 k，求得 l 阶勒让德多项式的具体表达式为

$$\mathrm{P}_l(x)=\sum_{k=0}^{[l/2]}(-1)^k\frac{(2l-2k)!}{2^lk!\ (l-k)!\ (l-2k)!}x^{l-2k}\tag{9-5}$$

记号$[l/2]$表示不超过 $l/2$ 的最大整数，即

$$[l/2]=\begin{cases}l/2 & l\ 为偶数\\(l-1)/2 & l\ 为奇数\end{cases}$$

现在计算 $\mathrm{P}_l(0)$，这应当等于多项式 $\mathrm{P}_l(x)$的常数项。若 $l=2n+1$，则 $\mathrm{P}_{2n+1}(x)$只含奇次幂项，不含常数项，所以

$$\mathrm{P}_{2n+1}(x)=0\tag{9-6}$$

若 $l=2n$，则 $P_{2n}(x)$含有常数项，即式(8-5)中 $k=l/2=n$ 的那一项，所以

$$\mathrm{P}_{2n}(0)=(-1)^n\frac{(2n)!}{2^nn!\ 2^nn!}=(-1)^n\frac{(2n)!}{[(2n)!!\ ]^2}=(-1)^n\frac{(2n-1)!!}{(2n)!!}\tag{9-7}$$

式中，

$$(2n)!!\ =(2n)(2n-2)(2n-4)\cdot\cdots\cdot6\cdot4\cdot2$$

而

$$(2n-1)!!\ =(2n-1)(2n-3)(2n-5)\cdot\cdots\cdot5\cdot3\cdot1$$

因此，

$$(2n)!\ =(2n)!!\ (2n-1)!!$$

(2) 勒让德多项式的微分表示

勒让德多项式的微分表示

$$\mathrm{P}_l(x)=\frac{1}{2^ll!}\cdot\frac{\mathrm{d}^l}{\mathrm{d}x^l}(x^2-1)^l\tag{9-8}$$

这叫作罗德里格斯公式。

证 用二项式定理把$(x^2-1)^l$ 展开，得

$$\frac{1}{2^ll!}(x^2-1)^l=\frac{1}{2^ll!}\sum_{k=0}^{l}\frac{l!}{k!\ (l-k)!}(x^2)^{l-k}(-1)^k$$

$$=\sum_{k=0}^{l}(-1)^k\frac{1}{2^lk!\ (l-k)!}x^{2l-2k}$$

把上式求导 l 次。凡是幂次 $2l-2k$ 低于 l 的项在 l 次求导过程中成为零，所以只需保留幂次 $2l-2k\geqslant l$ 的项，即 $k\leqslant l/2$ 的项。这样

$$\frac{1}{2^ll!}\cdot\frac{\mathrm{d}^l}{\mathrm{d}x^l}(x^2-1)^l=\sum_{k=0}^{[l/2]}(-1)^k\frac{(2l-2k)(2l-2k-1)\cdot\cdots\cdot(l-2k+1)}{2^lk!\ (l-k)!}x^{l-2k}$$

$$=\sum_{k=0}^{[l/2]}(-1)^k\frac{(2l-2k)!}{2^lk!\ (l-k)!\ (l-2k)!}x^{l-2k}$$

$$=\mathrm{P}_l(x)$$

由式(9-8)可知：当 l 为偶数时，$P_l(x)$为偶函数；当 l 为奇数时，$P_l(x)$为奇函数，即

$$P_{2l}(-x)=P_{2l}(x), P_{2l+1}(-x)=-P_{2l+1}(x)$$

这是因为$(x^2-1)^l$ 是 x^2 的 l 次多项式，它由 x 的偶次项组成，经过偶数次求导后仍由 x 的偶次项组成，因此，当 l 为偶数时，$P_l(x)$为偶函数；当 l 为奇数时，经过奇数次求导后仍由 x 的奇次项组成，因此 $P_l(x)$为奇函数。

利用式(9-8)不难得出各阶勒让德多项式的表达式为

$$P_0(x)=1$$

$$P_1(x)=x=\cos\theta$$

$$P_2(x)=\frac{1}{2}(3x^2-1)=\frac{1}{4}(3\cos 2\theta+1)$$

$$P_3(x)=\frac{1}{2}(5x^3-3x)=\frac{1}{8}(5\cos 3\theta+3\cos\theta)$$

$$P_4(x)=\frac{1}{8}(35x^4-30x^2+3)=\frac{1}{64}(35\cos 4\theta+20\cos 2\theta+9)$$

……

据此，可以绘制出勒让德多项式的图像，如图 9-1 所示。

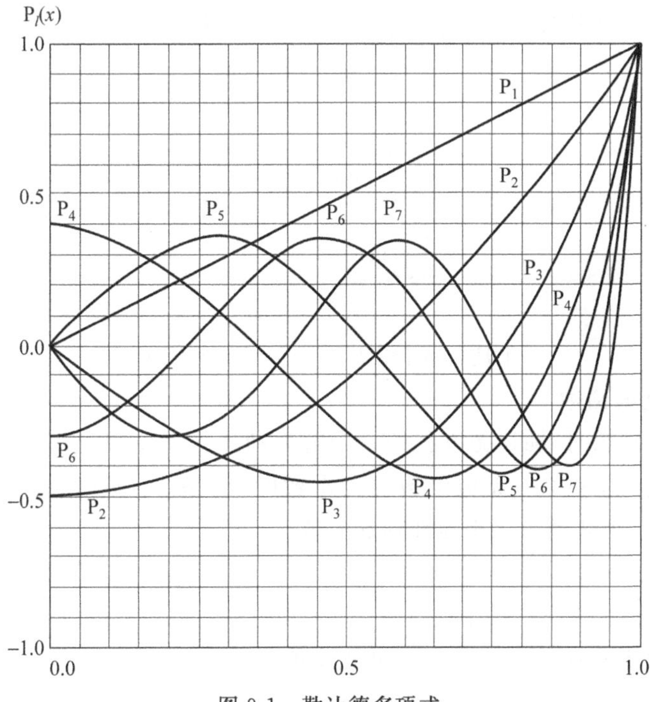

图 9-1　勒让德多项式

(3) 勒让德多项式的积分表示

按照柯西公式，微分式(9-8)可表示为路积分，即

$$P_l(x)=\frac{1}{2\pi i}\cdot\frac{1}{2^l}\oint_C\frac{(z^2-1)^l}{(z-x)^{l+1}}dz \tag{9-9}$$

C 为 z 平面上围绕 $z=x$ 点的任一闭合回路。式(9-9)叫作施列夫利积分，还可以进一步表示

为定积分。为此，取 C 为圆周，圆心在 $z=x$，半径为$\sqrt{|x^2-1|}$在 C 上，$z-x=\sqrt{x^2-1}\,\mathrm{e}^{i\psi}$ $\mathrm{d}z=\mathrm{i}\sqrt{x^2-1}\,\mathrm{e}^{i\psi}\mathrm{d}\psi$，式(9-9)成为

$$
\begin{aligned}
\mathrm{P}_l(x)&=\frac{1}{2\pi i}\cdot\frac{1}{2^l}\int_{-\pi}^{\pi}\frac{[(x+\sqrt{x^2-1}\,\mathrm{e}^{i\psi})^2-1]^l}{(\sqrt{x^2-1})^{l+1}\,(\mathrm{e}^{i\psi})^{l+1}}\cdot[i\sqrt{x^2-1}\,\mathrm{e}^{i\psi}]\mathrm{d}\psi\\
&=\frac{1}{2\pi}\int_{-\pi}^{\pi}\left[\frac{x^2+2x\sqrt{x^2-1}\,\mathrm{e}^{i\psi}+(x^2-1)\mathrm{e}^{i\psi}-1}{2\sqrt{x^2-1}\,\mathrm{e}^{i\psi}}\right]^l\mathrm{d}\psi\\
&=\frac{1}{\pi}\int_0^{\pi}\left[x+\sqrt{x^2-1}\ \frac{1}{2}(\mathrm{e}^{-i\psi}+\mathrm{e}^{i\psi})\right]^l\mathrm{d}\psi\\
&=\frac{1}{\pi}\int_0^{\pi}\left[x+i\sqrt{1-x^2}\cos\psi\right]^l\mathrm{d}\psi
\end{aligned}
\tag{9-10}
$$

这叫作拉普拉斯积分。如从 x 回到原来的变数 θ，$x=\cos\theta$，则

$$
\mathrm{P}_l(x)=\frac{1}{\pi}\int_0^{\pi}[\cos\theta+\mathrm{i}\sin\theta\cos\psi]^l\mathrm{d}\psi
$$

从式(9-10)很容易看出

$$
\mathrm{P}_l(1)=1\quad \mathrm{P}_l(-1)=(-1)^l \tag{9-11}
$$

$$
\begin{aligned}
|\,\mathrm{P}_l(x)\,|\quad&\leqslant\frac{1}{\pi}\int_0^{\pi}|\cos\theta+i\sin\theta\cos\psi|^l\mathrm{d}\psi\\
&=\frac{1}{\pi}\int_0^{\pi}|\cos^2\theta+\sin^2\theta\cos^2\psi|^{l/2}\mathrm{d}\psi\\
&\leqslant\frac{1}{\pi}\int_0^{\pi}[\cos^2\theta+\sin^2\theta]^{l/2}\mathrm{d}\psi\\
&=\frac{1}{\pi}\int_0^{\pi}\mathrm{d}\psi=1
\end{aligned}
$$

因此

$$
|\,\mathrm{P}_l(x)\,|\leqslant 1\quad(-1\leqslant x\leqslant 1) \tag{9-12}
$$

2. 第二类勒让德函数

当 l 是零或正整数时，勒让德方程的一个解为勒让德多项式 $\mathrm{P}_l(x)$。至于另一个线性独立解，$l=$偶数时，为 $y_l(x)$无穷级数；$l=$奇数时，则是 $y_0(x)$无穷级数。从第一个解 $\mathrm{P}_l(x)$得出具有统一形式的第二个线性独立的解

$$
Q_l(x)=\mathrm{P}_l(x)\int\frac{\mathrm{e}^{\int\frac{2x}{1-x^2}\mathrm{d}x}}{[\mathrm{P}_l(x)]^2}\mathrm{d}x=\mathrm{P}_l(x)\int\frac{1}{(1-x^2)\,[\mathrm{P}_l(x)]^2}\mathrm{d}x \tag{9-13}
$$

式(9-13)称为第二类勒让德函数。从式(9-13)可得

$$
Q_0(x)=\int\frac{\mathrm{d}x}{1-x^2}=\frac{1}{2}\int\left(\frac{1}{1-x}+\frac{1}{1+x}\right)\mathrm{d}x=\frac{1}{2}\ln\frac{1+x}{1-x}
$$

$$
\begin{aligned}
Q_1(x)&=x\int\frac{\mathrm{d}x}{(1-x^2)x^2}=x\int\left(\frac{1}{1-x^2}+\frac{1}{x^2}\right)\mathrm{d}x\\
&=x\left[\frac{1}{2}\ln\frac{1+x}{1-x}-\frac{1}{x}\right]=\frac{1}{2}P_1(x)\ln\frac{1+x}{1-x}-1
\end{aligned}
$$

适当选取系数，并把 $\mathrm{Q}_l(x)$的积分形式改成求和形式，可得下面的公式(证明从略)：

$$Q_l(x)=\frac{1}{2}P_l(x)\ln\frac{1+x}{1-x}+\frac{1}{2^l}\sum_{k=0}^{\left[\frac{l-1}{2}\right]}x^{l-1-2k}$$
$$\cdot\sum_{n=0}^{k}\frac{(-1)^{n+1}}{2k-2n+1}\cdot\frac{(2l-2n)!}{n!\ (l-n)!\ (l-2n)!}(-1<x<1)(l\leqslant 1)$$
(9-14)

式中，第一部分含对数函数，第二部分为最高次幂为 $l=1$ 次的偶次幂($l=$奇数)，奇次幂($l=$偶数)多项式，适当选取系数，使最高次幂项的系数为$-(2l)!\ /2^l(l!)^2$。

利用表达式(9-14)，可以方便地写出 $l\geqslant 2$ 的 $Q_l(x)$的具体形式：

$$Q_2(x)=\frac{1}{2}P_2(x)\ln\frac{1+x}{1-x}-\frac{3}{2}x$$

$$Q_3(x)=\frac{1}{2}P_3(x)\ln\frac{1+x}{1-x}-\frac{5}{2}x^2+\frac{2}{3}$$

$$Q_4(x)=\frac{1}{2}P_4(x)\ln\frac{1+x}{1-x}-\frac{35}{8}x^3+\frac{55}{24}x$$

……

勒让德方程的一般解为

$$y(x)=C_1P_l(x)+C_2Q_l(x) \tag{9-15}$$

C_1、C_2 为任意常数。由于所有的 $Q_l(x)$都含有对数函数，均在 $x=\pm 1$ 处发散，如果要选取在区间端点 $x=\pm 1$ 处满足自然边界条件的解，就不能保留 $Q_l(x)$，必须取常数 $C_2=0$，解 $y(x)=C_1P_l(x)$。

3. 勒让德多项式的母函数

如果一个函数按其某个自变量展开成幂级数时，其系数是勒让德多项式，则称该函数为勒让德多项式的母函数，或生成函数，即如果有

$$f(x,t)=\sum_{l=0}^{+\infty}P_l(t)x^l$$

则 $f(x,t)$称为勒让德多项式的母函数。为求 $f(x,t)$，考虑下例。

考查电量为 $4\pi\varepsilon_0$，位于半径为 1 的单位球北极 N 处的点电荷。如图 9-2 所示，它在球内一点 $M(r,\theta,\varphi)$处产生的电势为

$$u=\frac{1}{d}=\frac{1}{(1+r^2-2r\cos\theta)^{\frac{1}{2}}} \tag{9-16}$$

其中 $r<1$，$d=\overline{MN}=(1+r^2-2r\cos\theta)^{\frac{1}{2}}$。

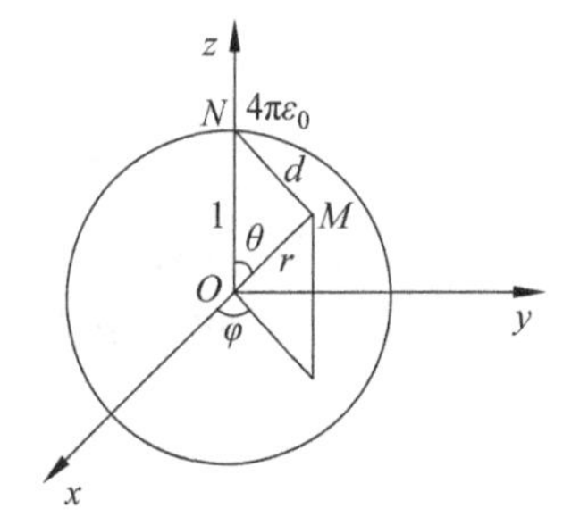

图 9-2　单位球上的点电荷

另一方面，球内电势 u 满足拉普拉斯方程$\nabla^2u=0$。在球坐标系中，由于电荷放在极轴上，它产生的静电场是轴对称的，与变量 φ 无关，$u=u(r,\theta)$。它的一般解为

$$u=\sum_{l=0}^{+\infty}A_lr^lP_l(\cos\theta) \tag{9-17}$$

比较式(9-16)和式(9-17)，有

$$\frac{1}{(1+r^2-2r\cos\theta)^{\frac{1}{2}}}=\sum_{l=0}^{+\infty}A_l r^l \mathrm{P}_l(\cos\theta),\quad r<1 \tag{9-18}$$

为确定系数 A_l，取特殊位置 $\theta=0$，$\cos\theta=1$，式(9-18)转化为

$$\frac{1}{1-r}=\sum_{l=0}^{+\infty}A_l r^l$$

其中利用了 $\mathrm{P}_l(1)=1$。因为 $r<1$，上式左方可展开成 Taylor 级数

$$1+r+r^2+\cdots+r^l+\cdots=\sum_{l=0}^{+\infty}A_l r^l$$

比较两边的系数可知，$A_l=1(l=0,1,2,\cdots)$。这样，式(9-18)便可转化为

$$\frac{1}{(1+r^2-2r\cos\theta)^{\frac{1}{2}}}=\sum_{l=0}^{+\infty}r^l \mathrm{P}_l(\cos\theta),\quad r<1 \tag{9-19}$$

或

$$\frac{1}{(1-2rx+r^2)^{\frac{1}{2}}}=\sum_{l=0}^{+\infty}r^l \mathrm{P}_l(x),\quad r<1 \tag{9-20}$$

由此可见，勒让德多项式 $\mathrm{P}_l(x)$ 是函数 $\dfrac{1}{(1-2rx+r^2)^{\frac{1}{2}}}$ 在 $r=0$ 的邻域中进行 Taylor 级数展开时所得的系数。因此，该函数称为勒让德多项式 $\mathrm{P}_l(x)$ 的母函数。

类似地，在球外一点的电势为

$$\frac{1}{(1+r^2-2r\cos\theta)^{\frac{1}{2}}}=\sum_{l=0}^{+\infty}\frac{1}{r^{l+1}}\mathrm{P}_l(\cos\theta),\quad r>1$$

或

$$\frac{1}{(1-2rx+r^2)^{\frac{1}{2}}}=\sum_{l=0}^{+\infty}\frac{1}{r^{l+1}}\mathrm{P}_l(x),\quad r>1$$

4. 勒让德多项式的递推公式

阶数相邻的勒让德多项式 $\mathrm{P}_l(x)$ 以及它们的导数之间的关系式，称为勒让德多项式的递推公式。

(1) $(l+1)\mathrm{P}_{l+1}(x)-(2l+1)x\mathrm{P}_l(x)+l\mathrm{P}_{l-1}(x)=0$

(2) $l\mathrm{P}_l(x)-x\mathrm{P}'_l(x)+\mathrm{P}'_{l-1}(x)=0$

(3) $l\mathrm{P}_{l-1}(x)-\mathrm{P}'_l(x)+x\mathrm{P}'_{l-1}(x)=0$

证明式(1)。将母函数公式(9-20)的两边对 r 求一次微商，可得

$$(x-r)(1-2rx+r^2)^{-\frac{3}{2}}=\sum_{l=0}^{+\infty}l r^{l-1}\mathrm{P}_l(x)$$

用 $(1-2rx+r^2)$ 乘以上式的两边，并利用式(9-20)，可得

$$(x-r)\sum_{l=0}^{+\infty}r^l\mathrm{P}_l(x)=(1-2rx+r^2)\sum_{l=0}^{+\infty}l r^{l-1}\mathrm{P}_l(x)$$

比较等式两边 r^k 的系数，可得

$$x\mathrm{P}_k(x)-\mathrm{P}_{k-1}(x)=(k+1)\mathrm{P}_{k+1}(x)-2kx\mathrm{P}_k(x)+(k-1)\mathrm{P}_{k-1}(x)$$

由此可证明式(1)是正确的。

5. 勒让德多项式的正交关系

作为施图姆-刘维尔本征值问题的正交关系的特例，不同阶的勒让德多项式在区间$(-1,+1)$上正交，

$$\int_{-1}^{+1} \mathrm{P}_k(x)\mathrm{P}_l(x)\mathrm{d}x = 0 \quad (k \neq l) \tag{9-21}$$

如果从 x 回到原来的变数 θ，则式(9-21)应是

$$\int_{0}^{\pi} \mathrm{P}_k(\cos\theta)\mathrm{P}_l(\cos\theta)\sin\theta\mathrm{d}\theta = 0 \quad (k \neq l) \tag{9-22}$$

证明式(9-21)。假设 $m<l$，因

$$\begin{aligned}\int_{-1}^{1} x^m \mathrm{P}_m(x)\mathrm{d}x &= \frac{1}{2^n n!}\int_{-1}^{1} x^m\left[(x^2-1)^n\right]^{(n)}\mathrm{d}x \\ &= \frac{x^m}{2^n n!}\left[(x^2-1)^n\right]^{(n-1)}\Big|_{-1}^{1} - \frac{m}{2^n n!}\int_{-1}^{1} x^{m-1}\left[(x^2-1)^n\right]^{(n-1)}\mathrm{d}x\end{aligned}$$

由于 $x=\pm1$ 是 n 次多项式$(x^2-1)^n$ 的 n 重零点，所以是$[(x^2-1)^n]^{(n-1)}$的零点。上式变为

$$\int_{-1}^{1} x^m \mathrm{P}_m(x)\mathrm{d}x = -\frac{m}{2^n n!}\int_{-1}^{1} x^{m-1}\left[(x^2-1)^n\right]^{(n-1)}\mathrm{d}x$$

经过 m 次分部积分后，得

$$\int_{-1}^{1} x^m \mathrm{P}_m(x)\mathrm{d}x = \frac{(-1)^n m!}{2^n n!}\left[(x^2-1)^{n-m-1}\right]\Big|_{-1}^{1} = 0$$

$$\begin{aligned}\int_{-1}^{1} \mathrm{P}_l(x)\mathrm{P}_m(x)\mathrm{d}x &= \int_{-1}^{1} \mathrm{P}_l(x)(\mathrm{P}_m x^m + \mathrm{P}_{m-1}x^{m-1} + \cdots + \mathrm{P}_1 x + \mathrm{P}_0)\mathrm{d}x \\ &= \mathrm{P}_m\int_{-1}^{1} \mathrm{P}_l(x)x^m\mathrm{d}x + \mathrm{P}_{m-1}\int_{-1}^{1} \mathrm{P}_l(x)x^{m-1}\mathrm{d}x + \cdots + \\ &\quad \mathrm{P}_1\int_{-1}^{1} \mathrm{P}_l(x)x\mathrm{d}x + \mathrm{P}_0\int_{-1}^{1} \mathrm{P}_l(x)\mathrm{d}x \\ &= 0\end{aligned}$$

式中，$\mathrm{P}_m,\mathrm{P}_{m-1},\cdots,\mathrm{P}_1,\mathrm{P}_0$ 是 m 阶勒让德多项式的系数。由此式(9-21)得证。

6. 勒让德多项式的模

现在计算勒让德多项式 $\mathrm{P}_l(x)$的模 N_l。

$$N_l^2 = \int_{-1}^{+1}\left[\mathrm{P}_l(x)\right]^2\mathrm{d}x$$

把上式的 $\mathrm{P}_l(x)$用微分表示，以便于分部积分。

$$\begin{aligned}N_l^2 &= \frac{1}{2^{2l}(l!)^2}\int_{-1}^{+1}\frac{\mathrm{d}^l(x^2-1)^l}{\mathrm{d}x^l}\cdot\frac{\mathrm{d}}{\mathrm{d}x}\left[\frac{\mathrm{d}^{l-1}(x^2-1)^l}{\mathrm{d}x^{l-1}}\right]\mathrm{d}x \\ &= \frac{1}{2^{2l}(l!)^2}\left[\frac{\mathrm{d}^l(x^2-1)^l}{\mathrm{d}x^l}\cdot\frac{\mathrm{d}^{l-1}(x^2-1)^l}{\mathrm{d}x^{l-1}}\right]_{-1}^{+1} - \\ &\quad \frac{1}{2^{2l}(l!)^2}\int_{-1}^{+1}\frac{\mathrm{d}^{l-1}(x^2-1)^l}{\mathrm{d}x^{l-1}}\cdot\frac{\mathrm{d}}{\mathrm{d}x}\left[\frac{\mathrm{d}^l(x^2-1)^l}{\mathrm{d}x^l}\right]\mathrm{d}x\end{aligned}$$

这里，$(x^2-1)^l=(x-1)^l(x+1)^l$ 以 $x=\pm1$ 为 l 级零点，所以它的 $l-1$ 阶导数 $\dfrac{\mathrm{d}^{l-1}(x^2-1)^l}{\mathrm{d}x^{l-1}}$以 $x=\pm1$ 为一级零点，从而上式已积出部分为零，

$$N_l^2=\frac{(-1)^1}{2^{2l}(l!)^2}\int_{-1}^{+1}\frac{\mathrm{d}^{l-1}(x^2-1)^l}{\mathrm{d}x^{l-1}}\cdot\frac{\mathrm{d}}{\mathrm{d}x}\left[\frac{\mathrm{d}^{l+1}(x^2-1)^l}{\mathrm{d}x^{l+1}}\right]\mathrm{d}x$$

分部积分的结果是被积函数中的两项：一项的求导阶数减少一阶；另一项的求导阶数增加一阶，同时整个积分乘上(−1)因子。一次又一次地分部积分，每次分部积分出的部分均以 $x=\pm1$ 为零点，均为零，共计 l 次，即得

$$N_l^2=\frac{(-1)^1}{2^{2l}(l!)^2}\int_{-1}^{+1}(x^2-1)^l\frac{\mathrm{d}^{2l}(x^2-1)^l}{\mathrm{d}x^{2l}}\mathrm{d}x$$

这里，$(x^2-1)^l$ 是 $2l$ 次多项式，它的 $2l$ 阶导数也就是最高幂项 x^{2l} 的 $2l$ 阶导数，即 $(2l)!$，于是

$$N_l^2=(-1)^l\frac{(2l)!}{2^{2l}(l!)^2}\int_{-1}^{+1}(x-1)^l(x+1)^l\mathrm{d}x$$

分部积分一次

$$\begin{aligned}N_l^2&=(-1)^l\frac{(2l)!}{2^{2l}(l!)^2}\cdot\frac{1}{l+1}\left[(x-1)^l(x+1)^l\Big|_{-1}^{1}-l\int_{-1}^{1}(x-1)^l(x+1)^l\mathrm{d}x\right]\\&=(-1)^l\frac{(2l)!}{2^{2l}(l!)^2}\cdot(-1)\frac{1}{l+1}\int_{-1}^{1}(x-1)^l(x+1)^l\mathrm{d}x\end{aligned}$$

已积出部分以 $x=\pm1$ 为零点，从而为零。至此，分部积分的结果是使 $(x-1)$ 的幂次降低一次，$(x+1)$ 的幂次升高一次，且积分乘上一个相应的常数因子。继续进行分部积分，共计 l 次，得

$$\begin{aligned}N_l^2&=(-1)^1\frac{(2l)!}{2^{2l}(l!)^2}\cdot(-1)^l\frac{1}{l+1}\cdot\frac{l-1}{l+1}\cdot\cdots\cdot\frac{1}{2l}\int_{-1}^{1}(x-1)^0(x+1)^{2l}\mathrm{d}x\\&=\frac{1}{2^{2l}}\cdot\frac{1}{2l+1}(x+1)^{2l+1}\Big|_{-1}^{1}=\frac{2}{2l+1}\end{aligned}$$

这样，勒让德多项式的模为

$$N_l=\sqrt{\frac{2}{2l+1}}\quad(l=0,1,2,\cdots)$$

7. 广义傅里叶级数

根据7.1.4节施图姆-刘维尔本征值问题的性质(4)，作为一个例子，勒让德多项式 $P_l(x)(l=0,1,2,\cdots)$ 是完备的，可作为广义傅里叶级数展开的基，把定义在 x 的区间[−1, 1]上的函数 $f(x)$，或定义在 θ 的区间[0,π]上的函数 $f(\theta)$ 展开为广义傅里叶级数。

$$\begin{cases}f(x)=\sum\limits_{l=0}^{+\infty}f_l\mathrm{P}_l(x)\\f_l=\dfrac{2l+1}{2}\displaystyle\int_{-1}^{+1}f(x)\mathrm{P}_l(x)\mathrm{d}x\end{cases}\tag{9-23}$$

即

$$\begin{cases}f(\theta)=\sum\limits_{l=0}^{+\infty}f_l\mathrm{P}_l(\cos\theta)\\f_l=\dfrac{2l+1}{2}\displaystyle\int_{0}^{\pi}f(\theta)\mathrm{P}_l(\cos\theta)\sin\theta\mathrm{d}\theta\end{cases}\tag{9-24}$$

注意，式(9-24)的积分应带权重 $\sin\theta$。

求解级数系数 f_l 时，按式(9-23)或式(9-24)求积分，一般总能解决。但是，如果 $f(x)$ 或 $f(\theta)$ 能用更直接的方法写出所要级数的形式时，则采用比较系数法，直接比较等式两边相同基本函数的系数。采用比较系数法时，记住 $\mathrm{P}_l(x)$ 或 $\mathrm{P}_l(\cos\theta)$ 的几个低阶勒让德多项式是有用的。

例 9-1 以勒让德多项式为基，在区间[−1,1]上把 $f(x)=2x^3+3x+4$ 展开为广义傅里叶级数。

解 本例不必应用一般式(9-23)。事实上，$f(x)$ 是三次多项式，应该可以表示为 $\mathrm{P}_0(x)$、$\mathrm{P}_1(x)$、$\mathrm{P}_2(x)$ 和 $\mathrm{P}_3(x)$ 的线性组合：

$$\begin{aligned}2x^3+3x+4&=f_0\mathrm{P}_0(x)+f_1\mathrm{P}_1(x)+f_2\mathrm{P}_2(x)+f_3\mathrm{P}_3(x)\\&=f_0\cdot 1+f_1\cdot x+f_2\cdot\frac{1}{2}(3x^2-1)+f_3\cdot\frac{1}{2}(5x^3-3x)\\&=\left(f_0-\frac{1}{2}f_2\right)+\left(f_1-\frac{3}{2}f_3\right)x+\frac{3}{2}f_2x^2+\frac{5}{2}f_3x^3\end{aligned}$$

比较等式两边的同幂项，得

$$f_0-\frac{1}{2}f_2=4\quad f_1-\frac{3}{2}f_3=3$$

$$\frac{3}{2}f_2=0\qquad \frac{5}{2}f_3=2$$

由此解得

$$f_0=4\quad f_1=\frac{21}{5}\quad f_2=0\quad f_3=\frac{4}{5}$$

由此

$$2x^3+3x+4=4\mathrm{P}_0(x)+\frac{21}{5}\mathrm{P}_1(x)+\frac{4}{5}\mathrm{P}_3(x)$$

例 9-2 以勒让德多项式为基，在[−1,1]上把 $f(x)=|x|$ 展开为广义傅里叶级数。

解 本例的

$$f(x)=\begin{cases}x & (0\leqslant x\leqslant 1)\\ -x & (-1\leqslant x\leqslant 0)\end{cases}$$

在区间[−1,0]和[0,1]上，$f(x)$ 的表达式不同，不能采用例 9-1 的解法，只有应用一般式(9-23)。

$$f(x)=\sum_{l=0}^{\infty}f_l\mathrm{P}_l(x) \tag{9-25}$$

$$f_l=\frac{2l+1}{2}\left[\int_{-1}^{0}(-\eta)\mathrm{P}_l(\eta)\mathrm{d}\eta+\int_0^1\xi\mathrm{P}_l(\xi)\mathrm{d}\xi\right] \tag{9-26}$$

定积分的值与积分变数采用什么记号无关，在式(9-26)中两个定积分采用了不同的积分变数，在前一个积分中，令 $-\eta=\xi$，则

$$\begin{aligned}f_l&=\frac{2l+1}{2}\left[\int_{-1}^{0}\xi\mathrm{P}_l(-\xi)\mathrm{d}(-\xi)+\int_0^1\xi\mathrm{P}_l(\xi)\mathrm{d}\xi\right]\\&=\frac{2l+1}{2}\int_0^1\xi[\mathrm{P}_l(-\xi)+\mathrm{P}_l(\xi)]\mathrm{d}\xi\end{aligned}$$

对于奇数的 $l=2n+1$，$P_l(x)$ 只含奇次幂项，为奇函数，即 $P_l(-\xi)=-P_l(\xi)$；对于偶数的 $l=2n$，$P_l(x)$ 只含偶次幂项，为偶函数，即 $P_l(-\xi)=-P_l(\xi)$，因此

$$\begin{aligned} f_{2n+1} &= 0 \\ f_{2n} &= \frac{2l+1}{2}\int_0^1 \xi \cdot 2P_{2n}(\xi)d\xi = (4n+1)\int_0^1 \xi P_{2n}(\xi)d\xi \end{aligned} \tag{9-27}$$

将微分表示式(9-8)代入，进行分部积分，有

$$\begin{aligned} f_{2n} &= \frac{4n+1}{2^{2n}(2n)!}\int_0^1 \xi \frac{d^{2n}(\xi^2-1)^{2n}}{d\xi^{2n}}d\xi \\ &= \frac{4n+1}{2^{2n}(2n)!}\left\{\left[\xi \frac{d^{2n-1}(\xi^2-1)^{2n}}{d\xi^{2n-1}}\right]_0^1 - \int_0^1 \frac{d^{2n-1}(\xi^2-1)^{2n}}{d\xi^{2n-1}}d\xi\right\} \end{aligned}$$

已积出部分以 $\xi=\pm1$ 为一级零点，且以 $\xi=0$ 为零点，故其数值为零。

$$f_{2n} = \frac{4n+1}{2^{2n}(2n)!}\left[\xi \frac{d^{2n}(\xi^2-1)^{2n}}{d\xi^{2n-1}}\right]_0^1 \tag{9-28}$$

由于式(9-28)以 $\xi=\pm1$ 为二级零点，把上限 $\xi=1$ 代入为零。剩下的问题是下限 $\xi=0$ 的代入，为此只需注意 $d^{2n-2}(\xi^2-1)^{2n}/d\xi^{2n-2}$ 的常数项，即 $(\xi^2-1)^{2n}$ 中的 $(2n-2)$ 次幂项。运用二项式定理

$$(\xi^2-1)^{2n} = \sum_{k=0}^{2n}\frac{(2n)!}{(2n-k)!}(\xi^2)^{2n-k}(-1)^k$$

取 $k=n+1$ 的项，则

$$\begin{aligned} f_{2n} &= \frac{4n+1}{2^{2n}(2n)!}\cdot\frac{d^{2n-2}}{d\xi^{2n-2}}\left[\frac{(2n)!}{(n-1)!\ (n+1)!}\xi^{2n-2}(-1)^{n+1}\right] \\ &= (-1)^{n+1}\frac{(4n+1)(2n-2)!}{[2^{n-1}(n-1)!\ ][2^{n+1}(n+1)!\ ]} \\ &= (-1)^{n+1}\frac{(4n+1)(2n-2)!}{(2n-2)!!\ (2n+2)!!} \\ &= (-1)^{n+1}\frac{(4n+1)(2n-3)!!}{(2n+2)!!}\cdot\frac{(2n-1)}{(2n-1)} \\ &= (-1)^{n+1}\frac{(4n+1)}{(2n-1)}\cdot\frac{(2n-1)!!}{(2n+2)!!} \quad (n=1,2,3,\cdots) \end{aligned} \tag{9-29}$$

最后的表达式虽然不是最简式，但形式易记。不过，它不适于 $n=0$，而 f_0 可直接算出

$$f_0 = (4\cdot0+1)\int_0^1 \xi P_0(\xi)d\xi = \int_0^1 \xi d\xi = \frac{1}{2}$$

最后得

$$|x| = \frac{1}{2}P_0(x) + \sum_{n=1}^{\infty}(-1)^{n+1}\frac{(4n+1)(2n-1)!!}{(2n-1)(2n+2)!!}P_{2n}(x) \tag{9-30}$$

8. 拉普拉斯方程的轴对称定解问题

拉普拉斯方程的定解问题，如果具有对称轴，自然就取这个对称轴为球坐标的极轴，因为这样一来，问题与 φ 无关，只需用 $m=0$ 的轴对称球函数。

例 9-3 在半径为 $r=r_0$ 的球的内部求解 $\Delta u=0$，使其满足边界条件 $u|_{r=r_0}=\cos^2\theta$。

解 边界条件与 φ 无关，以球坐标的极轴为对称轴，所求的解也应以球坐标的极轴为对称轴，因而解

$$u(r,\theta)=\sum_{l=0}^{+\infty}\left(A_l r^l+\frac{B_l}{r^{l+1}}\right)\mathrm{P}_l(\cos\theta)$$

考虑到 u 在球心处应有自然边界条件：$u|_{r=r_0}=$有限值，上式中的 $1/r^{l+1}$ 项必须舍弃，即取 $B_l=0$。

$$u(r,\theta)=\sum_{l=0}^{+\infty}A_l r^l\mathrm{P}_l(\cos\theta) \tag{9-31}$$

式(9-31)是轴对称情况下，拉普拉斯方程在球内区域有限的一般解。为了确定系数 A_l，把式(9-31)代入边界条件，得

$$\sum_{l=0}^{\infty}A_l r_0^l\mathrm{P}_l(\cos\theta)=\cos^2\theta=x^2 \tag{9-32}$$

由于 $\mathrm{P}_2(x)=\frac{1}{2}(3x^2-1)$，因此有

$$x^2=\frac{1}{3}[1+2\mathrm{P}_2(x)]=\frac{1}{3}\mathrm{P}_0(x)+\frac{2}{3}\mathrm{P}_2(x)$$

这就是 x^2 按勒让德多项式 $P_l(x)$ 展开的式子，以此代入式(9-32)的右边，并与左边比较系数，得

$$A_0=\frac{1}{3}\quad A_2=\frac{2}{3}\cdot\frac{1}{r_0^2}\quad A_l=0\quad(l\neq 0,2)$$

这样

$$u(r,\theta)=\frac{1}{3}+\frac{2}{3}\cdot\frac{1}{r_0^2}\cdot r^2\mathrm{P}_2(\cos\theta) \tag{9-33}$$

9.1.3 连带勒让德函数

为了得到一般情况下的球函数，首先要求解连带勒让德方程

$$(1-x^2)\frac{\mathrm{d}^2\Theta}{\mathrm{d}x^2}-2x\frac{\mathrm{d}\Theta}{\mathrm{d}x}+\left[l(l+1)-\frac{m^2}{1-x^2}\right]\Theta=0 \tag{9-34}$$

式中，$m=0,1,2,\cdots$，而 $l(l+1)$ 为常数，待定。

1. 连带勒让德函数

(1) 连带勒让德函数的表达式

$x_0=0$ 是连带勒让德方程(9-34)的常点。可以用本小节的方法在 $x_0=0$ 的邻域上求连带勒让德方程的级数解，但是直接运用级数解法所得系数递推公式比较复杂。每个递推公式都涉及三个系数，从而难以写出系数的一般表示式。

通常作变换

$$\Theta=(1-x^2)^{\frac{m}{2}}y(x) \tag{9-35}$$

把待求函数从 Θ 变换为 $y(x)$。在这个变换下，

$$\frac{\mathrm{d}\Theta}{\mathrm{d}x}=(1-x^2)^{\frac{m}{2}}y'-m(1-x^2)^{\frac{m}{2}-1}xy$$

$$\frac{\mathrm{d}^2\Theta}{\mathrm{d}x^2}=(1-x^2)^{\frac{m}{2}}y''-2m(1-x^2)^{\frac{m}{2}-1}xy'$$

$$-m(1-x^2)^{\frac{m}{2}-1}y+m(m-2)(1-x^2)^{\frac{m}{2}-2}x^2y$$

把以上三个式子代入连带勒让德方程(9-34)，就把它转化为 $y(x)$ 的微分方程

$$(1-x^2)y''-2(m+1)xy'+[l(l+1)-m(m+1)]y=0 \tag{9-36}$$

$x_0=0$ 是这个微分方程的常点，直接运用级数解法所得系数递推公式也不复杂。可是，我们还是不准备直接运用级数解法，因为有更简便的方法。

事实上，微分方程(9-36)就是勒让德方程逐项求导 m 次后得到的方程。验证如下：右上角标$[m]$表示求导 m 次，应用关于乘积求导的莱布尼茨求导规则

$$(uv)^{[m]}=uv^{[m]}+\frac{m}{1!}u'v^{[m-1]}+\frac{m(m-1)}{2!}u''v^{[m-2]}+\cdots+\frac{m(m-1)(m-2)\cdot\cdots\cdot(m-k+1)}{k!}u^{[k]}v^{[m-k]}+\cdots u^{[m]}v$$

其中符号 $v^{[m]}$、$v^{[m-k]}$分别表示函数 v 对 x 求导 m 次、$m-k$ 次，将勒让德方程

$$(1-x^2)\mathrm{P}''-2x\mathrm{P}'+l(l+1)\mathrm{P}=0 \tag{9-37}$$

对 x 求导 m 次，其结果是

$$\left\{(1-x^2)\mathrm{P}^{[m]''}-m2x\mathrm{P}^{[m]'}-\frac{m(m-1)}{2}2\mathrm{P}^{[m]}\right\}-2(x\mathrm{P}^{[m]'}+m\mathrm{P}^{[m]})+l(l+1)\mathrm{P}^{[m]}=0$$

其中，$\mathrm{P}^{[m]''}$、$\mathrm{P}^{[m]'}$表示 $\mathrm{P}(x)$对 x 求导$(m+2)$次、$(m+1)$次，即

$$(1-x^2)\mathrm{P}^{[m]''}-2(m+1)x\mathrm{P}^{[m]'}+[l(l+1)-m(m+1)]\mathrm{P}^{[m]}=0$$

这正是式(9-36)。因此，式(9-36)的解 $y(x)$应是勒让德方程的解 $\mathrm{P}(x)$的 m 阶导数

$$y(x)=\mathrm{P}^{[m]}x \tag{9-38}$$

我们已经知道，勒让德方程和自然的边界条件(在 $x=\pm1$ 为有限)构成本征值问题，本征值是 $l(l+1)$，而 l 为整数，本征函数则是勒让德多项式 $P_l(x)$。那么，方程(9-36)也就与自然边界条件构成本征值问题，本征值同上，本征函数则是 $P_l(x)$的 l 阶导数，即

$$y(x)=\mathrm{P}_l^{[m]}(x) \tag{9-39}$$

以此代回式(9-35)，得 $\Theta=(1-x^2)^{\frac{m}{2}}\mathrm{P}_l{}^{[m]}(x)$，这叫作连带勒让德函数，通常记作 $\mathrm{P}_l^{[m]}(x)$

$$\mathrm{P}_l^m=(1-x^2)^{\frac{m}{2}}\mathrm{P}_l^{[m]}(x) \tag{9-40}$$

注意区分 $\mathrm{P}_l^m(x)$和 $\mathrm{P}_l^{[m]}(x)$，后者只是 $\mathrm{P}_l(x)$的 m 阶函数。

总之，连带勒让德方程和自然边界条件也构成本征值问题，本征值是 $l(l+1)$，本征函数则是连带勒让德函数(9-40)。

既然 $\mathrm{P}_l(x)$是 l 次多项式，那么它最多只能求导 l 次，超过 l 次就得到零。因此，本征值 $l(l+1)$中的整数 l 必须大于或等于 m。对确定的 m

$$l=m,m+1,m+2,\cdots \tag{9-41}$$

或者说，对 l 的一个确定值，连带勒让德函数(9-40)中 m 的取值只能为

$$m=0,1,2,\cdots,l \tag{9-42}$$

当 $m=0$ 时，$\mathrm{P}_l^0(x)=\mathrm{P}_l(x)$，连带勒让德函数(9-40)简化为勒让德多项式 $\mathrm{P}_l(x)$。下面列出 $m\neq0$ 而 $l=1,2$ 的连带勒让德函数的具体形式：

$$\mathrm{P}_1^1(x)=(1-x^2)^{\frac{1}{2}}=\sin\theta \tag{9-43}$$

$$P_2^1(x)=(1-x^2)^{\frac{1}{2}}(3x)=\frac{3}{2}\sin2\theta \tag{9-44}$$

$$P_2^2(x)=3(1-x^2)=3\sin^2\theta=\frac{3}{2}(1-\cos 2\theta) \tag{9-45}$$

(2) 连带勒让德函数的微分表示

由勒让德多项式的微分表示(9-8)立刻得到连带勒让德函数的微分表示

$$P_l^m(x)=\frac{(1-x^2)^{\frac{m}{2}}}{2^l l!}\cdot\frac{\mathrm{d}^{l+m}}{\mathrm{d}x^{l+m}}(x^2-1)^l \tag{9-46}$$

这也叫作罗德里格斯公式。从式(9-46)不难看出，$(1-x^2)^{\frac{m}{2}}$、$(x^2-1)^l$ 为偶函数。而 $\frac{\mathrm{d}^{l+m}}{\mathrm{d}x^{l+m}}(x^2-1)^l$ 的最高次幂为 x 的 $(l-m)$ 次幂。于是，当 $l-m=2n\,(n=0,1,2,\cdots)$ 时，$P_l^m(x)$ 为偶函数；当 $l-m=2n+1\,(n=0,1,2,\cdots)$ 时，$P_l^m(x)$ 为奇函数。

我们一直把 m 当作正整数。其实，在连带勒让德方程(9-34)中只出现 m^2，并没出现 m。把正整数 m 换成负整数 $-m$，连带勒让德方程保持不变。因而，我们可以揣想

$$P_l^{-m}(x)=\frac{(1-x^2)^{-\frac{m}{2}}}{2^l l!}\cdot\frac{\mathrm{d}^{l-m}}{\mathrm{d}x^{l-m}}(x^2-1)^l \tag{9-47}$$

也是连带勒让德方程的解，且满足自然边界条件。作为二阶常微分方程，连带勒让德方程可以有两个线性独立解，但满足自然边界条件的解只能有一个。因此，$P_l^{-m}(x)$ 应当就是 $P_l^m(x)$，最多差一个常数因子。为了求出这个常数因子，用式(9-46)与式(9-47)相除，有

$$常数=\frac{P_l^m(x)}{P_l^{-m}(x)}=\frac{(1-x^2)^m\mathrm{d}^{l+m}(x^2-1)/\mathrm{d}x^{l+m}}{\mathrm{d}^{l-m}(x^2-1)^l/\mathrm{d}x^{l-m}}$$

上式右边是有理分式，分子与分母的同幂项之比应当等于左边的常数。现在看分子与分母最高幂项之比，它是

$$(-1)^m x^{2m}\frac{(2l)!}{(l-m)!}x^{l-m}:\frac{(2l)!}{(l+m)!}x^{l+m}=(-1)^m\frac{(l+m)!}{(l-m)!}$$

这样，我们得到

$$\begin{cases}P_l^m(x)=(-1)^m\dfrac{(l+m)!}{(l-m)!}P_l^{-m}(x)\\[2ex]P_l^{-m}(x)=(-1)^m\dfrac{(l-m)!}{(l+m)!}P_l^m(x)\end{cases} \tag{9-48}$$

(3) 连带勒让德函数的积分表示

按照柯西公式，微分表示式(9-46)可以表示为路积分，即

$$P_l^m(x)=\frac{(1-x^2)^{\frac{m}{2}}}{2^l}\cdot\frac{1}{2\pi i}\cdot\frac{(l+m)!}{l!}\oint_C\frac{(z^2-1)^l}{(z-x)^{l+m+1}}\mathrm{d}z \tag{9-49}$$

C 为 z 平面上围绕 $z=x$ 的任一闭合回路。这也叫作施列夫利积分。

式(9-49)还可以进一步表示为定积分。为此，取 C 为圆周，圆心在 $z=x$，半径为 $\sqrt{|x^2+1|}$。在 C 上，$z-x=\sqrt{x^2-1}\,\mathrm{e}^{i\psi}$，而 $(1-x^2)^{1/2}=i\sqrt{x^2-1}=i(z-x)/\mathrm{e}^{i\psi}$，$\mathrm{d}z=i\sqrt{x^2-1}\,\mathrm{e}^{i\psi}\mathrm{d}\psi$，式(9-49)成为

$$\begin{aligned}P_1^m(x)&=\frac{1}{2\pi i}\cdot\frac{(l+m)!}{2^l l!}\oint_C\left(i\,\frac{z-x}{\mathrm{e}^{i\psi}}\right)^m\frac{(z^2-1)^l}{(z-x)^{l+m+1}}\mathrm{d}z\\&=\frac{i^m}{2\pi i}\cdot\frac{(l+m)!}{2^l l!}\oint_C\mathrm{e}^{-im\psi}\frac{(z^2-1)^l}{(z-x)^{l+1}}\mathrm{d}z\end{aligned}$$

$$=\frac{i^m}{2\pi i}\cdot\frac{(l+m)!}{2^l l!}\int_{-\pi}^{\pi}e^{-im\psi}\frac{\left[(x+\sqrt{x^2-1}e^{i\psi})^2-1\right]^l}{(\sqrt{x^2-1}e^{i\psi})^{l+1}}i\sqrt{x^2-1}e^{i\psi}d\psi$$

$$=\frac{i^m}{2\pi i}\cdot\frac{(l+m)!}{2^l l!}\int_{-\pi}^{\pi}e^{-im\psi}\left[\frac{x^2+2x\sqrt{x^2-1}e^{i\psi}+(x^2-1)e^{i2\psi}-1^l}{2\sqrt{x^2-1}e^{i\psi}}\right]d\psi$$

$$=\frac{i^m}{2\pi i}\cdot\frac{(l+m)!}{2^l l!}\int_{-\pi}^{\pi}e^{-im\psi}\left[x^2+\sqrt{x^2-1}\ \frac{1}{2}(e^{i\psi}+e^{-i\psi})\right]^l d\psi$$

从 x 回到原来的变数 θ，$x=\cos\theta$，则

$$P_l^m(x)=\frac{i^m}{2\pi}\cdot\frac{(l+m)!}{l!}\int_{-\pi}^{\pi}e^{-im\psi}[\cos\theta+i\sin\theta\cos\psi]^l d\psi \tag{9-50}$$

这也叫作拉普拉斯积分。

2. 连带勒让德函数的递推公式

以下四个递推公式：

$$(2l+1)xP_l^m(x)=(l+m)P_{l-1}^m(x)+(l-m+1)P_{l+1}^m(x) \tag{9-51}$$

$$(2l+1)(1-x^2)^{\frac{1}{2}}P_l^m(x)=P_{l+1}^{m+1}(x)-P_{l-1}^{m+1}(x) \tag{9-52}$$

$$(2l+1)(1-x^2)^{\frac{1}{2}}P_l^m(x)=(l+m)(l+m-1)P_{l-1}^{m-1}(x)-(l-m+2)(l-m+1)P_{l+1}^{m-1}(x) \tag{9-53}$$

$$(1-x^2)P_l^{m\prime}(x)=(l+1)xP_l^m(x)-(l-m+1)P_{l+1}^m(x) \tag{9-54}$$

是连带勒让德多项式的基本递推公式，其他递推公式可由这四个公式导出。

证明式(9-51)。根据勒让德多项式的递推公式

$$(l+1)P_{l+1}(x)-(2l+1)xP_l(x)+lP_{l-1}(x)=0$$

以及

$$P_l(x)=P'_{l+1}(x)-2xP'_l(x)+P'_{l-1}(x)$$

对上式两边分别逐项求导 m 次和 $m-1$ 次，得

$$(l+1)P_{l+1}^{(m)}(x)-(2l+1)xP_l^{(m)}(x)-m(2l+1)P_l^{(m-1)}(x)+lP_{l-1}^{(m)}(x)=0$$

以及

$$P_l^{(m-1)}(x)=P_{l+1}^{(m)}(x)-2xP_l^{(m)}(x)-2(m-1)P_l^{(m-1)}(x)+P_{l-1}^{(m)}(x)$$

消去两式中的 $P_l^{(m-1)}(x)$，得

$$(l+1-m)P_{l+1}^{(m)}(x)-(2l+1)xP_l^{(m)}(x)+(l+m)P_{l-1}^{(m)}(x)=0$$

再将上式两边同时乘以 $(1-x^2)^{\frac{m}{2}}$ 即得式(9-51)。

3. 连带勒让德函数的正交关系

作为施图姆-刘维尔本值问题的正交关系的特例，同一 m 而不同阶 l 的连带勒让德函数在区间 $(-1,+1)$ 上正交，于是

$$\int_{-1}^{1}P_k^m(x)P_l^m(x)dx=0\quad(k\neq l) \tag{9-55}$$

证：因 P_k^m、P_l^m 分别满足连带勒让德方程，即

$$(1-x^2)\frac{d^2}{dx^2}P_k^m(x)-2x\frac{d}{dx}P_k^m(x)+\left[k(k+1)-\frac{m^2}{1-x^2}\right]P_k^m(x)=0$$

$$(1-x^2)\frac{d^2}{dx^2}P_l^m(x)-2x\frac{d}{dx}P_l^m(x)+\left[l(l+1)-\frac{m^2}{1-x^2}\right]P_l^m(x)=0$$

将以上第一个方程乘以 P_l^m，第二个方程乘以 P_k^m，然后相减得

$$(1-x^2)\left[P_l^m(x)\frac{d^2P_k^m(x)}{dx^2}-P_k^m(x)\frac{d^2P_l^m(x)}{dx^2}\right]-2x\left[P_l^m(x)\frac{dP_k^m(x)}{dx}-P_k^m(x)\frac{dP_l^m(x)}{dx}\right]$$

$$+[k(k+1)-l(l+1)]P_k^m(x)P_l^m(x)=0$$

对上式逐项积分，得

$$[k(k+1)-l(l+1)]\int_{-1}^{1}P_k^m(x)P_l^m(x)dx$$
$$=\int_{-1}^{1}\frac{d}{dx}\left[(1-x^2)\left(P_k^m(x)\frac{dP_l^m(x)}{dx}\right)-\left(P_l^m(x)\frac{dP_k^m(x)}{dx}\right)\right]dx$$
$$=\left[(1-x^2)\left(P_k^m(x)\frac{dP_l^m(x)}{dx}\right)-\left(P_l^m(x)\frac{dP_k^m(x)}{dx}\right)\right]\Bigg|_{-1}^{1}=0$$

因为 $k\neq l$，所以 $k(k+1)-l(l+1)\neq 0$，于是

$$\int_{-1}^{1}P_k^m(x)P_l^m(x)dx=0\quad(k\neq l)$$

如果从 x 回到原来的变数 θ，则式(9-55)应是

$$\int_0^{\pi}P_k(\cos\theta)P_l(\cos\theta)\sin\theta d\theta=0\quad(k\neq l)\tag{9-56}$$

4. 连带勒让德函数的模

现在计算连带勒让德函数 $P_l^m(x)$ 的模 N_l^m。利用式(9-48)

$$N_l^m=\int_{-1}^{1}[P_l^m(x)]^2dx=(-1)^m\frac{(l+m)!}{(l-m)!}\int_{-1}^{1}P_l^{-m}(x)P_l^m(x)dx$$
$$=(-1)^m\frac{(l+m)!}{(l-m)!}\cdot\frac{1}{2^{2l}(l!)^2}\int_{-1}^{1}\frac{d^{l-m}}{dx^{l-m}}(x^2-1)^l\times\frac{d^{l+m}}{dx^{l+m}}(x^2-1)^l dx$$

仿照 9.1.2 节计算勒让德多项式的模的方法进行分部积分，而积出的部分代入上限和下限后为零，

$$(N_l^m)^2=(-1)^{m+1}\frac{(l+m)!}{(l-m)!}\cdot\frac{1}{2^{2l}(l!)^2}\times\int_{-1}^{1}\frac{d^{l-m+1}}{dx^{l-m+1}}(x^2-1)^l\frac{d^{l+m-1}}{dx^{l+m-1}}(x^2-1)^l dx$$
$$=(-1)^{m+1}\frac{(l+m)!}{(l-m)!}\int_{-1}^{1}P_l^{-[m-1]}(x)P_l^{[m-1]}(x)dx$$

一次又一次地分部积分，共计 m 次，即得

$$(N_l^m)^2=(-1)^{2m}\frac{(l+m)!}{(l-m)!}\int_{-1}^{1}P_l(x)P_l(x)dx$$
$$=\frac{(l+m)!}{(l-m)!}(N_l)^2=\frac{(l+m)!\ 2}{(l-m)!\ (2l+1)}$$

终于求得模 N_l^m 为

$$N_l^m=\sqrt{\frac{(l+m)!\ 2}{(l-m)!\ (2l+1)}}\tag{9-57}$$

5. 广义傅里叶级数

根据施图姆-刘维尔本征值问题的性质(4)，作为一个例题，m 相同的连带勒让德函数 $P_l^m(x)(l=m,m+1,m+2,\cdots)$ 是完备的，可作为广义傅里叶级数展开的基，把定义在 x 的区间$[-1,+1]$上的函数 $f(x)$，或定义在 θ 的区间$[0,\pi]$上的函数 $f(\theta)$ 展开为广义傅里叶

级数。

$$\begin{cases} f(x) = \sum_{l=0}^{+\infty} f_l \mathrm{P}_l^m(x) \\ f_l = \dfrac{2l+1}{2} \dfrac{(l-m)!}{(l+m)!} \int_{-1}^{1} f(x) \mathrm{P}_l^m(x) \mathrm{d}x \end{cases} \tag{9-58}$$

即

$$\begin{cases} f(\theta) = \sum_{l=0}^{+\infty} f_l \mathrm{P}_l^m(\cos\theta) \\ f_l = \dfrac{2l+1}{2} \dfrac{(l-m)!}{(l+m)!} \int_{0}^{\pi} f(\theta) \mathrm{P}_l^m(\cos\theta) \sin\theta \mathrm{d}\theta \end{cases} \tag{9-59}$$

注意，式(9-59)中的积分有权重 $\sin\theta$。

例 9-4 以 $\mathrm{P}_l^2(x)(l=1,2,3,\cdots)$为基，在 x 的区间$[-1,+1]$上函数 $f(x)=\sin^2\theta=1-x^2$ 展开为广义傅里叶级数。

解 由于这里 $m=2$，$\mathrm{P}_0^2(x)\equiv 0$，$\mathrm{P}_1^2(x)\equiv 0$，因此按式(9-58)把 $f(x)=1-x^2$ 展开成

$$f(x) = 1 - x^2 = \sum_{l=2}^{\infty} f_l \mathrm{P}_l^2(x) \tag{9-60}$$

系数 f_l 可按式(9-58)计算

$$f_l = \frac{2l+1}{2} \cdot \frac{(l-2)!}{(l+2)!} \int_{-1}^{1} (1-x^2)^2 \frac{1}{2^l l!} \cdot \frac{\mathrm{d}^{l+2}(x^2-1)^l}{\mathrm{d}x^{l+2}} \mathrm{d}x$$

作一次分部积分

$$f_l = \frac{2l+1}{2^{l-1} l!} \cdot \frac{(l-2)!}{(l+2)!} \left\{ \left[(1-x^2)^2 \frac{\mathrm{d}^{l+1}(x^2-1)^l}{\mathrm{d}x^{l+1}} \right]_{-1}^{1} - \int_{-1}^{1} 4(x^3-x) \frac{\mathrm{d}^{l+1}(x^2-1)^l}{\mathrm{d}x^{l+1}} \mathrm{d}x \right\}$$

上式已积出部分为零，继续分部积分两次，得

$$f_l = \frac{2l+1}{2^{l-1} l!} \cdot \frac{(l-2)!}{(l+2)!} \left\{ \left[-(x^3-x) \frac{\mathrm{d}^{l}(x^2-1)^l}{\mathrm{d}x^{l}} + (3x^2-1) \frac{\mathrm{d}^{l-1}(x^2-1)^l}{\mathrm{d}x^{l-1}} \right]_{-1}^{1} - 6\int_{-1}^{1} x \frac{\mathrm{d}^{l-1}(x^2-1)^l}{\mathrm{d}x^{l-1}} \mathrm{d}x \right\}$$

由于 $x=\pm 1$ 均是已积出部分的零点，故上式已积出部分为零，

$$f_l = \frac{2l+1}{2^{l-1} l!} \cdot \frac{(l-2)!}{(l+2)!} (-6) \int_{-1}^{1} x \frac{\mathrm{d}^{l-1}(x^2-1)^l}{\mathrm{d}x^{l-1}} \mathrm{d}x \tag{9-61}$$

对于 $l=2$，式(9-61)给出

$$\begin{aligned} f_2 &= \frac{5}{4} \frac{0!}{4!} (-6) \int_{-1}^{1} x \frac{\mathrm{d}(x^2-1)^2}{\mathrm{d}x} \mathrm{d}x \\ &= -\frac{5}{16} \int_{-1}^{1} x \frac{\mathrm{d}(x^4-2x^2+1)^2}{\mathrm{d}x} \mathrm{d}x \\ &= -\frac{5}{4} \int_{-1}^{1} (x^4-x^2) \mathrm{d}x \\ &= -\frac{5}{4} \left[\frac{1}{5}x^5 - \frac{1}{3}x^3 \right]_{-1}^{1} = \frac{1}{3} \end{aligned} \tag{9-62}$$

对于 $l>2$，把式(9-62)再分部积分一次，

$$f_l=\frac{2l+1}{2^{l-1}l!}\cdot\frac{(l-2)!}{(l+2)!}(-6)\left\{\left[x\frac{\mathrm{d}^{l-2}(x^2-1)^l}{\mathrm{d}x^{l-2}}\right]_{-1}^{1}-\int_{-1}^{1}\frac{\mathrm{d}^{l-2}(x^2-1)^l}{\mathrm{d}x^{l-2}}\mathrm{d}x\right\}$$

上式已积出部分同样为零，所以

$$f_l=\frac{2l+1}{2^{l-1}l!}\cdot\frac{(l-2)!}{(l+2)!}\cdot 6\cdot\left[x\frac{\mathrm{d}^{l-3}(x^2-1)^l}{\mathrm{d}x^{l-3}}\right]_{-1}^{1}=0 \tag{9-63}$$

最后得到仅含 $\mathrm{P}_2^2(x)$ 的展开式为

$$f(x)=\sin^2\theta=1-x^2=\frac{1}{3}\mathrm{P}_2^2(x)=\frac{1}{3}\mathrm{P}_2^2(\cos\theta) \tag{9-64}$$

其实，只要查看前面列出的连带勒让德函数 $\mathrm{P}_2^2(x)$ 的表达式(9-45)，马上就能得到式(9-64)，不必像上面那样进行具体的计算。今后对一些简单的函数 $f(x)$，都可以这样进行广义傅里叶级数展开。

例 9-5　以 $\mathrm{P}_l^2(x)(l=2,3,4,\cdots)$ 为基，在 x 的区间 $[-1,+1]$ 上把函数 $f(x)=\begin{cases}u_0 & (0<x\leqslant 1)\\ 0 & (-1\leqslant x<0)\end{cases}$，如图 9-3 所示，展开为广义傅里叶级数。

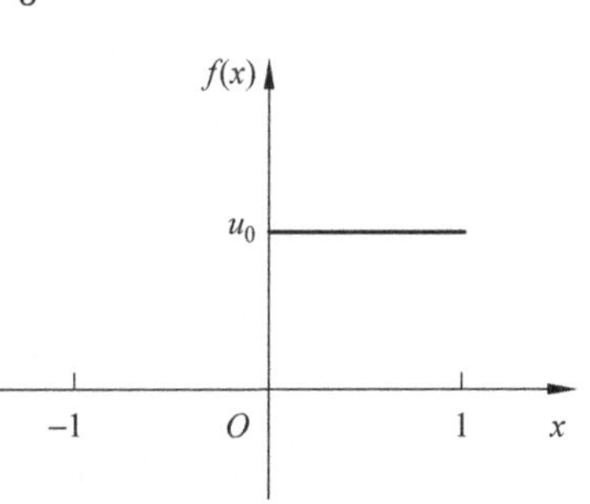

图 9-3　分段函数

解　由于这里 $m=2$，$\mathrm{P}_0^2(x)\equiv 0$，$\mathrm{P}_1^2(x)\equiv 0$，因此按式(9-49)把 $f(x)$ 展开成

$$f(x)=\sum_{l=2}^{+\infty}f_1\mathrm{P}_l^2(x) \tag{9-65}$$

系数 f_l 可按式(9-58)计算

$$f_l=\frac{2l+1}{2}\cdot\frac{(l-2)!}{(l+2)!}\int_0^1 u_0\frac{1}{2^l l!}(1-x^2)\frac{\mathrm{d}^{l+2}(x^2-1)^l}{\mathrm{d}x^{l+2}}\mathrm{d}x$$

经过两次分部积分，可将上式计算出来

$$f_l=\frac{2l+1}{2}\cdot\frac{(l-2)!}{(l+2)!}u_0\left[\frac{1}{2^l l!}(1-x^2)\frac{\mathrm{d}^{l+2}(x^2-1)^l}{\mathrm{d}x^{l+2}}+\frac{2x}{2^l l!}\cdot\frac{\mathrm{d}^l(x^2-1)^l}{\mathrm{d}x^l}-\frac{2}{2^l l!}\cdot\frac{\mathrm{d}^{l-1}(x^2-1)^l}{\mathrm{d}x^{l-1}}\right]_0^1$$

上式括号中的第一项和第三项均以 $x=1$ 为零点，第二项以 $x=0$ 为零点，在 $x=1$ 处，第二项为 $2\mathrm{P}_l(1)=2$，因此

$$f_l=\frac{2l+1}{2}\frac{(l-2)!}{(l+2)!}u_0\left\{2+\frac{1}{2^l l!}\left[2\frac{\mathrm{d}^{l-1}(x^2-1)^l}{\mathrm{d}x^{l-1}}-\frac{\mathrm{d}^{l+1}(x^2-1)^l}{\mathrm{d}x^{l+1}}\right]_{x=0}\right\}$$

当 $l=2n$ 时，$l\pm 1=2n\pm 1$，$\dfrac{\mathrm{d}^{l\pm 1}(x^2-1)^l}{\mathrm{d}x^{l\pm 1}}=\dfrac{\mathrm{d}^{2n\pm 1}(x^2-1)^{2n}}{\mathrm{d}x^{2n\pm 1}}$ 中每一项均含有 x，故在 $x=0$ 处取值为零，因而

$$f_{2n}=\frac{(4n+1)(2n-2)!}{(2n+2)!}u_0\quad(n=1,2,3,\cdots) \tag{9-66}$$

当 $l=2n+1$ 时，$l+1=2n+2$，$l-1=2n$，利用二项式定理，有

$$(x^2-1)^l=(x^2-1)^{2n+1}=\sum_{k=0}^{2n+1}\frac{(2n+1)!}{(2n+1-k)!\,k!}(x^2)^{2n+1-k}\cdot(-1)^k \tag{9-67}$$

因而

$$\left[\frac{\mathrm{d}^{l-1}(x^2-1)^l}{\mathrm{d}x^{l-1}}\right]_{x=0}=\left[\frac{\mathrm{d}^{2n}(x^2-1)^{2n+1}}{\mathrm{d}x^{2n}}\right]_{x=0}=\frac{(2n+1)!}{(n+1)!\ n!}(-1)^{n+1}(2n)!$$

$$\left[\frac{\mathrm{d}^{l+1}(x^2-1)^l}{\mathrm{d}x^{l+1}}\right]_{x=0}=\left[\frac{\mathrm{d}^{2n+2}(x^2-1)^{2n+1}}{\mathrm{d}x^{2n+2}}\right]_{x=0}=\frac{(2n+1)!}{(n+1)!\ n!}(-1)^{n}(2n+2)!$$

因此

$$\begin{aligned}f_{2n+1}&=\frac{(4n+3)(2n-1)!}{(2n+3)!}\cdot\left\{2+\frac{(-1)^{n+1}}{2^{n+1}}\cdot\frac{(2n)!}{n!\ (n+1)!}[2+(2n+2)(2n+1)]\right\}u_0\\&=\frac{(4n+3)(2n-1)!}{(2n+3)!}\cdot\left\{1+\frac{(-1)^{n+1}(2n)!\ (2n^2+3n+2)}{(2n)!!\ (2n+2)!!}\right\}u_0\\&=\frac{(4n+3)(2n-1)!}{(2n+3)!}\cdot\left\{1+(-1)^{n+1}(2n^2+3n+2)\cdot\frac{(2n-1)!!}{(2n+2)!!}\right\}u_0\\&\quad(n=1,2,3,\cdots)\end{aligned}\tag{9-68}$$

最后得

$$\begin{aligned}f(x)=&\sum_{n=1}^{+\infty}(4n+1)\frac{(2n-2)!}{(2n+2)!}\cdot u_0\mathrm{P}_{2n}^2(x)+\sum_{n=1}^{+\infty}(4n+3)\frac{(2n-1)!}{(2n+3)!}\cdot\\&\left[1+(-1)^{n+1}(2n^2+3n+2)\cdot\frac{(2n-1)!!}{(2n+2)!!}\right]u_0\mathrm{P}_{2n+1}^2(x)\end{aligned}\tag{9-69}$$

由于函数 $f(x)$为非奇非偶函数，故广义傅里叶级数(9-69)中既含偶函数 $\mathrm{P}_{2n}^2(x)(n=1,2,3,\cdots)$，又含奇函数 $\mathrm{P}_{2n+1}^2(x)(n=1,2,3,\cdots)$。

9.1.4 一般的球函数

1. 球函数

(1) 球函数的表达式

球函数方程(7-3)的解称为球函数。一般情况下，球函数方程的分离变数的解是

$$Y_l^m(\theta,\varphi)=\mathrm{P}_l^m(\cos\theta)\begin{Bmatrix}\sin m\varphi\\\cos m\varphi\end{Bmatrix}\quad\begin{Bmatrix}m=0,1,2,\cdots,l\\l=0,1,2,\cdots\end{Bmatrix}\tag{9-70}$$

记号{}表示其中列举的函数式是线性独立的，可任取其一，l 叫作球函数的阶。

(2) 复数形式的球函数

线性独立的 l 阶球函数共有 $2l+1$ 个，这是因为对应于 $m=0$，有一球函数 $\mathrm{P}_l(\cos\theta)$；对应于 $m=1,2,\cdots,l$，则各有两个球函数，即 $\mathrm{P}_l^m(\cos\theta)\sin m\varphi$ 和 $\mathrm{P}_l^m(\cos\theta)\cos m\varphi$。

根据欧拉公式 $\cos m\varphi+i\sin m\varphi=\mathrm{e}^{im\varphi}$，$\cos m\varphi-i\sin m\varphi=\mathrm{e}^{-im\varphi}$，式(9-70)完全可以重新组合为

$$Y_l^m(\theta,\varphi)=\mathrm{P}_l^{|m|}(\cos\theta)\mathrm{e}^{im\varphi}\quad\begin{Bmatrix}m=-l,-l+1,\cdots,0,1,\cdots,l\\l=0,1,2,\cdots\end{Bmatrix}\tag{9-71}$$

在式(9-71)中，独立的 l 阶球函数还是 $2l+1$ 个。从式(9-7)直到式(9-70)，m 指的都是正整数。在式(9-71)中，m 既可以是正整数，也可以是负整数。对于负整数 m，式(9-71)本来也可用 $\mathrm{P}_l^m(\cos\theta)\mathrm{e}^{im\varphi}$，即 $\mathrm{P}_l^{-|m|}(\cos\theta)\mathrm{e}^{im\varphi}$，但习惯上用 $\mathrm{P}_l^{|m|}(\cos\theta)\mathrm{e}^{im\varphi}$。

2. 球函数的正交关系

球函数(9-70)中的任意两个球函数在球面 S 上(即$(0\leqslant\theta\leqslant\pi,0\leqslant\varphi\leqslant2\pi)$)正交

$$
\begin{aligned}
&\iint_S Y_l^m(\theta,\varphi)Y_k^n(\theta,\varphi)\sin\theta\mathrm{d}\theta\mathrm{d}\varphi \\
&=\int_0^{\pi}\mathrm{P}_l^m(\cos\theta)\mathrm{P}_k^n(\cos\theta)\sin\theta\mathrm{d}\theta\int_0^{2\pi}\begin{Bmatrix}\sin m\varphi\\ \cos m\varphi\end{Bmatrix}\begin{Bmatrix}\sin n\varphi\\ \cos n\varphi\end{Bmatrix}\mathrm{d}\varphi \\
&=\int_{-1}^{1}\mathrm{P}_l^m(x)\mathrm{P}_k^n(x)\mathrm{d}x\int_0^{2\pi}\begin{Bmatrix}\sin m\varphi\\ \cos m\varphi\end{Bmatrix}\begin{Bmatrix}\sin n\varphi\\ \cos n\varphi\end{Bmatrix}\mathrm{d}\varphi \\
&=0\quad(m\neq n\text{ 或 }l\neq k)
\end{aligned}
\tag{9-72}
$$

这很容易验证。事实上,只要 $m\neq n$,式(9-72)中对 φ 的积分就为零;如果 $m=n$,式(9-55)指出对 x 的积分为零,或者说式(9-56)指出对 θ 的积分为零。

请读者自己验证,球函数(9-71)中任意两个球函数在球面上正交。

$$
\begin{aligned}
&\iint_S Y_l^m(\theta,\varphi)Y_k^n(\theta,\varphi)\sin\theta\mathrm{d}\theta\mathrm{d}\varphi \\
&=\int_0^{\pi}\mathrm{P}_l^{|m|}(\cos\theta)\mathrm{P}_k^{|n|}(\cos\theta)\sin\theta\mathrm{d}\theta\int_0^{2\pi}\mathrm{e}^{im\varphi}\left[\mathrm{e}^{in\varphi}\right]^*\mathrm{d}\varphi \\
&=\int_{-1}^{1}\mathrm{P}_l^{|m|}(x)\mathrm{P}_k^{|n|}(x)\mathrm{d}x\int_0^{2\pi}\mathrm{e}^{im\varphi}\left[\mathrm{e}^{in\varphi}\right]^*\mathrm{d}\varphi \\
&=0\quad(m\neq n\text{ 或 }l\neq k)
\end{aligned}
\tag{9-73}
$$

3. 球函数的模

现在计算球函数(9-70)的模 N_l^m:

$$
\begin{aligned}
(N_l^m)^2&=\iint_S\left[Y_l^m(\theta,\varphi)\right]^2\sin\theta\mathrm{d}\theta\mathrm{d}\varphi=\int_0^{\pi}\left[P_l^m(\cos\theta)\right]^2\sin\theta\mathrm{d}\theta\times\int_0^{2\pi}\begin{Bmatrix}\sin^2 m\varphi\\ \cos^2 m\varphi\end{Bmatrix}\mathrm{d}\varphi \\
&=\int_{-1}^{1}\left[P_l^m(x)\right]^2\mathrm{d}x\int_0^{2\pi}\begin{Bmatrix}\sin^2 m\varphi\\ \cos^2 m\varphi\end{Bmatrix}\mathrm{d}\varphi
\end{aligned}
$$

读者已经熟悉下边的公式:

$$
\int_0^{2\pi}\sin^2 m\varphi\mathrm{d}\varphi=\pi\quad(m\neq 0)\qquad\int_0^{2\pi}\cos^2 m\varphi\mathrm{d}\varphi=\pi\delta_m\qquad\delta_m=\begin{cases}2 & (m=0)\\ 1 & (m=1,2,3,\cdots)\end{cases}
$$

式(9-48)给出

$$
\int_0^{\pi}\left[\mathrm{P}_l^m(x)\right]^2\mathrm{d}x=\frac{(l+m)!}{(l-m)!}\cdot\frac{2}{2l+1}
$$

因此

$$
(N_l^m)^2=\frac{2\pi\delta_m}{2l+1}\cdot\frac{(l+m)!}{(l-m)!}
$$

于是,球函数(9-70)的模

$$
N_l^m=\sqrt{\frac{2\pi\delta_m}{2l+1}\cdot\frac{(l+m)!}{(l-m)!}}
\tag{9-74}
$$

因为

$$
\int_0^{2\pi}\mathrm{e}^{im\varphi}\left(\mathrm{e}^{im\varphi}\right)^*\mathrm{d}\varphi=2\pi
$$

从而复数形式的球函数(9-71)的模 N_l^m 的平方

$$
(N_l^m)^2=\iint_S\left[Y_l^m(\theta,\varphi)\right]\left[Y_l^m(\theta,\varphi)\right]^*\sin\theta\mathrm{d}\theta\mathrm{d}\varphi
$$

$$
\begin{aligned}
&= \int_0^{\pi} [\mathrm{P}_l^{|m|}(\cos\theta)]^2 \sin\theta \mathrm{d}\theta \int_0^{2\pi} \mathrm{e}^{im\varphi} (\mathrm{e}^{im\varphi})^* \mathrm{d}\varphi \\
&= \frac{2}{2l+1} \cdot \frac{(l+|m|)!}{(l-|m|)!} \cdot 2\pi
\end{aligned}
\tag{9-75}
$$

于是，复数形式的球函数(9-71)的模

$$
N_l^m = \sqrt{\frac{4\pi(l+|m|)!}{(2l+1)(l-|m|)!}}
$$

4. 球面上的函数的广义傅里叶级数

定义在球面 S（即$(0\leqslant\theta\leqslant\pi, 0\leqslant\varphi\leqslant2\pi)$）上的函数 $f(\theta,\varphi)$ 可用球函数(9-70)或(9-71)展开成二重广义傅里叶级数。

现以球函数(9-70)为基，展开 $f(\theta,\varphi)$，分两步进行。首先，把 $f(\theta,\varphi)$ 对 φ 展开为傅里叶级数

$$
f(\theta,\varphi) = \sum_{m=0}^{\infty} [A_m(\theta)\cos m\varphi + B_m(\theta)\sin m\varphi]
\tag{9-76}
$$

这里，θ 作为参数出现于傅里叶系数 $A_m(\theta)$ 和 $B_m(\theta)$ 中

$$
\begin{cases}
A_m(\theta) = \dfrac{1}{\pi\delta_m} \displaystyle\int_0^{2\pi} f(\theta,\varphi)\cos m\varphi \mathrm{d}\varphi \\
B_m(\theta) = \dfrac{1}{\pi} \displaystyle\int_0^{2\pi} f(\theta,\varphi)\sin m\varphi \mathrm{d}\varphi
\end{cases}
\tag{9-77}
$$

又以 $\mathrm{P}_l^m(\cos\theta)$ 为基，在区间$[0,\pi]$上把 $A_m(\theta)$ 和 $B_m(\theta)$ 展开，按照式(9-59)有

$$
\begin{cases}
A_m(\theta) = \displaystyle\sum_{l=m}^{\infty} A_l^m \mathrm{P}_l^m(\cos\theta) \\
B_m(\theta) = \displaystyle\sum_{l=m}^{\infty} B_l^m \mathrm{P}_l^m(\cos\theta)
\end{cases}
\tag{9-78}
$$

式中，l 从 m 开始是因为若 $l<m$，则 $\mathrm{P}_l^m(\cos\theta)=0$。系数 $A_m(\theta)$ 和 $B_m(\theta)$ 为

$$
\begin{aligned}
A_l^m &= \frac{2l+1}{2} \cdot \frac{(l-m)!}{(l+m)!} \int_0^{\pi} A_m(\theta) \mathrm{P}_l^m(\cos\theta)\sin\theta \mathrm{d}\theta \\
&= \frac{2l+1}{2\pi\delta_m} \cdot \frac{(l-m)!}{(l+m)!} \int_0^{\pi}\int_0^{2\pi} f(\theta,\varphi) \mathrm{P}_l^m(\cos\theta)\cos m\varphi \sin\theta \mathrm{d}\theta \mathrm{d}\varphi \\
B_l^m &= \frac{2l+1}{2} \cdot \frac{(l-m)!}{(l+m)!} \int_0^{\pi} B_m(\theta) \mathrm{P}_l^m(\cos\theta)\sin\theta \mathrm{d}\theta \\
&= \frac{2l+1}{2\pi} \cdot \frac{(l-m)!}{(l+m)!} \int_0^{\pi}\int_0^{2\pi} f(\theta,\varphi) \mathrm{P}_l^m(\cos\theta)\sin m\varphi \sin\theta \mathrm{d}\theta \mathrm{d}\varphi
\end{aligned}
\tag{9-79}
$$

把式(9-78)代入式(9-76)得 $f(\theta,\varphi)$在球面上 S 上的展开式

$$
\begin{aligned}
f(\theta,\varphi) &= \sum_{m=0}^{\infty}\sum_{l=m}^{\infty} [A_l^m \cos m\varphi + B_l^m \sin m\varphi] \mathrm{P}_l^m(\cos\theta) \\
&= \sum_{l=0}^{\infty}\sum_{m=0}^{l} [A_l^m \cos m\varphi + B_l^m \sin m\varphi] \mathrm{P}_l^m(\cos\theta)
\end{aligned}
\tag{9-80}
$$

式中，两个累加号的次序也可交换，展开系数 $A_m(\theta)$ 和 $B_m(\theta)$ 的计算公式如式(9-79)所示。

若以球函数(9-71)为基，把 $f(\theta,\varphi)$ 展开，则对 φ 的展开将是复数形式的傅里叶级数。

请读者自己验证，这时 $f(\theta,\varphi)$ 在球面 S 上的展开式为

$$f(\theta,\varphi)=\sum_{l=0}^{+\infty}\sum_{m=-l}^{l}C_l^m \mathrm{P}_l^{|m|}(\cos\theta)\mathrm{e}^{im\varphi} \tag{9-81}$$

其中系数 C_l^m 的计算公式是

$$C_l^m=\frac{2l+1}{4\pi}\frac{(l-|m|)!}{(l+|m|)!}\int_0^{\pi}\int_0^{2\pi}f(\theta,\varphi)P_l^{|m|}(\cos\theta)\left[\mathrm{e}^{im\varphi}\right]^*\sin\theta\mathrm{d}\theta\mathrm{d}\varphi \tag{9-82}$$

例 9-6　用式(9-70)的球函数把下列函数展开。(1) $\sin\theta\cos\varphi$；(2) $\sin\theta\sin\varphi$。

解　(1) 先把 $\sin\theta\cos\varphi$ 对 φ 展开为傅里叶级数，其实，这已经是傅里叶级数了，只不过该级数只有 $m=1$ 的一个单项 $\cos\varphi$，其系数为 $\sin\theta$。

第二步，以 $\mathrm{P}_l^m(\cos\theta)(l=2,3,\cdots)$ 为基，在 $[0,\pi]$ 区间上把 $\sin\theta$ 展开，其实，这也已经展开成广义傅里叶级数了，只不过只有 $l=1$ 的一个单项 $\mathrm{P}_1^1(\cos\theta)=\sin\theta$。

这样，$\sin\theta\cos\varphi=\mathrm{P}_1^1(\cos\theta)\cos\varphi$ 正是式(9-80)列举的球函数之一，无须再展开。

(2) 同理，$\sin\theta\sin\varphi=\mathrm{P}_1^1(\cos\theta)\sin\varphi$ 也是式(9-70)列举的球函数之一，无须再展开。

例 9-7　用式(9-70)的球函数把 $f(\theta,\varphi)=3\sin^2\theta\cos^2\varphi-1$ 展开。

解　先把 $f(\theta,\varphi)$ 对 φ 展开为傅里叶级数，这可以如下简便地完成。

$$f(\theta,\varphi)=\frac{3}{2}\sin^2\theta(1+\cos2\varphi)-1=\left(\frac{3}{2}\sin^2\theta-1\right)+\frac{3}{2}(\sin^2\theta\cos2\varphi)$$

该傅里叶级数只含有两项：一项是 $m=2$ 的 $\cos2\varphi$，其系数 $f_2(\theta)=(3/2)\sin^2\theta$；另一项是 $m=0$ 的 1，其系数 $f_0(\theta)=(3/2)\sin^2\theta-1$。

第二步，把 $f_2(\theta)=(3/2)\sin^2\theta$ 按 $\mathrm{P}_l^m(\cos\theta)(l=2,3,4,\cdots)$ 展开。利用式(9-45)，直到 $(3/2)\sin^2\theta=(1/2)\mathrm{P}_2^2(\cos\theta)$，这就是展开结果只含 $l=2$ 的一项。此外，还需把 $f_0(\theta)=(3/2)\sin^2\theta-1$ 按 $\mathrm{P}_l^0(\cos\theta)$，即 $\mathrm{P}_l(\cos\theta)(l=0,1,2,\cdots)$ 展开，利用 9.1.1 节列出的前几个勒让德多项式表达式，可得到

$$\begin{aligned}\frac{3}{2}\sin^2\theta-1&=\frac{3}{2}(1-\cos^2\theta)-1=-\frac{1}{2}(3\cos^2\theta-1)\\&=-\frac{1}{2}(3x^2-1)=-\mathrm{P}_2(x)=-\mathrm{P}_2(\cos\theta)\end{aligned}$$

因此

$$\begin{aligned}f(\theta,\varphi)&=3\sin^2\theta\cos^2\varphi-1\\&=-\mathrm{P}_2(\cos\theta)+\frac{1}{2}\mathrm{P}_2^2(\cos\theta)\cos2\varphi\end{aligned} \tag{9-83}$$

5. 拉普拉斯方程的非轴对称定解问题

拉普拉斯方程在球形区域的定解问题，如果是非轴对称的，问题与 φ 有关，则需用一般的球函数。

例 9-8　半径为 r_0 的球形区域内部没有电荷，球面上的电势为 $u_0\sin^2\theta\cos\varphi\sin\varphi$，$u_0$ 为常数，求球形区域内部的电势分布。

解　这是静电场电势分布问题，定解问题为

$$\begin{cases}\Delta u=0 & (9\text{-}84)\\ u|_{r=r_0}=u_0\sin^2\theta\cos\varphi\sin\varphi & (9\text{-}85)\\ u|_{r=r_0}=\text{有限值} & (9\text{-}86)\end{cases}$$

由于球面上边界条件含有 φ 的函数，并非轴对称，因而问题与 φ 有关，其解也必与 φ 有关，需用一般的球函数。

根据拉普拉斯方程在非轴对称的情况下的一般解为

$$\begin{aligned}u(r,\theta,\varphi)=&\sum_{m=0}^{+\infty}\sum_{l=m}^{+\infty}r^{l}[A_l^m(\theta)\cos m\varphi+B_l^m(\theta)\sin m\varphi]\mathrm{P}_l^m(\cos\theta)+\\&\sum_{m=0}^{+\infty}\sum_{l=m}^{+\infty}\frac{1}{r^{l+1}}[C_l^m\cos m\varphi+D_l^m\sin m\varphi]\mathrm{P}_l^m(\cos\theta)\end{aligned}\tag{9-87}$$

考虑到自然边界条件(9-86)，必须弃去 $1/r^{l+1}$，即取 $C_l^m=0,D_l^m=0$，于是

$$u(r,\theta,\varphi)=\sum_{m=0}^{+\infty}\sum_{l=m}^{+\infty}r_0^l[A_l^m(\theta)\cos m\varphi+B_l^m(\theta)\sin m\varphi]\mathrm{P}_l^m(\cos\theta)\tag{9-88}$$

把式(9-88)代入非齐次边界条件(9-85)，有

$$\begin{aligned}&\sum_{m=0}^{+\infty}\sum_{l=m}^{+\infty}r_0^l[A_l^m\cos m\varphi+B_l^m\sin m\varphi]\mathrm{P}_l^m(\cos\theta)\\&=u_0\sin^2\theta\cos\varphi\sin\varphi\end{aligned}\tag{9-89}$$

利用式(9-45)可把式(9-89)右边按球函数(9-70)展开，有

$$\begin{aligned}u_0\sin^2\theta\cos\varphi\sin\varphi&=\frac{1}{6}u_0(3\sin^2\theta)\sin2\varphi\\&=\frac{1}{6}u_0\mathrm{P}_2^2(\cos\theta)\sin2\varphi\end{aligned}\tag{9-90}$$

式(9-90)已是广义傅里叶级数，不过只含有球函数 $P_2^2(\cos\theta)\sin2\varphi$ 的单项，把式(9-90)代入式(9-89)，比较两边的系数，得

$$\begin{cases}B_2^2=\dfrac{1}{6r_0^2}u_0 & (l=2,m=2)\\ B_l^m=0 & (l\neq2\text{ 且 }m\neq2)\\ A_l^m=0 & (l,m=0,1,2,\cdots)\end{cases}\quad\text{从而}\quad\begin{cases}B_2^2=\dfrac{1}{6r_0^2}u_0 & (l=2,m=2)\\ B_l^m=0 & (l\neq2\text{ 且 }m\neq2)\\ A_l^m=0 & (l,m=0,1,2)\end{cases}$$

因此

$$u(r,\theta,\varphi)=\frac{u_0}{6r_0^2}r^2\mathrm{P}_2^2(\cos\theta)\sin2\varphi\tag{9-91}$$

6. 正交归一化的球函数

物理学中常用正交归一化的球函数，其定义如下：

$$\begin{aligned}&\mathrm{Y}_{lm}(\theta,\varphi)=\frac{1}{\mathrm{N}_l^m}\mathrm{Y}_l^m(\theta,\varphi)=\sqrt{\frac{2l+1}{4\pi}\cdot\frac{(l-|m|)!}{(l+|m|)!}}\mathrm{P}_l^{|m|}(\cos\theta)\mathrm{e}^{im\varphi}\\&\qquad(l=0,1,2,\cdots;\ m=-l,-l+1,\cdots,0,\cdots,l-1,l)\end{aligned}\tag{9-92}$$

于是，根据式(9-73)和式(9-75)，有

$$\begin{aligned}&\int_0^{2\pi}\int_0^{\pi}Y_{lm}(\theta,\varphi)Y_{kn}^*(\theta,\varphi)\sin\theta\mathrm{d}\theta\mathrm{d}\varphi\\&=\frac{1}{(\mathrm{N}_l^m)(\mathrm{N}_k^n)}\mathrm{Y}_l^m(\theta,\varphi)\int_0^{2\pi}\int_0^{\pi}\mathrm{P}_l^{|m|}(\cos\theta)\mathrm{P}_k^{|n|}(\cos\theta)\mathrm{e}^{im\varphi}[\mathrm{e}^{in\varphi}]^*\sin d\theta\mathrm{d}\varphi\\&=\frac{1}{(\mathrm{N}_l^m)(\mathrm{N}_k^n)}\cdot\frac{4\pi}{2l+1}\cdot\frac{(l+|m|)!}{(l-|m|)!}\delta_{lk}\delta_{mn}=\delta_{lk}\delta_{mn}\end{aligned}\tag{9-93}$$

式(9-93)就是球函数 $Y_{lm}(\theta,\varphi)$ 的正交归一化关系。

球面上的函数 $f(\theta,\varphi)$ 可用正交归一球函数 $Y_{lm}(\theta,\varphi)$ 展开

$$f(\theta,\varphi)=\sum_{l=0}^{+\infty}\sum_{m=-l}^{l}C_{lm}Y_{lm}(\theta,\varphi) \tag{9-94}$$

其中广义傅里叶级数 C_{lm} 为

$$C_{lm}=\int_0^{2\pi}\int_0^{\pi}f(\theta,\varphi)Y_{lm}^*(\theta,\varphi)\sin\theta\mathrm{d}\theta\mathrm{d}\varphi \tag{9-95}$$

7. 加法公式

把勒让德多项式 $P_l(\cos\Theta)$ 用球函数 $Y_l^m(\theta,\varphi)$ 展开为广义傅里叶级数

$$P_l(\cos\Theta)=\sum_{m=0}^{l}\frac{2}{\delta_m}\frac{(l-m)!}{(l+m)!}(\cos m\varphi_0\cos m\varphi+\sin m\varphi_0\sin m\varphi)P_l^m(\cos\theta_0)P_l^m(\cos\theta)$$

该式称为球函数的加法公式，Θ 为 $P(1,\theta_0,\varphi_0)$ 和 $M(1,\theta,\varphi)$ 之间的夹角，因此存在下列关系

$$\cos\Theta=\cos\theta_0\cos\theta+\sin\theta_0\sin\theta\cos(\varphi-\varphi_0)$$

如果能改成复数形式，那么球函数的加法公式就变成

$$P_l(\cos\Theta)=\sum_{m=0}^{l}\frac{(l-m)!}{(l+m)!}P_l^m(\cos\theta_0)P_l^m(\cos\theta)e^{im(\varphi-\varphi_0)} \tag{9-96}$$

9.2 球函数的工程应用

转动球体的矢势

电荷量 Q 均匀分布在半径为 a 的球体内，当球体以匀角速度 ω 绕它的直径旋转时，求其空间矢势和磁场分布。

以球心 O 为原点，转轴为极轴，建立如图 9-4 所示的球坐标系。根据电流产生矢势的公式，可得到空间任意点 $P(r,\theta,\phi)$ 的矢势

$$A(r)=\frac{\mu_0}{4\pi}\int_V\frac{J(r')\mathrm{d}V'}{|r-r'|} \tag{9-97}$$

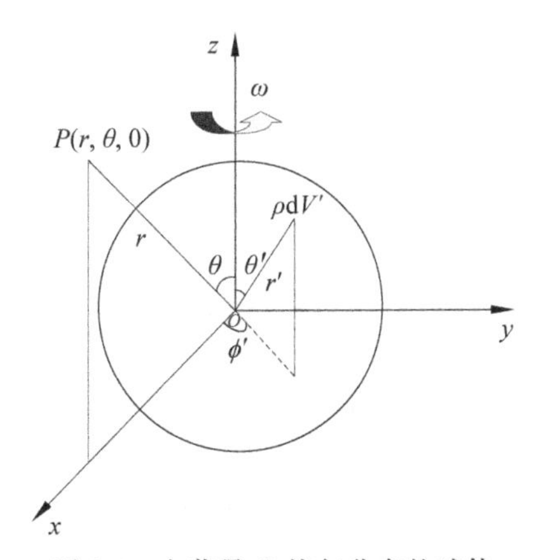

图 9-4　电荷量 Q 均匀分布的球体

其中

$$J(r') = \frac{3Q}{4\pi a^3}\omega \times r' = \frac{3Q}{4\pi a^3}\omega r'\sin\theta'(-\sin\phi' e_x + \cos\phi' e_y) \mid r - r' \mid$$

$$= \sqrt{r^2 + r'^2 - 2rr'\cos\gamma}$$

γ 为 $r(r,\theta,\phi)$ 与 $r'(r',\theta',\phi')$ 之间的夹角，由夹角公式得

$$\cos\gamma = \cos\theta\cos\theta' + \sin\theta\sin\theta'\cos(\phi - \phi')$$

由电流分布对称性可知，矢势 A 与方位角 ϕ 无关，为计算方便，取 P 点的方位角 $\phi=0$。代入式(9-97)得

$$A(r) = \frac{3\mu_0\omega Q}{(4\pi)^2 a^3}\int_0^a\int_0^\pi\int_0^{2\pi} \mathrm{d}r'\mathrm{d}\theta'\mathrm{d}\phi' \frac{r'^3 \sin^2\theta'(-\sin\phi' e_x + \cos\phi' e_y)}{\sqrt{r^2 + r'^2 - 2rr'(\cos\theta\cos\theta' + \sin\theta\sin\theta'\cos\phi')}} \tag{9-98}$$

因为$\int_0^{2\pi} \frac{\sin\phi'\mathrm{d}\phi'}{\sqrt{r^2 + r'^2 - 2rr'(\cos\theta\cos\theta' + \sin\theta\sin\theta'\cos\phi')}} = 0$，在球坐标系中 $P(r,\theta,\phi)$ 点的 $e_y = e_\phi$，式(9-98) 可 简化为

$$A(r) = \frac{3\mu_0\omega Q}{(4\pi)^2 a^3} e_\phi \int_0^a\int_0^\pi\int_0^{2\pi} \frac{r'^3 \sin^2\theta'\cos\phi'\mathrm{d}r'\mathrm{d}\theta'\mathrm{d}\phi'}{\sqrt{r^2 + r'^2 - 2rr'\cos\gamma}} \tag{9-99}$$

式(9-99)即转动球体的矢势积分表达式。

下面分 $r>a$ 和 $r<a$ 两种情况计算积分，由勒让德多项式的生成函数知

$$\frac{1}{\sqrt{r^2 + r'^2 - 2rr'\cos\gamma}} = \begin{cases} \dfrac{1}{r'}\sum\limits_{l=0}^{+\infty}\left(\dfrac{r}{r'}\right)^l \mathrm{P}_l(\cos\gamma) & (r < r') \\ \dfrac{1}{r}\sum\limits_{l=0}^{+\infty}\left(\dfrac{r'}{r}\right)^l \mathrm{P}_l(\cos\gamma) & (r > r') \end{cases} \tag{9-100}$$

利用连带勒让德多项式加法公式

$$\mathrm{P}_l(\cos\gamma) = \mathrm{P}_l(\cos\theta)\mathrm{P}_l(\cos\theta') + 2\sum_{m=1}^{l}\frac{(l-m)!}{(l+m)!}\mathrm{P}_l^m(\cos\theta)\mathrm{P}_l^m(\cos\theta')\cos m\phi'$$

由三角函数簇的正交关系知

$$\int_0^{2\pi}\mathrm{P}_l(\cos\gamma)\cos\phi'\mathrm{d}\phi' = 2\pi\frac{(l-1)!}{(l+1)!}\mathrm{P}_l^1(\cos\theta)\mathrm{P}_l^1(\cos\theta')$$

当 $r>a$ 时，整理式(9-99)和式(9-100)得

$$A_1(r) = \frac{3\mu_0\omega Q}{(4\pi)^2 a^3}\sum_{l=1}^{+\infty}\frac{(l-1)!}{(l+1)!}\mathrm{P}_l^1(\cos\theta) e_\phi \int_0^a \frac{(r')^{l+3}}{r^{l+1}}\int_0^\pi \mathrm{P}_l^1(\cos\theta')\sin^2\theta'\mathrm{d}\theta'$$

利用公式

$$\mathrm{P}_l^1(x) = (1-x^2)^{\frac{1}{2}}\frac{\mathrm{dP}_l(x)}{\mathrm{d}x}, x = \cos\theta'$$

$$\mathrm{P}_l^1(\cos\theta) = \sin\theta, \mathrm{P}_l(1) = 1, \mathrm{P}_l(-1) = (-1)^l$$

同时利用递推公式

$$(l+1)\mathrm{P}_{l+1}(x) - (2l+1)x\mathrm{P}_l(x) + l\mathrm{P}_{l-1}(x) = 0$$

$$(2l+1)\mathrm{P}_l(x) = \mathrm{P}'_{l+1}(x) - \mathrm{P}'_{l-1}(x) \quad (l \geqslant 1)$$

$$\int_0^\pi \mathrm{P}_l^1(\cos\theta')\sin^2\theta'\mathrm{d}\theta' = \int_{-1}^1 (1-x^2)\frac{\mathrm{dP}_l(x)}{\mathrm{d}x}\mathrm{d}x$$

$$=2\int_{-1}^{1}x\mathrm{P}_l(x)\mathrm{d}x=\frac{2(l+1)}{2l+1}\int_{-1}^{1}\mathrm{P}_{l+1}(x)\mathrm{d}x+\frac{2l}{2l+1}\int_{-1}^{1}\mathrm{P}_{l-1}(x)\mathrm{d}x$$

$$=\frac{2(l+1)}{(2l+3)(2l+1)}\int_{-1}^{1}[\mathrm{P}'_{l+2}(x)-\mathrm{P}'_l(x)]\mathrm{d}x+$$

$$\frac{2l}{(2l+1)(2l-1)}\int_{-1}^{1}[\mathrm{P}'_l(x)-\mathrm{P}'_{l-2}(x)]\mathrm{d}x=0\quad(1\geqslant 2)$$

当 $l=1$ 时

$$\int_0^{\pi}\mathrm{P}_l^1(\cos\theta')\sin^2\theta'\mathrm{d}\theta'=\int_{-1}^{1}(1-x^2)\mathrm{d}x=\frac{4}{3}$$

$$A_1(r)=\frac{\mu_0\omega Q}{4\pi a^3}\sin\theta e_\phi\int_0^a\frac{(r')^4}{r^2}\mathrm{d}r'=e_\phi\frac{\mu_0\omega Qa^2}{20\pi r^2}\sin\theta \tag{9-101}$$

当 $r<a$ 时，整理式(9-99)和式(9-100)得

$$A_2(r)=\frac{3\mu_0\omega Q}{(4\pi)^2a^3}e_\phi\left[\int_0^r\sum_{l=0}^{\infty}\frac{r'^{l+3}}{r^{l+1}}\mathrm{d}r'+\int_r^a\sum_{l=0}^{\infty}\frac{r^l}{r'^{l-2}}\mathrm{d}r'\right]\int_0^{\pi}\sin^2\theta'\mathrm{d}\theta'\int_0^{2\pi}\mathrm{P}_l(\cos\gamma)\cos\phi'\mathrm{d}\phi'$$

$$=\frac{\mu_0\omega Q}{4\pi a^3}\sin\theta e_\phi\left[\frac{a^2}{2}r-\frac{3}{10}r^3\right] \tag{9-102}$$

转动球体的磁感应强度

利用 $\boldsymbol{B}=\nabla\times\boldsymbol{A}=\frac{1}{r\sin\theta}\cdot\frac{\partial}{\partial\theta}(\sin\theta A_\phi)\boldsymbol{e}_r-\frac{1}{r}\cdot\frac{\partial}{\partial\theta}(rA_\phi)\boldsymbol{e}_\theta$ 可得磁感应强度。

当 $r>a$ 时，由式(9-101)可得球体外磁感应强度分布：

$$\boldsymbol{B}_1=\nabla\times\boldsymbol{A}_1(r)=\frac{\mu_0\omega Qa^2}{20\pi}\nabla\times\left(\frac{\sin\theta}{r^2}\boldsymbol{e}_\phi\right)$$

$$=\frac{\mu_0\omega Qa^2}{20\pi}\left\{\left[\frac{1}{r\sin\theta}\cdot\frac{\partial}{\partial\theta}\left(\frac{\sin^2\theta}{r^2}\right)\right]\boldsymbol{e}_r-\left[\frac{1}{r}\cdot\frac{\partial}{\partial r}\left(\frac{\sin\theta}{r}\right)\right]\boldsymbol{e}_\theta\right\} \tag{9-103}$$

$$=\frac{\mu_0\omega Qa^2}{20\pi r^3}(2\cos\theta\boldsymbol{e}_r+\sin\theta\boldsymbol{e}_\theta)$$

可见，旋转球体的外部磁场相当于在球心处放置一磁偶极子所产生的磁场。

当 $r<a$ 时，由式(9-102)可得球体内磁感应强度分布：

$$\boldsymbol{B}_2=\nabla\times\boldsymbol{A}_2(r)=\frac{\mu_0\omega Q}{4\pi a^3}\nabla\times\left(\sin\theta\left[\frac{a^2}{2}r-\frac{3}{10}r^3\right]\boldsymbol{e}_\phi\right)$$

$$=\frac{\mu_0\omega Q}{4\pi a^3}\left\{\left[\frac{1}{r\sin\theta}\cdot\frac{\partial}{\partial\theta}\left(\sin^2\theta\left[\frac{a^2}{2}r-\frac{3}{10}r^3\right]\right)\right]\boldsymbol{e}_r-\left[\frac{1}{r}\cdot\frac{\partial}{\partial r}\left(\sin\theta\left[\frac{a^2}{2}r^2-\frac{3}{10}r^4\right]\right)\right]\boldsymbol{e}_\theta\right\}$$

$$=\frac{\mu_0\omega Q}{4\pi a^3}\left\{\left[a^2-\frac{3}{5}r^2\right]\cos\theta\boldsymbol{e}_r-\left[a^2-\frac{5}{6}r^2\right]\sin\theta\boldsymbol{e}_\theta\right\} \tag{9-104}$$

在球心处(令 $r=0$)，由式(9-104)得

$$\boldsymbol{B}_0(r)=\frac{\mu_0\omega Q}{4\pi a}(\cos\theta\boldsymbol{e}_r-\sin\theta\boldsymbol{e}_\theta)=\frac{\mu_0\omega Q}{4\pi a}\boldsymbol{e}_z$$

在轴线上(令 $\theta=0$)，由式(9-104)得

$$\boldsymbol{B}_2(r)=\frac{\mu_0\omega Q}{4\pi}\left(\frac{1}{a}-\frac{3}{5}\frac{r^2}{a^3}\right)\boldsymbol{e}_r$$

显然，随着 r 的增大，磁场越来越弱。根据（连带）勒让德多项式的性质和加法公式，还可计算转动球面、柱体、螺线管等带电体的空间磁场分布。该方法既能计算电流分布区域外部的磁场，又能计算电流分布区域内部的磁场，不涉及解泊松方程，简便直观，易于理解，是求解轴对称性稳恒场的一种有力工具。

1. 用球函数展开法求解轴对称稳恒磁场

轴对称的三维稳恒磁场，是指电流是环形的，并且是旋转对称分布的。如果用球坐标表示，则电流密度矢量不仅只有 J_φ 分量，而且与坐标 φ 无关，即

$$\boldsymbol{J}=\boldsymbol{e}_\varphi J_\varphi(r,\theta)$$

为了求解此类的稳恒磁场，可引入矢势 $\boldsymbol{A}$，则矢势 $\boldsymbol{A}$ 也只有 A_φ 分量，且与坐标 φ 无关，即

$$\boldsymbol{A}=\boldsymbol{e}_\varphi A_\varphi(r,\theta)$$

于是，矢势 $\boldsymbol{A}$ 满足的场方程转化为标量方程

$$\nabla^2 A_\varphi-\frac{A_\varphi}{r^2\sin^2\theta}=-uJ(r,\theta)$$

求解此类磁场的基本方法是在一定的边界条件下求解上述场方程。但一般来说，求解过程复杂。本文用球函数展开法得出关于轴对称的三维稳恒磁场矢势的计算公式，使求解过程得以简化。

计算公式

在充满均匀磁介质的无界空间里，矢势 $\boldsymbol{A}$ 的解为

$$\boldsymbol{A}=\frac{u}{4\pi}\int_{V'}\frac{\boldsymbol{J}(r')\mathrm{d}V'}{R} \tag{9-105}$$

式中，$R=|r-r'|$ 为源点 p' 至场点 p 的距离，如图 9-5 所示。

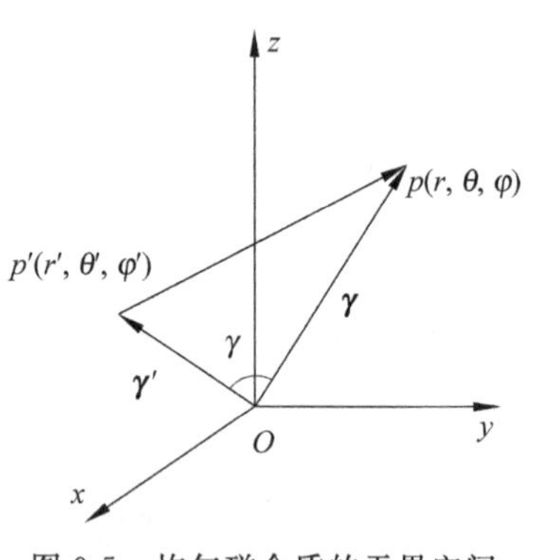

图 9-5 均匀磁介质的无界空间

把式(9-105)中的 $\frac{1}{R}$ 展开成

$$\frac{1}{R}=\frac{1}{|r-r'|}=\sum_{n=0}^{+\infty}r_<^n\, r_>^{-n-1}\, p_n(\cos\gamma) \tag{9-106}$$

式(9-106)中的 $r_>$ 和 $r_<$ 分别为 r 和 r' 中的较大者和较小者；γ 为矢量 $\boldsymbol{r}$ 和 $\boldsymbol{r}'$ 间的夹角，由球函数的加法定理给出 $p_n(\cos\gamma)$ 的表示式为

$$\begin{aligned}p_n(\cos\gamma)&=p_n(\cos\theta)p_n(\cos\theta')\\&=2\sum_{m=1}^{n}\frac{(n-m)!}{(n+m)!}p_n^m(\cos\theta)p_n^m(\cos\theta')\cos m(\varphi-\varphi')\end{aligned} \tag{9-107}$$

再将电流密度矢量在直角坐标系分解为

$$\boldsymbol{e}_\varphi J_\varphi(r',\theta')=-\boldsymbol{e}_x J_\varphi(r',\theta')\sin\varphi'+\boldsymbol{e}_y J_\varphi(r',\theta')\cos\varphi' \tag{9-108}$$

将式(9-106)～式(9-108)代入式(9-105)，考虑到球函数的正交性，只有 $m=1$ 的项不为零，其余所有 $m\neq1$ 的项均为零，于是

$$\begin{aligned}\boldsymbol{A}&=-\boldsymbol{e}_x\frac{u}{4\pi}\int_{V'}\frac{\boldsymbol{J}_\varphi(r',\theta')\sin\varphi'\mathrm{d}V'}{R}+\boldsymbol{e}_y\frac{u}{4\pi}\int_{V'}\frac{\boldsymbol{J}_\varphi(r',\theta')\cos\varphi'\mathrm{d}V'}{R}\\&=-\boldsymbol{e}_x\sin\varphi\frac{u}{4\pi}\sum_{n=1}^{\infty}\frac{2}{n(n+1)}p_n^l(\cos\theta)\int_{V'}r_<^n\, r_>^{-n-1}\, J_\varphi(r',\theta')p_n^l(\cos\theta^l)\sin^2\varphi'\mathrm{d}V'\end{aligned}$$

$$= -\boldsymbol{e}_y \cos\varphi \frac{u}{4\pi}\sum_{n=1}^{+\infty}\frac{2}{n(n+1)}p_n^l(\cos\theta)\int_{V'} r_<^n r_>^{-n-1} J_\varphi(r',\theta') p_n^l(\cos\theta^l)\cos^2\varphi' \mathrm{d}V'$$

在上式的体积分内，虽然两项中有 $\sin^2\varphi'$ 和 $\cos^2\varphi'$ 的差别，但它们的体积分值是相等的，故可以将 $\boldsymbol{A}$ 进一步表示为

$$\boldsymbol{A} = \boldsymbol{e}_\varphi \cos\varphi \frac{u}{4\pi}\sum_{n=1}^{+\infty}\frac{2}{n(n+1)}p_n^l(\cos\theta)\int_{V'} r_<^n r_>^{-n-1} J_\varphi(r',\theta') p_n^l(\cos\theta^l)\cos^2\varphi' \mathrm{d}V' \tag{9-109}$$

这就是轴对称三维稳恒磁场矢势的计算公式。为了使式中的 $r_>$ 和 $r_<$ 明确，分以下两种情况给出计算公式。

若计算电流分布区域外部的矢势，在这种情况下，$r>r'$，则 $r_>=r'$，$r_<=r'$，式(9-109)转化为

$$\begin{aligned}\boldsymbol{A}_\varphi(r,\theta) = \cos\varphi \frac{u}{4\pi}\sum_{n=1}^{+\infty}\frac{2}{n(n+1)}p_n^l(\cos\theta)r^{-n-1}\cdot \\ \int_{V'} r'^n J_\varphi(r',\theta') p_n^l(\cos\theta^l)\cos^2\varphi' \mathrm{d}V'\end{aligned} \tag{9-110}$$

若计算电流分布区域内部的矢势，以 $\boldsymbol{r}$ 为半径，以坐标原点 O 为球心作球面，球面内的电流在点 $\boldsymbol{r}$ 产生的矢势为

$$A_{1\varphi}(r,\theta) = \frac{u}{4\pi}\sum_{n=1}^{\infty}\frac{2}{n(n+1)}p_n^l(\cos\theta)r^{-n-1}\int_{V'(\text{内})} r'^n J_\varphi(r',\theta') p_n^l(\cos\theta^l)\cos^2\varphi' \mathrm{d}V' \tag{9-111}$$

对于球外的电流来说，$\boldsymbol{r}$ 处的矢势是外部电流在球形空腔中的矢势，在这种情况下，$r>r'$，则 $r_>=r'$，$r_<=r'$，式(9-109)转化为

$$A_{1\varphi}(r,\theta) = \frac{u}{4\pi}\sum_{n=1}^{+\infty}\frac{2}{n(n+1)}p_n^l(\cos\theta)r^{-n-1}\int_{V'(\text{内})} r'^n J_\varphi(r',\theta') p_n^l(\cos\theta^l)\cos^2\varphi' \mathrm{d}V' \tag{9-112}$$

将式(9-111)与式(9-112)相加，便得到 r 处的总矢势

$$\begin{aligned}A_\varphi(r,\theta) = \frac{u}{4\pi}\sum_{n=1}^{+\infty}\frac{2}{n(n+1)}p_n^l(\cos\theta)\Big[r^{-n-1}\int_{V'(\text{内})} r'^n J_\varphi(r',\theta') p_n^l(\cos\theta^l)\cos^2\varphi' \mathrm{d}V' + \\ r^n\int_{V'(\text{外})} r^{l-n-1} J_\varphi(r',\theta') p_n^l(\cos\theta^l)\cos^2\varphi' \mathrm{d}V'\Big]\end{aligned} \tag{9-113}$$

对于给定的电流密度分布 $J_\varphi(r',\theta')$，由式(9-112)可计算出电流分布区域外部的矢势，由式(9-113)可计算出电流分布区域内部的矢势，对矢势再取旋度便得出空间的磁感应强度 $\boldsymbol{B}$ 的分布。

例 9-9 圆形线电流的磁场。

解 在球坐标系中，其电流密度分布如图 9-6 所示。

$$J_\varphi(r',\theta') = Ia^{-1}\delta(r'-a)\delta(\theta'-\alpha)$$

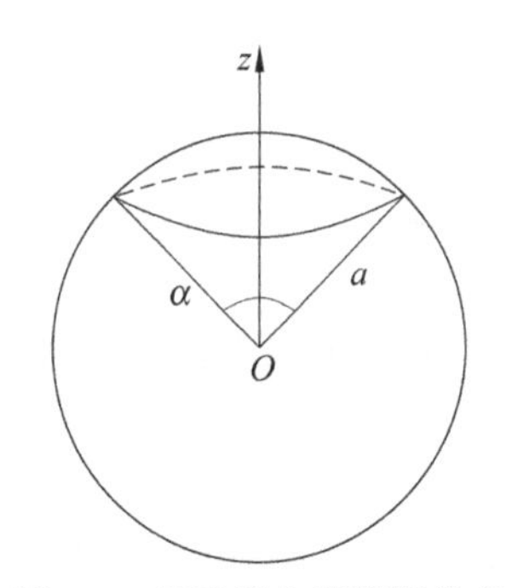

图 9-6 圆形线电流密度分布

应用式(9-113)和式(9-109)可求得球内、球外的矢势分布

$$A_{\varphi}(r,\theta)=\begin{cases}\sum\limits_{n=1}^{+\infty}G_n a^{-1}r^{n-1}p_n^1(\cos\theta) & (r<a)\\ \sum\limits_{n=1}^{+\infty}G_n a^{n+1}r^{-n-1}p_n^1(\cos\theta) & (r>a)\end{cases}$$

式中

$$G_n=\frac{1}{2n(n+1)}uI\sin\alpha p_n^1(\cos\alpha)$$

再由 $\boldsymbol{B}=\nabla\times\boldsymbol{A}$，可求得磁场分布

$$\boldsymbol{B}=\begin{cases}\sum\limits_{n=1}^{+\infty}G_n a^{-1}r^{n-1}[\boldsymbol{e}_r n(n+1)p_n(\cos\theta)-\boldsymbol{e}_{\theta}(n+1)p_n^l(\cos\theta)] & (r<a)\\ \sum\limits_{n=1}^{+\infty}G_n a^{n+1}r^{-n-2}[\boldsymbol{e}_r n(n+1)p_n(\cos\theta)+\boldsymbol{e}_{\theta}n p_n^l(\cos\theta)] & (r>a)\end{cases}$$

2. 拉普拉斯方程的轴对称定解问题

在均匀的静电场中放置均匀介质球，如图 9-7 所示，本来的电场强度是 $\boldsymbol{E}_0$，球的半径是 r_0，介电常数是 ε，试求解介质球内外的电场强度。

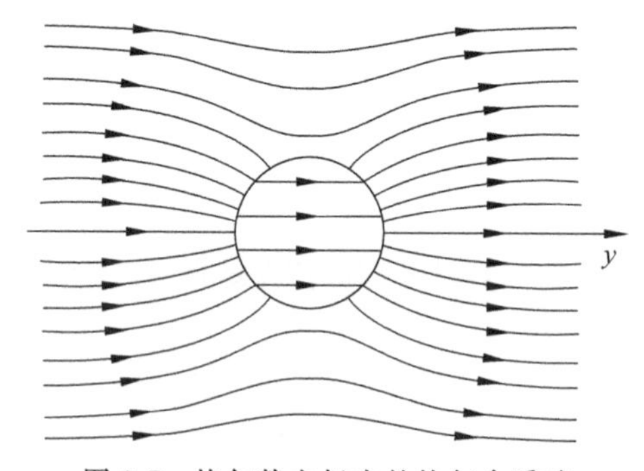

图 9-7　均匀静电场中的均匀介质球

解　取球心为球坐标系的极点，通过球心而平行于 $\boldsymbol{E}_0$ 的直线显然是对称轴，取这个对称轴作为球坐标系的极轴。由于介质球的极化，球面出现束缚电荷，以致电场强度 $\boldsymbol{E}$ 在球面不连续，$\Delta u=\nabla\cdot\nabla u=-\nabla\cdot\boldsymbol{E}$ 在球面上没有意义，从而拉普拉斯方程在球面上没有意义。只好先分别考虑球内的电势 $u_{内}$ 和球外的电势 $u_{外}$，然后通过衔接条件使两者在球面上衔接起来。

(1) 球内的电势 $u_{内}$。

球内的电势 $u_{内}$ 满足

$$\Delta u_{内}=0\quad(r<r_0)\tag{9-114}$$

在轴对称情况下，式(9-114)的一般解是

$$u_{内}=\sum_{l=0}^{+\infty}\left(A_l r^l+\frac{B_l}{r^{l+1}}\right)\mathrm{P}_l(\cos\theta)$$

考虑到 $u_{内}$ 在球心 $r=0$ 应为有限，舍弃 $1/r^{l+1}$ 项，令 $B_l=0$

$$u_{内}=\sum_{l=0}^{+\infty}A_l r^l\mathrm{P}_l(\cos\theta)\tag{9-115}$$

(2) 球外的电势 $u_{外}$。

球外的电势 $u_{外}$ 满足

$$\Delta u_{外}=0 \quad (r>r_0) \tag{9-116}$$

$$u_{外}\big|_{r\to\infty}\sim -E_0 r\cos\theta \tag{9-117}$$

常数 u_0 与电势的零点选取有关。

在轴对称情况下，式(9-116)的一般解是

$$u_{外}=\sum_{l=0}^{+\infty}\left(C_l r^l+\frac{D_l}{r^{l+1}}\right)\mathrm{P}_l(\cos\theta) \tag{9-118}$$

把式(9-118)代入式(9-116)。对于很大的 r，D_l/r^{l+1} 项远远小于 r^l 项。考虑到这一点，代入的结果是

$$\sum_{l=1}^{+\infty}C_l r^l P(\cos\theta)\sim -E_0 r\cos\theta=-E_0 r P_l(\cos\theta)$$

两边都是以勒让德多项式为基的广义傅里叶级数，比较两边的系数，得

$$C_l=-E_0,\quad C_l=0 \quad (l\neq 0,1)$$

这样，式(9-118)成为

$$u_{外}=C_0-E_0 r\mathrm{P}_1(\cos\theta)+\sum_{l=0}^{+\infty}D_l\,\frac{1}{r^{l+1}}\mathrm{P}_l(\cos\theta) \tag{9-119}$$

系数 D_l 暂时还确定不了。

(3) $u_{内}$ 与 $u_{外}$ 的衔接。

$u_{内}$ 与 $u_{外}$ 并非两个互不相关的问题中的电势，而是同一个问题中不同区域上的电势。它们应当在球面上互相衔接。这里说的“衔接”指的是电势在球面上连续，且

$$u_{内}\big|_{r=r_0}=u_{外}\big|_{r=r_0} \tag{9-120}$$

还有，电位移 $D=\varepsilon\varepsilon_0 E=-\varepsilon\varepsilon_0\nabla u$ 和法向分量 $-\varepsilon\varepsilon_0\partial u/\partial r$ 在球面上连续(这里假定了介质球本来是不带电的)，且

$$\varepsilon\varepsilon_0\left.\frac{\partial u_{内}}{\partial r}\right|_{r=r_0}=\varepsilon_0\left.\frac{\partial u_{外}}{\partial r}\right|_{r=r_0} \tag{9-121}$$

把式(9-115)和式(9-119)代入衔接条件(9-120)和式(9-121)，有

$$\begin{cases}\displaystyle\sum_{l=0}^{+\infty}A_l r_0^l\mathrm{P}_l(\cos\theta)=C_0-E_0 r_0\mathrm{P}_1(\cos\theta)+\sum_{l=0}^{+\infty}\frac{D_l}{r_0^{l+1}}\mathrm{P}_l(\cos\theta)\\ \displaystyle\varepsilon\sum_{l=0}^{+\infty}lA_l r_0^{l-1}\mathrm{P}_l(\cos\theta)=-E_0\mathrm{P}_1(\cos\theta)-\sum_{l=0}^{+\infty}(l+1)\frac{D_l}{r_0^{l+1}}\mathrm{P}_l(\cos\theta)\end{cases}$$

比较两边的系数，得

$$\begin{cases}A_0=C_0+D_0\,\dfrac{1}{r_0}\\ 0=D_0\,\dfrac{1}{r_0^2}\end{cases}\qquad\begin{cases}A_1 r_0=-E_0 r_0+D_1\,\dfrac{1}{r_0^2}\\ \varepsilon A_1=-E_0-2D_1\,\dfrac{1}{r_0^3}\end{cases}$$

$$\begin{cases}A_1 r_0^l=D_l\,\dfrac{1}{r_0^{l+1}}\\ \varepsilon lA_1 r_0^{l-1}=-(l+1)D_1\,\dfrac{1}{r_0^{l+2}}\end{cases}\quad (l\neq 0,1)$$

由此解得

$$\begin{cases} D_0 = 0 \\ C_0 = A_0 \end{cases} \quad \begin{cases} A_1 = -\dfrac{3}{\varepsilon + 2} E_0 \\ D_1 = \dfrac{\varepsilon - 1}{\varepsilon + 2} r_0^3 E_0 \end{cases} \quad \begin{cases} A_l = 0 \\ D_l = 0 \end{cases} \quad (l \neq 0, 1)$$

最终的解为

$$\begin{cases} u_{内} = A_0 - \dfrac{3}{\varepsilon + 2} E_0 r \cos\theta & (9\text{-}122) \\ u_{内} = A_0 - E_0 r \cos\theta + \dfrac{\varepsilon - 1}{\varepsilon + 2} r_0^3 E_0 \dfrac{1}{r^2} \cos\theta & (9\text{-}123) \end{cases}$$

球内电势(9-122)又可表示为

$$u_{内} = A_0 = \frac{3}{\varepsilon + 2} E_0 z$$

由此可见，球内场强 $E_{内} = -\nabla u_{内}$ 沿 z 方向即 E_0 方向，其大小

$$E_{内} = -\frac{\partial u_{内}}{\partial z} = \frac{3}{\varepsilon + 2} E_0$$

也就是说，$E_{内}$ 内仍为匀强电场，只是按一定比率削弱了。球内极化强度

$$P_{内} = \varepsilon_0 (\varepsilon - 1) E_{内} = \varepsilon_0 \frac{3(\varepsilon - 1)}{\varepsilon + 2} E_0$$

也是常数，这说明球的极化是均匀的。

3. 拉普拉斯方程的非轴对称定解问题

拉普拉斯方程在球形区域的定解问题，如果是非轴对称的，问题与 φ 有关，因而需用一般的球函数。

计算偶极子的电场中的电势。

读者在初等电学里已熟悉电偶极子。两个点电荷，电量相等而符号相反，两者相距很近，就构成偶极子，用 $\boldsymbol{s}_1$ 表示点电荷 $+q$ 相对于点电荷 $-q$ 的矢径，$q\boldsymbol{s}_1$ 叫作偶极子的偶极矩，记作 $\boldsymbol{p}_1$。

$$\boldsymbol{p}_1 = q\boldsymbol{s}_1$$

先研究 $\boldsymbol{s}_1$ 沿 x 轴的情况，即 $\boldsymbol{p}_{1x} = q\boldsymbol{s}_{1x}$，$\boldsymbol{p}_{1y} = 0$，$\boldsymbol{p}_{1z} = 0$。把坐标原点取在偶极子所在处，或者更具体些，取在点电荷 $-q$ 所在处。于是，两个点电荷的坐标分别是 $(s_{1x}, 0, 0)$ 和 $(0, 0, 0)$。从初等电学知道电势：

$$u(x, y, z) = \frac{1}{4\pi\varepsilon_0} \left(\frac{q}{\sqrt{(x - s_{1x})^2 + y^2 + z^2}} - \frac{q}{\sqrt{x^2 + y^2 + z^2}} \right)$$

引用记号 $r = \sqrt{x^2 + y^2 + z^2}$，$f(x, y, z) = q \big/ \sqrt{x^2 + y^2 + z^2}$，由于 $\boldsymbol{s}_1$ 很小，故其分量的绝对值 $s_1 \approx 1$。记 $\Delta x = -s_{1x}$，则上式改写为

$$\begin{aligned} u(x, y, z) &= \frac{1}{4\pi\varepsilon_0} [f(x + \Delta x, y, z) - f(x, y, z)] \\ &= \frac{1}{4\pi\varepsilon_0} \cdot \frac{\partial f}{\partial x} \cdot \Delta x = -\frac{1}{4\pi\varepsilon_0} \cdot \frac{\partial}{\partial x} \left(\frac{q}{r} \right) \cdot s_{1x} \\ &= \frac{1}{4\pi\varepsilon_0} q s_{1x} \frac{x}{(x^2 + y^2 + z^2)^{3/2}} \end{aligned}$$

$$=\frac{1}{4\pi\varepsilon_0}p_{1x}\frac{x}{(x^2+y^2+z^2)^{3/2}}$$

改用球坐标

$$u(x,y,z)=\frac{1}{4\pi\varepsilon_0}p_{1x}\frac{\sin\theta\cos\varphi}{r^2}$$

$$u(x,y,z)=\frac{1}{4\pi\varepsilon_0}p_{1x}\frac{1}{r^2}P_1^1(\cos\theta)\cos\varphi$$

同理，如果 $\boldsymbol{s}_1$ 沿 y 轴，则

$$u(x,y,z)=\frac{1}{4\pi\varepsilon_0}p_{1y}\frac{y}{r^3}=\frac{1}{4\pi\varepsilon_0}p_{1y}\frac{1}{r^2}P_1^1(\cos\theta)\sin\varphi$$

如果 $\boldsymbol{s}_1$ 沿 y 轴，则

$$u(x,y,z)=\frac{1}{4\pi\varepsilon_0}p_{1z}\frac{z}{r^3}=\frac{1}{4\pi\varepsilon_0}p_{1z}\frac{1}{r^2}P_1(\cos\theta)$$

一般情况下，偶极子的电场中的电势

$$u(x,y,z)=\frac{1}{4\pi\varepsilon_0}\cdot\frac{1}{r^3}\boldsymbol{p}_1\cdot\boldsymbol{r}$$

$$=\frac{1}{4\pi\varepsilon_0}\cdot\frac{1}{r^2}[p_{1x}P_1^1(\cos\theta)\cos\varphi+p_{1y}P_1^1(\cos\theta)\sin\varphi+p_{1z}P_1(\cos\theta)]$$

上面公式的[]里是一阶球函数。

9.3 思政教育——团队合作

团队合作指的是一群有能力、有信念的人在特定的团队中，为了一个目标相互支持共同奋斗的过程。它可以调动团队成员的所有资源和才智，并且会自动驱除所有不和谐和不公正现象，同时会给予那些诚心、大公无私的奉献者适当的回报。如果团队合作是出于自觉自愿时，它必将产生一股强大而且持久的力量。

N 阶勒让德多项式由若干个简单的幂函数组成，虽然单个勒让德多项式都很简单，也没有特别优势，但是组合成一个函数系却可以化简单为神奇，完美地解决数学物理方程的定解问题。其实质就是因为 N 阶勒让德多项式全体组合竟然构成一个完备正交函数系，可以将给定的复杂函数在某区间上展开为勒让德多项式的无穷级数。类似的例子还有幂级数、傅里叶级数等。这些实例充分表明团队合作的重要性，简单函数的组合往往能够解决很多复杂的问题，可得到 $1+1>2$ 的效果，“三个臭皮匠顶个诸葛亮”也是这个道理。

习 题

1. 求证：$\mathrm{P}_l(x)=\mathrm{P}'_{l+1}(x)-2x\mathrm{P}'_l(x)+\mathrm{P}'_{l-1}(x),l\geqslant1$。

2. 利用1题的结果和 $(l+1)\mathrm{P}_{l+1}(x)-(2l+1)x\mathrm{P}_l(x)+l\mathrm{P}_{l-1}(x)=0,l\geqslant1$，
求证：$(2l+1)\mathrm{P}_l(x)=\mathrm{P}'_{l+1}(x)-\mathrm{P}'_{l-1}(x),l\geqslant1$。

3. 证明 $\mathrm{P}_l(-x)=(-1)^l\mathrm{P}_l(x)$。

4. 已知 $P_0(x)=1, P_1(x)=x, P_2(x)=\frac{1}{2}(3x^2-1)$，用递推公式求 $P_3(x), P_4(x)$。

5. 在$[-1,1]$区间上将 x^2 用勒让德多项式展开。

6. 在$[-1,1]$区间上，将下列函数按勒让德多项式展开为广义傅里叶级数。

$$f(x)=\begin{cases} x, & 0<x<1 \\ 0, & -1<x<0 \end{cases}$$

7. 验证：$x^3=\frac{2}{5}P_3(x)+\frac{3}{5}P_1(x)$。

8. 用球函数将下列函数展开为级数：

(1) $\sin^2\theta\cos^2\varphi$

(2) $(1+3\cos\theta)\sin\theta\cos\varphi$

(3) $(1-|\cos\theta|)(1+\cos 2\varphi)$

9. 以勒让德多项式为基，在区间$[-1,1]$上把 $f(x)=2x^2+3x+4$ 展开为广义傅里叶级数。

10. 以勒让德多项式为基，在$[-1,1]$上把 $f(x)=|x|$ 展开为广义傅里叶级数。

11. 求解定解问题 $\begin{cases} \nabla^2 u=0 & (r<a) \\ u|_{r=a}=\cos^2\theta, u|_{r\to 0}=\text{有限值}(0<\theta<\pi) \end{cases}$。

12. 求解定解问题 $\begin{cases} \nabla^2 u=0 & (r>a) \\ u|_{r=a}=\cos^2\theta, u|_{r\to 0}=\text{有限值}(0<\theta<\pi) \end{cases}$。

13. 证明：$\int_0^1 P_l(x)\mathrm{d}x=\begin{cases} 1, & l=0 \\ 0, & l=2k, k=1,2,3,\cdots \\ (-1)^k \dfrac{(2k)!}{2^{2k+1}k!\,(k+1)!}, & l=2k+1, k=0,1,2,\cdots \end{cases}$

14. 用一层不导电的物质把半径为 a 的导体球壳分隔为两个半球壳，使半球壳各充电到电势为 v_1 和 v_2，试计算球壳内外的电势分布。

15. 一空心圆球区域，内半径为 r_1，外半径为 r_2，内球面上有恒定电势 u_0，外球面上电势保持为 $u_1\cos^2\theta$，u_0、u_1 均为常数，试求内外球面之间空心圆球区域中的电势分布。

16. 半径为 a，表面熏黑的均匀球，在温度为零度的空气中，受到阳光的照射，阳光的热流强度为 q_0，求解小球内的稳定温度分布。

附　录　A

1. 贝塞尔函数的常用递推公式

$J'_0(x)=J_{-1}(x)$　　$(xJ_1(x))'=xJ_0(x)$

$\frac{d}{dx}\left(\frac{J_v(x)}{x^v}\right)=-\frac{J_{v+1}(x)}{x^v}$　　$\frac{d}{dx}(x^vJ_v(x))=x^vJ_{v-1}(x)$

$xJ'_v(x)-vJ_v(x)=-xJ_{v+1}(x)$　　$vJ_v(x)+xJ'_v(x)=xJ_{v-1}(x)$

$J_{v+1}(x)+J_{v-1}(x)=\frac{2v}{x}J_v(x)$　　$J_{v-1}(x)-J_{v+1}(x)=2J'_v(x)$

2. 可转化为贝塞尔方程的常微分方程

(1) $y''+\frac{1-2\alpha}{x}y'+\left(\beta^2+\frac{\alpha^2-m^2}{x^2}\right)y=0$　　$y=x^\alpha Z_m(\beta x)$

(2) $y''+\frac{1}{x}y'+\left[(\beta\gamma x^{\gamma-1})^2-\left(\frac{m\gamma}{x}\right)^2\right]y=0$　　$y=Z_m(\beta x^\gamma)$

(3) $y''+\frac{1}{x}y'+4\left(x^2-\frac{m^2}{x^2}\right)y=0$　　$y=Z_m(x^2)$

(4) $y''+\frac{1}{x}y'+\frac{1}{4x}\left(1-\frac{m^2}{x^2}\right)y=0$　　$y=Z_m(\sqrt{x})$

(5) $y''+\frac{1}{x}y'-\left(1-\frac{m^2}{x^2}\right)y=0$　　$y=Z_m(ix)$

(6) $y''+\frac{1-2\alpha}{x}y'+\left[(\beta\gamma x^{\gamma-1})^2-\frac{\alpha^2-m^2\gamma^2}{x^2}\right]y=0$　　$y=x^\alpha Z_m(\beta x^\gamma)$

(7) $y''+\frac{1}{x}y'+\left(i-\frac{m^2}{x^2}\right)y=0$　　$y=Z_m(x\sqrt{i})$

(8) $y''+\frac{1}{x}y'-\left(i-\frac{m^2}{x^2}\right)y=0$　　$y=Z_m(x\sqrt{-i})$

(9) $y''+\frac{1}{x}y'-\left[\frac{1}{x}-\left(\frac{m}{2x}\right)^2\right]y=0$　　$y=Z_m(2x\sqrt{i})$

(10) $y''+bx^my=0$　　$y=\sqrt{x}Z_{\frac{1}{m+2}}\left(\frac{2\sqrt{b}}{m+2}x^{\frac{m+2}{2}}\right)$

(11) $y''+\left(\frac{2m+1}{x}-k\right)y'-\frac{2m+1}{2x}ky=0$　　$y=x^{-m}e^{\frac{kx}{2}}Z_m\left(\frac{ikx}{2}\right)$

(12) $y''+\left(\frac{1}{x}-2\tan x\right)y'-\left(\frac{m^2}{x^2}+\frac{\tan x}{x}\right)y=0$　　$y=\frac{1}{\cos x}Z_m(x)$

(13) $y''+\left(\frac{1}{x}-2\cot x\right)y'-\left(\frac{m^2}{x^2}-\frac{\cot x}{x}\right)y=0$　　$y=\frac{1}{\sin x}Z_m(x)$

(14) $y''+\left(\frac{1}{x}-2u\right)y'+\left(1-\frac{m^2}{x^2}+u^2-u'-\frac{u}{x}\right)y=0$　　$y=e^{\int u dx}Z_m(x)$

(15) $y''+\frac{1-2m}{x}y'+\beta^2y=0$　　$y=x^mZ_m(\beta x)$

(16) $y''+\frac{1-2m}{x}y'+\frac{1}{4x}y=0$ $\qquad y=x^{\frac{m}{2}}Z_m(\sqrt{x})$

(17) $y''+\frac{1-2m}{x}y'-\frac{1}{4x}y=0$ $\qquad y=x^{\frac{m}{2}}Z_m(i\sqrt{x})$

(18) $y''+\left[(\beta\gamma x^{\gamma-1})^2-\frac{2(m\gamma)^2-1}{4x^2}\right]y=0$ $\qquad y=\sqrt{x}Z_m(\beta x^{\gamma})$

(19) $y''+\left(\beta^2-\frac{2m^2-1}{4x^2}\right)y=0$ $\qquad y=\sqrt{x}Z_m(\beta x)$

(20) $y''+(\beta\gamma x^{\beta-1})^2y=0$ $\qquad y=\sqrt{x}Z_{\frac{1}{2\beta}}(\gamma x^{\beta})$

(21) $y''+\left(\frac{\beta^2}{4x}-\frac{m^2-1}{4x^2}\right)y=0$ $\qquad y=\sqrt{x}Z_m(\beta\sqrt{x})$

(22) $y''+\frac{1}{\sqrt{x}}y=0$ $\qquad y=\sqrt{x}Z_{\frac{2}{3}}\left(\frac{4}{3}x^{\frac{3}{4}}\right)$

(23) $y''-\frac{1}{\sqrt{x}}y=0$ $\qquad y=\sqrt{x}Z_{\frac{2}{3}}\left(\frac{4i}{3}x^{\frac{3}{4}}\right)$

(24) $y''+xy=0$ $\qquad y=\sqrt{x}Z_{\frac{1}{3}}\left(\frac{2}{3}x^{\frac{3}{2}}\right)$

(25) $y''-xy=0$ $\qquad y=\sqrt{x}Z_{\frac{1}{3}}\left(\frac{2i}{3}x^{\frac{3}{2}}\right)$

(26) $y''-k^2x^{2m-2}y=0$ $\qquad y=\sqrt{x}Z_{\frac{1}{2v}}\left(\frac{ikx^m}{m}\right)$

(27) $y''+\left(\frac{1}{x}-2i\right)y'-\left(\frac{m^2}{x^2}+\frac{i}{x}\right)y=0$ $\qquad y=\mathrm{e}^{ix}Z_m(x)$

(28) $y''+\left(\frac{1}{x}+2i\right)y'-\left(\frac{m^2}{x^2}-\frac{i}{x}\right)y=0$ $\qquad y=\mathrm{e}^{-ix}Z_m(x)$

(29) $y''+\frac{1}{x}y'+k^2\mathrm{e}^{i\alpha}y=0$ $\qquad y=Z_0(kx\mathrm{e}^{\frac{i\alpha}{2}})$

(30) $y''+\left(k^2\mathrm{e}^{i\alpha}+\frac{1}{4x^2}\right)y=0$ $\qquad y=\sqrt{x}Z_0(kx\mathrm{e}^{\frac{i\alpha}{2}})$

附 录 B

各章节知识点逻辑关系的思维导图

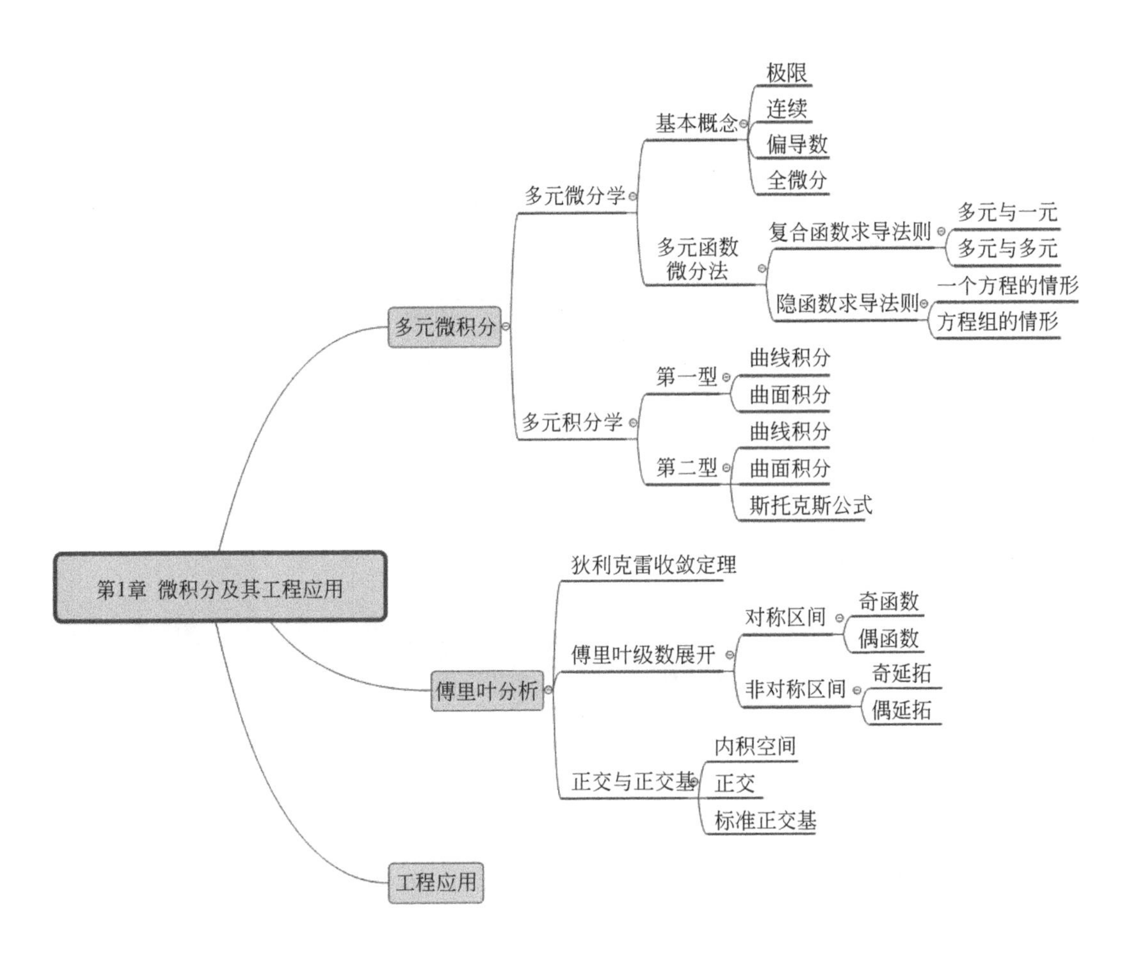

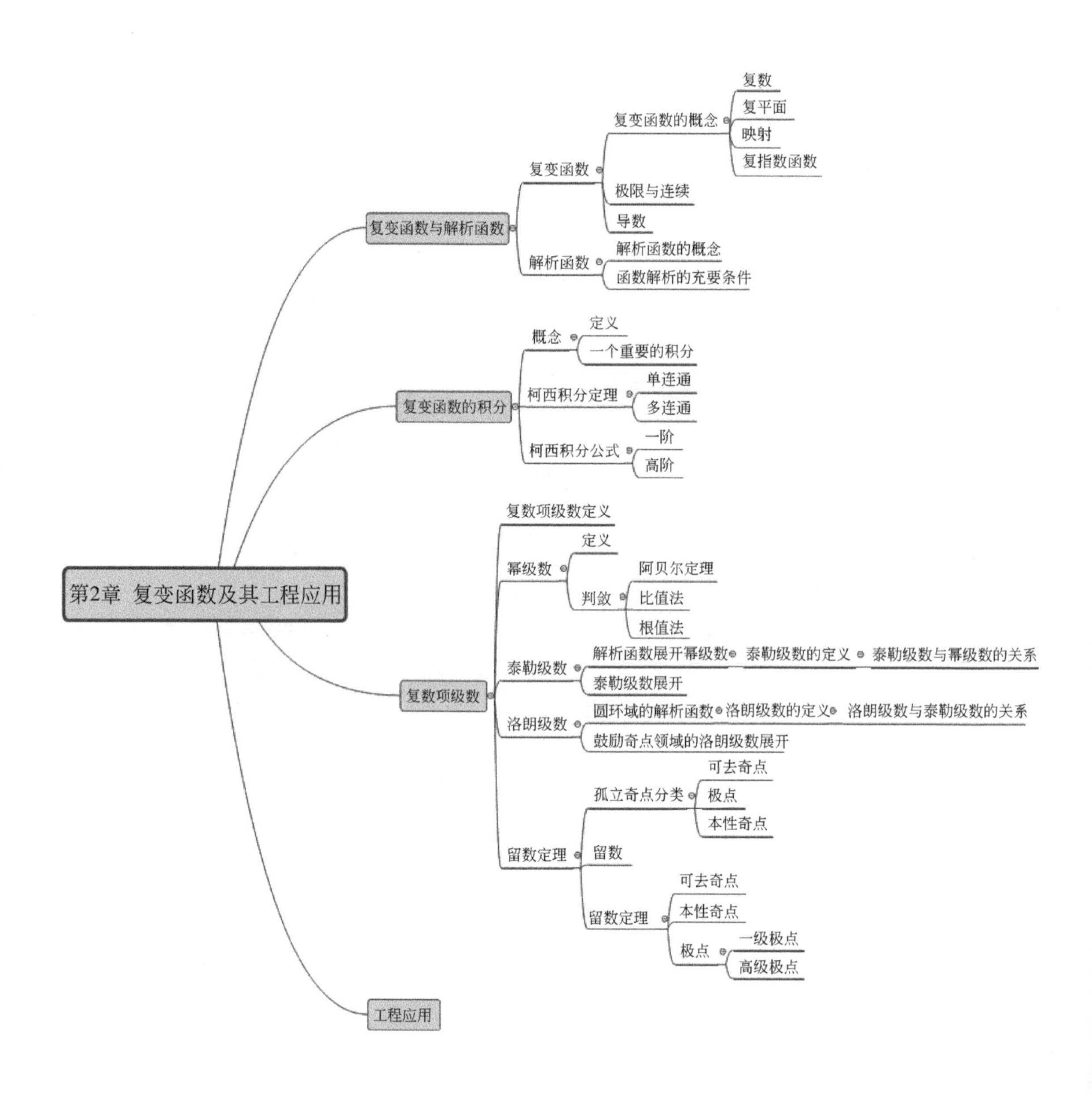
第2章 复变函数及其工程应用
复变函数与解析函数
复变函数
复变函数的概念
复数
复平面
映射
复指数函数
极限与连续
导数
解析函数
解析函数的概念
函数解析的充要条件
复变函数的积分
概念
定义
一个重要的积分
柯西积分定理
单连通
多连通
柯西积分公式
一阶
高阶
复数项级数
复数项级数定义
幂级数
定义
判敛
阿贝尔定理
比值法
根值法
泰勒级数
解析函数展开幂级数
泰勒级数的定义
泰勒级数与幂级数的关系
泰勒级数展开
洛朗级数
圆环域的解析函数
洛朗级数的定义
洛朗级数与泰勒级数的关系
鼓励奇点领域的洛朗级数展开
留数定理
孤立奇点分类
可去奇点
极点
本性奇点
留数
留数定理
可去奇点
本性奇点
极点
一级极点
高级极点
工程应用

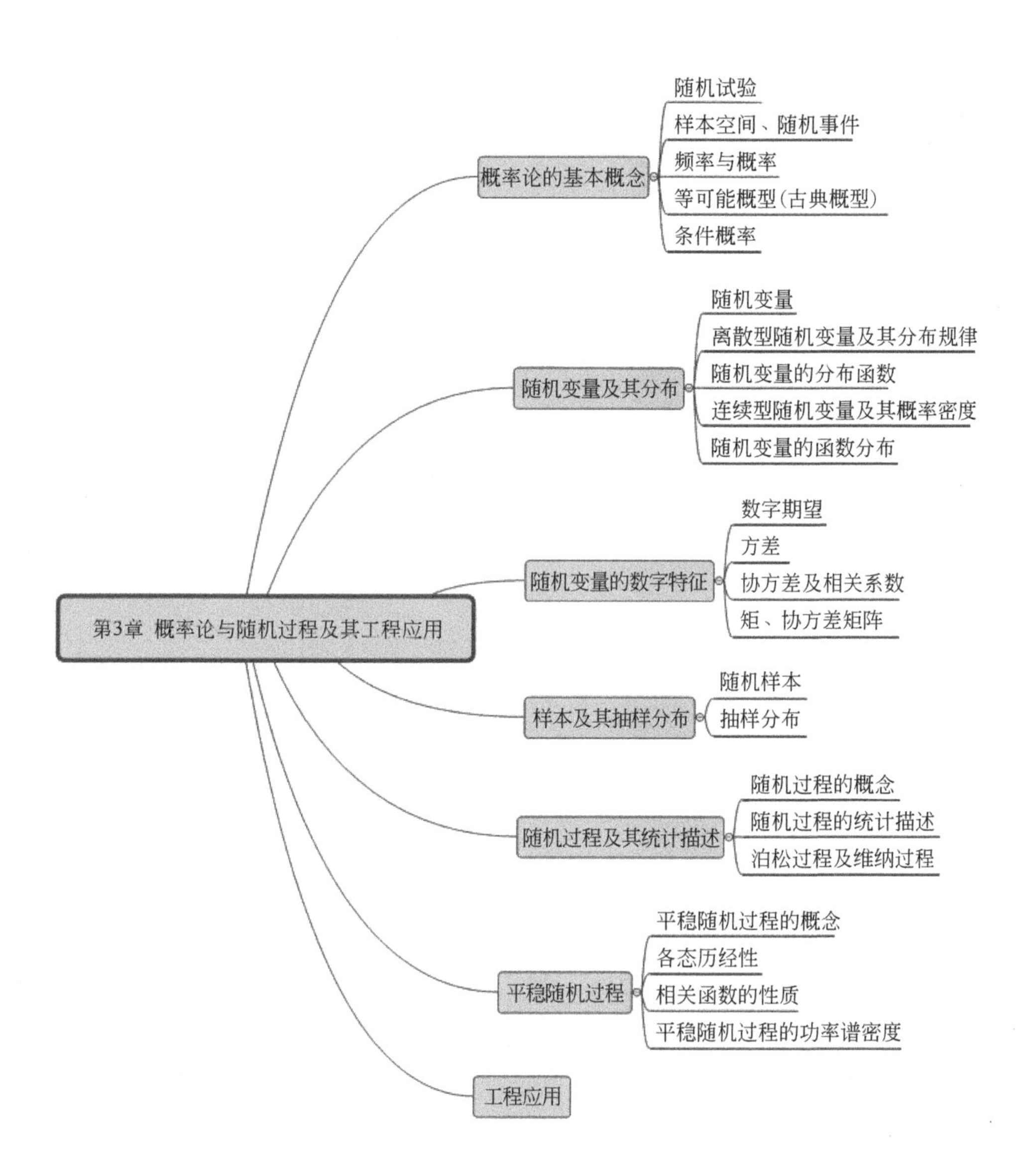
第3章 概率论与随机过程及其工程应用
概率论的基本概念
随机试验
样本空间、随机事件
频率与概率
等可能概型(古典概型)
条件概率
随机变量及其分布
随机变量
离散型随机变量及其分布规律
随机变量的分布函数
连续型随机变量及其概率密度
随机变量的函数分布
随机变量的数字特征
数字期望
方差
协方差及相关系数
矩、协方差矩阵
样本及其抽样分布
随机样本
抽样分布
随机过程及其统计描述
随机过程的概念
随机过程的统计描述
泊松过程及维纳过程
平稳随机过程
平稳随机过程的概念
各态历经性
相关函数的性质
平稳随机过程的功率谱密度
工程应用

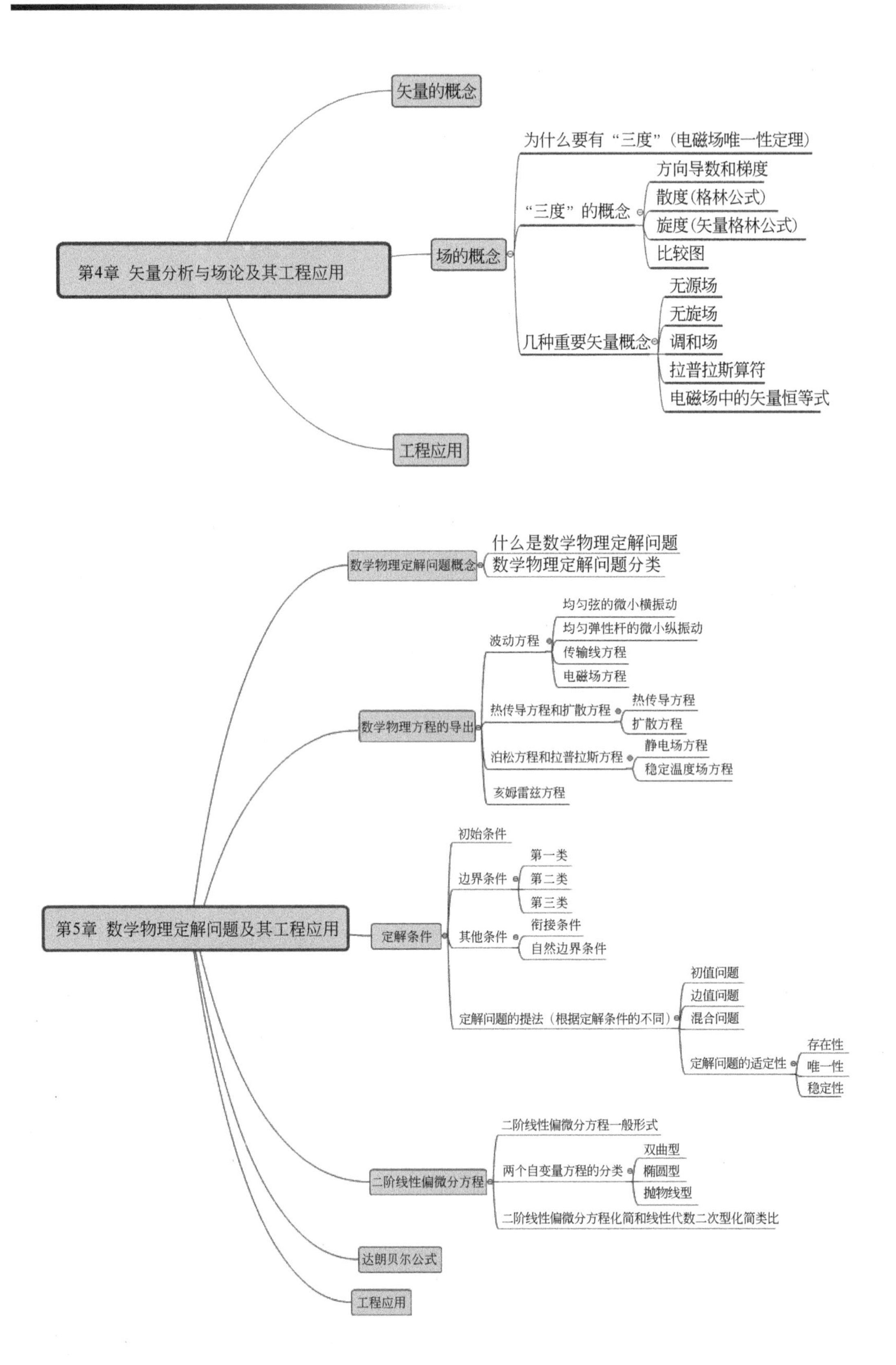
矢量的概念
为什么要有“三度”（电磁场唯一性定理）
方向导数和梯度
散度(格林公式)
“三度”的概念
旋度(矢量格林公式)
场的概念
比较图
第4章 矢量分析与场论及其工程应用
无源场
无旋场
几种重要矢量概念
调和场
拉普拉斯算符
电磁场中的矢量恒等式
工程应用
什么是数学物理定解问题
数学物理定解问题概念
数学物理定解问题分类
均匀弦的微小横振动
均匀弹性杆的微小纵振动
波动方程
传输线方程
电磁场方程
热传导方程和扩散方程
热传导方程
扩散方程
数学物理方程的导出
泊松方程和拉普拉斯方程
静电场方程
稳定温度场方程
亥姆霍兹方程
初始条件
第一类
边界条件
第二类
第三类
第5章 数学物理定解问题及其工程应用
定解条件
其他条件
衔接条件
自然边界条件
初值问题
边值问题
定解问题的提法（根据定解条件的不同）
混合问题
存在性
定解问题的适定性
唯一性
稳定性
二阶线性偏微分方程一般形式
双曲型
两个自变量方程的分类
椭圆型
二阶线性偏微分方程
抛物线型
二阶线性偏微分方程化简和线性代数二次型化简类比
达朗贝尔公式
工程应用

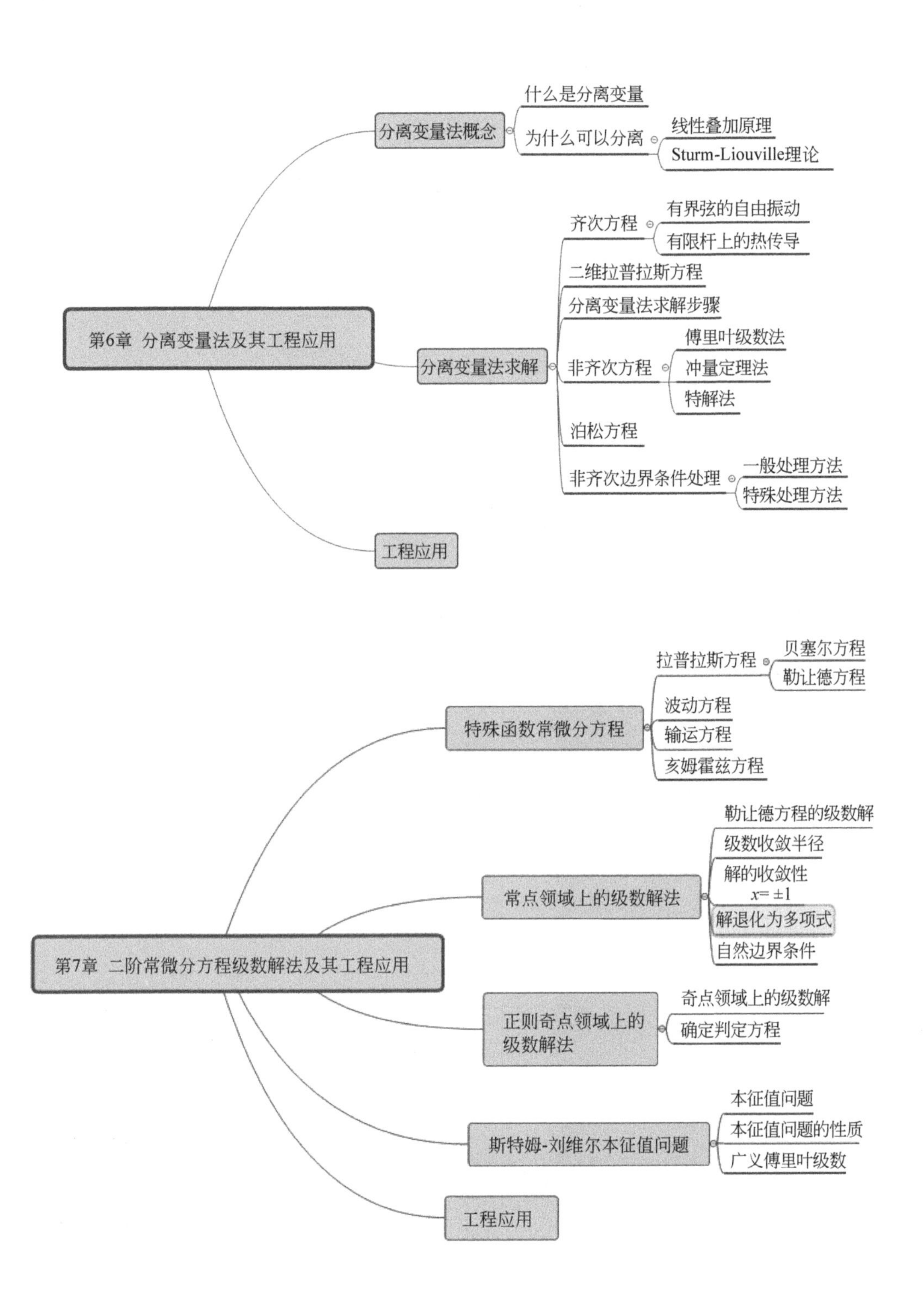
第6章 分离变量法及其工程应用
分离变量法概念
什么是分离变量
为什么可以分离
线性叠加原理
Sturm-Liouville理论
分离变量法求解
齐次方程
有界弦的自由振动
有限杆上的热传导
二维拉普拉斯方程
分离变量法求解步骤
非齐次方程
傅里叶级数法
冲量定理法
特解法
泊松方程
非齐次边界条件处理
一般处理方法
特殊处理方法
工程应用
第7章 二阶常微分方程级数解法及其工程应用
特殊函数常微分方程
拉普拉斯方程
贝塞尔方程
勒让德方程
波动方程
输运方程
亥姆霍兹方程
常点领域上的级数解法
勒让德方程的级数解
级数收敛半径
解的收敛性
x= ±1
解退化为多项式
自然边界条件
正则奇点领域上的级数解法
奇点领域上的级数解
确定判定方程
斯特姆-刘维尔本征值问题
本征值问题
本征值问题的性质
广义傅里叶级数
工程应用

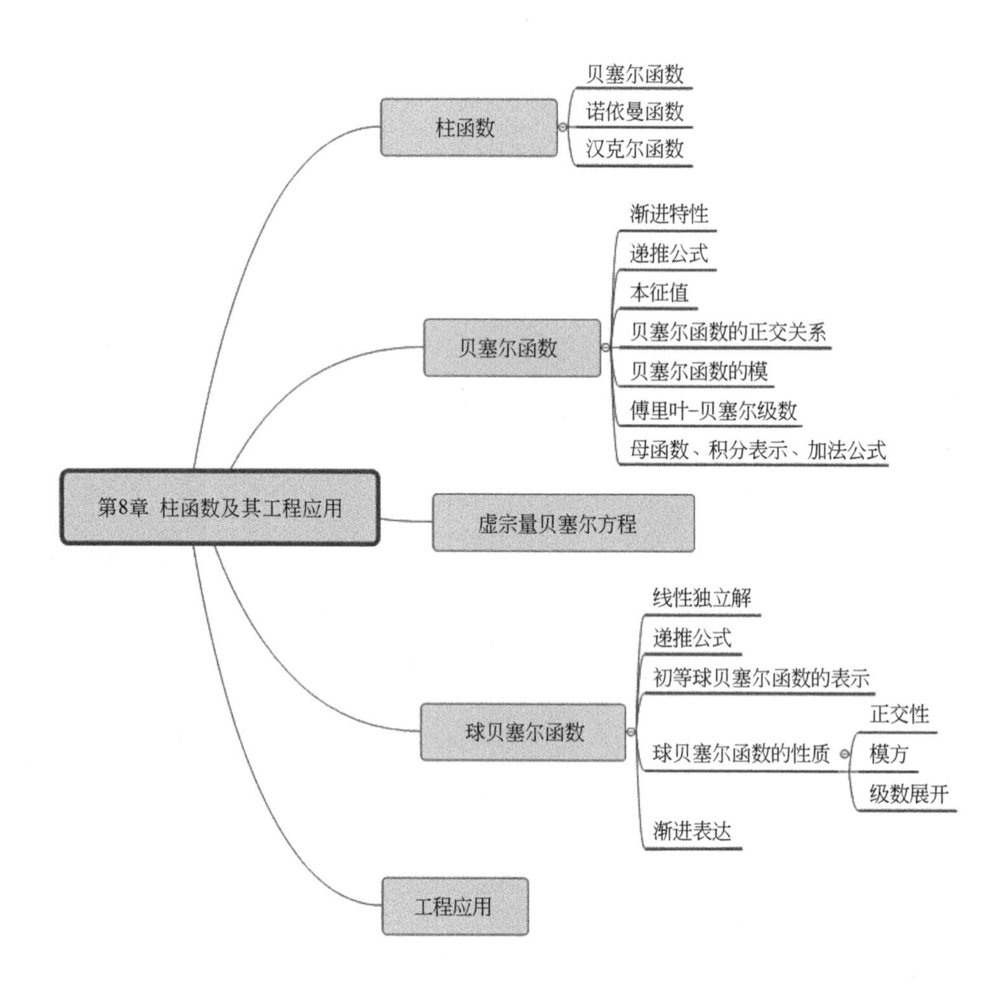
第8章 柱函数及其工程应用
柱函数
贝塞尔函数
诺依曼函数
汉克尔函数
贝塞尔函数
渐进特性
递推公式
本征值
贝塞尔函数的正交关系
贝塞尔函数的模
傅里叶-贝塞尔级数
母函数、积分表示、加法公式
虚宗量贝塞尔方程
球贝塞尔函数
线性独立解
递推公式
初等球贝塞尔函数的表示
球贝塞尔函数的性质
正交性
模方
级数展开
渐进表达
工程应用

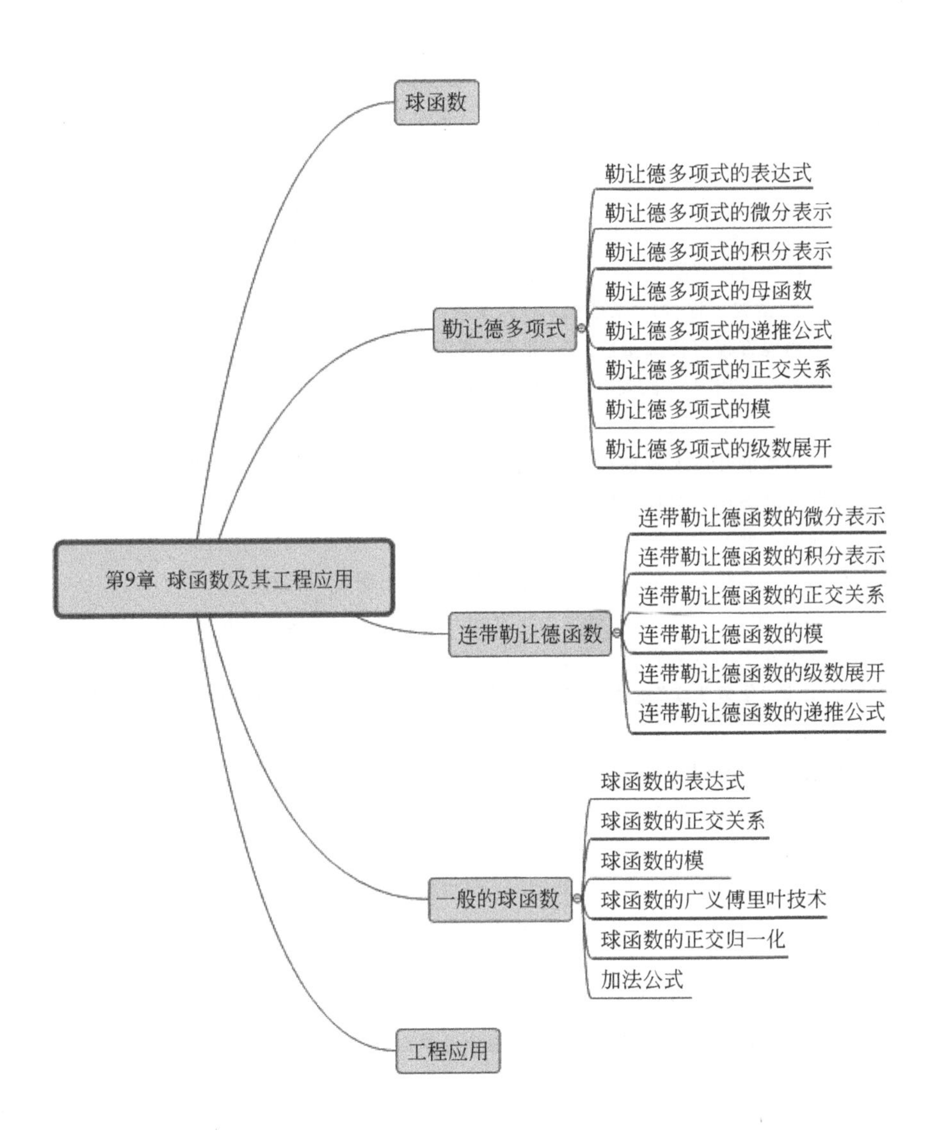

球函数
勒让德多项式的表达式
勒让德多项式的微分表示
勒让德多项式的积分表示
勒让德多项式的母函数
勒让德多项式
勒让德多项式的递推公式
勒让德多项式的正交关系
勒让德多项式的模
勒让德多项式的级数展开
连带勒让德函数的微分表示
连带勒让德函数的积分表示
第9章 球函数及其工程应用
连带勒让德函数的正交关系
连带勒让德函数
连带勒让德函数的模
连带勒让德函数的级数展开
连带勒让德函数的递推公式
球函数的表达式
球函数的正交关系
球函数的模
一般的球函数
球函数的广义傅里叶技术
球函数的正交归一化
加法公式
工程应用

参考文献

[1] 同济大学数学系.高等数学(下册)[M].6 版.北京：高等教育出版社，2007.

[2] 徐立勤，曹伟.电磁场与电磁波理论[M].2 版.北京：科学出版社，2010.

[3] 西安交通大学高等数学教研室.复变函数[M].4 版.北京：高等教育出版社，1996.

[4] 梁昆淼.数学物理方法[M].4 版. 北京：高等教育出版社，2010.

[5] 盛骤，谢式千，潘承毅.概率论与数理统计[M].4 版. 北京：高等教育出版社，2008.

[6] 陈明.通信与信息工程中的随机过程[M]. 南京：东南大学出版社，2001.

[7] 谢处方，饶克谨.电磁场与微波[M].北京：高等教育出版社，2006.

[8] 郭辉萍.电磁场与微波[M].西安：西安电子科技大学出版社，2003.

[9] 郭玉翠.数学物理方法[M].2 版.北京：清华大学出版社，2006.

[10] 郭玉翠.数学物理方法解题指导[M].北京：清华大学出版社，2006.

[11] David M Pozar.微波工程[M].张肇仪，等译.北京：电子工业出版社，2006.

[12] 王元明.数学物理方程与特殊函数[M].北京：高等教育出版社，2012.

[13] 张瑜.微波技术及应用[M].西安：西安电子科技大学出版社，2007.

[14] 贾秀敏.有限长均匀带电圆柱壳的电场[J].浙江大学学报，2014，41(5)：528-530.

[15] 丁世荣.用柱函数展开法求解轴对称的稳恒磁场[J].纺织高校基础科学学报，1995，8(3)：301-304.

[16] 丁健.轴对称的静磁场的两种简便解法[J].大学物理，2008，27(2)：29-35.

[17] 丁世荣.用球函数展开法求解轴对称的稳恒磁场[J].西安地质学院学报，1997，19(4)：91-94.

[18] 吴志忠.移动通信无线电波传播[M]. 北京：人民邮电出版社，2002.

[19] 郭丽娟，马福强.微积分教学中的数学思想方法的探究[J].课程教育研究，2017，50：120-121.

[20] 徐永利.谈微积分中的数学思想及其教学[J].数学学习与研究，2018，5：29.

[21] 杭俊，张燕.浅谈“化复为实”思想在“复变函数”教学中的应用[J].电气电子教学学报，2018，40(4)：101-104.

[22] 李迈岸，马浩辰.复变函数在工程问题中的应用探究[J].中国科技信息，2017，6：48-49.

[23] 张雅轩.“复变函数”课程的教与学——从简单到复杂，从已知到未知，变深奥为深刻[J].数学学习与研究，2016，19：16-17.

[24] 尚兴慧.概率论数学思想之随机思想培养[J].课程教育研究，2016，29：143-144.

[25] 田雨波，李锋.对工科课程中思想教育的思考与探索——以“电磁场理论”课程为例[J].中国电子教育，2018，3：10-14.

[26] 辜永红. 电磁场教学与培养学生创造能力部分内容的研究[D].重庆：重庆师范大学，2006.

[27] 王晶.数学物理方程中的分离变量法[J].中国校外教育，2014，12：102.

[28] 张健.数学物理方程的分离变量法[J].青海师范大学学报(自然科学版)，2007，3：17-19.

[29] 鲍吉锋.“数学物理方程”教学的几点体会[J].科技视界，2015，3：139-140.

[30] 吴楚芬.数学物理方程绪论课的教学[J].科教导刊(上旬刊)，2015，4：96-97.

[31] 许友军，刘艳琪，刘亚春.“数学物理方程”课程教学内容改革研究[J].湘南学院学报，2013，34(5)：56-57，61.

[32] 袁方园.静态场边值问题中柱坐标系下分离变量法研究[J].科技传播，2013，5(12)：129-78.

[33] 王畅，王翘楚，刘伟，等.数学物理方程求解中的创新思维探源[J].大学物理，2018，37(9)：56-59.

[34] 长龙，孙艳军，娜仁.数学物理方程教学方法探讨[J].内蒙古财经大学学报，2017，15(6)：120-122.

[35] 章海.关于数学物理方程教学的一些体会[J].科技视界，2017，7：55，65.

[36] 田硕，丁佩.分离变量法在物理学中的应用[J].科技视界，2015，33：191-212.
[37] 陈正争.数学物理方程课程教学的实践与认识[J].科技创新导报，2014，11(34)：131-133.
[38] 郝彬彬."数学物理方程"课程教学一点认识和体会[J].科技创新导报，2012，19：178.
[39] 张云生.数学物理方程中的分离变量法[J].工科数学，1993，1：64-66.
[40] 严小宝.谈谈无穷级数中蕴涵的数学思想方法[J].丽水学院学报，2010，32(5)：82-87.
[41] 姜珊珊，杨柳，南华.极限思想方法在无穷级数与广义积分中的应用[J].教育教学论坛，2017，10：215-216.
[42] 卢方武，陈洛恩，高全归.论贝塞尔函数的教学[J].玉溪师范学院学报，2011，27(4)：57-60.
[43] 叶云志，陈伟华.勒让德函数在电磁场求解中的应用[J].中外企业家，2012，16：180.
[44] 张捍卫，李明艳，雷伟伟.缔合勒让德函数的解析表达式研究[J].大地测量与地球动力学，2015，35(4)：645-648.
[45] 黄国蓝，樊江红，卢方武.勒让德多项式的数值分析及应用研究[J].高师理科学刊，2012，32(6)：7-10.
[46] 卢永前.工程数学——数学物理方程与特殊函数[J].西安工业大学学报，1986，4：101.

图书资源支持

感谢您一直以来对清华大学出版社图书的支持和爱护。为了配合本书的使用，本书提供配套的资源，有需求的读者请扫描下方的“书圈”微信公众号二维码，在图书专区下载，也可以拨打电话或发送电子邮件咨询。

如果您在使用本书的过程中遇到了什么问题，或者有相关图书出版计划，也请您发邮件告诉我们，以便我们更好地为您服务。

我们的联系方式：

地　　址：北京市海淀区双清路学研大厦 A 座 701

邮　　编：100084

电　　话：010-83470236　010-83470237

资源下载：http://www.tup.com.cn

客服邮箱：tupjsj@vip.163.com

QQ：2301891038（请写明您的单位和姓名）

教学资源・教学样书・新书信息

人工智能科学与技术
人工智能|电子通信|自动控制

资料下载・样书申请

书圈

用微信扫一扫右边的二维码，即可关注清华大学出版社公众号。